Carl-Auer

Für Katrin Käufer

C. Otto Scharmer

Theorie U – Von der Zukunft her führen

Presencing als soziale Technik

Mit einem Vorwort von Peter M. Senge
Aus dem Englischen von Maren Klostermann

Fünfte, völlig überarb. u. erw. Auflage, 2020

Umschlaggestaltung: Uwe Göbel
Umschlagmotiv: © Richard Adelson
Satz: Verlagsservice Hegele, Heiligkreuzsteinach
Printed in Germany
Druck und Bindung: CPI books GmbH, Leck

MIX
Papier aus verantwortungsvollen Quellen
FSC
www.fsc.org
FSC® C083411

CPI klimaneutral
Mehr Bäume.Weniger CO_2

Titel der Originalausgabe: "Theory U. Leading From the Future as it Emerges.
The Social Technology of Presencing", 2nd. ed. Published in 2016 by Berrett-Koehler Publishers, Inc, USA.
1333 Broadway, Suite 1000, Oakland, CA

Aus dem Englischen übersetzt von Maren Klostermann

Fünfte, völlig überarb. u. erw. Auflage, 2020
ISBN 978-3-8497-0347-9 (Printausgabe)
ISBN 978-3-8497-8255-9 (ePUB)

Bibliografische Information der Deutschen Nationalbibliothek:
Die Deutsche Nationalbibliothek verzeichnet diese Publikation
in der Deutschen Nationalbibliografie; detaillierte bibliografische
Daten sind im Internet über http://dnb.d-nb.de abrufbar.

Informationen zu unserem gesamten Programm, unseren Autoren
und zum Verlag finden Sie unter: **https://www.carl-auer.de/**.
Wenn Sie Interesse an unseren monatlichen Nachrichten haben,
können Sie dort auch den Newsletter abonnieren.

Carl-Auer Verlag GmbH
Vangerowstraße 14 • 69115 Heidelberg
Tel. +49 6221 6438-0 • Fax +49 6221 6438-22
info@carl-auer.de

Der Mensch kennt nur sich selbst, insofern er die Welt kennt,
die er nur in sich und sich nur in ihr gewahr wird;
jeder neue Gegenstand, wohl beschaut, schließt ein neues Organ in uns auf.

Johann Wolfgang von Goethe

Inhalt

Bilder von Kelvy Bird

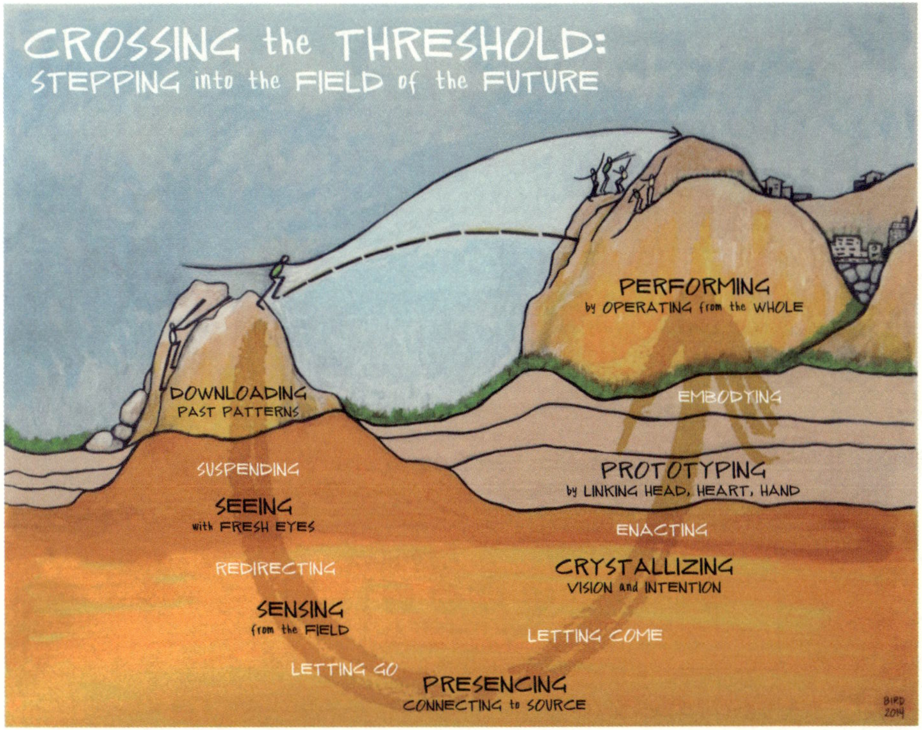

Bild 1: Die Schwelle überschreiten
Stell dir vor, du springst von deinem gegenwärtigen Selbst zu deinem entstehenden zukünftigen Selbst. An dieser Schwelle (vor dieser Kluft, diesem Abgrund, dieser Trennung) stehen wir auf allen Ebenen und in allen Bereichen: als Individuen, Gruppen, Organisationen und als globale Gemeinschaft. Wie können wir die tieferen Ebenen unserer Menschlichkeit aktivieren, um diese Kluft zu überbrücken und zu überqueren? Das ist die Frage, die den Aufbau und den Weg dieses Buches bestimmt.

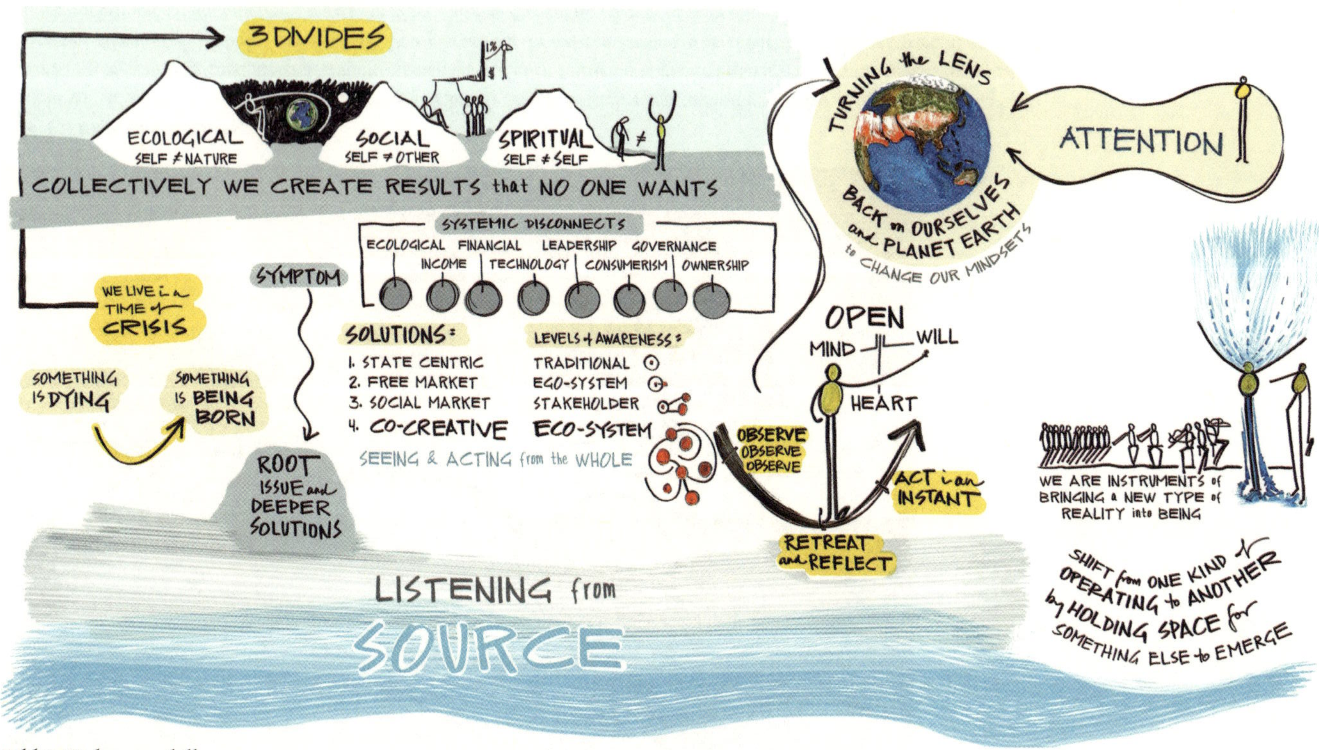

Bild 2: Eisbergmodell

An der Oberfläche drei Gräben: die ökologische, die soziale und die spirituelle Kluft. In der Mitte: systemische Entkopplungen, die dazu führen, dass wir immer wieder Ergebnisse hervorbringen, die keiner will. Auf der tiefsten Ebene finden sich die ursächlichen Probleme: die Denkmodelle, Paradigmen und die Quelle, von der aus wir handeln. Durch jede Ebene »lenken wir die Linse, den Strahl unserer Beobachtung zurück auf uns selbst«, um die Qualität unserer Aufmerksamkeit zu verändern - »von ego zu öko«, von ich zu wir ...

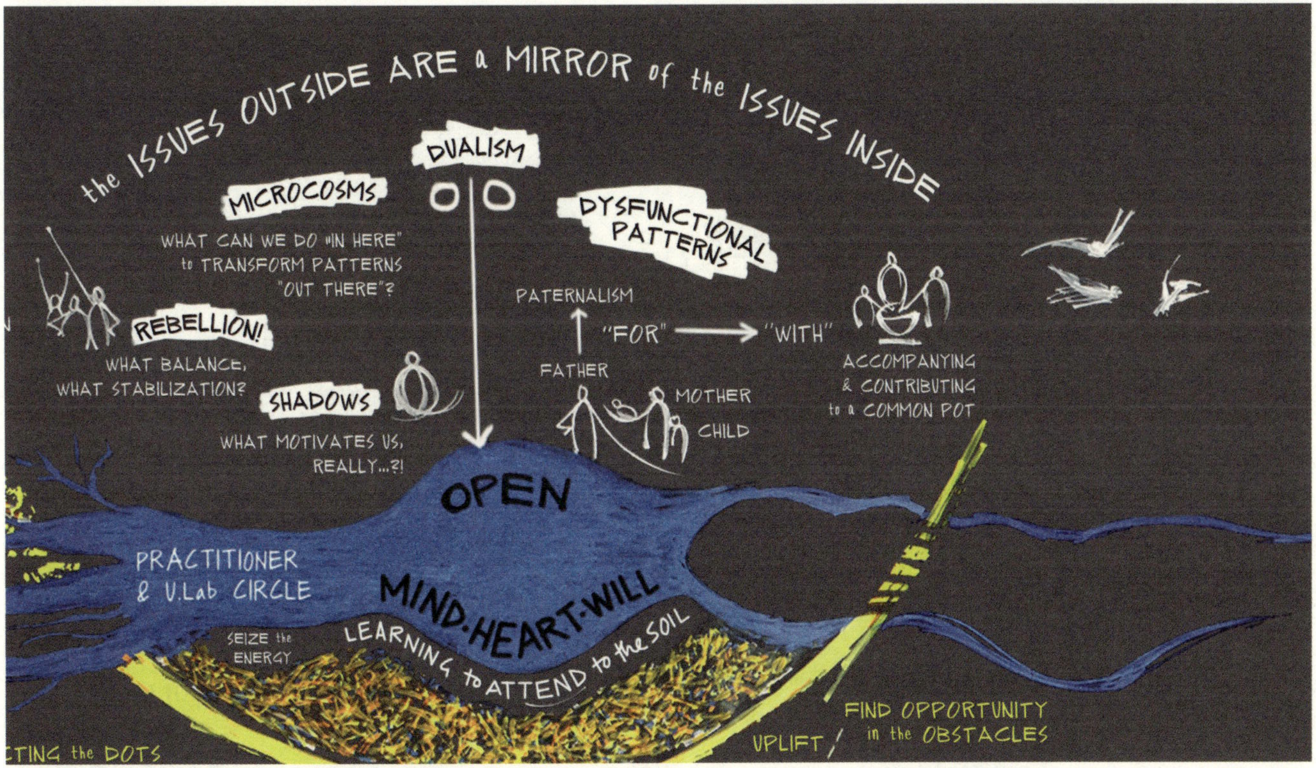

Bild 3: Disruption

Die Probleme im Außen sind ein Spiegel der Probleme im Innern. Während der U.School-Ecology-Meetings im Jahr 2015 in Berlin entwickelte sich ein hitziges Gespräch über die Schattenseiten der Gesellschaft, so als klopfte die Disruption persönlich an die Tür unserer Aufmerksamkeit. Um den Zusammenbruch zu steuern und zu halten, ließen wir uns durch das Öffnen unseres Denkens, Fühlens und Wollens auf das Unbehagen ein und machten es nutzbar …

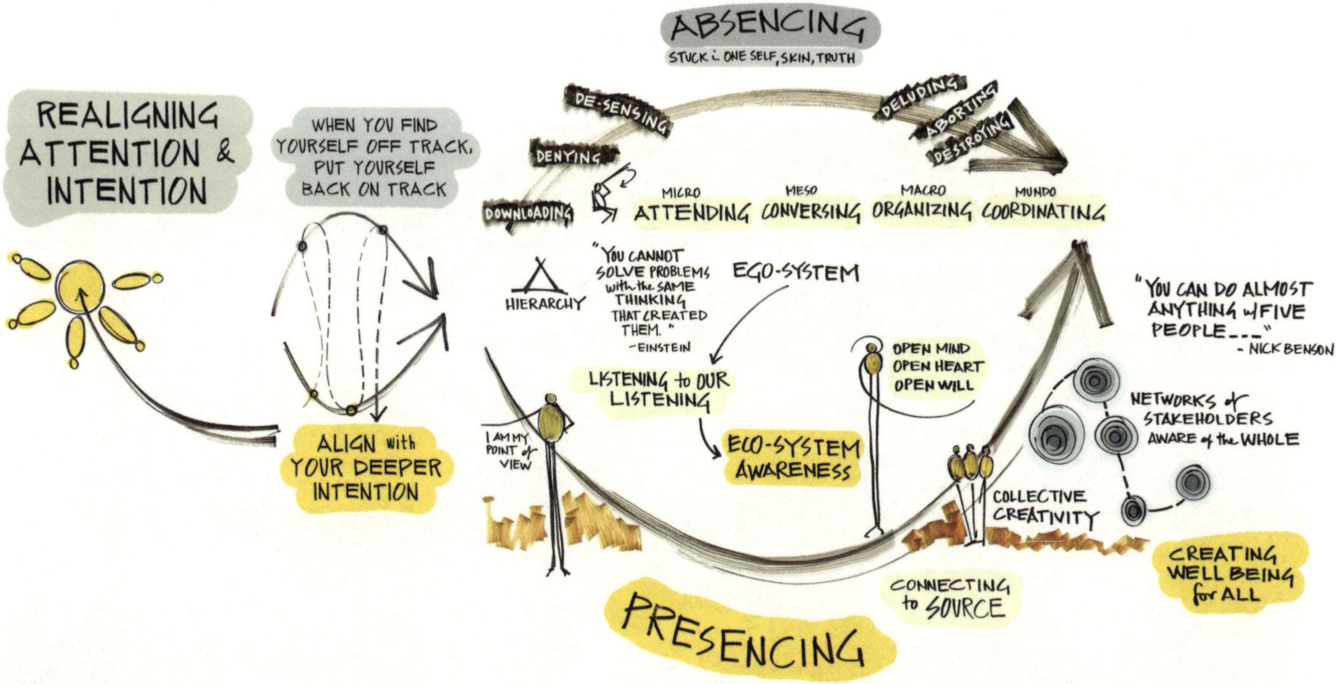

Bild 4: Intention

Wir reagieren auf krisenhafte Zusammenbrüche (Disruption), indem wir uns durchwurschteln, uns getrennt und voneinander wegbewegen oder aber gemeinsam aufeinander zubewegen. Keine der beiden Kurven - Absencing und Presencing - existiert ohne die jeweils andere. Es ist der anhaltende Kontakt zwischen den beiden, nicht ein Hin- und Herpendeln, sondern eine Integration, die unsere Aufmerksamkeit neu ausrichtet und mit unserer tieferen Intention in Einklang bringt ...

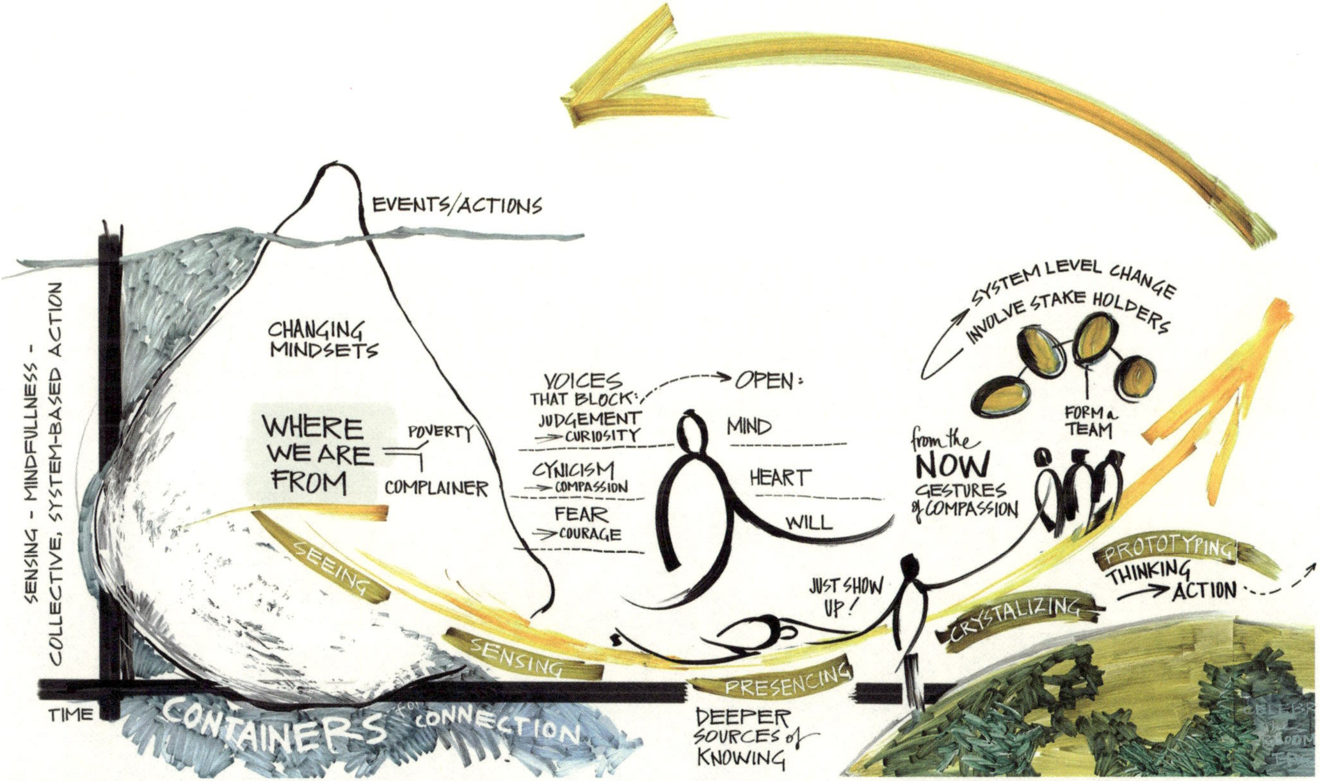

Bild 5: Inversion

»Jeder neue Gegenstand, wohl beschaut, schließt ein neues Organ in uns auf.« Goethe wusste um die tiefe Verbundenheit zwischen dem Innen und dem Außen. Um als Instrumente für echte transformative Veränderungen zu wirken, müssen wir den Strahl der Aufmerksamkeit zurück auf das beobachtende Selbst richten und dadurch dem System helfen, sich selbst zu sehen und zu fühlen …

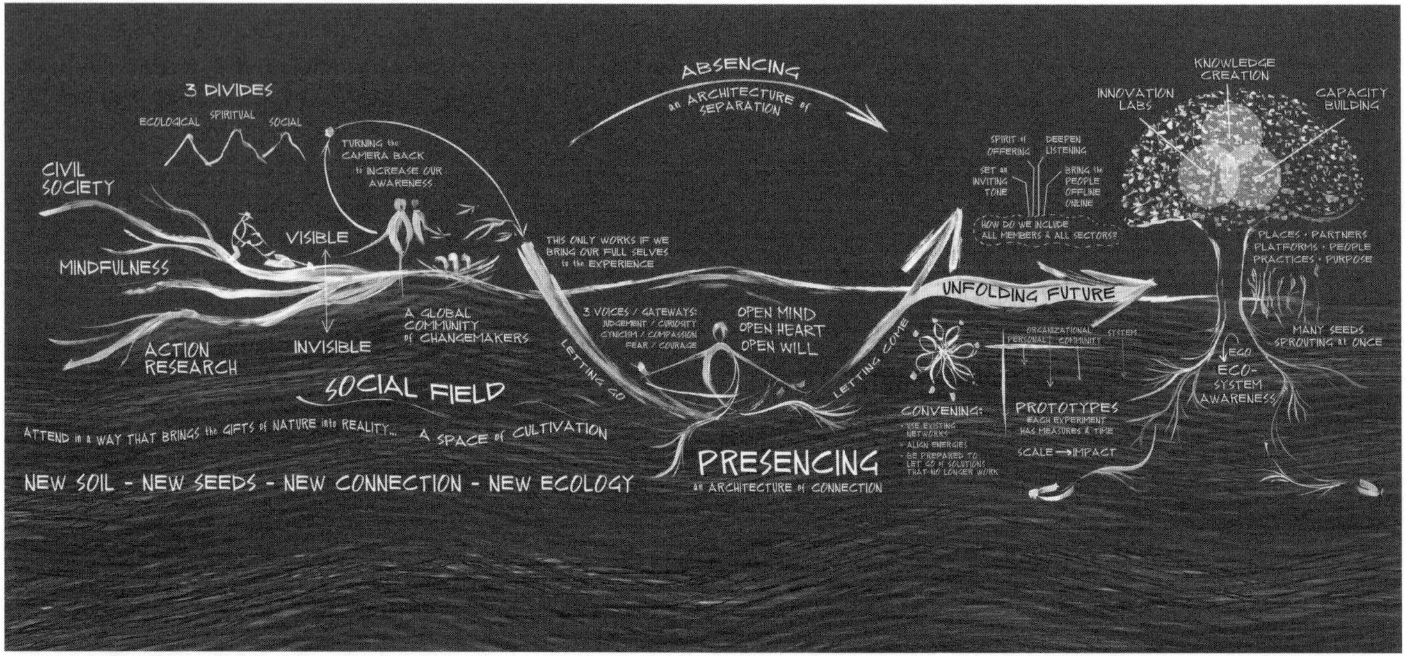

Bild 6: Soziale Felder

Wir sind Teil einer globalen Bewegung, die die Ströme von Zivilgesellschaft, Achtsamkeit und Aktionsforschung zusammenbringt, während gleichzeitig der Boden des sozialen Feldes kultiviert wird, was im Kern einen Aufmerksamkeits- und Bewusstseinswandel »von ego zu öko« aktiviert. In diesem Bild können wir uns selbst aus der Sicht des Ganzen heraus sehen. Unter Einbeziehung zentraler Themen der Online- und Offline-Erfahrungen haben wir die Kamera zurück auf unseren eigenen Prozess und die Reise des U.Lab gelenkt …

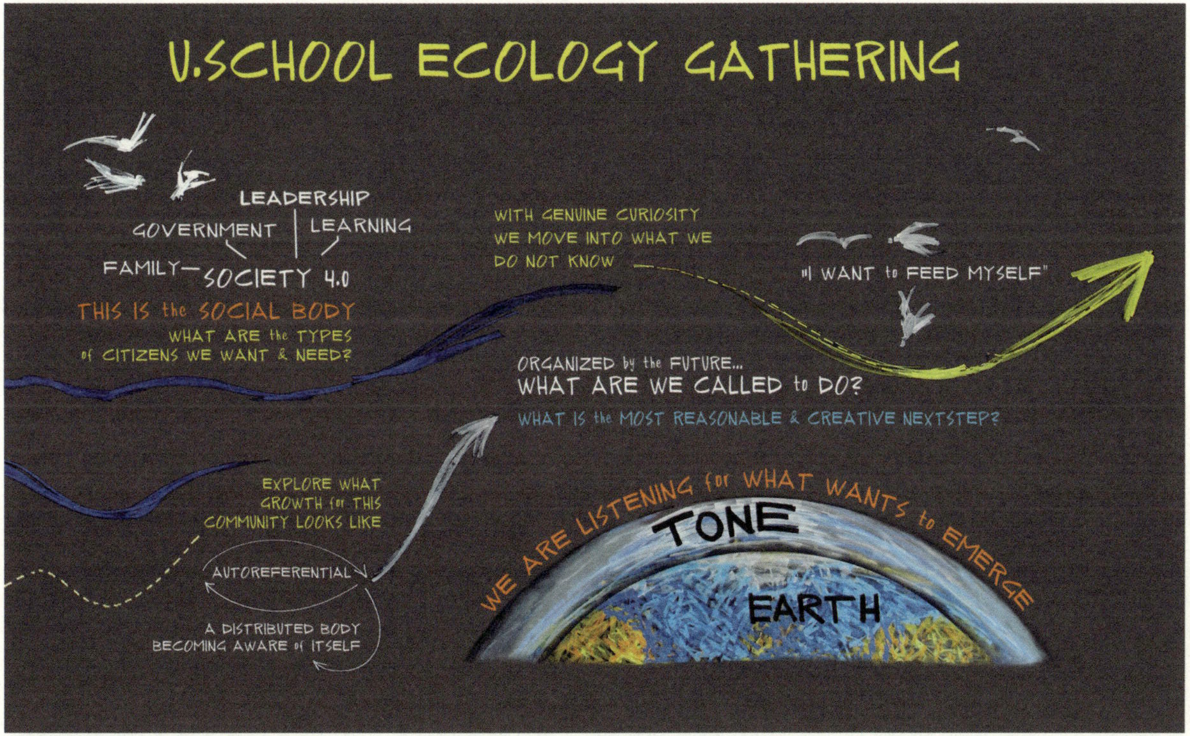

Bild 7: Earth Rising – Erdaufgang

Wir können die Zukunft zwar fühlen und erspüren, aber wir können nicht genau erkennen und erklären, was sie ist. Doch die Verbindung zu diesem Raum ist die wichtigste Lebensader. Während einer Übung mit der Kunstform des Social-Presencing-Theaters, an der 40 Vertreter der U.School Ecology teilnahmen, sagte die Person, die die Rolle der Erde verkörperte: »Ich bin, und ich werde sein« und brachte damit das veränderte Bewusstsein zum Ausdruck, mit dem wir auf das Anklingen der Zukunft lauschen: Die Welt, die entstehen will, klingt an, und wir hören den atmosphärischen Ton, die Stimme der Erde und was sie uns zu tun aufträgt …

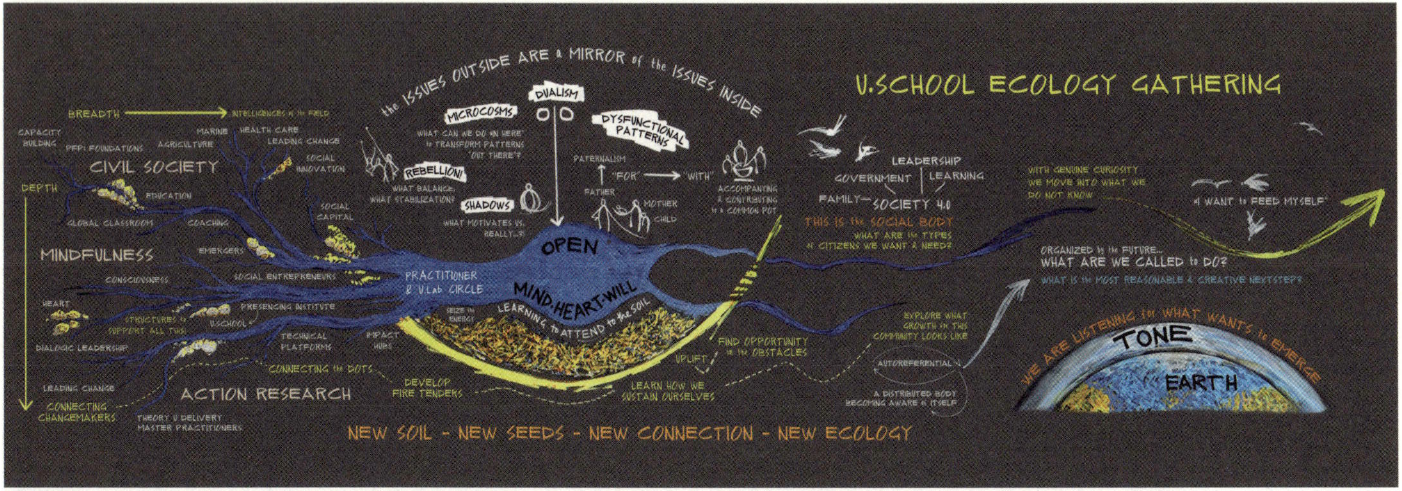

Bild 8: U.School Ecology

Hier sehen wir die Fußabdrücke und die Essenz eines U.School-Ecology-Meetings in Berlin. Am deutlichsten sticht der blaue Fluss hervor: Das Wasser der drei Ströme scheint in ein Delta des offenen Denkens, Fühlens und Willens zu münden, sich zu vermischen und strömt dann hinaus, bahnt sich einen Weg an einen unbekannten Ort der Berufung, als folgte es den Gesten oder der Anleitung der Erde selbst.
Links: Woher wir kommen. Mitte: Unsere derzeitige Arbeit der Kultivierung des sozialen Bodens. Rechts: Wohin wir gehen, eine Sphäre des Möglichen – Erdaufgang.

Hinweis zu den Bildtafeln

Alle hier wiedergegebenen und im Vorwort zur Neuauflage beschriebenen Bilder sind ursprünglich in sozialen Live-Kontexten als Mittel der Gefäßbildung und Reflexion entstanden und mit Whiteboard- oder Kreide-Markern auf 2,5 x 9 m große Flächen aufgetragen worden.
Weitere Informationen zum Kontext und zu der Reise, die zu diesen Bildern führte, sowie Versionen mit hoher Auflösung sind verfügbar und können heruntergeladen werden unter: https://www.presencing.org/resource/images.
Für weitere Informationen über Kelvy Bird und ihre Arbeit siehe: http://www.kelvybird.com/.

Vorwort zur Neuauflage: Zehn Jahre später, Erdaufgang

Als dieses Buch im Jahr 2007 erstmals veröffentlicht wurde, war unsere Tochter Hannah neun Jahre alt. Beim Erscheinen der zweiten englischen Ausgabe war sie neunzehn. Beim Nachdenken über das dazwischen liegende Jahrzehnt und die ihm vorausgehenden zehn Jahre, die ich brauchte, um *Theorie U* zu schreiben, wird mir das Ausmaß der Veränderungen bewusst, die sich im Laufe dieser zwanzig Jahre vollzogen haben. Die Welt hat eine bedeutsame Schwelle überschritten – und überschreitet sie noch immer.

Was für eine Schwelle meine ich? Eine Schwelle persönlicher, beziehungsmäßiger, institutioneller und globaler Art. Auch Sie können sie vermutlich spüren. Meine Kollegin und Mitbegründerin des Presencing Institute, Kelvy Bird, die die wunderbaren Zeichnungen am Anfang dieses Buches geschaffen hat, hat den Zustand der Schwellenüberschreitung eingefangen (Bild 1).

Auf Bild 1 sehen wir eine Kluft, einen Abgrund. Ein Teil unseres Selbst steht auf der linken Seite – in der gegenwärtigen Realität – und schaut in den Abgrund. Der andere Teil, unser im Entstehen begriffenes Selbst, wirkt bereits auf der anderen Seite – der Seite, die uns mit der Zukunft, die entstehen will, verbindet. Beide Teile gehören zu uns: Der Teil, der ängstlich in den Abgrund starrt, und der Teil, der bereits vom Feld der Zukunft aus handelt – denn die Zukunft ist bereits da.

Und was liegt zwischen diesen beiden Elementen unseres Selbst? Nichts. Gar nichts. Wie wir diese beiden Teile unseres Selbst verbinden und dazu bewegen, einander zuzuhören, ist die Essenz der Theorie U – und die Essenz dieses Buches. Das alte Selbst muss die Kluft überwinden, eine Brücke über den Abgrund schlagen – eine Brücke zwischen dem alten und dem neuen Selbst, eine Brücke, die die tieferen Ebenen unserer eigenen Menschlichkeit aktiviert, die tiefen, schlummernden Ebenen unseres entstehenden Selbst.

Wohin wir auch gehen, an jedem einzelnen Tag stehen wir vor diesem Abgrund – als Individuen, Teams, Organisationen und als globale Systeme. Die Theorie U beschreibt eine Methode – einen Weg –, der uns auf allen Ebenen, in allen Situationen hilft, uns immer weiter in diese Kluft hineinzulernen und sie zu überbrücken.

Zwischen den späten 1990ern (als ich anfing, dieses Buch zu schreiben) und heute ist etwas Profundes und Subtiles geschehen. Das vorliegende Buch spürt einigen ersten Ansätzen eines weltweiten Erwachens nach – einer von Menschen, Beziehungen und Bewusstsein ausgehenden Bewegung.

Doch was genau hat sich zwischen damals und heute verändert? Lassen Sie mich versuchen, diese Frage zu beantworten, indem ich von fünf Beobachtungen berichte, die meiner Ansicht nach Dimensionen eines tieferen Wandels verkörpern, der unsere Welt weiterhin umformt.

Beobachtung 1: Der Aufstieg von Achtsamkeit und Spiritualität

Die erste Beobachtung betrifft den Aufstieg der Achtsamkeit. Im Laufe der letzten beiden Jahrzehnte hat die Achtsamkeit, die vorher eine eher marginale Rolle spielte, in vier professionellen Anwendungsbereichen eine ziemlich zentrale Bedeutung gewonnen:

- *Kognitionswissenschaft:* Die Entdeckung der Gehirnplastizität hat dazu geführt, dass sich das Forschungsinteresse in Neurowissenschaft und Neurophänomenologie häufiger auf das Thema Achtsamkeit konzentriert. Beispielhaft hierfür sind die bahnbrechenden Arbeiten von Tanja Singer zum Mitgefühl oder von Richard Davidson zur Neuroplastizität.
- *Gesundheit:* Der von Jon Kabat-Zinn und seinen Mitarbeitern entwickelte Ansatz der Achtsamkeitsbasierten Stressreduktion (MBSR, Mindfulness-Based Stress Reduction) bietet wirksame Hilfe für Menschen, die unter Schmerzen oder Krankheitszuständen leiden, die in herkömmlichen Einrichtungen schwer zu behandeln sind. Seit Einführung von MBSR im Jahr 1979 ist diese Methode weltweit in über dreißig Ländern von zahllosen Ausbildern eingesetzt worden. Die Zahl der Forschungspublikationen zum Thema Achtsamkeit ist von praktisch null im Jahr 1980 auf 15.000 im Jahr 2013 gestiegen.
- *Bildung:* Daniel Golemans Arbeit zur emotionalen Intelligenz setzt ein neues Verständnis des sozial-emotionalen Lernens (SEL) in Schulen um und hilft Schülern, besser mit Gefühlen umzugehen, Empathie zu entwickeln und Beziehungen aufzubauen.
- *Führung:* Achtsamkeitspraktiken in der Ausbildung von Führungskräften werden nicht nur in Technikgemeinschaften, sondern auch in den meisten zukunftsorientierten globalen Unternehmen angewandt. Ich habe Achtsamkeitspraktiken (und Presencing-Praktiken) in traditionellen Branchen (Autobranche), Technologieunternehmen (Google, Alibaba), multilateralen Organisationen (UN), für Regierungen (etwa die chinesische) und riesigen staatseigenen Unternehmen (Industrial and Commercial Bank of China, ICBC) eingesetzt. Es ist bemerkenswert, wie weit die Tür für Achtsamkeits- und Presencing-Methoden heute in Organisationen geöffnet ist. Der fehlende

> Widerstand ist mitunter fast schockierend. Wenn man es richtig macht (das heißt Achtsamkeit nicht als Ideologie, sondern als Tool fördert), erhält man eine starke positive Reaktion, insbesondere bei der neuen Generation der Führungskräfte.

Achtsamkeit ist die Fähigkeit, auf die eigenen Erfahrungen zu achten und gleichzeitig die Aufmerksamkeit auf die eigene Aufmerksamkeit zu richten. Sie erfordert einen Wechsel der Wahrnehmung zu einer höheren Ebene – dass man sich selbst vom Ganzen her wahrnimmt.

In einer Welt, in der eine kulturelle ADHS (Aufmerksamkeitsdefizit-Hyperaktivitäts-Störung) immer stärker um sich greift, unterstützt durch unsere zahllosen Apps und elektronischen Geräte, die uns zunächst begeistern und dann versklaven (wenn wir sie nicht mehr bewusst nutzen), wird die Fähigkeit zur Selbstwahrnehmung immer entscheidender. Trotz des ganzen Geredes über Multitasking ist wissenschaftlich belegt, dass dieses gar nicht existiert. Was hingegen sehr wohl existiert, ist eine Verkürzung der Aufmerksamkeitsspanne.

»Das ist der Feind!«, so der junge Hacker Neo im Science-Fiction-Film *Matrix,* als er das »System« kennenlernt. Jede echte Kreativität, jede bedeutsame Innovation und jede tief greifende gesellschaftliche Erneuerung entspringt derselben Quelle, nämlich der Fähigkeit zu nachhaltiger Aufmerksamkeit – der Fähigkeit, uns selbst auf etwas einzulassen, dabei zu bleiben und dann schließlich – wenn wir Glück haben – den Funken der Inspiration einzufangen und eine Bewegung zu vollziehen, durch die wir das Neue – frei nach Martin Buber – »so verwirklichen, wie es verwirklicht werden will«.

Bild 2 veranschaulicht dieses tiefe Veränderungsterrain in Form eines Modells, das die Problemsymptome an der Oberfläche zeigt und darunter die tieferen Problemursachen, die Wurzeln und Quellen, aus denen sie hervorgehen. Um die drängenden Herausforderungen unserer Zeit auf der Quellebene in Angriff zu nehmen, müssen wir »die Linse zurück auf uns selbst richten«, indem wir den U-Prozess durchlaufen – das heißt, indem wir das Bewusstsein, von dem aus wir handeln, verändern.

Beobachtung 2: Der Aufstieg der Disruption

Die zweite Beobachtung betrifft den Aufstieg der Disruption (engl. *disruption* für »Störung, Unterbrechung, Bruch, Spaltung, Zerrissenheit, Zerrüttung«) oder der krisenhaften Zusammenbrüche. Technik, Terrorismus, Trump. Klimakatastrophe. Konfliktzonen. Polarisierung. Wir leben in einem Zeitalter der Disruption. Jede Überprüfung der grundlegenden Antriebskräfte überzeugt uns davon, dass das Tempo der Disruption weiterhin zunehmen und nicht abnehmen wird. Bei einigen dieser Kräfte und Trends ist es zu spät, um die Entwicklung umzukehren. Wenn wir also das Tempo der äußeren Disruption nicht steuern können, was können wir dann, wenn überhaupt, steuern?

Das Einzige, was wir wirklich kontrollieren oder gestalten können, ist *unsere innere Reaktion:* Wie wir damit umgehen, wenn die Disruption zuschlägt.

- Erstarren wir und halten an bestehenden Mustern (»Durchwurschteln«) fest?
- Verschließen wir uns und kehren wieder zu alten, intuitiven Verhaltensweisen zurück (bewegen uns rückwärts)?
- Oder öffnen wir uns und lehnen uns in das, was entstehen möchte, hinein (bewegen uns vorwärts)?

Die Zukunft unserer sozialen Systeme, Gesellschaften und des Planeten als Ganzen hängt in nicht geringem Maße von den *Entscheidungen* ab, die wir in diesen Momenten treffen:

- Die erste Reaktion (Durchwurschteln: mehr vom Selben) erzeugt noch mehr Chaos, Zusammenbrüche und Leiden.
- Die zweite Reaktion (Zurückbewegen: dichtmachen) erzeugt sogar noch schlimmere Ergebnisse wie Rassismus oder Faschismus.
- Einzig die dritte Option (Vorwärtsbewegen: sich öffnen) schafft Raum für das gemeinsame Erspüren dessen, was geschieht, einen Raum zum Loslassen des Alten und gemeinsamen Gestalten des Neuen.

Bild 3 stellt diese Situation dar. Was also ist der Schlüssel? Was bestimmt darüber, ob wir auf eine Disruptionssituation reagieren, indem wir uns 1) durchwurschteln, 2) rückwärtsbewegen oder 3) vorwärtsbewegen?

Der Schlüssel liegt darin, die Worte über der Zeichnung zu verstehen: *Die Probleme im Außen sind ein Spiegel der Probleme im Innern.* Dieser Satz fasst die neue Arbeit der Führenden und Veränderungsakteure zusammen – und er fasst auch das Terrain zusammen, das wir durch dieses ganze Buch erforschen werden. Bei der neuen Arbeit der Führungskräfte geht es darum, einen *inneren Raum des Haltens* zu entwickeln – einen Raum, der uns inmitten widerstreitender Informationen und Interessen, inmitten der Konfusion, die Menschen zu Zorn, Angst und Verzweiflung treibt, unseren Kurs finden lässt.

Beobachtung 3: Der Aufstieg des Absencing

Die dritte Beobachtung betrifft das Phänomen des Absencing. Jeder Ansatz oder jedes gesellschaftliche Bezugssystem, das den massiven Anstieg des Fundamentalismus und des Absencing in unserer Welt nicht berücksichtigt, geht an den Kräften vorbei, die unsere Realität mitgestalten.

Was mich in den letzten zehn Jahren überrascht hat, ist, dass zwar sehr viele Menschen das Konzept des Presencing (das in Teil I und II dieses Buches behandelt wird) aufgegriffen haben, aber fast niemand mit dem korrespondierenden Konzept des Absencing (das in Teil III entwickelt wird). Es ist tatsächlich nicht möglich, das eine ohne das andere zu verstehen. Unsere derzeitige Realität ist voll von eindrucksvollen Beispielen für Presencing ebenso wie Absencing. Lassen Sie mich erklären:

Abb. V.1 zeigt das Aufeinanderprallen zweier Denkwelten, die jeweils zu einer anderen Dynamik und einem anderen sozialen Feld führen: *Presencing* – der Zustand des gemeinsamen Erspürens und Gestaltens der entstehenden Zukunft, indem wir unsere inneren Wissensinstrumente öffnen; und *Absencing* – der Zustand der Loslösung von anderen (Nichtsehen, »Entfühlen«) und von uns selbst, der zur Zerstörung anderer und schließlich zur Selbstzerstörung führt. Im Zustand des Presencing wirken wir gestützt auf eine Öffnung von Denken, Herz und Willen. Im Gegensatz dazu handeln wir im Zustand des Absencing unter den entgegengesetzten inneren Bedingungen: Wir stecken in *einer* Wahrheit fest, in *eine*r kollektiven Haut und in *einem* fanatischen Willen.

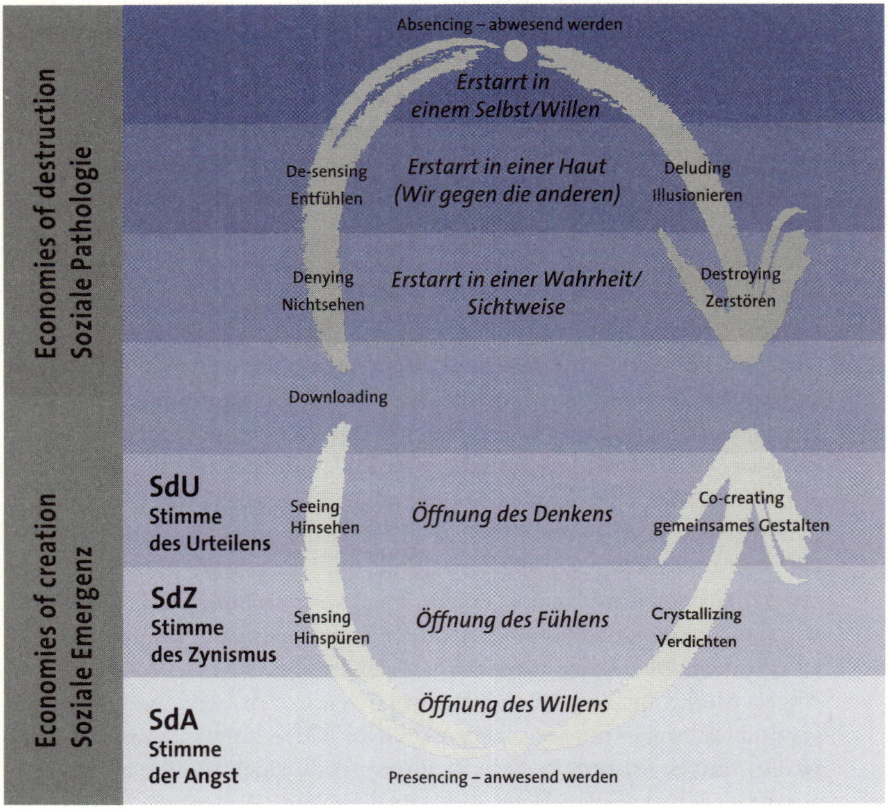

Abb. V.1: Zwei Zyklen, zwei soziale Felder: Absencing und Presencing

Lassen Sie uns mit diesen Gedanken im Hinterkopf nochmals zu den drei Reaktionen auf disruptive Situationen zurückkehren und sie im Kontext der inneren Bedingungen betrachten, die in Abb. V.1 wiedergegeben sind. Ob in den beiden Teilen Amerikas, in Afrika, Asien, Australien oder Europa – die öffentliche Debatte über alle großen Probleme – einschließlich Klimawandel, Flüchtlingskrise, Terrorismus und viele andere – fällt tendenziell immer in eine der drei folgenden Reaktionskategorien:

1) *Durchwurschteln:* Diese Reaktion bezeichne ich häufig als *Downloading* oder Runterladen. Alles geht so weiter wie immer – mehr Meetings, mehr Erklärungen, mehr leere Worte. Denken Sie an die Gipfel über Flüchtlinge, Armut, den Nahostkonflikt, Klimawandel und die meisten anderen Themen, die globale Gemeingüter betreffen.
2) *Auseinanderbewegen:* Im Raum des Absencing erkennen wir den Zusammenbruch des Systems und die Tatsache, dass wir nicht so weitermachen können wie bisher. Doch aus unserer Sicht sind nicht »wir«, sondern »die anderen« (»sie«) das Problem. Also errichten wir eine Mauer um uns, um »sie« fernzuhalten. Die Errichtung einer Mauer, die uns von den anderen trennt, ist buchstäblich das, wofür die meisten republikanischen US-Präsidentschaftskandidaten und alle Parteiführer der extremen Rechten in Europa in der jüngeren Geschichte plädiert haben; historisch betrachtet, ist die Reaktion der Bush-Regierung auf 9/11 (»Bombt sie zur Hölle!«) ein weiteres Beispiel. Die Ergebnisse, zwölf Jahre und vier Billionen Dollar später, nach zigtausend Toten und dem Versinken einer ganzen Weltregion im Chaos, werden uns weiter heimsuchen, da der sogenannte Islamische Staat (IS oder ISIS für Islamischer Staat im Irak und in Syrien) und andere Vertreter des Terrors fest in der Feldlogik des Absencing verhaftet sind.
3) *Gemeinsam bewegen:* Im Raum des Presencing hingegen werden die Mauern eingerissen, und eine neue Architektur der Kollaboration und Verbundenheit nimmt Gestalt an. Beim Umgang mit jeglicher komplexen Herausforderung unserer Zeit wird einem sehr schnell klar, dass es nichts gibt, was ein einzelnes Unternehmen oder eine einzelnes Land allein tun könnte. Deshalb müssen nachhaltige Lösungen ein gesamtes globales Ökosystem von Partnern und Akteuren umfassen. Damit uns das gelingt, müssen wir uns unserer eigenen Rolle bei der gemeinsamen Verursachung des Problems bewusst werden und dann antreten, um gemeinsam andere Vorgehensweisen zu gestalten. Im Fall der europäischen Flüchtlingskrise zum Beispiel haben Angela Merkel in Deutschland, Stefan Löfven in Schweden und viele Bürger und Nichtregierungsorganisationen (Non-Governmental Organizations, NGOs) mutige Schritte in diese Richtung getan. Doch wie die innenpolitischen Gegenreaktionen zeigen, ist die Realität voller Widersprüche und stellt uns alle durch ihre Entwicklung immer wieder vor neue Herausforderungen.

Die Realität schreit förmlich nach einer dritten Haltung, nach Presencing. Die erste Haltung, Downloading, versucht den Zusammenbruch des Systems zu leugnen. Die zweite Haltung, Absencing, sagt: »Okay, das System ist zusammengebrochen, aber das liegt nicht an uns.« Nur Presencing bietet einen gangbaren Weg, um die umfassende Disruption, vor der wir stehen, anzugehen.

Ich erinnere mich, wie ich einmal einen Außendienstmitarbeiter eines US-Autokonzerns interviewte, der für Kundengespräche über Reparaturen und Rückrufaktionen zuständig war. Ich bat ihn, mir zu schildern, wie das funktioniere. Er sagte: »Na ja, es ist immer dasselbe.« Dasselbe was? »Es gibt immer dieselben drei Stadien«, erklärte er:

> »Stadium 1: Die Techniker im Unternehmen streiten ab, dass überhaupt ein Problem vorliegt. Sie behaupten, die Kunden lägen völlig falsch. Dann kommen immer weitere Informationen rein. Wenn es unmöglich wird, die Augen weiterhin vor dem Problem zu verschließen, wechseln sie in das 2. Stadium, in dem sie akzeptieren, dass das Problem existiert, es aber auf eine andere Abteilung schieben. Dann, nach einem weiteren längeren Zeitraum, in dem das Problem verheerende Ausmaße annimmt, sind sie allmählich bereit für das 3. Stadium: In Stadium 3 hören die Leute auf, sich gegenseitig die Schuld in die Schuhe zu schieben und sagen: ›Okay, wir haben tatsächlich ein akutes Problem, das wir so schnell wie möglich lösen müssen. Wie stellen wir das an? Wer kann welchen Beitrag leisten?‹«.

Zu dieser Abfolge der Stadien 1 bis 3 kommt es nicht nur in Autokonzernen, sondern auch in unseren großen öffentlichen Systemen. Praktisch alle großen Herausforderungen, vor denen unsere Welt steht, werden auf diese Weise gehandhabt. Doch in Anbetracht der Dringlichkeit dieser Herausforderungen stellt sich die Frage, wie wir den Prozess, der uns in Stadium 3 bringt, beschleunigen können. Wie kommen wir von Leugnen und Absencing zum Presencing?

Der Ausgangspunkt ist die Erkenntnis, dass die Linie zwischen Presencing und Absencing nicht zwischen uns und den anderen verläuft. Sie verläuft direkt durch jeden Einzelnen von uns. Sie repräsentiert den Abgrund, vor dem wir Tag für Tag, auf allen Ebenen, von Mikro bis Mundo, stehen. Angesichts des Abgrunds müssen wir innehalten und in den Spiegel schauen, wo wir erkennen, dass die Probleme im Außen widerspiegeln, was in unserem Innern ist. Deshalb müssen wir den inneren Standort, von dem aus wir handeln, verändern.

Wie machen wir das? Indem wir in den Spiegel sehen und unsere Aufmerksamkeit und unsere wahre Intention wieder in Einklang bringen. Bild 4 zeigt, wie ein Teil dieser Neuausrichtung stattfindet.

Beobachtung 4: Institutionelle Inversion

Die vierte Beobachtung betrifft das Phänomen der Inversion oder Umstülpung. Tabelle V.1 fasst das gesamte vorliegende Buch auf einer einzigen Seite zusammen. Ich nenne das die *Matrix der sozialen Evolution.* (Ich danke meiner Kollegin und

Freundin Claudia Madrazo für den Begriff.) Sie umreißt im Wesentlichen die Entfaltung der evolutionären Inversion.

Wenn Sie die Matrix der sozialen Evolution verstehen, könnten Sie sich die Lektüre des restlichen Buches eigentlich sparen. Ich bin überzeugt, dass alle Menschen, die aufmerksam auf ihre Erfahrungen achten, diese Tabelle ausfüllen könnten. Doch die Essenz dieses Buches hat nichts mit einer einzelnen Person zu tun: Es geht darum, die tiefere soziale Grammatik unserer Zeit sichtbar zu machen, die evolutionäre Grammatik und Verlaufskurve der kollektiven Felder, die wir als Individuen, Gruppen, Institutionen und größere soziale Systeme hervorbringen. Wäre ich mutig, würde ich Sie nicht bitten, dieses fast unerträglich dicke Buch zu lesen, sondern Ihnen diese leere Matrix ohne jeden Text in die Hand drücken und Sie auffordern, sie selbst auszufüllen.

Wie am Umfang dieses Buches zu erkennen, bin ich natürlich nicht so mutig. Doch Sie könnten das Ausfüllen der Matrix jetzt als Übung durchführen: Schauen Sie auf die Tabelle, und lesen Sie nur die Überschriften der beiden Hauptachsen. Nehmen Sie dann ein leeres Blatt Papier, übertragen Sie darauf die Überschriften und füllen Sie die leere Matrix aus. Wenn Sie aufmerksam auf alle subtilen Dimensionen Ihrer eigenen Erfahrungen geachtet haben, bin ich sicher, dass Sie am Ende etwas erhalten werden, das der Tabelle V.1 sehr ähnlich ist. Der Grund, warum ich so sicher bin, ist, dass ich zehn Jahre meines Lebens damit verbracht habe, genau das zu tun: Ich habe mich mit Erneuerern und Veränderungsakteuren in der Praxis getummelt, an den Frontlinien des sozialen, ökonomischen und kulturellen Wandels, und Fragen gestellt, Geschichten gehört und versucht, mir einen Reim auf alles zu machen.

Ich hatte nie die Absicht, irgendetwas zu erfinden. Ich wollte einfach nur aufdecken, was bereits da war – sichtbar machen, was sich im Offensichtlichen verbirgt oder unter den Schichten konventioneller Verhaltensgewohnheiten versteckt. Nachdem einige sehr erfahrene Praktiker das von mir entwickelte U erstmals gesehen hatten, wurden sie ganz still und sagten dann zu mir: »Das ist erstaunlich, aber es ist nicht völlig neu. Ich wusste nur nicht, dass ich es weiß.«

Ich wusste nur nicht, dass ich es weiß. Deshalb bin ich überzeugt, dass die meisten Menschen mit tiefen Veränderungs- oder kreativen Lebenserfahrungen diese Matrix selbst ausfüllen können. Doch bezweifeln viele, dazu in der Lage zu sein, weil sie nicht wissen, dass sie (schon) wissen. Aus diesem Grund werde ich das Buch nicht gleich an dieser Stelle beenden.

Beginnen wir mit den beiden Achsen. Die horizontale Achse zeigt vier verschiedene Ebenen des Systems: Mikro (Individuen), Meso (Gruppen), Makro (Institutionen) und Mundo (Ökosysteme) zusammen mit den vier Handlungsweisen, die diesen Ebenen entsprechen: Aufmerksamkeit zuwenden (Mikro), kommunizieren (Makro), organisieren (Makro) und koordinieren (Mundo).

Die vertikale Achse veranschaulicht die Ebene der Wahrnehmung oder des Bewusstseins, von der aus jede dieser Aktionen ausgeführt werden kann. Die Qualität der Ergebnisse (und Auswirkungen) in jeder Art von System ist abhängig von der

Qualität der Wahrnehmung oder des Bewusstseins, das zur Ausführung dieser Aktionen genutzt wird. Die Form folgt dem Bewusstsein. Mit anderen Worten, die Qualität der Ergebnisse ist abhängig von der vertikalen Positionierung in der Matrix.

Feldstruktur der Aufmerksamkeit	Mikro Hinwenden der Aufmerksamkeit (Individuum)	Meso Kommunizieren (Gruppe)	Makro Organisieren (Institution)	Mundo Koordinieren (Ökosystem)
***1.0:** Habituelles Bewusstsein*	Zuhören 1: Herunterladen gewohnter Denkmuster	Downloaden: aus der Anpassung heraus sprechen	Zentralisierte Kontrolle: um Hierarchie herum organisieren	Hierarchie: Befehl
Innehalten				
***2.0:** Egosystem-Bewusstsein*	Zuhören 2: faktisch, mit offenem Denken	Debatte: aus der Differenzierung heraus sprechen	Divisionen: um Differenzierung herum organisieren	Markt: Wettbewerb
Umwenden				
***3.0:** Stakeholder-bewusstsein*	Zuhören 3: empathisch, mit offenem Fühlen	Dialog: aus dem Erkunden des Anderen und des Selbst heraus sprechen	Netzwerke: um Interessengruppen herum organisieren	Verhandelter Dialog: Kooperation
Loslassen				
***4.0:** Ökosystem-Bewusstsein*	Zuhören 4: schöpferische Gegenwärtigung, mit offenem Willen	Kollektive Kreativität: aus dem Sich-hindurch Bewegenden heraus sprechen	Ökosystem: um Entstehendes herum organisieren	ABC, Awareness-based Collective Action (im Bewusstsein gründendes kollektives Handeln): Gemeinsames Gestalten

Tab. V.1: Die Matrix der sozialen Evolution

Während die horizontalen Ebenen leicht zu erklären sind (Mikro zu Mundo), scheinen die vertikalen Entwicklungsdimensionen auf den ersten Blick etwas komplizierter zu sein. Doch wenn man sich mit der Literatur befasst, von der Phänomenologie zur Entwicklungspsychologie, von Edmund Husserl zu Robert Kegan, Clare W. Graves, Don Beck, Susanne Cook-Greuter, Ken Wilber und Bill Torbert, und wenn man die eigene Erfahrung unter die Lupe nimmt, dann erkennt man, dass Menschen über all diese Traditionen und Fragestellungen hinweg zu den gleichen grundlegenden Unterscheidungen und Markern der vertikalen Entwicklung gekommen sind. Vertikale Entwicklung bezieht sich auf das entstehende Selbst. In der Matrix der sozialen Evolution habe ich die Entwicklungsstufen und Bewusstseinszustände auf *vier elementare Modi* vereinfacht, die sich tagtäglich vor unseren Augen abspielen (die Angaben in Klammern in der folgenden Aufzählung verweisen auf die entsprechenden Entwicklungsstufen des Spiral-Dynamics-Modells; Beck a. Cowan 1996, vgl. Kapitel 5 und Zeile 10 in Tabelle 20.1):

1) *Habituelles Bewusstsein:* Inszenierung von Mustern der Vergangenheit – das Universum als meine mentale Projektion (rot: traditionell)
2) *Egosystem-Bewusstsein:* Subjekt-Objekt-Bewusstsein – die Welt als eine Reihe von Objekten, die von mir selbst getrennt sind (orange: Leistung)
3) *Stakeholder-Bewusstsein:* Das Universum als eine Reihe von Beziehungen, mit denen ich mich verbinden kann (grün: pluralistisch).
4) *Ökosystem-Bewusstsein:* Das Universum als Feld, das sich selbst fühlt und erkennt und weiterhin – durch mich – im Entstehen begriffen ist (türkis: evolutionär).

Der Blick in die Matrix ist wie der Blick in einen Spiegel der Gemeinschaft. Wir sehen die Muster, die wir gemeinsam gestalten, wenn wir – von Augenblick zu Augenblick – das soziale Feld hervorbringen.

Was genau geschieht, wenn wir uns auf der Matrix nach unten bewegen (von Mikro zu Mundo)? Wir sehen Zweierlei. Zum einen erkennen wir einen profunden *Öffnungsprozess:* die Öffnung unserer Aufmerksamkeit (offenes Denken, offenes Herz, offener Wille), unserer Gespräche (vom Downloaden zur Debatte, zum reflektiven Dialog, zum schöpferischen Dialog), unserer Organisationsmethoden (von zentralisiert zu divisionalisiert, zu vernetzt, zu Ökosystem) und unserer Koordinationsweisen (von Hierarchie und Wettbewerb zu Dialog und bewusstseinsbasiertem kollektivem Handeln [Awareness-Based Collective Action, ABC]). Der tief greifende Öffnungsprozess macht die Grenze zwischen System und Selbst – die auf Ebene 1 oder 2 so undurchdringlich erscheint – durchlässig (Ebene 3) und bringt sie zum Einsturz (Ebene 4).

Zum anderen erkennen wir auf allen Ebenen einen profunden Prozess der *Verinnerlichung.* Zu diesem Prozess gehört die Art,

- wie wir unsere Aufmerksamkeit zuwenden (wir richten den Strahl der Aufmerksamkeit zurück auf das beobachtende Selbst),
- wie wir kommunizieren (wir bewegen uns von Schuldzuweisungen zum Dialog – das heißt, wir sorgen dafür, dass das System sich selber wahrnimmt),
- wie wir organisieren (von Befehl und Kontrolle zu einem inneren Ort, an dem wir uns selbst aus der Perspektive unserer Stakeholder sehen) und
- wie wir koordinieren (von der sichtbaren und unsichtbaren Hand zu einem System, das sich selbst fühlen und sehen kann).

Worauf läuft es hinaus, wenn man diese beiden Dinge – den Prozess der *Öffnung* und den Wandel des Bewusstseins bzw. die Veränderung der Aufmerksamkeit in Richtung *Verinnerlichung* – zusammennimmt? Was genau geschieht mit uns, wenn wir uns auf der Matrix nach unten bewegen? Mit einem Wort gesagt: *Inversion*. Wir durchlaufen einen Prozess der individuellen, beziehungsmäßigen, institutionellen und systemischen Umstülpung oder Umkehrung.

Inversion ist der Prozess, bei dem man etwas von innen nach außen und von außen nach innen stülpt. Beides kann gleichzeitig geschehen.

- Der »Von-innen-nach-außen-Teil« ist das Öffnen: Man öffnet die Grenze und bringt, was sich gewohnheitsmäßig im Innern befand, nach außen.
- Der »Von-außen-nach-innen-Teil« ist die Verinnerlichung: Wir werden uns der tiefen wechselseitigen Verbundenheit mit der uns umgebenden Welt bewusst.

Wenn wir das eine ohne das andere tun, wenn wir uns für das Außen öffnen, ohne unsere Fähigkeit zur Verinnerlichung zu fördern, erzeugen wir Stress und Gegenreaktionen, die in Absencing resultieren können (zum Beispiel die Flüchtlingssituation in Deutschland und Europa).

Wenn man die Matrix der sozialen Evolution in vertikaler Richtung liest, erkennt man den Prozess der Verinnerlichung bei allen vier Spalten:

- Bei der *individuellen* Inversion geht es um die Öffnung von Denken, Herz und Willen im Sinne eines Zugangsprozesses zu den tieferen und schlummernden Ebenen der menschlichen Intelligenz.
- Bei der *beziehungsmäßigen* Umkehrung geht es um Gespräche, die bewirken, dass ein System sich selbst sieht und spürt (Dialog).
- Bei der *institutionellen* Umstülpung geht es um die Entdeckungsreise, durch die wir unsere Institutionen öffnen und mit dem Wissen verbinden, das im größeren Ökosystem um uns herum eingebettet ist (ego zu öko).
- Und bei der *systemischen* Umkehrung geht es um die Entwicklung unserer »Governance«, unserer Steuerung und Koordination – von den alten Mechanismen (Zentralisierung und Wettbewerb) zu den neuen (Gestaltung sozialer Felder, die sich selbst sehen und fühlen).

Nehmen Sie sich einen Augenblick Zeit, um darüber nachzudenken, wo Sie in Ihrem eigenen Kontext erkennen können, dass diese Umstülpung oder Umkehrung geschieht, indem Sie Bild 5 betrachten, einschließlich des Goethe-Zitats in der zugehörigen Legende (Goethe 1823, S. 38): *»Jeder neue Gegenstand, wohl beschaut, schließt ein neues Organ in uns auf.«*

Beobachtung 5: Die Aktivierung globaler sozialer Felder

Die fünfte Beobachtung betrifft das Phänomen der Aktivierung globaler sozialer Felder. Bis 2015 betrug die Zahl der Studierenden, die für meinen Kurs »U.School« am Massachusetts Institute of Technology (MIT) eingeschrieben waren, etwa 75, nur einige Monate später, Ende 2015, hatte der »U.Lab-Kurs« 75.000 eingeschriebene Teilnehmende aus 185 Ländern. (Heute, im Jahr 2020, sind es bereits doppelt so viele!) Zusammen haben sie mehr als 400 Prototypinitiativen erschaffen sowie mehr als 560 »Hubs«[1] und mehr als tausend selbstorganisierte Case Clinic Circles hervorgebracht.

Was erklärt das Anwachsen der Gruppengröße von 75 auf 75.000? Ein Faktor war, dass der Kurs von einem MIT-Unterrichtsraum auf die offene edx-Plattform umgezogen ist und zu einem offenem Massen-Onlinekurs (Massive Open Online Course, MOOC) wurde. Der andere und wichtigere Faktor ist die Verbindung und gemeinsame Ausrichtung dieser Plattform mit einer größeren bewusstseinsbasierten Veränderungsbewegung, die von vielen Orten auf der ganzen Welt ausgeht. Im Laufe der letzten 10 Jahre habe wir eine Reihe der profunden Veränderungsinitiativen unterstützt, die Teil dieser Bewegung sind. (Einige neuere Fallstudien finden sich weiter unten in diesem Vorwort.)

Einer Umfrage zufolge, die wir am Ende des Kurses durchführten, empfanden 93 Prozent der Befragten ihre Erfahrung als »inspirierend« (60 Prozent) oder »lebensverändernd« (33 Prozent), und 62 Prozent der Teilnehmenden, die keine Erfahrung mit kontemplativen Praktiken hatten, als sie zum U.Lab kamen, haben solche Praktiken erlernt und entwickelt.

Ein Drittel der Teilnehmenden machte »lebensverändernde« Erfahrungen? Wie ist das in einem lediglich sieben Wochen umfassenden Onlinekurs möglich? Die Antwort lautet: Es ist nicht möglich. Das U.Lab ist nicht einfach nur ein Onlinekurs. Es ist eine *gemischte Lernumwelt* aus O2O-Tools (Online-to-offline-Praxisanteilen), die sich zusammen mit einer im Entstehen begriffenen Bewegung entwickelt. Es funktioniert nur, weil es in eine bereits existierende größere globale Bewegung eingebettet ist. Aber: In vielerlei Hinsicht ist es eine noch schlummernde Bewegung – sie weiß noch nicht ganz, dass sie um ihre Existenz weiß.

Und hier kommt das U.Lab (und die *Theorie U*) ins Spiel. Mein Leben ist reich an vielen profunden Erfahrungen – und viele davon finden sich in diesem Buch wieder. Doch von all diesen Erfahrungen ist die neuere Entwicklung des U.Lab etwas Besonderes, weil sie kollektiver, globaler und radikaler ist, was die Verbindung mit höheren Zukunftsmöglichkeiten betrifft, als alles, was ich zuvor erlebt habe. Dieses Buch beginnt mit einer Geschichte über das Feuer auf dem Bauernhof meiner Eltern (Kapitel 1). Mit der Geschichte des U.Lab schließt sich tatsächlich der Kreis dieser ganzen Reise, die mit dem Feuer auf dem Bauernhof begann.

Lassen Sie mich das an Bild 6 als Bezugspunkt erklären.

Darin erfasst Kelvy die abschließende U.Lab-Live-Session vom 17.12.2015, eine gemeinsame Veranstaltung des MIT in Cambridge, MA, mit Edinburgh, Schottland,

1 Begriffe wie dieser werden im Anhang dieses Buches im Glossar erklärt.

und Sao Paulo, Brasilien, an der sogenannte Hub-Gemeinschaften aus der ganzen Welt teilnahmen. Dieses Bild fängt die Reise ein, auf der wir uns befinden – es ist die Reise des U.Lab, aber es ist auch die Reise dieses Buches und der Bewegung, die dieses widerspiegelt:

Linke Seite: Woher wir kommen – wir bringen verschiedene Bewegungen und Strömungen zusammen, einschließlich Zivilgesellschaft, Achtsamkeit und Aktionsforschung, um gemeinsam die tieferen Herausforderungen unserer Zeit in Angriff zu nehmen (die dreifache Kluft);

Mitte: Unsere derzeitige Arbeit – wir kultivieren den Boden des sozialen Feldes, wobei es im Wesentlichen darum geht, den Bewegungsprozess von 1) Leugnung zu 2) Debatte und schließlich zu 3) Dialog zu beschleunigen, indem wir den inneren Ort kultivieren, von dem aus wir handeln.

Rechte Seite: Wohin wir gehen – das entstehende Feld der Zukunft, mit einer erwachenden Ego-zu-öko-Bewegung an der Wurzel.

Wenn Sie sich die linke Seite des Bildes genauer anschauen, sehen Sie, dass sich drei Flüsse – ziviles Engagement, Achtsamkeit, Aktionsforschung – zu einem einzigen Strom vereinen und dass ein Bauer seinen Pflug einsetzt, um den Boden unseres Planeten zu kultivieren (was ich bei meinen Eltern ihr Leben lang beobachtet habe).

Im Zentrum der Zeichnung liegt das soziale Feld. Mein Job (und der Job aller Führenden, »Movement-Builder« und Erdenbürger) besteht darin, den Boden des sozialen Feldes zu kultivieren. Doch wie stellen wir das an? Was ist das funktionale Gegenstück zum Pflug des Landwirts?

Der Acker des Bauernhofs wird mit dem Pflug bestellt. Doch was kultiviert den Boden des sozialen Feldes? Es ist die Fähigkeit, die Kamera umzudrehen und in den Spiegel der Gemeinschaft zu schauen – die Fähigkeit, sich selbst aus der Perspektive des Ganzen zu sehen. Dieser entscheidende Einstiegspunkt ist zwischen dem Bauern und dem Anfang der U-Form wiedergegeben.

Auf der rechten Seite des Bildes sieht man einen Pfeil mit der Beschriftung »unfolding future«, im Entstehen begriffene Zukunft. Die Existenz eines Zukunftsfeldes ist nicht nur eine Erweiterung unserer früheren Handlungen. Tatsächlich hat sie nichts mit einer Erweiterung der Vergangenheit zu tun. Es ist ein Feld des künftig Möglichen, das Möglichkeiten im Hier und Jetzt eröffnet. So jedenfalls fühlt es sich an, und deshalb lautet der Untertitel dieses Buches im englischen Original *Leading from the Future as It Emerges:* Von der (im Entstehen begriffenen) Zukunft her führen.

Erdaufgang

Unser Gefühl für künftige Möglichkeiten ist sehr häufig vage und amorph. Wir können die Zukunft spüren, aber wir können sie nicht sehen und nicht genau beschreiben. Dennoch ist die Echtzeitverbindung zu diesem Raum die Lebensader, die uns den Weg weist. Bild 7, das eine globale U.School Ecology-Versammlung im Sommer 2015 in Berlin einfängt, stellt diese Situation wunderbar dar. Wir nutzten dieses Treffen, um den U.Lab-MOOC-Prototyp zu verstehen und um die Intention für das weitere Vorgehen zu bestimmen.

Ich bin auf einem Bauernhof groß geworden und erinnere mich noch immer daran, wie sich der Frühling anfühlte. An einem Tag schaust du auf ein Feld und siehst nichts, und am nächsten Tag ist dasselbe Feld plötzlich mit Keimlingen bedeckt, die gerade durch den Boden gebrochen sind. So hat sich der Start des U.Lab-MOOC für mich angefühlt. Vor 2015 war ich gemeinsam mit meinen Kolleginnen und Kollegen emsig mit einer Vielzahl von Projekten und Programmen auf der ganzen Welt beschäftigt. Doch waren sie auch miteinander verbunden? Nicht wirklich.

Dann, während des Starts des U.Lab-MOOC, geschah etwas. Katie, eine U.Lab-Hub-Veranstalterin aus Australien, drückte es folgendermaßen aus: »Es fühlte sich an, als ob etwas umgestülpt würde. Etwas, das vorher nicht sichtbar war, tauchte plötzlich auf und wurde für alle sichtbar, ein vibrierendes Feld von Verbindungen zwischen Menschen, Zirkeln und Initiativen – von Kopf zu Herz, Herz zu Kopf und Herz zu Hand, es war alles da!«

Wir lernten, dass es möglich ist, zwei Elemente auf neue Weise zu verbinden: a) eine massive Demokratisierung des Zugangs zu freier Bildung, Methoden und Tools und b) die Aktivierung eines tiefen Lernzyklus, der einen Bewusstseinswandel durch konkrete Projekte und lokale Arbeit kombiniert. Da MOOCs fast keine Kosten verursachen, bietet diese Mischung beispiellose Möglichkeiten, um weltweit an vielen Orten zugleich zu wirken und einen kollektiven Wandel anzustoßen, der auf der Kultivierung der inneren Quellorte beruht, von denen aus wir handeln.

Bild 8 zeigt die »Fußabdrücke« und die Essenz dieser U.School Ecology-Versammlung in Berlin:

Links: Woher wir kommen.
Mitte: Unsere derzeitige Arbeit der Kultivierung des sozialen Bodens.
Rechts: Wohin wir gehen, eine Sphäre des Möglichen – *Erdaufgang.*

Social-Presencing-Theater

Während Bild 1 den Abgrund zeigt, vor dem wir gemeinsam stehen, bevor wir ihn überqueren, gewähren Bild 6 und Bild 8 einen Blick auf den laufenden Prozess – und auf das, was jetzt im Entstehen begriffen ist, auf eine Welt im Werden – die aufgehende Erde …

Der Unterschied zwischen diesen Perspektiven fasst den Wandel zusammen, der sich zwischen damals (1996, als ich anfing, dieses Buch zu schreiben) und jetzt (2020) vollzogen hat. Dieser Wandel betrifft nicht nur den Aufstieg von Achtsamkeit, Disruption, Absencing, Inversion und sozialen Feldern – diese ganzen Beobachtungen sind lediglich Hinweise. Worauf weisen sie hin?

Sie verweisen auf eine größere Fähigkeit, sich mit den tieferen Quellen unseres Wissens zu verbinden, nicht nur auf individueller, sondern auch auf kollektiver Ebene. Der Beitrag dieses Buches besteht darin, dass es

- mit der Matrix der sozialen Evolution (Tabelle V.1) den Bezugsrahmen eines im Bewusstsein gründenden systemischen Wandels beschreibt und
- einen Weg eröffnet oder eine »soziale Technik« vorstellt, die uns ermöglicht, über die Grenzen einzelner Teilbereiche hinauszugehen und vom gesamten Spektrum der Matrix aus zu handeln.

Diese Methode und die Tools in Form von Prinzipien und Übungen werden im abschließenden Teil III besprochen und aktualisiert.

Einer der wichtigsten Fortschritte, die wir in Bezug auf die Methoden gemacht haben, betrifft das Social-Presencing-Theater. Unter der Leitung meiner Kollegin und Mitbegründerin des Presencing Institute, Arawana Hayashi, haben wir das Social-Presencing-Theater von einer reinen Idee zu einer wirkungsvollen Methodik entwickelt, die von immer mehr Praktikern in vielen unterschiedlichen Formen und zu verschiedensten Zwecken genutzt wird. Sie können mehr darüber erfahren, wenn Sie sich dem U.Lab anschließen[2] oder die Website des Presencing Institute[3] besuchen.

Das Social-Presencing-Theater ist sehr wichtig für unsere praktische Arbeit (siehe zum Beispiel die neueren Fallstudien, die weiter unten in diesem Vorwort zusammengefasst sind), da es das System dazu bringt, sich selbst schnell und tief auf vielfältige Weise zu spüren und zu sehen, und eine konkrete Sprache für die tiefere, evolutionäre Dynamik des Feldes bietet.

Reintegration von Geist und Materie

Drei Metanarrative durchziehen dieses Buch – und mein Leben:

- Das erste ist der *Feldgang:* Als ich aufwuchs, machten meine Eltern sonntags häufig einen Spaziergang mit mir und meinen Geschwistern über die Felder und Äcker unseres Hofes. Dieses Buch handelt von einem Gang durch das soziale Feld, bei dem wir – wie damals auf dem Bauernhof – den Zustand des Bodens erforschen.
- Das zweite Metanarrativ ist die *Wiedervereinigung von Geist und Materie:* In Kapitel 3 erzähle ich eine Geschichte über Meister Nan in China, der behauptete, dass es nur *ein* wirkliches Problem in der Welt gebe: die Wiedervereinigung

2 https://www.presencing.org/societal-transformation-lab [Zugriff: 3.4.2020].
3 https://www.presencing.org/aboutus/spt [Zugriff: 3.4.2020].

von Geist und Materie. Dieses Buch untersucht diese Frage: Wenn die Probleme, die wir auf der Oberfläche sehen können (die drei Klüfte), das Ergebnis einer Spaltung auf einer wesentlich tieferen Ebene sind, wie können wir sie wieder zusammenbringen? Können wir tatsächlich »Geist« und »Materie« im Kontext kollektiver sozialer Felder wieder miteinander verbinden?

- Das dritte Metanarrativ ist die *Geschichte des Feuers* in Kapitel 1: Es ist die Geschichte eines einschneidenden Erlebnisses – der Erfahrung, dass etwas zusammenbricht, dass man eine bestimmte Welt und Realität loslassen muss, um eine neue Welt kommen zu lassen und in sie einzutreten. Diese Geschichte spielt sich heute auf vielen Ebenen des disruptiven Wandels ab, von der lokalen bis zur globalen Ebene.

Wie hängen diese drei Metanarrative zusammen? Die drei sind eins – es sind drei unterschiedliche Aspekte desselben tieferen Wandels. Die Kultivierung des sozialen Feldes zielt darauf, Geist und Materie auf der kollektiven Ebene zu reintegrieren (siehe Ebene 4 in der Matrix der sozialen Evolution; Tabelle V.1). Herzstück des Prozesses ist, durch die tiefste Stelle des U zu gehen, das heißt, durch eine Erfahrung des Loslassens alter Muster und des Kommenlassens einer entstehenden Zukunft, die weiterhin auf uns angewiesen ist, um Wirklichkeit werden zu können.

Aktionsforschung

Durch Aktionsforschungsinitiativen lernen wir immer mehr über die Bedingungen und Fähigkeiten, die für die Führung eines profunden Wandels notwendig sind, wie in meinem gemeinsam mit Katrin Käufer verfassten Buch *Von der Zukunft her führen* dargelegt (Scharmer & Käufer 2017). Hier ein paar Beispiele, von denen viele zum Zeitpunkt dieser Niederschrift (Anfang 2016) noch im Entstehen begriffen sind.

Schottland

Die schottische Regierung nutzt den U-Prozess und insbesondere den U.Lab-MOOC, um einem neuen, stärker partizipatorischen Ansatz beim Gemeinschafts-Empowerment den Weg zu bahnen und bessere Ergebnisse zu erzielen. Im Januar 2015 schrieben sich fünf schottische Staatsbedienstete in den MOOC des U.Lab ein und empfanden die Erfahrung als transformierend. Unter Anwendung der Prinzipien des U-Prozesses organisierten sie öffentliche Events mit dem Ziel der gemeinsamen Intentionsbildung für die nächste U.Lab-Reise (siehe Kapitel 21 für ausführlichere Informationen zur gemeinsamen Intentionsbildung); landesweit sollten Bürger in Gemeinden überall im Land U-basierte Methoden und Tools erlernen, damit sie ihre Veränderungsideen in die Tat umsetzen konnten.

Das kleine Kernteam in der Regierung hielt zunächst eine Informationssitzung mit Staatsbediensteten ab, gefolgt von drei ganztätigen, für die schottische Öffentlichkeit zugänglichen Gemeinschaftsevents, woraufhin tausend schottische Bürger im September 2015 an dem U.Lab-MOOC teilnahmen. Die Teilnehmenden organisierten sich selbst in mindestens 70 sogenannten Action-Learning-Hubs, von denen jeder lokale Gemeinschaften oder Interessengemeinschaften aus ganz Schottland zusammenbringt, die eine Vielzahl von Veränderungsaktivitäten unterstützen – von Bemühungen, den globalen Klimawandel zu bekämpfen bis hin zur Verbesserung von Dienstleistungen und der Schaffung von Arbeitsplätzen an bestimmten Orten.

Brasilien

Vor zwei Jahren nahm Denise Chaer, eine junge Brasilianerin, an einem einwöchigen Gründungsprogramm zum U-Prozess in Sao Paulo teil. Danach erklärte sie: »Während dieser Woche nahm eine Idee, die ich fühlen, aber nicht in Worte fassen konnte, allmählich Gestalt an.« Ihre Vision war, die Muster des Konsums und der sozialen Beziehungen in Brasilien zu verändern und dafür den U-Prozess zu nutzen.

Heute leitet Denise eine sektorenübergreifende Dialogplattform, um eine soziale Innovation namens Novos Urbanos zu fördern, die sich bis dato auf einen bestimmten Aspekt des Konsumverhaltens – nachhaltige Lebensmittel und Ernährung – für Sao Paulo, Rio de Janeiro und andere Teile Brasiliens konzentriert hat. Novos Urbanos hat vierzig Organisationen und Menschen aus allen Bereichen der Ernährung zusammengebracht, einschließlich großer multinationaler Lebensmittelhersteller, Wissenschaftler, Basisorganisatoren und Vertreter von städtischen und nationalen Regierungen, um gemeinsam neue Prototypinitiativen zu gestalten und diese komplexe systemische Herausforderung in Angriff zu nehmen.

Zwei der Prototypen befinden sich in Capao Redondo (einem von 96 Bezirken von Sao Paolo mit etwa 275.000 Einwohnern), das in der Vergangenheit als eine der gewalttätigsten Gegenden der ganzen Welt galt. Sie sind darauf ausgerichtet, Nahrungsmittelsouveränität zu schaffen und zur Beseitigung sogenannter »Food Deserts« (»Lebensmittelwüsten«, deren Bewohner kaum Zugang zu bezahlbaren und gesunden Lebensmitteln haben) beizutragen, die in verletzlichen Gemeinschaften besonders verbreitet sind. Ein weiterer Prototyp ist eine Advocacy-Kampagne, die Verbraucher dazu motivieren will, mehr Obst und Gemüse auf den Märkten zu kaufen. Novos Urbanos hat ein Video über gesunde Ernährung für Kinder erstellt, das an den ersten fünf Tagen, an denen es online war, 120.000 Mal aufgerufen wurde.[4] Schon seit Anfang 2016 unterstützt die größte Einzelhandelskette Brasiliens, Grup Pao de Acucar, diese Kampagne in 195 Geschäften in Rio und Sao Paulo. Novos Urbanos ist außerdem Teil des brasilianischen National Food Communication Network, einer vom Ministerium für soziale Entwicklung veranstalteten Gruppe, der Vertreter aus Zivilgesellschaft und Bundesregierung angehören, die

4 https://vimeo.com/150987118 [Zugriff: 17.2.2020].

sich Gedanken über die Rolle der Kommunikation bei der Lebensmittelsicherheit und -souveränität in Brasilien machen.

Finance Lab: »Just Money« (Nur Geld) – Bankgeschäfte so betreiben, als ob die Gesellschaft wichtig wäre

Als Vermittler in unserer Wirtschaft spielen Banken eine wesentliche Rolle in der Gesellschaft, wie man während der Finanzkrise von 2007/2008 gesehen hat. Nicht immer werden die Banken dieser Rolle auf verantwortungsbewusste Weise gerecht. Ihr Versagen kann das gesamte Wirtschaftssystem und damit die Gesellschaft als Ganzes niederreißen. Die Zuweisung von Kapital ist einer der größten Einflussfaktoren dafür, wie unsere künftige Gesellschaft aussehen wird. Entscheidungen darüber, wer einen Kredit erhält und wer nicht oder wer Beteiligungskapital verdient und wer nicht, beeinflussen die Zukunft, die wir erschaffen.

Das Finance Lab, geleitet von der Mitbegründerin des Presencing Institute, Katrin Käufer, ist eine Kooperation zwischen dem MIT Community Innovators Lab (CoLab)[5], der Global Alliance for Banking on Values und anderen Partnern aus dem Feld sozial verantwortungsbewusster Investitionen und Bankgeschäfte. Unter Verwendung des U-Prozesses unterstützt das Finance Lab Banken, die mit diesem Bewusstsein arbeiten und sich bei ihren Kredit- und Investitionsentscheidungen am Dreisäulenmodell (»triple bottom line«) der nachhaltigen Entwicklung orientieren und Mensch, Planet und Profit gleichermaßen berücksichtigen.

2015 umfasste die Arbeit des Finance Lab einen einjährigen, U-basierten unternehmensweiten Strategieerneuerungsprozess für wertorientierte Banken in Europa. Eine der beteiligten Banken, die GLS-Bank, schuf Prototypen in Bezug auf neue Finanzprodukte, startete eine Initiative für Qualitätsjournalismus und hielt ein Forum für sozial orientierte Unternehmer ab. Diese Initiativen spiegeln die neue strategische Rolle der Banken wider, die sich ihrer sozialen und ökologischen Verantwortung bewusst sind; in dieser Rolle beschränken Banken sich nicht allein aufs Finanzieren, sondern ermitteln auch soziale Erneuerer und helfen ihnen, ihre Innovationen auf Gemeinschaftsebene auszuweiten und zu verbessern. Das Finance Lab hat außerdem Lerngemeinschaften aus jungen Führungskräften sozial verantwortungsbewusster und »grüner Banken« zum Thema Arbeit geschaffen.

China

Begleitet von Lili Xu Brandt wuchs die chinesische U.Lab-Gemeinschaft in weniger als einem Jahr aus dem Nichts auf über 8300 U.Lab-Teilnehmende, über 100 Hubs in 25 Städten und eine organisationale Beteiligung an, die große globale Unternehmen wie Alibaba, staatseigene Großunternehmen wie ICBC ebenso wie Provinzregierungen und äußerst innovative zivilgesellschaftliche Organisationen wie

5 Das CoLab wurde im Rahmen eines auf der Theorie U basierenden Leadership-Development-Programms entwickelt und initiiert.

A-Dream umfasst. Ein starker Antrieb für dieses Wachstum war der U.Lab-MOOC. Zur Arbeit im Jahr 2016 gehörten:

- eine einjährige sektorenübergreifende Innovationsreise zur Neuerfindung von Shanghai (gesponsert von der Provinzregierung Shanghai)
- eine einjährige sektorenübergreifende Innovationsreise zur gemeinsamen Gestaltung der Jingjinji-Vision, eine Initiative für eine zukunftsfähige Megametropolregion mit 110 Mio. Einwohnern (gesponsert von der Zentralregierung)
- eine einjährige sektorenübergreifende Innovationsreise zur Neugestaltung der Rolle der Philanthropie (des menschenfreundlichen Denkens und Verhaltens) und der Zivilgesellschaft in China

Die Bronx

Das MIT Community Innovator's Lab (CoLab) befindet sich am MIT-Fachbereich für Urban Studies and Planning. Es setzt Methoden und Tools der Theorie U ein, um zum Empowerment urbaner Erneuerungsinitiativen wie der Bronx Cooperative Development Initiative (BDCI) beizutragen. Inspiriert von der Mondragon-Genossenschaft im spanischen Baskenland konzentriert sich die BCDI auf eine lokale Wirtschaft, die einen gemeinsamen Wert bzw. Nutzen (»shared value«) für Unternehmen und Gesellschaft schafft und sich am Gemeinwohl in der Bronx orientiert.

Durch die direkte Nachbarschaft zu Manhattan schwimmt die Bronx in gewissen Formen von Reichtum. Sie ist reich an intelligenten, kreativen und ehrgeizigen Menschen. Örtliche Museen, Universitäten und Krankenhäuser geben jedes Jahr Milliarden für Beschaffung, Vermietung und Einrichtungen aus; viele soziale, kulturelle und kommunale Organisationen beleben die Gemeinschaft. Doch trotz all dieser Aktiva ist die Bronx der ärmste Stadtbezirk in den USA, gemessen am Vermögen der privaten Haushalte. In punkto Bildung und Gesundheit gibt es hier einige der schlimmsten Ergebnisse im ganzen Land.

Der Schlüssel zu einer positiven kollektiven Wirkung liegt in einer besseren sozialen und ökonomischen Koordination. Unter Verwendung von Strategien des Stakeholderengagements, die auf der Theorie U aufbauen, entwickelt die BCDI eine Vielzahl von Koordinationsmechanismen; dazu gehören:

- eine *Schulungsreihe in den Bereichen Ökonomie und Demokratie,* durch die die Bürger lernen, wie sie die Zügel der lokalen Wirtschaft wieder selbst in die Hand nehmen können
- ein *Netzwerk von Gemeinschaftsunternehmen,* das die lokale Planung, gemeinsame Nutzung von Ressourcen und die Entscheidungsfindung antreibt
- eine *Onlinebeschaffungsplattform,* die kleine und von ethnischen Minderheiten geführte Unternehmen mit den Beschaffungsströmen großer Institutionen verbindet

- eine *Anstrengung zur Verringerung von Atemwegserkrankungen und zur Senkung der Gesundheitskosten* durch die Ermittlung und Sanierung »kranker Gebäude«, deren Bewohner wiederholt in den Notaufnahmen der Krankenhäuser landen
- ein auf Kirchen und Mehrfamilienhäuser zielendes *Projekt für höhere Energieeffizienz,* das geschäftliche Möglichkeiten für lokale Auftragnehmer bietet

In den kommenden Jahren werden diese Mechanismen die Anwohner bei ihren Anstrengungen um die Neugestaltung einer (Gemeinwohl-)Ökonomie, die zum Wohle aller Bürger des Bezirks wirkt, unterstützen.

Eileen Fisher und das Global Wellbeing Lab

Im Jahr 2013 unternahm Eileen Fisher, Gründerin und Vorsitzende der Firma Eileen Fisher Inc., einer US-Damenbekleidungsmarke, eine U-Prozess-Reise durch das »Global Wellbeing Lab«.[6] Auf dieser Reise kamen 25 Changemaker aus unterschiedlichen Bereichen und Ländern zusammen, die sich dafür interessierten, neue Methoden des Messens und Erzeugens von Glück zu erforschen, zu fördern und gemeinsam zu gestalten. Kernstück des Programms ist eine U-basierte Reise nach Bhutan, die dem »Eintauchen« dient und die Teilnehmenden in Kontakt mit den Praktiken bringt, die Regierung, Wirtschaft und Gemeinschaften in diesem Land am Fuß des Himalaja zur Förderung des »Bruttonationalglücks« einsetzen.

»Vor der Reise«, erklärte Eileen, »wusste ich, dass ich in meinem Unternehmen etwas ändern wollte. Ich war mir nur nicht ganz sicher, was oder wie. Die Erfahrung in Bhutan ließ mich über die wahren Quellen individueller Kreativität und ihre Rolle in der Geschäftswelt nachdenken ebenso wie über die Rolle, die die Geschäftswelt in der Gesellschaft spielt.« Eileen tat sich mit Marcelo Cardoso, einem weiteren Teilnehmer aus dem Lab, zusammen, damals Senior Vice President von Natura, einem in Brasilien ansässigen Kosmetikkonzern, der eine Vorreiterrolle in Sachen unternehmerische Nachhaltigkeit einnimmt. Cardoso half Fisher und ihrem Unternehmen, sich auf eine neue, transformierende Reise einzulassen, die darauf ausgerichtet ist, die persönliche Transformation als Ausgangspunkt für einen institutionellen und systemischen Wandel zu nutzen.

Zu Beginn ihrer Reise konzentrierten sich Fisher und Cardoso auf die individuelle Transformation und auf die Erkundung unterschiedlicher Transformations- und Veränderungsansätze. Im Eileen-Fisher-Unternehmen beginnt zum Beispiel jedes Teammeeting mit einem Moment der Stille, um sich auf das Wesentliche zu konzentrieren. Im weiteren Verlauf der Reise bezogen sie viele Stakeholder mit ein, um eine neue Vorstellung von der Zielsetzung und der Vision des Unternehmens zu entwickeln, die sie im Wesentlichen mit dem Wohl der Mitarbeiter und des Ganzen verknüpften. Davon ausgehend richteten sie die Strategie und Struktur des

6 http://globalwellbeinglab.com/2015/04/11/what-is-the-global-wellbeing-lab/ [Zugriff: 14.1.2020].

Unternehmens neu aus, indem sie das Wohl des gesamten Ökosystems stärker ins Zentrum ihrer Geschäftspraktiken rückten. Die Folge war, dass das Unternehmen eine sogenannte Certified-B-Corporation wurde, sich also bestimmten sozialen und ökologischen Standards bzw. einer Dreisäulenphilosophie verpflichtete, derzufolge das Wohl der Mitarbeiter neben dem Einsatz ökologischer Materialien, fairen Löhnen in der Lieferkette und Umsatz/Profit zu einem der vier Leistungskennzahlen (Key Performance Indicators, KPI) wurde. Dieses Modell unterstützte die ehrgeizigen ökologischen und sozialen Ziele des Unternehmens für das Jahr 2020 und darüber hinaus. Eileen verpflichtete sich dazu, sich gemeinsam mit Zulieferern, Marken und anderen Stakeholdern in der Modebranche für eine branchenweite Transformation einzusetzen.

Eileen Fisher ist ein neuer Unternehmertypus, der den Sinn und Zweck von Unternehmen anders auffasst: nicht nur – oder nicht einmal in erster Linie – als einen Mechanismus, um Profit zu erzeugen, sondern im Wesentlichen als ein Mittel zum Aufbau einer Bewegung, zur Freisetzung und Verwirklichung menschlicher Kreativität, um die Welt zu einem besseren Ort zu machen. Die U-Prozess-Methodik ist Teil des Betriebssystems, das diesen Transformationsprozess ermöglicht.

IDEAS

Zu einem weiteren wirkungsvollen Zusammenfluss verschiedener Strömungen ist es durch das IDEAS-Programm des MIT gekommen. IDEAS ist die Abkürzung für Innovative Dynamic Education and Action for Sustainability. Vor zehn Jahren machte ich mich gemeinsam mit Peter Senge und Dayna Cunningham daran, eine bunt gemischte Gruppe junger Changemaker mit wichtigen institutionellen Akteuren aus Wirtschaft, Zivilgesellschaft und Regierung zusammenzubringen. Ziel dieser neunmonatigen experimentellen Reise war nicht die Lösung von Problemen, sondern die Organisation von Kooperationsmöglichkeiten: Wir wollten die Ränder unseres Systems und unseres Selbst erforschen, um neue tief reichende Vorgehensweisen hervorzubringen.

Anstatt Menschen zu sagen, was sie tun und worauf sie sich konzentrieren sollen, versuchten wir etwas anderes: Wir wollten Menschen zusammenbringen und sie auf eine Reise schicken, die sie mit einigen reinen, ungefilterten Erfahrungen der heutigen Welt in Berührung brachte. Wir boten ihnen Methoden, um diese Erfahrungen zu verarbeiten – Methoden des Zuhörens mit weit geöffnetem Denken und Fühlen, und wir lieferten ihnen Tools, um die beiden Grundfragen der Kreativität zu beantworten: *Wer bin ich? Was ist meine Aufgabe?* Dann fingen sie an, gemeinsam Plattformen zu gestalten, um sektorenübergreifend Prototypen zu schaffen und durch konkretes Tun zu lernen.

Zehn Jahre später ist mir klar, dass diese Initiative, die in keiner Hinsicht von einem einzelnen Problem angetrieben wurde, sondern aus einer Mischung aus Hoffnung und Verzweiflung (Frustration über einen Mangel an systemischer Veränderung) hervorging, bis dato wahrscheinlich eine der beiden einflussreichsten Initiativen meines Lebens war.

Warum?

Weil sie ein machtvolles *Feld inspirierter Verbindungen* anschaltete – Menschen, die sich miteinander auf ganze neue Weise um reale Fragen herum verbanden.

IDEAS hat ein einflussreiches globales Ökosystem von Projekten, Prototypen, lebenden Beispielen und inspirierten Netzwerken erzeugt, die weiterhin neue Initiativen und Ideen hervorbringen. Nichts deutet darauf hin, dass das aufhört. Zwei der einflussreichsten Ergebnisse dieses generativen Ökosystems sind die Programme und Praxisgemeinschaften von MIT-IDEAS Indonesia[7] und MIT-IDEAS China.

IDEAS China befindet sich noch in den Anfangsstadien; entstehende Geschichten und Auswirkungen finden sich in meinem Blog (Scharmer 2015a). In Indonesien umfassen die derzeitigen Prototypinitiativen:

1) eine marktgetriebene Transformation der Lieferkette für Meeresfrüchte mit dem Ziel einer nachhaltige Fischerei
2) die gemeinsame Entwicklung eines nachhaltigen Tourismus auf Kaledupa Island im Regierungsbezirk Wakatobi mit dem neuen Direktorium in Indonesiens Tourismusministerium.

Diese Prototypen verkörpern beide zentrale Ziele der Coral Triangle Initiative (CTI), einer Partnerschaft von sechs Staaten zum Schutz der marinen Biodiversität im sogenannten Korallendreieck.

Namibia

Unsere Arbeit am Gesundheitssystem in Namibia begann als Partnerschaft zwischen dem Synergos Institute, McKinsey & Company und dem Presencing Institute. Im Herbst 2010 führte ich einen dreitägigen Workshop mit dem Kabinett von Namibia durch. Am ersten Tag erklärte mir ein Kabinettsmitglied, wie sich das Hauptproblem, mit dem sie konfrontiert waren, aus seiner Sicht darstellte: »Wir müssen unseren politischen Prozess wieder mit den realen Bedürfnissen der Gemeinschaften verbinden. Im Moment ist unser politischer Prozess größtenteils losgelöst von den tatsächlichen Bedürfnissen in den Dörfern.«

Alle führenden Regierungsvertreter im Raum waren sich einig, dass diese Trennung das zentrale Problem war, vor dem sie standen: die fehlende Verbindung zwischen ihren Regierungsroutinen und Dienstleistungen einerseits und den tatsächlichen Bedürfnissen der Dorfgemeinschaften andererseits. Sie beschrieben weitere Herausforderungen: Eine Trennung zwischen sich selbst und den Staatsbediensteten und das allgegenwärtige »Silo-Denken«, das die Arbeit von Regierungsstellen an vielen Orten aufsplittert. »Das Silo-Problem fängt gleich hier an – zwischen uns«,

7 Für nähere Informationen zu IDEAS Indonesia siehe: http://ideas.unitedindiversity.org/welcome/en [Zugriff: 17.2.2020].

sagte eine Teilnehmerin und sah ihre Kollegen an. »Weil wir nicht wirklich offen miteinander reden. Bei uns fängt es an, und dann repliziert sich dieses Verhalten in all unseren Ministerien.« Das Silo-Problem behindert die Kommunikation zwischen Ministerien ebenso wie innerhalb der Ministerien.

Unsere Arbeit mit dem Ministerium für Gesundheit und Soziales bestätigte die Existenz dieser Trennungen. Wir begannen mit einer gemeinsamen Einschätzung der Situation und ermittelten: schwache Führung; in Silos getrennte Arbeitsprozesse; dysfunktionale Strukturen; keine strategische Planung; keine vernünftige Datensammlung; keine klaren Ziele; keine Weichenstellungen für die Millenniumentwicklungsziele (Millennium Development Goals, MDG).

Nach vierjähriger Zusammenarbeit sind mehrere dieser Probleme erfolgreich angepackt worden, auch wenn vieles noch weiterer Arbeit bedarf, die jetzt von einem lokalen Team, das wir ausgebildet haben, unterstützt wird. Diesen ganzen Prozess hindurch hat sich allerdings etwas sehr Wichtiges verändert. Die namibischen Führungskräfte haben angefangen, ihre eigene Rolle in den anhaltenden Problemen zu erkennen und sind bereit, an innovativen Lösungen zu arbeiten.

Der Weg nach vorne

Wie diese Beispiele zeigen, haben in den zehn Jahren seit der Erstveröffentlichung dieses Buches Praktiker auf der ganzen Welt den U-Prozess für zahlreiche, erstaunlich vielfältige Innovationsprojekte in Wirtschaft, Regierung und Zivilgesellschaft angepasst und angewendet – ebenso wie in Kontexten, die wichtige Stakeholder aus den verschiedenen Bereichen zusammenbringen. Durch diese Aktionsforschungsinitiativen lernen wir weiter, welche Bedingungen und Fähigkeiten für die Initiierung und Begleitung tief greifender Veränderungen notwendig sind, wie sie in diesem Buch dargelegt werden.

Der Epilog bietet weitere Einzelheiten zu diesen neueren Fallstudien. Diese Geschichten sind nur einige wenige von vielen Beispielen für Entwicklungen, die seit der ersten Ausgabe dieses Buches Fuß gefasst und angefangen haben, sich auf kollektiver Ebene auszuweiten.

Am unteren Rand von Bild 8 sehen Sie acht Wörter, die aus einer eher persönlichen Perspektive die Reise der letzten zwanzig Jahre zusammenfassen: »New Soil – New Seeds – New Connection – New Ecology« (Neuer Boden – Neue Saat – Neue Verbindungen – Neue Ökologie).

Viele Jahre sind in die Kultivierung des neuen Bodens geflossen, und wenn wir Glück hatten, sind dann einige kleine Samen aufgegangen. Viele Jahre lang haben wir uns einfach dieser Arbeit gewidmet. Aber in der jüngeren Vergangenheit haben wir erkannt, dass all diese Initiativen und Projekte, die häufig in kleinem Umfang tätig sind, Teil von etwas Größerem oder von einer größeren Bewegung waren, die allmählich Gestalt annahm. Die Verbindung all dieser Keimlinge und Initiativen wurde das neue Thema. Der nächste Schritt bestand darin, dazu beizutragen, all diese verschiedenen Ströme in einem größeren Ökosystem oder einer größeren Bewegung zusammenzubringen. Das Ergebnis ist eine neue Ökologie, die jetzt allmählich sichtbarer wird. Es ist eine Bewegung, die sozialen Wandel bewirkt, indem sie den inneren Ort, von dem aus wir handeln, von ego zu öko verlagert. Wie? Indem wir die Systeme, deren Teil wir sind, dazu bringen, sich selbst zu spüren und zu sehen.

Das bringt uns zurück zum Ende und zum Anfang – zu unserer Entscheidung, in den Spiegel zu schauen – oder eben nicht. Ich habe dieses Buch geschrieben, um darzulegen, welche Methode und welches Bezugssystem Erneuerer über Generationen hinweg genutzt haben, um sich mit entstehenden Möglichkeiten zu verbinden und sie in die Welt zu bringen. Ich hoffe, dass die Lektüre Ihnen helfen wird, Ihre eigenen Entscheidungen noch stärker mit Ihrer tieferen Intention – und den Intentionen Ihrer Mitreisenden – in Einklang zu bringen. Die evolutionäre Inversion unserer sozialen Felder ist heute eine Realität, auch wenn viele Menschen das noch nicht sehen oder erkennen. Das macht den *Erdaufgang* zu einer realen Möglichkeit. Doch damit sich eine neue Welt erhebt, müssen wir aufwachen und uns in vielerlei Hinsicht als Erste erheben. Das ist die tiefere Absicht dieses Buches – und der globalen U.Lab-Praxisgemeinschaft, der Sie sich anschließen können.

Wie Sie Verbindung aufnehmen: https://www.presencing.org/

Leseanleitung für dieses Buch

- Schnell das Wesentliche erfassen und sich einen Überblick verschaffen: Einleitung, Kapitel 1–2 und Epilog als Kernkapitel
- Das Wesentliche lebendig werden lassen: Fortsetzung der Lektüre mit den Kapiteln 8–14
- Bei Interesse an bewusstseinsbasierten sozialen Feldern: Kapitel 15
- Methoden und Tools: Kapitel 21
- Der Weg nach vorne: Epilog

Vorwort zur Erstauflage

Mein Mentor sagte mir einmal, dass die größte aller menschlichen Errungenschaften die des schöpferischen Prozesses ist, wie wir das Neue in die Welt bringen. Diesen schöpferischen Prozess zu verstehen ist die Grundlage dafür, in einem Bereich wirkliche Könnerschaft zu entwickeln. Dieses Wissen ist tief in der Kunst verankert, und es beschreibt die Momente, wenn »es magisch wird«, Erfahrungen, über die im Bereich Theater, Musik oder Sport selten gesprochen wird. Einen solchen mysteriösen Moment des Loslassens beschreibe Michelangelo, wenn er sage, die Figur des David habe dem Marmor schon vorher innegewohnt: »Ich habe nur alles weggenommen, was nicht David war.« Oder ein solcher Moment sei auch in Picassos Beschreibung spürbar, dass »der Verstand Wege findet, seinen Traum zu kristallisieren«. Diese Momente sind auch in der Wissenschaft wichtig. Der Ökonom W. Brian Arthur hält fest, dass »alle großen Entdeckungen aus einem inneren Weg hervorgehen«. Vor diesem Hintergrund schlägt Otto Scharmer vor, dass der Schlüssel dazu, einen Umgang mit den vielfältigen Krisen unserer Zeit zu finden, darin liegt, diese Fähigkeit des schöpferischen Tätigwerdens gemeinsam neu zu erlernen.

Zwei Hauptstrategien charakterisieren die Reaktionen auf sich abzeichnende Zusammenbrüche in der Umwelt und im Sozialen. Diese Zusammenbrüche werden im Klimawandel sichtbar, in der Unfähigkeit der Politik zum Handeln, in der Korruption, der zunehmenden Armut und im Scheitern der traditionellen Institutionen des Gesundheitswesens, der Regierung, der Wirtschaft und der Erziehung und Bildung. Die Strategie, die das Handeln der meisten Verantwortlichen in den entwickelten Industrieländern charakterisiert, heißt, »sich irgendwie durchwurschteln«. Es ist eine Kombination aus dem Versuch, den Status quo zu erhalten, und einer Faszination für neue Technologien, die, so die Annahme, die Probleme lösen werden. Die Reaktion ist Widerstand – der Protest von Millionen Menschen in der Welt gegen den »Konsensus in Washington« bezüglich Globalisierung –, kombiniert mit einer Sehnsucht nach einer sozialen und moralischen Ordnung der Vergangenheit und dem Zorn darüber, die Kontrolle über die Zukunft verloren zu haben.

Viele teilen diese Zweifel an den Zuständen. Dies wird in einer zunehmenden Angst vor der Zukunft, Misstrauen fast sämtlichen sozialen Organisationen gegenüber und einem Rückzug aus der öffentlichen Diskussion sowie einem Rückgang des bürgerlichen Engagements sichtbar. Die meisten Menschen nehmen die tiefen Ungleichverteilungen, die aus dem globalen Industrialisierungsprozess entstanden sind, wahr. Aber es gibt wenig Hoffnung, dass etwas dagegen getan werden kann. Wir machen irgendwie einfach weiter.

Der Gipfel der Ironie ist die Tatsache, dass sogar die größten Technologieoptimisten der Ansicht sind, Technologie entwickle sich selber, und man könne eigentlich nicht viel dagegen tun. Auch viele von denen, die sich als (manchmal militante) Aktivisten engagieren, drücken mit ihrer Wut und Gewalt ähnliche fatalistische Gefühle aus, wenn sie das Unaufhaltsame zu stoppen versuchen. Ein Freund von mir, ein engagierter Aktivist der Umweltbewegung, fasste dies einmal so zusammen: »Ich bin überzeugt, dass manche der radikalen Umweltschützer der Auffassung sind, dass die Menschheit ein Fehler ist und dass sie es nicht verdient zu überleben.«

Beide Strategien sind in der Vergangenheit verankert: die Vertreter des Status quo, die im Grunde nur das, was in der Vergangenheit positiv war, weiterzuführen versuchen, und die der Gegenseite, die negative Entwicklungen aus einer Position der Vergangenheit heraus bekämpfen.

Otto Scharmer entwickelt mit diesem Buch eine dritte Sichtweise, eine, die, wie ich glaube, in der Welt immer weiter um sich greift. Diese Sicht basiert auf der Überzeugung, dass die Zukunft sich von der Vergangenheit unterscheiden wird, einfach darum, weil die dominante globale industrielle Entwicklung nicht weiterlaufen kann wie bisher. Es geht nicht, dass sich der Reichtum weiterhin in Zeiten der zunehmenden Abhängigkeiten nur in einem Teil der Welt konzentriert. Das industrielle Modell des »Nimm, nutze, wirf weg« kann nicht noch weiter ausgeweitet werden in einer Welt, in der es eigentlich gar keine Orte in der Umwelt gibt, wohin man Müll und Gifte »weg«werfen kann. Wir können nicht damit fortfahren, CO_2 in die Erdatmosphäre auszustoßen, der Ausstoß liegt jetzt bereits 30 % höher, als er jemals in den vergangenen 450.000 Jahren war.

Der andere Grund dafür, warum diese dritte Sichtweise immer wichtiger wird, ist der, dass wir diesen Entwicklungen nicht hilflos zuschauen müssen. Es gibt kein dahinter stehendes physikalisches Gesetz, sondern es sind allein die menschlichen Gewohnheiten, die diesen Problemen zugrunde liegen. Unsere Verhaltensgewohnheiten haben sich in sozialen Strukturen manifestiert, die wir reproduzieren, aber es ist möglich, alternative Strukturen hervorzubringen. Diese Veränderungen zu erreichen heißt nicht weniger, als »unsere Welt neu hervorzubringen«; die Fähigkeit dazu basiert auf der radikalen Sicht unserer kollektiven Fähigkeit, wie Martin Buber es ausdrückte, »dem aus sich Werdenden« zu lauschen, »dem Weg des Wesens in der Welt«, um es dann so in die Realisierung zu bringen »wie es verwirklicht werden will«.

Als Freund und Partner von Otto Scharmer habe ich nun mehr als zehn Jahre auf dieses Buch gewartet, genauso wie viele meiner Kollegen. Ohne Frage ist Otto der Denker, Theoretiker und auch der führende Praktiker der »U-Methodologie«. In seiner umfassenden praktischen Erfahrung mit Veränderungsprojekten hat er sich ein einzigartiges Verständnis der Herausforderungen und Chancen erworben, die mit der Anwendung des U-Prozesses verbunden sind. Dieser Lernprozess beginnt mit der Auseinandersetzung mit diesem Buch.

Das vorliegende Buch ist auf verschiedenen Ebenen hilfreich. Das Erste, was es verdeutlicht: Jeder soziale Kontext – von Teams über Organisationen hin zu sozialen Systemen – ist größer als das, was sich auf den ersten Blick zeigt. Viele von uns kennen die Energie eines Teams, das sich total mit seiner Arbeit verbindet, wenn Vertrauen, Offenheit und ein Gefühl des Möglichen die Zusammenarbeit bestimmen. Wir kennen auch sämtlich das Gegenteil, wenn Angst und Misstrauen dominieren und wenn jeder Kommentar mit einem polemischen Unterton durchtränkt ist. Otto Scharmer nennt solche Kontexte das »soziale Feld« und hat meiner Meinung nach einzigartige Erkenntnisse darüber, wie dieses soziale Feld entsteht und sich entwickelt, indem es von einem Zustand in einen anderen springt.

Leider finden eine positive Entwicklung und Zustandsveränderung nur in einigen wenigen sozialen Feldern statt. Die meisten – Familien, Teams, Organisationen und Gesellschaften – bleiben zum größten Teil unverändert, da die zugrunde liegende Aufmerksamkeitsebene für uns unsichtbar bleibt. Wir nehmen die wenig sichtbaren Kräfte, die das, was passiert, bestimmen, nicht wahr, weil wir auch viel zu sehr reaktiv tätig sind. Wir nehmen Herausforderungen und Situationen in einem mentalen Modell wahr, das Otto Scharmer »Downloading« nennt, und in diesem Modell definieren wir die Probleme und unsere Reaktionen. Zum Beispiel hören wir, wenn wir zuhören, gewöhnlich nicht viel mehr als das, was wir immer schon gehört und gewusst haben. »Jetzt geht das schon wieder los!«, ruft unsere innere Stimme. Von diesem Punkt an hören wir nur selektiv das, was wir bereits kennen, wir interpretieren die Gegenwart basierend auf dem, was wir aus der Vergangenheit kennen, und ziehen Schlussfolgerungen so, wie wir sie immer schon gezogen haben. Solange diese Form des Zuhörens überwiegt, verlängert auch unser Handeln den Status quo, obwohl wir als Akteure ernsthaft die Absicht haben, eine Änderung zu initiieren. Veränderungsinitiativen, die auf dieser Ebene der Aufmerksamkeit entstehen, konzentrieren sich normalerweise darauf, bei »den anderen« etwas zu verändern, im »System«, oder darauf, einen externen »Veränderungsprozess« zu »implementieren«. Die Akteure fixieren sich auf ein externes Objekt und selten darauf, was »ich« tun muss oder »wir« tun müssen, damit das System sich verändern kann.

Wenn sich die Aufmerksamkeit vertieft, verändert sich das soziale Feld. Otto Scharmer beschreibt drei Ebenen der tieferen Wahrnehmung und die jeweils eintretende Veränderungsdynamik, die sie in der sozialen Welt hervorbringt. »Unser Sehen zu sehen« erfordert die Intelligenz unseres *geöffneten Denkens, Herzens und Willens.*

Der erste Öffnungsprozess setzt ein, wenn Akteure beginnen, ihre eigenen Annahmen zu sehen, und in der Folge Zusammenhänge wahrnehmen, die sie vor dieser Öffnung nicht sehen konnten. Das ist der Anfang jedes Lernprozesses, beispielsweise in einem Unternehmen, das anfängt, signifikante Veränderungen im eigenen Umfeld wahrzunehmen.

Doch etwas Neues zu sehen führt nicht notwendigerweise dazu, anders zu handeln. Es ist dazu eine tiefere Ebene der Aufmerksamkeit nötig, eine, die es den Handelnden möglich macht, aus ihrer Erfahrung der Vergangenheit hinauszutreten und über das Denken hinaus zu *empfinden*. Zahllose Unternehmen waren nicht in der Lage, auf Veränderungen in ihrem Umfeld einzugehen, obwohl sie diese Veränderungen sehen konnten. Warum? Arie de Geus, Autor und ehemaliger Verantwortlicher für Planung und Strategie bei *Royal Dutch Shell*, beschrieb dies so: »Die Signale einer neuen Realität penetrieren einfach nicht das Immunsystem des Unternehmens.« Der Durchbruch geschieht erst dann, wenn die Akteure in dieser sich verändernden Realität anfangen, *ihre eigene Rolle zu sehen*, nämlich das Alte zu erhalten und das Neue zu verhindern. Dieser Durchbruch kann sowohl in einer Organisation als auch etwa auf nationaler Ebene stattfinden. Beispielsweise begann in Südafrika meiner Beobachtung nach diese tiefere Art zu sehen in den späteren 1980ern. Es lassen sich heute viele Beispiele weltweit finden. Die Vorbedingung ist, dass Menschen in verschiedenen Bereichen der Gesellschaft, einschließlich des Machtzentrums, aufwachen und die Bedrohung, mit der sie in der Zukunft konfrontiert sind, wahrnehmen. In Südafrika begannen mehr und mehr Menschen zu sehen, dass das Land einfach keine Zukunft haben würde, wenn das Apartheidsystem fortgeführt würde, und dass sie Teil des Systems waren.

Wenn diese Form von Aufwachen beginnt, dann ist es wichtig, dass die Menschen auch zu sehen anfangen, dass die Zukunft sich von der Vergangenheit unterscheiden kann. Dieses »Sehen« einer möglichen Zukunft heißt allerdings nicht notwendigerweise, dass wir intellektuell davon überzeugt sind, dass sich etwas ändern wird; wir kennen das alle: Wir nicken und machen dann weiter wie vorher.

Die dritte Ebene des »Sehens« öffnet unsere tiefen Ebenen von Verbindlichkeit. Diese *Öffnung des Willens* ist von allen drei Veränderungen am schwersten zu beschreiben. Aber sie kann ungeheuer wirkungsvoll und selbsterklärend sein, wenn sie stattfindet. In Südafrika kam es meiner Ansicht nach zu dieser Öffnung, als Weiße und Schwarze die Liebe für ihr Land entdeckten – nicht für die Regierung oder etablierte Systeme, sondern für *das Land an sich*. Ich habe das erstmals in vielen Gesprächen mit weißen Südafrikanern gehört, die zu meinem Erstaunen erklärten, dass sie »Afrikaner« seien, dass sie sich dem Land und dem Ort ebenso wie den Menschen dieses Landes tief verbunden fühlten. Diese tiefe Verbindung mit dem Ort bestand auch bei den meisten schwarzen Südafrikanern, trotz ihrer Unterdrückung. Ich bin tatsächlich überzeugt, dass das neue Südafrika aus dieser kollektiven Verbindung hervorgegangen ist, aus diesem tiefen Gefühl, dass es fast eine heilige Pflicht ist, ein Land zu schaffen, das in der Zukunft überleben und gedeihen kann – und das war nur gemeinsam möglich.

Der geöffnete Wille drückt sich oft so aus: »Das ist etwas, was wir tun müssen, obwohl uns nicht ganz klar ist, wie.« Unser Kollege Joseph Jaworski beschreibt dies als ein »Sich-in-die-Sache-Reingeben«. Eine andere Formulierung ist: »Ich hörte den Ruf«, und ich habe das oft Menschen sagen hören, wenn sie ihren Lebensweg beschrieben. Wenn eine Antwort auf diesen »Ruf« nicht mit einem kontinuierlichen Prozess der Öffnung des Denkens und des Fühlens verbunden ist, kann auch eine solche Verpflichtung in Fanatismus umschlagen, und der schöpferische Prozess wird zum Versuch, Dinge mit der blanken Macht des aufzwingenden Willens umzusetzen. Einer der wesentlichen Punkte der Theorie U ist, dass diese drei Öffnungen – des Denkens, des Fühlens und des Willens – zusammengehören und ein Ganzes bilden.

Wenn dieser Öffnungsprozess auf allen drei Ebenen stattfindet, dann geschieht ein Umbruch in der Qualität des Lernens. Alle Lerntheorien und -konzepte basieren auf einem Lernen, das die Vergangenheit zum Ausgangspunkt nimmt. Sie fragen, wie wir von dem, was in der Vergangenheit geschah, lernen können. Dieser Typus von Lernen ist wichtig, aber er ist nicht ausreichend dafür, sich in eine Zukunft bewegen zu können, die sich grundlegend von der Vergangenheit unterscheidet. Dafür ist eine zweite, weniger bekannte Form des Lernens gefordert. Diese Form nennt Otto Scharmer das »Lernen von einer im Entstehen begriffenen Zukunft«. Ein Lernen von der Zukunft ist entscheidend für Innovationen. Dieses Lernen involviert Intuition. Und es umfasst auch Unklarheit, Unsicherheit und die Bereitschaft, Fehler zu machen. Es bedeutet, sich selber zu öffnen und etwas Undenkbares zu denken sowie etwas zu versuchen, das unmöglich erscheint. Die Ängste und Risiken werden dadurch ausgeglichen, dass wir uns als Teil von etwas Wichtigem empfinden, das im Entstehen begriffen ist und wirklich einen Unterschied machen wird.

Die Theorie und die Methode des U sagen zudem viel über Führung, insbesondere eine Führung in Situationen großer Umbrüche und Unsicherheiten, sowie über systemische Veränderungen. Führung findet auf allen Ebenen statt, nicht nur an der Spitze eines Systems, denn jede wichtige Innovation hat etwas damit zu tun, die Dinge anders als in der Vergangenheit zu *tun* und nicht nur über neue Ideen zu *reden*. Die Form von Führung ist in Menschen und Gruppen verankert, die in der Lage sind, etablierte Ideen, Praktiken und sogar Identitäten abzulegen. Führung setzt oft dann ein, wenn Menschen beginnen, sich mit dem zu verbinden, was sie wirklich sind, um ihre Rolle in der entstehenden Zukunft wahrzunehmen.

All diese Ideen sind wichtige Elemente der Theorie U, aber genauso wichtig, wenn nicht sogar wichtiger, ist, dass die Theorie U nicht nur eine Theorie ist. Theorie U ist aus der Praxis des U-Prozesses entstanden. In den folgenden Kapiteln finden Sie Erfahrungen, Beispiele, Berichte und Reflexionen betreffend Veränderungsinitiativen in den Bereichen Wirtschaft, Gesundheitswesen und Bildung. So arbeitet beispielsweise das Sustainable Food Laboratory, das auf dem U-Prozess basiert, mit mehr als 50 Unternehmen und Regierungsvertretern an der Frage, wie das globale System der Lebensmittelproduktion von seinem Weg auf den Abgrund zu umgelenkt werden kann. Diese Initiative erstellt Prototypen für ein alternatives Versorgungssystem. Sie finden auch Beispiele aus dem Gesundheitssystem, aus Unternehmen und vielfältigen organisatorischen Innovationsprozessen. Unser praktisches Wissen bezüglich der Umsetzung der Theorie U steckt sicherlich noch in den Anfängen, trotzdem demonstrieren vielerlei Projekte, dass und wie die Prinzipien des U-Prozesses in die Praxis übersetzt werden, und weisen nachdrücklich darauf hin, welche enormen Kapazitäten die Methodologie hat, soziale Systeme, die für viele unveränderbar erscheinen, nachhaltig zu verändern.

Es gibt heute viele systemische Veränderungsinitiativen, die Mut machen. Aber was fehlt, ist ein Weg, die Kapazität dahin gehend zu nutzen, das kollektive Wissen aus diesen diversen Situationen und Organisationen weiterzuentwickeln, insbesondere in einem Kontext, in dem verschiedene Interessengruppen im Konflikt miteinander stehen. Welche Antworten lassen sich in dieser Situation finden? Die Theorie U basiert auf der Annahme, dass der Kernprozess für einen Umbruch, für einen Zustandswechsel des sozialen Feldes auf allen Systemebenen – vom Team über die Organisation hin zu globalen Systemen – der gleiche ist. Die 24 Prinzipien und Praktiken in Kapitel 21 beschreiben diesen Prozess. Ich sehe diese Prinzipien und Praktiken nicht so sehr als »das letzte Wort«, sondern als ein außerordentlich innovatives Protokoll, das vielen von uns, die mit sozialen Führungs- und Veränderungsmethoden arbeiten, hilft und helfen wird.

Abschließend ein Wort an die Leserin und den Leser. Dieses Buch ist ungewöhnlich – es beschreibt gleichermaßen Theorie und Praxis. Viele akademische Bücher stellen Theorien vor, die das Denken des Autors reflektieren, aber nicht seine Erfahrung. Umgekehrt bieten die meisten Managementbücher Unmengen an praktischen Ideen, aber sie haben nur einen sehr dünnen theoretischen Unterbau, oft in der Annahme, dass die Leser aus der Praxis zu beschäftigt mit den täglichen Herausforderungen sind, um ein Interesse an den Theorien zu haben. Dieses Buch ist anders. Otto Scharmer beschreibt seinen persönlichen Weg, seine persönlichen blinden Flecke. Er macht uns Mut, die Probleme, mit denen wir konfrontiert sind, anzuschauen und zu erkennen, welche systemischen blinden Flecken ihnen zugrunde liegen. Häufig ist es so, dass neue Methoden und Techniken, die auf den alten mentalen Modellen basieren, keine nachhaltige Veränderung bewirken können. Otto argumentiert, dass wir einen alternativen Ansatz für den Weg nach vorne brauchen, und schlägt den U-Prozess vor. Eine derartige Integration von Theorie, Methode und Praxis fordert von den Lesern viel, und das ist sicher auch der Grund, warum solche Bücher so selten sind. Sie laden uns zu einem neuartigen intellektuellen Entwicklungsweg ein und dazu, uns unser eigenes kritisches Verständnis zu erarbeiten und die gewonnenen Ideen selbst in der Praxis zu testen und weiterzuentwickeln. Zu viele Bücher bleiben im Modus des Downloading von ungeprüften Annahmen und Glaubenssätzen, sogar wenn sie uns mit neuen Ideen herausfordern. Die Frage ist immer auch die des Handelns, nicht nur des Denkens. Also, hier meine Warnung: Um von diesem Buch wirklich zu profitieren, müssen Leser bereit sein, *ihren eigenen inneren Entwicklungsweg* des Hinsehens, des Presencing und des In-die-Welt-Bringens zu erforschen und zu erkunden.

In diesem Sinne ist dieses Buch für »reflective practitioners«, wie mein Kollege am MIT, Donald Schön, es nannte, also für Manager, Führungskräfte, Teams, Aktivisten, die sich praktischen Ergebnissen verpflichten und mit ihrer augenblicklichen Fähigkeit, die Muster der Vergangenheit zu verändern, unzufrieden sind. Das Buch ist für Pragmatiker und engagierte Menschen, die offen dafür sind, ihre eigenen Annahmen anzuschauen und auf ihre innere Stimme zu hören. Nur durch unser Zuhören werden wir unsere kollektiven Fähigkeiten entwickeln, eine andere Welt hervorzubringen und zu gestalten.

Peter M. Senge
MIT Sloan School of Management

Danksagung zur Neuauflage

Bei der Vorbereitung der Neuauflage dieses Buches hat mir das gesamte Kernteam des U.Lab und des Presencing Institute enorm geholfen. Die Illustrationen von Kelvy Bird zum Beispiel verleihen diesem Buch eine neue und tiefere Dimension: die ästhetische Dimension, die die Intelligenz unserer Sinne, unseres Herzens aktiviert. Wahre Kunst ist immer mehr als bloße Abbildung – sie ist ein Akt lebendiger, co-kreativer Inspiration. Mit deinen Bildern, Kelvy, hast du die Kraft dieser lebendigen Inspiration in dieses Buch gebracht. Danke!

Aber es gibt noch viele weitere, weniger sichtbare Mitwirkende, die zu diesem Buch beigetragen haben. Alle Fallbeispiele sind Geschichten aus dem wahren Leben einer ganzen Gemeinschaft von häufig ungesehenen Wegbereitern des Wandels, die bedeutungsvolle Beiträge leisten. Die Evolution des globalen Feldes der Presencing-Praxis, die dieses Buch belegt und widerspiegelt, ist per definitionem eine gemeinsame Unternehmung, die zu erfassen und vollständig wiederzugeben für einen einzelnen Menschen unmöglich wäre. Daher ist ein Produkt wie dieses Buch in erster Linie eine gemeinsame Leistung. Mein tief empfundener Dank geht an das U.Lab und die Presencing-Gemeinschaft, alle Hub-Gastgeber auf der ganzen Welt, die die U.Lab-Live-Sessions abhalten und mitgestalten, und an die Mitglieder des Practitioner Circle des Presencing Institute, die mir geholfen haben, die sozialen Techniken, die das ganze Buch hindurch beschrieben werden, zu überarbeiten und zu verbessern.

Ich danke meinen phänomenalen Kollegen und Kolleginnen: Adam Yukelson, dem Superhirn hinter der U.Lab-Plattform und der Inhaltserstellung; Julie Arts, U.Lab-Community-Builder und Katalysatorin; Marian Goodman, die unser Global Wellbeing Lab und unsere Arbeit zum Kapazitätsaufbau leitet; Katrin Käufer, die unseren Just-Money-MOOC leitet; Arawana Hayashi, die die Disziplin des Social-Presencing-Theater erschaffen hat; Dayna Cunningham, die das MIT-CoLab leitet; Martin Kalungu-Banda, der unsere Arbeit in ganz Afrika gestaltet; Lili Xu Brandt, die das Gleiche in China tut; Frans Sugiarta, Dr. Ben Chan und Shobi Lawalata, die für Indonesien zuständig sind; Julia Kim und Ha Vinh Tho, unsere Partner vom GNH Center in Bhutan; Denise Chaer, die das Novos-Urbanos-Projekt in Brasilien leitet; Antoinette Klatzky vom Eileen Fisher Institute; Kenneth Hoff von der schottischen Regierung; John Heller vom Synergos Institute; Yorman Nunez, Nick Luviene und Fereshta Ramsey von BCDI, Bronx; Lisa Chacon und Konda Mason vom Impact Hub, Oakland; Michelle Long von BALLE; Marcelo Cardoso und all unseren erfahrenen Practioner-Circle-Mitgliedern, die überall auf der Welt Projekte leiten: Christine Wank, Beth Mount, Reola Phelps, Gene Toland, Manish Srivastava, Dieter van den Broeck, Susan Skjei, Wibo Koole, Liz Alperin Soms, Marie McCormick, Megan Seneque, Ursula Versteegen, Jim Marsden, Phil Cass, Ilma Pose und Aggie Kalungu-Banmda ebenso wie unseren U.Lab-Pionieren Katie Stubley, Daniel Contrucci, Nice Lazpita und Angela Baldini.

Ich hatte das Glück, mit einer großartigen Lektorin zusammenzuarbeiten, die mir bei diesem Manuskript geholfen hat: Janet Mowery; außerdem hatte ich einen wunderbaren Forschungspartner, der das Manuskript kommentiert und die Fallstudien recherchiert hat: Adam Yukelson.

Mein besonderer Dank gilt Jeevan Sivasubramaniam und Lasell Whipple, die die Gestaltung und Produktion dieses Buches durch den Verlag Berrett-Koehler geleitet und betreut haben.

Herzlich bedanken möchte ich mich auch bei Peter Senge, Eileen Fisher, Ed Schein, Claudia Madrazo, Cherie Nursalim, Arthur Zajonc, Diana Chapman Walsh, Beth Jandernoa und dem gesamten Circle of Seven (siehe Kapitel 11) – meinen wunderbaren Gefährten auf dieser Reise, die geholfen haben, ein neues globales Feld in die Welt zu bringen und es zu halten.

Mein abschließender Dank geht an Janice Spadafore, die es irgendwie schafft, eine gewisse Struktur und Ordnung in alles oben Erwähnte zu bringen.

Ich danke euch allen!

C. Otto Scharmer
Cambridge, Massachusetts, Januar 2016

Danksagung zur Erstauflage

»Papa, wirst du jemals mit diesem Buch fertig werden?« Die erste Version von *Theorie U* hatte ich geschrieben, als unsere nunmehr zehnjährige Tochter Hannah Magdalena geboren wurde. Sie und ihr jüngerer Bruder Johan Caspar haben mit diesem Buch ihr gesamtes bisheriges Leben verbracht. Währenddessen haben sie beide zahlreiche handgeschriebene »Bücher« fertiggestellt und mich so an mein eigenes unvollendetes Projekt erinnert. Jetzt ist es fertig, und mein erster Dank geht an Katrin und unsere Kinder, Hannah und Johan Caspar.

Ich möchte mich auch bei meinem Kreis von Kollegen und Freunden bedanken, mit denen ich in den letzten Jahren das Privileg hatte zusammenzuarbeiten und die mir geholfen haben, verschiedene Kernelemente der Theorie, die in diesem Buch ausgearbeitet ist, zu sehen und zu klären. Zu diesem Kreis gehören:

Joseph Jaworski, der das *Sensing* (Hinspüren) begrifflich und in der Praxis geprägt hat und mir ein Gesprächspartner für die Frage war, wie ich mich als Individuum mit dem Quellort meines Handelns verbinde.

Peter Senge, der mich zu einem neuen, tieferen Blick auf soziale Systeme inspiriert hat, der mich zu der Erkenntnis führte, dass das wesentliche Problem in einem systemweiten Veränderungsprozess die Kluft zwischen körperlicher und mentaler Verfassung ist und dass wir diese Kluft gemeinsam in verschiedenen sozialen Systemen reproduzieren. Peter hat mir Mut gemacht, den Begriff *Presencing* einzuführen und an ihm festzuhalten. In meiner gemeinsamen Arbeit mit Joseph und Peter haben wir einige der Ideen, die dem U-Prozess zugrunde liegen, verfeinert, wie in dem Buch *Presence: Human Purpose, and the Field of the Future* dokumentiert, das wir gemeinsam mit Betty Sue Flowers geschrieben haben (Senge et al. 2004). Peters Arbeit hat mich ursprünglich in die USA gebracht, und die Zusammenarbeit mit ihm und seine Freundschaft waren für meine Arbeit, die zu diesem Buch geführt hat, ein wesentlicher Umraum.

Ikujiro Nonaka, der mein Denken inspiriert hat, z. B. zum Thema *Ba*, also dem japanischen Begriff für einen »Ort«, der die Qualität eines sozialen Feldes, in dem die Kluft zwischen Körper und Geist auf einer kollektiven Ebene aufgehoben ist, repräsentiert. Seine kontinuierliche Verknüpfung philosophischer Fragen mit Managementfragen (wie beispielsweise in seinen Konzepten *Tacit Knowledge* and *Phronesis*) hat mich nachhaltig beeinflusst. Jiro hat meine Arbeit über Jahre durch seine persönliche Ermutigung und seine Freundschaft sehr unterstützt.

Edgar Schein, der durch die Art, wie er seine Philosophie der *Process Consultation* lebt, unterrichtet und verkörpert, nicht nur die Grundlage für meine Beratungsarbeit geliefert hat, sondern insbesondere durch die Prinzipien der *Process Consultation* auch ein wichtiges Fundament für den U-Prozess des Presencing gelegt hat, das mich und meine Arbeit kontinuierlich inspiriert.

Katrin Käufer, die meine Denk- und Gesprächspartnerin in der Artikulation von Theorie U war und die mir geholfen hat, wesentliche Konzepte, die dieser Arbeit zugrunde liegen, zu klären. Unter anderem hat sie mich auf die Feuergeschichte (Kapitel 1) hingewiesen und darauf, dass und wie diese ein Beispiel für die zwei Typen von Lernen darstellt. Katrin hat zudem verschiedene Forschungsprojekte geleitet, die zur Gründung des *Presencing Institute* geführt haben, das ein Vehikel für die Weiterentwicklung von Presencing und die Führung von Veränderungsprozessen ist.

Ursula Versteegen, eine enge Kollegin in verschiedenen für mich wichtigen Projekten in den Bereichen Systemtransformation und Ausbildung von Führungskräften, in denen die Konzepte von Presencing umgesetzt worden sind. Ursula entwickelte mit mir zusammen Dialoginterviews als Praxis des Feld-3- und Feld-4-Zuhörens.

Judith Flick und Martin Kalungu-Banda, beides Kollegen in der Anwendung des U-Prozesses auf Multistakeholderprojekte im Gesundheitsbereich in Sambia und Namibia, von denen ich viel über Multistakeholderinnovation im Falle von Systemzusammenbrüchen und sozialer Desintegration gelernt habe.

Dayna Cunningham, mit der ich das globale ELIAS-Projekt leite und die mir geholfen hat zu verstehen, was der U-Prozess im Kontext von Marginalität und massiver struktureller und kultureller Gewalt bedeutet.

Beth Jandernoa und der *Circle of Seven* (siehe Kapitel 10 und 11), denen ich mein Verständnis verdanke für die kollektive Dimension dessen, was es heißt, vom Quellort heraus zu handeln, und davon, welche Praktiken notwendigerweise kultiviert werden müssen, will man ein solches gemeinsames Gefäß schaffen. Ich bin dankbar dafür, dass der Circle of Seven mich und dieses Buchprojekt über die letzten zwei Jahre getragen hat.

Charles und Elizabeth Handy, die mich immer ermutigt haben weiterzumachen und die vorgeschlagen haben, den Begriff des »blinden Flecks« als Konzept in dieses Buch einzuführen.

Ken Wilber, der mich auf die Unterscheidung zwischen Zuständen des Bewusstseins und Entwicklungsphasen hingewiesen hat und der das Postulat vorgeschlagen hat, dass die verschiedenen Ebenen des U mit den unterschiedlichen Bewusstseinszuständen einhergehen, die er in unterschiedlichen Kulturen und Weisheitstraditionen gefunden hat.

Nicanor Perlas, dem ich das Konzept der Drei-Sektoren-Kollaboration verdanke, also die Zusammenarbeit der drei Bereiche Unternehmen, Regierung und Zivilgesellschaft.

Ekkehard Kappler, dem ich alles, was ich über eine zukünftige Universität denke und weiß, verdanke und der ein Pionier für ein Lernen als »Praxis der Freiheit« ist, bei dem Lehren nicht heißt, »ein Fass zu füllen, sondern eine Flamme zu entzünden«.

Arthur Zajonc, dem ich mein Verständnis der goetheschen Methode der Wissenschaft und dessen, wie sich diese Methode in den Arbeiten von Rudolf Steiner und Francisco Varela entfaltet, verdanke.

Francisco Varela, dem ich die drei Wendungen des Aufmerksam- und Bewusstwerdens im U-Prozess, Innehalten, Umwenden und Loslassen (die die linke Seite des U-Prozesses markieren), verdanke.

Eleanor Rosch, der ich das Konzept des *Primary Knowing* verdanke (ein Typ von Wissen, das im tiefsten Punkt des U-Prozesses entsteht) und die Idee, dass »Wissenschaft im Geiste der Weisheit« getan werden muss.

Johan Galtung, dessen Konzept der trilateralen Wissenschaft (Integration von Daten, Theorie und Werten) meinen Weg in die Aktionsforschung inspiriert hat und dessen globale Analyse direkter kultureller und struktureller Gewalt mein Denken über globale soziale Probleme geprägt hat.

Bill Torbert, der mich mit seinem Entwicklungskonzept für Organisationen und Führung inspiriert hat wie auch mit seinem Ansatz der *Action Inquiry*, der das Wissen der ersten, zweiten und dritten Person integriert.

Seija Kulkki, der ich die Ermutigung verdanke, meine europäischen und amerikanischen intellektuellen Wurzeln miteinander zu verbinden, d. h. die praktische Arbeit der *Action Research* (die ich erst in den USA kennengelernt habe) mit der epistemologischen Selbstfundierung von Wissenschaft und Philosophie (die meine europäischen intellektuellen Wurzeln in der Tradition von Phänomenologie und goethescher Wissenschaft reflektiert).

Brian Arthur, der mir geholfen hat, die drei Kernschritte des U-Prozesses zu artikulieren: 1) Hinschauen, hinschauen, hinschauen. 2) Gehe zum inneren Ort der Stille: Verbinde dich mit dem, was in dir als Wissen entsteht. 3) Handele unmittelbar.

Meister Nan Huai-Chin, dem ich die Erkenntnis der sieben meditativen Phasen der Führung als eine konfuzianistisch-buddhistisch-daoistische Artikulation des U-Prozesses verdanke.

Fritjof Capra, dem ich viele wichtige Einsichten in die Entwicklung von Systemtheorie und systemischem Denken im 20. Jahrhundert verdanke.

Bill Isaacs, mit dem ich während der 1990er Jahre am MIT Dialogue Project gearbeitet habe und dessen Arbeit mein Denken und die Entwicklung des Dialogmodells beeinflusst hat, das in Teil III des Buches dargestellt ist und das ich später entlang den vier verschiedenen Ebenen des U neu formuliert habe (Kapitel 17).

Sara Niese, Ralf Schneider, Arndt Zeitz, Monika Broecker und Carmen Becker, die mir geholfen haben, die Konzepte und Methoden, die in diesem Buch entwickelt werden, so zu konkretisieren, dass sie für die Führungsebenen von Daimler, Fujitsu, Google und PricewaterhouseCoopers zugänglich wurden.

Adam Kahane, der mir geholfen hat, viele praktische Anwendungen des U-Prozesses in Veränderungsprozessen zu verfeinern, und der den Begriff *Regenerating* vorgeschlagen hat, um den tiefen Zustand des Presencing zu beschreiben.

Steven Piersanti, der den Titel des Buches vorgeschlagen hat: *Theory U.*

Tom Callanan und Peter Teague, die durch das Fetzer Institute und die Nathan Cummings Foundation die Gründungsphase des Presencing Institute gefördert haben.

Michael Jung, dessen Traum mir geholfen hat, vor elf Jahren das Global Dialogue Interview Project zu starten. Dieses Projekt hat die Grundlage für die Forschung, die in diesem Buch dokumentiert ist, geschaffen – ohne Michael würde es dieses Buch nicht geben.

Und zum Schluss und dennoch nicht weniger wichtig meinen Eltern und der landwirtschaftlichen Hofgemeinschaft Dannwisch, der ich die wesentliche Inspiration für dieses Buch verdanke: die Beziehung zwischen dem Feld der Erde und dem sozialen Feld.

Ich möchte mich auch bei den 150 Interviewpartnern des Global Dialogue Interview Project bedanken, die sich mit mir getroffen haben, um über die Fragen, die ihrer Arbeit zugrunde liegen, zu sprechen. Diese Gespräche haben mich inspiriert, und sie haben den Gedankengang dieses Buches wesentlich beeinflusst.

Ich möchte mich auch bei meinen Kollegen und Kolleginnen und Freunden und Freundinnen bedanken, die frühere Versionen dieses Manuskripts kommentiert haben. Ich bin für sämtliche verbleibende Fehler in dem Buch verantwortlich und bin dankbar für all die Verbesserungen, die das Buch durch diese Kommentare erfahren hat. Außer bei den bereits erwähnten Personen möchte ich mich daher bedanken bei: Arawana Hayashi, David Rome, Hinrich Mercker, Joel Yanowitz, John Heller, Margaret O'Bryon, Michael Milad, Ricardo Young, Sheryl Erickson, Tracy Huston, Tobias Scheytt, Claudia Mesiter-Scheytt und Walther Dreher.

Ich hatte das Glück, mit einem wunderbaren Lektoratsteam zusammenzuarbeiten, das mir geholfen hat, das Manuskript fertigzustellen; ihm gehörten an: Nina Kruschwitz, die eine frühe Version des Buches überarbeitet hat, Janet Mowery, die die zweite Fassung des Buches überarbeitet hat, und Karen Speerstra, die die endgültige Version überarbeitet und mir geholfen hat, Verbesserungsvorschläge von den verschiedensten Seiten einzuarbeiten.

Ich möchte mich auch bei Sabine Stallard und Katrin Käufer bedanken, die die deutsche Übersetzung dieses Buches angefertigt haben.

Mein Dank gilt auch Sherry Immediato, Nina Kruschwitz und Arthur Klebanoff, die die Veröffentlichung der Originalausgabe durch *SoL*[8] und *Berrett-Koehler* geleitet haben.

8 The Society for Organizational Learning, Inc., Cambridge, USA.

Mein abschließender Dank gilt meiner Kollegin Janice Spadafore, die alle meine Projekte koordiniert und deren Organisationstalent der unsichtbare Faktor ist, der die Fertigstellung dieses Buches ermöglicht hat.

Vielen Dank an alle Genannten!

C. Otto Scharmer
Cambridge, Massachusetts, März 2007
und Sils-Baselgia, August 2008

Einleitung

Der Ruf und die Krise unserer Zeit • Der blinde Fleck • Eintreten in das Feld • Der archimedische Punkt • Das Umschmelzen und Umstülpen der Struktur unserer Aufmerksamkeit • Die U-Theorie: Führung von der entstehenden Zukunft her • Eine neue Wissenschaft • Unser gemeinsamer Feldgang: Der Denkweg dieses Buches

Wir leben in einer Zeit brodelnder Konflikte und massiven institutionellen Versagens. Einer Zeit des schmerzhaften Verfalls und des hoffnungsvollen Neubeginns. Es ist eine Zeit, die sich anfühlt, als würde sich etwas Grundsätzliches verlagern und sterben, während gleichzeitig etwas anderes geboren werden möchte. Keiner hat diese Doppelbewegung besser auf den Punkt gebracht als der ehemalige tschechische Präsident Václav Havel (Übers.: C. O. S.):

> »Ich denke, es gibt gute Gründe für die Annahme, dass das moderne Zeitalter zu Ende geht. Es gibt heutzutage viele Hinweise darauf, dass wir uns in einem Übergangsstadium befinden, wo etwas auf dem Weg hinaus ist und etwas anderes unter Schmerzen geboren wird. Es ist so, als ob etwas taumelt, schwankt, schwindet und sich selbst erschöpft – während etwas anderes, noch Unbestimmtes, langsam beginnt, sich aus den Trümmern zu erheben.«[9]

Der Ruf und die Krise unserer Zeit

Die Krise unserer Zeit ist nicht einfach die Krise einer einzelnen Führungskraft, eines Landes oder einer Weltregion. Die Krise manifestiert sich in allen Ländern in Form einer dreifachen Kluft: der ökologischen Kluft, also der Trennung zwischen Selbst und Natur; der sozialen Kluft, also der Trennung zwischen Selbst und anderen; und der spirituellen Kluft, also der Trennung zwischen Selbst und Selbst. Die Krise offenbart das Sterben einer alten zugrunde liegenden sozialen Struktur und einer bestimmten Art des Denkens, einer überkommenen Art der Institutionalisierung und des gemeinsamen Hervorbringens von sozialen Formen.

Wir alle kennen die grundlegenden Fakten und Zahlen, die diesen Punkt belegen:

9 Ich danke Göran Carstedt für den Hinweis auf Havels Rede am 4. Juli 1994 in Philadelphia. World Hunger Education Service, »2018 World Hunger and Poverty Facts and Statistics« (Verfügbar unter: https://www.worldhunger.org/world-hunger-and-poverty-facts-and-statistics/ [Zugriff: 13.1.2020]).

- Die zehn wärmsten Jahre seit Beginn der Messungen, mit Ausnahme von 1998, liegen in diesem Jahrtausend (Horgan 2015). Die Jahre seit 2000 gehören fast sämtlich zu den wärmsten seit 1880. Das Jahr 2015 ist – zum Zeitpunkt dieser Niederschrift – das wahrscheinlich heißeste Jahr seit Beginn der Wetteraufzeichnungen (Bromwich 2015). Obwohl überwältigende wissenschaftliche und empirische Nachweise dafür vorliegen, dass unsere ökonomischen Aktivitäten den Klimawandel beschleunigen, machen wir, als Mitglieder eines globalen Systems, bis dato weiter wie bisher, als ob sich praktisch nichts verändert hätte.
- Wir haben eine florierende globale Wirtschaft geschaffen, in der gleichzeitig immer noch 850 Millionen Menschen hungern und fast 1 Milliarde Menschen in Armut leben (mit weniger als 1,90 Dollar pro Tag).[10]
- Die wachsende Kluft zwischen Arm und Reich wird in einer Oxfam-Studie belegt, die zeigt, dass die 62 reichsten Milliardäre genauso viel Vermögen besitzen wie die ärmere Hälfte der Weltbevölkerung. Wie die Studie außerdem berichtet, besitzt das reichste Prozent der Weltbevölkerung mehr als die restlichen 99 Prozent zusammen (2016).[11]
- Im Jahr 2013 war selbstschädigendes Verhalten in allen Industrieländern zur häufigsten Todesursache bei Menschen im Alter zwischen 15 und 49 Jahren geworden, noch vor allen Krebsarten und Herzerkrankungen.[12]
- Wir setzen beträchtliche Ressourcen für unsere Landwirtschaft und unsere Nahrungssysteme ein für eine nicht nachhaltige Massenproduktion von qualitativ schlechtem Essen (Junkfood), das unseren Körper und unsere Umwelt vergiftet. Eine schlechte Ernährung trägt maßgeblich zu den Krankheiten und gesundheitlichen Problemen in unserer Gesellschaft bei.[13]
- Fast die Hälfte der Todesfälle (45 Prozent) bei Kindern unter 5 Jahren – 3,6 Millionen Kinder pro Jahr – hat vermeidbare Ursachen.[14]
- Seit 1900 sind ca. 75 Prozent der Kultur- und Nutzpflanzenvielfalt in der Landwirtschaft verloren gegangen.[15]

---

10 World Hunger Education Service, »2018 World Hunger and Poverty Facts and Statistics« (Verfügbar unter: https://www.worldhunger.org/world-hunger-and-poverty-facts-and-statistics/ [Zugriff: 13.1.2020]).

11 https://www.theguardian.com/business/2016/jan/18/richest-62-billionaires-wealthy-half-world-population-combined [Zugriff: 18.2.2020].

12 Tony Dokoupil, »Why Suicide Has Become an Epidemic – And What We Can Do To Help«, *Newsweek* 23. Mai 2013. Verfügbar unter: http://newsweek.com//2013/05/22/why-suicide-has-become-epidemic-and-what-we-can-do-help-237434.html) [Zugriff: 18.2.2020].

13 World Hunger Education Service, »2018 World Hunger and Poverty Facts and Statistics « (Verfügbar unter: https://www.worldhunger.org/world-hunger-and-poverty-facts-and-statistics/ [Zugriff: 13.1.2020]).

14 »The State of the World's Children ›Childhood under Threat‹« (www.unicefusa.org).

15 Durch eine Kombination der internationalen Zahlen bezüglich starker und extremer Bodendegradation lässt sich am besten einschätzen, wie groß die Flächen sind, die durch Bodendegradation größtenteils unwiederbringlich zerstört sind. Diese Untersuchung wurde Ende der 1980er Jahre durchgeführt. Aktuellere Informationen, auch zu einzelnen Ländern, lassen sich durch eine Internetrecherche mit dem Suchbegriff »land degradation assessments« finden.

Quer durch alle Lebensbereiche *produzieren wir gemeinsam Ergebnisse, die niemand will.* Und dennoch sehen sich die zentralen Entscheidungsträger nicht in der Lage, den Verlauf der Dinge in eine sinnvollere Richtung zu lenken. Sie fühlen sich ebenso gefangen in dem, was zuweilen aussieht wie ein Wettrennen gegen die Wand, wie wir selbst. Das gleiche Problem betrifft das massive institutionelle Versagen: Wir haben noch nicht gelernt, wie wir unsere jahrhundertealten kollektiven Muster des Denkens, Sprechens und der Institutionalisierung so umschmelzen und umformen können, dass sie den neuen Realitäten entsprechen und angemessen sind.

Die sozialen Strukturen, die wir derzeit aufbrechen und einstürzen sehen – lokal, regional und global –, entstammen zwei Quellen: den vormodernen *traditionellen* und den *modernen* industriellen Strukturen oder Formen des Denkens und Funktionierens. Beide waren in der Vergangenheit angemessen und sinnvoll. Aber in unserer jetzigen Zeit lösen sich diese beiden Grundlagen auf und zerfallen.

Das Aufkommen fundamentalistischer Bewegungen sowohl in westlichen als auch nicht westlichen Ländern ist ein Symptom dafür, dass es eines tiefer liegenden Transformationsprozesses bedarf. Fundamentalisten sagen: »Seht her, der moderne westliche Materialismus funktioniert einfach nicht. Er beraubt uns unserer Würde, unserer Lebendigkeit und unserer Seele. Lasst uns zur alten Ordnung zurückkehren!«

Diese Reaktion ist insofern verständlich, als sie sich auf zwei Wesensmerkmale des heutigen sozialen Niedergangs bezieht, die der Friedensforscher Johan Galtung *Anomie* nennt, den Verlust von Normen und Werten, und *Atomie*, den Zusammenbruch sozialer Strukturen.[16] Der hieraus resultierende Verlust an Kultur und Struktur führt zu Ausbrüchen von Gewalt, Hass, Terrorismus und Bürgerkrieg, in Kombination mit teilweise selbst produzierten Naturkatastrophen sowohl auf der Süd- als auch der Nordhalbkugel.

Wie können wir mit diesen Brüchen umgehen? Ich sehe, dass sich eine neue Form von Anwesendwerden und von Gegenwärtigkeit erhebt, die sich spontan durch kleine Gruppen und Netzwerke zu entwickeln beginnt. Es ist eine andere Qualität der Aufmerksamkeit und der Verbindung untereinander, eine neue Art des miteinander und mit dem, was entstehen will, Anwesend- und Präsentseins. Das nimmt vielerlei Formen an – wir sehen es an den Freiwilligen in Europa, die zusammenkommen, um den eintreffenden Flüchtlingsstrom zu unterstützen, oder an lokalen Basisbewegungen, die kulturübergreifend zusammenarbeiten, um zur Umsetzung der nachhaltigen Entwicklungsziele der Vereinten Nationen und des Pariser Klimaabkommens (COP21) beizutragen. Wenn Gruppen beginnen, von einer realen Zukunftsmöglichkeit her zu funktionieren, dann erschließen sich andere soziale Felder als diejenigen, die sie normalerweise erleben. Dies wird sichtbar durch eine veränderte Qualität des Denkens, Sprechens und des gemeinsamen Handelns. Wenn dieser Übergang geschieht, verbinden sich die Menschen mit einer tieferen Quelle der Kreativität und des Wissens und lassen die Muster der Vergan-

16 Diesen Punkt verdanke ich Johan Galtung, siehe Galtung (1995).

genheit hinter sich. Sie treten in ihr wirkliches Kraftzentrum ein, in die Kraft des authentischen Selbst. Ich nenne diesen Vorgang eine Verlagerung in ein anderes *soziales Feld,* da dieser Begriff die Gesamtheit und den Typ der Beziehungen kennzeichnet, durch den die Teilnehmenden eines gegebenen Systems sich miteinander verbinden, denken, sprechen und handeln.

Wenn eine Gruppe es schafft, sich einmal in die »Zone« gemeinsamen schöpferischen Handelns zu begeben, wird das zweite Mal gleich einfacher. Es ist, als ob eine unsichtbare, aber nachhaltige gemeinsame Verbindung oder Prägung entstanden wäre. Sie bleibt sogar meistens dann erhalten, wenn einige neue Teilnehmende in die Gruppe kommen. Die folgenden Kapitel beschreiben, was passiert, wenn eine solche Verlagerung oder Umstülpung des sozialen Feldes stattfindet, und wie diese sich manifestiert.

Die Umstülpung eines sozialen Feldes ist mehr als ein bemerkenswerter Augenblick. Wenn sie stattfindet, zieht sie in der Regel eine Reihe von Merkmalen nach sich: die Zunahme der individuellen Energie, die Steigerung der Aufmerksamkeit, die Vertiefung der Authentizität und Präsenz, ein klareres Richtungsverständnis sowie überdurchschnittliche professionelle und persönliche Ergebnisse und Errungenschaften.

Während die Krisendebatte unserer Zeit sich immer mehr verbreitet, werden die Stimmen der Protagonisten dreier unterschiedlicher Positionen hörbar:

- Die der *Aktivisten der Retrobewegung oder der Ewiggestrigen:* »Lasst uns zur Ordnung der Vergangenheit zurückkehren.« Einige der Rückschrittbewegungen haben eine fundamentalistische Neigung, aber nicht alle. Diese Position geht häufig mit dem Wiederbeleben alter Religionsformen oder glaubensbasierter Spiritualität einher.
- Die der *Verteidiger des Status quo:* »Macht weiter so.« Der Schwerpunkt liegt auf »mehr desselben«, indem man sich durchwurschtelt: alter Wein in neuen Schläuchen. Diese Position hat ihre Wurzeln im Hauptstrom des zeitgenössischen wissenschaftlichen Materialismus.
- Die der *Protagonisten einer transformativen Veränderung:* »Wie können wir aus den Mustern der Vergangenheit aussteigen, uns auf unsere höchste zukünftige Möglichkeit einstimmen – und anfangen, von diesem Ort aus zu handeln?«

Ich persönlich bin davon überzeugt, dass unsere aktuelle globale Situation nach einer Veränderung der dritten Position verlangt, die in vielerlei Hinsicht bereits unterwegs ist. Wir alle sind gefordert, uns von dem abgetragenen Körper institutionalisierten kollektiven Verhaltens zu lösen, um das Anwesendwerden unserer höchsten Zukunftsmöglichkeit zu erschließen.

Das Anliegen dieses Buches sowie der Forschung und der Projekte, die zu ihm geführt haben, ist es, eine soziale Technik für transformationale Veränderung zu erarbeiten, die es denen, die Veränderung vorantreiben, und den Führungskräften in allen Bereichen der Gesellschaft, einschließlich unseres persönlichen Lebens, erlaubt, tiefere Felder der gemeinsamen Wahrnehmung, der gemeinsamen Willensbildung, der gemeinsamen Gegenwärtigung und des gemeinsamen Experimentierens zu erschließen. Damit diese Art der Führungsarbeit geleistet werden kann, darf der Blick nicht nur nach außen, sondern muss auch nach innen gelenkt werden.

Übrigens, wenn ich den Begriff *Führung* verwende, meine ich damit alle Menschen, die sich für die Schaffung von Veränderung oder die Gestaltung der Zukunft einsetzen, unabhängig von ihrer formalen Position in institutionellen Strukturen. Dieses Buch habe ich geschrieben für Veränderungsaktivisten und Führungskräfte in Unternehmen, Regierungen, gemeinnützigen Organisationen und Gemeinden. Ich war und bin oft tief beeindruckt, wenn ich beobachte, wie Innovatoren und hervorragende Praktiker auf der Basis eines tiefer liegenden Prozesses tätig werden, eines Prozesses, den ich den *U-Prozess* nenne. Dieser Prozess zieht uns in eine entstehende Möglichkeit hinein – zieht uns gewissermaßen in die entstehende Zukunft – und erlaubt uns, *von* diesem anderen Zustand aus zu handeln, anstatt lediglich zu reflektieren und uns auf vergangene Erfahrungen zu beziehen. Aber um auf diese entstehenden Möglichkeiten zugreifen zu können, müssen wir uns zunächst eines blinden Flecks in der Führung und im Alltag bewusst werden.

Der blinde Fleck

Um die Herausforderungen, vor denen wir stehen, in Angriff zu nehmen, brauchen wir eine soziale Technik, die es uns als Individuen, Gruppen, Organisationen und auch als Gesellschaft ermöglicht, von unserem höchsten Zukunftspotenzial her zu handeln. Bei der Zusammenarbeit mit Führenden und Gruppen in allen Bereichen der Gesellschaft ist meinen Kollegen und mir im Laufe der letzten 20 Jahre klar geworden, dass es einen blinden Fleck gibt. Doch wenn wir uns dieses blinden Flecks bewusst werden, erlaubt uns dieses Bewusstsein, ein solches Potenzial zu erschließen. Der blinde Fleck ist der Quellort unserer Aufmerksamkeit und unserer Intention. Es ist der Ort, von dem aus wir handeln, wenn wir handeln. Dass dieser Fleck *blind* ist, liegt daran, dass er eine unsichtbare Dimension unseres gewohnheitsmäßigen sozialen Feldes, unserer alltäglichen Erfahrung in sozialen Interaktionen ist. Diese unsichtbare Dimension des sozialen Feldes bezieht sich auf die *Quellen* oder *Ursprünge*, aus denen heraus ein bestimmtes soziales Feld hervorgeht und manifest wird.

Man kann dieses Phänomen damit vergleichen, welchen Zugang man als Betrachter zu der Arbeit eines Künstlers oder einer Künstlerin wählt. Es gibt zumindest drei mögliche Perspektiven:

- Wir können uns auf das *Ding* konzentrieren, das aus einem kreativen Prozess hervorgeht – sagen wir, ein Bild,
- wir können uns auf den *Prozess* des Malens konzentrieren, oder
- wir können die Künstlerin beobachten, während sie vor einer *leeren Leinwand* steht.

Mit anderen Worten: Wir können ihr Werk ansehen, *nachdem* es geschaffen worden ist (das Ding), *während* sie es schafft (den Prozess) oder *bevor* der schöpferische Prozess einsetzt (die leere Leinwand oder die Dimension der Quelle).

Setzen wir dies in Analogie zu sozialen Prozessen und Führung, so können wir auch die Arbeit von Führungskräften aus drei unterschiedlichen Blickwinkeln betrachten (Abb. E.1):

- Erstens könnten wir dabei zusehen, *was* der Führende (meistens ist es immer noch ein »Er«) tut. Unzählige Bücher wurden aus dieser Perspektive geschrieben.
- Zweitens könnten wir beobachten, *wie* geführt wird, welchen Prozess Führende in Gang setzen. Das ist der Blickwinkel, den wir seit mehr als zwei Jahrzehnten in der Management- und Führungsforschung eingenommen haben. Wir haben alle Aspekte und funktionalen Bereiche im Zusammenhang mit Managern und Führungskräften aus der Sicht des Prozessparadigmas analysiert. Viele hilfreiche Erkenntnisse sind aus diesem Strom der Forschungsarbeit hervorgegangen.
- Niemals jedoch haben wir systematisch die Arbeit der Führenden von der dritten Möglichkeit her angesehen, der leeren Leinwand. Die Frage, die ungestellt blieb, lautet: *Welches sind die inneren Quellen, von denen aus Führende wirksam werden, wenn sie wahrnehmen, kommunizieren und handeln?*

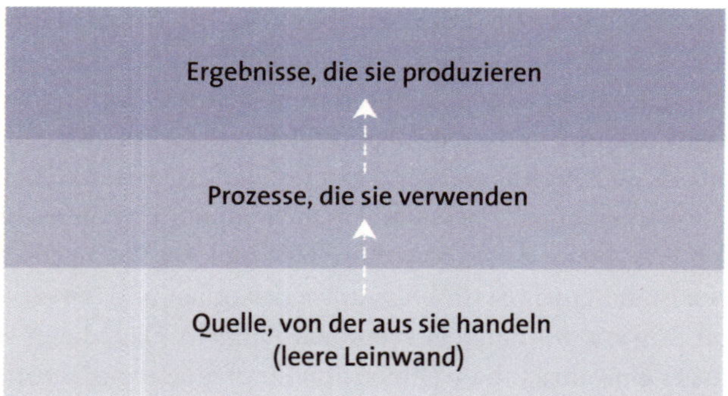

Abb. E.1: Drei Perspektiven für die Arbeit von Führungskräften

Dieser blinde Fleck fiel mir zum ersten Mal auf, als ich mit dem früheren Geschäftsführer der *Hanover Insurance Group*, Bill O'Brien, sprach. Er erzählte mir, seine größte Erkenntnis nach vielen Jahren von Veränderungsmanagement und organisationsweitem unternehmerischem Wandel sei, dass »der Erfolg einer Intervention von der *inneren Verfassung* des Intervenierenden abhängt«.

Diese Beobachtung schlug bei mir ein wie der Blitz. Bill half mir zu verstehen, dass das, was zählt, nicht nur das ist, *was* Führende tun und *wie* sie es tun, sondern auch ihre »innere Verfassung«, der innere Ort, von dem aus sie wahrnehmen, der Quellort, von dem alle Handlungen ihren Ausgangspunkt nehmen.

Der blinde Fleck, um den es hier geht, weist auf einen fundamentalen Aspekt in Management und Sozialwissenschaften hin. Er berührt ebenfalls unsere tägliche soziale Erfahrung. Während unserer täglichen Arbeit oder unserer täglichen sozialen Interaktionen sind wir uns normalerweise sehr dessen bewusst, *was* wir tun und was andere tun; wir verstehen auch einigermaßen, *wie* wir die Dinge tun, verstehen die Vorgehensweisen, mittels deren wir und andere handeln. Wenn wir jedoch fragen würden: »Was ist eigentlich der Quellpunkt, von dem aus wir tätig werden?«, so wären die meisten von uns wahrscheinlich nicht in der Lage, eine Antwort zu geben. Wir können die Quelle, von der aus wir aufmerksam sind und wirksam werden, nicht sehen; wir sind uns des Ortes, der den Ausgangspunkt unserer Aufmerksamkeit und Intention bildet, nicht bewusst.

Nachdem ich die letzten zwei Jahrzehnte meiner professionellen Tätigkeit im Bereich des organisationalen Lernens verbracht habe, ist meine wichtigste Erkenntnis, dass es *zwei unterschiedliche Quellen* des Lernens gibt:

- Lernen aus den Erfahrungen der *Vergangenheit* und
- Lernen aus der *im Entstehen begriffenen Zukunft.*

Der erste Lerntyp, Lernen aus der Vergangenheit, ist gut bekannt und breit erforscht. Er ist die Basis aller heute bedeutsamen Lernmethodologien, besten Praktiken und Ansätze für Organisationslernen.[17] Im Gegensatz hierzu steckt der zweite Lernansatz, nämlich wie aus dem Entstehen der Zukunft heraus gelernt werden kann, noch in den Kinderschuhen.

Ein paar Leute, denen ich die Idee einer zweiten Quelle des Lernens zunächst vorstellte, fanden, der Gedanke führe in die falsche Richtung. Der *einzige* Weg, zu lernen, argumentierten sie, sei der aus der Vergangenheit: »Otto, aus der Zukunft zu lernen ist nicht möglich. Verschwende deine Zeit nicht!« Aber als ich begann, mit Führungsteams aus unterschiedlichsten Sektoren und verschiedenen Industrien zu arbeiten, wurde mir klar, dass Leitungskräfte den aktuellen Herausforderungen der krisenhafte Zusammenbrüche (Disruption; vgl. Bild 3 und Beobachtung 2 im Vorwort zur Neuauflage) gar nicht genügen *können*, wenn sie sich nur auf der Basis vergangener Erfahrungen bewegen.

Als ich dann nach und nach feststellte, dass diejenigen Führungskräfte und Erneuerer, die mich am meisten beeindruckten, von einem *anderen* Kernprozess aus zu arbeiten schienen, von einem Prozess aus, der uns in entstehende Zukunftsmöglichkeiten hinein*zieht*, fragte ich mich: Wie können wir eine zukünftige Möglichkeit, die entstehen will, besser wahrnehmen und uns mit ihr verbinden?[18]

Ich nannte diese Wirkungsweise aus der entstehenden Zukunft heraus, *während* diese entsteht, *Presencing.*[19] Presencing, also die Gegenwärtigung oder das Anwesendwerden, ist die Verbindung von zwei englischen Begriffen: »*presence*« (Anwe-

17 Siehe Argyris (1993); Argyris a. Schön (1995); Senge (1990); Senge et al. (1994); Schein (1989).
18 Scharmer 2000a.
19 Scharmer 2000b und 2000c.

senheit) und »*sensing*« (spüren). Presencing heißt, sein eigenes höchstes Zukunftspotenzial zu erspüren, sich hineinziehen zu lassen und dann von diesem Ort aus zu handeln – d. h. Anwesendwerden im Sinne unserer höchsten zukünftigen Möglichkeit.[20]

Das vorliegende Buch beschreibt den Prozess und das Resultat einer 20-jährigen Forschungsarbeit, die nur durch die Unterstützung von und die Zusammenarbeit mit einer einzigartigen Konstellation von Kolleginnen und Kollegen sowie Freunden und Freundinnen möglich wurde.[21] Die der Forschungsreise zugrunde liegende Frage lautet: »Wie können wir aus der im Entstehen begriffenen Zukunft heraus handeln, wie aktivieren wir die tieferen, mehr schöpferischen Schichten des sozialen Feldes?«

Eintreten in das Feld

Ein Feld ist, wie jeder Landwirt weiß, ein komplexes, lebendes System – ebenso wie die Erde insgesamt ein lebendiger Organismus ist.

Ich bin auf einem Bauernhof in der Nähe von Hamburg aufgewachsen. Eines der ersten Dinge, die mir mein Vater, ein Pionier der biodynamischen Landwirtschaft in Europa, beibrachte, war, dass die lebendige Qualität des Bodens die wichtigste Sache in der biologischen Landwirtschaft überhaupt ist. Jedes Feld, so erklärte er mir, hat zwei Seiten: die sichtbare, also das, was wir oberhalb der Erde sehen, und die unsichtbare oder das, was unter der Oberfläche ist. Die Qualität der Ernte – das sichtbare Resultat – ist eine Funktion der Qualität des Ackerbodens, also derjenigen Elemente des Feldes, die für das Auge weitgehend verborgen bleiben.

Meine Überlegungen im Hinblick auf soziale Felder setzen genau an diesem Punkt an: dass (soziale) Felder die *Grundvoraussetzung* für produktive soziale Beziehungen sind. Und so, wie jeder gute Landwirt unablässig seine Aufmerksamkeit dem Erhalt und der Verbesserung der Bodenqualität widmet, so sollte jede gute Führungskraft einer Organisation ihre Aufmerksamkeit auf den Erhalt und die Verbesserung der Qualität des sozialen Feldes lenken – gewissermaßen auf den Mutterboden des betreffenden sozialen Systems, in dem jeder verantwortlich Führende und Changemaker tagein, tagaus arbeitet.

---

20 Da das Wort *presencing* auch im Englischen eine Neuschöpfung ist, haben wir uns entschlossen, dieses Wort in der deutschen Übersetzung häufig beizubehalten. Daneben haben wir Presencing auf vier unterschiedliche Weisen übersetzt: als »Gegenwärtigung«, »Gegenwärtigwerden«, »Anwesendwerden« oder als »In-die-Welt-Kommen«. Jede dieser vier Übersetzungen beleuchtet einen bestimmten Aspekt des hier beschriebenen Grundgeschehens: das In-die-Welt-Kommen des Neuen durch eine Steigerung der eigenen Gegenwartsfähigkeit.

21 Unter anderem möchte ich hier nennen: Beth Jandernoa, Joseph Jaworski, Michael Jung, Ekkehard Kappler, Katrin Käufer, Seija Kulkki, Ikujiro Nonaka, Ed Schein, Peter Senge und Ursula Versteegen.

Jeden Sonntag nahmen meine Eltern mich, meine Brüder und meine Schwester mit auf einen *Feldgang* über alle Äcker und Felder unseres Hofes. Hin und wieder blieb mein Vater stehen, um aus einer Ackerfurche einen Klumpen Erde aufzuheben, sodass wir ihn untersuchen und die unterschiedlichen Typen und Strukturen sehen lernen konnten. Die Qualität der Erde, erklärte er, hängt von einer ganzen Masse lebender Mikroorganismen ab – Millionen lebender Organismen, die jeden Kubikzentimeter Erde bevölkern und beleben und deren Arbeit existenziell dafür ist, dass die Erde atmen und sich als lebendes System entwickeln kann.

Dieses Buch lädt Sie zu einem Feldgang durch die soziale Landschaft unserer sich rasant verändernden globalen Gesellschaft ein. Und genau wie meine Familie es damals während des *Feldgangs* tat, werden wir auch jetzt hin und wieder anhalten und einen Klumpen voller Daten und Erfahrungen aufheben, damit wir ihn untersuchen und das tiefere Terrain sozialer Felder besser verstehen können. So bemerkte Jonathan Day von McKinsey einmal bezüglich seiner vielfältigen Erfahrungen mit globalen Unternehmen und ihren Transformationsprozessen: »Das Wichtigste in all diesen Prozessen ist etwas, das für das Auge gänzlich unsichtbar bleibt.«[22]

Wie jedoch können wir uns einem bewussteren und klareren Sehen dieses tieferen Terrains annähern?

Der archimedische Punkt

Wo liegt der strategische Hebelpunkt, der es ermöglicht, die Struktur eines sozialen Feldes umzuschmelzen, umzustülpen? Wo liegt der *archimedische Punkt* – die Bedingung der Möglichkeit –, durch den sich das globale soziale Feld verändern ließe?

Für meinen Vater war das sonnenklar. Wo setzt man seinen »Hebel« an? An der Erde. Man konzentriert sich darauf, kontinuierlich die Qualität der Humusschicht zu verbessern. Jeden Tag. Der fruchtbare Humus ist eine dünne Schicht lebender Substanzen, die sich durch die ineinander verschlungene Verwebung zweier Welten entwickelt: des sichtbaren Reichs an der Erdoberfläche und des unsichtbaren Terrains darunter. Die Begriffe *Kultur* und *Kultivierung* haben ihren Ursprung in der Ausübung genau dieser Tätigkeit. Landwirte kultivieren den Humus, indem sie die Verbindung zwischen den beiden Welten *vertiefen*.

Wo liegt der Hebelpunkt im Falle des *sozialen Feldes?* An genau der gleichen Stelle: an der Schnittstelle und der Verbindung zwischen der sichtbaren und der unsichtbaren Schicht des sozialen Feldes. Der fruchtbare »Humus« der Organisation entsteht dann, wenn diese beiden Welten sich begegnen, verbinden und miteinander verflechten.

---

22 Das Interview mit Jonathan Day, das C. Otto Scharmer am 14. Juli 1999 geführt hat, ist verfügbar unter: www.dialogonleadership.org/interviews/Day.shtml [Zugriff: 13.11.2008].

Was entspricht dann, im Falle der sozialen Felder, der sichtbaren Welt? Das ist, was wir *tun, sagen, spüren* und *sehen*. Das soziale Handeln, wie es von einer Kamera eingefangen und dokumentiert werden kann. Und was ist die unsichtbare Schicht des sozialen Werdens? Es ist die *innere Verfassung*, von der aus die Teilnehmenden einer Situation handeln. Es ist die entspringende *Quelle* all dessen, was wir tun, sagen, spüren und sehen. Nach Bill O'Brien ist dies der entscheidende Punkt, auf den es für jede Initiative, jede Führungskraft am meisten ankommt. Vorausgesetzt, man will eine Zukunft gestalten, die sich von der Vergangenheit unterscheidet. Das ist der blinde Fleck oder innere Ort, an dem unsere Aufmerksamkeit und unsere Intention generiert werden und in die Welt kommen.

In Teil I dieses Buches, »Begegnung mit dem blinden Fleck«, werde ich argumentieren, dass wir über die Ebenen, Systeme und Sektoren hinweg letztlich alle mit dem gleichen Problem konfrontiert werden: Die Herausforderungen, denen wir uns stellen müssen, erfordern es, uns des inneren Standortes, von dem aus wir agieren, bewusst zu werden und ihn zu verändern. Konsequenterweise müssen wir lernen, gegenüber beiden Dimensionen gleichzeitig aufmerksam zu werden:

- gegenüber dem, *was* wir sagen, sehen, spüren und tun (unserer sichtbaren Dimension), und
- gegenüber dem *inneren Ort*, von dem aus wir wirken (unserem unsichtbaren Terrain, von dem her unsere Aufmerksamkeit und unsere Intention in die Welt kommen).

Ich nenne den vermittelnden Bereich, der diese beiden Dimensionen miteinander verbindet, die *Feldstruktur der Aufmerksamkeit*. Sie ist das funktionale Äquivalent des Humus in der Landwirtschaft, indem sie beide Dimensionen des Feldes verknüpft.

Die gemeinsame Gegenwärtigung unserer Feldstruktur der Aufmerksamkeit – das heißt, das gemeinsame Gewahrwerden des inneren Ortes, von dem aus wir agieren – könnte der zentrale Hebelpunkt sein, durch den das soziale Feld in unserem Jahrhundert verwandelt werden kann, da es den *einzigen* Punkt unseres gemeinsamen Bewusstseins darstellt, über den wir vollständige Kontrolle haben. Denn die gemeinsam hervorgebrachte Struktur der Aufmerksamkeit ist ganz klar von uns fabriziert, d. h., wir können die Urheberschaft auf keinen anderen abschieben. Sobald wir diesen Punkt zu *sehen* in der Lage sind, können wir ihn als Hebel für praktische Veränderung nutzen. Er ermöglicht uns, anders zu handeln. In dem Ausmaß, in dem es uns gelingt, unsere Aufmerksamkeitsstruktur und ihre Quelle zu *sehen*, können wir das System verändern. Doch dafür müssen wir den inneren Ort, von dem aus wir handeln, verändern.

Das Umschmelzen und Umstülpen der Struktur unserer Aufmerksamkeit

Das Wesen von Führung besteht darin, sich dieses blinden Flecks bewusst zu werden und dann den inneren Ort, von dem aus wir handeln, auf individueller ebenso wie auf kollektiver Ebene zu verändern.

Der Boden auf den Feldern meines Vaters reichte von flach bis tief. Entsprechend gibt es auch in unseren sozialen Feldern fundamental unterschiedliche Aufmerksamkeitsschichten (Feldstrukturen), die sich ebenfalls von flach bis tief erstrecken. Die Feldstruktur der Aufmerksamkeit bezieht sich auf das Verhältnis zwischen Beobachter und Beobachtetem. Sie betrifft die Qualität, mit der wir uns zur Welt in Beziehung setzen. Diese Qualität variiert abhängig von dem *Ort* oder der Position, von der aus unsere Aufmerksamkeit in die Welt kommt, relativ zu der organisationalen Grenze des Beobachters.

Durch meine Forschung, die zum vorliegenden Buch geführt hat, habe ich vier unterschiedliche Orte oder Positionen gefunden, die jeweils eine andere Qualität oder Feldstruktur der Aufmerksamkeit hervorbringen:

- *Ich-in-mir:* was ich wahrnehme, ausgehend von meinen üblichen Seh- und Denkgewohnheiten
- *Ich-in-es:* was ich wahrnehme, wenn meine Sinne und mein Denken weit geöffnet sind und ich neu hinsehe
- *Ich-in-dir:* auf was ich mich von innen heraus einstimme und was ich wahrnehme, wenn mein Denken und mein Herz weit geöffnet sind
- *Ich-in-wir* und *Ich-in-Gegenwärtigung:* was ich erkenne, wenn ich vom Grund dessen, was entstehen will, her sehe, wenn ich meine Aufmerksamkeit mit offenem Fühlen, Denken und Willen zuwende

Die vier Feldstrukturen unterscheiden sich im Hinblick auf den *Ort*, von dem aus die Aufmerksamkeit (und die Intention) in die Welt kommt: Gewohnheiten, offenes Denken, offenes Fühlen bzw. offener Wille. Jedes Handeln einer Person, einer Leitungskraft, einer Gruppe, einer Organisation oder einer Gemeinschaft kann auf diese vier Weisen hervorgebracht werden.

Um diese Unterscheidung zu verdeutlichen, schauen wir uns das Beispiel »Zuhören« an. In den Jahren meiner Arbeit mit Gruppen und Organisationen habe ich vier Grundtypen des Zuhörens identifiziert:

1) *»Ist schon klar, weiß ich schon.«*
   Der erste Typ des Zuhörens ist das *Runterladen*: zuhören, indem man die eigenen Denkgewohnheiten wieder bestätigt. Wenn Sie in einer Situation sind, wo alles, was passiert, bestätigt, was Sie eh schon wussten, dann hören Sie im Downloading-Modus zu.

2) *»Oh, jetzt sieh dir mal das an!«*
Der zweite Typ des Zuhörens ist der des *faktenbezogenen* oder *objektfokussierten Zuhörens:* Man hört zu, indem man seine Aufmerksamkeit auf Fakten und auf neue oder unerwartete Daten lenkt. Bei dieser Art des Zuhörens achten Sie auf das, was sich von dem unterscheidet, das Sie bereits wissen. Ihr Zuhören wandert weg davon, der eigenen inneren Stimme des Urteilens zuzuhören, hin zu einem Hören der Fakten, die direkt vor Ihnen stehen. Sie beginnen, wach zu werden gegenüber der sich Ihnen offenbarenden Realität, die sich von Ihrer Vorstellungswelt (Downloading) unterscheidet. Objektfokussiertes oder faktenbezogenes Zuhören ist der Grundmodus guter Wissenschaft. Sie stellen Fragen und beobachten sorgfältig, welche Antworten Ihnen z. B. die Natur gibt.
3) *»Oh ja, ich weiß, wie du dich fühlst.«*
Die dritte, nochmals tiefere Schicht des Zuhörens ist das *empathische Zuhören.* Wenn wir uns auf einen wirklichen Dialog einlassen, können wir, sofern wir darauf achten, eine grundlegende Veränderung des Ortes wahrnehmen, von dem aus unser Zuhören stattfindet. Solange wir mit den ersten beiden Typen des Zuhörens arbeiten, kommt das Zuhören von innerhalb der Grenzen unserer eigenen mentalen oder kognitiven Organisation. (Das Zuhören findet dann also von unserem Kopfsystem her statt.) Wenn wir jedoch empathisch zuhören, verschiebt sich unsere Wahrnehmung. Wir verlassen den Modus des Starrens auf eine dinghafte Welt und wechseln in die Innenwelt eines Lebewesens, eines lebenden Systems und dessen Selbst hinein. Um dies zu können, müssen wir ein bestimmtes Instrument aktivieren und stimmen: das Zuhören mit dem Herzen, das heißt die empathische Fähigkeit, sich direkt in einen anderen Menschen oder eine Gruppensituation hineinzuversetzen. Wenn das gelingt, empfinden wir eine tiefe innere Umschichtung, fast so, als ob ein Schalter umgelegt würde; wir vergessen unsere eigenen Vorhaben und beginnen wahrzunehmen, wie sich die Welt aus der Sicht eines anderen entfaltet. In diesem Modus fühlen wir meistens, was die andere Person sagen will, bevor sie es in Worte gefasst hat. Und dann können wir möglicherweise erkennen, ob eine Person das richtige oder das verkehrte Wort für etwas, das sie ausdrücken möchte, gewählt hat. Dieses Urteil ist jedoch nur möglich, wenn wir einen *direkten Eindruck* haben von dem, was jemand sagen möchte, *bevor* wir analysieren, was er tatsächlich sagt. Empathisches Zuhören ist eine Fähigkeit, die wie jede andere Fähigkeit im Bereich menschlicher Beziehungen kultivierbar ist und entwickelt werden kann. Es ist eine Kompetenz, die von uns die Aktivierung einer anderen Intelligenz abverlangt – der Intelligenz des Herzens.
4) *»Ich kann das, was ich erlebe, nicht in Worte fassen. Mein ganzes Sein hat sich verlangsamt. Ich fühle mich ruhiger, gegenwärtiger und mehr wie ich selbst. Ich bin mit etwas Größerem als mit mir selbst verbunden.«*

> Das ist die vierte Ebene des Zuhörens. Sie verlagert den Ort des Zuhörens über das derzeitige Feld hinaus und verbindet sich mit einem noch tieferen Bereich der Emergenz. Ich bezeichne diese Ebene des Zuhörens als *schöpferisches Zuhören* oder Zuhören aus dem entstehenden Zukunftsfeld her. Diese Ebene des Zuhörens erfordert von uns, dass wir einen *Zugang* finden zu unserem offenen Herzen *und zu unserem offenem Willen* – also unserer Fähigkeit, uns mit der höchsten Zukunftsmöglichkeit, die entstehen will, zu verbinden. Auf dieser Ebene konzentriert sich unsere Arbeit darauf, das (alte) Selbst loszulassen, um Platz für eine Lichtung zu machen, durch die sich eine andere Zukunftsmöglichkeit vergegenwärtigen kann. Wir suchen nicht mehr nach etwas, das sich außerhalb von uns befindet. Wir sind nicht mehr nur empathisch gegenüber jemandem, der uns jetzt gegenübersitzt. Wir befinden uns in einem veränderten Zustand, bei dem Begriffe wie Verbundenheit oder Gnade in den Sinn kommen, auch wenn sich die Textur dieser Erfahrung nicht wirklich in Worte fassen lässt.

Sie werden bemerkt haben, dass sich diese vierte Ebene des Zuhörens im Hinblick auf ihre Textur und ihre Ergebnisse von den anderen Ebenen unterscheidet. Wenn Ihnen bewusst wird, dass Sie am Ende eines Gesprächs nicht mehr die gleiche Person sind, die das Gespräch begann, dann wissen Sie, dass Sie aus dem vierten Feld heraus zugehört haben. Sie sind durch eine subtile, aber tief greifende Feldveränderung gegangen. Sie haben sich mit der tieferen Quelle ihres entstehenden authentischen Selbst verbunden.

Die U-Theorie: Handeln von der entstehenden Zukunft her

Was immer wir tun, wir agieren auf der Basis von einer dieser vier Aufmerksamkeitsfelder. Wir greifen auf eine dieser Bewusstseinsebenen zu, ob wir nun allein oder in großen Gruppen sind. Ich schlage vor, diese Zustände des Handelns *Feldstrukturen der Aufmerksamkeit* zu nennen. Die auf sichtbarer Ebene identischen Aktivitäten (wie Zuhören) können in der Praxis radikal unterschiedliche Ergebnisse produzieren, *abhängig von der Feldstruktur der Aufmerksamkeit*, durch die eine bestimmte Handlung in die Welt kommt. Anders ausgedrückt: *Ich nehme* (auf die Weise X) *wahr – deshalb tritt das Ereignis* (Y) *in Erscheinung*. Dies ist die verborgene Dimension unseres gemeinsamen sozialen Prozesses. Diese Dimension ist vielleicht nicht einfach oder sofort verständlich, aber sie ist der Hebel für wirklichen Wandel. Ich habe die U-Theorie entwickelt, um ein besseres Verständnis dieser *Quelldimension* des sozialen Werdens zu ermöglichen.

Die Theorie U greift die Kernfrage auf, die diesem Buch zugrunde liegt: Was ist erforderlich, damit wir von einer im Entstehen begriffenen Zukunft her lernen und handeln? In Kapitel 2 werden wir uns auf den »Weg zum U« begeben und diese Frage mit dem Ziel verfolgen, unsere Führungs-, Handlungs- und Lernzyklen von den Feldern 1 und 2 (Reagieren und Schnellschüsse) weg in Richtung der Felder 3 und 4 (profunde Erneuerung und Veränderung) zu vertiefen.

Die turbulenten Herausforderungen unserer Zeit zwingen alle Institutionen und Systeme dazu, sich selbst zu erneuern und neu zu erfinden. Um das leisten zu können, müssen wir uns fragen: Wer sind wir? Wozu sind wir hier? Was wollen wir wirklich gemeinsam hervorbringen? Die Antworten auf diese Fragen werden unterschiedlich ausfallen, je nach der Feldstruktur unserer Aufmerksamkeit (und unseres Bewusstseins), die wir nutzen, um sie zu beantworten. Sie können aus einer rein materialistisch-deterministischen Sicht beantwortet werden (wenn man von Feld 1 und Feld 2 aus agiert), oder sie können aus einer eher ganzheitlicheren Perspektive betrachtet werden, die die feineren relationalen und spirituellen Quellen im Prozess der sozialen Realitätsentstehung mit einbezieht (Feld 3 und Feld 4).

Eine neue Wissenschaft

Dieses Buch hat mehr vor als nur den blinden Fleck von Führung auszuleuchten. Es versucht, die unsichtbare Dimension des sozialen Prozesses zu erhellen, mit der es jeder von uns im täglichen Leben, ob bewusst oder nicht, zu tun hat. Damit das gelingen kann, müssen wir unsere gegenwärtige Form von Wissenschaft eine Windung weiterdrehen. Wie die Psychologin Eleanor Rosch von der University of California in Berkeley es so treffend auf den Punkt brachte: »Wissenschaft muss mit dem Willen zur Weisheit geleistet werden.« Die Wissenschaft, wie wir sie heute kennen, steckt im Hinblick darauf immer noch in den Kinderschuhen.

Galileo Galilei entwickelte im Jahr 1609 ein Teleskop, durch das er die Monde des Jupiters beobachten konnte. Seine Beobachtungen unterstützten mit starker Evidenz das ketzerische Kopernikanische Weltbild, das Postulat eines heliozentrischen Universums. 66 Jahre zuvor hatte Nicolaus Kopernikus eine Abhandlung veröffentlicht, in der er den revolutionären Gedanken vertrat, dass die Sonne das Zentrum des Universums bildete und nicht – wie in der damals aktuellen Sichtweise von Ptolemäus vertreten – die Erde. Während des folgenden halben Jahrhunderts seit ihrer Publikation wurde Kopernikus' Theorie mit Skepsis betrachtet, vor allem von der katholischen Kirche. Als Galilei durch das Teleskop sah, wusste er, dass Kopernikus recht gehabt hatte. Aber als er für dessen Sicht eintrat, zunächst in privaten Gesprächen, später auch durch seine Schriften, opponierte die katholische Kirche wie auch schon bei Kopernikus aufs Schärfste und bestand darauf, dass dies eine Irrlehre sei, und berief eine Inquisition ein. Galilei versuchte, seine Ansicht zu verteidigen, indem er die Kirchenobersten drängte, doch durch das Teleskop zu sehen und sich der Tatsachen mit ihren eigenen Augen zu vergewissern. Aber die Kirchenführer verweigerten den erschreckenden Durchblick. Sie trauten sich nicht, sich über das Dogma der Heiligen Schrift hinauszubewegen. Auch wenn die Kirche Galilei während der Inquisitionsverhandlung erfolgreich einschüchterte (und den Siebzigjährigen dazu zwang, seine Ansichten zurückzunehmen) – der Sieg war ihm schließlich sicher, und heutzutage gilt er als Vater der modernen experimentellen Physik. Galileo Galilei leistete Pionierarbeit für die moderne Wissenschaft, indem er, anstatt sich abzuwenden, nach vorne durch sein Teleskop sah und die Fakten sprechen ließ; er gründete seine Ansichten auf seinen eigenen Beobachtungen und nicht auf die Dogmen der Kirche.

Heute, über 400 Jahre später, stehen wir vor einem weiteren Durchbruch. Galileo transformierte die Wissenschaft, indem er uns ermutigte, unseren eigenen Augen zu trauen und unsere Sinne zur Erfassung externer Daten einzusetzen. Heute sind wir gefordert, diese Methode zu verbreitern und zu vertiefen und dadurch ein viel umfassenderes Set von Daten dem Erkenntnisprozess zugänglich zu machen. Damit das gelingt, müssen wir ein Teleskop neuen Typs entwickeln: nicht des Typs, durch den wir beobachten können, was weit außerhalb von uns selbst liegt – die Monde des Jupiters –, sondern eines anderen Typs, durch den wir den Beobachtungsstrahl krümmen, wenden und schließlich auf seinen Ursprungsort zurücklenken können: auf den blinden Fleck, d. h. auf das Forschung betreibende *Selbst* des Beobachters. Zu den Instrumenten, die wir brauchen, um den Beobachtungsstrahl auf die Quelle zurückzulenken, gehören nicht nur ein *offenes Denken* (das zum normalen Modus des Fragens und Erforschens gehört), sondern auch ein *offenes Herz* und ein *offener Wille*. Auf diese subtileren Aspekte der Beobachtung und Erkenntnis werden wir später noch ausführlicher eingehen.

Die heutige Wissenschaftstransformation ist nicht weniger revolutionär als seinerzeit die von Galileo Galilei. Auch der Widerstand der amtierenden Wissens- und Würdenträger wird nicht weniger erbittert sein als der, auf den Galilei seinerzeit stieß. Und dennoch müssen wir, sofern wir uns den globalen Herausforderungen stellen und den Ruf unserer Zeit hören wollen, fragen, wie eine neue Synthese der Wissenschaft, der sozialen Evolution und des Werdens des Selbst (oder des Bewusstseins) aussehen kann. Lange Zeit war es unter Sozialwissenschaftlern und Managementforschern eine weit verbreitete Praxis, eigene Methoden und Paradigmen aus den Naturwissenschaften, z. B. der Physik, abzuleiten (oder zumindest durch diese zu legitimieren). Ich meine, dass nun die Zeit gekommen ist, dass Soziologen aus ihrem Schatten heraustreten und eine weiterentwickelte Methodologie der Sozialwissenschaften etablieren, die Wissenschaft (Perspektive der dritten Person), soziale Transformation (Perspektive der zweiten Person) und die Entwicklung des Selbst (Perspektive der ersten Person) in ein kohärentes Konzept von auf Bewusstheit gründender Aktionsforschung integriert.

Ein solches Gerüst entwickelt sich bereits aus zwei bedeutsamen Richtungsänderungen, die in den Sozialwissenschaften in der zweiten Hälfte des 20. Jahrhunderts stattgefunden haben:

- Auf die erste wird häufig als *aktionsforscherische Wende* verwiesen – Kurt Lewin, ihr Pionier, und seine Anhänger haben in der zweiten Hälfte des 20. Jahrhunderts eine Vielzahl von Ansätzen zur Aktionsforschung vorangetrieben (vgl. Reason a. Bradbury 2001).
- Die zweite Richtungsänderung erfolgte im ausgehenden 20. und beginnenden 21. Jahrhundert und wird häufig als die *reflexive Wende* beschrieben, sollte aber vielleicht besser *selbstreflexive* Wende auf die eigenen Muster von Aufmerksamkeit und Bewusstsein genannt werden.

Die sich entwickelnde Synthese verknüpft alle drei Blickrichtungen: die der Wissenschaft (Daten sprechen lassen), die der Aktionsforschung (man kann ein System nicht verstehen, solange man es nicht verändert) und die der Evolution von Bewusstsein und Selbst (den blinden Fleck erkennen und erhellen).

Vor 2300 Jahren schrieb Aristoteles, wohl der größte Pionier und Innovator westlichen Forschens und Denkens, in Band VI seiner *Nikomachischen Ethik*, es gäbe in der menschlichen Seele fünf verschiedene Wege oder Fähigkeiten, die Wahrheit zu erfahren (Aristoteles 1972, NE 1139 615). Nur einer von ihnen ist die Wissenschaft (gr.: *episteme*). Wissenschaft ist nach Aristoteles auf Dinge beschränkt, die sich so und nicht anders verhalten (d. h. auf den Bereich, in dem die Dinge durch Notwendigkeit bestimmt sind). Die vier anderen Wege und Fähigkeiten der Wahrheitsfindung hingegen beziehen sich auf die übrigen Lebensbereiche: Kunst oder das Herstellen (gr.: *techne*), praktische Weisheit (gr.: *phronesis*), theoretische Weisheit (gr.: *sophia*) und die Intuition oder Fähigkeit, Grundprinzipien oder Quellen zu erfassen (gr.: *nous* für »Geist, Vernunft«).

Die moderne Wissenschaft beschränkte sich bislang weitgehend auf *episteme*. In unserem Jahrhundert sollten wir jedoch unser Wissenschaftsverständnis erweitern und auch die übrigen Zugänge zur Wahrheitsfindung in den Prozess des wissenschaftlichen Erkennens einbeziehen: Technologien (*techne*), praktische Weisheit (*phronesis*), theoretische Weisheit (*sophia*) und die Fähigkeit, die Quellen der Aufmerksamkeit und Intention (*nous*) intuitiv zugänglich zu machen.

Unser gemeinsamer Feldgang: Der Denkweg dieses Buches

Wie dieses Buch organisiert ist

Nachdem wir in Teil I gegen den »blinden Fleck« prallen, erleben wir in Teil II ein »Eintreten in das U-Feld«, gefolgt von »Presencing: Eine soziale Technik für tief greifende Innovation« und Veränderung durch gemeinsame Gegenwärtigung in Teil III.

Teil I des Feldgangs setzt sich mit unterschiedlichen Erscheinungsformen des blinden Flecks auseinander. Ich werde argumentieren, dass die zentrale Krise unserer Zeit damit zu tun hat, dass wir auf allen Systemebenen unserer Gesellschaft immer wieder auf das gleiche Problem stoßen: unseren blinden Fleck. Auf allen Ebenen werden wir immer wieder mit der gleichen Unzulänglichkeit konfrontiert: Wir sind nicht in der Lage, generativ auf die aktuellen Herausforderungen zu antworten, solange wir uns unseres blinden Flecks nicht bewusst werden und den inneren Ort, von dem aus wir handeln, nicht verändern.

In *Teil II* werden wir den *Kernprozess* analysieren, durch den der blinde Fleck erhellt und bewusst gemacht werden kann.

Teil III unseres Feldgangs diskutiert diesen Kernprozess im Sinne einer *evolutionären Grammatik*, die dann in zweierlei Hinsicht entwickelt wird: zum einen als Theorie der sozialen Felder (U-Theorie) und zum anderen als soziale Technik (24 Prinzipien und Praktiken des Presencing).

Das Buch schließt mit einem Epilog, der den Titel trägt: »U.School – Bewusstseinsbasierten Systemwandel praktisch machen«. Darin werden Ideen und ein allgemeiner Plan für eine globale Aktionsforschungsuniversität dargelegt, die die oben angesprochenen Prinzipien durch eine Integration von Wissenschaft, Bewusstsein und sozialer Evolution in die Praxis umsetzt.

Die folgenden 21 Kapitel integrieren die Erkenntnisse aus Dialoginterviews mit weltweit 150 führenden Denkern und Praktikern in den Bereichen Strategie, Wissen, Innovation und Führung. Der Denkweg dieses Buches reflektiert auch die Biografie des Verfassers – erkennbar die eines weißen männlichen europäischstämmigen Amerikaners – sowie meine Forschung am MIT und ungezählte Diskussionen mit und Anregungen durch Kolleginnen und Kollegen am MIT und an anderen Institutionen von Forschung und Praxis. Ich habe die sich hieraus entwickelnde U-Theorie auf der Basis von Beratungs- und Aktionsforschungsprojekten mit globalen Unternehmen und Nichtregierungsorganisationen, beispielsweise *Alibaba, Daimler, Decurion, Eileen Fisher, Federal Express, Fujitsu, GlaxoSmithKline, Google, Hewlett-Packard, ICBC, McKinsey, Oxfam, PricewaterhouseCoopers* und verschiedenen Multistakeholder-Gruppen geformt und getestet.

Besonders inspiriert hat mich immer die enge Zusammenarbeit mit Kolleginnen und Kollegen aus dem Bereich der Kunst, zum Beispiel mit Arawana Hayashi, die durch zahlreiche Projekte das sogenannte Social-Presencing-Theater entwickelt hat. Einige der Illustrationen im Buch basieren auf meinen eigenen handgezeichneten Bildern und viele weitere stammen von professionellen Künstlern; diese Bilder machen die Konzepte lebendig und veranschaulichen sie oft viel besser als Worte. Ich hoffe, dass ihre Einbeziehung den Zugang zu einigen der anspruchsvolleren Ideen in diesem Buch erleichtert.

Intention

Dieses Buch beabsichtigt drei Dinge:

1) Es liefert einen Schlüssel oder, wie wir es manchmal bezeichnen, eine *Grammatik des sozialen Feldes*, die den blinden Fleck erschließt (Kapitel 15, 20).
2) Es zeigt die folgenden vier fundamentalen Metaprozesse auf, durch die die soziale Welt Moment für Moment hervor- und in die Welt gebracht wird:

  - denkendes Handeln (Kapitel 16)
  - kommunikatives Handeln (Kapitel 17)
  - organisationales Handeln (Kapitel 18) und
  - global-systemisches Handeln (Kapitel 19)
3) Abschließend skizziert das Buch eine soziale Technologie der Freiheit, die diesen Ansatz durch konkrete Prinzipien und Praktiken umsetzbar macht (Kapitel 21).

Zusammengenommen ergeben die Prinzipien und Praktiken ein Ganzes. Dies vorausgeschickt, können sie auch als die *fünf Bewegungen* betrachtet werden, die den Verlauf des U markieren (Abb. E.2):

Abb. E.2: Der U-Prozess: Fünf Bewegungen

- *Gemeinsames Gefäß bilden:* Höre darauf, wozu das Leben dich auffordert; verbinde dich mit Menschen und Kontexten, die mit diesem Ruf in Zusammenhang stehen; bilde Konstellationen von Schlüsselakteuren, die die gemeinsame Intention lebendig machen.
- *Gemeinsames Hinspüren:* Tauche ein in die Orte der größten Möglichkeit; *beobachte, beobachte, beobachte*; und bewege, was du aufnimmst, in deinem weit geöffneten Denken und Herzen.
- *Gemeinsame Stille:* Suche einen Raum der individuellen und kollektiven Stille, öffne dich für die tieferen Quellen des Wissens und *verbinde dich mit der Zukunft, die durch dich entstehen will.*

- *Gemeinsames Erproben:* Baue Landebahnen für die Zukunft, indem du lebende Mikrokosmen des Neuen erschaffst, *um die Zukunft im prototypischen Tun zu erkunden.*
- *Gemeinsames Gestalten:* Entwickle mit anderen ein größeres Ökosystem der Innovation und halte das Gefäß, das Menschen über Grenzen hinweg verbindet, indem sie aus dem entstehenden Ganzen heraus wahrnehmen und handeln.

Die verwendeten Methoden

Unser Feldgang umfasst drei Methoden: Phänomenologie, Dialog und kollaborative Aktionsforschung. Alle drei zielen auf den gleichen Kernpunkt ab: die ineinander verflochtene Struktur von Wissen, Realität und Selbst. Alle folgen dem Diktum Kurt Lewins, dem Begründer der Aktionsforschung, der beobachtete und feststellte: »Man kann ein System nicht verstehen, solange man es nicht verändert.« Jede der drei Methoden hat jedoch einen eigenen Schwerpunkt:

- Die Phänomenologie nimmt den Blickwinkel der ersten Person ein (individuelles Bewusstsein),
- der Dialog den Blickwinkel der zweiten Person (Gesprächsfelder) und
- die Aktionsforschung den Blickwinkel der dritten Person (institutionelle Muster und Strukturen).

Sie werden bemerken, dass ich mich in diesem Buch nicht oft auf individuelle Führungspersonen beziehe, sondern auf unsere systemische oder gemeinsame Führung abziele. *Alle* Menschen beeinflussen Veränderung, unabhängig von formalen Positionen oder Titeln. *Führung in unserem Jahrhundert heißt, die Feldstrukturen der kollektiven Aufmerksamkeit – des Zuhörens – auf allen Ebenen zu transformieren.*

Jeffrey Hollender, Gründer und ehemaliger CEO von *Seventh Generation,* drückte das einmal so aus: »Führung ist die Fähigkeit, das Ganze besser hören zu können als irgendjemand sonst.« Sieh dich um. Was siehst du? Wir haben heute mit globaler Führung zu tun, und das heißt, dass wir unsere Aufmerksamkeit und unser Hinhören erweitern und über das individuelle (Mikroebene) hinauslenken, hin zu Interaktionen von Gruppen (Mesoebene) und von dort zur institutionellen (Makroebene) und globalen Ebene (Mundoebene). Die gute Nachricht ist, dass die *verborgenen Umschlagpunkte* für die Transformation der Feldstruktur der Aufmerksamkeit auf allen Ebenen prinzipiell die gleichen sind. Die Sollbruchstellen oder Umschlagpunkte, die ich in diesem Buch diskutiere, sind auf Systeme auf allen diesen Ebenen anwendbar.

Der Haken an der Sache ist, dass wir einen Preis zahlen müssen. Aus dem vierten Feld des Werdens heraus zu agieren, setzt eine Bereitschaft voraus: die Bereitschaft, alles loszulassen, das nicht wesentlich ist, und entsprechend dem Prinzip des »Stirb und werde« zu leben, das Goethe 1819 als die Essenz der menschlichen Reise beschrieb:

»Und so lang du das nicht hast,
Dieses: Stirb und werde!
Bist du nur ein trüber Gast
Auf der dunklen Erde«[23]

Der wirkliche Kampf der Gegenwart ist nicht der zwischen Zivilisationen oder Kulturen, sondern der zwischen unterschiedlichen Evolutionsmöglichkeiten der Zukunft, die sich für uns als Menschen ergeben. Das, worum es geht, ist eine Bestimmung, wer wir sind, wer wir sein möchten und an welcher Zukunftsgeschichte wir teilnehmen möchten. Die wahre Frage lautet also: Wozu sind wir hier? Was ist unsere Aufgabe?

Die alten Formen der Führung zerfallen ähnlich wie die Berliner Mauer im Jahre 1989. Wir brauchen mehr als nur einen neuen Ansatz für Führung. Wir müssen vielmehr das Konzept von Führung hinter uns lassen. Stattdessen sollten wir uns auf einen Entdeckungsweg machen, um die tieferen Quellen der gemeinsamen Wahrnehmung und Willensbildung zu erschließen – die Intelligenz des offenen Denkens, des offenen Herzens und des offenen Willens – auf individueller wie auf kollektiver Ebene.

Ich lade Sie ein, diese Entdeckungsreise gemeinsam mit mir zu unternehmen!

23 Schlussstrophe des Gedichts »Selige Sehnsucht« aus dem »Buch des Sängers« in Goethes *West-östlicher Divan*. Hamburger Ausgabe, Bd. 2, S. 18.

Teil I: Begegnung mit dem blinden Fleck

Was sehen wir, wenn wir menschliche Handlung beobachten? Wir sehen Sprechen, Lachen, Weinen, Streiten, Spielen, Tanzen, Beten. Was wir nicht sehen, ist der Entstehungsort dieser Handlungen. Wo entstehen unsere Handlungen? Von welchem Ort, im Innern oder aus unserem Umkreis, rühren sie her? Um diese Frage zu beantworten, hilft es uns, die kreative Tätigkeit eines Künstlers genauer zu betrachten. Das lässt sich aus drei Blinkwinkeln heraus tun:

- Als Erstes können wir auf das Resultat der künstlerischen Arbeit schauen, das *Ding*, das fertige Bild etwa.
- Zweitens können wir beim Malen zuschauen: Wir können den farbigen Pinselstrichen folgen, die gerade im Begriff sind, das Kunstwerk zu erschaffen.
- Oder wir können, drittens, beobachten, wie der Künstler vor der leeren Leinwand steht. Es ist diese dritte Perspektive, die die Leitfrage dieses Buches ist: Was passiert vor der leeren Leinwand? Was veranlasst den Künstler zum ersten Pinselstrich?

Dieses Buch hier ist für Menschen mit Führungsaufgaben geschrieben, also für Leserinnen und Leser, die mit Individuen oder Gruppen Innovationen oder Veränderungsprozesse initiieren, mithin in diesem Sinne künstlerisch tätig sind. Alle Führungspersonen und Innovatoren, sei es in Unternehmen, lokalen Projekten, gemeinnützigen Organisationen oder im Staatsdienst, tun etwas, was Künstler auch tun: Sie schaffen etwas Neues und bringen es in die Welt. Die offene Frage aber lautet: Woher kommen ihre Handlungen? Wir können beobachten, *was* Führungspersonen machen. Wir können auch beobachten, *wie* sie es tun, welche Strategien und Prozesse sie anwenden. Was wir nicht sehen, ist der innere Ort, die *Quelle*, aus der heraus sie handeln, wenn sie – zum Beispiel – auf höchstmöglichem Niveau agieren oder umgekehrt ohne Einsatz und Engagement handeln.

Das führt uns zum »blinden Fleck«. Dieser blinde Fleck betrifft einen Aspekt unseres Sehens oder Wahrnehmens, den wir normalerweise nicht genauer betrachten. Es ist der innere Ort oder die innere Quelle, aus der heraus der Einzelne oder ein soziales System handelt. Dieser blinde Fleck ist tagtäglich in allen Systemen gegenwärtig, aber er ist verdeckt, und seine Wahrnehmung und unser Umgang mit diesem blinden Fleck sind wesentlich für Veränderungs- und Innovationsprozesse.

Francisco J. Varela, verstorbener Professor für kognitive Wissenschaft und Epistemologie in Paris, sagte mir, der blinde Fleck der heutigen Wissenschaft sei Erfahrung. Dieser blinde Fleck tritt in vielfältiger Weise auf, was ein zentrales Thema unseres weiteren »Feldgangs« und unserer »gemeinsamen Lernreise« sein wird.

Die folgenden sieben Kapitel beschreiben sieben Sichtweisen in Bezug auf die verschiedenen Ausgestaltungen dieses blinden Flecks und erkunden, wie er als Merkmal unserer Zeit in Gesellschaft, Wissenschaft und im systemischen Denken sichtbar wird. Blinde Flecke treten bei Individuen, Gruppen, Institutionen, Gesellschaften und Systemen auf. In unseren Theorien und Vorstellungen treten sie in der Form tiefer epistemologischer und ontologischer Grundannahmen in Erscheinung.

Ich lade Sie ein, gemeinsam mit mir verschiedene Bereiche dieses blinden Flecks zu erforschen. Wir beginnen mit der Perspektive des Selbst, dann der des Teams (Kapitel 3), der Organisation (Kapitel 4), der Gesellschaft (Kapitel 5) und abschließend in den Sozialwissenschaften und zuletzt der Philosophie (Kapitel 6).

1 Im Angesicht des Feuers

Als ich an diesem Morgen unseren Hof verließ, einen 350 Jahre alten Bauernhof 40 Kilometer nördlich von Hamburg, ahnte ich nicht, dass dies das letzte Mal ist, dass ich das Haus meiner Kindheit sehe. Zunächst war es ein ganz normaler Schultag bis etwa gegen 13 Uhr, als meine Lehrerin mich aus der Klasse holte. »Du solltest jetzt nach Hause gehen, Otto.« Ich bemerkte, dass ihre Augen etwas rot waren. Sie sagte mir nicht, warum ich schnell nach Hause gehen musste. Am Bahnhof angekommen, versuchte ich zu Hause anzurufen. Es war kein Klingelton zu hören. Die Leitung war offensichtlich tot. Ich hatte keine Ahnung, was los war. Mir wurde dann allerdings klar, dass es wahrscheinlich nichts Gutes verhieß. Nach der üblichen einstündigen Bahnfahrt nach Hause rannte ich zum Bahnhofsausgang und sprang in ein Taxi. Irgendwas sagte mir, dass ich keine Zeit hatte, auf meinen Bus zu warten. Noch lange bevor wir den Hof erreicht hatten, bemerkte ich, wie sich riesige graue und schwarze Rauchwolken hoch in die Luft türmten. Mein Herz pochte, als das Taxi sich der Hofeinfahrt näherte. Ich sah Hunderte unserer Nachbarn, daneben Feuerwehrleute aus der Umgebung und Polizisten sowie viele Menschen, die ich bis dato nie gesehen hatte. Ich sprang aus dem Taxi und rannte die letzten 800 Meter unsere Kastanienallee hinunter durch die Menge hindurch.

Als ich im Innenhof ankam, traute ich meinen Augen nicht. Die Welt, in der ich mein ganzes Leben bisher verbracht hatte, existierte nicht mehr. Verschwunden. Komplett in Rauch aufgegangen.

Vom Haus war nichts – gar nichts – mehr übrig, außer den tobenden Flammen. Als die Realität des Feuers vor meinen Augen langsam begann, in mich einzusinken, fühlte ich mich so, als hätte mir jemand mit einem Mal den Boden unter meinen Füßen weggerissen. Der Ort meiner Geburt, meiner Kindheit und Jugend war weg. Ich stand regungslos da. Und während mein Blick immer tiefer in die Flammen drang, merkte ich, dass die Zeit sich verlangsamte. Mir war, als ob sie stillzustehen begann. Mir wurde schlagartig klar, wie sehr ich mich, ohne es vorher zu bemerken, über die ganze materielle Welt definiert hatte, die jetzt vor meinen Augen in Flammen stand. Alles, von dem ich dachte, dass ich es war, hatte sich schlagartig in nichts aufgelöst. Alles? Nein, vielleicht nicht alles, denn ich fühlte, dass ein winziges Element von mir noch existierte. Jemand war noch da, der dies jetzt alles beobachtete. Wer?

In diesem Moment, als die Zeit stillzustehen schien, fühlte ich, wie ich nach oben gezogen wurde und anfing, das Geschehen von diesem Ort etwas oberhalb meines Körpers zu erspüren. Ich fühlte mich angezogen von einem intensiven

Möglichkeitsraum, von einem zukünftigen Potenzial, das *ich* durch *mein* Leben in die Realität bringen *könnte*. In diesem Moment der Stille erlebte ich eine mir bis zu diesem Zeitpunkt vollkommen unbekannte Klarheit und gesteigerte Anwesenheit meiner Aufmerksamkeit, meines Selbst. Mir wurde klar, dass das alte Selbst, dessen Identität mit dem materiellen Besitz aus der Vergangenheit in Flammen aufgegangen war, nicht mein wirkliches Selbst war. Mein wirkliches Selbst war plötzlich viel erlebbarer und gegenwärtiger als je zuvor. Ich fühlte mich nicht mehr beschwert von den materiellen Besitztümern, die das Feuer gerade verzehrt hatte. Ohne sie war ich viel leichter und offen dafür, dem anderen Teil meines Selbst zu begegnen, dem Teil, der mich in die Zukunft zog, in eine Zukunft, die mich erwartete, die mich brauchte, damit sie durch mich in die Welt kommen konnte.

Am nächsten Tag kam mein 87-jähriger Großvater zu einem letzten Besuch auf den Hof. Er hatte in diesem Haus sein ganzes Leben gelebt, seit 1890. Aufgrund von medizinischen Behandlungen war er eine Woche vor dem Feuer außer Haus gewesen, und als er einen Tag nach dem Feuer auf dem Hof ankam, raffte er all seine Kräfte zusammen, stieg aus dem Auto und ging schnurstracks auf meinen Vater zu, der mit Aufräumarbeiten beschäftigt war. Er ging zu meinem Vater, nahm seine Hand und sagte: *»Kopf hoch, mein Junge, blick nach vorn!«* Sie wechselten noch einige Worte. Dann drehte er sich um, ging zum wartenden Auto zurück und wurde zurückgefahren. Wenige Tage später verstarb er sanft.

Erst Jahre später wurde mir bewusst, dass meine Erfahrung angesichts des Feuers der Anfang eines Weges war. Meines Weges. Dieser Weg fing an mit der Erkenntnis, dass ich nicht nur *ein* Selbst besitze, sondern zwei: Das eine Selbst reflektiert unseren vergangenen Weg; das andere, unser werdendes Selbst, erleben wir als ein Sich-hinein-Lehnen in unseren zukünftigen Weg, in einen Möglichkeitsraum, der auf uns wartet, um in die Welt zu kommen. Was an jenem Tag angesichts des Feuers geschah, lässt sich vielleicht so verstehen, dass diese zwei Formen des Selbst anfingen, sich gegenseitig *wahrzunehmen*. Heute, vierzig Jahre später und viele Tausende Kilometer entfernt, in Boston, Massachusetts (USA), scheinen zwei Fragen aktueller denn je: »Wer ist mein wirkliches Selbst?« und: »Wie verhält es sich zum *anderen Zeitstrom*, der mich von der entstehenden Zukunft her in sich hineinzuziehen schien?«

Der Weg von Theorie U ist im Grunde eine Erforschung der Frage, wie wir diese tieferen Quellen von Zeit, Sein und Selbst auf eine Weise erschließen können, die verlässlich, praktisch und kollektiv ist – und die funktioniert, ohne dass Haus und Hof deiner Familie jeden Morgen in Flammen aufgehen. Diese Fragen haben mich schließlich dazu bewogen, Deutschland zu verlassen, 1994 in die USA zu gehen und dort meine Forschung am Organizational Learning Center des MIT (Massachusetts Institute of Technology) weiterzuführen.

2 Der Weg zum »U«

Theorie U: Die Anfänge • Das Interview mit Brian Arthur von Xerox PARC • Das Gespräch mit Francisco Varela über den blinden Fleck in den Kognitionswissenschaften

Theorie U: Die Anfänge

Der blinde Fleck wirft die Frage nach dem Ursprungsort unserer Aufmerksamkeit auf. Während eines Interviews mit Bill O'Brien, dem ehemaligen CEO der *Hanover Insurance Group*, habe ich zum ersten Mal diesen blinden Fleck in Organisationen wahrgenommen. Bill erzählte mir, seine größte Einsicht, nachdem er als CEO jahrelang Veränderungsprozesse initiiert und durchgeführt hatte, sei gewesen, dass »der Erfolg einer Intervention von der inneren Haltung desjenigen abhängt, der die Intervention durchführt«. In diesem Gespräch wurde mir klar, dass es nicht nur darauf ankommt, *was* Führungspersonen machen und *wie* sie es tun, sondern mit welcher Intention sie handeln. Das heißt, der innere Ort, von dem aus sie handeln – der Quell- oder Ursprungsort von Handlung, die Qualität unserer Aufmerksamkeit – beeinflusst das Ergebnis unserer Handlung. Die gleiche Person kann mit der gleichen Aktion ein völlig anderes Ergebnis bewirken, je nachdem von welchem inneren Ort aus sie handelt.

Über das *Was* und das *Wie* von Handlung, d. h. über Führungsprozesse, wissen wir viel. Aber was wissen wir über den inneren Ausgangspunkt von Führung oder Handlung? Mir war nicht klar, ob es nur einen Ausgangspunkt von Handlung gibt oder vielleicht mehrere. Der Ausgangspunkt von Handlung ist ein blinder Fleck. In meinen Interviews mit Führungskräften und auch mit Kreativen habe ich immer wieder gehört, wie wichtig dieser Quellpunkt oder blinde Fleck ist. Es ist dieser blinde Fleck, der den Unterschied macht zwischen einer Meisterleistung und einem durchschnittlichen Ergebnis. Vor 2300 Jahren beschrieb Aristoteles den Unterschied zwischen dem »Was-Wissen« (*episteme*) und dem praktischen und technischen »Wie-Wissen« (*phronesis, techne*) auf der einen Seite sowie dem inneren Wissen erster Prinzipien und Quellorte der Aufmerksamkeit (*nous*) und der Weisheit (*sophia*) auf der anderen Seite (Aristoteles 1972).

1994, in meinem ersten Jahr am *MIT*, sah ich eine Live-Videopräsentation zum Thema organisationales Lernen. Nach einer Frage aus dem Publikum ging Rick

Ross, der Mitautor von *The Fifth Discipline Fieldbook* (1994, dt. 1996: *Das Fieldbook zur fünften Disziplin*), zur Tafel und notierte die folgenden drei Wörter (Abb. 2.1):

- **Struktur**
- **Prozess**
- **Denken**

Abb. 2.1: Ebenen organisationaler Veränderung

Als ich dieses einfache Bild sah, wurde mir klar, dass organisationale Veränderungen auf verschiedenen Ebenen stattfinden. Plötzlich sah ich diese Ebenen. Neben den drei Ebenen aus der Präsentation gab es noch subtilere Veränderungsebenen. In meinem Kopf fügten sich zwei weitere Ebenen hinzu – oberhalb von »Struktur« und unterhalb von »Denken«. Außerdem wurde mir noch eine horizontale Dimension deutlich, der Weg von der Wahrnehmung zur Handlung. Damit entstand die U-förmige Skizze, wie sie in Abb. 2.2 wiedergegeben ist.

Den tiefsten Punkt in diesem U nannte ich »Presencing«. Die Überlegungen dazu werde ich im Teil III dieses Buches ausführlicher darstellen. Hier reicht es aus, Presencing zu beschreiben als »von der Quelle her« oder »von der höchsten zukünftigen Möglichkeit her handeln und wahrnehmen«. Das ist der Zustand, den jeder von uns erleben kann, wenn wir nicht nur unser Denken, sondern auch unser Herz und unseren Willen – unseren Impuls zum Handeln – öffnen, um mit den neuen Realitäten, die überall um uns herum entstehen, umzugehen.

Ich begann, dieses Konzept meiner Arbeit in Unternehmen und Organisationen vorzustellen, und merkte, dass es für viele Praktiker hilfreich war, um die eigenen Erfahrungen klarer zu sehen und zu reflektieren. Durch die Arbeit mit der U-Skizze erkannten sie die Bedeutung der zwei entscheidenden Dimensionen:

- Die horizontale Achse trennt *Wahrnehmung* und *Handlung* voneinander und beschreibt den Weg von der Wahrnehmung oder dem Erspüren (Sensing) über den Entschluss zum In-die-Tat-Umsetzen.
- Die vertikale Achse beschreibt die verschiedenen Ebenen von Veränderung: von der oberflächlichsten Antwort, der »Re-Aktion«, bis zum umfassenden »Re-Generieren«.[24]

24 Die Bezeichnung für die fünfte Ebene, »regenerating«, hat Adam Kahane vorgeschlagen.

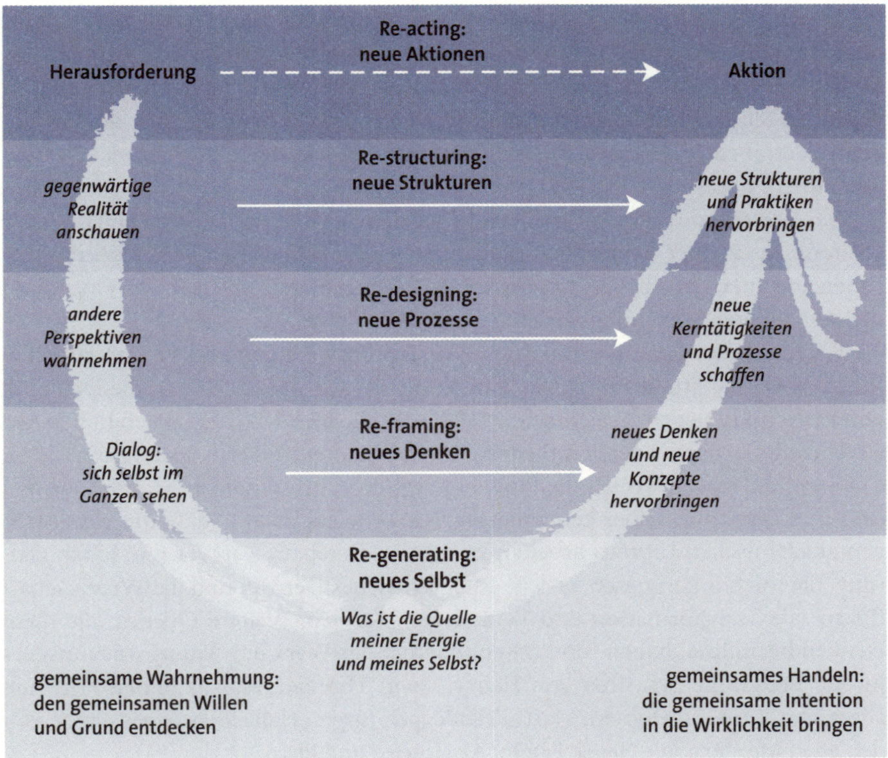

Abb. 2.2: Fünf Ebenen von Veränderung

Die meisten Lern- und Veränderungsprozesse basieren auf dem Kolb-Lernzyklus, der den folgenden Lernprozess beschreibt: 1) Beobachtung, 2) Reflexion, 3) Handlung. Diese Abfolge macht die Erfahrungen der Vergangenheit zum Ausgangspunkt von Lernprozessen (Kolb 1984). Chris Argyris, Professor in Harvard, und Don Schön, bis zu seinem Tod Professor am MIT, haben in ihrer Arbeit über Lernprozesse (1995) die Unterscheidung zwischen Single-loop- und Double-loop-Lernen eingeführt:

- Single-loop-Lernen heißt, dass Erfahrungen der Vergangenheit der Ausgangspunkt für Lernen sind: die Differenz zwischen intendierten und realisierten Ergebnissen einer Handlung. In der Sprache der Abbildung findet diese Form von Lernen auf den Ebenen des Reagierens und Restrukturierens statt.
- Double-loop-Lernen heißt, dass nicht nur von den Erfahrungen der Vergangenheit gelernt wird, sondern dass auch der Prozess und die Annahmen des Handelnden reflektiert werden. Ein Beispiel für Double-loop-Lernen ist das, was in Abb. 2.2 als *Reframing* bezeichnet wird. Grundlegende Annahmen, auf denen das Handeln basiert, werden in den Lernprozess mit einbezogen.

In der Abbildung des U-Prozesses wird die unterste Ebene mit *Regenerating* bezeichnet. Regenerating geht über das Double-loop-Lernen hinaus. Diese Ebene umfasst eine andere Zeitdimension, indem sie auf die Ankunft einer in der Zukunft liegenden Möglichkeit Bezug nimmt. Diese Form von Lernen, die über die Vergangenheitserfahrung hinausgeht, bezeichne ich in diesem Buch als »Presencing« oder als den »U-Prozess«.

Das Konzept des U ist natürlich nicht aus dem Nichts entstanden. Die Theorie U entstand aus meiner Arbeit als Aktionsforscher bei zahlreichen Veränderungsprojekten in unterschiedlichen Kontexten und Bewegungen und auf der Grundlage meiner früheren Forschung (vgl. Scharmer 1991, 1996).

Wichtige Denkanstöße zum Thema soziale Entwicklung und Veränderung lieferte das Global Studies Program, eine Lernreise, die das Ziel hatte, die Dynamik von Krieg und Frieden zu erforschen (1989–1990). Sie führte mich nach Indien, wo ich Ghandis Konzepte der gewaltfreien Konfliktlösung studierte, sowie nach China, Vietnam und Japan, wo ich die Entwicklungsideen im Buddhismus, Konfuzianismus und Daoismus näher kennenlernte. Ich hatte auch das Glück, mit einzigartigen akademischen Lehrern arbeiten zu dürfen, Ekkehard Kappler und Johan Galtung, die mich unterwiesen, welche Rolle kritisches Denken und die Wissenschaft für soziale Transformation und Veränderung spielen. Weitere Quellen, die mein Denken beeinflusst haben, sind unter anderem das Werk des Avantgardekünstlers Joseph Beuys, die Schriften von Henry David Thoreau, Martin Buber, Friedrich Nietzsche, Edmund Husserl, Martin Heidegger, Jürgen Habermas sowie einige von den alten Meistern wie Hegel, Fichte, Aristoteles und Plato.

Maßgebend für mich war auch die Auseinandersetzung mit dem Werk Rudolf Steiners. Dessen Synthese von Wissenschaft, Bewusstsein und sozialer Innovation hat meine Arbeit nachhaltig inspiriert (vgl. Steiner 1894), und seine in Goethes phänomenologischer Wissenschaftssicht gründende Methodologie hat die Theorie U entscheidend geprägt.

Am einfachsten lässt sich die Theorie U in der Landschaft intellektueller Traditionen verorten, indem man sie als angewandte Phänomenologie betrachtet – eine achtsame phänomenologische Praxis zur Erforschung des sozialen Feldes. In diesem Zusammenhang war die Arbeit von Friedrich Glasl eine weitere wichtige Inspirationsquelle für mich. Angeregt durch die Arbeit Rudolf Steiners entwickelte Glasl ein mit der Theorie U verwandtes Konzept, das Unternehmen und Organisationen als miteinander zusammenhängende Subsysteme auffasst (Glasl 1997, 1999).

Die wichtigsten Erkenntnisse, die ich aus Steiners Grundwerk, *Die Philosophie der Freiheit* (1894), gewann, sind dieselben, die sich nach Abschluss meines ersten MIT-Forschungsprojekts mit Edgar Schein einstellten. In diesem Forschungsprojekt untersuchten wir die verschiedenen Veränderungstheorien, mit denen Wissenschaftler an der MIT Sloan School of Management arbeiteten. In unserer Auswertungssitzung betrachtete Ed Schein die Ergebnisse unserer Untersuchung, eine recht komplexe Verflechtung von Konzepten und Referenzrahmen, und sagte:

> »Vielleicht sollten wir zurück zu den Daten gehen und noch mal ganz von vorne anfangen. Vielleicht müssen wir unsere *eigenen Erfahrungen* mit Veränderungsprozessen ernster nehmen und zum Ausgangspunkt unserer Forschungsarbeit machen.«

Ich verstand das so, dass wir – um mit Steiner zu sprechen – unsere eigene Erfahrung und unseren eigenen *Denkprozess* klarer, transparenter und rigoroser untersuchen müssen. Mit anderen Worten: Vertraue deinem Wahrnehmungsapparat, vertraue deinen Beobachtungen, vertraue deiner eigenen Wahrnehmung, und mache sie zum *Ausgangspunkt* der Untersuchung –verfolge diese Beobachtungsreihe dann aber bis zur Quelle, genauso wie Husserl und Varela dies in ihrer Beschäftigung mit der phänomenologischen Methode empfehlen. Die phänomenologische Methode beginnt mit den individuellen Wahrnehmungen. Die Theorie U baut auf dieser Methode auf und stellt die Frage nach den Strukturen und Quellen der *kollektiven* Aufmerksamkeit in Teams, Organisationen und größeren Systemen.

Das Interview mit Brian Arthur von Xerox PARC

Im Jahre 1999 begann ich ein Projekt mit meinem Kollegen Joseph Jaworski, dem Autor von *Synchronicity: The Inner Path of Leadership* (Jaworski 1996; Synchronizität: Der innere Weg von Führung). Der Ausgangspunkt war ein Veränderungsprojekt mit einer Gruppe von Managern in einem großen globalen Unternehmen, das nach einem Firmenzusammenschluss gerade neu strukturiert worden war. Ziel des Projekts war es, die Lern- und Innovationsfähigkeiten der Manager in dem sich schnell verändernden wirtschaftspolitischen Umfeld zu vergrößern.

Zunächst interviewten wir Vordenker der Innovationsbranche, unter anderem W. Brian Arthur, den Gründer des wirtschaftswissenschaftlichen Bereichs am Santa Fe Institute. Brian Arthur ist vor allem für seine Arbeit über die Entstehung und Veränderung von Hightech-Märkten bekannt geworden. Als wir am Xerox PARC (Akronym für Palo Alto Research Center) in Kalifornien ankamen, musste ich an die Veränderungen denken, die genau an diesem Ort ihren Anfang genommen hatten. Seit den 1970er Jahren galt das ursprüngliche Xerox-PARC-Team als eines der erfolgreichsten Forschungs- und Entwicklungsteams der letzten Jahrzehnte. Zu den Erfindungen, die in diesem Gebäude entstanden sind, zählt etwa die Benutzeroberfläche, die heute auf fast jedem Desktop-PC der Welt zu finden ist. Neben anderen Technologien hat dieses Team auch die Computermaus erfunden. Viele der hier entstandenen Ideen werden heute von anderen Firmen genutzt, beispielsweise *Apple* und *Adobe*. Ironischerweise konnte Xerox aus diesen bahnbrechenden Ideen kein Kapital schlagen. Stattdessen wurden die Ideen von Leuten wie Steve Jobs und anderen, die nicht durch die Leitung einer Druckerfirma abgelenkt waren, aufgegriffen und weiterentwickelt. Als wir uns mit Arthur trafen, fingen wir sofort an, über die sich wandelnden ökonomischen Grundlagen der heutigen Geschäftswelt zu sprechen:

»Um in Hightech-Märkten zu gewinnen«, sagte Arthur, »ist es notwendig, Muster zu erkennen, die diese Märkte bestimmen.« Er beschrieb zwei verschiedene Möglichkeiten der Erkenntnis: »Es gibt zwei Wege, etwas zu verstehen oder zu erkennen. Die allgemein diskutierte Erkenntnisform ist der rationale Verstand, aber es gibt noch eine tiefere Ebene. Ich nenne diese tiefere Ebene ein inneres oder intuitives Wissen.«

»Angenommen«, sagte er, »ich springe mit einem Fallschirm über dem Silicon Valley ab. Plötzlich bin ich mit einer komplizierten dynamischen Situation konfrontiert, und meine Aufgabe ist, sie zu verstehen. Was würde ich tun? Ich würde beobachten und beobachten und wieder beobachten, dann würde ich mich zurückziehen. Mit etwas Glück könnte ich dann einen inneren Ort in mir finden, an dem ich verstehe, was als Nächstes zu tun ist. Einen inneren Ort, an dem ich mich mit meinem durch die Beobachtungen entstandenen Wissen verbinden kann.« Arthur fuhr fort: »Ich würde diesen Prozess wie folgt beschreiben: Du wartest und wartest und lässt deine Erfahrung sich mit der Situation verbinden. In gewisser Weise gibt es kein Entscheiden. Das, was zu tun ist, wird offensichtlich. Du kannst es nicht beschleunigen. Viel hängt davon ab, woher du innerlich kommst und wer du bist, als Mensch. Hieraus ergeben sich viele Implikationen für das Management. Was ich meine, ist, dass das, *was zählt, davon abhängt, was in dir selber lebt, woher du tief drinnen in dir selbst kommst.*«

Was wir an diesem Tag hörten, stand in enger Verbindung mit dem, was wir in früheren Interviews, aber auch bei unserer Arbeit in Organisationen gefunden hatten. Führungskräfte müssen sich mit ihrem blinden Fleck auseinandersetzen, d. h. den inneren Ort, »was in dir selber lebt«, aus dem heraus sie handeln, verlagern. Arthur ergänzte:

»Stell dir vor, was passieren würde, wenn *Apple* sich zum Beispiel entschließen würde, einen ehemaligen CEO von *Pepsi-Cola* einzustellen? Diese Person würde ein bestimmtes Wissen mitbringen: Kosten runter, Qualität rauf oder wie auch immer ihr Mantra lautet. Und es würde nicht funktionieren. Aber nun versuche, dir vorzustellen, ein Steve Jobs käme – jemand, der von einem Problem zurücktreten und anders denken kann. Als Steve Jobs zu *Apple* zurückkam, war das Internet in seinen Anfängen. Niemand konnte absehen, was diese Entwicklung bedeuten würde. Schau ihn dir heute an: Er vollbrachte den Turnaround bei *Apple*. Erstklassige Wissenschaftler arbeiten genauso. Die guten, aber nicht erstklassigen Wissenschaftler können existierende Bezugssysteme nehmen und sie auf irgendeine Situation anwenden. Die erstklassigen treten einen Schritt zurück und lassen eine Idee oder einen Bezugsrahmen entstehen. Meine Erfahrung ist, dass diese Wissenschaftler nicht mehr Intelligenz besitzen als die guten Wissenschaftler, aber sie haben diese andere Fähigkeit, und das macht den ganzen Unterschied aus.«

Diese »andere Art des Wissens« zeigt sich auch bei chinesischen und japanischen Künstlern. Arthur benutze das folgende Bild:

»Diese Künstler sitzen eine ganze Woche lang auf einem Sims mit Laternen und schauen nur. Dann plötzlich sagen sie ›Oh!‹ und malen dann sehr schnell.«

Auf dem Rückweg begriffen wir, dass dieses Gespräch mit Arthur uns zwei wesentliche Erkenntnisse geliefert hatte. Die erste ist, dass es eine Unterscheidung zwischen verschiedenen Formen von Erkenntnis gibt: eine »normale« Ebene des Wissens (mentale Bezugssysteme runterladen) und eine tiefere. Außerdem hatten wir von ihm gehört, dass, um diese tiefere Ebene des Wissens aktivieren zu können, man ähnlich wie bei Arthurs beispielhaften Fallschirmsprung über dem Silicon Valley durch einen dreistufigen Prozess gehen muss:

1) Beobachte in der Tiefe,
2) verbinde dich mit dem, was in dir als Wissen entsteht, und
3) handele unmittelbar aus der Anwesenheit dieser tieferen Anschauung.

Ich verband dieses Gespräch mit meiner früheren Arbeit am U, malte eine U-Form auf ein Stück Papier, zeichnete die Hauptpunkte, die sich aus dem Gespräch mit Brian Arthur ergaben, ein (Abb. 2.3) und zeigte dies Joseph.

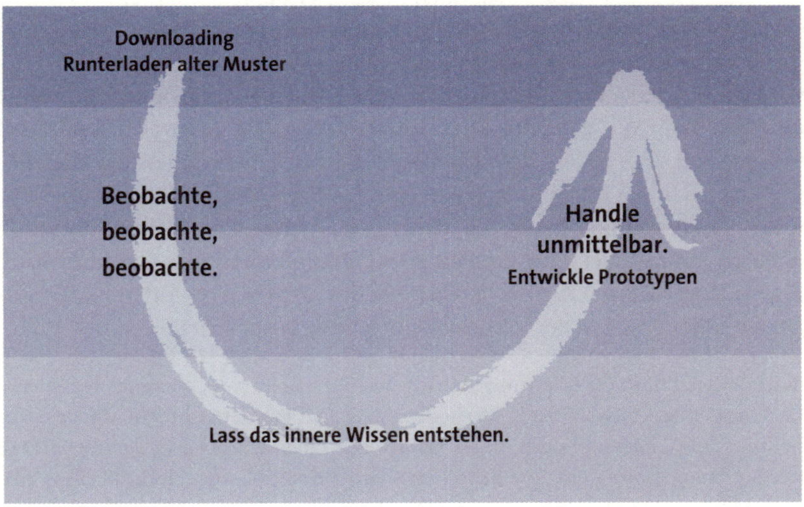

Abb. 2.3: Drei Bewegungen des U

Wir erkannten, dass wir auf etwas sehr Bedeutsames gestoßen waren. Es folgte eine Phase intensiver Präzisierung, Verdichtung und Überarbeitung des Bezugsrahmens. Meine gemeinsame Arbeit mit Joseph hat mich vieles darüber gelehrt, was es bedeutet, als Individuum aus dieser tieferen Quelle des Wissens heraus zu arbeiten. Seine Lebensgeschichte, die er in seinem Buch *Synchronizität* schildert, veranschaulicht auf eindrucksvolle Weise, wie der Einzelne diese tiefere Quelle der Kreativität erschließen kann. Die sich nun anschließende Frage lautete: Was muss eine Gruppe, eine Organisation oder eine Institution tun, um auf einer ähnlichen Ebene zu handeln (vgl. Scharmer et al. 2002)? Die Suche nach der Antwort wurde unsere Mission (Senge et al. 2004).

Das Gespräch mit Francisco Varela über den blinden Fleck in den Kognitionswissenschaften

Im Anschluss an das Gespräch mit Brian Arthur zeigte ich verschiedenen Gesprächspartnern die Zeichnung mit den drei Bewegungen durch das U. Über dieses Muster »Hinschauen – gehe zum inneren Ort der Stille – und handele unmittelbar aus dem so entstehenden Impuls« sagten mir viele Menschen: »Das kommt mir bekannt vor. Ich habe das bei kreativen Menschen beobachtet. Ich habe das auch in kreativen Momenten meines eigenen Lebens gesehen.« Aber dann, wenn ich sie fragte: »Okay, und wie sehen deine Arbeit und dein Leben in deinem gegenwärtigen Kontext und deiner gegenwärtigen Organisation aus?«, lautete die Antwort: »Nein, da ist es anders. Da ist es eher so wie dieses Runterladen.« Viele Menschen kennen diesen tieferen Ort der Kreativität, doch in unserer täglichen Arbeit, vor allem im Kontext größerer Institutionen, scheint es uns unmöglich, daran anzuknüpfen. Wir bleiben in unseren alten Mustern des Runterladens verfangen. Warum?

Weil wir ein genaueres Bild dieses Prozesses brauchen, mehr als nur diese drei Stufen (Abb. 2.3). Wir brauchen eine Karte, die uns die Schwellen und Stolpersteine zeigt, wo der Prozess des »Hinschauen, hinschauen« gegen die Wand läuft. Mit diesen Gedanken im Gepäck reiste ich nach Paris, um den Kognitionsforscher Francisco Varela zu interviewen. Zu dieser Zeit arbeitete ich an einem Forschungsprojekt, das von Michael Jung, damals einer der Direktoren von McKinsey & Company, gesponsert wurde. Als ich Varela 1996 das erste Mal getroffen hatte, hatte er von dem blinden Fleck in der Kognitionsforschung gesprochen:

> »Was die Qualität von Erfahrung betrifft, so gibt es einen nicht weiter reduzierbaren Kern, dessen Erforschung einer Methode bedarf. Das Problem ist nicht, dass wir zu wenig über das Gehirn und die Biologie wissen. *Das Problem liegt darin, dass wir nicht genug über Erfahrung wissen.* […] Wir haben im Westen einen blinden Fleck für diese Art des methodischen Ansatzes. Alle meinen, über die Erfahrung genau Bescheid zu wissen. Ich behaupte, dass wir darüber nicht genug wissen.«

Als ich im Januar des Jahres 2000 wieder in seinem Büro saß, war mir nicht bewusst, dass dies unser letztes Treffen sein würde. Ich glaube, dass Francisco Varela einer der bedeutendsten und vielversprechendsten Kognitionsforscher unserer Zeit war – er starb 2001. Ich berichtete ihm, sein Konzept des blinden Flecks sei bei vielen Lesern auf Resonanz gestoßen, und fragte ihn, ob er sich weiter mit diesem Thema befasst habe. Es habe seither im Mittelpunkt seiner Forschungen gestanden, antwortete er. Er erklärte, seine jüngste Arbeit sei der Frage gefolgt, die er in unserem ersten Gespräch angesprochen hatte: wie wir uns unserer Erfahrung bewusst werden. Um dies zu erforschen, hatte er drei Ansätze identifiziert, die sich auf diese Thematik beziehen: psychologische Introspektion, Phänomenologie und kontemplative Praktiken wie Meditation.

> »Was haben alle drei gemeinsam? Was war die Grundlage dafür, dass die deutschen Denker in den 1880er Jahren ihre kreative Art der Introspektion betreiben konnten oder die Erben des Buddha Shakyamuni im 5. oder 4. Jahrhundert v. Chr. die Techniken des Samatha schaffen konnten oder jemand wie Husserl eine ganz neue Denkschule der Phänomenologie hervorbrachte? Was haben diese Prozesse hinsichtlich menschlicher Erfahrung gemeinsam? Was liegt ihnen zugrunde? Es geht darum, wie man achtsam und aufmerksam werden kann.«

Drei Jahre lang hatte Varela an dem posthum erschienenen Buch namens *On Becoming Aware* (*Aufmerksam werden*; Depraz, Varela a. Vermersch 2003) gearbeitet. Er stellte darin die Frage: »Kann dieser Kernprozess als Fähigkeit kultiviert werden?« Wenn diese drei Traditionen als Praktiken betrachtet werden, so erklärte er mir, muss man als Erstes die – in Ermangelung eines besseren Begriffs – reine Erste-Person-Perspektive unterscheiden von dem, was das Individuum an der Schnittstelle zwischen der ersten und der zweiten Person tut. Was die erste Person betrifft, so lässt sich dieser Prozess besser mit drei Gesten des Aufmerksamwerdens beschreiben. Diese drei Gesten sind:

1) innehalten (»suspension«),
2) umwenden (»redirection«) und
3) loslassen (»letting-go«).

Drei Gesten auf der linken Seite des U

Varela beschrieb diesen Prozess mit den drei Gesten als etwas, was jeder kennt:

> »Aber ebenso wie ein Läufer trainieren muss, um ein Marathonläufer zu werden, braucht ein Verstehen und ein Meistern dieses Prozesses Zeit und Coaching.«

Wir fuhren fort, diese drei Gesten zu besprechen. Varela erklärte:

> »Mit *Innehalten* meine ich das Beenden von Gewohnheitsmustern. In der buddhistischen Meditation platzierst du deinen Hintern auf ein Kissen und bleibst auf einer Ebene oberhalb deiner gewöhnlichen Beschäftigung. Du schaust aus einer eher überblickenden Perspektive.«

Wir diskutierten weiter und überlegten, wie viele Menschen, die sitzend meditieren, behaupten, dass nichts passiere. Warum?

> »Sinn und Zweck der ganzen Sache ist, dass du es nach dem Innehalten erträgst, dass nichts passiert. Innehalten ist eine eigenartige Sache. Dabei zu bleiben, dranzubleiben ist wirklich der entscheidende Punkt, um den es geht.«

Dann erläuterte er seine zweite und dritte Geste: *umwenden* und *loslassen*. Beim Umwenden (»redirection«) geht es darum, die Aufmerksamkeit von einem »Äußeren« zu einem »Inneren« umzulenken, sodass die Aufmerksamkeit hin zum Ursprungsort der inneren Prozesse geleitet wird und nicht zum Objekt hin. Die dritte Geste, das Loslassen, muss mit Feingefühl erfolgen, betonte Varela. Im Buch *On Becoming Aware* (Depraz, Varela a. Vermersch 2003) wird die dritte Geste mit »unsere Erfahrung akzeptieren« umschrieben.

Als ich aus Varelas Büro trat, wusste ich, dass ich beschenkt worden war. Häufig hatte ich bei der Moderation von Prozessen mit Teams oder in Workshops gesehen, dass Wendepunkte notwendig waren, wollte man zu einem tieferen Punkt der Kreativität kommen. In meiner Erfahrung ist dazu ein erster Schritt, mitgebrachte Urteile zu *durchbrechen,* damit die Teilnehmenden die Realität – und das schließt manchmal die einfachsten Zahlen und Fakten ein – überhaupt wahrnehmen können. Ein weiterer Schritt besteht darin, als Gruppe die Aufmerksamkeit von Einzelperspektiven weg und hin zum Ganzen *zu wenden,* damit das System aus einer Perspektive betrachtet werden kann, aus der die eigenen Handlungen als Teil des Ganzen wahrgenommen werden können. Dann fangen die Menschen an, sich selbst als Teil des Problems zu sehen; sie fangen an zu erkennen, wie sie gemeinsam ein Muster erschaffen, das anfangs allein durch äußere Kräfte verursacht schien.

Wenn ein Prozess gut läuft, dann ist ein Punkt erreicht, an dem gemeinsam *zu einem tieferen Ort der Stille* gegangen werden kann. An diesem Punkt kann das Alte losgelassen werden, es kann nach der zukünftigen Möglichkeit gefragt und eine Verbindung zur höheren Intention hergestellt werden. Als ich meine Arbeitserfahrungen mit den Erkenntnissen aus den Gesprächen mit Brian Arthur und Francisco Varela zusammenbrachte, konnte ich diese Umbruchpunkte in das »U« einzeichnen (Abb. 2.4).

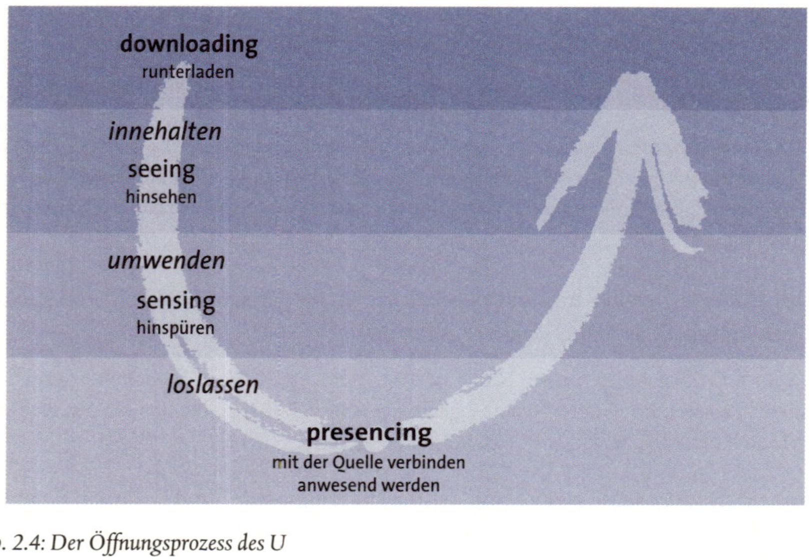

Abb. 2.4: Der Öffnungsprozess des U

Aber ich hatte noch Fragen. Wenn der Weg auf der linken Seite des »U« Varelas Kernprozess des *Aufmerksamwerdens* veranschaulicht, was erwartet uns dann auf der rechten Seite des »U«? Es schien mir so, als ob alle Aufmerksamkeit nur auf den »Öffnungsprozess«, auf die linke Seite des U, aber wenig oder gar keine Aufmerksamkeit auf das Drama des gemeinsamen Handelns gerichtet ist, das auf der rechten Seite beschrieben ist. Diese rechte Seite beschreibt eine ganz andere Dimension eines kollektiven kreativen Prozesses, die etwas mit der Absicht zu tun hat, das Neue oder die zukünftige Möglichkeit Wirklichkeit werden zu lassen. Wie kommt das Neue in die Welt?

Das innere Terrain der Führung

Erkundung der rechten Seite des »U«

Der Prozess entlang der linken Seite des »U« bis zum tiefsten Punkt führt durch die Erkenntnisräume des Runterladens (Downloading), Hinschauens (Seeing), Hinspürens (Sensing) bis zum tiefsten Punkt des Anwesendwerdens (Presencing). Damit man zu diesen tiefer liegenden Erkenntnisräumen gelangt, müssen die Schwellen überquert werden, die Varela in seiner Arbeit identifiziert hat:

1) das Innehalten (*suspension*),
2) das Umwenden (*redirection*) und
3) das Loslassen (*letting-go*).

In meiner Arbeit wurde mir deutlich, dass der Weg aus dem U hinaus in das Handeln genauso verläuft wie der Weg in das U hinein, außer dass man die Schwellen in entgegengesetzter Richtung überschreitet (Abb. 2.5):

- Die Schwelle des *Loslassens* (auf dem Weg hinunter) wird zu einer Schwelle des *Kommenlassens* (auf dem Weg hinauf). Das Kommenlassen führt zu einem Moment, an dem die am tiefsten Punkt des U-Prozesses entstandene Intention und Vision sich jeweils verdichten können.
- Die Schwelle des *Umwendens, d. h.* die Wendung nach innen (auf dem Weg hinunter), wird zu einer Schwelle des *Hervorbringens, d. h.* der Wendung nach außen in der Erprobung konkreter Prototypen (auf dem Weg hinauf). Darüber wird später im Buch ausführlich gesprochen.
- Die Schwelle des *Innehaltens* verwandelt sich über das Innehalten bezüglich Gewohnheiten und Routinen (auf dem Weg nach unten) in die Schwelle des *Verkörperns* (auf dem Weg nach oben). Verkörpern ist die Schwelle, an der das Neue mittels Handlungen, Infrastrukturen und Praxis seine Form bekommt.

In all diesen Fällen wird also dieselbe Schwelle erneut überquert, nur von der anderen Seite her.

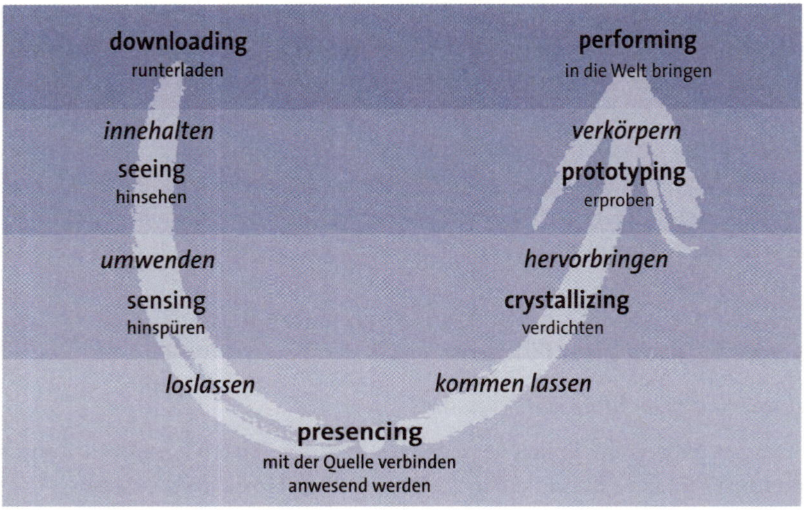

Abb. 2.5: Das komplette U: sechs Umschlagpunkte

In meiner Arbeit habe ich oft beobachtet, wie Gruppen sich über diese Schwellen bewegen (Abb. 2.5). Kommt es zu einem derart tiefen Innovations- und Veränderungsprozess, zeigt sich, dass die Gruppe irgendeine Variante der im Folgenden beschriebenen subtilen Veränderungen des sozialen Feldes durchläuft:

- *Runterladen:* Am Anfang führt ein Funke des *Gewahrwerdens* dazu, dass wir uns über eine Fortsetzung des Runterladens – über die Reinszenierung von Mustern der Vergangenheit – hinausbewegen. Bei einer Wahrnehmung aus dem Blickwinkel des Runterladens sehen wir die Welt mit den Augen (und den Beschränkungen) des gewohnheitsmäßigen Denkens, sodass uns nichts Neues in den Sinn kommen kann.
- *Hinschauen:* Wird dieser Weg weiter verfolgt, vertieft sich der Moment der erwachenden Aufmerksamkeit; wir *halten* in unserem gewohnheitsmäßigen Urteil *inne* und betrachten die Realität mit frischem Blick. Bei einer Wahrnehmung aus diesem Blickwinkel sehen wir die Welt mit offenem Denken, aber auch aus einer Warte, von der aus das Beobachtete als von uns getrennt erscheint.
- *Hinspüren:* Setzt sich der Prozess noch weiter fort, vertieft sich der Moment der Aufmerksamkeit; wir *wenden* unsere Wahrnehmung *um,* hin zu einer Verbindung mit dem Feld und zu einem Hinspüren vom Ganzen her. Bei einer Wahrnehmung aus diesem Blickwinkel verschwimmt die Grenze zwischen Beobachter und Beobachtetem und eröffnet einen Erkenntnisraum, der dem System erlaubt, sich selber wahrzunehmen.
- *Anwesendwerden:* Wird dieser Weg noch weiter verfolgt, vertieft sich der Moment des Gewahrwerdens immer weiter; wir *lassen* das Alte *los* und verbinden

uns mit dem Quellort des Seienden und der im Entstehen begriffenen Zukunft. Bei einer Wahrnehmung aus diesem Blickwinkel löst sich die Grenze zwischen Beobachter und Beobachtetem vollständig auf, verwandelt sich in einen Ort des Haltens, der den Teilnehmenden und dem System ermöglicht, *sich selbst* sowohl in Bezug auf die gegenwärtige Realität als auch in Bezug auf die im Entstehen begriffene Zukunft *wahrzunehmen*.

- *Verdichten* der Vision und Intention: Bei weiterer Fortsetzung manifestiert sich das Gewahrwerden immer weiter, wenn wir die im Entstehen begriffene Zukunft vergegenwärtigen und *kommen lassen*. Bei einer Wahrnehmung aus diesem Blickwinkel wird die Beziehung zwischen Beobachtetem und Beobachter oder zwischen System und Selbst allmählich durch einen profunden Umkehrungsprozess transformiert. Dieses Umstülpen beginnt damit, dass sich Vision und Intention verdichten (im Gegensatz zum Verdichtetwerden durch den Beobachter).
- *Erproben* des Neuen in Prototypen von lebendigen Mikrokosmen: Wird der Prozess weiter fortgesetzt, manifestiert sich das Gewahrwerden immer weiter; wir entwickeln Prototypen, in denen die Zukunft durch praktisches Tun gemeinsam erkundet und entwickelt wird. Bei einer Wahrnehmung aus diesem Blickwinkel setzt sich die Umkehrung der Beziehung zwischen Beobachtetem und Beobachter (System und Selbst) weiter fort, während der Prozess des Erprobens in Prototypen durch den Kontext oder den »Dialog mit dem Universum« angeleitet wird (im Gegensatz zur Anleitung durch das beobachtende Selbst).
- *Das Neue praktisch anwenden und institutionell verkörpern:* Wird der Prozess noch weiter fortgesetzt, manifestiert sich das Gewahrwerden immer weiter, wenn wir das Neue durch beispielsweise Infrastrukturen und Alltagspraktiken *in eine Form bringen*. Bei einer Wahrnehmung aus diesem Blickwinkel kommt es zur vollständigen Umkehrung der Beziehung zwischen Beobachtetem und Beobachter (System und Selbst) durch das Einbetten und praktische Anwenden des Neuen vom größeren Ökosystem aus (anstatt vom beobachtenden Selbst aus).

Diese sieben kognitiven Räume lassen sich mit sieben unterschiedlichen Räumen eines Hauses vergleichen. Jeder Raum repräsentiert einen der sieben Räume der Aufmerksamkeit (Abb. 2.5). Die meisten Organisationen und Institutionen benutzen heute nur wenige dieser Räume – häufig die Räume der oberen Hälfte von Abb. 2.5 –, während das in den anderen Räumen liegende Potenzial nur selten genutzt und nicht realisiert wird. Teil II dieses Buches geht im Detail auf jeden dieser Räume ein und legt dar, wie wir uns diese Räume erfolgreich erschließen, unseren Aufenthalt darin genießen und durch diese Erfahrung wachsen können.

Der Rest des Weges, der uns zur Entdeckung der Theorie U führte, lässt sich mit den folgenden *fünf Thesen* zusammenfassen:

1. Wir brauchen eine neue soziale Technik, die auf der Feinabstimmung von drei Instrumenten basiert.
2. Das wichtigste Führungswerkzeug ist dein Selbst.
3. Innere Führungsarbeit muss sich mit drei Feinden auseinandersetzen.
4. Das U ist ein lebendiger, kein linearer mechanischer Prozess.
5. Der Aufstieg des sozialen Raums der Emergenz und Kreativität (»cycle of presencing«) ist verbunden mit dem Aufstieg seines Gegenteils: des sozialen Raums der Zerstörung (»cycle of absencing«).

Auf diese fünf Punkte wird hier und im weiteren Verlauf des Buches genauer Bezug genommen.

1. Wir brauchen eine neue soziale Technik, die auf der Feinabstimmung von drei Instrumenten basiert

In Innovations- und Veränderungsprojekten habe ich beobachtet, dass viele erfahrene Führungskräfte diese tieferen Ebenen des U aus ihrer eigenen Erfahrung her kannten, jedoch viele Organisationen, Institutionen und größere Systeme ausschließlich auf Ebene 1 oder 2 operierten. Warum? Ich glaube, es fehlt eine neue soziale Führungstechnologie, die diese unteren Ebenen zugänglich macht. Ohne diese Kapazität bleiben Prozesse in den Strukturen der Vergangenheit. Viele Initiativen zur »Restrukturierung« oder des »Re-engineering« bieten Beispiele, die lediglich zu mehr Frustration und Zynismus bei den Beteiligten führen.

Der Zugang zu den unteren Ebenen bedarf der Entwicklung einer neuen Art der sozialen Technik, die auf drei Instrumenten oder Sensorien basiert, die jeder von uns schon besitzt – einem Öffnen des Kopfdenkens, einem Öffnen des Herzdenkens und einem Öffnen der Willenskapazitäten (Abb. 2.6). Diese Sensorien müssen nicht nur auf der individuellen Ebene, sondern auch auf der kollektiven Ebene ausgebildet und kultiviert werden.

Die erste Kernkompetenz oder das erste Instrument, die Fähigkeit zur Öffnung des *Kopfdenkens,* basiert auf unserem Vermögen, analytisch und intellektuell sauber zu arbeiten. Häufig wird der Grad dieser Fähigkeit mit dem IQ ausgedrückt. Diese Fähigkeit ermöglicht es uns, mit den objektiven Zahlen und Fakten in unserem Umfeld umzugehen. Der Verstand ist wie ein Fallschirm, wie man so schön sagt – er funktioniert nur, wenn er offen ist.

Die zweite Kernkompetenz, die Fähigkeit zur Öffnung des *Herzdenkens,* beschreibt unsere Fähigkeit, unsere emotionale Intelligenz (EQ) zu gebrauchen. Emotionale Intelligenz beschreibt unsere Kapazität, mit anderen mitzufühlen, sich in andere Kontexte hineinzufinden und aus der Perspektive einer anderen Person wahrzunehmen.

Die dritte Kernkompetenz, die Fähigkeit zur *Öffnung des Willens,* hängt mit unserem Vermögen zusammen, das alte Ich und die alte Intention loszulassen und das neue, werdende (oder höhere) Ich und die neue Intention anwesend werden und kommen zu lassen. Diese Form der Intelligenz wird manchmal auch als Intention, spirituelle Intelligenz (SQ) oder Selbsterkenntnis bezeichnet.

Abb. 2.6: Drei Instrumente: Öffnung des Denkens, des Fühlens und des Willens

Jedes dieser drei Instrumente kann für die individuelle (subjektive) wie auch für die kollektive (intersubjektive) Ebene ausgebildet werden.

2. Das wichtigste Führungswerkzeug ist dein Selbst

Die zweite Erkenntnis betrifft die Tatsache, dass jeder Mensch sich entwickelt und verändert, und die Einsicht, dass wir nicht *ein* Selbst darstellen, sondern zwei:[25]

- Jeder Mensch ist das Selbst oder die Person, die er oder sie aufgrund seines (vergangenen) Lebensweges geworden ist. Das gilt auch auf kollektiver Ebene für Gruppen oder Organisationen.
- Das zweite Selbst ist die Person oder die Gemeinschaft, die wir auf unserem weiteren Lebensweg werden können. Dieses Selbst oder diese Person ist unsere höchste Zukunftsmöglichkeit.

25 Anm. d. Übers.: Im Englischen wird das erste Selbst kleingeschrieben (»self«) und das zweite (höhere) Selbst großgeschrieben (»Self«).

Diese zwei Personen oder Aspekte des »Selbst« begegnen sich im Moment des Presencing, also im tiefsten Punkt des U-Prozesses.

Im weiteren Verlauf des Buches wird diese Begegnung im Detail betrachtet. An dieser Stelle soll festgehalten werden, dass die Begegnung dieser zwei »Selbst« einen Schritt über eine Schwelle oder einen Weg durch ein Nadelöhr voraussetzt. Ohne diesen Schritt oder Weg bleiben Veränderungsbemühungen oberflächlich. Sie berühren nicht den wesentlichen Kern unserer höchsten Zukunftsmöglichkeit. In diesem Schritt werden unser Ego und unser Gewohnheits-Selbst fallen gelassen, damit unser Zukunftspotenzial oder unser höheres Selbst realisiert werden kann.

Wenn »Selbst 1« und »Selbst 2«, das alltägliche und das höhere Selbst, beginnen, miteinander zu kommunizieren, baut sich eine zarte, aber sehr reale Verbindung zu unserer zukünftigen Möglichkeit auf (Abb. 2.7), die uns dann Hilfe und Anleitung in Situationen bietet, für die uns die Vergangenheit keine nützlichen Ratschläge mehr geben kann.

Das wichtigste Werkzeug dieser neuen Führungstechnik ist also das Selbst.

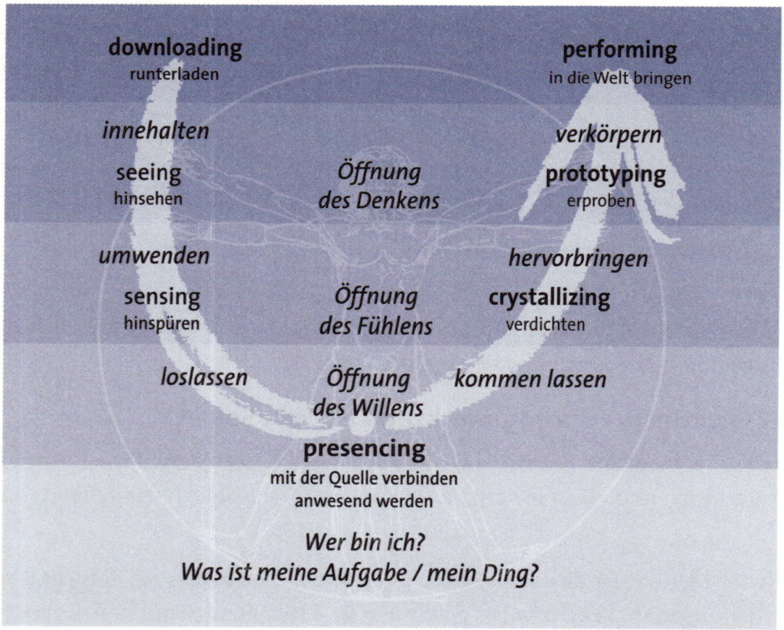

Abb. 2.7: Das (höhere) Selbst als wichtigstes Werkzeug

3. Innere Führungsarbeit muss sich mit drei Feinden auseinandersetzen

Die dritte Erkenntnis betrifft folgendes Rätsel: Warum ist der Weg zu den tieferen Ebenen des U der weniger beschrittene Weg? Weil er schwierige innere Arbeit abverlangt. Um »durch das Nadelöhr« zu gehen, müssen wir uns u. a. drei Stimmen des inneren Widerstands (drei »Feinden«) stellen und uns mit ihnen auseinandersetzen. Der erste Feind blockiert ein Öffnen des intellektuellen Denkens. Michael Ray nennt diesen Feind die Stimme des Urteilens (SdU [*Voice of Judgment:* VoJ]). Gelingt es nicht, diese Stimme des Urteilens zum Schweigen zu bringen, kann kein Prozess hin zu unserer realen Kreativität stattfinden.

Der zweite Feind blockiert den Zugang zu einem Öffnen des Herzdenkens. Dies ist die Stimme des Zynismus (SdZ [*Voice of Cynism:* VoC]). Zynismus umfasst alle Formen von emotionellen Handlungen, die zu einer Distanzierung von der aktuellen Situation führen.

Eine Schwierigkeit, wenn eine Öffnung der Herzintelligenz beginnt, ist oft, dass die betreffende Person eher verletzbar erscheint. Dann bietet sich eine zynische Distanzierung oft als der einfachere Weg an. Dennoch ist die Stimme des Zynismus letztlich genauso dysfunktional wie die Stimme des Urteilens, wenn es darum geht, auf den Quellort des authentischen Selbst und die Quellen der schöpferischen Kreativität zuzugreifen.

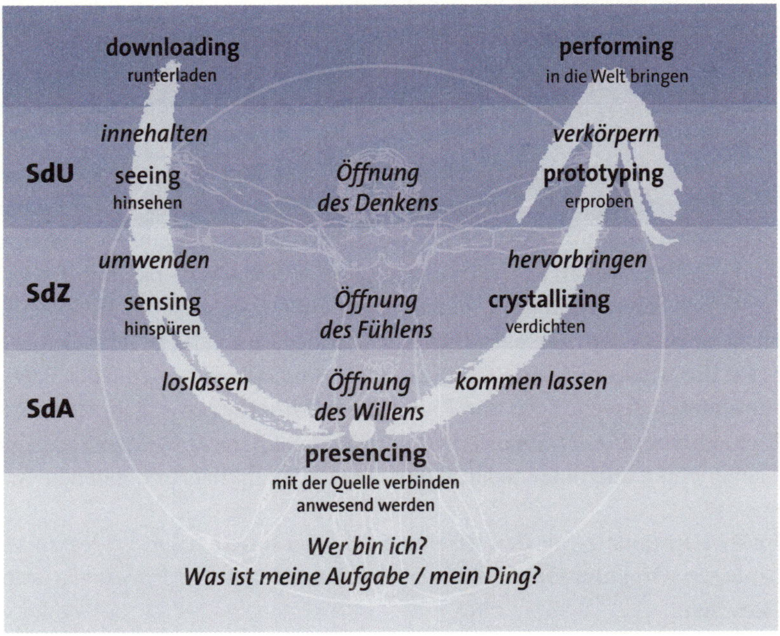

Abb. 2.8: Den drei Feinden entgegentreten: der Stimme des Urteilens (SdU), der Stimme des Zynismus (SdZ), der Stimme der Angst (SdA)

Der dritte Feind blockiert den Zugang zu einer Öffnung des Willens. Dieser Feind ist die Stimme der Angst (SdA [*Voice of Fear:* VoF]). Angst hindert uns daran, das, was wir haben und sind, loszulassen. Diese Angst hat viele Formen: Angst vor ökonomischen Problemen, Angst, ein Außenseiter zu sein, Angst, sich lächerlich zu machen, Angst, mit dem eigenen Vorhaben zu scheitern. Angst vor dem Tod. Dieser Stimme der Angst mit Mut entgegenzutreten und sie produktiv zu verwandeln ist eine wesentliche Führungsaufgabe unserer Zeit. Die im Entstehen begriffene Zukunft kann erst dann beginnen, Form anzunehmen und ankünftig zu werden, wenn wir das alte Selbst loslassen und das neue Selbst kommen lassen, wenn wir die Angst, ins Unbekannte zu treten, überwinden können.

4. Das U ist ein lebendiger, kein linearer mechanischer Prozess

In Gesprächen mit einigen Beratern und Führungskräften, die schon früh begonnen haben, mit dem U-Prozess zu arbeiten, wurde mir klar, dass eine Gefahr darin liegt, die Prinzipien dieses Prozesses auf eine sehr mechanische und lineare Art zu verwenden. Der U-Prozess ist das genaue Gegenteil einer Mechanik: Das U funktioniert als ganzheitliches Feld, nicht als linearer Prozess. Wenn man Bruce Lee, Muhammad Ali, Michael Jordan oder Lionel Messi beobachtet, kann man feststellen, dass ihre Bewegungen keinem linearen Prozess folgen. Sie tanzen eher mit der Situation, in der sie sich befinden. Sie sind ständig dabei, zu beobachten und wahrzunehmen, was passiert, sie erlauben ihrem inneren Wissen oder ihrer Intuition, sie zu führen, und dann handeln sie urplötzlich. Der U-Prozess beschreibt nicht drei Sequenzen, die nacheinander ausgeführt werden: heute Sequenz 1, dann eine Pause, dann Sequenz 2. Im Gegenteil, alle Phasen finden einander überlappend statt, eher wie ein Tanz.

Gleichwohl ist es aus praktischen Gründen von Vorteil, den Prozess zunächst sequenziell darzustellen. In der ersten Bewegung des U-Prozesses, der gemeinsamen Wahrnehmung (*Co-sensing*), liegt der Schwerpunkt auf einem gemeinsamen *Hinspüren*; in der zweiten Bewegung, der gemeinsamen Willensbildung (*Co-inspiring*), liegt der Schwerpunkt auf der Wahrnehmung des inneren Wissens; in der dritten Bewegung, der gemeinsamen Gestaltung (*Co-creation*), liegt der Schwerpunkt auf der Umsetzung und dem Handeln vom Ganzen her. In jeder Bewegung sind die anderen Bewegungen und Kapazitäten immer gegenwärtig. Man kann das U wie eine holografische Theorie betrachten: Die einzelnen Bestandteile spiegeln das Ganze wider, allerdings jeder Teil in einer spezifischen und eigenen Art und Weise.

Um ihre Resonanz mit den tieferen Schichten des sozialen Feldes zu verbessern, müssen Organisationen drei verschiedene Arten der Infrastrukturen und Orte schaffen:

- Orte und Infrastrukturen, die ein gemeinsames Sehen und Verstehen dessen, was im Gesamtsystem vor sich geht (*co-sensing*), ermöglichen;

- Orte der Reflexion und Räume der Stille, die ein Hinhören ermöglichen sowie das Verbinden mit den tieferen Quellen der Inspiration und des werdenden Selbst, individuell und kollektiv (*co-inspiring*);
- Orte und Infrastrukturen für die praktische Umsetzung des Neuen in Prototypen, die es erlauben, die Zukunft im Tun zu erforschen (*co-creating*).

5. Der Aufstieg des sozialen Raums der Emergenz und Kreativität (»cycle of presencing«) ist verbunden mit dem Aufstieg seines Gegenteils: des sozialen Raums der Zerstörung (»cycle of absencing«)

Ausgangspunkt dieser fünften und letzten These ist, dass global eine massive Zunahme an Zerstörung, Gewalt und Fundamentalismus beobachtbar ist und gleichzeitig ein Öffnen zu den tieferen Ebenen des sozialen Feldes stattfindet. Diese doppelte Bewegung, das Öffnen zu den tieferen Ebenen des sozialen Feldes auf der einen Seite und die verstärkten Zerstörungskräfte auf der anderen Seite, sind ein spezifisches Signum unserer Zeit. Diese zwei Kräfte – die des Anwesendwerdens (Presencing) und die des Abwesendwerdens (Absencing) – stehen zueinander in einer vielschichtigen Beziehung. Sie markieren den großen Kampf, die große Auseinandersetzung unseres gegenwärtigen Zeitalters und sind offenbar zwei Seiten derselben evolutionären Bewegung. Häufig erlebt man, dass Menschen gerade angesichts der allergrößten Zerstörung die Fähigkeit entwickeln, eine höhere Ebene der Aufmerksamkeit und des Bewusstseins zu erreichen. Im Verlaufe des Buches werde ich auf diesen Punkt zurückkommen.

Überall auf der ganzen Welt nehmen die Menschen an zwei unterschiedlichen Arten von Verbindung, zwei unterschiedlichen Qualitäten des sozialen Feldes teil. Die eine wird von der Dynamik der Antiemergenz und Zerstörung beherrscht, die den kollektiven sozialen Körper, der im Sterben begriffen ist, verstärkt. Die andere wird von der Dynamik der Emergenz und der kollektiven Kreativität gesteuert, die zu dem neuen sozialen Körper führt, der geboren werden will. Was heute in zahllosen sozialen Situationen mit Gewalt- und Verbindungspotenzial geschieht, ist, dass wir zwischen diesen beiden Welten hin- und hergerissen sind. Wir können jederzeit und an jedem Ort im Nu von einem Raum (dem Raum der kollektiven Kreativität) in den anderen (den Raum der kollektiven Zerstörung) wechseln. Ob wir diesen Wechsel bemerken, hängt davon ab, wie wach und aufmerksam wir füreinander sind (siehe Abb. V.1 im Vorwort zur Neuausgabe).

Die verbleibenden Kapitel 4 bis 7 von Teil I dieses Buches bieten einen Entdeckungsweg an, auf dem sichtbar wird, dass im Grunde genommen auf jeder Systemebene immer das Gleiche stattfindet: Es gibt einen blinden Fleck in unserer Wirklichkeitswahrnehmung, der immer wichtiger wird. Wir stehen immer öfter vor der leeren Leinwand, die von uns verlangt, dass wir uns selbst anschauen, auf unsere gemeinsamen Verhaltensmuster blicken und neu erfinden, wer wir sind und wohin wir als Institution, als Individuum oder als Gemeinschaft gehen wollen.

Teil II beschreibt den Kernprozess, der uns den blinden Fleck wahrnehmen lässt. Teil III geht der Frage nach, wie ein Umgang mit dem blinden Fleck auf allen übrigen Systemebenen aussieht: von der individuellen Ebene (Mikroebene) zu Gruppen (Mesoebene), Institutionen (Makroebene) und zu einer globalen Perspektive (Mundoebene).

Dieses Buch stellt mehrere Konzepte vor, die auf den ersten Blick komplex erscheinen mögen. Aber sämtliche Ideen und Thesen werden mit Beispielen und persönlichen Erfahrungen illustriert. Als Gesamtbild ergeben sich so etwas wie Fußspuren unseres gemeinsamen evolutionären Weges. Im Kern beschreibt das Buch eine »evolutionäre Grammatik«, die wir kollektiv über alle Systemebenen verkörpern und in allen unseren Alltagshandlungen realisieren. Es ist unsere eigene Geschichte. Der Akt des Sehens, Erkennens und bewussten Wahrnehmens dieser Muster ist also nicht einfach eine theoretische Übung, sondern ermöglicht uns, eine andere Art zu handeln zu entwickeln und gemeinsam eine Welt hervorzubringen, die gänzlich verschieden ist von dem, was aus der Vergangenheit kommt.

Wie es möglich ist, aus der entstehenden Zukunft heraus zu handeln, das ist die zentrale Frage dieses Buches. Mit dieser Kernfrage im Sinn wollen wir unsere Aufmerksamkeit jetzt darauf richten, wie Teams lernen.

3 Vier Ebenen des Lernens und der Veränderung

Ebenen des Lernens und der Veränderung • Interviewprojekt • Die Trennung zwischen Materie und Geist • Zwei Lernquellen und zwei Lernformen • Der blinde Fleck des organisationalen Lernens

Ebenen des Lernens und der Veränderung

In Kapitel 1, »Im Angesicht des Feuers«, habe ich davon erzählt, wie ich als Junge angesichts der kompletten Zerstörung meines Elternhauses eine neue Erfahrungsebene wahrgenommen habe. Im Nachhinein empfinde ich diese Erfahrung als ein Geschenk, das das Leben mir gegeben hat: Das Geschenk ist das Erlebnis einer Veränderung meines Aufmerksamkeitsfeldes. Mit Aufmerksamkeitsfeld meine ich die Art und Weise, wie ich mich der Welt zuwende, wie ich mit der Welt in Beziehung trete. Das ist der leichte Teil.

Der schwierige Teil besteht darin, diese Veränderung auch im Kontext von Gruppen und Organisationen zu bewirken, wenn es wirklich darauf ankommt, weil sie vor großen Herausforderungen stehen. Wie können wir als Gruppe unser Aufmerksamkeitsfeld so verändern, dass wir uns mit unserem höchsten Zukunftspotenzial verbinden anstatt weiterhin Handlungsmuster der Vergangenheit zu reinszenieren? Die praktische Frage ist, wie dieser Wechsel stattfinden kann, ohne dass das Haus jeden Tag abbrennen muss. Das war die Fragestellung, die mich 1994 an das MIT Organizational Learning Center (Zentrum für organisationales Lernen am Massachusetts Institute of Technology) brachte.

Als ich im Herbst 1994 in Boston ankam, war ich gerade im Bereich Wirtschaftswissenschaften promoviert worden. Meine Doktorarbeit (Scharmer 1996) trug den ziemlich komplexen Titel *Reflexive Modernisierung des Kapitalismus als Revolution von innen* und fand daher nicht sehr viele Leser. Darin versuchte ich zu argumentieren, unsere Gesellschaft müsse die Fähigkeit erlernen, institutionsübergreifend zu lernen und sich zu erneuern.

In wesentlichen Bereichen unserer Gesellschaft produzieren wir gemeinsam Ergebnisse, die fast niemand will: Wir haben Schulen, die unsere Kinder oft daran hindern, ihre wirklichen Potenziale zu entfalten, Gesundheitssysteme, die die Symptome von Krankheit bekämpfen, anstatt die Ursachen von Gesundheit zu verstärken, industrielle Produktionssysteme, die nicht nachhaltig sind und statt des Ganzen Subsysteme optimieren, Entscheidungsprozesse in der Politik, die auf organisierte Sonderinteressen reagieren, anstatt den systemischen Gesamtzusammenhang nach vorne zu bringen.

All diesen Beispielen liegt etwas Gemeinsames zugrunde: Wie können wir aktuell brennende Probleme lösen, ohne die dysfunktionalen Muster der Vergangenheit zu wiederholen? Das Erste, was ich nach meiner Ankunft am MIT Organizational Learning Center gelernt habe, war, dass es verschiedene Herangehensweisen dafür gibt, wie Veränderungsprozesse initiiert werden können. Die häufigste Form ist, dass auf eine Krise oder einen offensichtlichen Veränderungsbedarf »reagiert« wird.

Abb. 3.1 beschreibt vier Ebenen von Veränderungsprozessen. Ebene 1 stellt genau dieses »Reagieren« dar. Handlung erfolgt als Reaktion und basiert auf bestehenden Routinen und Gewohnheiten. Ebene 2, Restrukturieren, beschreibt einen Veränderungsprozess, der die zugrunde liegenden Strukturen und Prozesse mit einschließt. Ebene 3, Neuausrichten (Reframing), zielt darauf ab, auch die den Prozessen oder Strukturen zugrunde liegenden Denkmuster zu verändern.

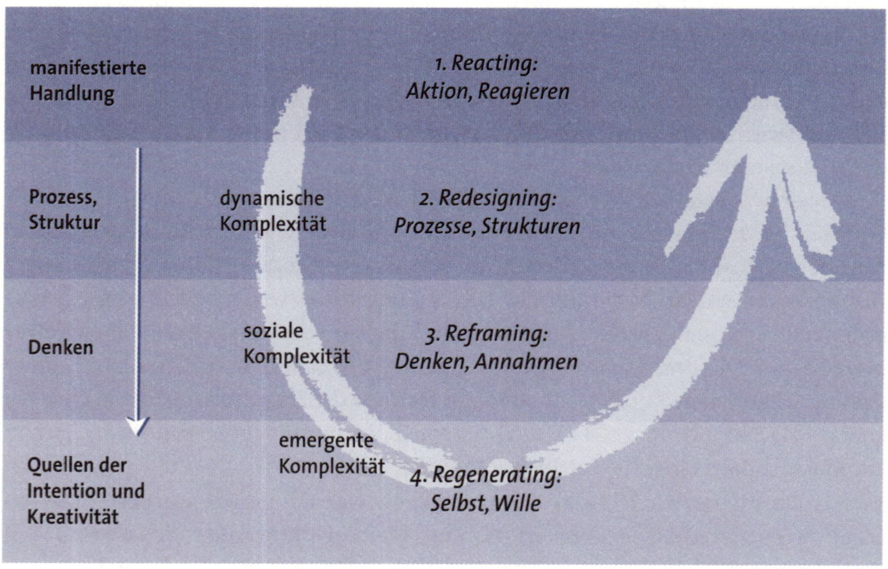

Abb. 3.1: Vier Ebenen von Lernen und Veränderung

Häufig werden die meiste Zeit und die meisten Ressourcen auf den Ebenen 1 und 2 eingesetzt. Abhängig von Kontext und Ziel eines Veränderungsprozesses kann die Konzentration auf die ersten beiden Ebenen sinnvoll sein. Jedoch nicht immer. Laut einer Studie von Strebel (1996) sind etwa 70 Prozent der Projekte des Business

Reengineering in den 1990er Jahren gescheitert. Ich sehe einen Grund für dieses Scheitern darin, dass es einen Veränderungsbedarf gibt, der über die Ebenen 1 und 2 hinausgeht und die tieferen Ebenen mit einschließt. Den Beteiligten gelingt es nicht, das Problem zu »reframen«, also neu zu rahmen oder umzudeuten.

Methoden des organisationalen Lernens bieten demgegenüber ein Beispiel für Veränderungsprozesse, die auch die Ebene 3 mit einbeziehen, die Ebene des Neuausrichtens von Annahmen, die einer Situation zugrunde liegen. Beispielsweise schlagen Chris Argyris, Professor in Harvard, und Donald Schön, Professor am MIT, vor, zwischen Single-loop-Lernen und Double-loop-Lernen zu unterscheiden (Kapitel 2). Single-loop-Lernen bedeutet, dass wir unsere Handlungen anpassen. Damit bewegen wir uns auf Ebene 2. Double-loop-Lernen schließt ein Reflektieren unserer tieferen Annahmen und Grundperspektiven ein. Diese Form von Lernen umfasst auch die Ebene 3.

Bislang hat sich organisationales Lernen hauptsächlich darum gedreht, wie Lernprozesse initiiert, verbessert und nachhaltig gemacht werden. Die Lernprozesse basieren auf einer Reflexion zurückliegender Erfahrungen. Die umfangreichen Arbeiten zu diesem Thema bieten Einsichten in das, was notwendig ist, damit Lernprozesse für die Ebenen 2 und 3 aufgebaut werden können.[26]

Bei meiner Arbeit mit Veränderungsprozessen in unterschiedlichen Organisationen habe ich allerdings beobachtet, dass es Herausforderungen gibt, die nicht durch eine Reflexion von Erfahrungen, also nicht durch eine Reflexion der Vergangenheit beantwortet werden können. Unternehmen kämpfen darum, in einer »VUCA«-Welt erfolgreich zu sein – in einer Welt, die durch Volatilität, Ungewissheit, Komplexität und Mehrdeutigkeit (»Ambiguity«) gekennzeichnet ist, und Führungskräfte erkennen, dass es nicht ausreicht, einfach über die Vergangenheit nachzudenken, wenn es darum geht, wie sie in Zukunft handeln wollen. Diese Herausforderungen sind komplex und schnelllebig. Will man auf sie eine Antwort finden, ist es notwendig, das in der Situation verborgene Zukunftspotenzial wahrzunehmen und damit auch die Ebene 4 in den Veränderungsprozess mit einzubinden.

Diesen Prozess, *von einer im Entstehen begriffenen Zukunft aus zu lernen* (Abb. 3.1), habe ich »Presencing« genannt, weil er mit einer bestimmten Art von Aufmerksamkeit und Erfahrung im gegenwärtigen Moment zusammenhängt. Presencing bezeichnet die Fähigkeit einzelner Menschen oder kollektiver Einheiten, sich direkt mit ihrer höchsten zukünftigen Möglichkeit zu verbinden und von dort aus unmittelbar zu handeln. Von einer zukünftigen Möglichkeit her zu handeln heißt, von einer authentischen Präsenz des Augenblicks her zu handeln – aus dem Jetzt.

26 Siehe auch Argyris (1993); Argyris a. Schön (1995); Senge (1990); Senge (1994); Schein (1989).

Interviewprojekt: Was ist der Ausgangspunkt unserer kollektiven Handlung?

Als ich Michael Jung 1994 zum ersten Mal traf, war er Direktor des Büros von *McKinsey & Company* in Wien und fing gerade an, eine weltweite Forschungsinitiative im Bereich Führung und Organisation zu leiten. Wir trafen uns in München und führten ein faszinierendes Gespräch über die grundlegenden Probleme profunder Innovation und Veränderung. Am Ende des Gesprächs fragte mich Michael Jung, ob ich Interesse hätte, ein globales Interviewprojekt mit den Wissenschaftlern und Praktikern im Bereich Führung, Organisation und Strategie durchzuführen.

> »Sämtliche Interviews werden ins Internet gestellt. Du kannst sie für deine Forschung am MIT verwenden, und ich kann sie für meine Arbeit bei McKinsey gebrauchen. Außerdem kann sie sich jeder, der etwas darüber erfahren möchte, von einer Website herunterladen. Wir hoffen, dass die Menschen sie als Anregung für ihre eigene Kreativität und ihr eigenes Denken nutzen werden.«[27]

War ich interessiert an dieser Aufgabe? Also, erstens klang es für mich wie das absolute Traumprojekt, und zweitens war ich fast pleite, weil ich meine Forschung durch Kredite und Stipendien finanziert hatte und man mir am MIT anfangs nur eine unbezahlte Stelle als Gastdozent angeboten hatte. Folglich war ich sehr interessiert. Nach meiner Rückkehr nach Boston bat ich mehrere Leute um ihren Input und ihre Hilfe, und innerhalb weniger Tage hatten wir eine Liste von Interviewpartnern zusammengestellt, darunter Akademiker, Unternehmer, Erfinder, Wissenschaftler, Pädagogen, Künstler und andere.

Eines der ersten Interviews führte ich mit Peter Senge, der damals der Direktor des MIT Organizational Learning Center war. Senges Buch *The Fifth Discipline* (1992; dt. 1996: *Die fünfte Disziplin*) war einer der Hauptgründe, warum ich am Center arbeitete. Ich begann das Interview so, wie ich das oft tat, nämlich indem ich fragte: »Welche Frage liegt deiner Arbeit zugrunde?«[28]

Senge sagte, sein Hauptinteresse gelte der Evolution des Bewusstseins menschlicher Systeme. Er erzählte mir dann von seiner kürzlich stattgefundenen Begegnung mit Karl-Henrik Robèrt, dem schwedischen Arzt und Gründer der Umweltorganisation *The Natural Step*.

> »Etwas in seiner Geschichte berührte mich sehr«, sagte Senge. »Und ich erkannte, dass es hier eine direkte Parallele zu meiner eigenen Erfahrung gibt. Robèrt hatte fast sein ganzes professionelles Leben lang über Krebs geforscht und mit Hunderten von Familien, die

27 Dieses Projekt umfasste Dialoginterviews mit Wissenschaftlern und Praktikern in den Bereichen Management, Veränderungsprozesse, organisationales Lernen, Strategie, Führung. Einige der 150 Interviews sind als E-Zeitschrift veröffentlicht (Society of Organizational Learning 1999). Eine Auswahl der Interviews ist zudem verfügbar unter: https://www.presencing.org/aboutus/theory-u/leadership-interview [Zugriff: 13.1.2020].

28 Alle folgenden Zitate stammen aus diesem Interview (Transkription verfügbar unter https://www.presencing.com/dol/senge [Zugriff: 13.1.2020]).

> sich mit dem Krebs eines Elternteils, eines Kindes oder eines Ehepartners auseinandersetzen mussten, gesprochen. Was er dabei festgestellt hat, war, dass die Betroffenen unglaubliche Kraftreserven hatten. Robèrt beschrieb das so: ›Du erzählst den Leuten furchtbar schwierige Dinge, beispielsweise dass dein dreijähriges Kind Krebs hat, und es ist unglaublich zu sehen, welche Kräfte die Menschen haben, welche Fähigkeiten, sich der Wahrheit zu stellen und als Familie zusammenzuhalten.‹«

Senge sprach dann von der Kraft, die entsteht, wenn man der Realität ins Auge sieht, und wie er diese Kraft in seinem Kurs »Leadership and Mastery« erlebt, wenn er mit Teilnehmenden an ihrem individuellen Entwicklungspotenzial arbeitet. Anschließend beschrieb er seine Kernfrage:

> »Wie kann man Menschen helfen, dass sie gemeinsam ihre realen Reserven erschließen können, die für tief greifende Veränderungsprozesse vorhanden sind, für Veränderungsprozesse, die scheinbar unmöglich sind? Viele Leute halten die Menschen im Grunde für egozentrisch und materialistisch, und deswegen ist die Gesellschaft so, wie sie ist. *So seien die Dinge nun mal.* Aber das, wie *die Dinge nun mal sind,* ist natürlich nur ein mentales Modell. Und je nach Situation und Kontext konfrontieren Menschen sich damit und erfahren echte Großzügigkeit. Wie kann diese Energie kollektiv freigesetzt werden?«

Während ich Peter zuhörte, bemerkte ich, dass die Zeit sich verlangsamte. Auch mein Zuhören veränderte sich, wurde genauer, tiefer.

> »Vor einem Jahr hatte ich ein interessantes Gespräch mit Meister Nan, einem chinesischen Zenmeister, der in Hongkong lebt«, sagte Peter. »In China wird er als Gelehrter geschätzt, der Buddhismus, Daoismus und Konfuzianismus integriert. Ich fragte ihn: ›Glauben Sie, dass das industrielle Zeitalter solche Umweltprobleme schaffen wird, dass wir uns zerstören werden?‹ Meister Nan machte eine Pause und schüttelte seinen Kopf. Er sagte: ›Es gibt nur ein Problem auf der Welt. Und das ist die Reintegration von Materie und Geist.‹ Das ist genau, was er zu mir sagte, die *Reintegration von Materie und Geist.*«

Diese Worte riefen eine tiefe Frage in mir wach: Was bedeutet die Trennung zwischen *Materie* und *Geist* in sozialen Systemen, für unsere soziale Welt als *Ganzes,* für den *sozialen Körper,* der wir kollektiv sind? Diese Frage verband sich mit Erinnerungen an die Arbeit meiner Eltern. Das sichtbare Ergebnis der Landwirtschaft, die Ernte, hängt von der unsichtbaren Qualität des Feldes ab. Ich fragte mich: Was wäre, wenn die Qualität der sichtbaren sozialen Interaktionen eine Funktion dieses unsichtbaren Feldes wäre, das im blinden Fleck unserer Wahrnehmung liegt? Die Qualität dieses unsichtbaren Feldes – unser blinder Fleck – bestimmt die Effektivität unserer sichtbaren sozialen Handlungen. Wenn Meister Nan die Reintegration von Materie und Geist als Hauptproblem benennt, bedeutet das, dass wir, wenn wir die Qualität unserer Handlungen als Gruppe oder Team erhöhen wollen, unsere Aufmerksamkeit auf die unsichtbare Dimension lenken müssen: auf den Ort, von dem aus wir handeln.

Die Trennung zwischen Materie und Geist

Ich fragte Senge, wie er die Trennung von Geist und Materie und Materie in Bezug auf unsere Arbeit mit Gruppen und Organisationen sieht. »Im Grunde genommen gestalten wir Organisationen wie Materie. Damit meine ich, dass Organisationen eine scheinbar unabhängige Existenz außerhalb von uns annehmen und wir dann Gefangene dieser Organisationen werden.«

Organisationen sind von Menschen geschaffen, aber wenn sie zum »System« werden, das Probleme verursacht, werden Organisationen zu einer rein äußerlichen Angelegenheit. »Der Gedanke schafft Organisationen, und dann halten Organisationen die Menschen als Gefangene«, oder, wie der Quantenphysiker David Bohm bemerkte: »Der Gedanke schafft die Welt und sagt dann: ›Ich war's nicht!‹«

> »Für mich«, so Senge weiter, »ist dies der Kern systemischen Denkens. Anstatt die Organisation als etwas zu sehen, das ›mir etwas antut‹, beginnen die Beteiligten, die Frage zu stellen, wie ihre eigenen Denkmuster und ihr Handeln das Ganze hervorbringen. Und dann *vervollständigen sie diese Rückkopplungsschleife*. Das sind für mich die intensivsten Momente in Veränderungsprozessen, wenn Teilnehmende plötzlich so etwas sagen wie: ›Oh, Mann! Seht nur, was wir uns selbst antun!‹ Oder: ›Wenn ich sehe, wie wir handeln, verwundert es mich nicht, dass wir nicht weiterkommen.‹ Und was für mich in diesen Momenten wichtig ist, ist dieses *wir*. Nicht ›du‹, nicht ›sie‹, sondern ›wir‹ … Eine gute Systemphilosophie schließt die Rückkopplungsschleife zwischen den Beteiligten, ihrer Realitätserfahrung und ihrer Teilnahme an diesem Zyklus von Wahrnehmung und Handeln.«

Zum Zeitpunkt dieses Interviews mit Peter hatte ich viel über organisationales Lernen und Systemdenken gelesen, aber es war mir noch nie so klar vorgekommen: Das Wesentliche des Systemdenkens besteht darin, Menschen dabei zu helfen, die Rückkopplungsschleife zwischen dem Handeln des Systems und dessen unsichtbaren Ausgangspunkt von Bewusstsein und Gedanke zu schließen. Senge meinte dazu leise: »Ja, ich glaube nicht, dass ich vorher so darüber gedacht habe.«

Nach dem Gespräch war ich ein anderer Mensch. Irgendetwas in mir hatte sich verschoben und neu geordnet. Ich hatte das Gefühl, als wäre ich irgendwie einem wesentlichen Aspekt meiner eigenen Frage begegnet. Ich konnte die Frage nicht formulieren, aber ich konnte sie fühlen. Es war eine deutliche körperliche Empfindung, die vielleicht eine Woche anhielt (vgl. Gendlin a. Wiltschko 2004). Als dieses Gefühl nachließ, begann ich, darüber nachzudenken, was die tieferen Aspekte der sozialen Realität, die tieferen Bedingungen sind, aus denen heraus soziale Handlungen entstehen. Mir wurde deutlich, dass diese Ausgangspunkte oder tieferen Feldbedingungen, aus denen heraus wir handeln, genau das sind, was wir oft nicht sehen. Vielleicht ist dies der wichtigste blinde Fleck unserer zeitgenössischen Sozial- und Systemtheorie.

Zwei Lernquellen und zwei Lernformen

Als ich am MIT ankam, war ich ein konventioneller, weißer, männlicher, europäischer Akademiker: stark im intellektuellen Reflektieren, eher weniger stark, was die praktische Erfahrung und Umsetzung betrifft. Was mich am MIT gereizt hatte, war die Aktionsforschung, die dort u. a. von Edgar Schein, dem Mitbegründer von Prozessberatung, vertreten wurde. Gemäß dem Gründer der Aktionsforschung, Kurt Lewin (1890–1947), der in Deutschland geboren und zum Zeitpunkt der »Machtergreifung« Hitlers in die Vereinigten Staaten emigriert war, ist der Ausgangspunkt für Aktionsforschung, dass Wissenschaftler und Wissenschaftlerinnen soziale Systeme nur verstehen können, wenn sie sich aktiv an Veränderungsprozessen beteiligen. Aber wann *weiß* ein Aktionsforscher, dass er etwas weiß? Als ich Ed Schein diese Frage stellte, antwortete er: »... wenn mein Wissen für die Praktiker in den Organisationen hilfreich ist – in diesem Moment weiß ich, dass ich weiß« (vgl. Schein 1987c, 2002).

Diese Idee bestimmt auch meine eigene Forschung. Im Laufe der letzten 20 Jahre habe ich gemeinsam mit meinen Kollegen in zahlreichen Aktionsforschungsprojekten daran gearbeitet, Führungsteams zu helfen, einen Veränderungsprozess zu durchlaufen. Diese system-, sektoren- und kulturübergreifenden Aktionsforschungsprojekte haben mich sowohl in Unternehmen als auch zu Nichtregierungsorganisationen geführt. Ich habe viele direkte Erkenntnisse über die Welt der Unternehmen gesammelt, aber mein Weg hat mich über etablierte Institutionen hinaus auch in die Welt von Graswurzelaktivisten, Initiatoren von Basisbewegungen und unternehmerischen und revolutionären Erneuerern geführt.[29] Was ich in diesen verschiedenen Welten gelernt habe, lässt sich im Kern mit dem folgenden Satz zusammenfassen: *Es gibt zwei Ausgangspunkte für Lernprozesse: die Vergangenheit und die im Entstehen begriffene Zukunft.*

Lernen von den Erfahrungen der Vergangenheit ist ein bekannter Prozess, der mit der Abfolge Handlung–Beobachtung–Reflexion–Plan–Handlung beschrieben wird (vgl. Kolb 1984). Wie aber lässt sich von einer im Entstehen begriffenen Zukunft her lernen? Das ist das Thema dieses Buches.[30]

Der blinde Fleck des organisationalen Lernens

Teams und organisationale Einheiten, die versuchen, diesen neuen Lernweg zu beschreiten, geben häufig frustriert wieder auf. Sie erkennen, dass es nicht möglich ist, tief greifende Veränderungen der oben beschriebenen Art zu erreichen, wenn sie die bisher verwendeten konventionellen Lern- und Veränderungsmethoden ein-

29 Siehe Scharmer und Käufer (2015); Scharmer und Käufer (2013, dt.: 2014).
30 Siehe auch einige frühere Arbeiten zu diesem Thema: Senge et al. (2004); Kahane (2004); Torbert et al. (2004).

setzen. Das Lernen aus der Vergangenheit funktioniert nicht. Ein Lernen von einer im Entstehen begriffenen Zukunft lässt sich nicht einfach an konventionelle Lernprozesse als zusätzlicher Schritt anfügen, indem man sagt: »Lasst uns jetzt von der entstehenden Zukunft lernen.« Diese Lernform setzt vielmehr voraus, dass wir auf kollektiver Ebene eine Bewegung vollziehen, die dem entspricht, was mit mir geschah, als ich vor dem brennenden Bauernhof stand. Wir müssen den spezifischen Kontext mit neuen Augen betrachten (Weick 1996). Alte, gewohnheitsmäßige Formen des Reagierens müssen losgelassen werden. Wir müssen unsere Aufmerksamkeit für die Welt vertiefen und uns für das Staunen öffnen. Wir müssen den Strahl unserer gewohnheitsmäßigen Aufmerksamkeit bewusst umlenken und zurück auf ihre Quelle richten – auf den blinden Fleck, aus dem heraus wir handeln. Wir müssen unser Aufmerksamkeitsfeld öffnen, um Anschluss an die Zukunft zu finden, die entstehen will.

Wir müssen uns also auf die Suche begeben. Aber wir verfügen über eine subtile, unsichtbare Dimension – die tiefere Ebene des Quellenbewusstseins –, die uns dabei hilft. Die tiefen Strukturen des sozialen Feldes bestimmen die Qualität unserer Handlungen genauso, wie das Feld des Landwirts die Qualität der Ernte bestimmt. Wir können die Qualität dieser tieferen Feldschichten auf eine Weise verändern und gestalten, die unseren Horizont für höhere Zukunftsmöglichkeiten öffnet. Dann fangen wir an, profunde soziale Erneuerung und Veränderung zu bewirken.

4 Organisationale Komplexität

Dynamische Komplexität • Soziale Komplexität • Emergente Komplexität • Der Job des Managers • Vom Produkt über den Prozess zur Quelle • Führung vor der leeren Leinwand • Der sich mitentwickelnde Kontext von Organisationen • Der institutionelle blinde Fleck

Dynamische Komplexität

Führungskräfte in allen Organisationen und Institutionen sehen sich mit Veränderungen und neuen Herausforderungen konfrontiert, die sich insbesondere durch ihren hohen Grad an Komplexität auszeichnen. Ich beschloss, den Ursprung dieser Komplexität unter die Lupe zu nehmen. Senge und Roth haben in ihren Arbeiten versucht, komplexe Herausforderungen und Probleme besser zu verstehen, und schlagen eine Unterscheidung zwischen dynamischer und sozialer Komplexität vor. Darauf aufbauend, möchte ich dieses Konzept um die emergente Komplexität erweitern.

Von diesen drei Typen ist die dynamische Komplexität wahrscheinlich am bekanntesten. Dynamische Komplexität heißt, dass Ursache und Wirkung nicht nahe beieinanderliegen. Sie sind räumlich oder zeitlich getrennt. Die globale Erderwärmung bietet ein gutes Beispiel für dynamische Komplexität. Die Emission von Kohlendioxid (CO_2) – eine *Ursache* der Erderwärmung – wird eine Langzeitwirkung auf unseren Planeten haben. Die Treibhaus*effekte,* die wir heute beobachten, sind hauptsächlich durch die Emissionen der 1970er und 1980er Jahre (und der Zeit davor) verursacht. Wenn meine Organisation entscheidet, ihre CO_2-Emissionen zu senken, werden wir unsere Auswirkung auf das Weltklima verringern. Doch was ist, wenn unsere Produkte Teil eines größeren Produkts sind, das die CO_2-Emission erhöht? Und was ist mit den Emissionen, die durch den Transport von Waren erzeugt werden? Je länger und komplexer die Kette von Ursache und Wirkung, desto höher die dynamische Komplexität eines Problems. Ein Problem mit einer geringen dynamischen Komplexität kann sequenziell angegangen werden, d. h., das Problem wird in kleine Schritte unterteilt und dann bearbeitet. Steigt jedoch die dynamische Komplexität, stößt eine sequenzielle Herangehensweise an Grenzen, denn sie übersieht systemübergreifende Abhängigkeiten. Je größer die dynamische Komplexität, desto stärker sind Teilkomponenten eines Systems miteinander vernetzt und beeinflussen sich gegenseitig und desto wichtiger werden systemumfassende oder ganzheitliche Lösungsprozesse (Abb. 4.1).

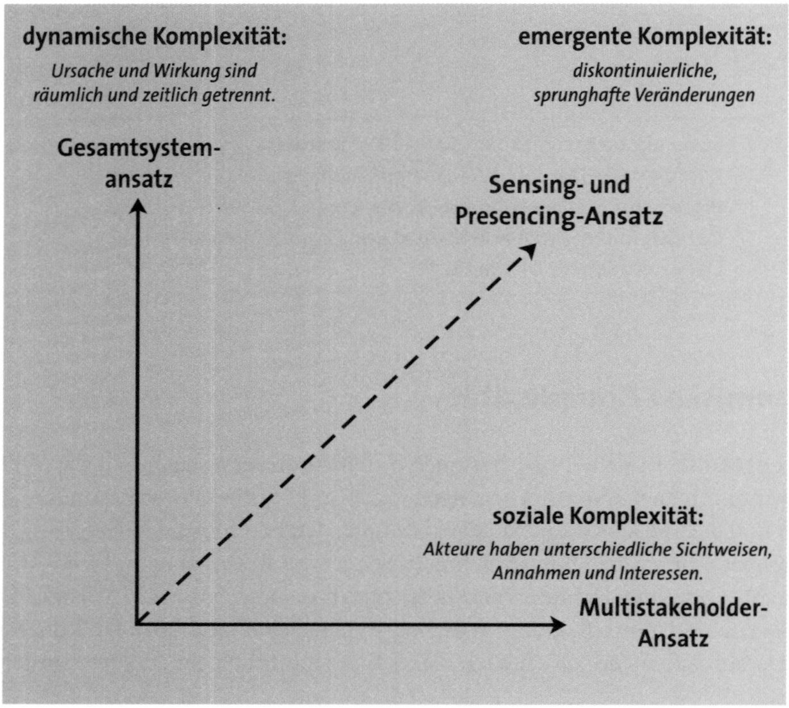

Abb. 4.1: Drei Typen von Komplexität

Soziale Komplexität

Hinter Problemen mit dynamischer Komplexität steht häufig eine zweite Art der Komplexität: die soziale Komplexität. Soziale Komplexität ist das Ergebnis unterschiedlicher Interessen und Perspektiven der Beteiligten (Stakeholder). Um auf das Beispiel des Klimawandels zurückzukommen: Das politische Ringen um die Kyoto-Protokolle und ihre Umsetzung bieten ein anschauliches Beispiel der Bedeutung und Auswirkung sozialer Komplexität, die beispielsweise durch unterschiedliche Interessen, Weltsichten oder Werte hervorgerufen wird. Die meisten internationalen Experten waren sich einig über die Kyoto-Protokolle zum Klimawandel und zur Verringerung des CO_2-Ausstoßes und unterstützten sie. Dennoch waren diese Protokolle von begrenztem Nutzen, weil drei der Länder, die zu den schlimmsten Klimasündern gehörten – die USA, Indien und Brasilien – das Abkommen nicht ratifiziert hatten. Auch das Pariser Abkommen von 2015 verlangt, dass alle Länder ihre Treibhausgasemissionen »so schnell wie möglich« verringern und im Laufe dieses Jahrhunderts weiter reduzieren. Alle 5 Jahre sind die Länder aufgefordert, ihre Fortschritte in Bezug auf ihre angestrebten Klimaziele zu überprüfen und neue Pläne einzureichen. Damit das funktioniert, müssen viele unterschiedliche und widersprüchliche Interessen, Weltanschauungen und Akteure zusammenkommen und sich den Bemühungen anschließen. Je niedriger die soziale Komplexität, desto einfacher lassen sich auf der Basis von Expertenwissen oder Daten Entscheidungen treffen (vgl. Kahane 2004). Je höher die soziale Komplexität, umso eher ist ein Prozess gefragt, der die Beteiligten in die Problemlösung einbezieht, sodass alle relevanten Stimmen gehört werden.

Emergente Komplexität

Emergente (oder generative) Komplexität bezieht sich auf Problemstellungen, die durch disruptive Veränderungen gekennzeichnet sind. Diese Veränderungen lassen sich mit den folgenden drei Merkmalen charakterisieren:

- Die Lösung des Problems ist unbekannt.
- Die Problemformulierung ändert sich ständig.
- Wer die wichtigsten Beteiligten sind, ist noch unklar.

»Emergente Komplexität« beschreibt eine Situation, in der die Zukunft nicht durch die Trends und Verlaufskurven der Vergangenheit vorhergesagt werden kann. Die Situation ist offen und verändert sich fortwährend. Je größer die emergente Komplexität, desto weniger können wir uns auf die Erfahrungen der Vergangenheit verlassen. Auf diese Form von Komplexität bezieht sich der U-Prozess. Im Kern zielen die im U beschriebenen Prozesse des Wahrnehmens, des Presencing und des Prototyping darauf, zukünftige Möglichkeiten wahrzunehmen und zu realisieren. In den Kapiteln 10, 11 und 13 werden die Einzelheiten des Prozesses beschrieben.

An dieser Stelle soll festgehalten werden, dass sich das *Hinspüren* (Sensing) als tiefere Art des Sehens beschreiben lässt – als das Sehen mit dem Herzen. Wir spüren eine deutliche Veränderung, wenn wir in diesen Zustand eintauchen; wir haben das Gefühl, dass sich die Zeit verlangsamt, unsere Wahrnehmung scheint sich zu erweitern, und irgendwie fangen wir an, das ganze Feld zu spüren und wahrzunehmen. Begleitet wird dies normalerweise durch das Gefühl erhöhter Energie und einen Wechsel zu einem »tieferen Ort«.

Presencing ist, wie bereits kurz angesprochen, der Zustand, den wir erleben, wenn wir aus der vollständigen Öffnung von Denken, Herz und Willen heraus handeln, und uns infolgedessen von einem wesentlich tieferen Ort, von den Quellen der Emergenz her, mit der Realität verbinden können. Dieser Zustand erlaubt uns, eine subtile Bewegung des Loslassens und Kommenlassens zu vollziehen, die unser entstehendes Selbst zu einem Vehikel für die im Entstehen begriffene Zukunft macht.

Das *Prototyping* folgt der Verdichtungsstufe oder der Stufe, in der wir tatsächlich ein Gefühl für die Zukunft, die entstehen will, entwickeln. Das Erproben in Prototypen bedeutet, dass wir die Zukunft im Tun erkunden und basiert auf der praktischen Integration von Kopf, Herz und Hand. Es erzeugt sehr schnell praktische Ergebnisse, die dann Feedback und Verbesserungsvorschläge von allen wichtigen Stakeholdern des betreffenden Systems generieren können.

Die generative Komplexität vieler wichtiger Führungsherausforderungen nimmt zu, weil das Umfeld, in dem Organisationen aus dem wirtschaftlichen, zivilgesellschaftlichen und öffentlichen Sektor arbeiten, immer turbulenter wird. Diese Kontextveränderung ist der Hauptantrieb, der es notwendig macht, dass wir von der rechten Seite des »U« aus – von der im Entstehen begriffenen Zukunft aus – lernen und führen.

Der Job des Managers

Eine zentrale Aufgabe von Managern ist es, Handlung zu mobilisieren und Ergebnisse zu produzieren. Dafür sind Ziele, Strategien, Persönlichkeiten und Prozesse zu integrieren. Ein Blick auf die Diskussion und Untersuchungen im Bereich Management in den letzten Jahrzehnten machen zwei Perspektivenwechsel sichtbar:

- Der erste Wechsel ist die Betonung des *Wie* anstelle des *Was*. Nicht nur, was Manager tun, sondern der Prozess und wie sie es tun rücken immer mehr in den Blickpunkt.
- Der zweite Perspektivenwechsel erfolgt vom *Wie* zum *Woher*. Vom Prozess (*wie*) wechselt die Fragestellung zur Frage nach dem inneren Ort, aus dem Manager und Systeme heraus handeln.

Diesen Schwerpunktwechsel beobachtete ich zum ersten Mal 1996, als ich Richard LeVitt von der Firma Hewlett-Packard (HP) in Palo Alto interviewte. Er war zum Zeitpunkt des Interviews der konzernweite Qualitätsbeauftragte bei HP.

> »Zuerst konzentrierten wir uns hauptsächlich auf unsere Produktionsergebnisse und führten Messungen über beispielsweise Produktzuverlässigkeit durch. – Aber wir haben festgestellt, dass das nicht reicht, dass wir mehr erreichen können, wenn wir unser Augenmerk auf das richten, was dem Endergebnis vorgelagert ist, nämlich den *Prozess*. Das war im Grunde der Kerngedanke von Total Quality Management (TQM) in den Achtzigern. Aber als wir dann die Prozesse optimiert hatten, standen wir vor der Frage: Was kommt nun? Was kann der nächste Wettbewerbsvorteil sein?«

LeVitt fuhr fort zu beschreiben, was er als nächste Performance-Schwelle ansah:

> »Wir erkannten, dass ein kritischer Fokusbereich darin bestand zu verstehen, wie Manager ihre Denkqualität verbessern können sowie ihre *Tiefenwahrnehmung der Kunden* und der Erfahrungen, welche die Kunden mit uns machen sollten.«

Vom Produkt über den Prozess zur Quelle

Diesen Perspektivenwechsel oder diese Perspektivenerweiterung, die LeVitt für HP beschreibt – vom *Produkt* zum *Prozess* und vom Prozess zur *Quelle* –, kann in allen funktionellen Managementbereichen beobachtet werden.

Abb. 4.2 zeigt zwölf unterschiedliche Bereiche des Managements. Die obere Hälfte der Abbildung benennt die klassischen Funktionsbereiche (Produktion, Personalwesen, Forschung und Entwicklung (F&E), Finanzen, Buchhaltung, Strategie, Marketing und Verkauf), während die untere Hälfte die eher prozessorientierten Funktionsbereiche darstellt (Qualitätsmanagement, Wissensmanagement, Führung, Organisationsentwicklung und Kommunikation).

Allen Bereichen gemeinsam ist, dass eine ähnliche Entwicklung – ein Schwerpunktwechsel vom *Produkt* zum *Prozess* und vom Prozess zur *Quelle* des Handelns – in allen Funktionsbereichen des Managements erkennbar ist.

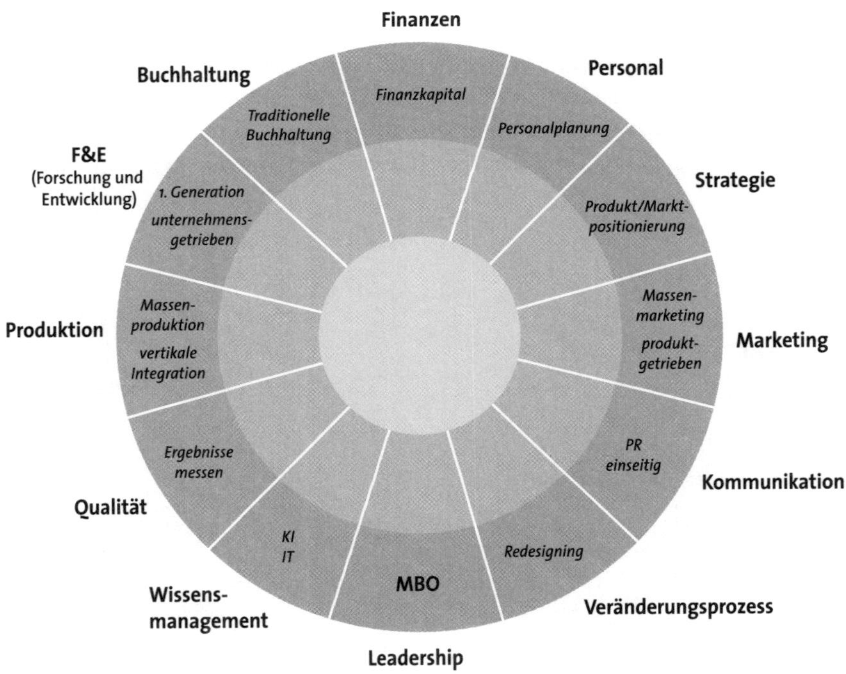

Abb. 4.2: Zwölf Managementfunktionen: die Downstream-Sicht

Erster Fokuswechsel: Von greifbaren Ergebnissen zum Prozess (Downstream to Midstream)

Der äußere Ring in Abb. 4.2 beschreibt die erste Phase, in der der Schwerpunkt auf dem Endergebnis liegt, wenn die Aufgabe erfüllt ist (»Produkt«). Ein Beispiel ist die Endkontrolle in der Produktion. Charakteristisch für diese Phase ist, dass Aufgaben funktional differenziert werden, d. h., die Aufgaben des Managements werden in Teilaufgaben aufgeteilt – in Finanzen, Strategie, Personalwesen, Produktion und so weiter. Jeder Managementbereich entwickelt funktionsinterne Bewertungsmaßstäbe für Kosten, Lieferbereitschaft, Produktqualität und so weiter. Die unterschiedlichen Unternehmensbereiche sind hierarchisch und durch klare Leistungskennzahlen oder KPIs (»key performance indicators«) verbunden und werden so miteinander koordiniert.

In den 1980er und 1990er Jahren bewegte sich der Fokus im Management in Richtung Prozesse. Dieser Wandel, wie in Abb. 4.3 beschrieben, ist der Schritt vom äußeren Kreis zum mittleren Kreis. Beispiele für diese mittlere Ebene sind Total Quality Management (TQM), Wissensmanagementprozesse, organisationales Lernen, Lean Production (Produktionsverschlankung), Kostenzuordnung nach Tätigkeit (»activity-based costing«, ABC) etc. In all diesen Beispielen liegt der Schwerpunkt darauf, wie der *Prozess* verbessert werden kann, mit anderen

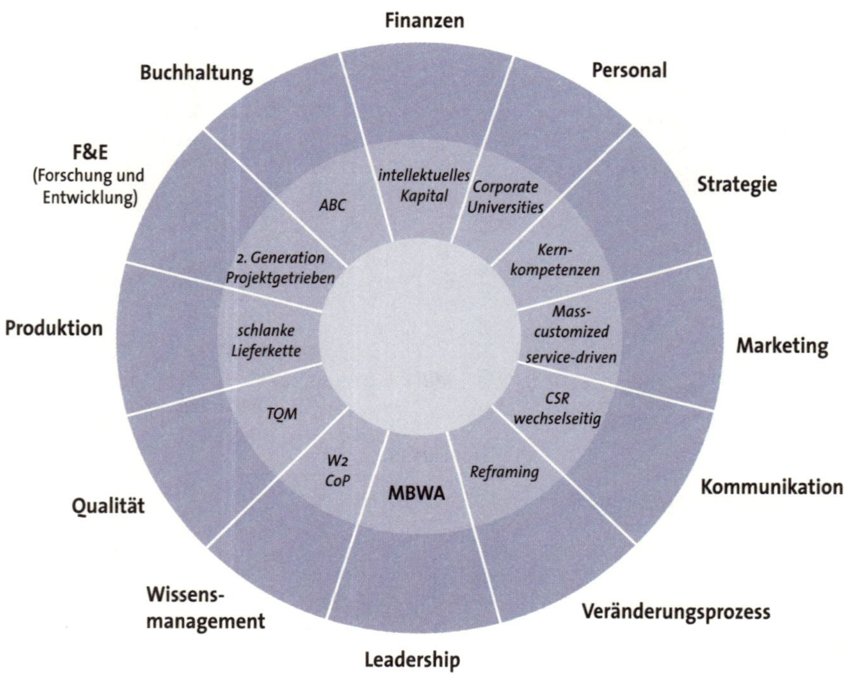

Abb. 4.3: Zwölf Managementfunktionen: die Midstream-Sicht

Worten, wie bestimmte wiederkehrende innerbetriebliche Aufgaben besser angegangen, organisiert und insgesamt optimiert werden können. Im Fall des organisationalen Lernens beispielsweise fungiert der erfahrungsbezogene Lernzyklus als grundlegender Bezugsrahmen für die Gestaltung lernender Infrastrukturen, die organisationale Lernprozesse fördern. Ein weiterer Aspekt dieser Veränderung des Aufmerksamkeitsfokus im Management ist das Problem der funktionsübergreifenden Integration. Um die Arbeit über funktionelle und organisationale Grenzen hinweg zu integrieren und zu koordinieren, muss man lernen, wie man erfolgreich mit sozialer Komplexität bei immer stärker voneinander abhängigen Organisations- und Handlungsweisen umgeht. Die Leiter der einzelnen Subfunktionen oder -aufgaben haben ihre eigenen Interessen, Netzwerke und Ziele, deshalb brauchen sie unterschiedliche Managementfähigkeiten, um mit der sozialen Komplexität der funktionsübergreifenden Integration bei den Kernprozessen der Wertschöpfung umzugehen.

Zweiter Fokuswechsel: Vom Prozess zur Quelle (Midstream to Upstream)

Die dritte Phase, die Ende der 1990er Jahre begann und bis heute andauert, verlagert den Fokus vom Prozess zu den Quellen von Innovation und Veränderung (Abb. 4.4). Richard LeVitt stellte in dem oben zitierten Interview die Frage, welches der nächste Hebelpunkt sei, wenn der Prozess optimiert wurde. Diese dritte Phase, die in Abb. 4.4 im inneren Zirkel abgebildet ist, bezieht sich auf Probleme mit emergenter Komplexität. Ein weiteres Charakteristikum dieser Phase ist, dass die Grenzen zwischen den verschiedenen Funktionsbereichen immer stärker verschwimmen und sich auflösen. Wie Michael Jung von McKinsey es ausdrückte: »Jeder besteigt den gleichen Berg, aber jeder betrachtet ihn aus einem anderen Blickwinkel und ist davon überzeugt, dass es ein völlig anderer Berg ist.«

Trotz der verschiedenen Überschriften befassen sich in der Mitte des Rades die zwölf verschiedenen Funktionsbereiche alle mit den gleichen fundamentalen Grundfragen: Wie können wir es schaffen, in einem immer chaotischerem Umfeld die Quellen für fundamentale und nachhaltige Innovation und Erneuerung zu erschließen und zu nutzen – das heißt, wie können wir erfolgreich mit emergenter Komplexität umgehen?[31]

Das Management-Rad verbildlicht einen organischen Atmungsprozess. Die Vollständigkeit dieses Atmungsprozesses bestimmt über die Gesundheit und Ganzheit eines organisationalen Feldes. Das Einatmen bewegt die Aufmerksamkeit

31 Der Inhalt von Abb. 4.4 lässt sich in zwei Weisen darstellen: Die Upstream-Bewegung kann als eine Bewegung hin zur Mitte des Kreises beschrieben werden oder auch andersherum, mit einer Bewegung, die über die Ränder des Kreises hinausführt. Der Vorteil der zweiten Darstellungsweise liegt darin, dass so sichtbar wird, dass einige Funktionen, die erst intern und begrenzt waren, funktional mehr verteilt und dezentralisiert sind. Auf der anderen Seite bildet eine Bewegung, die von außen nach innen erfolgt, konzeptionell besser die Unabhängigkeit der zwölf Funktionsbereiche ab. Also sind beide Abbildungsweisen beschränkt, da sie nur zwei Dimension von etwas, das größer, komplexer und dynamischer ist, erfassen.

von der Ausführung zu den Quellen der Aufmerksamkeit und Intention, während alles, was von der Mitte her entsteht, ausgeatmet und in den vorgelagerten Bereichen von Management und Organisation hervorgebracht wird. Das Entscheidende ist nicht, für eine Upstream-Sichtweise von Führung auf Kosten von Prozessen, Kompetenzen (Midstream) und Ausführung (Downstream) zu plädieren, sondern das gesamte Feld von Führung und Organisation als eine einzige lebendige Einheit wahrzunehmen, die in der Quelle der Aufmerksamkeit und Intention im Zentrum gründet und von dort aus ständig erneuert wird. Aus dieser Sicht ist die Ganzheit einer Organisation oder eines Feldes von der Beziehung aller Teile zueinander abhängig und entsteht nur daraus. Das Zentrum existiert nicht ohne die Peripherie und umgekehrt.

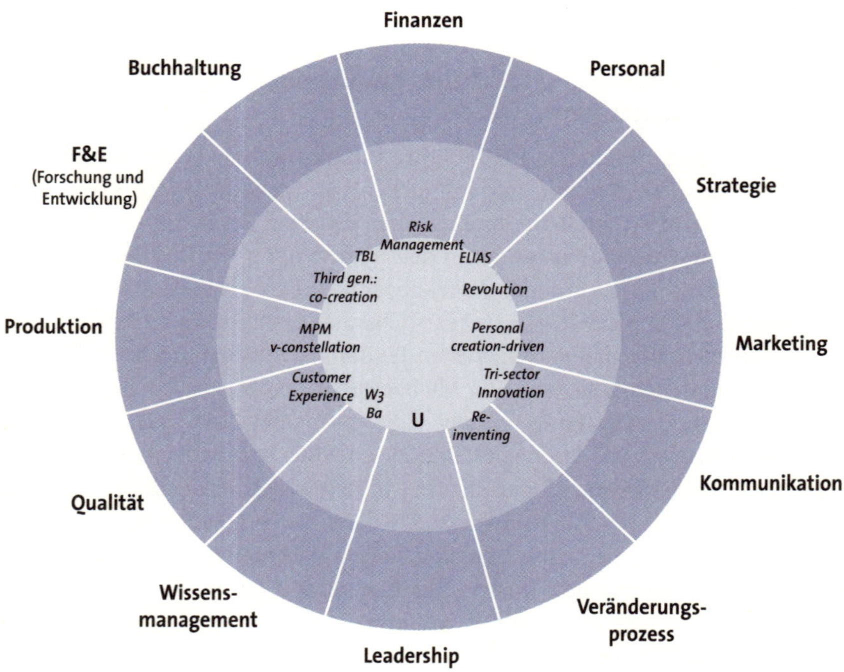

Abb. 4.4: Zwölf Managementfunktionen: die Upstream-Sicht

Das Management-Rad wird durch zwei Achsen unterteilt. Horizontal sehen wir auf der oberen Kreishälfte die klassischen, gut sichtbaren Funktionsbereiche wie Produktion und Verkauf und auf der unteren Kreishälfte die neueren und oft weniger gut sichtbaren Funktionsbereiche wie Wissensmanagement und Organisationsentwicklung. Die vertikale Achse trennt die nach außen orientierten Funktionsbereiche auf der rechten Seite des Rades und die mehr nach innen bezogenen Funktionsbereiche auf der linken Seite. Eine gute Unternehmensführung integriert alle diese zwölf Funktionsbereiche, eine Aufgabe die, wie Henry Mintzberg einmal beschrieb, Wissenschaftler meistens den Praktikern überlassen.

Erfolgreiche Führung oder erfolgreiche Organisationen wertschätzen und integrieren die unterschiedlichen Perspektiven, die sich aus den unterschiedlichen Funktionsbereichen ergeben.

Zurück zum Perspektivenwechsel vom *Produkt* zum *Prozess* und zur *Quelle* des Handelns. Im Bereich Strategie, zum Beispiel, zeigt sich diese Entwicklung an der Schwerpunktverlagerung von den *Kernkompetenzen* zu den *Quellen der Marktrevolutionierung*. Zuerst war der Strategiebereich durch klassische Produkt-Markt-Positionierung gekennzeichnet. Strategie fokussierte sich darauf, wohldefinierte Produkte in wohldefinierten Märkten optimal zu platzieren. 1990 veröffentlichten Gary Hamel und C. K. Prahalad ihren Artikel im *Harvard Business Review (HBR)* über Kernkompetenzen (Hamel a. Prahalad 1990). Wirklich effektive Strategiearbeit, so die Autoren, zielt auf die Identifizierung und Entwicklung von organisationalen Kernkompetenzen. Denn es sind diese Kernkompetenzen, die letztlich bestimmen, welche Produkte erfolgreich im Markt platziert werden können. Damit verlagerten die Autoren den Fokus der Aufmerksamkeit vom Produkt zu der vorgelagerten organisationalen Kernkompetenz.

Als ich Gary Hamel 1996 zum ersten Mal interviewte, war ich überrascht, dass er in den letzten 5 Jahren keine einzige Präsentation zum Thema Kernkompetenzen abgehalten hatte. Er arbeitete bereits am nächsten Fokuswechsel, den er dann in seinem *HBR*-Artikel »Strategy as Revolution« (Hamel 1996) ausführte und später in seinem Buch *Das revolutionäre Unternehmen* (Hamel 2000, 2002) weiter ausbreitete. Hamel diskutiert in beiden Veröffentlichungen seine Beobachtung, dass Unternehmen sich mit Situationen konfrontiert sehen können, die nicht nur eine gut passende Strategie im Umgang mit bestehenden Märkten erfordern, sondern eine aktive Rolle in der Neuerfindung eines Sektors oder einer Industrie. Hierzu bedarf es jedoch einer Fähigkeit, die sich von derjenigen unterscheidet, die man braucht, um existierende Kernkompetenzen zu bewahren. Die Neudefinition eines Marktes und einer Industrie bedarf des Vermögens, die *zukünftigen* Kernkompetenzen und Chancen wahrzunehmen und zu entwickeln.

Während sich in den 1990er Jahren das übliche Denken im Bereich Strategie noch immer um Märkte und Kernkompetenzen drehte, argumentierte Hamel, in Zukunft müsse die *Quelle* von Wissen und Innovationen erschlossen werden. Er sah diesen Ausgangspunkt häufig eher in der Peripherie eines Unternehmens als im Zentrum angesiedelt. Um diesen Ausgangspunkt zu erschließen, so Hamel, müssten die Erfahrungen von Kunden und Geschäftspartnern mit in die Strategieentwicklung einbezogen werden wie auch die Erfahrungen von Mitarbeitern, die direkt mit den Kunden zusammenarbeiten.

In ihrem Buch *Wettlauf um die Zukunft* vergleichen Hamel und Prahalad diese Upstream-Verlagerung des Fokus mit einer Schwangerschaft (Hamel u. Prahalad 1995, S. 85 f.):

> »Der Wettbewerb um die Zukunft kann mit einer Schwangerschaft verglichen werden. Wie der Wettbewerb um die Zukunft hat die Schwangerschaft drei Phasen: Zeugung, Tragzeit, Geburtsvorgang. In den meisten Lehrbüchern zur Strategie sowie in den Strategieplanungsübungen wird der dritten Wettbewerbsphase die größte Aufmerksamkeit gewidmet. Üblicherweise wird davon ausgegangen, dass das Produkt oder Dienstleistungskonzept bereits etabliert ist und die Grenzen der Industrie festgelegt sind. Aber die Konzentration auf diese letzte Stufe des marktbezogenen Wettbewerbs ohne entsprechende Berücksichtigung jener Marktauseinandersetzung, die dem Wettbewerb vorausgeht, ist dem Versuch vergleichbar, den Geburtsvorgang begreifen zu wollen, ohne Zeugung und Tragzeit mit einzubeziehen.«

Die Frage, die Manager sich an diesem Punkt stellen müssen, so die Autoren, lautet (ebd., S. 86):

> »Welcher Phase widmen wir den größten Teil unserer Zeit und Aufmerksamkeit: Zeugung, Tragzeit oder Geburtsvorgang? Unserer Erfahrung nach verbringen die meisten Manager einen unverhältnismäßig großen Teil ihrer Zeit im Warteraum vor dem Kreißsaal und fiebern der Geburt entgegen. Aber wie wir alle wissen, wird es kaum zu einer Geburt kommen, wenn nicht neun Monate vorher ein wenig gearbeitet wurde.«

In unserem derzeitigen Jahrzehnt hat sich der Kontext für das Innovationsmanagement von einem starken Wachstum zu massiven Marktturbulenzen verschoben, was dazu geführt hat, dass mehr Gewicht auf Fähigkeiten wie Resilienz und auf grundlegende Werte wie ethische Integrität gelegt wird (Hamel a. Valikangas 2003, p. 52).

Der Aufstieg und Untergang von Enron, einem Unternehmen, das Hamel in seinem Buch *Das revolutionäre Unternehmen* oft als Beispiel herangezogen hatte, hat viele aufgerüttelt. Enron hat gezeigt, dass eine revolutionäre Strategie und Innovation keine Werte an sich sind, sondern dass sie mit einem gemeinsamen Verständnis und der ethischen Verantwortung für einen größeren sozialen Kontext verbunden und darin begründet sein müssen (Kapitel 18). Die Gefahren, die der Sog in den Raum des Absencing mit sich bringt, sind nicht auf den Fall Enron beschränkt. Wir haben sie an der Wall Street vor, während und nach 2008 ebenso gesehen wie in traditionellen Branchen (vgl. den Abgasskandal bei VW im Jahr 2015, Scharmer 2015b).

Vielleicht zeigen auch diese Beispiele, dass Strategie nicht isoliert ohne diese Verbindung zum Wohl des Ganzen erfolgreich sein kann. Prahalad fordert in seinem Buch *Der Reichtum der dritten Welt. Armut bekämpfen, Wohlstand fördern, Würde bewahren*, Strategie radikal neu zu denken, zu durchbrechen und neu zu erfinden, basierend auf den Bedürfnissen der 3 Milliarden Menschen, die von umgerechnet weniger als 2 Dollar pro Tag leben müssen (Prahalad 2006). Was ist erforderlich, damit wir in Bezug auf die Strategie so radikal umdenken, dass der Ansatz auf den Bedürfnissen der Menschen basiert, die im derzeitigen System nicht vorkommen? Dieser Schritt ist die Fähigkeit, von der leeren Leinwand aus zu handeln. Viele der neuen vermischten Geschäftsansätze, einschließlich der »Internetmethode« zur Schaffung von Unternehmen und Projekten, erfordern diese neue Fähigkeit. Wie im inneren Kreis von Abb. 4.4 dargestellt, stehen Manager und Führungskräfte mehr und mehr vor Herausforderungen, die genau das von ihnen verlangen: von der leeren Leinwand aus zu handeln – das heißt, im Entstehen begriffene neue Möglichkeiten zu erspüren und zu verwirklichen.

Werfen wir einen Blick auf zwei weitere Beispiele.

Beispiel 1: Wissensmanagement

Wie jedes künstlerische Schaffen bedarf auch jeder Funktionsbereich von Management einer anderen Form von Wissen. Wenn Manager beispielsweise das Ergebnis eines Produktionsprozesses kalkulieren, handelt es sich um explizites Wissen (Know-how). Explizites Wissen ist Informationswissen, das in Tabellen und E-Mails zusammengefasst und weitergegeben werden kann. In der ersten Phase der Entwicklung des Wissensmanagements lag der Schwerpunkt auf Informationstechnologie, auf Datenbanken, die das Wissen speicherten. Einige Jahre (und mehrere Milliarden Dollar) später wurde deutlich, dass Informationstechnologie nur ein Teil des größeren Ganzen ist, vielleicht der einfachere Teil.

In dieser zweiten Phase lag ein wesentlicher Schwerpunkt auf der Verbesserung der Prozessqualität. Ein Beispiel ist Total Quality Management (TQM). Bei TQM wird eine andere Form von Wissen wichtig, das implizite oder »verkörperte« Wissen, das einfach »gewusst« und in den tagtäglichen Handlungen angewendet wird.

Doch diesem alltäglichen Handlungswissen ist noch eine weitere Form von Wissen vorgelagert. Diese Form von Wissen ist unabdinglich, wenn es um die Erzeugung von Innovationen geht. Dies ist die dritte Phase von Wissensmanagement. So wie ein Künstler vor der leeren Leinwand steht oder wie Michelangelo den David schon vorher in dem Marmor sieht, ist für diese Form des Wissens eine neue Form des »Sehens« oder Wahrnehmens Vorbedingung.

In Abb. 4.5 ist das sichtbare, explizite Wissen oberhalb der Wellenlinie wiedergegeben. Diese Ebene korrespondiert mit dem äußeren Ring im Rad des Managements, der Ergebnisdimension des Managements (Abb. 4.2). Unter der Wellenlinie liegt zunächst das implizite und verkörperte Wissen, das im alltäglichen Handeln angewandt wird. Diese Wissensebene korrespondiert mit dem mittleren Ring im Rad des Managements, der Prozessdimension des Managements (Abb. 4.3). Die tiefste Ebene stellt die Form von Wissen dar, die sich auf zukünftige Möglichkeiten bezieht, das *selbsttranszendierende* Wissen, das mit dem inneren Kreis im Rad des Managements, der Quelldimension des Managements, korrespondiert (Abb. 4.4).

Michael Burtha von Johnson & Johnson Inc. beschreibt diese verschiedenen Phasen von Wissensmanagement von explizit zu implizit. In unserem Gespräch betonte er, dass die wahre Herausforderung darin liegt, Räume zu schaffen, wo komplexes Wissen ausgetauscht werden kann, und dass dieser Austausch über Funktionsbereiche, Unternehmensteile sowie Organisationen hinweg stattfindet.

Aus dieser Warte betrachtet, ist Wissen nicht »ein Ding«, sondern »etwas Lebendiges«, das in konkrete Arbeits- und Kommunikationspraktiken eingebunden ist (vgl. Wenger 1998; Wenger et al. 2002). Wissen ohne Kontext ist kein Wissen; es ist nur Information (Nonaka 1991, 1994; Nonaka a. Takeuchi 1995). Wissen, so Ikujiro Nonaka und Hirotaka Takeuchi (1995) in ihrem Buch *The Knowledge-Creating Company,* ist ein »situativer lebendiger Prozess, der sich in einer spiralförmigen Bewegung zwischen explizitem und implizitem Wissen und zwischen Individuen, Teams und Organisationen entwickelt« (Übers.: C. O. S.).

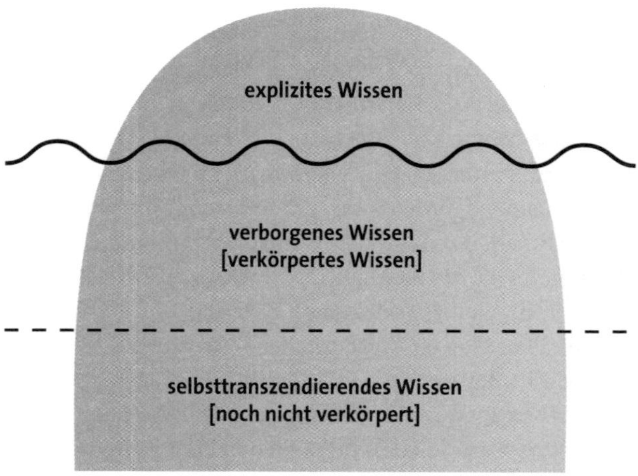

Abb. 4.5: Drei Formen des Wissens

Diese Definition von Wissen als lebendiger Prozess wurde in den 1990er Jahren mit offenen Armen empfangen. In den späten 1990er und frühen 2000er Jahren fand ein weiterer Wandel statt, einer, der mit den Quellen von Innovation und Veränderungsprozessen zu tun hat. Ausgangspunkt für diesen Wandel war die Frage, wie auf Turbulenzen und bruchartigen Veränderungen mit Resilienz und Flexibilität reagiert werden kann und wie entstehende Zukunftsmöglichkeiten frühzeitig wahrgenommen und ergriffen werden können. Wie lassen sich die Quellen des »noch nicht verkörperten« Wissens erschließen (vgl. Scharmer 2000a)? Diese aktuellste Phase spiegelt sich in Nonakas Weiterentwicklung von Aristoteles' Konzept der *phronesis,* des praktischen Wissens, und im Konzept des *ba,* das ist das japanische Wort für »Ort«, das den physischen, sozialen und mentalen Kontext von Wissensentstehung beschreibt. *Ba* ist laut Nonaka »Kontext in Bewegung«. Ich nenne es »noch nicht verkörpertes« (»not-yet-embodied«) oder »selbsttranszendierendes« Wissen.[32]

32 Siehe Nonaka u. Konno (1998); Nonaka, Toyama u. Konno (2000); Krogh (1998, 2000).

Im Kern argumentiert Nonaka, dass Wissensentstehung nicht gemanagt werden kann, sondern dass lediglich Bedingungen geschaffen werden können, die Wissensentstehung fördern. Warum? Weil Wissen lebendig ist. Anstatt dass wir Wissen managen und kontrollieren, so Nonaka, müssen wir die Bedingungen schaffen, die alle drei Aspekte von Wissensmanagement hervortreten lassen: Informationstechnologie, einen Wissensgenerierungsprozess und Orte mit einer Führungskultur, die diese Art der Arbeit fördern.

Beispiel 2: Produktion

Tom Johnson, Mitautor von *Relevance Lost: The Rise und Fall of Management Accounting und Profit Beyond Measure* (Johnson a. Kaplan 1987), erzählte mir in einem Interview die folgende Geschichte über den Wechsel von der Massenproduktion zur Lean Production in der Automobilindustrie. Sein Beispiel betraf die wohl bekannteste Autofabrik der Welt in der Nähe von Detroit:

»Nach dem Zweiten Weltkrieg sahen sich Manager von Ford und Toyota die River-Rouge-Fabrik von Henry Ford an. Die Fabrik war während des Ersten Weltkriegs gebaut worden und produzierte in den 1920er Jahren das T-Model. Das war das klassische Modell der Massenproduktion, und jeder Automobilhersteller kannte es gut. Es war ein nützliches Modell, wenn man ein Auto, eine Farbe, einen Typ in Massen produzieren wollte. Nach dem Krieg war die große Frage, wie man eine Vielfalt von Autos herstellen konnte, ohne jedes Modell separat zu produzieren. Die Manager bei Ford Motor Company lösten das Problem mit einer Produktionsanlage, deren Größe und Umfang es erlaubte, hohe Produktionszahlen zu erzielen. Die Produktion dieser Anlagen musste ununterbrochen laufen, sodass die Stückkosten so niedrig wie möglich blieben. Das Problem war, dass in einer Fließbandproduktion, wie Henry Ford sie entwickelt hatte, keine Produktvariation möglich war, da, um zwei verschiedene Typen in der gleichen Fertigungsstraße zu produzieren, man das Fließband anhalten muss, um etwas zu verändern. Die Lösung der Ford-Ingenieure bestand darin, die Straße zu *entkoppeln*. Die Lackierung erfolgt an einem Ort, das Stanzen, Schweißen oder Nieten … an einem anderen. Damit prägte der Mengen- oder Skaleneffekt (›economies of scale‹) das Denken bei Ford, General Motors und anderen US-amerikanischen Autoherstellern in all diesen Jahren.

Gleichzeitig begann aber eine andere Entwicklung, die dann später als ›Lean Production‹ (Produktionsverschlankung) bezeichnet wurde. ›Lean Production‹ setzte eine *andere Art, die Realität zu sehen* voraus, eine andere Art, Henry Fords River-Rouge-Fabrik zu betrachten. Als die Toyota-Ingenieure die River-Rouge-Fabrik sahen, kamen sie laut Johnson zu der Schlussfolgerung, dass die Kosten durch das ununterbrochene Fließen der Produktion niedrig waren. Sie gingen nach Japan zurück, wo die meisten Produktionsanlagen im Krieg zerstört worden waren. Dort begannen sie, Fertigungsanlagen zu bauen, die auf dem Prinzip des ununterbrochenen Fließens (›continuous flow‹) basierten.«

»Bis in die 1970er Jahre«, fuhr Tom Johnson fort, »als wir zum ersten Mal allmählich begriffen, was los war, waren die Umrüstzeiten in japanischen Produktionsprozessen so optimiert, dass nur noch minimale Zeiten für die Werkzeugumstellung anfielen. Hier in den USA hatten wir Stanzwerke, die 8 Stunden brauchten, um von einem Modell zum anderen umzustellen. In Japan wurden dazu 20 oder 30 Minuten benötigt. In den 1980ern waren japanische Autohersteller bei Umrüstzeiten von 6, 8, 10 Minuten. Danach konnten sie nun die *Mixed Model Line,* wie sie es nannten, bauen. Damit konnte man eine kontinuierliche Fließbandproduktion haben, in der für eine Weile rote Modelle produziert wurden, gefolgt von blauen oder was auch immer der Modellmix war, den die Kunden an dem Tag wollten. Das Ergebnis war eine enorme Sortenvielfalt zu sehr niedrigen Kosten, weil sie mit einem System arbeiteten, das es ihnen erlaubt, eine Bestellung nach der anderen zu produzieren. Diesem Produktionsablauf liegt eine völlig neue Weltsicht zugrunde.«

Der überwältigende Erfolg des Toyota-Produktionssystems wurde durch eine MIT-Studie bekannt, die diese Form von *Lean Production* beschreibt (Womak et al. 1991; Womak a. Jones 1996). Der Produktionsprozess optimiert den Ressourceneinsatz, indem er zu einem einzigen synchronisierten Ablauf umstrukturiert wird.[33]

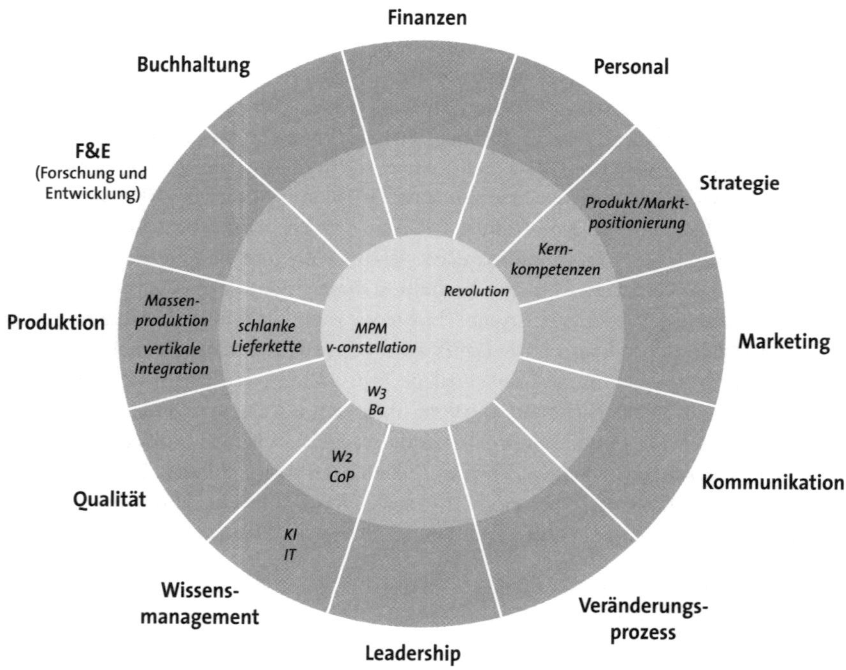

Abb. 4.6: Fokuswechsel von Downstream zu Upstream

Während dann die westliche Autoindustrie daran arbeitete, von normaler Massenproduktion (Phase 1) auf *Lean Production* (Phase 2) umzustellen, hatte Toyota schon damit begonnen, die Phase 3 einzuläuten. Die Kehrseite der *Lean Production* war

33 Das vollständige Transkript des Interviews des Autors mit Thomas Johnson am 20. August 1999 ist verfügbar unter: https://www.presencing.org/aboutus/theory-u/leadership-interview/thomas_johnson [Zugriff: 14.1.2020]. Für weitere Literatur siehe Johnson (2000).

ein Mangel an Synergie und Integrierung über verschiedene Projekte und Plattformen hinweg. Das neue System, das die MIT-Mitarbeiter Michael A. Cusumano und Kentaro Nobeoka das »Multiproject Management« (MPM) nennen, verbindet und koordiniert die technischen Abläufe gleichzeitig über verschiedene Projekte und Plattformen hinweg. Laut Toyota konnten mit diesem neuen System die Entwicklungskosten für ein durchschnittliches Projekt um 30 Prozent reduziert werden und die Dauer der Testphase von Prototypen um 40 Prozent.

»Multiproject Management« basiert darauf, dass über alle Produkte und Plattformen hinweg die Anzahl der Gleichteile erhöht wird, was es ermöglicht, die Entwicklungs- und Stückkosten weiter nachhaltig zu senken; durch eine intensive Kommunikation und Koordination zwischen Technik- und Testfunktionen werden Infrastrukturen der Kommunikation geschaffen, die projekt- und plattformübergreifende gleichzeitige Innovationen fördern.

Der Produktionsprozess hat damit den Schwerpunkt von einer vertikalen Integration (Phase 1) zu einer Prozessintegration einzelner Baureihen (Phase 2) und dann zu einer Integration des baureihenübergreifenden Gesamtsystems verlagert (Phase 3) (Normann a. Ramirez 1998). Während Lieferketten einen linearen Wertschöpfungsstrom voraussetzen, der dem Materialfluss von Lieferanten zu Kunden folgt, verstehen netzförmige Konstellationen die Kunden nicht nur als »End-of-the-pipe«-Empfänger von Produkten, sondern als aktive Mitgestalter des ökonomischen Wertes, der durch ein übergreifendes Kooperationsnetzwerk erbracht wird. Wenn beispielsweise die Kunden von Mercedes-Benz ihre Autos übernehmen, holen sie nicht einfach nur ein neues Fahrzeug ab. Auf Wunsch erhalten sie eine Werksführung mit Blick in die Produktion, was ihnen ermöglicht, den Herstellungsprozess, der ihr Auto hervorgebracht hat, direkt mitzuerleben und daran teilzuhaben.

Führung vor der leeren Leinwand

Führung unterscheidet sich von Management, das darauf abzielt, »Dinge zu erledigen«. Bei Führung geht es hingegen darum, den größeren Kontext zu sehen und weiterzuentwickeln, also den Boden und Raum für die Zusammenarbeit vorzubereiten.[34]

Die drei oben beschriebenen Phasen lassen sich auch gut im Bereich Führung nachvollziehen. Die erste Phase ist eindeutig. Die Aufgabe von Führung ist es, eine klare Richtung vorzugeben und dann die Durchführung der Anweisungen zu kontrollieren. Sicherlich sind die Richtungsvorgabe und Kontrolle ein wichtiger Bereich von Führung, doch je komplexer Probleme und Aufgaben und je dynamischer und instabiler Arbeitsumfelder werden, desto schneller stößt diese Form von Führung an ihre Grenze. Richtungen vorzugeben und die Zielerreichung zu kontrollieren

34 Zur Unterscheidung zwischen Management und Führung siehe Hinterhuber und Krauthammer (2005).

gestaltet sich dann als schwierig, wenn die wichtigsten Ziele, Zielsetzungen sowie Hindernisse und Chancen unbekannt sind, sich im Verlaufe der Zeit ändern oder beispielsweise plötzlich ganz neue Chancen und Risiken auftauchen.

Die Antwort auf diese gestiegene Komplexität der Führungsherausforderungen war, dass Lernprozesse, Delegation und Dezentralisierung der Verantwortung im Werkzeugkasten vieler Führungskräfte immer wichtiger wurden. Ein Beispiel dafür ist das Buch von Tom Peters und Robert Waterman (1982), die die Prinzipien des »Management by walking around« popularisierten. In dieser zweiten Phase mussten Führungskräfte lernen, Mitarbeiter und Mitarbeiterinnen in der ganzen Organisation in den Zielsetzungs- und Richtungsfindungsprozess einzubeziehen.

Heute lässt sich eine dritte Phase wahrnehmen. Führung heißt jetzt, die Bedingungen dafür zu schaffen, dass die Menschen in einer Organisation inspiriert sind, das heißt dass sie beginnen, von einer anderen »Energie« oder von einem anderen »Ort« her zu handeln – vom inneren Kreis in Abb. 4.4. Wie Kevin Roberts von Saatchi & Saatchi es ausdrückte (zit. nach Webber 2000, p. 210; Übers.: C. O. S.):

> »Wir haben uns schon vom Management zur Führung hinbewegt – und wir sind kurz davor, über Führung hinauszugehen, hin zur Inspiration. Um Höchstleistungen zu vollbringen, müssen Organisationen Bedingungen schaffen, die es ermöglichen, dass die Kraft ihrer Mitarbeitenden freigesetzt werden kann, das heißt dass es nicht darum geht, sie zu führen, nicht darum, sie zu managen, sondern sie zu inspirieren.«

Damit sich Hochleistungsorganisationen entwickeln können, müssen Führungskräfte ihren Aufmerksamkeitsfokus erweitern – nicht nur Prozesse gestalten, sondern die eigene Aufmerksamkeit der Situation vor der »leeren Leinwand« zuwenden. Der Moment vor der leeren Leinwand erfordert, dass Individuen oder Gruppen sich die Quellen der Inspiration, Intuition und Imagination erschließen. So wie der Künstler vor der leeren Leinwand steht, müssen Führungspersonen die Fähigkeit entwickeln, im Entstehen begriffene Zukunftsmöglichkeiten zu erspüren und dann in die Realisierung zu bringen. In einem Gespräch mit einer erfolgreichen Spitzenmanagerin der Telekommunikationsindustrie bat ich sie, ihren Führungsprozess zu beschreiben. Ihre Antwort:

> »Ich erleichtere einen Öffnungsprozess, damit mein Team im Entstehen begriffene Möglichkeiten erspüren und ergreifen kann, während diese in der Hochgeschwindigkeits-Businessumgebung aufkommen, in der wir operieren.«

Der sich mitentwickelnde Kontext von Organisationen

Managementautor Jim Collins beschloss, Spitzenunternehmen zu untersuchen, und wählte dazu mit seinem Team aus über 1400 Unternehmen elf aus, die über einen Zeitraum von mehr als 30 Jahren, von 1965 bis 1995, zur *Fortune*-500-Liste der umsatzstärksten Unternehmen zählten. Jede dieser elf Firmen hatte zunächst nur eine mittelmäßige Rendite erzielt, dann aber nach einem Übergangsstadium über viele Jahre hinweg überdurchschnittliche Renditen geliefert. Zum Zeitpunkt der Überlieferung übertrafen diese Unternehmen andere Unternehmen im selben Markt um mindestens das Dreifache. Und sie konnten diese Leistung über weitere 15 Jahre hinweg aufrechterhalten. Collins und sein Team verglichen diese Unternehmen mit ähnlich großen Unternehmen aus der gleichen Branche. Sie konnten nur einen einzigen Schlüsselfaktor identifizieren, der für den Erfolg der elf Unternehmen verantwortlich war: die Qualität der Führung.

Was Collins fand, waren Führungspersonen, die paradoxerweise durch eine Mischung aus Bescheidenheit und großer Willenskraft auffielen. Basierend auf dieser Studie, benannte Collins Merkmale, die er »level 5 leadership« nannte. Hierzu gehörten (Collins 2001b, p. 66):

- ein ungeschminktes Sehen der Realität oder »brutal realistisch sein, wenn es darum geht, worin das Unternehmen am besten sein kann«,
- die Fähigkeit, die eigenen »Egobedürfnisse von sich selbst wegzulenken, hin zum Aufbau eines erfolgreichen Unternehmens, oft indem die Führungspersönlichkeiten ihren persönlichen Gewinn für den Gewinn der Firma opfern«, und
- die Bereitschaft, die Verantwortung für schlechte Ergebnisse zu übernehmen, während sie die Erfolge regelmäßig den Mitarbeitern zuschreiben.

Mit Bescheidenheit zu führen oder ein selbstloses Selbst hilft dabei, das kollektive Feld weiterzubringen. Gegenteilige Beispiele gibt es zur Genüge. Seit dem Platzen der Finanz- und Dotcom-Blasen sind Firmenchefs mit aufgeblasenem Ego zusammen mit ihren Unternehmen in sich zusammengefallen wie die Berliner Mauer. Der Ruf nach anderen, verantwortungsbewussteren Führungskräften und Führungskreisen ist nicht nur im privaten, sondern auch im öffentlichen Sektor zu hören. Wir kennen Einzelne, Teams und sogar Organisationen, die für einen bestimmten Zeitraum mit einer höheren Form von Wissen operiert haben – mit »primary knowing« (»intuitivem Wissen«; vgl. Kapitel 11), wie Eleanor Rosch, Professorin an der University of California in Berkeley, es bezeichnet. Doch wir wissen immer noch sehr wenig darüber, wie man größere institutionsübergreifende Systeme dazu befähigen kann, von diesem Ort aus zu handeln, geschweige denn dies längerfristig aufrechtzuerhalten.

Der oben beschriebene Perspektivenwechsel im Management spiegelt sich auch im gesamtwirtschaftlichen Kontext wider. Die ehemals produktorientierte Ökonomie wurde zunächst von einer dienstleistungsgetriebenen Ökonomie abgelöst und wechselt jetzt zu einer erfahrungs-, daten- und innovationsgetriebenen Ökonomie.

In Tabelle 4.1 wird dargestellt, dass die meisten Organisationen heute nicht eine, sondern drei sind. Jede der drei Sphären funktioniert gemäß anderen Prinzipien:

- In der Produktion ist das dominante Prinzip der Skalen- oder Mengeneffekt.
- An der Schnittstelle zum Kunden geht es hingegen um den Verbundeffekt.
- Und in einer Ökonomie, in der bruchartige Innovationen bestimmend sind, kommt es auf den Presencing-Effekt an – also auf die Fähigkeit, zukünftige Potenziale zu erspüren und zu realisieren; dazu ist es erforderlich, den Blick über die eindimensionale Organisation hinaus zu richten und die größeren Kontexte, in denen Organisationen sich gemeinsam entwickeln, wahrzunehmen.

Jede Spalte in Tabelle 4.1 beschreibt jeweils eine Dimension des größeren kontextuellen Wandels, hinterlässt aber einige Fußabdrücke, die wir verfolgen können, um festzustellen, in welche Richtung sich der größere Kontext bewegt.

	Waren	***Dienstleistungen***	***Innovation***
Fokus auf der Wertschöpfung	Standardisierte Produkte	Kundenorientierte Dienstleistung	Gemeinsam realisierte personalisierte Erfahrungen
Der Kunde ist ...	Ziel von Massenmarketing	Ziel für breitflächige Kundenorientierung	Partner in der gemeinsamen Entwicklung
Ökonomie	Economies of Scale (Skaleneffekte): Ökonomie der Angebotsmasse	Economies of Scope (Verbundeffekte): Ökonomie des Nachfrageumfangs	Economies of Presencing (Presencing-Effekte): Ökonomie der Gegenwärtigung
Organisationales Modell	Funktional, eine Sphäre: Massenproduktion	Divisional, zwei Sphären: Produktion, Kundenbeziehung	Vernetzt, drei Sphären: Produktion, Kundenbeziehung; Innovation
Ort des unternehmerischen Impulses	Zentrum der eigenen Organisation (Produktfokus)	Peripherie der eigenen Organisation (Kundenfokus)	Umgebende Sphäre der eigenen Organisation (Fokus der schöpferischen Kooperation)
Beziehungslogik, die Kunden betreffend	Produktgetrieben	Servicegetrieben	Innovationsgetrieben
Primäre Klasse	Arbeiterklasse	Dienstleistungsklasse	Kreative Klasse
Denkmodell des Managements	Die Welt ist, wie sie ist (das Selbst als Betrachtender)	Die Welt verändert sich durch unsere Interaktion (das Selbst als Teilnehmender)	Die Welt entsteht durch die Qualität der Aufmerksamkeit, mit der wir uns ihr zuwenden (das Selbst als Quelle des Werdens)

Tab. 4.1: Der sich wandelnde wirtschaftliche Kontext

Beispielsweise hat sich der Schwerpunkt der Wertschöpfung von einer standardisierten Produktion über kundenorientierte Dienstleistungen hin zur Koproduktion mit den Anwendern verschoben. Was heißt das für die Beziehung zum Kunden? Dem Kunden werden standardisierte Produkte angeboten. Auf den Kunden wird ein Verkaufsdruck (Druckprinzip) ausgeübt, das Produkt wahrzunehmen und zu kaufen. Ein dienstleistungsorientiertes Unternehmen handelt entlang den Kundenbedürfnissen. Diese Bedürfnisse sind der Ausgangspunkt und bestimmen die Beziehung (Sogprinzip).

Die dritte Phase zeichnet sich durch eine schöpferische Beziehung zwischen Kunden und Unternehmen aus (schöpferische Kooperation). Die Beziehung zum Kunden hat sich also von Push (produktgetrieben) über Pull (dienstleistungsgetrieben) zu schöpferischer Koproduktion (Presencing) entwickelt. Leider habe ich oft erlebt, dass Organisationen sich bemühen, ihre Arbeit von einer Sphäre (zum Beispiel Push-Marketing) in eine andere (erfahrungsgetriebene schöpferische Koproduktion) zu bewegen, und dann feststellen müssen, dass es nicht funktioniert. Jede dieser unterschiedlichen Kundenbeziehungen – Push, Pull oder Presence – bedarf jeweils anderer Führungskompetenzen und anderer Denkmodelle, da jeder Modus auf anderen kognitiven Fähigkeiten und Weltanschauungen gründet:

- Am Druckprinzip orientierte Beziehungen basieren beispielsweise auf einer traditionellen Weltsicht, die davon ausgeht, dass die Dinge nur außerhalb von uns existieren – dass sie von uns getrennt sind und nicht von unseren Gedanken oder Verhaltensweisen beeinflusst werden.
- Im Gegensatz dazu dreht sich bei der immer noch nach außen gerichteten Weltsicht einer kundenorientierten Pull-through-Organisation alles um Kunden, Multistakeholderdialoge und soziale Komplexität.

Entwickeln sich Organisationen zu dieser Stufe weiter, erkennen sie zunehmend die Notwendigkeit, ihre in der Gegenwärtigung und gemeinsamen Gestaltung gründenden Beziehungsfähigkeiten auszubilden. Für den Umgang mit disruptiven Stakeholdersituationen müssen Manager in der Lage sein, ihre inneren Quellen der Kreativität zu erschließen und aus der Mitte des Management-Rades heraus zu handeln – nicht nur individuell, sondern als Teil eines größeren organisationalen Feldes. Sie müssen lernen, innerhalb der emergenten Komplexität, also innerhalb eines sich verändernden oder im Entstehen begriffenen Prozesses, zu operieren. Mit anderen Worten: Worauf es tatsächlich ankommt, ist, dass wir die Entwicklung von Denkmodellen und kognitiven Fähigkeiten innerhalb und im Umkreis der eigenen Organisation stärken. Aus dem Blickwinkel von Entwicklungsansätzen wie dem »Spiral-Dynamics-Modell« (Beck a. Cowan 1996, vgl. Kapitel 5), lassen sich die oben beschriebenen Schwerpunktverlagerungen als Wechsel von Denkmodellen betrachten – von einer »Leistungsorientierung« beim Produktfokus über eine »pluralistische« Orientierung beim Dienstleistungsfokus hin zu einer »evolutionären« Orientierung beim Fokus der schöpferischen Kooperation.[35]

35 Für ausführlichere Informationen vgl. Kapitel 5 und das hervorragende Buch von Frederic Laloux, *Reinventing Organizations* (2014; dt. 2015).

Der institutionelle blinde Fleck

Organisationen sind der emergenten Komplexität gegenüber, die sich durch bruchartige Chancen oder Veränderungen kennzeichnet, oft blind. In einer gemeinsamen Anstrengung versuchen wir – die globale Gemeinschaft von Management-Praktikern, -Beratern und -Forschern –, eine verlässliche Antwort auf diese Herausforderung zu finden. Wir haben gelernt, mit dynamischer und sozialer Komplexität umzugehen, mit Interdependenzfragen und widersprüchlichen Stakeholderansichten. Aber bislang haben wir noch keine verlässliche Problemlösungsmethode für den Umgang mit den Herausforderungen einer emergenten Komplexität entdeckt. Wir erkennen vielleicht alle drei Arten der Komplexität in heutigen Institutionen, aber bislang gehen wir immer noch unangemessen damit um.

Die erste Antwort auf diese Herausforderungen war, zentralisierte und vertikal integrierte Organisationen in dezentrale Organisationen mit fokussierteren und flexibleren Einheiten umzustrukturieren. Diese Einheiten passen sich an den jeweiligen Schwerpunkt der Wertschöpfung an. Aber Dezentralisierung führt zur nächsten Herausforderung: Wie lässt sich das Ganze reintegrieren? Mit welchen Prozessen lassen sich die verschiedenen Teile eines organisationalen Ganzen koordinieren, wenn sich dieses Ganze und sein Umfeld ständig verändern? Was tut man, wenn man erkennt, dass man Kernkompetenzen, die lebenswichtig für die Zukunft der Organisation sind, ausgelagert hat?

Organisationen weltweit und in den unterschiedlichsten Branchen und Sektoren stehen vor diesen Fragen. Einige konzentrieren sich darauf, Funktionen wieder zu zentralisieren, andere setzen auf eine stärker vernetzte Integration, und wieder andere halten die traditionelle Form der Matrixorganisation für die Lösung.

Aber das hier zugrunde liegende Problem ist nicht (nur) die organisationale Struktur. Die Frage lautet vielmehr: Wie lassen sich die drei Sphären der Wertschöpfung im Kontext des größeren Ökosystems am besten differenzieren und reintegrieren? Dieses Ökosystem umfasst nicht nur die Economies of Scale und Scope, sondern auch die des Presencing (Tabelle 4.1).

Organisationen, die erfolgreich sein wollen, müssen die ganzen verschiedenen relationalen Prinzipien (Push, Pull und Presence) für alle drei Räume ausbilden und anwenden – ebenso wie die damit einhergehenden relationalen Fähigkeiten.

Der blinde Fleck unserer heutigen Institutionen betrifft Führung und Struktur. Wir müssen uns der ernüchternden Tatsache stellen, dass wir als Führende, Manager und Changemaker keine Methode haben, um die zentralen Herausforderungen, die mit der emergenten Komplexität zutage treten, anzugehen. Wir wissen einfach nicht, was erforderlich ist, um »von der leeren Leinwand« aus zu führen, wenn der Boden unter unseren Füßen erodiert und wegbricht.

Von der Struktur her betrachtet betrifft der blinde Fleck die Tatsache, dass sich die Kernprobleme der institutionellen Entwicklung nicht auf organisationaler Ebene lösen lassen. Oftmals sind Organisationen heute zu groß, um sich effektiv mit den kleinen Problemen auseinanderzusetzen, die besser lokal vor Ort gelöst werden. Und gleichzeitig sind sie zu klein, um die großen Systemprobleme der Gegenwart effektiv anzugehen, die im Kontext des größeren Ökosystems der Wertschöpfung betrachtet werden müssen.

Was fehlt, sind »institutionsübergreifende Orte«, an denen produktive Gespräche mit allen Hauptakteuren eines infrage stehenden Systems möglich sind, also vom Kunden, Investor, Unternehmer bis hin zu denen, die im gegenwärtigen System keine Stimme haben. Das ist der heutige institutionelle blinde Fleck. Wir müssen Räume schaffen, in denen generative Beziehungen zu allen Schlüsselakteuren in jedem gegebenen Ökosystem kultiviert werden, wenn wir unsere zukünftigen Möglichkeiten gemeinsam erspüren und gestalten wollen.

Zusammenfassend: Das Missing Link ist der Mangel an *institutioneller Inversion:* Institutionelle Inversion heißt, dass wir das, was gewohnheitsmäßig innerhalb der Grenzen der Organisation war, nach außen stülpen, um es in schöpferischer Kooperation mit den wichtigsten Partnern und Akteuren des gesamten Ökosystems besser und schneller zu kultivieren.

Bevor wir diesen Punkt vertiefen, wollen wir unseren Feldgang fortsetzen, um einen kurzen Blick auf die Veränderungen im gesellschaftlichen Kontext zu werfen.

5 Gesellschaft im Umbruch

Eine neue Welt im Entstehen • Das Entstehen einer globalen Wirtschaft • Die kulturell-spirituelle Revolution • Drei Bewegungen, eine Strömung • Drei Arenen des gesellschaftlichen Handelns • Der gesellschaftliche blinde Fleck

Eine neue Welt im Entstehen

Am Ende von Kapitel 4 war das Fazit, dass der gegenwärtige institutionelle blinde Fleck sowohl eine Führungsfrage als auch eine strukturelle Frage ist. Wie können wir produktive Gespräche zwischen allen wichtigen Stakeholdern generieren? Wie können wir die Schlüsselakteure zusammenbringen, damit sie unsere Zukunft gemeinsam gestalten? Um uns einer Beantwortung dieser Fragen zu nähern, wenden wir unsere Aufmerksamkeit zunächst einigen tief greifenden gesellschaftlichen Veränderungen zu – tief greifend genug, um vom Entstehen einer neuen Welt zu sprechen.

Als 1989 die Berliner Mauer fiel, gefolgt von einer Welle von Umbrüchen in sozialistischen Systemen in Mittel- und Osteuropa, fühlten viele Menschen, dass die Welt in eine neue Ära eintritt. Niemand drückte dieses Gefühl besser aus als der Schriftsteller und tschechische Präsident Václav Havel. In einer Rede in Philadelphia beschrieb Havel dieses Gefühl des Umbruchs (Übers.: C. O. S.):

> »Es ist, als ob etwas zerbricht, zusammenfällt und am Ende ist, während etwas anderes, noch undeutlich, beginnt, sich aus den Trümmern zu erheben.«[36]

Was genau ist die neue Welt, die beginnt, sich aus den Trümmern zu erheben? Diese Welt entsteht aus der Gleichzeitigkeit von drei globalen Revolutionen, die die Koordinaten der sozialen, politischen, wirtschaftlichen und kulturellen Welt neu definieren:

- *das Entstehen der globalen Wirtschaft:* ein disruptiver, technischer Wandel, der eine datengetriebene neue Ökonomie hervorbringt
- *das Entstehen der Netzwerkgesellschaft:* ein relationaler Wandel, der neue Formen der Kooperation und Organisation hervorbringt
- *das Entstehen eines neuen Bewusstseins:* ein kulturell-spiritueller Wandel, der Absencing und Presencing auf neue Weise aufeinanderprallen lässt

36 Ich bedanke mich bei Göran Carstedt für diesen Hinweis auf Havels Rede am 4. Juli 1994 in Philadelphia.

Diese Umbrüche haben viel Gutes bewirkt, aber auch drei Formen von Armut hervorgebracht, die unser Zeitalter bestimmen: wirtschaftliche Armut (fast eine Milliarde Menschen lebt in Armut (also von umgerechnet weniger als 1,90 Dollar pro Tag), soziokulturelle Armut (der Verlust innerer Werte in einer materialistischen Kultur) und spirituelle Armut (ohne Verbindung zum gesamten sozialen Feld der Menschheit).[37] Die Vertiefung dieser drei Formen von Armut resultiert in einer Gegenreaktion von drei Fundamentalismen, die unser Zeitalter prägen:

- kulturell-religiöse Fundamentalismen, die den Überzeugungen und Werten von Andersdenkenden blind und feindselig gegenüberstehen;
- wirtschaftliche Fundamentalismen, die blind für und unempathisch gegenüber sozialen, ökologischen und kulturellen Begleiterscheinungen unserer globalen ökonomischen Struktur sind, und
- geopolitische Fundamentalismen, die blind für die multipolare und multikulturelle Realität unserer heutigen globalen Gemeinschaft sind.

Der spanische Soziologe Manuel Castells, Professor an der University of California in Berkeley, argumentiert in seinem Buch *End of Millennium*, dass unsere gegenwärtige Situation von drei voneinander unabhängigen Prozessen Ende der 1960er und Anfang der 1970er Jahre geprägt wurde (Castells 1998, p. 336):

- durch die informationstechnologische Revolution,
- die strukturelle Krise und Restrukturierung des Sozialismus (Perestroika) und des Kapitalismus (Reaganismus, Thatcherismus) sowie
- das Aufblühen von kulturell-sozialen Bewegungen wie der libertären Bewegung, der Bewegung für Menschenrechte, des Feminismus und der Umweltbewegung.

Daraus sind Castells zufolge eine neue informationelle globale Wirtschaft, die Netzwerkgesellschaft und eine neue Kultur der »realen Virtualität« hervorgegangen. Voraussetzung für das Entstehen einer neuen Gesellschaft sind neue Wechselbeziehungen zwischen Produktion, Macht und Erfahrung (ebd., p. 340).

Das Entstehen einer globalen Wirtschaft

Eine Weltwirtschaft ist Castells zufolge eine Ökonomie, in der die Kapitalakkumulation auf der ganzen Welt stattfindet. Im Gegensatz dazu ist eine globale Wirtschaft eine Ökonomie, die über die Fähigkeit verfügt, »als Einheit in Echtzeit oder in gewählter Zeit auf globaler Ebene zu funktionieren«. Auch wenn im Westen bereits seit dem 16. Jahrhundert eine Weltwirtschaft existiert, ist sie erst auf der Grundlage

37 Den Hinweis auf die drei Formen von Armut verdanke ich meiner Kollegin Ursula Versteegen. Sie formulierte diese Beobachtung am 10. Dezember 2005 auf dem ersten Treffen des Presencing Institute in Cambridge, Mass.

neuer Infrastrukturen, die durch Informations- und Kommunikationstechnologien bereitgestellt wurden, wirklich global geworden (Castells 1998, p. 92 f.). Drei Antriebskräfte formen die heutige globale Wirtschaft weiterhin um:

- die Globalisierung des Kapitals
- netzförmige, global agierende Unternehmen
- Technik

Die Globalisierung des Kapitals

Seit dem Zusammenbruch der sozialistischen Ökonomien 1989/1990 ist die ganze Welt erstmals um ein weitgehend gemeinsames Set von ökonomischen Institutionen und Regeln herum organisiert. Auch wenn erhebliche Unterschiede zwischen der US-amerikanischen, japanischen und europäischen Wirtschaft bestehen, haben sie doch einige sozioökonomische Transformationen gemeinsam:

- Verkleinerung (Downsizing) des Staates
- Abbau des Sozialvertrags zwischen Kapital und Arbeit
- Deregulierung und Privatisierung staatlicher Branchen (insbesondere im Telekommunikationsbereich)
- Liberalisierung der Finanzmärkte
- Restrukturierung von Unternehmen von relativ stabilen, binnenwirtschaftlich orientierten und vertikal integrierten Organisationen zu dynamischen, global agierenden Gebilden, die kooperieren, sich auflösen und immer wieder neu zusammensetzen, je nach den horizontalen Wertschöpfungsströmen

Globale Finanzmärkte und ihre Managementnetzwerke sind heute das Nervenzentrum des Kapitalismus (Castells 1998, p. 343). Da der Strom von Gütern und Dienstleistungen dazu neigt, willkürliche Muster informationeller Turbulenzen zu erzeugen, haben wir in den letzten Jahren schwere Krisen und Zusammenbrüche erlebt: Beispiele sind Mexiko (1994), der asiatisch-pazifische Raum (1997), Russland (1998), Brasilien (1999), Argentinien (2002) und die globale Finanzkrise, die ihren Anfang in den USA nahm (2007–2008). Diese Zusammenbrüche der Finanzmärkte haben mehr als die Hälfte der Weltbevölkerung in tiefe Rezessionen gestürzt (Capra 2002, p. 140). Wie Castells zusammenfassend erklärt (1998, p. 475):

> »Geld ist fast völlig unabhängig von Produktion und Dienstleistungen geworden, indem es in die virtuelle Realität der elektronischen Netzwerke entschlüpft ist. Kapital ist im Kern global. Arbeit in der Regel lokal.«

Netzförmige, global agierende Unternehmen

Branchen haben sich in offenere, fließendere und netzförmigere Konstellationen verwandelt, und das Gleiche gilt häufig auch für die innere Struktur von Unternehmen. Als ich 1996 den führenden Strategietheoretiker Gary Hamel in Detroit interviewte, betonte er, dass radikale Erneuerung die ganze Vielfalt des geistigen

»Genpools« verlange. Auf meine Frage, wo man im Kontext eines größeren Unternehmens weniger Diversität und mehr Investitionen in den Status quo finde, antwortete er ohne zu zögern: »An der Spitze!« Bei Teams an der Spitze ist es am unwahrscheinlichsten, dass sie etwas wirklich Neues hervorbringen. Dennoch haben die Manager der obersten Führungsetagen im Allgemeinen ein Monopol auf die Strategieentwicklung. Deshalb sind innovative Strategieansätze darauf ausgerichtet, erneuerungsfreudige Teams zu fördern, indem man junge, neu eingestellte Mitarbeiter auswählt, die weit entfernt von der Unternehmenszentrale tätig sind.

Als Organisationen und Strategen anfingen, den Blick nach außen statt nach innen zu richten, verschob sich auch der Ort der Erneuerung. Traditionelle Forschungs- und Entwicklungsgruppen konzentrierten sich auf die Finanzierung von Forschungspersonal in zentralisierten Unternehmenssettings. Neue Muster verschieben Innovation jedoch vom Zentrum zur Peripherie: Ende der 1990er und Anfang der 2000er Jahre zum Beispiel wurde der Großraum von Boston zu einem biotechnischen Forschungszentrum außerhalb der Unternehmenszentralen. Durch die lockere Verbindung von Universitätsinstituten, Forschungseinheiten und F&E-Abteilungen entstand ein dynamisches Ökosystem der Innovation. (So hat z. B. die Firma Novartis in den letzten Jahren einen Großteil ihrer F&E-Aktivitäten von Europa in den Großraum von Boston verlagert, um an dem vernetzten Ökosystem für Innovationen teilzuhaben.)

Technik als Motor der Erneuerung

Der Keim für die Innovationen, die zur Revolution der Informations- und Kommunikationstechnologie führten, wurde 20 Jahre früher durch die Erfindung des Mikrochips, die Entwicklung des Personal Computers und Innovationen in den Telekommunikationsinfrastrukturen gelegt. In weniger als drei Jahrzehnten wuchs das World Wide Web von einem kleinen Netzwerk, das einem Dutzend Forschungsinstituten diente, zu einem vernetzten System, dass unzählige Nutzer, Computer und Netzwerke auf der ganzen Welt miteinander verbindet. Um nur einige Zahlen zu nennen: Die Anzahl der Internetnutzer hat sich innerhalb eines Jahrzehnts mehr als verdreifacht – von 1 Milliarde im Jahr 2005 auf geschätzte 3,2 Milliarden Ende 2015 (World Bank Group 2016). Heute besitzt etwa die Hälfte der erwachsenen Bevölkerung ein Smartphone; bis 2020 werden es 80 Prozent sein (Berkeley 2015). Laut Weltbank haben über 40 Prozent der Weltbevölkerung Zugang zum Internet, und jeden Tag kommen neue Nutzer hinzu. Unter den ärmsten 20 Prozent der Haushalte verfügen fast 7 von 10 über ein Handy. Die ärmsten Haushalte haben eher Zugang zu Handys als zu Toiletten oder sauberem Wasser (World Bank Group 2016).

Die technische Revolution reicht über das Internet hinaus und setzt sich in der Biotechnologie fort – einer Branche, in der Einnahmen, Rentabilität und beschafftes Kapital im Jahr 2014 allesamt neue Rekorde erzielt haben (Ernst & Young 2015).

Die Herausforderung, vor der wir heute stehen, ist, diese neue Welle des (diskontinuierlichen) Wandels zu erspüren und sie dann kommen zu lassen. Der Ökonom Brian Arthur nennt diese Wahrnehmungsfähigkeit »Präkognition«. Wie beim Presencing geht es darum, sich auf die im Entstehen begriffene Zukunft einzustimmen (Arthur 1996).

Ein weiteres Problem betrifft die ethische Dimension der entstehenden Technologien. Die Integration von Robotik, Gentechnik und Nanotechnik konfrontiert die Menschheit mit einer Zukunft, die nicht mehr auf den Menschen angewiesen ist und in der *matrix*artige Maschinen die Evolution der menschlichen Spezies steuern (Joy 2000). Ist diese *matrix*artige Zukunft die unausweichliche Bahn, auf der wir uns befinden, oder werden wir bewusst einen anderen kollektiven Entwicklungsweg wählen?

Der Autor Daniel Pinchbeck diskutiert das Tempo, in dem unsere Technik sich in diese Richtung bewegt (Pinchbeck 2007, S. 129):

> »Die Steinzeit dauerte viele tausend Jahre, die Bronzezeit wenige tausend Jahre, das Industriezeitalter besteht seit 300 Jahren, das chemische oder Plastikzeitalter begann vor etwa einem Jahrhundert, das Informationszeitalter erst vor 30 Jahren, das biotechnologische Zeitalter beschleunigte sich im letzten Jahrzehnt. Mit dieser Kalkulation ist es vorstellbar, dass die Nanotechnologie im Verhältnis dazu nur acht Minuten dauert. An diesem Punkt könnte die menschliche Intelligenz die vollständige Kontrolle über die Umwelt der Erde auf einer zellularen und molekularen Ebene haben. Dies könnte zu einer utopischen Kreativität oder einer gegenutopischen Geistesstörung führen – vielleicht werden beide im selben Augenblick auftreten.«

Wie es kommt, liegt allerdings bei uns – wir haben die Wahl.

Das Entstehen der Netzwerkgesellschaft

Globalisierung der Governance

Zum ersten Mal in der Geschichte wird die Weltwirtschaft weitgehend von denselben Institutionen, einschließlich UN, Weltbank, Internationalem Währungsfonds (IWF) und Welthandelsorganisation (WTO) koordiniert. Jede dieser Institutionen hat ihre Kritiker. Nehmen wir zum Beispiel die 1994 gegründete World Trade Organisation. Das WTO-Abkommen über handelsbezogene Aspekte des geistigen Eigentums (Agreement on Trade-Related Aspects of Intellectual Property Rights, TRIPS) kriminalisiert einige traditionelle Praktiken, durch die Kleinbauern in Indien und anderen Ländern ihr Saatgut erhalten und teilen. Laut Vandana Shiva, einer international renommierten Wissenschaftlerin und Umweltaktivistin, »legalisiert das Landwirtschaftsabkommen das Preisdumping gentechnisch hergestellter Nahrungsmittel in diesen Ländern und kriminalisiert Aktivitäten zum Schutz der biologischen und kulturellen Vielfalt, auf denen diverse Ernährungssysteme beruhen«. Das Kernproblem der heutigen Globalisierung, so Shiva, ist, dass die »Ressourcen sich von den Armen zu den Reichen verlagern und die Umweltverschmutzung von den Reichen zu den Armen« (Shiva 2000, p. 2). Tatsächlich besteht ein Spannungsverhältnis zwischen supranationalen Institutionen einerseits und nationaler Souveränität andererseits.

Ein weiterer Kritikpunkt an den Global-Governance-Institutionen ist, dass sie kein wertvolles Feedback zu ihrer Arbeit erhalten, weil die bestehenden Mechanismen parteiische, verzerrte oder gar keine Rückmeldungen liefern. Die Kritik an Weltbank und IWF konzentriert sich auf die sozialen, kulturellen und ökologischen Begleiterscheinungen ihrer strukturellen Anpassungsprogramme, die ursprünglich in den 1970ern entwickelt und mehr als 500 Mal implementiert wurden. Diese Programme existieren zwar heute nicht mehr in derselben Form, hatten aber häufig zur Folge, dass es in einem »Wettrennen nach unten« sozial und ökologisch steil bergab ging und keineswegs Wohlstand für alle erzeugt wurde.

In seinem Buch *Confessions of an Economic Hit Man* (2004) schildert John Perkins seine Erfahrungen als Insider in globalen Wirtschaftsinstitutionen. Er berichtet, wie er sich bewusst daran beteiligte, immer wieder übertrieben positive wirtschaftliche Wachstumsprognosen für verschiedene Entwicklungsländer abzuliefern, um sie dann zu – durch die Weltbank finanzierten – überdimensionierten Investitionen in die Energieinfrastruktur zu überreden. Von diesen Investitionen profitierten US-Firmen wie Halliburton, aber für das infrage stehende Land bedeutete es, dass es sich langfristig stark verschuldete und in Abhängigkeit vom »globalen Norden« geriet.

Auch wenn ein Teil des »globalen Südens« sich weiterhin in eine immer stärker werdende Abhängigkeit hineinbewegt, zeichnet sich eine andere Gruppe von Staaten ab, die mit ihren sich dynamisch entwickelnden Ökonomien das Gravitationszentrum des globalen Wirtschaftssystems vom Norden und Westen in Richtung Osten und Süden verschieben. Seit einigen Jahren sind diese rasch wachsenden ökonomischen Kraftwerke als BRICS-Staaten bekannt: *B*rasilien, *R*ussland, *I*ndien, *C*hina und *S*üdafrika. Heute stehen drei der fünf BRICS-Staaten vor gravierenden wirtschaftlichen Problemen; der Fokus hat sich auf China (und in gewissem Grad auf Indien) verlagert. Doch als Fazit bleibt es dabei, dass sich der Schwerpunkt der globalen Ökonomie vom Norden und Westen nach Asien, insbesondere Ostasien, verschiebt.

Die Netzwerkgesellschaft

In der Netzwerkgesellschaft, so Castells' Argumentation, sind politische Institutionen eher Verhandlungsagenturen als Machtzentren. Doch die Macht verschwindet nicht. Sie wohnt in den vernetzten Beziehungen und kulturellen Codes, durch die Menschen und Institutionen kommunizieren. Laut Castells (1996; dt. 2001, S. 441) ist die globale Stadt

> »weniger ein Ort als ein Prozess, durch den Zentren von Konsumtion und Produktion hochmoderner Dienstleistungen und die ihnen zuarbeitenden lokalen Gesellschaften zu einem globalen Netzwerke verbunden werden, wobei auf der Grundlage von Informationsströmen zugleich die Bedeutung der Verknüpfungen mit ihrem Hinterland zurücktritt«.

Das bringt uns zu der dunkleren Seite der Netzwerkgesellschaft – zur sozialen Ausgrenzung all jener, die nicht mit der richtigen Art von Wissen, Kompetenzen und Netzwerken ausgestattet sind, und der damit einhergehenden sozialen Polarisierung. Der Verlust lebenslanger Beschäftigung und sozialer Absicherung und die geschwächte Verhandlungsmacht vieler Arbeitnehmer haben dazu geführt, dass immer mehr Familien zerbrechen. Castells bezeichnet diese persönlichen Krisen, den Verlust an Vermögen und Kreditwürdigkeit als »die schwarzen Löcher des informationellen Kapitalismus«. Diesen schwindelerregenden Strudeln zu entgehen ist schwierig.

Beständige Individualisierung

Robert Putnam, Autor von *Bowling Alone,* verwendet den Niedergang von Bowlingvereinen als Metapher für den steten Rückgang unseres zivilgesellschaftlichen Engagements (Putnam 2000). Er argumentiert, dass das soziale Kapital im Laufe der letzten beiden Generationen nach jedem erdenklichen Maßstab stetig – und teilweise dramatisch – geschwunden sei. Ein Leben ohne soziales Kapital ist nicht einfach. Das soziale Kapital, sagt er, ist ein starker Prädiktor für die Lebenszufriedenheit. Wie können wir unser verlorenes soziales Kapital wieder auffüllen? Und wird unsere anhaltende Individualisierung die Menschheitsgeschichte weiterhin antreiben? In einem 2010 von Sander und Putnam veröffentlichten Beitrag merken sie an, dass der Trend sich in die andere Richtung bewegt hat, plädieren aber weiterhin dafür, die Vermehrung des sozialen Kapitals kraftvoll voranzutreiben (Sander a. Putnam 2010). Wir stehen heute vor mehr Entscheidungen darüber, wie wir unser Leben führen wollen, als je zuvor. Immer wieder finden wir uns in Situationen wieder, in denen wir unser berufliches, persönliches und Beziehungsleben neu erfinden müssen – neu bestimmen müssen, wer wir sind und wohin wir gehen wollen (vgl. Beck 1986, 1996).

Die kulturell-spirituelle Revolution

Es gibt einen noch tiefer greifenden Wandel, der sich in unseren Gesellschaften vollzieht, den ich als Aufstieg von Achtsamkeit, Disruption, Absencing, globalem Bewusstsein und institutioneller Inversion bezeichne. Das sind die Formen, in denen dieser tiefere Wandel in unseren heutigen Gesellschaften sichtbar wird. Doch was sind die treibenden Kräfte? Dazu gehören – unter anderem – die Entstehung der Zivilgesellschaft als globaler Kraft und die Emergenz eines neuen Bewusstseins.

Das Entstehen der Zivilgesellschaft als globale Kraft

Während Putnam seine Nachweise für den Niedergang des bürgerlichen Engagements in Amerika sammelte, haben sich fast unbemerkt – und genau im blinden Fleck seiner Datensammlung – die Zivilgesellschaft und zahllose Nichtregierungsorganisationen (NGOs) zur weltweit wirkungsvollen Kraft entwickelt. NGOs wie das Rote Kreuz existieren seit mehr als hundert Jahren, aber in den letzten Jahrzehnten hat ihre Anzahl explosionsartig zugenommen. Sie sind nicht nur zahlenmäßig gewachsen, sondern laut Worldwatch Institute auch in Bezug auf ihre qualitative Bedeutung und ihre Fähigkeit, Veränderungen zu bewirken.

> »Sie haben mit Regierungen und Konzernen verhandelt, mit ihnen Verträge abgeschlossen oder mit so unterschiedlichen Aktionen wie der Stilllegung von Atomreaktoren, der Vermittlung von Waffenstillständen in Bürgerkriegen oder der Veröffentlichung von Menschenrechtsverletzungen Veränderungen bewirkt.«[38]

Häufig inspiriert von Ghandis Strategie der Gewaltlosigkeit, entwickelten sich NGOs und die Zivilgesellschaft zu wichtigen Akteuren und Antriebskräften bei zahlreichen bedeutsamen historischen Ereignissen, die die Jahrzehnte nach dem Zweiten Weltkrieg prägten, siehe z. B.:

- die von Gandhi inspirierten Entkolonialisierungsbewegungen im »globalen Süden« während der 1940er und 1950er Jahre
- die Bürgerrechtsbewegung in den 1960er Jahren in den USA, die gegen die Rassendiskriminierung kämpfte
- die Frauenbewegung und die Umweltbewegung in den 1970er Jahren in westlichen Ländern
- die Friedens- und Bürgerrechtsbewegung in Osteuropa in den 1980er Jahren
- die Überwindung des Apartheidsystems in Südafrika in den 1990er Jahren
- der Beginn des Arabischen Frühlings in Tunesien im Jahr 2010
- das Pariser Abkommen zum Klimaschutz (COP21) im Jahr 2015

Jedes der ersten fünf bedeutsamen Ereignisse war kennzeichnend für den Geist des jeweiligen Jahrzehnts. Bei den beiden Letztgenannten ist es vielleicht noch zu früh für eine abschließende Bewertung. Für alle gilt jedoch, dass ihnen dieselben Antriebskräfte zugrunde lagen: die Kraft zivilen Engagements in Verbindung mit einer disziplinierten Strategie gewaltloser Transformation. Die gemischten Ergebnisse des Arabischen Frühlings erinnern uns allerdings auch an die Fragilität all dieser Prozesse. So wie die Entkolonialisierungsbewegung, die Antiapartheidbewegung und viele andere erst nach Jahrzehnten und zahlreichen verlorenen Schlachten zum Erfolg geführt haben, wird vermutlich auch die heutige Generation von Wegbereitern des Wandels ihre Ziele erst nach wiederholten Versuchen erreichen.

Globale Governance-Strukturen wurden erstmals von UN-Organisationen nach Ende des Zweiten Weltkriegs geschaffen. Zur Globalisierung von Wirtschaft und Unternehmen kam es erst in den letzten Dekaden des 20. Jahrhunderts, und

---

38 Sins of the Secular Missionaries: Aid and Campaign Groups, or NGOs Matter More and More in World Affairs, *The Economist*, 27.1.2000, pp. 25 ff. (Übers.: C. O. S.). Verfügbar unter: https://www.economist.com/special/2000/01/27/sins-of-the-secular-missionaries [Zugriff: 13.1.2020].

erst seit den 1990er Jahren sind NGOs und Zivilgesellschaft zu global gestaltenden Akteuren aufgestiegen.[39]

Das Entstehen eines neuen Bewusstseins

Der Aufstieg von Achtsamkeit und Spiritualität gehört zu den wesentlichen Merkmalen unserer Zeit. Eine Studie von McKinsey & Company kam zu dem Ergebnis, dass Mitarbeiterprogramme, die eine spirituelle Komponente umfassten, zu einer signifikanten Verbesserung der Produktivität und einer Verringerung der Fluktuationsraten führten. »Wir haben festgestellt«, berichtet ein leitender Mitarbeiter von McKinsey im persönlichen Gespräch, »dass Veränderungsprozesse, die die Dimension ›Personal Mastery‹ (persönliche Meisterschaft) miteinbeziehen, zur Überwindung signifikanter Leistungsschwellen führen können ... nicht nur beim Einzelnen, sondern beim gesamten Team.« Diese Feststellung wirft natürlich gleichzeitig ein Problem auf: Fangen wir jetzt an, Spiritualität zu missbrauchen, um höhere Gewinnspannen zu erzielen?

Ein neuer Umgang mit Spiritualität ist jedoch nicht nur in der Unternehmenswelt festzustellen. Der Soziologe Robert Wuthnow von der Princeton-Universität beschreibt den Trend, dass 40 Prozent aller US-Amerikaner sich regelmäßig in einer »Selbsthilfegruppe« treffen. Ungefähr die Hälfte dieser Gruppen ist an religiöse Institutionen angeschlossen. Wuthnow beschreibt diese Entwicklung als eine »stille Revolution« in der US-amerikanischen Gesellschaft, die Gemeinschaft neu definiert (Wuthnow 2000; vgl. auch Putnam 2000).

Diese »stille Revolution« spiegelt sich auch im zunehmenden Interesse an Themen wie Personal Mastery, Dialog und Flow. Die Kraft der Aufmerksamkeit und die Flowerfahrung, wie Mihaly Csikszentmihalyi sie in seinem gleichnamigen Buch beschreibt (1990), werden in der Praxis des Dialogs seit Langem kultiviert. Zum Dialog gehört im Wesentlichen eine kollektive Verlagerung der Aufmerksamkeit, von Höflichkeit zu Konflikt, von Konflikt zu Erkundung und von Erkundung zum generativen Flow (vgl. Scharmer 1999, 2000a; Isaacs 1999). Mein Kollege Bill Isaacs, der Gründer des MIT Dialogue Project, hat den Dialog als Veränderungsmethode in einem Stahlwerk, in einem lokalen Gesundheitssystem und zum Aufbau von Führungskapazitäten in multinationalen Unternehmen eingesetzt.[40]

Ist die zunehmende Bedeutung von Reflexion und Spiritualität nur eine Begleiterscheinung der Babyboomer-Generation, die nachdenklicher wird, oder wird hier eine kulturelle, gesellschaftliche Veränderung sichtbar?

Als ich in einem Gespräch mit Francisco Varela diese Frage erörterte, griff er nach einer Ausgabe des *Journal of Consciousness Studies,* das sich mit Methoden, Icherfahrungen herbeizuführen – einschließlich Meditation – auseinandersetzte. »Eine solche Diskussion wäre vor 3 oder 4 Jahren undenkbar gewesen«, sagte er.

39 Vgl. auch Eni F. H. Faleomavaega, U. S. representative at the Global 2000 Symposium hosted by Counterpart International, Washington, D. C., 24. April 2000.
40 Isaacs (1999) und nach einem persönlichen Gespräch mit Isaacs.

Heute sind Meditationspraktiken weitgehend akzeptiert, sogar in Managerschulungen und im Coaching von Führungskräften.

Basierend auf einer Untersuchung von Lebensgewohnheiten von über 100.000 US-Amerikanern, verweist der Soziologe Paul Ray auf einen tief greifenden Kulturwandel. Er beschreibt die Werthaltungen von drei unterschiedlichen Bevölkerungsgruppen, deren Mitglieder er als Moderne, Traditionelle und kulturell Kreative bezeichnet. Die »Kreativen« machen nur 26 Prozent der Bevölkerung aus, sind aber gleichzeitig die Gruppe mit dem höchsten Wachstum. Europaweit machen die kulturell Kreativen 30–35 Prozent der Bevölkerung aus. Kennzeichnend für diese Gruppe sind ihre Wertvorstellungen, die z. B. die Werte Einfachheit, Nachhaltigkeit, Spiritualität und soziales Bewusstsein betreffen (vgl. Ray a. Anderson 2000, p. 4).

Drei Bewegungen, eine Strömung

Als ich Fritjof Capra in einer Arbeitsgruppe sprach, die sich mit Systemtheorien in den Sozialwissenschaften beschäftigte, verwies er auf drei unterschiedliche Bewegungen, die wir im Westen in den 1970er und 1980er Jahren gesehen haben: die ökologische, die soziale und die spirituelle Bewegung:

> »Die Sache ist die, dass diese Bewegungen dazu neigen, etwas zu trennen, das in Wirklichkeit zusammengehört. Als mir klar wurde, dass die New-Age-Bewegung nicht wirklich die ökologischen, die sozialen und die politischen Aspekte des transformativen Wandels mit einbezieht, begann ich, mich von ihr abzusondern.«

Das leuchtete mir ein. Ein paar Monate später nahm ich im englischen Oxford an einem Dialogworkshop mit Führungskräften aus verschiedenen Kulturen und Sektoren teil. Wir wollten im Rahmen unserer Zusammenkunft die im Entstehen begriffenen Muster unserer Zeit erforschen, insbesondere die ausgedehnte spirituelle Erneuerung, die für viele Teilnehmenden aus Unternehmen, Regierungen und NGOs evident war. Als wir uns über die Gründe unserer Teilnahme austauschten, begann ich darüber zu sprechen, wie wichtig diese drei Bewegungen, von denen Capra gesprochen hatte, in meiner eigenen Biografie gewesen seien.

Ich war 16 Jahre alt, berichtete ich den anderen, als ich »aufwachte« und begann, über politische Fragen nachzudenken. Zusammen mit rund 100.000 Demonstranten aus ganz Deutschland ging ich zum geplanten Atomkraftwerk in Brokdorf, einem der berühmtesten »Schlachtfelder« der Antiatomkraftbewegung der 1970er Jahre. Unser Protest richtete sich gegen die Allianz aus Atomindustrie und staatlichen Monopolisten der Elektrizitätsversorgung, der Dutzende von Milliarden an Steuergeldern zuflossen, um eine in den Augen der Mehrheit der Bevölkerung ungleich mehr Risiken als Chancen bietende Technologie zu subventionieren. Rückblickend wissen wir, dass die massiven Subventionen und der Fokus auf die Kerntechnik dazu beitrugen, dass Deutschland den Anschluss an eine viel wichtigere technische Revolution – die IT-Revolution – verpasste, die etwa zeitgleich im kalifornischen Silicon Valley und entlang der Massachusetts Route 128 außerhalb von Boston Gestalt annahm.

Der Aufmarsch in Brokdorf war nicht genehmigt, und der Standort wurde von massiven Polizeieinheiten bewacht, aber zunächst lief alles weitgehend friedlich ab. Wir waren gerade auf dem Weg zurück zu unseren Bussen und Autos, die ein paar Kilometer entfernt geparkt waren, als wir plötzlich ein tieffrequentes, rhythmisches Trommeln und lautes Geschrei vernahmen. Wir drehten uns um und sahen Hunderte, vielleicht Tausende schwer bewaffneter Polizisten, die mit ihren Schlagstöcken auf ihre Schutzschilde trommelten und auf uns mit einem Angriffsschrei zurannten. Jeder wusste genau, was als Nächstes zu tun war: rennen! Sie jagten uns wie die Hühner über die Felder. Als die Entfernung zwischen uns und den Polizisten kleiner wurde, hörte ich zunächst zu rennen auf, und dann sah ich einen Schwarm von Hubschraubern ebenfalls auf uns zukommen. Sie flogen so niedrig, dass die Leute links und rechts von mir vom Winddruck zu Boden geworfen wurden. Als ich, weiterrennend, an einer Stelle zurückblickte, sah ich, wie schlagstockschwingende Polizisten auf diejenigen von uns einprügelten, die zu langsam waren.

Eine halbe Stunde später befand ich mich mit einer zusammengedrängten Gruppe auf dem Weg zurück zu unseren Bussen und Autos. Ein tiefroter Sonnenuntergang tauchte die gesamte Landschaft in ein filmreifes Licht. Als die Sonne untergegangen war, gerade bevor wir zu unseren Fahrzeugen gelangt waren, griff die Polizei ein weiteres Mal an. Die Polizisten kamen aus dem Wald an der linken Seite – es war total dunkel. Als sie mit erhobenen Schlagstöcken auf uns zurannten, geschah etwas Merkwürdiges: Alle Demonstranten blieben plötzlich dicht gedrängt in absoluter Stille stehen, als hätten wir uns abgestimmt und wären nicht Einzelpersonen, sondern ein großes kollektives Ganzes. Niemand lief weg. Einen Moment lang herrschte völlige Stille. Dann erreichten uns die Polizisten und begannen, die Leute in unmittelbarer Reichweite niederzuknüppeln. Die Gruppe als Ganzes bewegte sich aber immer noch nicht, und die Schlagstöcke droschen völlig mühelos auf unseren kollektiven Körper ein. Nach einer Weile bemerkten die Angreifer, dass sich niemand wehrte. Da hörten sie überrascht auf und zogen sich zurück.

Als ich in jener Nacht nach Hause kam, war ich, obwohl physisch unversehrt, ein anderer Mensch. Die Erfahrung eines »gemeinsamen Körpers«, der angegriffen und verletzt worden war, hatte etwas in mir aufgeweckt – und eine *Öffnung* bewirkt. Ich spürte, dass ich den Feind gesehen hatte – ein repressives System, das physische Gewalt einsetzte, um die Agenda einer kleinen Interessengruppe gegen die überwältigende Mehrheit der Menschen in unserem Land durchzusetzen.

Ich fühlte oder wusste nun, was ich mit dem Rest meines Lebens anfangen wollte: daran arbeiten, dieses System zu transformieren.

Im Jahr 1983 zog ich nach Westberlin, um an der Freien Universität zu studieren. Berlin war durch den Kalten Krieg noch immer eine geteilte Stadt, aber es bildeten sich auch einflussreiche Menschenrechts- und Friedensbewegungen. Ich war von Menschen umgeben, die einen Sinn dafür hatten, was für sie selbst und die Gesellschaft möglich war, und die sich dafür entschieden, aus diesem tieferen Möglichkeitssinn und Bewusstsein heraus zu leben. Wann immer man damals in Zentraleuropa unterwegs war, fühlte man sich sofort mit Zirkeln und Netzwerken von Menschen verbunden, deren Offenheit für eine entstehende Zukunft greifbar war.

Später fragte ich mich manchmal, was wohl aus all diesen Menschen geworden war. Als ich Mitte der 1990er Jahre am ersten halbjährlichen Treffen des MIT Learning Center in Boston teilnahm, einer Zusammenkunft von Praktikern organisationalen Lernens aus den gesamten Vereinigten Staaten, wurde mir schlagartig klar: Die ganzen Leute, die ich aus meiner Berliner Zeit vermisste, trugen jetzt Businessanzüge oder -kostüme und arbeiteten in Netzwerken wie dem am Learning Center. Was uns verband, war nicht nur eine soziale oder umweltpolitische Agenda, sondern auch eine Agenda der Bewusstseinsbildung und des institutionellen Wandels. Diese Menschen interessierten sich dafür, den individuellen ebenso wie den kollektiven Zugang zu Quellen der Kreativität zu fördern. Es fühlte sich seltsamerweise an als würde ich »nach Hause kommen« in einen Kreis von Menschen, die ich noch nie zuvor getroffen hatte und nicht einmal vom Hörensagen kannte.

Dass ich diese Geschichte in Oxford erzählte, half mir bei der Klärung der Frage, warum Bewegungen, die sich einem einzigen Thema verschreiben, so wenig Anziehungskraft haben. Wie Capra möchte ich mich mit Menschen zusammentun, die daran arbeiten, alle drei Bewegungen – die ökologische, die soziale und die spirituelle – zu reintegrieren. Und wie er bin auch ich daran interessiert, dies auf der Basis einer neuen Mischung aus Wissenschaft und Bewusstsein zu tun, auf einem Weg, der nicht zurück in die Vergangenheit, sondern nach vorn führt.

Drei Konflikte und drei Kernfragen

Die drei oben beschriebenen Revolutionen sind Muster eines umfassenderen Transformationsprozesses. Etwas geht zu Ende. Aber wie ist die neue Struktur beschaffen, die sich derzeit aus den Trümmern erhebt? Wir wissen es nicht. Was wir wissen, ist, dass jede dieser drei revolutionären Veränderungen mit einer starken Gegenreaktion einhergeht:

- Der kulturell-spirituelle Wandel geht mit dem Entstehen eines kulturellen Fundamentalismus einher, was zum Aufeinanderprallen prämoderner, moderner und postmoderner Kulturen führt.
- Über dem Wandel zu einer globalen Ökonomie liegt der Schatten einer ökonomischen Apartheid, die Milliarden Menschen ausschließt und die Erfüllung ihrer Grundbedürfnisse verhindert.
- Die Gegenbewegung zum Entstehen der Netzwerkgesellschaft und globaler multilateraler Institutionen ist der Aufbau von Imperien, ein tätiges Streben nach Machtzuwachs, was verhindert, dass neue multilaterale Regelwerke erfolgreich funktionieren.

Im Kern der drei globalen Umbrüche, der ökonomisch-ökologischen, der sozialrelationalen und der kulturell-spirituellen Revolution, stehen drei Fragen, die meiner Meinung nach über verschiedene Kulturen und Zivilisationen hinweg relevant sind:

- Wie können wir eine gerechtere globale Ökonomie aufbauen, die die Bedürfnisse aller berücksichtigt, einschließlich der zukünftigen Generationen?
- Wie können wir die Demokratie stärken und unsere politischen Institutionen so weiterentwickeln, dass lokale und globale Entscheidungsprozesse eine stärkere Selbstverantwortung und Eigengestaltung anregen und unterstützen?
- Wie können wir die Grundlagen unserer Zivilisation so erneuern, dass jeder seine höchste Zukunftsmöglichkeit situativ erspüren und praktisch verfolgen und realisieren kann?

Indem wir diese Fragen stellen, verbinden wir uns mit einem Kraftfeld, das den Aufstieg der Zivilgesellschaft heute antreibt. Dieses Feld umfasst das tief empfundene Gefühl,

- dass alle Menschen durch ein unsichtbares Band oder Feld miteinander verbunden sind,
- dass jede Legitimität letztendlich aus Strukturen hervorgeht, die eine inklusive Partizipation ermöglichen,
- dass wir zu einer Reise aufbrechen, um zu werden, wer wir wirklich sind – auf individueller wie auf kollektiver Ebene.

Die gemeinsame Grundlage dieser gefühlten Wahrnehmungen ist ein Bild des Menschen als ein Wesen der Freiheit, das sich durch die Fähigkeit auszeichnet, bewusst entscheiden zu können zwischen gewohnheitsmäßigem Handeln und einem Handeln, das sich mit den tieferen Quellen von Kreativität, ethischen Grundsätzen und der Freiheit verbindet.

Drei Arenen des gesellschaftlichen Handelns

Drei Arenen des sozialen Lebens sind in Bezug auf die hier dargestellten Systemprozesse wesentlich:

1) äußere Strukturen und Systeme
2) gelebte Strukturen und Prozesse
3) Quellen von Handlung

Die erste Arena: Äußere Strukturen und Systeme

Das Hauptaugenmerk der Gründungsväter der Soziologie, Auguste Comte, Émile Durkheim und Max Weber, galt dieser ersten Arena. Sie stellten die soziale Welt als etwas dar, das unveränderbaren Gesetzen folgt, die dann wiederum über Raum und Zeit hinweg studiert und beschrieben werden können (vgl. Galtung a. Inayatullah 1997). Comte, der den Terminus »Soziologie« ins Leben rief, lebte im frühen 19. Jahrhundert und beschrieb Geschichte in einer linearen Anordnung von aufeinanderfolgenden Stufen, von Theologie über die Metaphysik zum Positivismus. Ähnlich wie Comte und die katholischen Gegenrevolutionäre lehnte Émile Durkheim, der von 1858 bis 1917 lebte, die soziale Unordnung ab. Er erforschte die Kräfte und Strukturen, die außerhalb des Individuums liegen und es einzwängen. Max Weber, der 1920 starb, betonte die Rationalisierung als Grundlage einer mehr oder weniger linearen Entwicklung. Er sah Individuen in einen »eisernen Käfig« eingesperrt, in dem die materiellen Güter immer gewichtiger werden und schließlich zwangsläufig Macht über die Menschen erlangen (vgl. Weber 1988).

Die zweite Arena: Gelebte Strukturen und Systeme

Der chilenische Biologe Humberto Maturana stellt fest, dass »alle Dinge, die ausgesprochen werden, von *jemandem* ausgesprochen werden«, also lässt sich auch sagen, dass alle Systeme und Strukturen »durch jemanden oder einen Akteur« in die Welt gebracht werden. Max Webers sozialer eiserner Käfig existiert nur, insofern er durch handelnde Individuen in ihrem täglichen Verhalten und ihrer täglichen Praxis hervorgebracht wird.

Anthony Giddens behauptet, Handlungen und Strukturen seien zwei Seiten derselben Medaille. Struktur werde in und durch Praktiken reproduziert, die im Gegenzug durch sie organisiert würden. Jürgen Habermas, der wohl bedeutendste Philosoph und Soziologe der Gegenwart, beschreibt Gesellschaft als ein Aufeinanderprallen von »Systemwelt« und »Lebenswelt«. Die Beziehung zwischen diesen beiden »Welten«, so Habermas, ist durch Kolonisierung gekennzeichnet. »Die Imperative entkoppelter Subsysteme dringen in die Lebenswelt ein – geradeso wie Kolonisten beim Auftreffen auf ein Volk – und erzwingen ihre Assimilation« (Habermas 1981b, S. 522). Beide Ansätze greifen allerdings zu kurz, um uns eine tiefere ontologischen Sichtweise zu erschließen, wie sie Meister Nan im Sinn hatte (vgl. das Interview mit Peter Senge in Kapitel 3).

Die dritte Arena: Quellorte für das Hervorbringen von Handlung

Keiner der oben dargestellten soziologischen Ansätze deckt völlig ab, was Bill O'Brien »die innere Haltung oder den inneren Ort des Handelnden« nannte. Jetzt befinden wir uns allerdings in einer Phase, in der wir allmählich erkennen, dass unsere Aufmerksamkeit und unser Bewusstsein die Qualität unseres Handelns bestimmen. Die Form folgt dem Bewusstsein. Habermas' Auffassung des husserlschen Konzepts der Lebenswelt kommt dieser Perspektive am nächsten, aber Habermas bezieht sich ausschließlich auf die rationale Dimension von Kommunikation und Dialog, nicht auf die ästhetisch-spirituellen Aspekte des schöpferischen Dialogs und Fließens (Habermas 1981a, 1981b). Um über diese Ansätze hinauszugelangen, müssen wir vielleicht »zurück zu den Daten gehen und noch einmal ganz von vorne anfangen«, wie Ed Schein es formulierte (Kapitel 2).

Während die herkömmliche sozialwissenschaftliche Methode tendenziell auf Beobachtungsdaten basiert, behaupten Kurt Lewin und seine Nachfolger, Aktionsforscher wie Chris Argyris, Ed Schein, Peter Senge und Bill Torbert, dass wir mehr heranziehen müssen als nur die Beobachterperspektive oder die Sichtweisen der dritten Person. Wir müssen, wie Bill Torbert es formuliert, Zugang zum Wissen der dritten, zweiten und ersten Person erlangen. Das heißt, wir sollten Beobachtungsdaten, Kommunikationsdaten und Erfahrungsdaten der ersten Person integrieren. Doch woher weiß man, dass man etwas weiß? Welche Kriterien helfen uns, unser Wissen zu validieren?

- Chris Argyris: »Ich weiß, dass ich etwas weiß, wenn mein Wissen in Handeln umsetzbar ist – also wenn ich es als Wirklichkeit hervorbringen kann.«
- Ed Schein: »Ich weiß, dass ich weiß, wenn mein Wissen für die Praktiker in den Organisationen hilfreich ist.«
- Peter Senge: »Ich weiß, dass ich weiß, wenn ich die Fähigkeit entwickle, die Ergebnisse zu bewirken, die mir wirklich am Herzen liegen – wenn dein Wissen dir ermöglicht, schöpferisch tätig zu sein.«

In jeder Arena treten eine Reihe widerstreitender Kräfte auf. Die linke Spalte von Tabelle 5.1 benennt drei Arenen als Formen der Realitätsentstehung. Jede Arena bietet eine andere Perspektive auf die drei von Capra beschriebenen zentralen Problembereiche: ökologisch, sozial-ökonomisch und kulturell-spirituell; für jedes Thema gibt es eine eigene Gemeinschaft von Gelehrten und Praktikern:

- Die erste Arena oder Perspektive wird von der philosophischen Metakategorie der *Objektivität* bestimmt, also der Welt der quasiobjektiven Tatsachen und Dinge.
- Die zweite Perspektive ist die der *Intersubjektivität*; sie liegt dort, wo die Lebenswelt sich in einem Netz von sich gemeinsam entwickelnden Beziehungen befindet.
- Die dritte Arena wird durch die Perspektive der *Transsubjektivität* bestimmt. Das ist die am weitesten vorgelagerte Perspektive. Es ist die Welt der »lebenden Gegenwart«, wie Husserl das ausdrückte. In dieser Arena zeigt sich ein neues Schlachtfeld, bei dem die Grenze zwischen Presencing und Absencing direkt durch die Arena von gegenwärtigem Selbst und zukünftigem höheren Selbst verläuft.

Das Neue an der dritten Arena ist, dass alle Probleme in *Quellen* und im *Selbst* gründen. Tabelle 5.1 lässt sich mit einem Baum vergleichen. Der ersten und zweiten Perspektive entsprechen Blätter, Äste und Stamm. Die dritte Perspektive, die der Transsubjektivität, ist mit dem Wurzelbereich zu vergleichen, der Teil eines lebenden Systems ist, dessen Umfang und Bedeutung jedoch für das Auge zunächst unsichtbar sind.

Bereiche der konfligierenden Kräfte	**Bruchlinien** **Soziale Probleme**	**Ökologische Probleme**	**Spirituelle Probleme**
1. Arena: *System* *Blick des 19. Jh.:* *Primat der Objektivität*	Kluft und Konflikt zwischen Arm und Reich (soziale Gerechtigkeit)	Kluft und Konflikt zwischen Mensch und Natur (Schutz der Umwelt)	Kluft und Konflikt zwischen Kulturen und Zivilisation (Entwicklung)
2. Arena: *Akteur* *Blick des 20. Jh.:* *Primat der Intersubjektivität*	Konflikt zwischen systemischen Imperativen und Lebenswelt (Kritische Theorie)	Konflikt zwischen alten Wegwerfdesigns und ökologisch-ganzheitlicher Prozessgestaltung (»Wiege zu Wiege«)	Konflikt zwischen Materialismus und Antimaterialismus (Wertewandel)
3. Arena: *Quelle* *Blick des 21. Jh.:* *Primat der Transsubjektivität*	Trennung zwischen Selbst und anderen → Ich-Du-Beziehung (Dialog)	Trennung zwischen Selbst und sinnlichen Wahrnehmungen → Erwachen durch unsere Sinne (Hinspüren)	Trennung des gegenwärtigen vom höchsten Selbst gegenwärtiges mit höchstem Selbst verbinden (Presencing)

Tab. 5.1: Matrix der Megaprobleme

Auf dieser tieferen Ebene liegt die Ursache der sozialen Trennung nicht außen, sondern innen – im Selbst. Um genauer zu sein: Es ist die Trennung zwischen dem *Selbst* und seinem *Umfeld* oder den *anderen,* die sich in sozialen Konflikten (auf der mittleren oder Mesoebene) und in der sozialen Kluft (auf der Makroebene) materialisiert. Solange wir nicht bereit sind, uns diesem inneren Abgrund zu stellen, stecken wir weiterhin in alten Mustern fest, die uns nicht dabei helfen werden, die Trennung zu überwinden.

Im Kern der ökologischen Krise steht die Trennung zwischen meinen *Wahrnehmungen* und meinem *Selbst.* Damit gelangen wir zur ästhetischen Dimension der ökologischen Krise. Der Begriff »Ästhetik« kommt vom griechischen *aisthesis,* »sinnliche Wahrnehmung, sinnliche Erkenntnis«, und bedeutet, dass wir all unsere Sinne aktivieren. Nur wenn wir wieder neu entdecken, wie wir unsere Sinne als Zugang zum uns umgebenden lebendigen Feld nutzen können, werden wir die Umweltkrise lösen. So wie die soziale Kluft den Verlust der anderen auf einer interpersonellen Ebene widerspiegelt, spiegelt die ökologische Krise den Verlust der Wahrnehmung des Lebendigen in der Natur wider. Die daraus entstehende Leere ist das Kernproblem der darübergelagerten Prozesse und Strukturen. So versuchen zum Beispiel viele Menschen, die Leere, die aus dem Verlust der sinnlichen Wahrnehmung resultiert, durch einen gesteigerten Konsum zu füllen – was wiederum die äußere Manifestation der ökologischen Krise verstärkt.

Auf der Ebene der kulturell-spirituellen Konflikte lässt ein Blick auf die Wurzeln des Problems schließlich den vielleicht bedeutsamsten Zusammenprall sichtbar werden: den des alten Selbst, der Person, die man immer war, mit dem im Entstehen begriffenen höheren Selbst, das die höchste zukünftige Möglichkeit verkörpert – jenem Selbst, dem ich erstmals begegnete, als ich die Flammen sah, die den Bauernhof meiner Familie zerstörten (vgl. Kapitel 2). Es ist genau diese lebendige Verbindung zwischen diesen zwei Formen des Selbst im Jetzt, was ich als Presencing bezeichne.

Institutionen bleiben in der Regel einer oder beiden Arenen verhaftet, überschreiten also nur selten die Grenzen der Spalten und Zeilen in Tabelle 5.1. Jede Zelle dieser Tabellen verfügt über Studiengänge, Forschungsprogramme, Finanzierungsmechanismen, Vereinigungen, internationale Expertentreffen, Journale und Praxisgemeinschaften. Was fehlt, ist der Diskurs aller neun Tabellenfelder. Manuel Castells zum Beispiel bietet eine integrative Sicht auf die Gesellschaft, die die Domänen der Produktion, der Macht und der Erfahrung mit einbezieht, obwohl seine Arbeit in Bezug auf die beiden ersten Arenen stärker ist als in Bezug auf die dritte. Sein Werk beschreibt die Welt, die im Laufe der letzten 30 Jahre Gestalt angenommen hat.

Wie bereits erwähnt, integriert Fritjof Capra biologische, kognitive und soziale Dimensionen (Capra 2002; Übers.: C. O. S.):

> »Lebende Systeme sind sich selbst erschaffende Netzwerke, die, was die Organisation betrifft, funktional geschlossen sind, aber offen für ein stetiges Fließen von Energie und Materie.«

Von Haus aus Physiker, wendet Capra die Erkenntnisse der Systemwissenschaft des 20. Jahrhunderts nicht nur auf die Biologie, sondern auch auf soziale Systeme an. Er beschreibt sechs lebenserhaltende Prinzipien der Ökologie, die auch für wirtschaftliche Systeme und die Ökologie von Unternehmen gelten:

- *Netzwerke:* Lebendige Systeme kommunizieren miteinander und tauschen ihre Ressourcen grenzübergreifend aus.
- *Zyklen:* Ökosysteme generieren keinen Abfall; Materie bewegt sich kontinuierlich im System (permanentes vollständiges Recycling).
- *Solarenergie:* Im Rahmen der Fotosynthese treibt die Energie der Sonne die ökologischen Zyklen an.
- *Partnerschaft:* Das Leben hat den Planeten nicht durch Kampf, sondern durch Kooperation übernommen.
- *Diversität:* Ökosysteme erreichen Stabilität mittels Vielfalt – je diverser, desto widerstandskräftiger.
- *Dynamische Balance:* Ein Ökosystem ist ein permanent schwankendes Netzwerk: Alle Variablen schwanken um ihre optimalen Werte; keine einzelne Variable wird dauerhaft maximiert.

Capra nennt als wichtigsten Unterschied zwischen den ökologischen Netzwerken der Natur und den unternehmerischen Netzwerken der menschlichen Gesellschaft, dass in einem Ökosystem kein Teil vom Netzwerk ausgeschlossen wird. Im Gegensatz dazu sind viele unserer Bevölkerungsgruppen von den ökonomischen Netzwerken ausgeschlossen. Er bietet eine überzeugende Analyse dessen, was Vernetzung unseres gegenwärtigen Systems bedeutet. Diese Analyse lässt aber keine direkten Rückschlüsse darauf zu, was Individuen oder Gruppen tun können, um die neue Welt zu *gestalten* oder die dritte Ebene der sozialen Wirklichkeit gründlicher zu erforschen.

Der integrale Ansatz des Philosophen Ken Wilber ist wahrscheinlich der derzeit umfassendste Ansatz, der versucht, alle drei Arenen (und alle neun Tabellenfelder) zu integrieren. Sein Ansatz »Alle Quadranten, alle Ebenen« umschließt die Vormoderne, Moderne und Postmoderne und integriert sie in ein holistisches Konzept. Dieses basiert auf zwei Unterscheidungen:

- Die erste Unterscheidung, angelehnt an die Arbeiten von Jürgen Habermas und Karl Popper, benennt drei (oder vier) Dimensionen der Welt:
  - die Es-Welt (Objektivität),
  - die Wir-Welt (Intersubjektivität),
  - die Ich-Welt (Subjektivität) und
  - die »Interobjektivität« als kollektive Version der Es-Welt.
- Daneben unterscheidet Wilber zwischen den sich entwickelnden Stufen des Selbst. Hier argumentiert er, dass Weisheitstraditionen aller Kulturen und Zeitalter Parallelen aufweisen. Verschiedene Traditionen verwenden unterschiedliche Begriffe, die dahinterliegenden inneren Entwicklungsstufen sind jedoch universell. Ein Beispiel für eine derartige Entwicklungsperspektive, die Wilber in seinen Schriften anführt, sind die Arbeiten von Don Beck und Christopher Cowan. Beck und Cowan (1996) unterscheiden in ihrem Spiral-Dynamics-Modell verschiedene Stufen von Bewusstsein, die vorkonventionelle, konventionelle und postkonventionelle Stufe der Entwicklung und des Selbst.

Wilbers Ansatz »Alle Quadranten, alle Ebenen« integriert die drei Dimensionen der Welt (Ich, Wir, Es) und alle neun Entwicklungsebenen des Bewusstseins. Wilbers integrale Sicht schafft eine Synthese diverser Perspektiven und intellektueller Traditionen. Einer seiner maßgeblichen Beiträge besteht darin, die Integration der transpersonellen oder spirituellen Dimension in den wissenschaftlichen und pädagogischen Diskurs zu legitimieren. Seine Definition eines integralen Ansatzes – »Alle Quadranten, alle Ebenen« – eröffnet die Möglichkeit zu einem umfassenderen Diskurs, der die subtileren Aspekte der Realität mit einbezieht, die ansonsten eher marginalisiert oder ausgelassen werden. Wilber entwickelt seine Arbeit kontinuierlich weiter, sie beinhaltet nun »alle Quadranten, alle Ebenen, alle Linien, alle Zustände, alle Typen«. Die Lektüre seines Werkes eröffnet uns eine Art Vogelperspektive auf das »Schlachtfeld« der menschlichen und sozialen Entwicklung.[41]

41 Eine tiefe intellektuelle Anerkennung drückt sich durch eine Frage aus. Die Frage, die sich mir bei Wilbers Werk stellt, lautet: Ist sein »Alle-Quadranten-Ansatz« vollständig? Man könnte argumentieren, dass die wichtigste Dimension nicht mit eingeschlossen ist, die Dimension der Ich-Du-Welt, über die Martin Buber schrieb. Wilber würde natürlich argumentieren, dass diese Ich-Du-Welt in der Kategorie »Wir« enthalten ist (Intersubjektivität). Aber dagegen könnte man argumentieren, dass eine reale I-Thou-Begegnung eine Kategorie *sui generis* ist, die sich daher von Wilbers »We«-Erfahrung (oder auch von Habermas' Begriff der Intersubjektivität) unterscheidet.

Die sich anschließende Frage lautet: Welche Perspektive würde sich ergeben, wenn wir das Schlachtfeld nicht nur von oben, sondern aus der Sicht der Akteure sehen könnten – aus der Perspektive des sich entwickelndes Selbst? Auf diese Frage werden wir später noch ausführlicher eingehen.

Der gesellschaftliche blinde Fleck

Im November 1999 wurde ich von Nan Huai-Chin (1918–2012) und einigen seiner Studierenden zum Essen eingeladen. Meister Nan hat über dreißig Bücher verfasst und wird von vielen als wichtigster Erneuerer des chinesischen Buddhismus betrachtet. Obwohl er in China als einer der einflussreichsten buddhistischen Lehrer gilt, sind bisher nur wenige seiner Werke übersetzt worden und außerhalb von China erhältlich. Unser Gespräch kreiste um die Frage der Bedeutung von Spiritualität in Bezug auf die globalen Probleme unserer Zeit.

> »Was im 20. Jahrhundert gefehlt hat, ist ein zentraler kultureller Gedanke, der alle diese Dinge vereinigt – Wirtschaft, Technologie, Ökologie, Gesellschaft, Materie und Geist«, sagte Meister Nan. Dieser Mangel an integrativem Bewusstsein und Denken, folgerte Meister Nan, ist durch eine Konzentration auf die Wirtschaft und das Geldverdienen als gemeinsamem Ziel für alle ersetzt worden. »Die Entwicklung führt sicherlich in eine mehr spirituelle Richtung«, ließ Meister Nan durch seinen Dolmetscher sagen, »aber dieser Weg wird nicht der spirituelle Weg der Vergangenheit sein, weder im Osten noch im Westen. Es wird ein neuer spiritueller Weg sein. Es wird eine Kombination von Naturwissenschaft und Philosophie sein.«[42] – »Heißt das«, fragte ich Meister Nan, »dass unser blinder Fleck unsere Unfähigkeit ist, den Prozess zu sehen, durch den soziale Handlung in die Welt kommt? Wir nehmen unsere Realität als etwas Äußeres und von uns Getrenntes wahr, als etwas, das mit uns geschieht. Wir sehen den Prozess nicht, durch den wir selber die soziale Realität gemeinsam hervorbringen. Die sieben Meditationsstufen von Führung, über die Sie in Ihrem neuen Buch schreiben, betreffen diesen blinden Fleck. Ist das richtig?« Meister Nan erwiderte: »Diese Lesart ist richtig.«

Aus der Perspektive des Individuums oder der Gemeinschaft hindert unser blinder Fleck uns daran zu erkennen, dass wir den direkten Zugriff auf die tieferen Quellen unserer Kreativität tatsächlich enorm verbessert haben. Diese ermutigende Entwicklung ist eine der größten Hoffnungsquellen, weil wir von innen heraus auf eine tiefere Anwesenheit, Kraft und Sinnhaftigkeit zugreifen können. Aus einem strukturellen Blickwinkel betrachtet, hat dieser gesellschaftliche blinde Fleck mit einem Fehlen von Begegnungs- und Wahrnehmungsräumen zu tun, in denen Akteure über die Grenzen von Institutionen und Sektoren hinweg Zukunftsmöglichkeiten sehen, entwickeln und realisieren lernen.

42 Für alle Zitate aus dem Interview siehe: https://www.presencing.org/aboutus/theory-u/leadership-interview/nan-huai-chin [Zugriff: 14.1.2020].

Stattdessen ist die Gegenwart durch organisierte Interessengruppen und drei Formen des Fundamentalismus geprägt, deren Vertreter alle versuchen, die gegenwärtigen Probleme zu lösen, dabei aber meist nur ein Sonderinteresse verfolgen. Unser blinder Fleck auf gesellschaftlicher Ebene hindert uns, die tieferen Probleme auf dem gesellschaftlichen Feld effektiv anzugehen und die Matrix der Probleme als Ganzes zu sehen. Castells, Capra und Wilber sind in dem Sinne Pioniere, als sie Schritte hin zu einer Integration versuchen. Keiner der drei erfüllt jedoch Argyris' Kriterium für Aktionsforschung: Wissensgenerierung müsse sich daran messen, ob sie die Realität, die sie beschreibt, auch hervorbringen kann. Um diese Art von Wissen zu entdecken, müssen wir unseren eigenen Sinnen, Erfahrungen und Erkenntnissen vertrauen – auch wenn wir keine Ahnung haben, wohin uns dieser Weg als Nächstes führt.

6 Philosophische Grundlagen

Unser Feldgang • Ontologische und epistemologische Grundfragen

Unser Feldgang

Lassen Sie uns einen Moment innehalten und reflektieren, wohin uns unser Feldgang oder unsere Lernreise bisher geführt hat. Zunächst haben wir untersucht, wie der blinde Fleck auf der Ebene der individuellen Erfahrung sichtbar wird – dafür bot die Geschichte des Brandes unseres Familienhauses ein Beispiel. Mit dem Gefühl, dass meine alte Welt in Flammen aufging und mir der Boden unter den Füßen entzogen wurde, begann meine persönliche Reise. In diesem Moment verband ich mich mit jenem *anderen Teil meines Selbst*, von dem ich zuvor nicht einmal wusste, dass er existierte.

Anschließend haben wir uns eine Zeitlang mit dem U-Prozess und seinen Bestandteilen vertraut gemacht. Wir haben erforscht, wie der blinde Fleck auf der Ebene von Teamerfahrungen sichtbar wird und wie Teams lernen. Für die neuen Herausforderungen, von denen Teams stehen, reicht es nicht aus, sich auf das Lernen aus der Vergangenheit zu verlassen. Wir müssen also die Vergangenheit loslassen, sie »in Flammen aufgehen« lassen, und uns für die Zukunft öffnen, die durch uns verwirklicht werden will. Dies bezeichnen wir als Führen und Lernen auf der Ebene 4.

Der nächste Schritt war dann ein Blick auf den blinden Fleck von Führung auf der Ebene von Institutionen und Organisationen. Probleme und Herausforderungen, mit denen Institutionen und Organisationen heute konfrontiert sind, sind derart komplex, dass konventionelle Methoden der Bewältigung oft nicht erfolgreich sind. Mit emergenter Komplexität umzugehen heißt, die alten Werkzeuge fallen zu lassen und sich bewusst vor eine leere Leinwand zu stellen, um aus diesem Blickwinkel heraus wahrzunehmen und zu handeln – d. h. vom Quellort organisationaler Wertschöpfung aus.

Im Folgenden haben wir uns damit befasst, wie sich der blinde Fleck in Gestalt der dritten Revolution in der Gesellschaft zeigt. Diese Revolution, ein beginnender Bewusstseinswandel, könnte dazu beitragen, dass wir nicht mehr ausschließlich auf den sichtbaren Teil des »Baumes« schauen, sondern die gesellschaftlichen Kernfragen eher aus der Quell- oder Wurzelperspektive wahrnehmen.

Schließlich hat uns der Feldgang zu den Sozialwissenschaften geführt, in denen der Quellort des blinden Flecks die Unfähigkeit betrifft, den Funken der sozialen Wirklichkeitsentstehung einzufangen. Auf jeder Stufe wird deutlich, dass wir vor Situationen stehen, die neue Formen von Aufmerksamkeit und Bewusstsein verlangen. Der nächste Schritt ist jetzt die Frage, was das für die Vertreter einer aufmerksamkeitsstrukturellen oder bewusstseinsbezogenen Aktionsforschung heißt (vgl. Scharmer u. Käufer 2015).

Ontologische und epistemologische Grundfragen

Im Jahr 2000 hatte ich erneut Gelegenheit, ein ausführliches Gespräch mit Fritjof Capra zu führen. An einem Nachmittag im September spazierten wir durch ein Waldstück in der Nähe der University of California in Berkeley und besprachen sein neues Buch. Dessen Kerngedanke ist die Idee, Systemtheorie und Systemdenken auf die Ebene der sozialen Beziehungen anzuwenden (Capra 2002). Auf meine Frage, was seines Erachtens im Laufe des 20. Jahrhunderts die wichtigste Entwicklung in der Systemtheorie und im systemischen Denken war, antwortete Capra, er sehe zwei wesentliche Entwicklungen:

> »Erstens die Entwicklung, dass das Phänomen der Emergenz Eingang in die moderne Systemtheorie gefunden hat, und zweitens die Akzeptanz von ›Embeddedness‹ [Einbettung], also der Idee, dass alle Systeme und alles Wissen in den situativen Kontext eingebettet sind.«

Inspiriert durch dieses Gespräch, erstellte ich auf dem Rückflug nach Boston die Tabelle 6.1, die beide von Capra erwähnten Dimensionen erfasst. Die traditionelle Systemtheorie (S1; oben links) stützt sich auf lineare Systeme und explizites Wissen (W1). Von dieser Ecke aus können wir uns in zwei Richtungen weiterbewegen: Eine vertikale Bewegung auf der Ebene der Systeme führt von S1 zu S2 (von linearen zu nichtlinearen Systemen) und steht für das Phänomen der *Emergenz*. Die horizontale Bewegung führt von W1 zu W2 (vom explizitem zum impliziten Wissen) und steht für die Tatsache, dass alles Wissen in einen spezifischen Kontext *eingebettet* ist.

Beispiele dafür, wie sich der Schwerpunkt der Systemtheorie von S1/W1 nach S2/W2 bewegt hat, bieten die Veröffentlichungen von Lave et al. (1991) zum situierten Lernen, von Wenger (1998) zu den *Communities of practice* und das Konzept der situierten Erkenntnis von John Brown, Alan Collins und Paul Duguid (1989). Diese Bezugssysteme erklären, ähnlich wie Capras Dimensionen, beide Phänomene: Emergenz und Einbettung.

Als ich die Tabelle 6.1 später weiter analysierte, wurde mir klar, dass mich meine eigenen Fragen näher an die Schnittstelle zwischen den hell- und dunkelgrau hinterlegten Feldern führten. An dieser Schnittstelle stoßen wir auf die extremen Grenzen der menschlichen Existenz. Hier betreten wir das unbekannte Gebiet an den Rändern des Bewusstseins. Dieses unbekannte Gebiet betrifft die tieferen philosophischen Annahmen über das Sein (Ontologie) und das Wissen (Epistemologie).

	W1 **Explizites Wissen:** ***Unabhängig von Kontext***	**W2** **Verborgenes verkörpertes Wissen:** ***Situiert im Kontext***	**W3** **Selbsttranszendierendes »primäres« Wissen:** ***Noch nicht verkörpert***
S1 Lineare Systeme ***Einfache Systeme***	***»Old mainstream«:*** Konventionelle Systemtheorie	***Situierte Handlung:*** Alles Wissen entsteht in einem *Kontext*	Blinder Fleck: Quellen des Wissens
S2 Nichtlineare, dynamische Systeme ***Autopoietische Systeme***	***Nichtlineare, dynamische Systemtheorie:*** Erklärt das Phänomen der *Emergenz*	***»New mainstream«:*** Erklärt sowohl Emergenz als auch die Verankerung im Kontext	
S3 Quelle der Emergenz ***Selbsttranszendierende Systeme***	Blinder Fleck: Quellen des Werdens		

Tab. 6.1: Systemtheorie des 20. Jahrhunderts – epistemologische und ontologische Fundamente

Nietzsche beschreibt als Ideal, *Wissenschaft aus der Perspektive des Künstlers zu sehen und Kunst aus der Perspektive des Lebens*. Wissenschaft aus der Sicht des Künstlers zu sehen heißt, wissenschaftliche Untersuchungen nicht nur auf das Objekt vor uns, sondern auch auf den kreativen Prozess der wissenschaftlichen Tätigkeit und das tätige Selbst anzuwenden. Um es mit den Worten Aristoteles' zu sagen: Wissenschaft nicht nur als theoretisches Wissen (*episteme*), sondern auch als angewandte Kunst (*techne*) und praktische Weisheit (*phronesis*) zu verstehen. Kunst aus dem Blickwinkel des Lebens zu betrachten heißt, dass wissenschaftliche Arbeit einer tiefer gehenden Intention dient, also dem größeren evolutionären Ganzen. Aus aristotelischer Sicht hieße das, die Tätigkeit von Wissenschaftlern sollten die Grenzen von Wissenschaft so erweitern, dass sie auch Weisheit (*sophia*) und die Quellen der Intention (*nous*) einschließt.

Was mich bei meinen anschließenden Überlegungen an dieser Stelle weiterbrachte, waren der Rückbezug auf die Arbeiten von Edmund Husserl und Martin Heidegger. Husserl ermöglichte mir ein besseres Verständnis der epistemologischen Grenze vom normalen Zustand des W1-Gewahrwerdens. Er nennt diesen Zustand die »natürliche Haltung«, die dem W2-Gewahrwerden gegenübersteht, das er die »phänomenologische Haltung« nannte. Im Gegensatz dazu kann man Heideggers Werk so lesen, dass die ontologische Grenze der Welt, wo sie als abstrakte Ansammlung von Dingen dargestellt ist, hin zu einem konkreten *In-der-Welt-Sein* verschoben wird, welches sich immer vor dem Hintergrund eines konkreten Kontexts vollzieht. Realität, so wie Heidegger sie sieht, ist kein »Ding«. Sie ist ein Prozess des Werdens, des *In-die-Welt-Kommens,* des Zutagetretens in die offene Lichtung des Seins. Diese Gedanken repräsentieren einen Perspektivenwechsel von S1 zu S2.

Liest man die jeweiligen Spätwerke von Husserl und Heidegger, kommt man mitunter in eine weitaus meditativere Stimmung, und es entsteht das Gefühl, beide würden mit einer weiteren Grenzverschiebung ringen, durch die sich die philosophische Untersuchung schließlich der Quellebene beider Dimensionen, der epistemologischen (K3) und der ontologischen (S3), zuwendet. Die epistemologische Frage lautet: Woher entspringen unsere Aufmerksamkeit und unser Wissen? Dies ist Husserls Ringen mit dem Problem eines transzendentalen Selbst. Und die ontologische Urfrage lautet: Woher fließen die Quellen unserer kollektiv erlebten sozialen Prozesse? Mit anderen Worten: Wer vergegenwärtigt sich und handelt durch uns, wenn wir uns auf tiefer gehende gemeinschaftliche Prozesse einlassen?

Dennoch hinterlässt die Lektüre von Husserl und Heidegger den Eindruck, dass der vielleicht wichtigste Aspekt ihrer Arbeit – die Veränderung der Grenze der philosophischen Untersuchung von den Ebenen des »Was« (W1, S1) und des »Prozesses« (W2, S2) hin zu den »Quellen« der beiden Dimensionen, der Epistemologie und der Ontologie (W3, S3) – noch nicht erledigt ist. Diese Arbeit haben die beiden Giganten nun unserer Generation, unserem Jahrhundert hinterlassen. Es ist *unsere* Aufgabe, die philosophische und die wissenschaftliche Untersuchung von den oberen vier Zellen (die den Diskurs des 20. Jahrhunderts in Philosophie und Systemdenken repräsentieren) auf die gesamten neun Felder der Tabelle 6.1 auszuweiten.

Die Implikationen solch einer Erweiterung der philosophischen Untersuchung im 21. Jahrhundert beinhalten, dass Philosophen und Systemdenker ihre Leseräume verlassen und sich in die reale Welt hineinbegeben müssen, um aktiv an realen Prozessen teilzunehmen. Eine Philosophie der Aktionswissenschaft solcher Art würde eine tiefere Art des Wissens erschließen, eines Wissens, das mit dem Herzen denkt. Wie der japanische Philosoph Kitaro Nishida (1990, p. 174 f.) es ausdrückte:

> »Wissen und Liebe sind die gleiche mentale Aktivität; um ein Ding zu kennen, müssen wir es lieben, um ein Ding lieben zu können, müssen wir es kennen.« Und: Liebe »ist die Kraft, durch die wir die ultimative Realität begreifen. Liebe ist die reifste Form von Wissen um die Dinge.«

Wenn wir lernen, zu diesem tiefsten Punkt des U zu gelangen, erkennen wir, dass Liebe keine Stellung bezieht, wie der Autor David Hawkins es formuliert. Liebe ist global, so seine Überzeugung, und erhebt sich über Trennung (Hawkins 2002, p. 90; dt. 2019, S. 83):

> »Liebe ist bedingungslos, unwandelbar und beständig. Sie schwankt nicht … und ist nicht von äußeren Faktoren abhängig. Liebe ist ein Seinszustand. … Liebe ist nicht intellektuell und geht nicht vom Verstand aus; Liebe strahlt vom Herzen aus. Sie hat die Fähigkeit, andere zu erheben und große Taten zu vollbringen, weil ihr Motiv rein ist.«

Unser Feldgang will uns jetzt einen näheren Blick hin zu der Frage gewähren, wie wir uns und andere über die Schwelle, die bis hierher zur Debatte stand, heben können. Wir werden die Schwelle und den blinden Fleck, die wir bisher untersucht haben, nochmals in Augenschein nehmen und bereiten uns auf einen Sprung in die Tiefe vor, zum Boden des U, und auf ein Auftauchen auf der anderen Seite des U.

7 An der Schwelle

Die Schwelle überschreiten • Die Signatur der Gegenwart

Bild 1 mit dem Titel »Die Schwelle überschreiten« am Anfang des Buches fasst die ersten sieben Kapitel und damit Teil I dieses Buches zusammen, in denen es darum geht, dass wir an der Schwelle stehen. Angesichts der Schwelle sind wir aufgefordert, innezuhalten und unsere Aufmerksamkeit zu erweitern und zu vertiefen: von Ergebnissen zum Prozess und vom Prozess zur Quelle. Was ist der Ausgangspunkt unserer Handlungen? Um das herauszufinden, haben wir einen Feldgang durch das soziale Feld unternommen. Wie Sie sich erinnern werden, haben wir die Emergenz des blinden Flecks auf allen Ebenen über alle Systeme hinweg nachverfolgt:

- Auf der *individuellen Ebene* zeigte sich der blinde Fleck im Sinnbild der Flammen, die in der Lage waren, meine alte Identität zu zerstören und einen Raum zu schaffen, in dem ich Aspekten meines Selbst begegnen konnte, von denen ich vorher nicht wusste, dass sie überhaupt existierten.
- Auf der *Gruppenebene* trafen wir als Team auf den blinden Fleck. Was ist notwendig, damit wir uns über ein Lernen aus der Vergangenheit hinausbewegen und uns mit den subtilen Feldern der Zukunftsmöglichkeit verbinden? Wie können wir von der entstehenden Zukunft her lernen?
- Auf der *Organisationsebene* sahen wir den blinden Fleck als eine neue Art der Führungsherausforderung. Führungskräfte stehen vor drängenden Problemen, die sich durch ein hohes Maß an emergenter Komplexität auszeichnen. Wir haben uns damit befasst, wie wir im Angesicht der Disruption und des Zusammenbruchs der uns vertrauten Welt erfolgreich handeln können. Wie schreiten wir voran, wenn uns der Boden unter den Füßen entzogen wird – wenn unsere Institutionen umgestülpt werden?
- Auf der *gesellschaftlichen Ebene* zeigte sich der blinde Fleck darin, wie die ökonomischen, politischen und kulturellen Antriebskräfte unsere alten Institutionen und Systeme umformen und lahmlegen, sodass radikal neue Ansätze im Umgang mit den wichtigsten Herausforderungen unserer Zeit erforderlich sind.
- In den *Sozialwissenschaften* verlagerte die Erforschung des blinden Flecks unseren Fokus von objektiven Strukturen zur Prozessperspektive gelebter Systeme und von dort zu den Quellorten, von denen die Entstehung sozialer

Wirklichkeit ausgeht. Während sich der Mainstream der Sozialwissenschaft im 19. und 20. Jahrhundert am Vorrang der Objektivität und Intersubjektivität orientierte, brauchen wir im 21. Jahrhundert eine Sozialwissenschaft, die als dritte Metakategorie die Transsubjektivität miteinbezieht, die also unterschiedliche Qualitäten von Aufmerksamkeit differenziert und darin ein bestimmendes Merkmal jedes sozialen Feldes sieht.
- Auf der *Metaebene der Systemtheorie* zeigte sich, dass sich der blinde Fleck im Systemdenken und in der Philosophie von Entitäten zu Prozessen und von Prozessen zu Quellen der Emergenz und des Wissens verlagert – das heißt hin zu den ontologischen und epistemologischen Grundlagen der Situation, in der wir wirken und handeln (zu den Quellen unseres Denkens und Handelns).

Auf jeder Ebene stießen wir auf denselben grundlegenden Aufmerksamkeitswandel – einen Wandel, der die Realitätswahrnehmung erweitert und vertieft und die vorher unsichtbare Dimension der leeren Leinwand – das heißt die *Quellorte* von Aufmerksamkeit, Intention und Intuition – miteinschließt. Die Herausforderungen, auf die wir bei der Arbeit, im Privatleben und in unseren Gemeinschaften stoßen, zwingen uns in wachsendem Maße, uns auf die eine oder andere Weise mit Manifestationen des blinden Flecks auseinanderzusetzen. Daher stehen wir als Individuen, Teams, Organisationen und globale soziale Systeme immer öfter an dieser Schwelle. Um tieferes Terrain zu betreten und diese Schwelle zu überschreiten, müssen wir der Quellortebene der uns beschäftigenden Situation begegnen. Wir müssen lernen, unserem höheren Selbst gegenüberzutreten.

Die Schwelle überschreiten

Im englischen Wort für Schwelle, »threshold«, klingt der uralte Vorgang des Dreschens (»to thresh«) an, bei dem die Körner aus den Ähren des Getreides herausgeschlagen werden. »Threshold« bedeutet also buchstäblich »auf dem Gold sitzen«. Denkt man an Gold und Schwellen, kommt einem Goethes Märchen von der grünen Schlange und der schönen Lilie (Goethe 1795) in den Sinn. Darin begegnen die Leser einer grünen Schlange, die durch das Gold, das sie verschlungen hat, wundersam von innen heraus leuchtet. Im Laufe der Geschichte entdeckt die Schlange vier Könige in einem unterirdischen Tempel. Einer der Könige fragt sie, wie es ihr gelungen sei, zu ihnen an diesen Ort zu gelangen. »Wo kommst du her?«, fragt er. »Aus den Klüften, in denen das Gold wohnt.« Die nächste Frage lautet: »Was ist herrlicher als Gold?« »Das Licht«, antwortet die Schlange. Und auf die Frage »Was ist erquicklicher als Licht?«, entgegnet sie: »Das Gespräch.«

Wir können die Schwelle überschreiten, wenn wir als Vehikel für etwas fungieren, das sogar noch kostbarer ist als Gold oder Licht. Es wird schnell deutlich, dass sich die Vorstellung, eine Schwelle zu überschreiten, um von einem Zustand in einen anderen zu wechseln, in allen Systemen findet. Wenn wir feststellen, dass die gewohnte Art des Sehens und Handelns nicht weiterführt, müssen wir den Strahl unserer Aufmerksamkeit zurück auf ihre Quelle lenken, auf die handelnde Person. Wenn dieses Umlenken unserer Aufmerksamkeit gelingt, fangen wir an, die Situation von einem anderen Ort aus wahrzunehmen. Die Feldstruktur der Aufmerksamkeit beschreibt den Bereich der Begegnung zwischen der sichtbaren Welt (was wir sehen) und der unsichtbaren Welt (der Quelle oder dem Ort, von dem aus wir die sichtbare Welt wahrnehmen). Wenn wir solcherart unsere Haltung verändern, mit der wir uns einer Sache zuwenden, verändert sich *unmittelbar* auch die Qualität unseres Umfelds.

Als das Feuer mein Zuhause zu Asche verbrannte, verwandelte sich die Feldstruktur meiner Aufmerksamkeit: von meinem Platz im Klassenzimmer am Morgen über das plötzliche Sehen des äußeren Ereignisses: des schwarzen Rauches und des Brandes aus der Ferne im Taxi (1); zum Sehen des Feuers und meines gegenwärtigen Selbst (2). Als ich vor dem Feuer stand, machte ich die Erfahrung, dass sich die Grenze zwischen Beobachter und Beobachtetem auflöste. Ich spürte, wie die Realität der Flammen in mich einzusinken begann, und erkannte, dass alles, was ich zu sein geglaubt hatte, verschwunden war (3). Die Zeit verlangsamte sich, und ich stand an der Schwelle, stand im Begriff, in »Gold« überzugehen. Zwischen meinem alten Selbst und meinem entstehenden zukünftigen Selbst begann sich eine Tür zu öffnen – das war mein Schwellenmoment. In diesem Augenblick begann ich die Schwelle zu überqueren (4).

Auf der kollektiven Ebene weisen Schwellensituationen die gleichen Merkmale auf. Sie stellen uns Erfahrungen gegenüber, die von uns verlangen, dass wir unser kollektives Feld der Aufmerksamkeit dehnen, erweitern, umformen und schließlich umlenken zurück auf uns selbst. Als 1989 die Berliner Mauer fiel und als 12 Jahre später die Türme des World Trade Center zusammenstürzten, sahen wir uns Situationen gegenübergestellt, die uns einluden, unsere Wahrnehmungen zu vertiefen und die Grenze zwischen Beobachter und Beobachtetem zu öffnen. In diesen gebrochenen Momenten begannen manche von uns zu sehen, wie das, was »da draußen« ist, zu unseren Handlungen und Identitäten »da drin« in Beziehung steht. Natürlich überschritt nicht jeder diese Schwelle. Für manche löste der Einsturz der Zwillingstürme in New York nichts als die ältesten, unreflektierten Gewohnheitsreaktionen aus: »Ein böses Imperium schlug von draußen zu, also müssen wir mit gleicher Münze zurückschlagen.« Das Resultat, wenn man in dieser Form auf solch eine Situation antwortet (Ebene 1: reaktives Handeln), ist voraussehbar: Diese Art wird das Problem, das sie zu lösen meint, erst recht schaffen und vergrößern. Jegliche Antwort auf der Ebene 1 ist strukturell blind gegenüber den eigenen Handlungen, die das System (die Welt), in dem wir leben, mitgeschaffen haben. Eine militärische Supermacht wie die USA mag möglicherweise einige Jahre mit einer Antwort auf derart niedriger Ebene davonkommen, aber früher oder später wird sie unweigerlich damit gegen die Wand fahren (Bush/Cheney-Administration). (Beim erneuten Lesen dieser Zeilen 10 Jahre später habe ich dem nichts hinzuzufügen.)

Im Gegensatz zu mächtigen Staaten müssen Unternehmen und Nichtregierungsorganisationen in hochdynamischen Umfeldern wesentlich sensibler auf Veränderungen reagieren und empfänglich für die »goldenen Gelegenheiten« sein, die das Leben ihnen bietet. Wie die grüne Schlange leuchten sie bereits. Das heißt, auch sie müssen lernen, wie sie das Gold, das in ihren Interaktionen mit lokalen Kontexten steckt, nutzbar machen können. Manche sind von hinreichender Beweglichkeit, um sich im Bedarfsfall schnell neu zu konfigurieren, neu zu erfinden und neu auszurichten. »Goldene« Organisationen fungieren als Brücke zwischen zwei Welten, verbinden die gegenwärtige Handlungsumwelt mit dem Erspüren und Ergreifen entstehender Möglichkeiten. Dass sie die dazwischen liegende Schwelle überschreiten, ist kennzeichnend für Spitzenorganisationen und der Schlüssel zu hoher Leistungsfähigkeit unter sich rasch wandelnden äußeren Bedingungen. Das Feststecken auf der einen oder der anderen Seite (entweder in der gegenwärtigen Realität oder in der entstehenden Zukunft) führt in einer stabilen Umwelt normalerweise zu mittelmäßiger organisationaler Qualität – und in einer sich rasch verändernden Umwelt sehr schnell ins wirtschaftliche Aus.

Die Signatur der Gegenwart

Unsere beruflichen und persönlichen Erfahrungen machen es erforderlich, dass wir die von Goethe beschriebene unterirdische Ebene erreichen: die tiefe unterirdische Höhle, in der die grüne Schlange den Königen begegnet. Es ist dieselbe Ebene, die wir an früherer Stelle als Wurzelbereich des Baumes bezeichnet haben – jener Teil des Feldes, der normalerweise für das Auge unsichtbar ist. Wir müssen uns diesen tieferen Ebenen der sozialen Wirklichkeitsentstehung stellen, indem wir die Bereitschaft aufbringen, die Schwellen unserer Zeit zu überschreiten. Woran erkennen wir, dass wir uns darauf zubewegen?

Diese Schwellen oder Türen tauchen normalerweise auf, wenn unsere konventionellen Arbeitsweisen nicht mehr funktionieren und wir auf eine Wand prallen. Wir müssen unsere alten Werkzeuge fallen lassen und unsere Aufmerksamkeit auf das Feld umlenken, das sich um uns und in uns entfaltet. Es ist, als ob ein Riss oder eine Öffnung in unserer Realität auftaucht; urplötzlich ist dieser Riss da, direkt vor unseren Augen. Dann haben wir die Wahl: Wir können den Riss stopfen, oder wir können innehalten – die alten Werkzeuge fallen lassen, die sich auftuende Öffnung wahrnehmen, uns darauf einstimmen und unsere Aufmerksamkeit darauf umlenken. Die Fähigkeit, diesen Riss oder diese Öffnung zu sehen – innezuhalten und genau hinzuschauen –, ist vielleicht die wichtigste Schlüsseldisziplin unserer Zeit. Ohne sie sind wir den Herausforderungen im entscheidenden Moment nicht gewachsen. Es ist eine Disziplin, die unserer Aufmerksamkeit bedarf und kultiviert werden muss wie der Ackerboden eines Landwirts.

Während die Methoden und die Werkzeuge, die Landwirte – wie einst mein Vater – verwenden, um die Qualität ihrer Felder zu verbessern, bekannt sind, fehlt uns oft ein ähnlich nützlicher Werkzeugkasten, um die inneren Bedingungen des sozialen Feldes zu kultivieren und die Fähigkeit zu entwickeln, die »Risse« in unserem Leben besser zu sehen, innezuhalten und uns auf sie einzulassen. Teil II, »Eintreten in das U-Feld«, wird uns helfen, manche dieser Werkzeuge zu erschließen.

Sieh dich um. Etwas ist im Gang. Wir können es vielleicht die Signatur unserer Zeit nennen. Sie lädt uns ein, über den blinden Fleck hinauszusehen und unsere Augen auf die Bilder, die allmählich auf unseren leeren Leinwänden Gestalt annehmen, zu richten. Wir müssen die kollektive Fähigkeit ausbilden, den inneren Ort, aus dem heraus wir handeln, zu verändern.

Meiner Ansicht nach nutzen alle Systeme und Ebenen dieselbe grundlegende Prozessgrammatik. Egal ob man eine große Führungsperson, Pädagogin, Künstler, Athletin, Schriftsteller oder Coach ist, ob man allein arbeitet oder einem Team angehört, man überschreitet die Schwelle durch eine Transformation der Aufmerksamkeit oder des Bewusstseins, indem man den Bruch wahrnimmt und sich darauf einlässt.

Die indoeuropäische Wurzel der englischen Wörter »lead« und »leadership« sowie des deutschen Wortes »Leitung« ist **leith*, was »nach vorne gehen«, »die Schwelle überschreiten« oder »sterben« bedeutet (Pokorny 1994, p. 672). Etwas loszulassen fühlt sich mitunter wie Sterben an. Doch was wir über den tieferen Prozess des U gelernt haben, ist, dass sich etwas ändern muss – eine Schwelle muss überschritten werden –, bevor etwas Neues kommen kann. Der Weg, der vor uns liegt, bringt eine Entschlüsselung der Prinzipien und Praktiken dieses Grundgeschehens, damit wir eine Sprache entwickeln können, die helfen wird, die Qualität unserer Aufmerksamkeit zu verändern und dadurch unseren blinden Fleck immer besser zu verstehen und klarer zu sehen.

Teil II:
Eintreten in das U-Feld

In der Einleitung habe ich beschrieben, wie meine Familie früher jeden Sonntag einen Feldgang machte. Das war für meine Eltern die Gelegenheit, sich mit dem gegenwärtigen Zustand sämtlicher ihrer Felder zu verbinden. Immer mal wieder hielten wir an, schauten genauer hin und nahmen ab und zu eine Handvoll Erde auf. Dieses Buch ist ein Gang durch das soziale Feld – unser Weg, die blinden Flecken unseres Miteinanders mit größerer Genauigkeit und Klarheit anzuschauen. Eine Folgerung aus Teil I dieses Buches ist, dass im Umgang mit komplexen Problemen, deren Lösung nicht aus den Erfahrungen der Vergangenheit entwickelt werden kann, die Qualität unserer Aufmerksamkeit den zentralen Schlüssel für Veränderung darstellt. Die Qualität oder die Struktur unserer Aufmerksamkeit am Ausgangspunkt unseres Handelns habe ich als blinden Fleck bezeichnet, einen blinden Fleck, der auf allen Ebenen der Gesellschaft existiert.

Teil II beschreibt den Kernprozess des U, der darauf zielt, diese *Feldstruktur der Aufmerksamkeit* zu transformieren, zu verwandeln. Dieser Kernprozess hilft uns, die unterschiedlichen Umschlagpunkte, Wendungen und Bereiche des blinden Flecks zu erkennen. Die aus dieser Erkundung gewonnenen Erkenntnisse bilden die Grundlage der Theorie U.

Die Theorie U unterscheidet im Wesentlichen zwischen verschiedenen Ebenen der Emergenz, das heißt, verschiedenen Prozessqualitäten in Bezug darauf, wie Handlung und Aufmerksamkeit entstehen und in die Welt kommen. Sie basiert auf der Beobachtung, dass jede soziale Einheit oder jedes lebende System immer auch aus einem anderen (als dem jeweils gegebenen) inneren Ort entstehen kann. Das Hindernis ist allein das *Nichtsehen* und Nichtaktivieren dieser anderen Möglichkeitsräume. Im Folgenden soll eine Topografie, eine Geländebeschreibung, dieses blinden Flecks erstellt werden. Die Theorie U bietet Orientierung und eine Sprache für das Überschreiten der Schwelle zu authentischer Veränderung und Erneuerung an.

8 Downloading – Runterladen

Muster der Vergangenheit • Die Feldstruktur des Runterladens • GlobalHealthCompany • Vier Barrieren des organisationalen Lernens und der Veränderung

Muster der Vergangenheit

Unser Handeln und Denken basiert häufig auf Gewohnheitsmustern. Ein vertrauter Stimulus löst eine gewohnte Reaktion aus. Wollen wir jedoch zukünftige Möglichkeiten wahrnehmen und aus einer entstehenden Zukunftsmöglichkeit heraus handeln, bildet dieses »Runterladen« ein Hindernis, da es zu einem ständigen Wiederholen von Mustern aus der Vergangenheit führt.

Der Mauerfall im Herbst 1989 und der anschließende Kollaps der sozialistischen Systeme in Zentral- und Osteuropa kamen für viele westliche Regierungen überraschend und wurden häufig damit kommentiert, dass man einen solchen geopolitischen Umbruch nicht hätte voraussehen können. Aber stimmte diese Behauptung wirklich?

Eine Woche vor dem Fall der Mauer befand ich mich mit einer internationalen Studierendengruppe in Ostberlin. Im Rahmen einer globalen Studienreise studierten wir an 16 Universitäten weltweit und sprachen im Verlauf dieses Projekts mit zahlreichen Vertretern von Regierungen, Unternehmen und Bürgerbewegungen.

Während dieses Aufenthalts in Ostberlin bot der Friedensforscher Johan Galtung eine öffentliche Wette: Die Mauer werde bis Ende 1989 fallen! Ich erinnere mich sehr gut an die Skepsis, die diese Wette auslöste. Auch ich war skeptisch. Zwar entsprach Galtungs Analyse auch meiner Beobachtung dessen, was um uns passierte, doch mein Verstand blieb immer wieder in meinen alten Denkgewohnheiten hängen: Die DDR hatte doch schon 40 Jahre existiert? Und so auch die Opposition gegen dieses System. Budapest 1956, Prag 1968. Mehrfach hatten Menschen versucht, sozialistische Regimes in die Knie zu zwingen, waren aber schlussendlich gescheitert. Die Panzer der Roten Armee rollten heran, und am Ende blieb es immer beim Alten: Das alte System hatte einmal mehr obsiegt.

Jetzt stand ich also, 27 Jahre alt, vor einem historischen Moment, und alle Zeichen deuteten darauf hin, dass das osteuropäische sozialistische System kurz vorm Kollaps war. Dennoch war ich *unfähig zu erkennen,* was sich immer klarer vor meinen Augen und Ohren abzuzeichnen begann. Ich konnte einfach nicht glauben, dass sich Galtungs Voraussage bewahrheiten würde. Doch er behielt recht. Die Mauer krachte pünktlich wie von ihm vorausgesagt zusammen.

Dieses Erlebnis hinterließ in mir die Frage, warum mein Denken nicht aufnehmen konnte, was meine Augen und Ohren doch so klar gesehen und gehört hatten. Warum kam Galtung, der auf die gleichen Daten schaute wie wir alle, der mit den gleichen Menschen gesprochen hatte wie wir, zu einer klaren Schlussfolgerung und ich nicht?

Der wesentliche Unterschied, begann es mir zu dämmern, war nicht das Wissen, sondern Galtungs Art des *Sehens*. Galtung hatte eine diszipliniertere Form, *aufmerksam zu sein* gegenüber der Welt. Er konnte sein gewohnheitsmäßiges Urteil, seine alten Denkgewohnheiten *suspendieren* und dann der Realität vor ihm unverzerrt Beachtung zu schenken.

Die Feldstruktur des Runterladens

Wenn wir wirklich aufmerksam sind, halten wir in unserem gewohnheitsmäßigen Runterladen inne und öffnen uns für die vor uns liegende Realität. Solange unsere Wahrnehmung von alten Denkgewohnheiten bestimmt wird, liegt der Ausgangspunkt unserer Aufmerksamkeit im Zentrum unserer eigenen Organisation. Abb. 8.1 beschreibt die Grundmechanik dieser Feldstruktur. Der Ausgangspunkt der Aufmerksamkeit und der Handlung (dargestellt durch den weißen Punkt) liegt im Zentrum der Grenzen der eigenen Organisation (dargestellt durch den grauen Kreis). Die Kommunikation oder Interaktion in Organisationen basiert beispielsweise häufig auf einem gewohnheitsmäßigen Runterladen von Mustern aus der

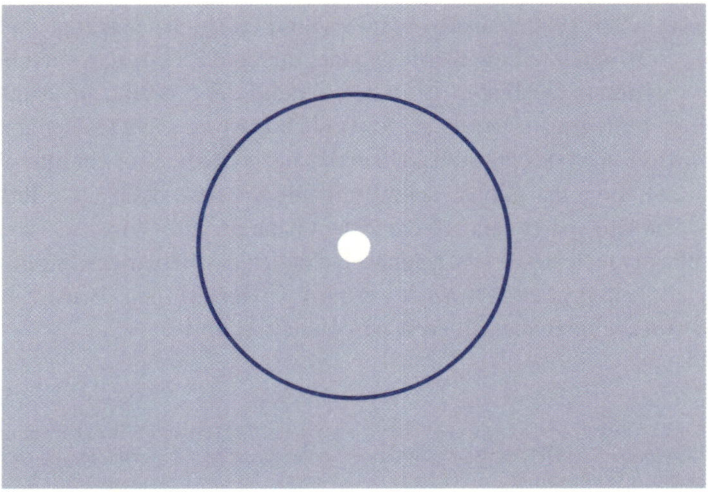

Abb. 8.1: Die Feldstruktur des Runterladens

Vergangenheit. Dadurch reproduzieren wir kollektiv bestehende – und Denkmuster. Aus dem oben beschriebenen »Ort« des Runterladens heraus zu handeln heißt, in der alten Denkwelt gefangen zu bleiben ohne eine Möglichkeit, diese Gefängnismauer zu überwinden. Innerhalb dieser Mauer sehen wir nur das mentale Konstrukt, das wir auf die Welt projizieren.

Der Philosoph Paul Watzlawick beschreibt ein wunderbares Beispiel für diese Art des Handelns (Watzlawick 2009, S. 37 f.):

> »Ein Mann möchte ein Bild aufhängen. Den Nagel hat er, nicht aber den Hammer. Der Nachbar hat einen. Also beschließt unser Mann, hinüberzugehen und ihn auszuborgen. Doch da kommt ihm ein Zweifel: Was, wenn der Nachbar mir den Hammer nicht leihen will? Gestern schon grüßte er mich nur so flüchtig. Vielleicht war er in Eile. Aber vielleicht war die Eile nur vorgeschützt, und er hat etwas gegen mich. Und was? Ich habe ihm nichts angetan; der bildet sich da etwas ein. Wenn jemand von mir ein Werkzeug borgen wollte, *ich* gäbe es ihm sofort. Und warum er nicht? Wie kann man einem Mitmenschen einen so einfachen Gefallen abschlagen? Leute wie dieser Kerl vergiften einem das Leben. Und dann bildet er sich noch ein, ich sei auf ihn angewiesen. Bloß weil er einen Hammer hat. Jetzt reicht's mir wirklich. – Und so stürmt er hinüber, läutet, der Nachbar öffnet, doch noch bevor er Guten Tag sagen kann, schreit ihn unser Mann an: ›Behalten Sie doch Ihren verdammten Hammer, Sie Rüpel!‹«

GlobalHealthCompany

Auch Organisationen und Systeme laden gewohnheitsmäßig Muster aus der Vergangenheit herunter. Ein Beispiel ist ein großes und bekanntes globales Unternehmen, das ich hier als GlobalHealthCompany bezeichnen möchte.[43] Eine europäische Tochter dieses Unternehmens befand sich in einer ihrer größten Krisen, nachdem sie in den 1990er Jahren ein neues Produkt auf den Markt gebracht hatte. Eine große Vertriebsabteilung wurde gebildet mit dem Ziel, das Produkt besser am Markt zu platzieren. Doch je mehr in den Verkauf des Produkts investiert wurde, desto weniger erfolgreich wurde es. Schließlich erschien eine TV-Reportage über die Nebenwirkungen des Produkts. Die Journalisten hatten um ein Interview oder eine Stellungnahme der GlobalHealthCompany gebeten, doch diese Bitte wurde abgelehnt. Ein Jahr später verstarb ein Patient nach der Einnahme des Produkts.

Rückblickend waren die Warnsignale bezüglich der Nebenwirkungen wie auch die Schwierigkeiten beim Absatz des Produkts offensichtlich. Warum hatte niemand im Unternehmen die frühen Warnsignale erkannt?

---

43 Der Fall der GlobalHealthCompany basiert auf der Arbeit einer Harvard-Fallstudienautorin aus dem Jahr 1997, die von der GlobalHealthCompany damit beauftragt worden war. Als die Unternehmensführung die Ergebnisse der Fallstudie vor sich hatte, entschied sie, dass der Inhalt zu gefährlich war und dass die Fallstudie in einem »Giftschrank« weggeschlossen werden sollte, damit niemand sie je zu Gesicht bekam. Aus diesem Grund wurde die Studie nie genutzt oder veröffentlicht.

Die Entstehung eines Unternehmensvirus

Die Antwort darauf, warum die Warnsignale nicht erkannt worden waren, ist mit der Kultur und Geschichte des Unternehmens verbunden. Schein (1989) beschreibt zwei wesentliche Prinzipien, die beim Verständnis dieses Falles weiterhelfen. Der erste Faktor betrifft die Rolle des Gründers, die zum Verständnis einer organisationalen Kultur stets außerordentlich bedeutsam ist. Daneben basiert eine jede Unternehmenskultur, der wir im Alltag begegnen, auf Verhaltens- und Denkweisen, die sich in der Vergangenheit der betreffenden Organisation als außerordentlich erfolgreich erwiesen haben. (Denn andernfalls würde die betreffende Organisation heute ja gar nicht mehr existieren.) Im Folgenden wird dargestellt, wie sich diese beiden Prinzipien im Falle der GlobalHealthCompany ausgewirkt haben.

Vier Geschäftsführer

Geschäftsführer Nr. I: 1960er Jahre

»Der erste Geschäftsführer der GlobalHealthCompany kam in den 1960er Jahren zu uns«, so ein leitender Angestellter, der bereits damals im Unternehmen tätig war. »Seine wichtigste Aufgabe war der Verkauf, der Absatz unserer Produkte. Er hatte ganz klare Vorstellungen von dem Unternehmen und verhielt sich sehr autoritär. Er baute den Vertrieb auf und betonte immer, dass wir auf regionaler Ebene besondere Bedingungen haben und dass sich deshalb unser Vertrieb vom Mutterkonzern unterscheiden müsse.«

Auch der Leiter der Forschungs- und Entwicklungsabteilung war von einem ähnlichen Dogmatismus geprägt. Ein Mitarbeiter der GlobalHealthCompany beschrieb es so: »Er werde jedem verbieten, mit der Regulierungsbehörde über Nebenwirkungen zu sprechen, denn wenn es ein Problem gibt, dann *kann es nicht* am Produkt selbst liegen.«

Geschäftsführer Nr. II: 1980er Jahre

In den 1980er Jahren wurde der Gründungsgeschäftsführer abgelöst. Der neue Geschäftsführer verlegte zunächst den regionalen Hauptsitz des Unternehmens. »Er war eine ruinöse Führungsperson«, erinnert sich ein anderer Manager der GlobalHealthCompany. »Er feuerte die Leute sofort, wenn sie nicht seiner Meinung waren. Man wurde gefeuert, wenn man etwas über die Firma sagte, das man nicht sagen sollte – dein Job bestand darin, die Firma zu schützen.« Er war distanziert, und die Leute bekamen ihn selten zu sehen. Der erste Geschäftsführer war zwar autoritär, doch konnte man sagen, was man dachte, selbst wenn man mit ihm nicht einer Meinung war. »Er bekam vielleicht einen Wutanfall, aber man konnte sich frei äußern«, so der Manager

Geschäftsführer Nr. III: Frühe 1990er Jahre

Der zweite CEO wurde bereits nach 3 Jahren in den frühen 1990er Jahren abgelöst. Der dritte Geschäftsführer war ebenfalls autoritär, doch brachte er einen anderen Stil mit. »Er ging durch das Unternehmen, sprach mit den Leuten, und das wurde gut aufgenommen, vor allem angesichts seines unmittelbaren Vorgängers. Er war autoritär, aber die Leute vertrugen das besser, weil er sie kannte.«

Ein Senior-F&E-Manager der GlobalHealthCompany erinnert sich: »Dann wurde er ehrgeizig. Er vermehrte die Zahl der Leute in der Organisation, vor allem im Vertrieb, um das neue Produkt auf den Markt zu bringen. Er hatte gute Absichten, aber er übernahm eine schwierige Situation. Mit zunehmendem Wachstum der Organisation begann er, diese aus den Augen zu verlieren. Auch wurde er sehr abhängig von nur wenigen Leuten, die ihn darüber informierten, was vor sich ging. Der Forschungsdirektor, auf den es sehr ankam, verlangte, genau wie vorher, nur gute Nachrichten über die Wirkstoffe zu hören.

Einer der Nachteile der Ära von Geschäftsführer Nr. III war, dass sie sehr marketingorientiert war. Der Marketingleiter schaute einfach auf die Kundenbesuche. Er war davon überzeugt, dass sich der Verkauf steigern würde, wenn es mehr Besuche gäbe, trotz des hohen Preises und der dokumentierten Nebenwirkungen des Produkts … Er kämpfte um den hohen Preis, und erlaubte es den Vertretern nicht, über die Abteilungen hinweg zu sprechen, und die medizinische Abteilung durfte nicht mit der Marketingabteilung sprechen. Als es unmöglich wurde, die Nebenwirkungen des Produkts zu ignorieren, wollte er [der Geschäftsführer Nr. III] mit niemandem außerhalb der Firma sprechen, der der GlobalHealthCompany kritisch gegenüberstand. Jetzt wurde uns deutlich, dass wir zu unseren Kunden rausgehen und uns mit Problemen wie Nebenwirkungen auseinandersetzen mussten. Aber der Geschäftsführer Nr. III sagte im Wesentlichen: ›Pssst! Seid leise. Gebt den Kunden und der Presse nicht so viele Informationen.‹«

Geschäftsführer Nr. IV: Mitte der 1990er Jahre

Der Senior-Manager erzählt: »Als dann Geschäftsführer Nr. IV kam, bemühte er sich sehr, jedem zu erklären, welches unsere Ziele waren. Zum ersten Mal wurde offen geredet, und es gab keine geschlossenen Besprechungen. Vorher hatten wir nur geschlossene Meetings.«

Das Verhaltensmuster der Führungsebene hatte über die Jahre die Kultur des Unternehmens geprägt. Die Folge war eine Unternehmenskultur, die gekennzeichnet war durch einen Mangel an Informationsaustausch, durch Meetings hinter verschlossenen Türen. Ein Manager erinnert sich: »Wissen war Macht, und die Leute kümmerten sich nur um sich und sicherten sich so ab. Es gab fast eine Geheimhaltungspflicht in der Firma.«

Entsprechend wurde der offene Stil des neuen Geschäftsführers mit Skepsis begrüßt: »Die Leute waren nicht darauf vorbereitet, miteinander zu sprechen oder kritische Informationen weiterzugeben. Es herrschte eine ständige Angst, jederzeit gefeuert zu werden.«

Geschäftsführer Nr. IV holte eine große Unternehmensberatung ins Unternehmen. Deren Aufgabe war es, dort einen Reengineeringprozess durchzuführen. Das Ergebnis der Arbeitsgruppen, die mit den Beratern arbeiteten, war nicht überraschend. Die Hauptprobleme, an denen die Firma zu arbeiten hatte, waren Kommunikation, Kundenzufriedenheit und die Zusammenarbeit mit Behörden, der Öffentlichkeit und allen externen Partnern. Als es dann an die Umsetzung der ausgearbeiteten Vorschläge ging, bahnte sich eine Fusion des Mutterkonzerns mit einem anderen großen Unternehmen der gleichen Branche an. Damit wurden über Nacht alle Umsetzungsprozesse auf Eis gelegt. Das war natürlich genau das Ergebnis, das die meisten Mitarbeiter von vornherein erwartet und vorausgesehen hatten: Das ganze Gerede über eine Veränderung werde letztendlich in nur noch mehr Gerede enden und nicht umgesetzt werden. Hier eine weitere Stimme aus dem Unternehmen: »Es hatte zu viele schlechte Erfahrungen in dieser Organisation gegeben. Vor allem war die Erfahrung, dass Führungskräfte eine Sache sagen und eine andere tun oder einen Prozess nicht zu Ende führen. Wir sind durch ein Reengineering und alle möglichen anderen Veränderungsprozesse gegangen. Es gab viele Analysen, aber keine Umsetzung. In vielen dieser Veränderungsprojekte hatten Leute hart gearbeitet, manchmal ein Jahr oder mehr, aber es gab keine Ergebnisse.«

Die Wiederholung dieses Musters verwandelte sich nach einer Weile in Zynismus: »Die Leute müssen Ergebnisse sehen. Aber wenn das Management sich nicht ändert, kann man nicht erwarten, dass die Leute sich ändern. Wir haben viele Meetings, und wir arbeiten, um Resultate zu liefern. Man kann sie auch genauso gut in den Müll werfen, weil niemand sie umsetzen wird.«

Eine andere Senior-F&E-Managerin fasste ihre Sichtweise so zusammen: »Die Leute vertrauen der Geschäftsführung nicht, und die Firma wird von außen als groß und anonym wahrgenommen. GlobalHealthCompany leidet unter einem Virus, was, so traurig das ist, das Erbe unserer Geschichte ist. Selbst neue Leute stecken sich mit diesem Virus an. Sie infizieren sich sehr schnell, und das ist schade. Die Geschäftsführung muss endlich erkennen, dass dies eine ziemlich vertrackte Situation ist.«[44]

44 Bis zu diesem Punkt basiert die Darstellung der GlobalHealthCompany auf der oben erwähnten Fallstudie. Ab jetzt folgt meine Interpretation dieser Daten.

Vier Barrieren des organisationalen Lernens und der Veränderung

Dieser Fall der GlobalHealthCompany macht deutlich, welche Probleme aus einem Muster des Downloading oder Runterladens entstehen. Was zunächst auf der Führungsebene in einem bestimmten Kontext gut funktioniert, entwickelt ein Eigenleben und verwandelt sich in ein fortwährendes Muster, das im gesamten Unternehmen wiederzufinden ist. Das schafft, wenn sich der Kontext ändert, dysfunktionale Verhaltensweisen, die sich reproduzieren und »ansteckend« wirken wie ein Virus in einem Organismus. Ein Verhaltensmuster, das in einer ganz bestimmten Situation eventuell sinnvoll war, wird zur Routine, wird Teil der Organisationskultur. Wenn alte, gewohnheitsmäßige Verhaltensweisen und verändertes Unternehmensumfeld immer weiter auseinanderfallen, werden die alten Muster zu Lernbehinderungen in der Gegenwart. Sie verhindern, dass die Organisation die Realität, mit der sie konfrontiert ist, ungetrübt wahrnimmt und aus dieser Wahrnehmung heraus handelt. *Vier Lernbarrieren* erhalten das Virus am Leben und reproduzieren den Modus des Runterladens (Abb. 8.2):

- nicht erkennen, was man sieht (Abspulen der alten Denkschablonen)
- nicht sagen, was man denkt (Abspulen der alten Sprechschablonen)
- nicht tun, was man sagt (Abspulen der alten Handlungsgewohnheiten)
- nicht sehen, was man tut (Abspulen der alten Sehgewohnheiten)

Barriere 1: Nicht erkennen, was man sieht

Das Verhalten des Gründungsgeschäftsführers brachte die erste Lernbarriere in das Unternehmen. »Er hatte total festgefahrene Ideen, was das Unternehmen betraf. Er regierte auf eine sehr autoritäre Art.« Wie die meisten Gründer und Pioniere vertraute Geschäftsführer Nr. I seinen eigenen Ideen (dem, was er glaubte) mehr als den Daten, die die Welt ihm vorsetzte (dem, was er sah). Alle Pioniere setzen sich mithilfe ihrer Vision über die gegenwärtige Realität hinweg. Doch mit der Zeit wird dieses Verhaltensmuster dysfunktional und kann zukünftigen Erfolg und Weiterentwicklung durch beständiges Herunterladen von Verhaltensmustern blockieren. Die Folge von Barriere 1 ist also die Unfähigkeit zu erkennen, was man sieht. Im Falle von GlobalHealthCompany konnte die Führungsebene die Nebenwirkungen des Medikaments und den Umfang des Problems nicht sehen.

Barriere 2: Nicht sagen, was man denkt

Geschäftsführer Nr. II bringt eine zweite Lernbehinderung in das Unternehmen: nicht sagen, was man denkt. »Er feuerte die Leute direkt, wenn sie nicht seiner Meinung waren. Man wurde entlassen, wenn man etwas über die Firma sagte, das man nicht sagen sollte.« Die Führungsebene und besonders der Geschäftsführer brachten ein weiteres *Virus* in das Unternehmen. Um unter dieser Geschäftsführung zu überleben, mussten auch die anderen Manager lernen, *nicht zu sagen, was sie dachten*. Jeder, der diese Regel nicht befolgte, wurde gefeuert, d. h. aus dem »Genpool« der Unternehmenskultur entfernt. Das Verhalten, welches das Überleben gewährleistete und damit in die Kultur einging, bestand darin, dass man über das, was man wirklich dachte, nicht sprechen konnte. Dieses Virus hinderte die Mitarbeiter daran, von ihren eigenen Erfahrungen zu lernen und nicht die gleichen Fehler zu wiederholen.

Barriere 3: Nicht tun, was man sagt

Geschäftsführer Nr. IV versuchte, die Kultur, die aus der Infektion mit den ersten beiden Viren hervorgegangen war, zu verändern, scheiterte aber, weil er seinen Worten keine Taten folgen ließ. Die vielen Problemanalysen und die Gespräche über Veränderungsideen wurden nie in die Praxis umgesetzt. Die Mitarbeiter, die Kraft und Energie in die Prozesse und Gespräche einbrachten, wurden enttäuscht. Diejenigen, die das viele Gerede über Veränderung distanziert beobachteten, sahen sich darin bestätigt, dass sie ihre Zeit in große Projekte investiert hatten, die dann doch nur ins Leere führten.

Barriere 4: Nicht sehen, was man tut

Die vierte Barriere besteht darin, nicht zu sehen, was man tut. Alle vier Geschäftsführer hatten einen blinden Fleck in Bezug auf die Tatsache, dass ihre Verhaltensweisen zu den in Abb. 8.2 dargestellten vier Lernbehinderungen geführt hatten.

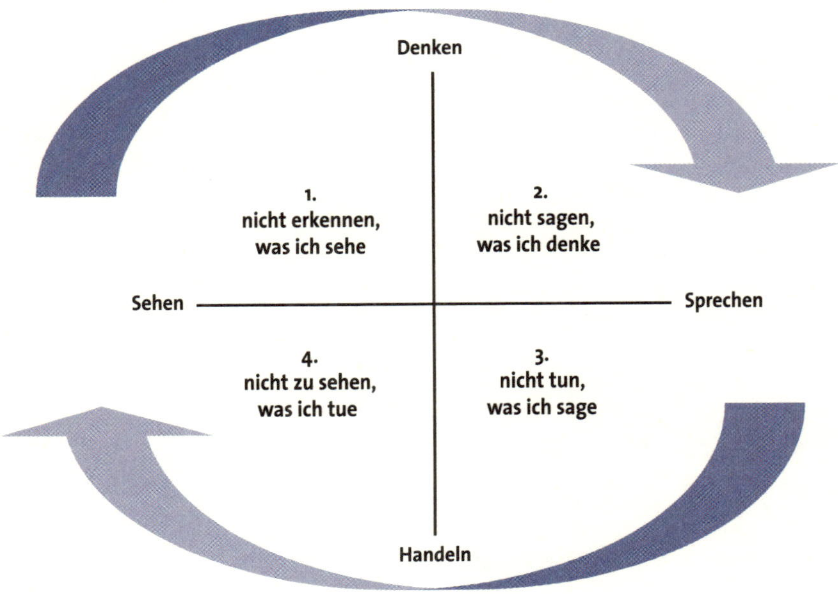

Abb. 8.2: Vier Barrieren des Lernens und Veränderns

Der Fall der GlobalHealthCompany veranschaulicht, wie tief der institutionelle Mechanismus des Runterladens in einer organisationalen Kultur eingebettet sein und wie stark sich ein Muster der Vergangenheit reproduzieren kann. Individuen, die sich mit solchen Mustern konfrontiert sehen, glauben, diese seien nicht veränderbar.

Die erste Stufe im U-Prozess beschreibt die Fähigkeit, sich des Runterladens oder des Downloading von vergangenen Denk- und Verhaltensmustern bewusst zu werden. Dies gilt für alle Ebenen, für Einzelne, Gruppen, Organisationen und auch auf der Ebene der Gesellschaft. Nur wenn wir den Modus des Runterladens beenden, können wir aufwachen, die Realität mit ungetrübtem Blick wahrnehmen und die Qualität unserer Aufmerksamkeit verändern – was uns zum nächsten kognitiven Ort des U-Prozesses bringt: dem Sehen.

9 Seeing – Hinsehen

Wie wir sehen: Die Sicht von außen • Vom Downloading zum Hinsehen • Gemeinsames Sehen in Aktion: Das Arzt-Patienten-Dialogforum • Feldnotizen

Wie wir sehen: Die Sicht von außen

In dem Moment, in dem wir das Downloading wahrnehmen und seiner als Gewohnheit gewahr werden, bewegen wir uns auf ein wirkliches Hinsehen zu. Unsere Wahrnehmung wird konturierter, schärfer, und wir nehmen die Realität wahr, mit der wir konfrontiert sind. Handeln wir aus diesem Raum heraus, so erfolgt die Wahrnehmung an der Grenze zwischen Beobachter und Beobachtetem. Ein Beispiel beschreibt der Physiker Arthur Zajonc in seinem Buch *Catching the Light* (1993; dt. 1994: *Die gemeinsame Geschichte von Licht und Bewußtsein*): Im Januar 1790 bedrängte ein Bote Goethe, eine Schachtel mit einem optischen Gerät zurückzugeben, das Goethe sich ausgeliehen hatte. Ein Diener stand bereit und wartete darauf, die Schachtel entgegenzunehmen, als Goethe das Prisma hastig herauszog, um in einem schnellen Versuch den Regenbogen, den Newton gesehen hatte, selber zu sehen. Stattdessen sah er im Januarlicht etwas ganz anderes. Arthur Zajonc beschrieb dies wie folgt (Übers.: C. O. S.):

> »Goethe schaute auf die weißen Wände des Zimmers in der Erwartung [gemäß der newtonschen Theorie], sie in den Farben des Regenbogens gekleidet zu sehen. Doch er sah nur Weiß!«

In diesem Moment wusste er, dass Newton nicht recht hatte. Überrascht wandte sich Goethe wieder zum Fenster, dessen dunkler Kreuzrahmen sich scharf gegen den hellgrauen Januarhimmel hinter ihm abhob. Dort am Rande von Rahmen und Himmel, wo Licht und Dunkelheit aufeinandertreffen, sah er helle Farben.

Vom Downloading zum Hinsehen

In dem Moment, als Goethe das Prisma hochhob und hindurchschaute, verlagerte sich der Ort seiner Aufmerksamkeit (der weiße Punkt in Abb. 9.1) vom Zentrum seiner Organisation, das heißt vom Zentrum seiner Gewohnheiten und Routinen, zur Peripherie, also direkt an den Rand seiner organisationalen Grenze (an den grauen Kreis). Von hier aus schaute er aus dem Fenster seiner Organisation auf die Welt vor seinen Augen.

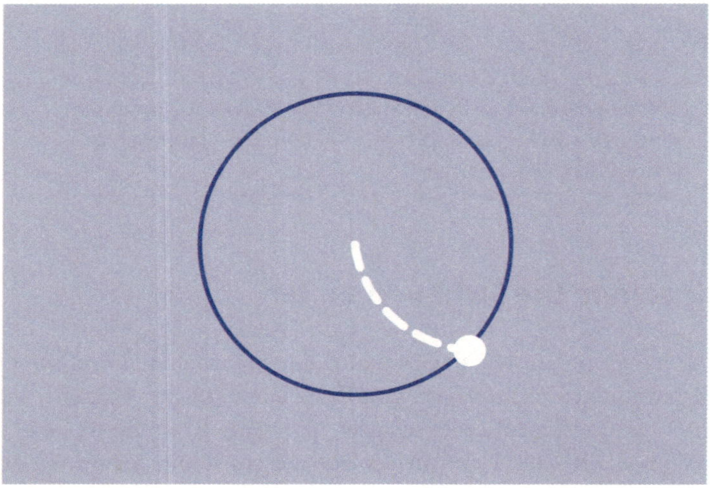

Abb. 9.1: Die Feldstruktur des Hinsehens

Als ich am Morgen des 11. Aprils 1978 zur Schule ging, erledigte ich eine Reihe täglicher Routinen: mit dem Zug fahren, durch den Park zwischen Bahnhof und der Schule gehen, in der Klasse das Wochenmagazin *Der Spiegel* lesen, anstatt den normalerweise weit weniger interessanten Klassengesprächen zuzuhören, und so weiter. Aus diesen Routinen des Runterladens wurde ich herausgezogen, als ich meine Aufmerksamkeit auf zwei Beobachtungen richtete, auf die ich mir keinen Reim machen konnte: als ich die roten Augen meiner Lehrerin sah, während sie mit mir sprach, und als ich feststellte, dass die Leitung tot war, sodass ich nicht zu Hause anrufen konnte. Als ich im Taxi saß, änderte sich die Feldstruktur meiner Aufmerksamkeit schlagartig: Plötzlich sah ich, was los war – der Himmel war durch schwarze Rauchwolken verdunkelt, die von der Stelle nach oben aufstiegen, wo unser Hof gestanden hatte. Ich, der Beobachter, saß immer noch im Auto, aber die Membran, die Windschutzscheibe, war durchsichtig, und so konnte ich sehen, was draußen geschah. (Der Beobachter war noch vom Beobachteten getrennt.)

Die Bewegung vom Runterladen zum Hinsehen ist einfach, obgleich nicht immer schmerzlos. Manchmal erfolgt dieser Wechsel ohne sichtbare Aktivität aufseiten des Beobachters, wie im Falle des Feuers. Alles, was ich dazu beitrug, war, Zeuge zu sein. Manchmal verlangt es viel mehr Disziplin seitens des Beobachters, wie im Beispiel von Goethe bei dessen Blick durch das Prisma. Goethe soll ein außergewöhnlicher Meister der Beobachtung gewesen sein, der zeit seines Lebens seine Wahrnehmungsfähigkeit kultivierte.

Drei Prinzipien können uns bei dem Prozess vom Runterladen zum eigentlichen Hinsehen helfen:

- Kläre Frage und Intention.
- Begib dich in die wichtigen Kontexte.
- Stell das Beurteilen vorübergehend ein, und verbinde dich mit dem Wunder.

Kläre Frage und Intention

In Projekten mit dem Friedensforscher Johan Galtung fiel mir auf, dass er in Diskussionen nach einem Vortrag oft etwas auf einen Notizblock kritzelte, bevor er antwortete. Auf meine Frage, was er denn da mitschreibe, antwortete er, dass er nicht die Antwort, sondern die Frage aufschreibe, weil er sie sonst vergesse. Gute Fragen, so Galtung, sind der Ausgangspunkt für gute Forschung.

Als ich mit Designern des Innovationsunternehmens IDEO zusammenarbeitete, war ich überrascht, wie viel Zeit die IDEO-Designer *vor* dem eigentlichen Kernprozess verbringen. »Die Qualität des kreativen Designprozesses«, erklärte mir ein IDEO-Leiter, »ist abhängig von der Qualität der Aufgabenstellung, die den Ausgangspunkt definiert.« Ich hatte zunächst angenommen, man müsse sich immer alle Möglichkeiten offenhalten, um kreativ zu sein. So wie Wissenschaftler eine Forschungsfrage klären und förmlich herauskristallisieren, bevor sie mit einem Experiment beginnen, müssen Designer auch ihre Aufgabenstellung klären. Erst viel später habe ich gelernt, dass eine klare Forschungsfrage keineswegs bedeutet, dass man nicht mehr links und rechts schaut, dass man nicht mehr offen ist für entstehende neue Fragen, aber man muss es auf sehr bewusste Weise tun.

Begib dich in die wichtigen Kontexte

Der Kontext eines Prozesses kann als ein lebendiges Labor gedacht werden, als ein Ort, wo sich Wahrnehmung ereignet. Für Christopher Alexander, den Mathematiker und Architekten, ist das ultimative Designobjekt Form und Muster. Er erklärt:

> »Die Form ist der Teil der Welt, den wir gestalten, während wir den Rest der Welt so lassen, wie er ist. Der Kontext ist der Bereich der Welt, der an die Form Forderungen stellt [...]. Die Form ist die Lösung des Problems: Der Kontext definiert das Problem.«[45]

Dieser Gedanke Alexanders betrifft jeden Wahrnehmungsprozess. Das Problem steht in einem spezifischen Kontext, und ein wesentlicher Schritt besteht darin, sich in diesen Kontext zu begeben, um das Problem wahrzunehmen. Bei Goethe war es so, dass er sich einen Kontext schuf, der es ihm ermöglichte, das zu beobachten, was ihn interessierte (die Farben durch das Prisma zu sehen). Beim Management

45 Zit. nach Flinn (1974; Übers.: C. O. S.). Dieses Zitat spiegelt den Kerngedanken in Alexanders Arbeiten wider, einschließlich der Arbeit *Phenomenon of Life Series*.

und den Sozialwissenschaften befindet sich das Labor häufig in einem lebendigen sozialen Kontext, wie zum Beispiel in Osteuropa bei der Studienreise von Galtung und unserer Gruppe. Doch in beiden Fällen begaben sich die Beobachter in einen Kontext, der es ihnen erlaubte, das Phänomen aus der Nähe zu untersuchen und zu beobachten.

Im Bereich Management und Organisation lässt sich seit etwa zwei Jahrzehnten beobachten, dass immer mehr Unternehmen sich in den Kontext der Kunden, Partner und Zulieferer hineinbegeben. Aus einem *Über*-die-Kunden-Sprechen wurde ein *Mit*-den-Kunden-Sprechen bis hin zu dem Punkt, dass vielen Unternehmen deutlich geworden ist: Die *Erfahrungen* der Kunden sind ein wesentlicher Kontext, den es zu erforschen gilt. Sie ermöglichen ein erweitertes Verständnis unerschlossener Kapazitäten und Bedürfnisse. Doch über Kundenerfahrungen zu reden ist noch etwas anderes als sich tatsächlich hineinzubegeben.

Was es wirklich heißt, sich in einen Kontext zu begeben, um die Fähigkeit des Hinsehens auszubilden, beschrieb Francisco Varela mir gegenüber am Beispiel eines allerdings sehr grausamen Experiments mit jungen Katzen. Neugeborene Katzen brauchen ein paar Tage, bevor sie ihre Augen öffnen. In besagtem Experiment wurden die neugeborenen Katzen in Zweierpaaren zusammengebunden, eine auf dem Rücken der anderen. Bei jedem Paar konnte sich nur das untere Kätzchen bewegen. Das auf dem Rücken des anderen fixierte obere Kätzchen machte die gleichen räumlichen Bewegungen mit, jedoch ohne eigene Beinarbeit, die der unteren Katze vorbehalten blieb. Das Ergebnis dieses Experiments war, dass die untere Katze ganz normal sehen lernte, die obere Katze jedoch nicht – sie blieb blind, oder ihre Sehfähigkeit entwickelte sich stark eingeschränkt. Varela betonte mit Bezug auf dieses Experiment, dass Wahrnehmung nicht passiv ist. Die Wahrnehmung ist eine Aktivität, die wir mit unserem ganzen Körper realisieren.

Gleich einer »oberen Katze« heuern wir im Bereich Wissensmanagement und Strategiearbeit Experten und externe Berater an, statt selbst herauszufinden, wie die Welt funktioniert. Wir »outsourcen« gewissermaßen die Beinarbeit. Für einfache Probleme kann das auch mal zielführend sein. Je größer jedoch die Komplexität einer Situation, desto wichtiger ist es, die Wahrnehmung, die Aktivierung der Sinne *nicht auszulagern,* sondern die Nähe zum lebendigen Kontext aktiv zu suchen und so strategische Veränderungen und Entwicklungen frühzeitig zu erkennen. Ohne direkte Verbindung zum Kontext einer Situation geht es uns wie der oberen Katze: Wir vermögen nicht sehen zu lernen.

Stell das Beurteilen vorübergehend ein, und verbinde dich mit dem Wunder

Charles Darwin, der Nestor der modernen Evolutionstheorie, hatte immer ein Notizbuch bei sich, um Beobachtungen und Fakten, die seiner Theorie widersprachen, zu notieren. Er war sich bewusst, dass der menschliche Verstand alles, was nicht in die vertrauten Bezugsrahmen passt, schnell verdrängt und dann vergisst.

Ähnlich wie Goethe, der sein Urteil über Farben im Licht aussetzte, wusste auch Darwin, dass die widersprüchlichen Daten von heute das Rohmaterial für die Theorien von morgen sind. Deshalb hielt er seine Beobachtungen schriftlich fest, bevor er die unbequemen Informationen, die sein Verstand nicht einzuordnen wusste, wieder vergaß. Wo finden sich in unseren heutigen großen Institutionen hilfreiche Mechanismen, die ein Innehalten bei den gewohnheitsmäßigen Urteilsroutinen fördern? Ein paar Techniken wie das Brainstorming zielen in diese Richtung. Doch im Großen und Ganzen sind unsere Gespräche und Interaktionen innerhalb von Institutionen und über institutionelle Grenzen hinweg so strukturiert, dass wir zu Stellungnahmen und Urteilen ermutigt werden und nicht zum Innehalten.

Aber nur dann, wenn wir das Beurteilen vorübergehend einstellen, können wir uns für die Welt des Staunens öffnen, die uns bemerken lässt, dass es eine Welt jenseits unserer Muster des Runterladens gibt. Staunen ist der *Keim* des U-Prozesses. Ohne diese Fähigkeit bleiben wir wahrscheinlich in den Mauern unserer mentalen Konstrukte gefangen. Staunen zu können ist eine der größten Begabungen, die Kinder in unser Leben bringen. Kinder verkörpern das Staunen in seiner reinsten Form. Doch um diese Fähigkeit nicht zu verlieren, brauchen Kinder ein Umfeld, das sie im Staunen unterstützt. Ohne diesen unterstützenden Kontext verkümmert diese Fähigkeit wie eine junge Pflanze, die kein Wasser bekommt.

Meiner Erfahrung nach ist die Wahrscheinlichkeit, dass ein Mensch die Fähigkeit zum Staunen kultiviert und bewahrt hat, umso größer, je profunder sein Wissen ist. Umgekehrt ist die Wahrscheinlichkeit dafür, die Fähigkeit zum Staunen kultiviert zu haben, umso geringer, je oberflächlicher und begrenzter das eigene Wissen ist.

Wenige Monate nach meinem Interview mit Brian Arthur interviewte ich einen seiner Kollegen bei Xerox PARC, Jack Whalen. Whalen ist ein führender Experte für Wissensgemeinschaften (*knowledge communities*) und ethnografische Beobachtung. In unserem Interview sprach er darüber, wie er eine ethnografische Methode entwickelt hatte, um Arbeits*praktiken* zu beobachten und zu analysieren. Am Ende des Gesprächs fragte ich ihn: »Wenn Sie diese Methode auf sich selbst anwenden, was sind Ihre eigenen wichtigsten Arbeitspraktiken? Welche Arbeitspraktiken verwenden Sie, die es Ihnen ermöglichen, Ihre Arbeit zu tun?«

Jack Whalen dachte einen Moment nach und antwortete dann: »Beziehungen zu Leuten aufbauen und ein tiefes Interesse für andere wissenschaftliche Disziplinen pflegen.« Er machte eine Pause. »Und Staunen. Im Wesentlichen praktiziere ich eine Disziplin des unendlichen Staunens. Oh, schau! Schau dir diese Welt an!«[46]

Ist es schon für Individuen schwer, eine Kapazität des Hinsehens (*seeing*) zu entwickeln, so ist dies im kollektiven Kontext von Organisationen mit noch größeren

46 Vor seiner Arbeit in PARC war Whalen Senior Research Scientist am Institute for Research on Learning in Menlo Park und an der University of Oregon tätig, wo er Assistenzprofessor für Soziologie und Dekan des Departments war.

Herausforderungen verbunden. Doch ist die Qualität des Hinsehens ein wesentlicher, wenn nicht gar, wie manche meinen, der *alles entscheidende* Faktor für die Führung von Veränderungsprozessen.

Die meisten Veränderungsprozesse scheitern nicht an einem Mangel an guten Intentionen und Visionen, sondern weil die Verantwortlichen im Prozess nicht die Realität, mit der sie konfrontiert sind, *sehen* können, um dann entsprechend zu handeln. Wie wichtig es ist, die Realität zu sehen, lernte ich zum ersten Mal im Kurs zum Changemanagement von Ed Schein am MIT. Doch wirklich verstanden habe ich es erst, als ich es selbst erlebte.

Schein betonte immer, dass sein wichtigstes Prinzip für das Managen von Veränderung laute: »Beziehe dich immer auf die reale Situation.« (»Always deal with reality.«)

Das heißt, der Ausgangspunkt eines jeden Veränderungsprozesses ist das Vermögen, die Wirklichkeit zu sehen. Diese Fähigkeit gemeinschaftlich auszubilden ist eine der großen Führungsherausforderungen unserer Zeit.

Dialog als Fähigkeit, gemeinsam zu sehen

David Bohm (1996) und Bill Isaacs (1999) definieren Dialog als Kunst, gemeinsam zu denken. Ich schlage vor, dieser Definition einen kleinen Dreh zu geben: Dialog ist die Kunst, (sich selbst und andere) *gemeinsam zu sehen*. Diese Abweichung scheint geringfügig, aber sie hat konkrete methodologische Implikationen.

Warum betone ich das Primat der Wahrnehmung? In meinem ganzen Leben bin ich noch nie auf eine Situation gestoßen, die so schrecklich war, dass es einen Menschen überfordert hätte, sich ihr zu stellen und der Realität ins Gesicht zu schauen (auch wenn es solche Situationen zweifellos gibt). Die Zusammenbrüche, die ich (innerhalb und außerhalb von Organisationen) erlebt habe, waren immer darauf zurückzuführen, dass man die Situation verleugnete, d. h. die Situation *nicht* gesehen und sich ihr *nicht* gestellt hat.

Andererseits war ich erstaunt, dass – egal, wie schwierig eine Situation sein mag – in dem Moment, in dem man sich entschließt, die Realität, mit der man es zu tun hat, wirklich anzuschauen, neue Kräfte geweckt werden, wie in der Geschichte des Feuers, als ich ihm direkt in sein hässliches Gesicht sah. Und das Interessante ist, dass diese Kräfte immer zu der Herausforderung passen, mit der man konfrontiert ist. Denken Sie an den Krebsspezialisten, der sein Erstaunen darüber ausdrückte, welche Kraftreserven Menschen entwickeln, welche Fähigkeiten, der Wahrheit ins Auge zu sehen und sich den schlimmsten vorstellbaren Situationen zu stellen.

Vergleichen wir das mit der schwierigen Geschichte der GlobalHealthCompany. Das Problem dort war nicht das Fehlen von Visionen oder Initiative. Es gab viele Visionen und wohlmeinende Absichtserklärungen. Das wirkliche Problem lag an einer anderen Stelle: Sämtliche vier Geschäftsführer hatten immer mehr den Bezug zur (sich verändernden) Realität verloren. Sie konnten die Realität nicht klar sehen. Und je mehr Druck sie dann ausübten, weil sie meinten, sie müssten »den Wandel antreiben«, desto stärker wurde der Widerstand des Systems. So ein Widerstand entsteht nur, wenn Menschen zu großen Veränderungen und Opfern aufgefordert werden, aber nicht in der Lage sind, gemeinsam die Gesamtsituation zu sehen und den Kontext zu verstehen, der die betreffende Veränderung erforderlich macht. Dies brachte einige Mitarbeiter aus dem Vertrieb der GlobalHealthCompany dazu zu sagen: »Wir sollen Verkäufe wie Erwachsene generieren, aber was Entscheidungsprozesse in der Organisation anbelangt, werden wir wie Kinder behandelt.«

Gemeinsam die Realität zu sehen klingt vielleicht einfach, ist jedoch eine extrem anspruchsvolle Aufgabe. Viele Führungskräfte sind, wie diese vier Geschäftsführer der GlobalHealthCompany, nicht fähig, die Realität klar zu sehen. Entgegen der allgemeinen Auffassung bin ich nicht der Meinung, dass es die wichtigste Führungsaufgabe ist, eine Vision zu formulieren und Ziele und Richtung vorzugeben. Zu oft wird diese eingeschränkte Sichtweise zu einer Belastung, durch die Organisationen den Bezug zum tatsächlichen Geschehen verlieren, während die Führungskräfte damit beschäftigt sind, ihre Vorstellungen vom nächsten Veränderungsprogramm auszuposaunen.

Im Zuge meiner Arbeit mit Ed Schein ergab sich für mich die Erkenntnis, dass die zentrale Aufgabe von Führung die Förderung und Verbesserung der individuellen und systemischen Fähigkeit zu sehen ist. Das schließt ein, nicht nur aufmerksam auf die Realität zu achten, mit der die Individuen und die Organisation konfrontiert sind, sondern auch auf den eigenen Beitrag zum Entstehen der Realität. Damit ist es eine wesentliche Führungsaufgabe, der Organisation zu helfen, die Macht des individuellen und gemeinsamen Sehens zu entdecken.

Gemeinsames Sehen in Aktion: Das Arzt-Patienten-Dialogforum

1998 begannen meine Kollegin Ursula Versteegen und ich die Zusammenarbeit mit einem regionalen Ärztenetzwerk in Deutschland (Kaeufer, Scharmer a. Versteegen 2003). Ursula war während dieser Zeit als Chief Knowledge Officer eines neu gegründeten Unternehmens mit Sitz in München tätig. Zu einem Zeitpunkt, als das Ärztenetzwerk in seinen Verhandlungen mit Versicherungen in eine kritische Phase trat, bereiteten wir gemeinsam mit der Kerngruppe der Ärzteinitiative ein Treffen des gesamten Netzwerks für die folgende Woche vor. Die Versicherung hatte angedeutet, dass sie in Kürze über die mögliche Finanzierung eines verbesserten Notruf- und Notfallberatungssystems, das das Ärztenetzwerk entwickelt und vorgeschlagen hatte, entscheiden würde.

Das verbesserte Notruf- und Notfallberatungssystem war von der Finanzierung durch die Versicherung abhängig, und die Ärzte erwarteten, dass die Versicherung sich nicht zu einer Finanzierung dieses Vorschlags durchringen würde. So begann unser Vorbereitungstreffen mit der Klage, dass man doch zu sehr von »diesen Bürokraten« abhängig sei. Man konnte förmlich spüren, wie die Energie im Raum immer weiter abnahm. Die Teilnehmenden begannen, auf ihre Uhr zu schauen. Doch als der Abend fast vorbei war, nahm er eine überraschende Wende – alles wegen Georg.

Unmittelbar vor Beginn des Treffens hatte ich kurz mit einem der Ärzte gesprochen, den ich noch nicht kannte. Sein Name war Georg Müller, und er war gerade aus Indien zurückgekehrt, wo er ein Projekt, das mobile Krankenhaus, ins Leben gerufen hatte. Mit diesem mobilen Krankenhaus hatte er Patienten im lokalen Armenviertel versorgt. »Wow«, sagte ich, »das hört sich interessant an«, und dachte, dass ich bei Gelegenheit darüber liebend gern mehr erfahren hätte. Im Verlaufe der Versammlung vergaß ich diesen kurzen Austausch. Plötzlich, gegen Ende des Meetings, hatten er und ich einen kurzen Blickkontakt, und wir wussten, dass wir den gleichen Gedanken hatten: »Was um Himmels willen ist hier los? Warum ist hier keine Energie im Raum?« Dann bat ich Müller spontan, von seinem Indienprojekt zu erzählen. Das Projekt hatte eigentlich keine sichtbare Verbindung zu unserer Diskussion, aber ich hatte das Gefühl, dass es vielleicht eine neue Perspektive hereinbringen könnte. Als Müller dann begann, von seinen Erlebnissen aus Indien zu berichten, konnte man buchstäblich sehen, wie sich das Feld um ihn herum auflud. Nach wenigen Minuten waren wir alle wie gebannt und lauschten dem Fortgang seiner Geschichte.

> »Während meines Urlaubs in Indien traf ich zufällig einen Arzt, der dort ein ländliches Krankenhaus leitete. Er erzählte mir von den medizinischen Verhältnissen in dieser Stadt mit 6 Millionen Einwohnern. Dann führte er mich durch das Armenviertel. Ich fühlte, dass es möglich sein müsste, hier zu helfen. Langsam formte sich ein Bild: ein global-regionales Projekt, das eine medizinische Grundversorgung liefert. Ich begann, einen Plan zu entwickeln, und steckte all meine Energie hinein, damit diese Vision Realität würde. Es war ein langer Weg. Mehrere Male sah es so aus, als ob ich scheitern würde. Aber immer, wenn die Probleme größer wurden, erhöhten sich auch meine Aufmerksamkeit und meine Energie. Ich konnte einfach nicht aufgeben. Ich *konnte es nicht nicht* tun!
>
> An einem Punkt hätte ich dann doch fast aufgegeben. Ich hatte meine Kollegen überzeugt, ihren Urlaub für dieses Projekt einzusetzen. Wir hatten die komplette medizinische Ausrüstung organisiert, sämtliche Spenden waren an Ort und Stelle, und da bekam ich einen Anruf: ›Es tut uns leid, aber wir müssen das Flugzeug stornieren, das wir ihnen versprochen hatten.‹ Niedergeschlagen nahm ich diese Nachricht hin. Am nächsten Wochenende nahm ich an einer Benefizveranstaltung teil und kam mit jemandem ins Gespräch, dem ich diese Geschichte erzählte. Er hörte interessiert zu und meinte, er könne vielleicht helfen. Innerhalb weniger Tage bekam ich einen Anruf von seinem Büro. Wie sich herausstellte, hatte es sich bei meinem Gesprächspartner um den Geschäftsführer der Lufthansa gehandelt. ›Wir würden gern helfen‹, hieß es aus seinem Büro. Die Lufthansa flog dann unsere gesamte Ausrüstung und 27 unserer Ärzte ins indische Haiderabad, praktisch umsonst. Dort haben wir dann 12 Stunden täglich Patienten behandelt – ungefähr hundert pro Tag. Wir arbeiteten in Schulen und Zelten. Innerhalb von 10 Tagen versorgten wir 15.000 Menschen.

> Heute sind mehr als tausend Freiwillige bei Humedica tätig. Humedica ist die Organisation, die wir gemeinsam mit unseren Kollegen in Indien gegründet haben. Dort arbeiten über 800 Ärzte, Krankenschwestern und Notfallassistenten. Aber ohne diese wunderbare Hilfe in letzter Minute beim Lufttransport würde nichts von all dem heute existieren. Wenn wir dieses erste Mal keinen Erfolg gehabt hätten, gäbe es heute kein Humedica-Ärzteteam.«

Als Georg fertig war, sagte Ursula: »Vielen Dank, Herr Müller. Wenn ich Ihrer Geschichte zuhöre, frage ich mich, ob wir mit unserem Ärztenetzwerk wirklich ein zu großes Projekt angehen, wie es bisher den Anschein hatte, oder ob das Problem vielleicht gerade darin besteht, dass unser Projekt hier zu klein ist, d. h. dass es uns nicht gelingt, eine ähnliche Begeisterung und freiwillige Mitarbeit für ein wirklich tolles Projekt zu mobilisieren, so wie Sie es gerade geschildert haben. Vielleicht ist unser Problem hier vor Ort, dass unser Projekt schlicht zu mittelmäßig und zu klein ist.«

Es folgte ein Gespräch über Fragen wie: »Was ist das wirkliche Problem hier, was ist die wirkliche Not in unserem System, was ist also unser regionales Äquivalent für das Armenviertel, von dem Georg gerade erzählt hatte? Was ist unser höchstes Ziel, was inspiriert und energetisiert und kann Leute mobilisieren?« Antworten klangen so: »Wissen Sie, alle reden über Gesundheitsreformen und patientenorientiertes Gesundheitssystem, aber es ist selten, dass wir mit unseren wirklichen *Patienten* über ihre Erfahrungen sprechen.« Also begannen wir, Fragen zu stellen, etwa: Wie erleben die Patienten ihre Arzt-Patienten-Beziehung? Wie erleben sie Gesundheit? Was ist Gesundheit aus Sicht unserer Patienten? Woher kommen ihre Krankheiten? Was sind die tieferen Quellen ihrer Gesundheit und Krankheit?

All diese Fragen bezogen sich auf die eigentliche *Erfahrung* von Patienten im gegenwärtigen Gesundheitssystem, also auf ihre persönliche Lebenswirklichkeit. Eine Perspektive, die ein blinder Fleck in der gegenwärtigen *evidenzbasierten Medizin* ist.

Dialoginterviews mit Patienten und ihren Ärzten

Aus diesem Gespräch entstand rasch die Idee, Dialoginterviews durchführen mit einhundert Patienten und der Absicht, mehr darüber zu erfahren, wie die Patienten Gesundheit und Krankheit erleben, sowie mit den 35 sie behandelnden Ärzten. Drei Studierende, die zu diesem Treffen als Gäste eingeladen worden waren, boten an, diese Interviews als Teil ihrer Diplomarbeit im Fachbereich Wirtschaftswissenschaften durchzuführen.[47] Am nächsten Morgen gaben wir ihnen Feedback zu ihren ersten Interaktionen mit den Ärzten am Vortag. Anschließend ging es mit einem halbtägigen Training der Studierenden zur Durchführung von Dialog- und Tiefeninterviews weiter (Abb. 9.2).[48]

---

47 Die Diplomarbeit wurde anschließend veröffentlicht, siehe Jung, Petzenhauser u. Tuckermann (2001).

48 Zusätzliche Informationen über Dialoginterviews und das Training sind erhältlich unter https://www.presencing.org/resource/tools/dialogue-interview-desc [Zugriff: 7.4.2020].

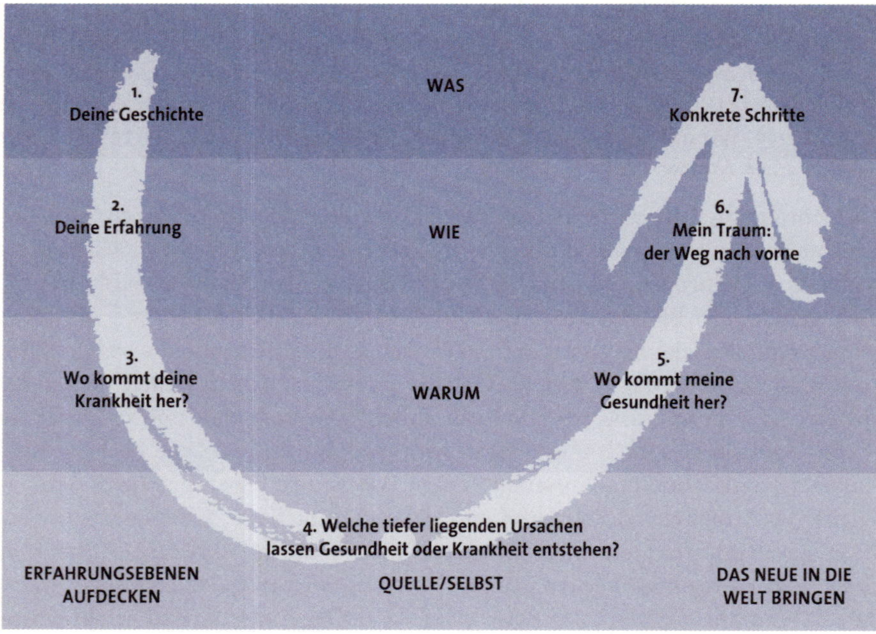

Abb. 9.2: Landkarte des Zuhörens

Kurz danach begannen die Studierenden ihr Projekt. Der erste Schritt bestand darin, den Ärzten 2 Wochen lang wie ein Schatten zu folgen, um eine Wahrnehmung für den Arbeitsalltag und den Gesamtzusammenhang zu bekommen. Erst als sie selbst die Routine der Notrufe Tag und Nacht miterlebt hatten, führten sie ihre 135 Interviews mit Patienten und Ärzten durch.

Arzt-Patienten-Dialogforum: Rollen und Erwartungen im Kontext von Gesundheit und Krankheit

3 Monate später luden wir Patienten und Ärzte, die an den Interviews teilgenommen hatten, an einem Samstagmorgen zu einer eintägigen Feedbacksitzung in die Grundschule eines Nachbarorts ein. Von 135 eingeladenen Interviewpartnern kamen immerhin fast 90. Nach der Begrüßung präsentierten wir unsere Ergebnisse in Form einer eisbergförmigen Abbildung. Das Bild zeigte vier Ebenen der Arzt-Patienten-Beziehung. Jede dieser Ebenen beschrieb ein spezifisches Verständnis der Beziehung von Gesundheit und der Verbindung von Körper und Bewusstsein (Abb. 9.3).

Ebene 1: Reparatur

Die erste Ebene fasst Aussagen der Interviews zusammen, die Gesundheitsprobleme als Reparaturprobleme beschrieb. Ein Patient sagte: »Ich komme mit einem Problem, und er muss mein Problem lösen. Meine Rolle ist die, dass ich Hilfe brauche, die des Arztes besteht darin, dass er Hilfe gibt.«

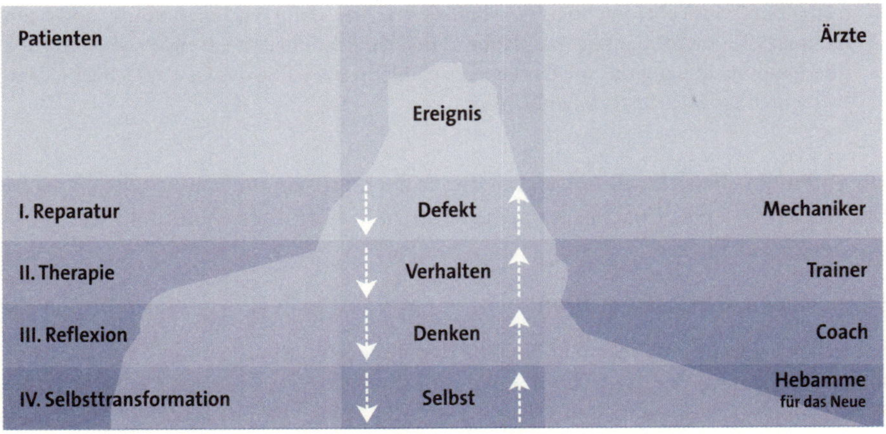

Abb. 9.3: Vier Ebenen der Arzt-Patienten-Beziehung

Im Falle eines Herzinfarkts erwartet ein Patient zum Beispiel, dass ein Arzt eine Notfallbehandlung leistet.

Ebene 2: Verhaltensänderung

Fast jedes Gesundheitsproblem hat etwas mit dem Verhalten zu tun. Ein Herzinfarkt kann beispielsweise durch Stress und Überarbeitung verursacht werden. In diesem Zusammenhang stellte eine Patientin ihre Erfahrung und die Beziehung zu ihrem Arzt infrage: »Muss es denn immer eine medikamentöse Behandlung sein? Ich sage nein, nicht für mich. Ich möchte einen Arzt, der mir sagt: ›Es liegt an Ihrer Einstellung. Sie müssen Ihr Verhalten ändern. Sie müssen mehr für sich selbst tun.‹«

Auf dieser Ebene kann die Rolle des Arztes die eines Instrukteurs oder Trainers sein, der den Patienten Anweisungen für Verhaltensänderungen gibt.

Ebene 3: Denken

Manchmal ist eine Verhaltensänderung erfolgreich, aber manchmal sind es noch tiefer liegende Gründe, die die Gesundheit beeinflussen: Verhaltensweisen sind oft in tiefer liegenden Denkgewohnheiten gegründet, in Annahmen in Bezug darauf, was unserer Meinung nach Priorität hat und am wichtigsten ist. Die eigentlichen Ursachen für einen Herzinfarkt können Annahmen über Arbeit und Familie sein, die die Prioritäten bestimmen – beispielsweise entscheidet die Bedeutung von Karriere über die Zeit für Freunde und Familie. Wie ein Patient uns sagte:

> »Man wird krank, um nachzudenken. Wenn man sagt, man hat keine Zeit, dann wird die Zeit eingeschoben: dadurch dass man krank wird. Da bin ich ganz sicher. Denn ich glaube, irgendwann muss man mal nachdenken. Was will ich eigentlich hier? Wie sind denn meine Pläne? Und wenn man unachtsam mit denen umgeht und unnötig an ihnen

> festhält und das Leben nicht als Geschenk betrachtet, dann wird man krank, und dann hat man Zeit nachzudenken. Ich glaube, durch die Krankheit sagen viele – also ich habe überhaupt nicht bemerkt, wie das Leben ist. Oder wie wichtig das ist, dass ich lebe. Man betrachtet das als Selbstverständlichkeit.«

Für Patienten, die sich mit Fragen auf dieser Ebene auseinandersetzen, ist die Rolle des Arztes die eines Coachs, der seinen Patienten hilft, ihr Leben und ihre Denkmuster zu reflektieren.

Ebene 4: Selbsttransformation

Schließlich gibt es eine vierte Ebene, die den anderen drei zugrunde liegt. Gesundheitsprobleme werden zum Ausgangspunkt für Selbsttransformation und Persönlichkeitsentwicklung. Die schwierige gesundheitliche Situation führt zu einem Prozess, der darauf zielt, das Potenzial unserer tieferen inneren Kraftquellen zu erschließen und sich mit der Frage auseinanderzusetzen, wer man ist und was man wirklich will. »Ich bin jemand, der nie krank wurde«, erzählte uns eine Patientin:

> »Und dann bekam ich Krebs. Und das kam so ein bisschen aus heiterem Himmel. Ich war so, wie man so schön sagt, eine richtige Betriebsnudel, ich habe gearbeitet, in Gremien gesessen und so. Und dann habe ich das erst einmal verdrängt. Es war ein Kampf. Ich wollte die Krankheit nicht zulassen. Ich habe mir gesagt: Du ignorierst das. Und das war eine ganz falsche Haltung. Ich habe mich und meinen Körper ignoriert. Verdrängung, ich bin wieder voll eingestiegen. Mit dem Erfolg, dass ich nach 2 Jahren zusammengebrochen bin und gewaltsam aufhören musste … Später in der Kur nach der Operation habe ich eine Einzeltherapie bekommen und gelernt, über meine Krankheit zu reden. So wie mit Ihnen jetzt. Wissen Sie? Ich habe mit 58 Jahren gelernt, mal Nein zu sagen. Sonst war ich ja immer parat. Ich habe früher immer sehr gut funktioniert … Ich habe gar nicht gemerkt, dass ich selber auf der Strecke geblieben bin. Und jetzt? Jetzt denke ich gar nicht mehr an die Zukunft. Mir ist das Heute wichtig. Das *Jetzt*.«

Auf dieser vierten Ebene der Arzt-Patienten-Beziehung gleicht die Rolle eines Arztes der einer Hebamme für das Neue.

Als wir die Präsentation der vier Ebenen beendet hatten, fragten wir die Teilnehmenden, ob sie das Gefühl hatten, dass diese vier Ebenen ihre Erfahrungen adäquat darstellten. Diese Frage besprachen die Teilnehmenden zuerst in Kleingruppen und dann in der großen Gruppe. Das Ergebnis war, dass sie die Abbildung als eine sinnvolle Darstellung sahen. Dann, kurz vor der ersten Pause, luden wir sie zu einer Art Abstimmung in Form eines »Meinungsbildes« ein:

Jeder Teilnehmende bekam zwei Symbole, die er oder sie auf die Abbildung kleben sollten:

- einmal einen runden Punkt, der dort platziert werden sollte, wo sich das *gegenwärtige* Gesundheitssystem nach Ansicht des Teilnehmenden befindet;

- dann eine weiße Raute, die darstellen sollte, wo er oder sie gerne das *zukünftige* Gesundheitssystem sehen würde.

Das Ergebnis dieser Abstimmung wird in Kapitel 10 besprochen (Abb. 10.1).

Feldnotizen: Kollektive Sehfähigkeit entwickeln

Der Blick hinter die Kulisse: Im »Produktionsprozess« dieses Dialogforums waren die folgenden vier Prinzipien für uns zielführend:

1) die Intention verdichten
2) in den Kontext hineingehen
3) innehalten, alte Urteils- und Denkgewohnheiten zurückhalten und sich mit dem Staunen verbinden
4) Dialog: Eintreten in den Raum des gemeinsamen Sehens

1. Die Intention verdichten

Am Vorabend des Forums versammelte sich der kleine Kreis der Verantwortlichen zu einer sehr kurzen intentionsbildenden Zusammenkunft. Wir standen im Kreis, und jede Person im Kreis sagte in einem einzigen Satz das, was sie als ultimative Zielsetzung für den nächsten Tag und den Gesamtprozess sah. Nachdem alle diese Zielsetzung formuliert hatten, beendeten wir diese Phase mit einem kurzen Moment der Stille und gingen zurück an die Arbeit, d. h. daran, den Raum für den nächsten Tag herzurichten.

2. Sich in den Kontext hineinbegeben

Ein wesentlicher Faktor war, dass wir vor dem Forum jeden Teilnehmenden interviewt hatten. Diese Dialoginterviews waren sehr persönlich und schlossen biografische Aspekte der Situation ein. Die Dialoggespräche erlaubten uns, in den Kontext hineinzugehen und eine persönliche Verbindung mit jedem einzelnen Teilnehmenden herzustellen.

3. Innehalten, alte Urteils- und Denkgewohnheiten zurückhalten und sich mit dem Staunen verbinden

Zu den wirksamsten Mitteln, die alten Urteils- und Denkgewohnheiten zu unterbrechen und sich für das Staunen zu öffnen, besteht darin, einen echten Raum des Zuhörens und der Reflexion zu schaffen und Menschen wechselseitig in ihre Icherzählungen hineinzuziehen. In unserem Forum waren die Dialoginterviews dazu der erste Schritt. Diese Icherfahrungen wurden dann im zweiten Schritt mit der Präsentation auf dem Forum reflektiert, indem wir die Patienten mit einigen Schlüsselzitaten in ihren eigenen Worten gespiegelt haben.

4. Dialog: Eintreten in den Raum des gemeinsamen Sehens

Der Prozess des gemeinsamen Sehens entsteht durch drei verschiedene Schritte:

1) Die Teilnehmenden hörten die Präsentation der Schlüsselzitate und der vier relationalen Ebenen.
2) In Gespräch in Kleingruppen bezogen sie die Präsentation auf ihre eigenen Erfahrungen.
3) Sie bewerteten die gegenwärtige Situation: Abstimmen mittels aufgeklebter Symbole.

Dieser Prozess führt unmittelbar in das nächste Aufmerksamkeitsfeld im U-Prozess: *Hinspüren* (Sensing).

10 Sensing – Hinspüren

Das Arzt-Patienten-Dialogforum • Die Feldstruktur des Hinspürens • Hinspüren in Belitung, Indonesien • Prinzipien • Öffnung des Fühlens • Die Gralsfrage • Hinspüren in Aktion • Zwei Formen von Ganzheit • Epistemologische Umkehrung • Feldnotizen

Der Schritt, der dem Hinsehen (Seeing) im U-Prozess folgt, nenne ich »Hinspüren« (Sensing). Wenn man sich vom Hinsehen zum Hinspüren bewegt, erweitert sich der Wahrnehmungsraum und umschließt das Ganze. Das Ganze wahrzunehmen beschreibt Peter Senge als den Grundgedanken von »Systems Thinking« oder Systemdenken. Systems Thinking betrachtet den Feedbackkreislauf zwischen der Realitätserfahrung (»was das System uns antut«) und der Wahrnehmung des Systemzusammenhangs (»was meine Rolle im System ist«). In dem Moment, in dem die eigene Rolle im System erfahrbar wird, so Peter Senge, kommt es zu Reaktionen wie: »Menschenskinder! Guck mal an, was wir uns selber antun!«

Das Arzt-Patienten-Dialogforum

Zurück zu dem in Kapitel 9 beschriebenen Dialogforum. Nachdem die Teilnehmenden des Forums die beiden Symbole auf die Abbildung mit den vier Ebenen der Arzt-Patienten-Beziehung geklebt hatten, ergab sich das in Abb. 10.1 dargestellte Resultat. Mit der Positionierung des grauen Punktes machten die Teilnehmenden sichtbar, auf welcher Ebene sie ihrer Erfahrung nach das gegenwärtige Gesundheitssystem erleben, und mit der weißen Raute, was sie sich für ein zukünftiges Gesundheitssystem erhofften.

Mehr als 95 Prozent der Teilnehmenden, Ärzte wie Patienten, setzten ihre grauen Punkte auf Ebene 1 oder 2. Das heißt: Mehr als 95 Prozent erleben das gegenwärtige Gesundheitssystem als eine mechanische Arzt-Patienten-Beziehung, deren Schwerpunkt auf dem Reparieren defekter Teile liegt. Genauso groß war die Anzahl der Teilnehmenden, die die weißen Rauten auf die Ebenen 3 und 4 klebten und damit ausdrückten, dass sie sich für die Zukunft erhofften, dass die Arzt-Patienten-Beziehung sich so weiterentwickelt, dass Gesundheitsproblemen durch Selbsttransformation und inneres Wachstum begegnet werden kann.

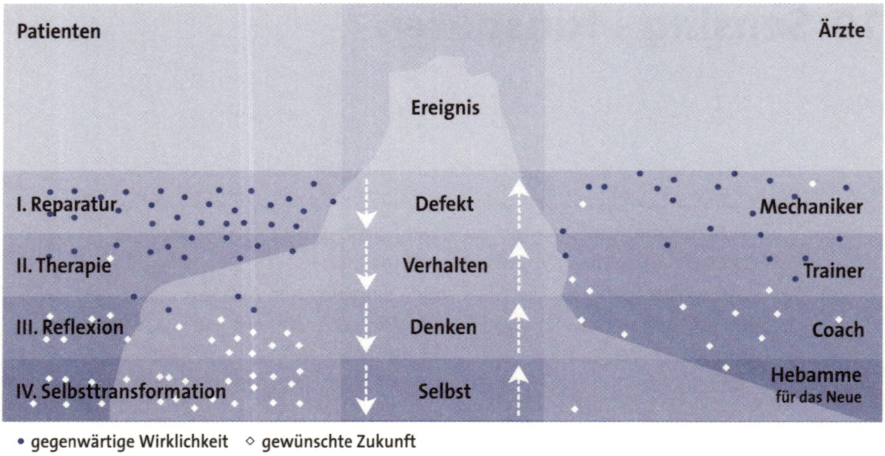

Abb. 10.1: Vier-Ebenen-Modell der Arzt-Patienten-Beziehung mit dem Abstimmungsergebnis der Teilnehmenden des Forums

»Sie sind sich einig«, begann ich die Diskussion, »dass das gegenwärtige System auf den Ebenen 1 und 2 stattfindet und dass Sie sich von einem zukünftigen System einen Einbezug der Ebenen 3 und 4 erhoffen. Das Gesundheitssystem dreht sich im Kern um diese Beziehung, um die Beziehungsachse Patient–Arzt. Sie als Gesamtsystem von Ärzten und Patienten produzieren Ergebnisse, die keiner von Ihnen will (Ebene 1 und 2). Und dasjenige, was Sie gemeinsam wollen (Ebene 3 und 4), können Sie nicht realisieren. Warum? Was hindert Sie? Schließlich *sind Sie* das System. Das System sind nicht ›die anderen‹ in Berlin oder Brüssel. Das System befindet sich direkt hier in diesem Raum. Das System wird durch die Beziehungen zwischen Ihnen und nirgendwo sonst geschaffen.«

Man hätte im sich anschließenden Schweigen eine Stecknadel fallen hören können. Danach veränderte sich die Art des Gesprächs im Raum. Es wurde selbstreflektierter und dialogischer. Vor der Pause war das Gespräch mehr ein Pingpongballwechsel zwischen Patienten und Ärzten. Jetzt wurden plötzlich echte Fragen gestellt. »Warum«, fragten einige, »schaffen wir gemeinsam Ergebnisse, die niemand will?«

Die Ärzte begannen, offen von ihren Problemen zu sprechen, dem Druck und der Frustration. Da stand der Bürgermeister der Stadt auf:

> »Was wir in unserem Gesundheitssystem erleben, passiert auch in der Politik. Wir handeln auch nur auf den Ebenen 1 und 2. Wir reagieren immer nur auf Probleme und Krisen, genau wie schon etliche Male in der Vergangenheit. Wenn es uns gelänge, von den tieferen Ebenen aus zu handeln, könnten wir vielleicht etwas Neues schaffen.«

Eine kurze Stille folgte, nachdem der Bürgermeister sich gesetzt hatte. Dann stand eine Frau am anderen Ende des Raumes auf: »Ich bin Lehrerin, und wissen Sie was?«

Sie machte eine Pause und schaute den Bürgermeister und die ganze Gruppe an: »Wir stehen vor genau dem gleichen Problem. Auch in unseren Schulen handeln wir nur aus diesen zwei ersten Ebenen heraus.« Sie zeigte auf die Wand mit den weißen und grauen Symbolen und fuhr fort:

> »Wir organisieren unsere Schule um mechanische Methoden des Lernens herum. Alles geht darum, dass die Schüler und Schülerinnen alte Wissensbestände auswendig lernen. Das prüfen wir. Aber dass wir den Kindern beibringen, ihre intellektuelle Neugierde und ihre Kreativität und Imagination zu erschließen, das fehlt. Wir reagieren die ganze Zeit auf Krisen. Wir organisieren das Lernen um alte Wissensbestände herum. Wir schaffen es nicht, diese Lernumfelder hier [sie zeigt auf die Ebenen 3 und 4 der Eisberggrafik] zu erschließen, wo unsere Kinder lernen könnten, ihre Zukunft mitzugestalten.«

Dann stand der Mann neben mir auf und sagte:

> »Ich bin Landwirt, und wir kämpfen mit genau den gleichen Problemen. Alles, was wir in der konventionellen Anbauweise tun, ist, Landwirtschaft auf der Ebene 1 und 2 zu betreiben. Wir betrachten die Erde mit einem mechanischen Input-Output-Modell und setzen entsprechend chemische Düngemittel und Pestizide ein, so wie man totes Wissen in die Köpfe der Schüler eintrichtert. Die ganze konventionelle Art Landwirtschaft konzentriert sich auf Symptome. Wir schaffen es nicht, unsere Erde als lebendigen Gesamtorganismus – als unseren gemeinsamen Ort des Haltens – zu verstehen und anzusprechen.«

Alle Teilnehmenden sprachen von einem viel authentischeren Ort aus, von ihrem wahren »Ich« und mit tiefer Aufrichtigkeit. Dann lehnte sich eine Frau vor und sagte mit sanfter Stimme in Richtung der Ärzte, denen sie gerade aufmerksam zugehört hatte: »Ich mache mir Sorgen um Sie. Ich möchte nicht, dass unser System Sie und unsere besten Ärzte kaputtmacht. Was können wir tun, um Ihnen zu helfen?« Danach war Stille.

Die Feldstruktur des Hinspürens

Alle, die an diesem Morgen an dem Gespräch teilgenommen hatten, spürten die Gegenwart einer tieferen Verbindung. Das Gespräch hatte eine neue Qualität angenommen. Anstatt Meinungen auszutauschen, begannen die Teilnehmenden, Fragen zu stellen und sich direkter, einfühlsamer, und reflektierter auszutauschen. Sie ließen sich nicht nur auf ein gemeinsames Gespräch, sondern auf ein gemeinsames Fühlen und Denken ein. Die Zeit schien sich zu verlangsamen, der Ort um uns herum schien sich zu verdichten. Das Gespräch wurde ruhiger, es gab sogar Momente der Stille. Der Umgang miteinander hatte sich verändert. Etwas hatte sie über den üblichen Zustand, in dem die Teilnehmenden als getrennte Individuen, als Gefangene ihres eigenen Denkens argumentieren, hinausgeführt.

Abb. 10.2 beschreibt die Qualität der sozialen Interaktion. Der Ort, von dem aus unsere Wahrnehmung stattfindet (weißer Punkt in der Abbildung), bewegt sich aus den organisationalen Grenzen des Beobachters (grauer Kreis) heraus. Das heißt, die Wahrnehmung beginnt *vom Feld her* stattzufinden.

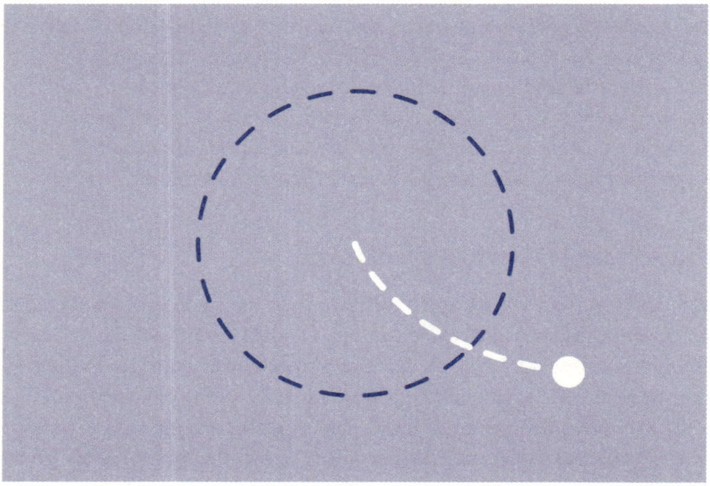

Abb. 10.2: Die Feldstruktur des Hinspürens

Diese Veränderung öffnet die Grenzen zwischen Beobachter und Beobachtetem. Der Beobachter beginnt, das System aus einer anderen Perspektive zu erfassen. Diese Perspektive schließt den Beobachter des Systems mit ein. Das System ist nicht länger etwas da draußen (»was *man* uns antut«), es ist auch hier drin (»seht, was *wir* uns antun«).

In dem Moment, in dem eine Gruppe fähig wird, von diesem Ort her zu handeln, beginnen die Teilnehmenden auch, ihre Beziehung zum System zu sehen – und wahrzunehmen, wie das Systemganze gemeinsam hervorgebracht wird.

Hinspüren in Belitung, Indonesien

Im Jahr 2013 besuchte ich Belitung, eine wunderschöne Insel vor der Küste Sumatras, bekannt als die Heimat der Rainbow Warriors, einer Gruppe von zehn marginalisierten Schülern und ihren inspirierenden Lehrern. Der indonesische Schriftsteller Andrea Hirata hat ihre Geschichte in seinem Bestsellerroman *Laskar Pelangi* [2005; dt. (2013): *Die Regenbogentruppe*] dokumentiert, der im Jahre 2008 auch verfilmt wurde. Ich war mit den Leuten von IDEAS Indonesia[49] zu einer Sensing-Journey auf der Insel und um die fünf Prototypinitiativen zu besuchen, die aus unserer Drei-Sektoren-Gruppe entstanden.

Eines Abends lud der Bupati (der direkt gewählte Regierungspräsident eines größeren Bezirks) etwa 30 Stakeholder aus der Community zu einem Treffen mit unserer Gruppe ein, darunter Leiter von Regierungsstellen, von NGOs, religiöse Anführer, Führungskräfte aus der Wirtschaft und andere, um mehr über die gegenwärtige Situation in der Gemeinschaft zu lernen. Um 20:30 Uhr trafen wir alle am Veranstaltungsort ein, und alle waren erschöpft von dem anstrengenden Tag, der für viele schon um 5 Uhr morgens begonnen hatte. Es herrschte zudem eine erhebliche Spannung im Raum, die mit der Enttäuschung über die mangelnden Fortschritte auf Belitung zusammenhing.

Die Leute waren müde, Lärm und Musik aus den angrenzenden Räumen machten es schwierig, sich zu konzentrieren, und einen Moment lang schien es so, als ob das Meeting platzen würde. Doch dann nahm der Abend langsam, aber sicher eine bemerkenswerte Wendung. Ehe wir uns versahen, war es 23 Uhr, und keiner wollte gehen. Hier eine kurze Zusammenfassung des Geschehens:

1) Der Bupati als Gastgeber eröffnete das Meeting. Ich machte einige Bemerkungen über die dreifache Kluft und die universelle Führungsherausforderung, vor der heute alle Gemeinschaften und Zivilisationen stehen.
2) Dann zeigten wir ein 10-minütiges inspirierendes Video, das Astronauten im All aufgenommen hatten. Es zeigte fantastische und atemberaubend schöne Bilder, die Astronauten auf ihrer Mondmission von der Erde gemacht hatten, indem sie die Kamera vom Mond weggedreht und »zurück auf unseren Planeten gerichtet« hatten.[50]
3) Wir teilten die Anwesenden in kleine Gruppen auf und baten sie, die Kamera »zurück auf den Planeten Belitung« zu richten und einander von ihren Wahrnehmungen zu erzählen. Was geht zu Ende und stirbt? Was möchte entstehen? Die kleinen Gruppen setzten sich aus Community-Mitgliedern und Teilnehmenden des IDEAS-Programms (Veränderungsakteuren, die mit Ausnahme des Bupati alle aus anderen Teilen Indonesiens kamen) zusammen.
4) Als Nächstes baten wir die Anwesenden, sich wieder in einem großen Kreis zu versammeln. In die Mitte des Kreises hatten wir 15 Papierblätter gelegt, auf die wir die Namen der wichtigsten Stakeholder in der Gemeinschaft geschrieben hatten: Bupati, Stadtverwaltung, Gesetzgeber, religiöse Anführer, Lehrer, Fischer, Mutter Natur, Kinder, Jugendliche, Bergbau-

49 Näheres zu IDEAS (Innovative Dynamic Education and Action for Sustainability) siehe den gleichnamigen Abschnitt im Vorwort zur Neuauflage unter »Aktionsforschung« sowie zu IDEAS Indonesia unter https://mitsloan.mit.edu/global-programs/innovative-dynamic-education-and-action-sustainability-ideas [Zugriff: 4.4.2020].
50 https://vimeo.com/55073825 [Zugriff: 13.1.2020].

unternehmen, Ölkonzerne, Zentralregierung, Polizei u. a. m. Wir forderten die Anwesenden auf, die Namen weiterer, noch fehlender Stakeholder zu ergänzen (was sie taten). Dann bat ich sie, die Stimmen, Ansichten und Sorgen all dieser Stakeholder zum Ausdruck zu bringen, so als ob sie in einem »Film über die gegenwärtige Realität« mitwirken würden. Alle waren aufgefordert, sich zu erheben und in die Rolle eines Stakeholders zu schlüpfen (außer in die eigene Rolle) und mit der »Ich-Stimme dieser anderen Rolle« zu sprechen. Nach wenigen Minuten hatte sich die Stimmung im Raum verändert, und alle waren mit großem Engagement bei der Sache.

5) Dann baten wir die Teilnehmenden, darüber nachzudenken, was sie gesehen und gehört hatten: »Besprechen Sie die Aufnahme: Erhellt der Film über die gegenwärtige Realität, den Sie sehen, wichtige Aspekte des derzeitigen Systems? Was ist Ihnen aufgefallen?«

Im dem darauffolgenden Moment der Stille hätte man eine Stecknadel fallen hören können. Dann meldete sich der erste Teilnehmende zu Wort: »Mir ist aufgefallen, dass anfangs jeder den Bupati für alle Probleme verantwortlich machte. Wir dachten, der große Anführer ist die einzige Ursache und die einzige Lösung für unsere ganzen Probleme. Später erkannten wir, dass wir alle daran beteiligt sind. Dass wir die Art und Weise, wie wir kommunizieren, verändern müssen.«

Was folgte, war eine klare und präzise Abfolge von Reflexionen, in denen die Teilnehmenden erkannten, dass ihre Probleme nicht allesamt dem Bupati oder den anderen Stakeholdern anzulasten waren. Einige grundlegende Probleme waren auf ein Denkmodell und eine Wahrnehmung zurückzuführen, die sie alle teilten.

»Niemand übernimmt Verantwortung«, sagte ein zweiter Teilnehmender. »Anstatt die Schuld auf den Bupati zu schieben, sollten die Leute sich selber fragen, was sie tun können, wofür sie Verantwortung übernehmen können und wie sie aktiv zur Lösung der Probleme beitragen können.«

Eine dritte Person erklärte: »Wir müssen die Kommunikation zwischen den Stakeholdern verbessern. Durch die Übertreibung bei diesem Rollenspiel wurde deutlich, dass wir mehr tun könnten. Indem wir diese Rollen überspitzt und verdichtet haben, ist klar geworden, wie sich die Kommunikation verbessern lässt.« Schließlich sagte jemand: »Jeder Stakeholder hat nur von seinem eigenen Ego aus gesprochen, aber wir waren unfähig, wirklich zusammen als Gemeinschaft zu denken.«

Gegen Ende des Abends stellte einer der jüngeren Teilnehmenden den Moderatoren und der ganzen Gruppe eine Frage. »Das Problem ist«, sagte er zuvor, »dass wir noch nie zuvor so ein Gespräch geführt haben, weil wir normalerweise nicht den Raum haben, um die Art von Gespräch zu führen, die wir heute erlebt haben. Was können wir tun, um so einen Ort zu schaffen?«

Die Gruppe beschloss, ein kleines Team zu bilden, das die Diversität der größeren Gruppe widerspiegelte, und ihm die Verantwortung für die gemeinsame Gestaltung eines Ortes zu übertragen, an dem der Dialogprozess fortgesetzt werden konnte.

Für mich war diese kleine Gruppe von Bürgern wie ein Mikrokosmos der allgemeinen »festgefahrenen« Situation, die zahllose Gemeinschaften und Systeme heute erleben. Besonders faszinierend war, dass sie – mit wenig Input – ganz allein erkannten, wie sie selbst anfangen konnten, eine Infrastruktur zu schaffen (was ich in Kapitel 2 und 13 als »Ort des Haltens« bezeichne). Sie entdeckten, wie sie das Muster transformieren konnten. Und man spürte, wie ihre Lebensgeister geweckt wurden. Es ist ein kleiner, aber hoffnungsvoller Anfang einer sehr langen Reise.

Prinzipien

Vier Prinzipien sind wesentlich dafür, ein kollektives Feld des Hinspürens (Sensing) zu schaffen: das Gefäß bilden, eintauchen, die Aufmerksamkeit neu ausrichten und das Fühlen öffnen.

Das Gefäß bilden

Das gemeinsame Hinspüren findet an Orten statt. Im Falle des Patient-Arzt-Dialogforums (vgl. Kapitel 9) haben wir diesen Ort entlang den folgenden Punkten bewusst gestaltet:

- *Der physische Ort:* Alles »Zeug« wurde rausgeworfen; einfache und minimale Designelemente wurden benutzt, wie Beleuchtung und *Stelen,* ein Set von großen Säulen aus Karton, auf die wir Fotografien anbrachten und Darstellungen der Geschichte der Arztnotrufinitiative.[51]
- *Der zeitliche Ort:* Wir haben uns bemüht, eine dynamische Zeitlinie entstehen zu lassen. Diese Zeitlinie folgt dem U-Prozess. Der Vormittag bewegt sich entlang der linken Seite des U, es ist ein gemeinsamer Prozess des Hinschauens (Seeing) und Hinspürens (Sensing). Der Nachmittag bewegt sich entlang der rechten Seite des U: ein gemeinsames Verdichten und Hervorbringen zukünftiger Möglichkeiten.
- *Der relationale Ort:* Für dessen Gestaltung war in diesem Fall wesentlich:
  - Aufbau einer persönlichen Beziehung mit jedem Teilnehmenden
  - Designierte Rollen (wie die »Begrüßer« an der Tür des Tagungsortes)
  - Eine detaillierte Ablaufplanung
  - Die logistische Infrastruktur (Verpflegung, Transport usw.)

51 Die Stelen hat Prof. em. Nick Roericht von der Universität der Künste Berlin (UdK Berlin; bis 2001 HdK Berlin) entwickelt; siehe http://roericht.net/ [Zugriff: 13.1.2020].

- *Der intentionale Ort:* Klarheit und Qualität des Anliegens in der Kerngruppe:
  - Warum machen wir das alles?
  - Welcher zukünftigen Möglichkeit wollen wir dienlich sein?
  - Was versuchen wir, in die Welt zu bringen?[52]

Eintauchen

Der Schritt auf der linken Seite des U-Prozesses in das *Hinschauen* und *Hinspüren* erfordert ein vollständiges *Eintauchen* in das betreffende soziale Feld, in die lebendige Gegenwart des Phänomens. Dieser Schritt ist ein *Eins*werden mit dem Phänomen, das man studiert. Er bedeutet *nicht*, dass Sie Ihren Kunden *analysieren* oder in einen *Dialog mit ihm treten*. Er bedeutet, dass Sie selbst dieser Kunde oder Patient *werden*. Der Schritt des Hinschauens und Hinspürens (Seeing und Sensing) bedeutet, sich in das Erleben des anderen zu versetzen und damit eins zu werden.

Um in dem oben beschriebenen Dialogforum das Eintauchen in das wirkliche Erleben zu ermöglichen, haben wir in der Präsentation der Interviews ausschließlich Zitate in der ersten Person präsentiert und im Anschluss die Teilnehmenden dazu eingeladen, ihre eigenen Erfahrungen zu betrachten.

Für die Moderation eines solchen Prozesses, wenn man die Aufgabe hat, eine ganze Gruppe durch diese kollektive Feldveränderung zu leiten, ist es daher wichtig, die Teilnehmenden davon abzuhalten, die herkömmlichen Denk- und Verhaltensmuster des Runterladens und Debattierens anzuwenden. In dem Moment, in dem die Leute anfangen, ihre gewohnheitsmäßigen Erklärungen im Debattenstil abzugeben, sollte man eingreifen. Zudem sollte man versuchen, die Teilnehmenden zu einer fokussierten, urteilsfreien Beobachtung hinzubewegen, die es ihnen ermöglicht, sich für andere Standpunkte zu öffnen. Der Schritt dazu ist ein tieferes Eintauchen in das unmittelbare *sinnliche* Erleben des sozialen Feldes aus den jeweils verschiedenen Blickwinkeln der unterschiedlichen Akteure.

Die Aufmerksamkeit neu ausrichten

Während des gesamten Prozesses ist die Fokussierung der individuellen und kollektiven Aufmerksamkeit eines Feldes zentral. Im Schritt vom Hinsehen zum Hinspüren bewegt sich die Aufmerksamkeit der Teilnehmenden weg vom »Objekt« (den einzelnen Geschichten) hin zu den Quellorten des gesamten Feldes. Mit anderen Worten, man lädt die Teilnehmenden ein, ihre Aufmerksamkeit auf den Entstehungsort der Handlung umzulenken. Praktisch heißt das, dass man sich auf das Feld eines jeden Beispiels einlässt, während man gleichzeitig die anderen Beispiele im Bewusstsein *behält*. Diesen Prozess durchläuft man mit jedem der Beispiele. Man versenkt sich in jede der Perspektiven, in eine nach der anderen. In diesem Prozess vertieft sich das Zuhören, und als Moderator richte ich dann meine Aufmerksam-

---

52 Weitere Details zu diesem Punkt des intentionalen Raumes finden sich in der Beschreibung des *Circle of Seven* im Abschnitt »Hinspüren in Aktion« später in diesem Kapitel.

keit auf den Raum, der zwischen den verschiedenen Perspektiven und Wahrnehmungsnuancen entsteht. In diesem Raum wird dann eventuell ein kollektives Muster wahrnehmbar, das die Beispiele integriert und verbindet.

Ob es geglückt ist, das Aufmerksamkeitsfeld vom Hinsehen (Seeing) zum Hinspüren (Sensing) umzuformen, lässt sich leicht überprüfen: Das Bild des Ganzen, das entsteht, sollte dich – als handelnden Mithervorbringer des Systems, das du zu reparieren versuchst – mit einschließen. Als ich den Teilnehmenden des Arzt-Patienten-Dialogforums sagte, dass sie selbst *das System sind* und gemeinsam Ergebnisse produzieren, die keiner will, setzte allmählich eine Veränderung bei den Teilnehmenden ein. Sie fingen an, sich als einen Teil des Gesamtbildes wahrzunehmen. Dieser Durchbruch begann, als der Bürgermeister, die Lehrerin und der Landwirt aufstanden und beschrieben, wie das besprochene Phänomen in ihrer spezifischen Arbeitssituation vorkommt.

Die Kognitionspsychologin Eleanor Rosch, Professorin an der University of California in Berkeley, beschreibt dieses Umlenken der Aufmerksamkeit als eine Bewegung vom System »da draußen« hin dazu, das System *aus* dem Feld zu sehen. Ich fragte Rosch, was sie mit dem Begriff »Feld« meint. »In einem Feld«, erklärte sie, »werden Intention, Körper und Verstand integriert. Die Wahrnehmung geht *vom Gesamten* aus und findet nicht allein innerhalb eines separaten Wahrnehmenden statt. Der Begriff von Feld kam dieser Vorstellung von Integration in unseren gegenwärtigen Naturwissenschaften am nächsten.«[53]

Öffnung des Fühlens

Dann fragte ich Rosch: »Was ist dann also das Wesen dieses Feldes, und wie kann man sich damit verbinden oder in Beziehung setzen oder es fördern?« Sie hielt inne und sagte: »Durch das Herz. *Das Herz ist in jeglicher kontemplativer Tradition nicht nur eine Sentimentalität oder eine Emotionalität, sondern ein tiefer Konzentrations- und Quellpunkt.*«

Das Herz zu öffnen bedeutet, dass wir die tieferen Ebenen unserer Wahrnehmung erschließen und aktivieren. Mit dem Herzen zu hören bedeutet wortwörtlich, das Herz und unsere Wertschätzungs- und Liebesfähigkeit als Wahrneh-

53 »Wie bezieht sich dieser Begriff auf Kurt Lewins Verwendung vom Feldbegriff?«, fragte ich Rosch, bezugnehmend auf den großen Pionier und Begründer der Sozialpsychologie und der Aktionsforschung. »Lewin hatte ein Gespür für das Feld, so wie ich das Wort benutze«, antwortete Rosch, »aber wenn er das Feld beschreibt, betont er, dass es das Feld war, wie es ein bestimmtes Individuum zu einem bestimmten Zeitpunkt und an einem bestimmten Ort wahrnimmt. Was er damit meint, ist, dass der Einzelne in seiner Haut festzustecken scheint und mit seinen Augen die Welt aus dieser Position heraus betrachtet. So wird Lewin im Allgemeinen gelesen, und so wird seine Arbeit in der wissenschaftlichen Diskussion im Bereich Bildung und »Therapy Systems« interpretiert. Das ist auf jeden Fall *ein* wesentlicher Unterschied zu meiner Arbeit zum Thema Felder.« [Siehe das transkribierte vollständige Interview unter Rosch (1999).] »Also ein Feld, so wie Sie es verwenden, ist nicht ein Ding, kein ›es‹, Sie würden es also nicht im externen Raum wahrnehmen?«, fragte ich Rosch. Sie nickte: »Ja, das stimmt.«

mungsorgan benutzen zu lernen. Mit dem Herzen zu sehen ist gleichbedeutend damit, die Gefühle als *Wahrnehmungssensorien* benutzen zu lernen.

Fast immer, wenn eine tiefere Feldveränderung stattfindet, kündigt sie sich an. Ich nenne das den Riss, die Bruchlinie oder die Öffnung, die schon oft ein wenig vorher sichtbar wird und häufig mit einem Moment tiefer Stille und/oder mit einer Frage einhergeht, die direkt aus dem Herzen kommt. Ein Beispiel für solch einen Riss oder solch eine Öffnung war der Moment im Dialogforum, als eine Patientin in Richtung der Ärzte sagte: »Ich mache mir Sorgen um Sie. Ich möchte nicht, dass unser System Sie oder unsere besten Ärzte kaputtmacht. Was können wir tun, um Ihnen zu helfen?«

Die Gralsfrage

Damit wir diese Wendung besser verstehen, lassen Sie mich eine Geschichte erzählen, die ich erstmals als Kind las. Sie beginnt mit einem Jungen, der im 12. Jahrhundert lebte.[54] Er war der Sohn einer Frau mit Namen Herzeleide (»Herzeloyde«). Ihr Mann und zwei ältere Söhne waren als tapfere Ritter gestorben, also entschloss sie sich, den jüngsten Sohn an einem fernen Ort aufzuziehen und damit zu verhindern, dass auch er ein Ritter wird, den das gleiche Schicksal ereilt. Der Name des Jungen ist Parzival, was »unschuldiger Narr« bedeutet, doch erst viel später im Leben, als Parzival in der Lage ist, sein Herz zu öffnen, wird er erfahren, wer er wirklich ist und welchen Namen er trägt.

Eines Morgens im Frühling reitet der junge Parzival aus, um seine Speere zu werfen, was er gut konnte. Plötzlich, wie aus dem Nichts, reiten fünf prachtvolle Ritter in voller Rüstung und auf großen Kriegspferden vorbei. »Sie müssen Götter oder Engel sein!«, denkt Parzival. Er fällt fast in Ohnmacht, als die Ritter anhalten, um mit ihm zu sprechen. Er stellt ihnen eine Frage nach der anderen, dazu, wer sie sind und was sie mit ihren Lanzen und Schildern machen. Dann galoppiert Parzival schnellstens nach Hause, um seiner Mutter von der Begegnung zu erzählen. »Ich habe die wunderbarsten Ritter getroffen! Und ich werde mich ihnen anschließen.« Damit wird ihr schlimmster Albtraum wahr. Da jedoch Parzival nicht von seinem Entschluss abzubringen ist, sagt sie: »Also gut. Geh. Aber versprich mir drei Dinge: Gehe jeden Tag in die Kirche, zolle allen Frauen Respekt, und stelle keine Fragen.«

Parzival beginnt das Abenteuer seines Lebens, indem er an den Hof König Arthurs reist, denn er hat gehört, der König könne einen Jungen zum Ritter schlagen. Auf dem Weg dorthin kommt er an einem prächtigen Krieger vorbei, ganz in Rot gekleidet. Was Parzival nicht weiß: Dieser rote Ritter terrorisiert König Arthur und seinen Hof, und niemand konnte es bisher mit ihm aufnehmen. Der unschuldige

54 Diese Version der Geschichte von Parzival basiert auf Wolfram von Eschenbachs (1980) *Parzival;* vgl. auch die »Oper« (das Bühnenweihfestspiel) *Parsifal* von Richard Wagner.

Narr geht geradewegs auf ihn zu und sagt: »Ich will deine Rüstung, deine Waffen und dein Pferd an mich zu nehmen, sobald ich zum Ritter geschlagen worden bin.« Der rote Ritter erwidert trocken: »Nun gut. Welch ausgezeichnete Idee. Beeil dich, und wenn du ein Ritter geworden bist, versuche dein Glück.«

Fast jeder an Arthurs Hof spottet, als der Tölpel Parzival dort ankommt und fordert: »Schlage mich zum Ritter!« Eine junge Frau, die sechs Jahre lang nicht mehr gelächelt hat, geht auf ihn zu, schaut ihm in die Augen, lächelt und versichert ihm: »Du wirst der beste und tapferste aller Ritter sein.« Parzival verlässt den Hof, bereit, den roten Ritter herauszufordern. Als sie wieder aufeinandertreffen, sagt der rote Ritter: »Oh, es ist der unschuldige Narr, der zurückkommt.« Parzival wirft seinen Wurfspeer direkt durch den Kopf des Ritters und tötet ihn damit. Dann zieht er die Rüstung des roten Ritters über seine raue Landkleidung, besteigt das Pferd des roten Ritters und reitet davon.

Parzival erlebt viele Abenteuer, einschließlich eines Aufenthalts in einem Schloss eines Edelmanns, der ihn die Fertigkeiten des Rittertums lehrt und ihm beibringt, weniger zu reden.

Parzival reist weiter, bis er zum Schloss von König Amfortas, dem Hüter des Heiligen Grals, kommt. Der von einem Speer verwundete König wird auf einer Trage in den großen Bankettsaal gebracht. Er leidet unter sehr großen Schmerzen, sodass er kaum stillliegen kann. Die Atmosphäre im Raum ist von angespannter Erwartung erfüllt. Ein Hofnarr hat vorausgesagt, Amfortas werde nur geheilt, wenn ein wahrer Unschuldiger zum Hof kommt. Und noch mehr, dieser Unschuldige müsse die Frage stellen: »Was plagt dich?« Jeder wartet auf Parzival. Aber wird er die Frage stellen? Nein. Parzival hätte schon am liebsten hinausgerufen: »Was plagt dich, König?«, aber er ist gewarnt worden, und man hat ihn gelehrt, nicht so viele Fragen zu stellen. Also wird der König in sein Bett zurückgebracht, und Parzival legt sich schlafen und denkt noch, er werde den König morgen sicher fragen, was ihn plage.

Am Morgen ist das Schloss leer. Er hat seine Chance verpasst. Niedergeschlagen reitet er über die Zugbrücke aus dem Schloss. Die Brücke wird hinter ihm hochgezogen, und das Schloss verschwindet.

Parzival galoppiert los und beginnt eine erfolglose Suche nach den verschwundenen Bewohnern des Schlosses. Er kommt zu einer Jungfrau, die unter einem Baume sitzt und ihn nach seinem Namen fragt, und zum allerersten Mal in seinem Leben spricht er seinen Namen aus: »Parzival.« Sie hält ihren toten Geliebten in den Armen. »Wo bist du gewesen?«, fragt sie ihn. Als er ihr erzählt, dass er die Frage im Gralsschloss nicht gestellt und dadurch vielen Unglück zugefügt hat, informiert sie ihn, seine Mutter sei nun auch tot – gestorben am gebrochenen Herzen.

Verzweifelt wegen dieser Nachricht verlässt Parzival die Frau, verspricht ihr aber noch, den Tod ihres Geliebten zu rächen. Die Geschichte geht weiter. Parzival sucht viele Jahre vergebens, bis er endlich, nach einem langen Weg der Versuchungen und Prüfungen, den Weg zum Gralsschloss findet. Dort angekommen, gelingt es ihm schließlich, die Gralsfrage zu stellen. Damit gesundet der König und mit ihm das Königreich.

Parzivals Herausforderung lag darin, aus der authentischen Präsenz seines Herzens heraus zu handeln, anstatt den Regeln seiner »guten Erziehung« und den sozialen Normen seiner Zeit zu folgen.

Als die Teilnehmerin des Dialogforums ihre Sorge um die Ärzte zum Ausdruck brachte, stellte sie die Gralsfrage: »Was plagt *euch?*« Diese Frage veränderte schlagartig das gewohnte Muster des Gesprächs zwischen Arzt und Patient. Die Kraft einer solchen Herzfrage liegt in ihrer unmittelbaren, authentischen Präsenz. Die Frage sorgt für einen Riss im konventionellen Drehbuch, sie öffnet einen Spalt, eine schmale Öffnung für das Neue.

Hinspüren in Aktion

Circle of Seven

Ich hörte zum ersten Mal vom *Circle of Seven* (Siebenerkreis), als ich gemeinsam mit Beth Jandernoa einen Workshop leitete. Von allen Moderatoren, die ich kenne, bewundere ich sie am meisten für ihre Fähigkeit, die oben beschriebene Herzverbindung mit einer Gruppe aufzubauen. Sie stellt sich einfach vor die Gruppe, tut scheinbar nichts, nimmt Kontakt mit ihr auf, und innerhalb weniger Minuten ist jedes Gruppenmitglied Teil dieser Verbindung. Als ich sie fragte, wie sie das denn macht, antwortete Beth:

> »Es ist wirklich ganz einfach. Bevor ich nach vorne gehe, entscheide ich mich bewusst, bedingungslose Wertschätzung und Liebe an alle im Raum auszusenden. Das ist eine Übung, die ich seit über 30 Jahren so mache. Man schafft ein Feld oder ein Umfeld von Liebe. Was mir geholfen hat, diese Präsenzfähigkeit zu vertiefen, ist, dass ich mich seit vielen Jahren mit meinem *Circle of Seven* treffe. Das ist ein kleiner Kreis von Frauen, ein Kreis guter Freundinnen;[55] wir treffen uns drei Tage lang, drei oder vier Mal im Jahr, um uns gegenseitig zu unterstützen. Unser erstes Treffen war zu sechst 1995 in Santa Fe.«

Das war das erste Mal, dass ich von einem solchen Kreis gehört hatte. Seitdem habe ich viele andere Geschichten über ähnliche Gruppen gehört, die sich regelmäßig treffen, um sich einfach zuzuhören und sich gegenseitig in ihren unterschiedlichen Lebenswegen und biografisch wichtigen Erlebnissen durch tiefe Anteilnahme zu unterstützen. Was ich bemerkenswert an den Teilnehmenden dieser Gruppen finde, ist, dass sie anscheinend eine spürbare *wechselseitige* Wirkung auf ihr Leben haben, selbst zwischen ihren Treffen. Beth, zum Beispiel, nutzt ihre Erfahrung mit dem Kreis bewusst in ihrer Arbeit als Moderatorin von Gruppen und Teams. Dies

---

55 Zum Circle gehören außerdem Anne Dosher, Barbara Coffman-Cecil, Glennifer Gillespie, Leslie Lanes und Serena Newby.

erlaubt ihr, mit mehr authentischer Präsenz und Effektivität in ihrem beruflichen wie privaten Leben zu handeln.

Ich wollte mehr über diesen Kreis erfahren und fragte Beth, ob ich die ganze Gruppe interviewen könnte. Alle stimmten zu, und am 15. September 2003 flog ich nach Ashland, Oregon, und verbrachte zwei Tage mit der Gruppe.

Ich erfuhr, dass der Startpunkt für diesen Zirkel die Idee war, ein Programm für Frauen zu entwickeln, die vor gravierenden beruflichen und privaten Veränderungen standen. Beim ersten Planungstreffen stellten sie fest, dass, egal wie vehement sie versuchten, ein Programm für andere Frauen in Führungspositionen zu entwickeln, sie doch immer wieder auf ihre eigenen Lebensfragen zurückgeworfen wurden. Obwohl sie sich alle der Aufgabe verschrieben hatten, anderen Menschen zu helfen, wurde ihnen bewusst, dass ihr eigenes Bedürfnis nach Heilung zu diesem Zeitpunkt alles überschattete, was sie für andere tun wollten. Sie beschlossen deswegen, zunächst ein Programm für sich selbst zu entwerfen und herauszufinden, wie es sein würde, die nächste Phase ihres Lebens tief aus sich selbst und dem Beziehungsfeld des Zirkels heraus zu entwickeln – daraus entstand dann der *Circle of Seven*.

Später entwickelten sie dann auch Programme für Frauen in Führungspositionen, jetzt aber basierend auf ihren eigenen Erfahrungen. Das fiel auch damit zusammen, dass sie in beruflicher Hinsicht gereift waren und ihre berufliche Erfüllung nicht mehr in groß angelegten organisationalen Veränderungen sahen. Sie empfanden es als bereichernder, das, was sie gefühls- und einstellungsmäßig über Führung in ihrer Arbeit gelernt hatten, an die nächste Generation von Frauen, die von einer gesunden und integrierten Welt träumten, weiterzugeben.

Ein Gefäß bilden durch das Eintauchen in Erfahrungen

Die ersten 10 bis 15 Minuten meines Gesprächs mit dem *Circle* veranschaulichen die oben beschriebenen Prinzipien. Ich begann mein Interview mit der Frage: »Wenn ihr die Arbeit als *Circle* beginnt, was macht ihr zuerst? Wie fangt ihr an?«[56]

> »Wir entdecken immer wieder gemeinsam, wie und wo wir anfangen«, antwortete Barbara. »Es ist nicht so, dass wir jedes Mal genau das Gleiche tun. Aber es gibt doch etwas, das immer am Anfang passiert. Wir bereiten ein Gefäß vor, in dem wir arbeiten können. Mit Gefäß meine ich, dass wir einen Raum und ein Umfeld schaffen, in dem sich die gemeinsame Arbeit und Anwesenheit entfalten können.« »Ein Beispiel ist, wie wir heute angefangen haben«, erklärte Glennifer. »Wir zündeten eine Kerze an, ließen eine tibetische Klangschale ertönen und verweilten gemeinsam in einem Moment der Stille.« »Während der Stille kann jede etwas anderes tun«, erklärte sie weiter. »Manche hören auf die eigene innere Stimme, manche hören der Stille zu. Mit diesem Anfang wollen wir uns gemeinsam in einen Zusammenhang begeben. Man kann auch sagen, in ein gemeinsames Beziehungsfeld eintreten. Der nächste Schritt ist dann ein Check-in, in dem

56 Das ganze Interview ist veröffentlicht unter https://www.presencing.org/aboutus/theory-u/leadership-interview/co7 [Zugriff: 13.1.2020].

> eine nach der anderen kurz darstellt, was sie gerade bewegt, beschäftigt und vor welchen Fragen sie gegenwärtig steht. Damit wird das sich bildende Gefäß, unser Feld, immer stärker aufgeladen.«

Beim Zuhören wurde mir bewusst, wie sich dieses Aufladen des Gesprächsfeldes oder Gefäßes von einem traditionellen Meeting unterscheidet. Nicht eine einzelne Präsentation steht am Ausgangspunkt des Gesprächs, sondern das persönliche Einbringen individuell gelebter und gemeinsam geteilter Erfahrungen und Lebensfragen.

Die Intelligenz des Herzens öffnen

> »Eine Sache, die wir gemeinsam im *Circle of Seven* üben, ist, bei unseren Treffen Prozesse zu entwickeln, die einen Umgang mit den Fragen und Herausforderungen ermöglichen, mit denen sich die Person jeweils konfrontiert sieht, oder auch mit Herausforderungen, die unsere Gesellschaft bestimmen«, begann Beth. »Beispielsweise haben wir einen Prozess entwickelt, in dem verschiedene Personen verschiedene Teile von mir spielten, damit ich immer zurücktreten konnte, um einen Teil von mir zu entdecken, den ich noch nicht kannte. Bei diesem Treffen entdeckte ich, was ich meine innere Weisheitsgestalt nennen würde. Sie fühlte sich so anwesend an, so echt, ich konnte das als einen besonderen Ort in mir wahrnehmen, von dem aus ich auf tiefere Erkenntnisse und Weisheiten zugreifen konnte. Das geschah im *Circle of Seven,* dank dieses Zirkels konnte ich diesen Ort in mir finden, zu dem ich bis heute auch immer wieder einen Zugang suche und finde, an den ich mich praktisch begeben kann, wenn ich nach Antworten suche. Das hilft mir, wenn ich wichtige Entscheidungen zu treffen habe. Ich habe dann eine umfassendere Perspektive. Für mich ist das ein Beispiel für etwas sehr Kraftvolles, das aus unserer Arbeit entstanden ist, sich auf mein übriges Leben übertragen hat und mich immer begleitet.«

Ich sagte zu Beth, dass sie beim Sprechen über diesen anderen Ort mit den Händen auf ihr Herz gedeutet hatte. Auch als sie über ihr »Selbst« gesprochen hatte, hatte sie auf diese Stelle gedeutet. »Woher weißt du, ob du aus deiner normalen Identität heraus handelst oder von diesem tieferen authentischen Ort aus? Woran erkennst du das?«, fragte ich.

> »Alles in mir und um mich beginnt sich zu verändern«, antwortete sie. »Ich versuche, auf meine Sinneseindrücke zu achten. Meine Atmung ist langsamer; die Welt scheint sich zu verlangsamen und ich mit ihr. Dieses Empfinden kommt von meiner Herzgegend. Es fühlt sich wie ein tiefer, offener, dunkler, aber doch erhellter Ort an. Er fühlt sich kraftvoll an, aber auch sehr beweglich und anders als der normale Ort, aus dem ich handle.«

Das Gefäß halten

Wie die Geschichte von Parzival und dem Kreis der Ritter um den Gral die kollektive und die weibliche Dimension von Spiritualität symbolisiert, so repräsentiert auch der *Circle of Seven* einen praktischen Zugang zu den gleichen Quellen von Entwicklung und Kreativität. Um dieses Gefäß, diesen Ort des Haltens gemeinsam zu erschaffen, planen und gestalten die Teilnehmerinnen des *Circle of Seven* bewusst den Raum (physische Umgebung), die Zeit (drei- bis viermal pro Jahr) und den relationalen und intentionalen Raum für ihre Treffen. Beth fuhr fort:

> »Wir haben uns entschieden, auch an unseren einzelnen Beziehungen untereinander zu arbeiten, um uns ungetrübt gegenseitig zu halten, auch wenn wir nicht zusammen sind. Ich nehme an, es ist wie in einer Ehe. Wenn du die Beziehung wirklich ernst nimmst, dann arbeitest du daran. Sehr wenige Gemeinschaften verpflichten sich allerdings dazu. Es ist dabei gar nicht mal so, dass wir an der persönlichen Ebene besonders interessiert sind. Aber ich glaube, dass die personale und die Persönlichkeitsebene eine Vorbedingung ist … Wenn keine persönlichen Anliegen im Wege stehen, dann entsteht die Möglichkeit gemeinsamen Handelns. Wenn wir einmal zusammen über eine gewisse Schwelle hinausgelangt sind, dann entsteht eine gemeinsame Fähigkeit zuzuhören, die jede von uns Teil eines größeren Ganzen werden lässt, die bescheiden macht.
>
> Warum jemand *ins Handeln* kommt und nicht nur *redet*, hat etwas mit der Energie in der Situation zu tun. Darin unterscheidet sich die Qualität unseres gemeinsamen Gesprächs von einem rein intellektuellen Gespräch. Es ist also eine Möglichkeit, alles quasi in Echtzeit zu tun. Deshalb machen wir es.«

Ich verließ das Interview und mit dem Gefühl der Dankbarkeit dafür, dass ich in ihren »heiligen« Zirkelraum eingeladen worden war. Mir war bewusst, dass ich natürlich nur ansatzweise gesehen und verstanden hatte, welche Übungsfelder der *Circle of Seven* entwickelt hat. Ich hatte gesehen, dass sie dieses Übungsfeld ständig weiterentwickeln, da Übungen, die einmal effektiv waren, an einem neuen Ort oder zu einem anderen Zeitpunkt nicht mehr richtig oder zweckmäßig sind.

Zwei Formen von Ganzheit

Sensing basiert auf der Umlenkung der Aufmerksamkeit – dergestalt, dass sie beginnt, vom Ganzen her stattzufinden. Eine genaue Artikulierung der Frage, wie sich Ganzheit wahrnehmen lässt, ist den Arbeiten von Henri Bortoft (1938–2012) zu entnehmen, insbesondere seinem Buch *Wholeness of Nature* (Ganzheit der Natur; Bortoft 1996). Bortoft bezieht sich unter anderem auf Goethes Arbeit über Naturwissenschaft (Untertitel des Buches: *Goethe's Way Toward a Science of Conscious Participation in Nature*). Eine zweite Quelle seiner Arbeit ist die Diskussion über Hermeneutik im 20. Jahrhundert, der Phänomenologie und der Quantentheorie. Bortoft schlägt eine postpositivistische Form des wissenschaftlichen Arbeitens vor, bei der der Beobachter aktiv und wissend im betreffenden Phänomen lebt und seine Teilnahme am Entstehungsprozess des Phänomens reflektiert.

Als ich Bortoft 1999 in London interviewte,[57] erzählte er mir zunächst, wie der Quantenphysiker David Bohm, der einer seiner Lehrer und Berater war, ihm ge-

57 Das vollständige Interview findet sich unter https://www.presencing.org/aboutus/theory-u/leadership-interview/henri_bortoft [Zugriff: 13.1.2020].

raten hat, Nils Bohr sehr sorgfältig zu studieren. Bortoft war stark an der Idee von Ganzheit interessiert, einem Begriff, den Bohr in die Quantenphysik eingeführt hatte.

Bohr sah in dem Ganzen nur eine Begrenzung unseres Denkens. Aber Bohm dachte hierüber anders, erklärte Bortoft:

> »Bohm dachte, man könne die Ganzheit verstehen. Er verwendete das Hologramm als Modell. Das fand ich sehr erhellend. Es zeigt, dass das Ganze in seinen Teilen gegenwärtig oder anwesend ist.«

Bortoft unterscheidet zwei Formen der Ganzheit: das *unechte Ganze* und das *authentische Ganze;* beide Vorstellungen von Ganzheit basieren auf unterschiedlichem Erkenntnisvermögen:

- Das unechte Ganze basiert auf dem intellektuellen Verstand, der von der konkreten sinnlichen Wahrnehmung abstrahiert. Wird in diesem Modus gearbeitet, bewegt sich der Verstand »vom konkreten Teil weg«, um sich Übersicht zu verschaffen. Das Ergebnis ist eine abstrakte und unbewegliche Vorstellung des Ganzen.
- Im Gegensatz dazu basiert das authentische Ganze Bortoft zufolge auf einer anderen Erkenntnisfähigkeit, auf der »intuitiven Vernunft«, das bedeutet, auf dem Öffnen höherer Qualitäten der Wahrnehmung und des Denkens. Die intuitive Vernunft handelt, indem sie sich »direkt in die konkreten Teile hineinbegibt«, um dem Ganzen zu begegnen, das heißt, indem sie in die konkrete Erfahrung der Einzelheiten *eintaucht.*

Als Bortoft bei seinen Studien auf Goethes Arbeiten stieß, war er erstaunt darüber, dass Goethe von einer anderen Art des Sehens sprach, von einem Sehen, das »vom Ganzen zu den Einzelteilen« strebt. Dies, so Bortoft, »kam Bohms Hologramm sehr nahe«.

Wie Bortoft postuliert, können wir das Ganze nicht auf die gleiche Weise kennenlernen wie das Ding, einfach deswegen, weil das Ganze kein Ding ist. Die Herausforderung bestehe darin, dem Ganzen *in einem Teil* zu begegnen. Laut Bortoft

> »führt der Weg zum Ganzen in und durch die Teile. Man begegnet dem Ganzen nicht, wenn man einen Schritt zurücktritt, um sich eine Übersicht zu verschaffen, denn das Ganze existiert nicht über und oberhalb der Teile, so als ob es eine überlegene, allumfassende Entität wäre. Dem Ganzen kann man begegnen, indem man direkt in die Einzelteile eintritt. So betreten wir die Verschachtelung des Ganzen und bewegen uns somit in das Ganze, während wir durch die Teile hindurchgehen.«

Ich fragte Bortoft: »Was braucht man, um diese Fähigkeit des Sehens zu entwickeln?« Er erklärte mir die goethesche Auffassung von der exakten sensorischen Imagination; dieser Begriff bringt Goethes Vorstellung vom Prinzip des *Eintauchens* zum Ausdruck. Bortoft beschrieb Goethes Methode wie folgt:

»Man muss eine Wahrnehmungsfähigkeit pflegen, die vom Ganzen zu den Teilen strebt. Es erfordert Zeit. Man muss die Betrachtung verlangsamen. Der Betrachter folgt jedem Detail in der Vorstellung, so genau wie möglich. Zum Beispiel betrachtet man ein Blatt, dann bildet man sich ein inneres Bild von der Form des Blattes so genau, wie das möglich ist. Dieses innere Bild, die Gestalt und Form des Blattes, bewegt man und beobachtet in der Vorstellung jedes Detail. Das Phänomen wird zu einem inneren Bild. Dieses muss man aktiv halten und gestalten.

Es gibt in uns einen großen Widerstand gegen diese Arbeit. Die meiste Zeit sind wir mit dem Abspulen gewohnheitsmäßiger Denkmuster beschäftigt. Diese Form von innerer Vorstellung erfordert eine Verlangsamung. Es braucht Zeit. Man macht diese Übung zunächst mit einem Blatt, dann mit einem weiteren und so weiter, und dann plötzlich kommt der Moment, ein dynamischer Moment, wo man nicht mehr nur das einzelne Blatt sieht, sondern die dynamische Bewegung. Die Pflanze *ist* diese dynamische Bewegung. Dies ist die *eigentliche* Realität.

Diese Bewegung, ein inneres Bild auszubilden, wird zu einem Wahrnehmungsorgan. Ich denke, dass man sich in diesem Prozess in einen neuen Raum begibt, in einen imaginären Bereich. Es ist eine Bewegung. Und diese Bewegung wirkt lebendiger und realer als die äußere Welt. Es ist echter, weil *du* es tust. *Du* bist aktiv. Goethe verfügte in dieser Hinsicht über ein großes Können. Das Gleiche gilt für Picasso. Die Art, wie er malte. Wenn man seine Bilder sieht, erkennt man die Metamorphosen.«

Bortofts Beschreibung verkörpert alle drei Prinzipien des Sensing (Hinspürens), die wir vorher identifiziert haben:

- in die Sinneserfahrung *eintauchen*
- die Aufmerksamkeit *umlenken*
- die tieferen Erkenntnisfähigkeiten *aktivieren.*

Epistemologische Umkehrung

Herkömmliche Wissenschaft betrachtet die Theorie als das Gefäß und die Fakten als den Inhalt. Goethe und Bortoft (1996) hingegen betrachten die sinnliche Wahrnehmung als das Gefäß. Bortoft erklärt diese Perspektive:

»Die Bewegung von einem analytischen zu einem holistischen Bewusstseinsmodus hat eine Umkehrung von Gefäß und Inhalt zur Folge. Was den Positivismus anbelangt, wird die Theorie immer nur als der Rahmen, als Behälter für die Fakten angesehen. Aber wenn die Theorie, gemäß Goethes Betrachtungsweise, der wahre Inhalt des Phänomens ist, dann kann gesagt werden, dass wir im Moment der intuitiven Einsicht *aus dem Phänomen heraus wahrnehmen.* – Die Entfaltung der Natur selbst ist eine epistemologische Umkehrung oder Umstülpung. Die Pflanze ist eine dynamische Bewegung. Man sieht die Blätter als Spuren, die bestimmte Abdrücke dieser Bewegung abbilden und festhalten. Das wird ganz deutlich, wenn man es sieht. Das ist dann das intuitive Sehen – aus dem Phänomen heraus, das uns mit der dynamischen Bewegung des Werdenden verbindet.«

Ich erzählte Bortoft, dass diese Beschreibungen sehr den Beobachtungen ähneln, die meine Kollegen und ich auf dem Gebiet der Führung von organisationalen Veränderungsprozessen erlebt haben. Ich beschrieb, ein weiterer Aspekt dieser anderen Art zu sehen beträfe die Öffnung der Intelligenz des Herzens, wenn Gefühle zu Wahrnehmungsorganen für eine tiefere und feinere Erfassung der Wirklichkeit umgebildet werden. »Das ist genau das Thema, an dem ich seit geraumer Zeit arbeite«, entgegnete Bortoft mir bei unserer Verabschiedung. Wir bedauerten beide, dass uns nicht mehr Zeit zur Verfügung stand, um das Phänomen des Sehens und Denkens mit dem Herzen weiter zu erforschen.

Wie Meister Nan verstarb auch Henri Bortoft im Jahr 2012. Ich habe mir immer gewünscht, dass wir bei oder nach diesem Interview mehr Zeit miteinander gehabt hätten. Dennoch ist es erstaunlich, wie tief greifend unser kurzes Gespräch in London das Denken und die Arbeit unserer MIT-Gruppe in Cambridge im Laufe der Jahre beeinflusst haben. Ich finde es auch bemerkenswert, wie weitgehend seine Botschaft der »epistemologischen Umkehrung« und meine Betrachtungen zur Inversion im Vorwort zu dieser Neuauflage übereinstimmen.

Feldnotizen: Sich aus dem Gefängnis befreien

Diese Reflexionen zu Erfahrungen mit dem Aufmerksamkeitsfeld des Sensing (Hinspürens) machen deutlich, dass gewohnheitsmäßiges Handeln auf einer Sicht von außen basiert. Oder, wie Plato es beschrieb, nichts als eine Schattenrealität bietet. Aus diesem Grund ist das Bild in Platons Höhlengleichnis, in einer Höhle gefangen zu sein und nur die Schatten an der Wand zu sehen, nicht völlig unangemessen (vgl. Senge et al. 2004).[58] Solange wir lediglich alte Denkgewohnheiten runterladen, sind wir gefangen in unserer alten mentalen Welt. Wir sehen nur die Schatten an der Wand, Schatten, die durch vorbeigehende Figuren in unserer eigenen Vorstellung gebildet werden.

Wenn wir den Modus des Runterladens (Projizieren von Mustern der Vergangenheit) durchbrechen und zum Sehen (Von-draußen-Beobachten) übergehen, wenden wir uns gewissermaßen um und sehen, dass die Schatten an der Wand unsere eigenen Projektionen sind und dass die Realität tatsächlich außerhalb der Höhle liegt. In dieser Phase erlangen drei Prinzipien Bedeutung:

- sich umwenden und in den Kontext hineinbewegen,
- innehalten und wahrnehmen, dass da etwas anderes ist als das, was wir gewohnheitsmäßig projizieren, und
- sich fragen, wie die Realität draußen beschaffen sein mag.

58 Für Einzelheiten zu diesem bekannten Gleichnis der antiken Philosophie siehe auch https://de.wikipedia.org/wiki/H%C3%B6hlengleichnis [Zugriff: 15.1.2020].

In diesem Moment bewegen wir uns von dem Aufmerksamkeitsfeld des Hinsehens (Seeing: Von-außen-Betrachten) zu einer Aufmerksamkeit des Hinspürens (Sensing: Von-innen-Erspüren). Wir tauchen aus den Grenzen der Höhle auf und treten ein in die Welt, die sich außerhalb der Schattenwelt eröffnet. In diesem Übergang wirken wiederum drei Prinzipien:

- Der Beobachter taucht in die konkreten Einzelheiten ein. Wir verbleiben in der Höhle, solange wir aus der Gewohnheit heraus *abstrakte* Gedanken abspulen. Wir können die Höhle nicht auf dem Rücken von jemand anderem verlassen (wie die »obere Katze« in Varelas Beispiel, die blind bleibt; Kapitel 9). Der einzige Weg nach draußen besteht darin, unsere Sinne zu aktivieren.
- Wir *lenken* unsere Aufmerksamkeit *um* und beginnen die Situation vom Ganzen her wahrzunehmen.
- Im Vertiefen dieser Bewegung aktivieren wir eine andere Form der Intelligenz: die des Herzdenkens. Wir nehmen die Wirklichkeit nicht nur aus der Perspektive des individuellen Beobachters aus wahr, sondern auch aus der Perspektive des Lebens und seiner Quelle, der Sonne. Das Ergebnis ist, dass wir *mit dem Herzen sehen.*

Wir müssen uns bemühen, diese Bewegung zu vollziehen und unsere Sinne zu nutzen, um uns mit der Welt außerhalb unserer gegenwärtigen Grenzen zu verbinden, sonst bleiben wir blind und in unserer Höhle gefangen.

Goethe drückte diesen Zusammenhang einmal folgendermaßen aus (Goethe 1823, S. 38; *kursive* Hervorhebung d. Autors):

> »Der Mensch kennt nur sich selbst, insofern er die Welt kennt, die er nur in sich und sich nur in ihr gewahr wird; *jeder neue Gegenstand, wohl beschaut, schließt ein neues Organ in uns auf.*«

Die meisten institutionsübergreifenden Veränderungsprozesse versagen, weil sie den Anfangspunkt verpassen: gemeinsam über Grenzen hinweg wahrzunehmen. Wir brauchen Infrastrukturen oder Orte des Haltens, die diesen Prozess auf einer nachhaltigen Ebene und systemübergreifend fördern. Weil diese Infrastrukturen noch nicht existieren, finden immer wieder Sonderinteressen Wege, sich gegenüber dem Gesamtinteresse durchzusetzen. Solange wir unsere Gesellschaft weiterhin zulasten anderer bzw. wie Varelas Katze auf deren Rücken organisieren, werden wir weiterhin unbefriedigende Ergebnisse erhalten. So wie man nicht erwarten kann, dass die blinde obere Katze in einer dynamischen Umwelt erfolgreich agiert, kann man nicht erwarten, dass eine nicht sehende Gesellschaft oder ein nicht sehendes soziales System in immer turbulenter werdenden Zeiten erfolgreich handelt.

11 Presencing – Gegenwärtigung

Vom Quellort aus wahrnehmen

Presencing ist eine Wortschöpfung aus den englischen Wörtern *sensing* und *presence* und bedeutet, dass man sich mit der Quelle der höchsten Zukunftsmöglichkeit verbindet, um sie im Jetzt anwesend werden zu lassen. Von der Aufmerksamkeitsstruktur des Presencing ausgehend findet Wahrnehmung von der entstehenden Zukunftsmöglichkeit her statt. In dieser Phase setzen wir uns mit unserem werdenden oder authentischen Selbst auseinander und fragen uns, was wir wahrhaftig sein wollen und sind. Presencing ist eine Bewegung, in der wir unserem Selbst *aus einer entstehenden Zukunft* heraus begegnen.[59]

Presencing ist dem Sensing/Hinspüren sehr ähnlich. Beide Bewegungen beinhalten, dass sich der Ort, von dem aus unsere Wahrnehmung stattfindet, sich von unserer mentalen Binnenwelt in das wirkliche soziale Feld hineinverschiebt. Der Unterschied zwischen Sensing und Presencing besteht darin, dass das Hinspüren (Sensing) den Ort der Wahrnehmung zum *gegenwärtigen* Ganzen verschiebt, während das Presencing den Ort der Wahrnehmung zur Quelle eines möglichen *zukünftigen* Ganzen verschiebt.

Als ich das Wohnhaus auf dem Hof meiner Familie in Flammen sah, fühlte ich, dass das äußere Feuer einen Teil meines eigenen Selbst vernichtet hatte, ich spürte, dass die Welt, die vor mir in Schutt und Asche lag, ein Teil meines Selbst gewesen war. *Diese* Wahrnehmung ist ein klares Beispiel für Sensing (Hinspüren), weil sich die Grenze zwischen Beobachter und Beobachtetem auflöst: Die äußere Welt des Feuers ist gleichzeitig ein Teil meines ureigensten inneren Selbst. Aber im nächsten Moment spürte ich, wie meine Wahrnehmung sich erneut veränderte, ich fühlte

59 Heidegger spricht in Absatz 65 von *Sein und Zeit* über Zukunft wie folgt (Heidegger 1993, S. 325): »›Zukunft‹ meint hier nicht ein Jetzt, das, noch nicht ›wirklich‹ geworden, einmal erst sein wird, sondern die Kunst, in der das Dasein in seinem eigensten Seinkönnen auf sich zukommt. Das Vorlaufen macht das Dasein *eigentlich* zukünftig, so zwar, dass das Vorlaufen selbst nur möglich ist, sofern das Dasein *als seiendes* überhaupt schon immer auf sich zukommt, das heißt in seinem Sein überhaupt zukünftig ist.« (Dank an Prof. Walther Dreher, der mich auf diesen Absatz aufmerksam gemacht hat.)

mich ein wenig hinausgezogen nach oberhalb meines physischen Körpers und begann, die Situation von dort zu sehen, fühlte mich hingezogen zu einem zukünftigen Möglichkeitsraum – *das* war eine Vorahnung von Presencing.

Zwei Kernfragen von Kreativität

Am tiefsten Punkt des U-Prozesses, dem Punkt, den ich als Presencing bezeichne, findet eine Verbindung zur Quelle des inneren Wissens statt, von der auch Brian Arthur gesprochen hatte. Bevor es gelingt, zu dieser tieferen Quelle der Kreativität und des Wissens vorzudringen, müssen ein innerer Weg beschritten und eine innere Schwelle überschritten werden.

Um mehr über diesen Weg zu erfahren, interviewten Joseph Jaworski und ich Michael Ray, der einen Kurs über Kreativität im Management an der *Stanford Business School* entwickelt hatte. Ich hatte schon öfter mal mit Teilnehmenden dieses Kurses gesprochen, die davon berichteten, wie der Kurs ihr Leben verändert hat. Ich wollte wissen, wie dieser, laut *Fast Company,* »kreativste Mann in Silicon Valley« Managern hilft, sich mit den Quellen ihrer Kreativität zu verbinden (vgl. Ross 2000).

So begann ich dann auch das Interview: »Wie machen Sie das? Was tun Sie, was den Leuten tatsächlich hilft, kreativer und schöpferischer zu werden?« Ray antwortete:

> »Eigentlich mache ich in meinen Kursen immer das Gleiche. Ich schaffe ein Umfeld, das es den Leuten ermöglicht, die zwei Kernfragen der Kreativität zu stellen und daran zu arbeiten.« Er machte eine Pause und fuhr fort: »Wer bin ich? [Who is my self?] Was ist meine Aufgabe, was will ich wirklich tun? [What is my work?]«

Ray bezieht sich hier nicht auf das gegenwärtig gewordene Selbst (»self«), sondern auf das zukünftige höchste Selbst (»Self«), d. h. auf unsere höchste zukünftige Möglichkeit. Ähnlich bezieht sich auch die Frage nach der Aufgabe nicht auf den gegenwärtigen Job, sondern auf den höheren Sinn unseres Tuns, auf die Aufgabe, für die wir auf der Welt sind.

In der Aufforderung »Erkenne dich selbst« klingt mein Gespräch mit Meister Nan an, der mir sagte, dass ein guter Anführer sich selbst erkennen müsse. Diese Aufforderung taucht in allen großen Weisheitstraditionen auf. In den Lehren von Gandhi heißt es: »Du musst selbst die Veränderung leben, die du erhoffst, in deinem Umfeld zu erwirken.« Der Satz »Erkenne dich selbst« wurde auch Apollon zugeschrieben und war an der Eingangspforte des alten griechischen Tempels in Delphi eingeschrieben. Und Goethe wusste, dass das Wesen der Natur sich nur entdecken lässt, wenn wir unsere Aufmerksamkeit zurück auf uns selbst lenken, dass wir uns selbst nur erkennen, wenn wir in die Welt eintauchen. Heute steht das Selbst im Mittelpunkt des Forschungsinteresses, nicht nur in der Philosophie, sondern auch in Physik, Soziologie und Management.

Die Feldstruktur des Presencing

Presencing beschreibt den Moment, in dem unsere Wahrnehmung sich mit der Quelle der im Entstehen befindlichen Zukunft zu verbinden beginnt. Die Grenzen zwischen drei Formen von Anwesenheit lösen sich auf:

- zwischen der Anwesenheit der Vergangenheit (des gegenwärtigen Feldes),
- zwischen der Anwesenheit der Zukunft (des entstehenden Feldes der Zukunft) und
- zwischen der Anwesenheit des eigenen werdenden Selbst.

Beim Verschmelzen dieser drei Formen der Anwesenheit verlagert sich der Ort, aus dem heraus wir handeln. In dem Augenblick, als ich vor dem Feuer stand, erlebte ich die Anwesenheit meines werdenden Selbst und fühlte mich verbunden sowohl mit dem Weg, der mich hierher brachte (der Gegenwärtigkeit der Vergangenheit), als auch mit dem, was ich aus der Zukunft kommend verspürte (der Gegenwärtigkeit der Zukunft).

Bei einer Wanderung in den Alpen, im Val Fex, einem kleinen Tal in der Nähe der Grenze zwischen der Schweiz und Italien, direkt bei Sils-Maria, das schon Friedrich Nietzsche zum Schreiben inspirierte, hatte ich mir vorgenommen, dem Inn bis zu seiner Quelle zu folgen. Diese Gegend in der Schweiz ist ein besonderer Ort in Europa, weil es der Ursprungsort für drei große europäische Flüsse ist, den Rhein, der nordwestlich fließt, den Inn, der nordöstlich fließt, und den Po, der in den Süden fließt. Während ich flussaufwärts wanderte, stellte ich fest, dass ich noch nie in meinem Leben einem Strom bis zur Quelle gefolgt war. Ich hatte tatsächlich noch nie gesehen, wie die Quelle eines großen Flusses wirklich aussieht.

Der Strom wurde kleiner und kleiner, bis er nur noch ein Rinnsal war, und plötzlich fand ich mich auf einer Ebene, die ringsherum von einem fast geschlossenen Kreis von Bergspitzen und Gletschern umgeben war. In der Mitte dieser Ebene war ein kleiner See. Überrascht blieb ich stehen und lauschte. Dann wurde mir klar, dass ich mich genau in der Mitte zahlloser kleinerer und größerer Wasserfälle befand, die von den mich umgebenden Bergen herunterströmten. Dieses fortwährende Rauschen des Wassers war wie die schönste Sinfonie. Erstaunt stellte ich fest, dass es keinen singulären Punkt gab, keinen Ort, den man als »den« Quellpunkt für den Fluss hätte markieren können. Ich beobachtete den Wasserstrom um mich herum und oberhalb von mir. Das Wasser lief aus dem Kreis der Bergspitzen herunter und sammelte sich in dem kleinen See. War der See die Quelle? War es der Kreis der Wasserfälle? Oder waren es die Gletscher auf den Bergspitzen? Oder gar der ganze Wasserkreislauf der Natur?

Bildlich gesprochen, ist Presencing die Fähigkeit, die es uns ermöglicht, von dieser erweiterten Vorstellung der Quelle aus zu handeln, als Wasserscheide zu fungieren, indem wir das Entstehende wahrnehmen und zuzulassen lernen. Mit anderen Worten: Der See bringt das Wasser der umgebenden Wasserfälle in einem einzigen Punkt zusammen, füllt sich, geht über in den Fluss und lässt ihn entstehen.

Presencing erweitert die Bewegung des Sensing (Hinspürens) genauso, wie auch das Sensing das Seeing (Hinsehen) erweitert. Sensing erweitert das Sehen, indem es den Ausgangspunkt unserer Aufmerksamkeit »in« ein Phänomen hineinverlagert. Presencing erweitert die Tätigkeit des Hinspürens, indem es unser höheres Ich mit einbezieht. Die Wurzel des Wortes Presencing bedeutet so viel wie »zu sein« oder »ich bin«. Die Wörter *Essenz, Präsenz* und *Präsent* (Geschenk) teilen sich diese gemeinsame indoeuropäische Wortwurzel. Eine alte indische Ableitung der gleichen Wurzel lautet *sat,* was sowohl »Wahrheit« als auch »Güte« bedeutet. Dieser Begriff wurde im 20. Jahrhundert durch Mahatma Gandhi bekannt, der mit *Satyagraha* (seine Strategie von Wahrheit und Gewaltlosigkeit) das Grundprinzip seiner Veränderungsmethode beschrieb. Eine altdeutsche Ableitung dieser gleichen Wurzel, *sun,* bedeutet »die, die uns umgeben« oder »die Wesen, die uns umgeben.«[60]

Abb. 11.1 ist eine bildliche Darstellung der Bewegung von Presencing: Der Ort, aus dem heraus wir handeln, bewegt sich nicht nur vom Zentrum (Runterladen) zur Peripherie (Sehen) und von da über die Grenze unserer eigenen Organisation hinaus (Sensing/Hinspüren), sondern im Presencing gründet der Quellort der Aufmerksamkeit in der umliegenden Sphäre – also in den »Wesen, die uns umgeben«.

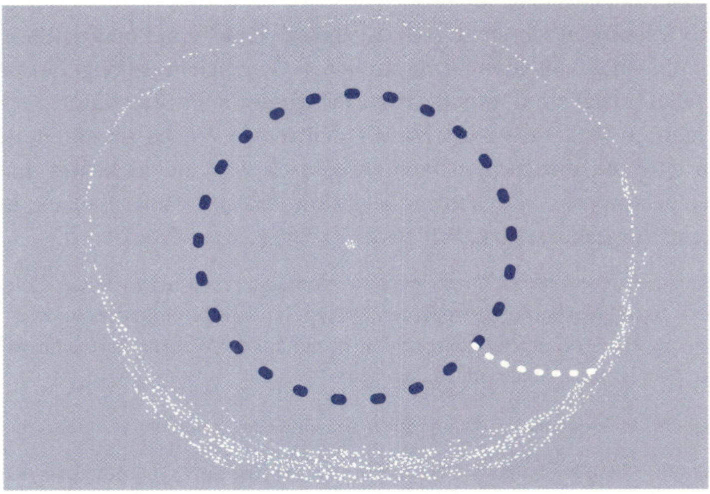

Abb. 11.1: Die Feldstruktur des Presencing

60 Das ist eine interessante Reflexion von der Idee der Feldstruktur der Aufmerksamkeit, die aus dem sie umgebenden Umfeld entsteht. Siehe auch Pokorny (1994, p. 341).

Um über diese Art des Handelns mehr zu erfahren, traf ich mich mit der Professorin Eleanor Rosch, die am Department of Psychology der University of California in Berkeley arbeitet. Auf Teile meines Interviews mit ihr beziehe ich mich bereits in Kapitel 10. Rosch gilt als einer der führenden Köpfe der Kognitionsforschung unserer Zeit. Ihrer Arbeit begegnete ich zum ersten Mal, als ich *The Embodied Mind* las, ein Buch, das sie zusammen mit Francisco Varela und Evan Thompson verfasst hat [Varela, Thompson a. Rosch (1991); dt. (1995): Der mittlere Weg der Erkenntnis]. Wir trafen uns nach dem Berkeley-Wissensforum, einer Konferenz über Wissensmanagement, die Ikujiro Nonaka an der *Haas School of Business* veranstaltet hatte. Rosch hatte gerade einen beeindruckenden Vortrag gehalten, in dem sie den Begriff »Primary Knowing« präsentiert hatte.

Zwei Formen von Erkenntnis und Wissen

In ihrem Vortrag unterschied Rosch zwischen zwei Formen von Wissen: zwischen konventioneller analytischer Erkenntnis und »Primary Knowing«, was sich mit »intuitivem Wissen« übersetzen lässt. Das Bild, das die Kognitionswissenschaft vom Erkenntnisvorgang zeichnet, so Rosch, basiert auf analytischem Wissen, in der Sprache der U-Theorie also auf der zweiten Feldstruktur der Aufmerksamkeit (Seeing). Die Welt wird in diesem Denkmodell als Menge von Objekten gedacht, und der menschliche Verstand generiert Wissenselemente, die diese äußere Welt repräsentieren, abspeichern und isolieren.

Primary Knowing beschreibt Rosch dagegen als eine Form von Kognition, für die gilt, »dass Wissen an miteinander verbundenen Ganzheiten entlang« (anstatt durch isolierte Teile) entsteht und »durch direkte Präsentation« (anstatt durch gespeicherte Re-Präsentation) abgebildet wird. Diese Qualität von Wissen sei »offen« und nicht festgeschrieben und durch einen bedingungslosen Wert und nicht von einer an Bedingungen gebundenen Nützlichkeit bestimmt. *Primary Knowing* sei ein integraler Teil des Erkenntnisaktes selbst. Wie Rosch (1999) sich ausdrückt:

> »Handeln aus dieser tieferen Quelle wird als spontaner Akt beschrieben und nicht als das Ergebnis eines Entscheidungsprozesses. Dieses Handeln ist empathisch, da es auf einer Wahrnehmung des Ganzen basiert und nicht nur auf der Wahrnehmung des Selbst. Und es kann geradezu schockierend effektiv sein.«[61]

61 Die folgenden Definitionen von Rosch finden sich auf Seite 19 des Interviewtranskripts (in engl. Sprache):
Ganzheit: »Es gibt ein starkes intuitives Erfassen von Ganzheit, das über die Begriffsanalyse hinausgeht und in einzelne Teile hineinreicht. Das schließt analytische Details mit ein, die allerdings im richtigen Verhältnis gesehen werden müssen.«
Kausalität: »Menschen hegen den Verdacht, dass Kausalität (und/oder Kontingenz) nicht die Eins-zu-Eins-Beziehung zwischen einzelnen Teilen ist, die das begriffliche Denken sich leicht vorzustellen vermag, sondern eher eine grundlegende wechselseitige Abhängigkeit von Phänomenen.«
Zeit: »Es gibt das Gefühl, dass Zeit nicht nur der lineare Strom ist, den wir für selbstverständlich halten. Stattdessen könnten scheinbar dauerhafte Objekte und Erfahrungen aus dem Momentanen bestehen und das Momentane kann sich durch eine Art von Zeitlosigkeit auszeichnen.«

Verstand und Welt sind nicht getrennt

Laut Rosch hat das Konzept des *Primary Knowing* weitreichende Implikationen für Psychologie und Kognitionswissenschaft:

> »Verstand und Welt sind nicht getrennt. Da subjektive und objektive Aspekte von Erfahrung als verschiedene Pole ein und desselben Erkenntnisaktes entstehen (sie sind Teil des gleichen informationellen Feldes), sind sie schon von Anfang an miteinander verbunden.«

Rosch erhebt den Anspruch, dass wir eine »fundamentale Neuorientierung dessen brauchen, was Wissenschaft ist.« Sie erinnert an Albert Einsteins Aussage, dass Probleme nie mit dem gleichen Denken gelöst werden können, durch das sie entstanden sind.

> »Wissenschaft muss von einem anderen Bewusstsein her Wissen schaffen – die Wissenschaftler müssen die wissenschaftliche Tätigkeit mit einer anderen Aufmerksamkeit und Bewusstheit realisieren.«

In diesem Interview wurde mir deutlich, dass Rosch eine Sprache für subtile Erfahrungen entwickelt hat, die zwar die meisten von uns schon gemacht haben, meist jedoch ohne es wirklich zu bemerken. Auf unserem Weg zurück zu ihrem Büro sagte sie:

> »Wenn man argumentiert, dass Verstand und Welt nicht getrennt sind, so ist das nur eine Seite der Medaille. All die Merkmale, die ich aufgeführt habe [...], gehören eigentlich zusammen und bilden eine Einheit. Diese Einheit ist das, was der tibetische Buddhismus den natürlichen Zustand nennt oder der Daoismus die Quelle. Das ist es, was im Herzen des Herzens des Herzens liegt. Es gibt dieses Bewusstsein und diesen kleinen Funken, der positiv ist – und komplett unabhängig von all den Dingen ist, von denen wir denken, dass sie so wichtig sind. Auf diese Weise nehmen die Dinge ihren Lauf, und, so betrachtet, wird eine Handlung daraus. Und ohne das produzieren wir einen fürchterlichen Schlamassel – als Individuen, als Nationen und auch als Kulturen.«

Das wissende Feld kennt sich und resultiert in Handlung

In ihrem Büro angelangt, fuhr Rosch fort:

> »Stell dir alles, was passiert, so vor, dass es Momentaufnahme von dieser tiefen Herzensquelle ist, die eine wissende Dimension mit einschließt. Der tibetische Buddhismus spricht davon, dass Leere, Helligkeit und die Fähigkeit zu wissen untrennbar miteinander

---

Handeln: »Menschen kennen die Erfahrung eines Handelns, das ohne Intention, Anstrengung, selbstbezügliche Motivation oder bewusste Kontrolle zu entstehen scheint – sogar ohne das Gefühl, dass ›ich‹ das tue.«

Wissen: »Es besteht das starke Gefühl, dass es eine Form von Wissen gibt, die durch unsere Modelle nicht erfasst wird, ein fundamentales Wissen, das nicht explizit oder greifbar ist. Das ist die Art von Wissen, die so etwas spürt wie Ganzheit, wechselseitige Verbundenheit und ähnliches mehr, tatsächlich die Gesamtheit der übrigen Intuitionen. Unsere Psychologie und Kultur haben dieses Wissen einer Vielzahl von Quellen zugeordnet (wie etwa dem Unbewussten), die möglicherweise eher Ablenkungen als Hilfen bei der Exploration darstellen.«

> verbunden sind. Diese Fähigkeit zu wissen ist tatsächlich die Fähigkeit eines Feldes, sich selbst zu kennen, in einem gewissen Sinn so, dass sich der größere Kontext seiner selbst bewusst wird.«
>
> »Ist es dann also die eigene Aufgabe, einen Prozess zu gestalten, sodass sich ein Feld selbst erkennt und sich seiner selbst bewusst wird?«, fragte ich.
>
> »Wenn man dem Weg des Wesens in der Welt weit genug folgt«, ergänzte sie, »wenn man so weit folgt, dass man wirklich loslässt, dann erfährt man, dass man eigentlich das ursprüngliche Wesen ist, die ursprüngliche Art des Seins. Die ursprüngliche Art des Seins weiß Dinge und tut Dinge auf ihre eigene Art. Wenn das passiert oder wenn man nur einen flüchtigen Blick davon erhaschen kann, dann wird einem klar, dass wir eigentlich nicht als fragmentiertes Selbst handeln, so wie wir ja oft denken. Nichts, was du tust, kann diese Erkenntnis fabrizieren, diese ursprüngliche Art des Seins. Es ist eher eine Sache des Sich-darauf-Einstimmens, auch auf ihre – der Erkenntnis – Art des Handelns. Diese ursprüngliche Art des Seins hat eigentlich eine große Intention, es selbst zu sein, und es wird das auch tun, wenn du es nur zulässt.«

Während ich Rosch zuhörte, bemerkte ich, dass sie über die gleichen Wendepunkte sprach, die ich auch oft in Workshops beobachtet hatte und von denen auch Varela sprach: die Umwendung (*redirection*) und das Loslassen (*letting-go*). Als beispielsweise die Teilnehmenden des Arzt-Patienten-Dialogforums die Präsentation mit den ergänzten weißen und grauen Symbolen (Abb. 10.1) betrachteten und auf sich wirken ließen, war es nicht so, dass sich die Daten veränderten. Das Einzige, was sich veränderte, war der innere Ort, von dem aus sie das Bild betrachteten. Zunächst war dieser innere Ort das konventionelle Selbst oder das, was Rosch »das Individuum« nennt, das »in seiner Haut eingesperrt ist und durch seine Augen hindurch schaut«. Dann veränderte sich der Ort der Wahrnehmung, und die Teilnehmenden betrachteten das Bild von einem anderen Ort aus, von dem aus das Ganze, das Gesamtfeld, ansichtig wird.

Wenn wir von dieser selbsttranszendierenden, höheren Wahrnehmung des Selbst her handeln, von einem Ort aus, der *sowohl innerhalb als auch außerhalb* der eigenen Organisation des Beobachtenden liegt, so beginnt unsere Wahrnehmung, vom Ganzen her stattzufinden. Die Einzelperson sieht sich als Teil des Systems und sieht gleichzeitig den Prozess, der das Ganze hervorbringt. Die Wahrnehmung findet jetzt nicht mehr von nur einem einzelnen Punkt aus statt (aus der »Balkonperspektive«), sondern gleichzeitig von mehreren Punkten aus, vom den Kontext umgebenen Feld. Bortoft nennt es das »Streben vom Ganzen zum Teil«. Rosch beschreibt diese Qualität der Wahrnehmung als »das Feld, das sich selbst kennt« – ein Feld, das, wenn man sich erfolgreich darauf einstimmt, tatsächlich »eine große Intention hat, es selbst zu sein«.

Das Gute, Wahre und Schöne

Wie funktioniert das alles? Im Folgenden lade ich Sie zur Betrachtung einiger Beispiele ein. Das erste Beispiel ist die Arbeit von Erik Lemcke, einem Bildhauer und Managementberater aus Dänemark.

»Das Wissen meiner Hände«

Lemcke beschrieb mir seine Grunderfahrung so (persönliches Gespräch, 2005):

> »Nachdem ich mit einer bestimmten Skulptur eine Weile gearbeitet habe, kommt ein bestimmter Moment, ab dem sich die Dinge verändern. Wenn dieser Moment der Veränderung kommt, dann bin nicht mehr allein ich derjenige, der kreativ arbeitet. Ich fühle mich mit etwas viel Tieferem verbunden, und meine Hände schaffen gemeinsam mit dieser Kraft. Gleichzeitig fühle ich Liebe und Fürsorge, und meine Wahrnehmung weitet und dehnt sich. Ich spüre die Dinge in einer anderen Weise. Es ist eine Liebe für die Welt. In diesen Momenten weiß ich intuitiv, was ich tun muss. Meine Hände wissen, ob ich etwas zufügen oder wegnehmen muss. Meine Hände wissen, wie die Form sich manifestieren soll und wird. Es ist auf eine Art einfach, mit dieser Führung zu arbeiten. In diesen Momenten bin ich von einem tiefen Gefühl von Dankbarkeit und Demut erfüllt.«

Erik Lemckes Beispiel zeigt, dass das Wesen von Presencing und das Wesen fundamental schöpferischer Prozesse ein und dasselbe sind. Das folgende Beispiel stammt aus einer ganz anderen Welt. Es veranschaulicht, dass diese tiefen Transformationserfahrungen nicht auf die Sphäre der Kunst und Kultur beschränkt sind, sondern im Gegenteil mitten im Getümmel des Alltags stattfinden.

»Als ob man durch eine Membran bricht«

Dieses Beispiel fand Anfang Juni 1999 im Kontext eines Meetings in Houston, Texas, statt, als ich mit Joseph Jaworski und einer Gruppe von Managern und externen Beratern in einer abschließenden Teamsitzung zusammensaß. Ziel des Treffens war es, eine Action-Learning-Intervention zu entwickeln, die diesen Managern aus der Ölbranche helfen sollte, die komplexe Organisation unternehmerischer und erfolgreicher zu führen, nachdem es zu einer Fusion der Mutter- mit der Tochtergesellschaft gekommen war. Der Raum war angefüllt mit Spannungen, Besorgnis, Wut und Frustration.

Das Gespräch schien durch das greshamsche Gesetz bestimmt zu sein. Sir Thomas Gresham, ein englischer Geschäftsmann und Beamter aus dem 16. Jahrhundert, stellte fest, dass »schlechtes Geld das gute vertreibt«.[62] Die Dynamik dieses Gesetzes habe ich schon oft als Muster in Kommunikationssituationen beobachtet: Das schlechte Gespräch vertreibt das gute. Schlechte Gesprächsstrukturen sind ärgerlich; die gleichen Leute fahren ihre Egos auf und monopolisieren die Sprech-

62 Zirkulieren beispielsweise Gold- und Silbermünzen zu vorgegebenem Wert, aber dieser Wert unterscheidet sich vom Metallwert, dann würde die Münze mit dem geringeren Wert (Silber) die Münze mit dem höheren Wert (Gold) ersetzen.

zeit, ohne den Prozess oder die Beiträge anderer wahrzunehmen, Beiträge, die die gesamte Kommunikationsstruktur in eine andere Richtung bewegen könnten. Ein gutes Gespräch bedarf einer bestimmten Qualität von Aufmerksamkeit oder des Zuhörens – es bedarf eines Gefäßes, wie Bill Isaacs sagen würde. Ein guter Kommunikationsprozess ist davon abhängig, dass schlechte Beiträge zurückgehalten werden. Ein schlechter Kommunikationsprozess ist demgegenüber unabhängig von guten Beiträgen, er reproduziert sich von ganz allein. Die Erfahrung in dieser Sitzung war ein lebendiges Beispiel dieses schmerzhaften Prinzips.

Fast jede Form von Geburt beinhaltet genauso viel Schmerz wie Freude und Wunder. Immer wenn eine Gruppe einen bedeutenden Durchbruch erzielt, gibt es zuvor viel Frustration. Warum hören wir dann so viele Geschichten über Menschen, die Großartiges vollbringen und offenbar nicht mit dieser Chaosdimension zu kämpfen haben? Weil es Fantasien sind. Kurz nach der Geburt unseres zweiten Kindes sagte meine Frau: »Das war's. Das machen wir nicht noch mal.« Doch drei Monate später fragte sie sich: »Wollen wir wirklich nur zwei Kinder haben? Vielleicht sollten wir über ein drittes nachdenken.« Wenn Frauen sich an die Geburtsschmerzen genauestens erinnern würden, dann wäre die Zukunft der Menschheit ernsthaft in Gefahr. Und wenn wir uns alle an den Schmerz der Prozessarbeit genau erinnern würden, würden wir wahrscheinlich den Beruf wechseln. Doch unser Verstand räumt auf und poliert unsere Geschichten. Wir beginnen, die negativen Aspekte herunterzuspielen und freuen uns an dem, was wir geschafft haben.

An diesem Morgen in Houston schien das Dream-Team, wie es manchmal genannt wurde, eher wie ein Albtraumteam zu agieren. Die Zeit wurde knapp, und die Aufgabe war ganz klar noch nicht gelöst. Die Spannung und das schlechte Gefühl im Raum eskalierten. Also entschlossen wir uns, eine kurze Pause zu machen. Der Leiter der Gruppe verließ mit Joseph und mir den Raum, um zu besprechen, wie man die verbleibende Zeit am besten nutzen könnte.

Wir hatten uns seit fast 4 Monaten periodisch getroffen und hatten einen intensiven Lernprozess hinter uns. Wir waren zu gemeinsamen Beobachtungen gekommen, und es gab einen gewissen Grad an Hoffnung. Dennoch lief es einfach nicht gut. Nachdem wir wieder zusammengekommen waren, ging der Projektleiter dazu über, eine Liste von Punkten, die erledigt werden mussten, durchzuziehen. Ich warf einen Blick auf David, einen der zentralen *deal maker* (Geschäftsmacher) im Handelsressort. David war ein abgebrühter Typ und ein *Ironman,* der wohl extreme sportliche Belastungen erfolgreich absolvieren konnte. Er arbeitete zugleich sehr fokussiert und ernsthaft. In diesem Moment schien er sich angestrengt zu bemühen, eine Frage zu formulieren, etwas in Worte zu fassen, das noch unfertig, aber eindeutig präsent war. Das Gespräch war bereits am nächsten Punkt, aber man konnte sehen, dass David immer noch an der Frage hing, die ihn innerlich bewegte, und es zuließ, dass sie in seinem Denken allmählich Gestalt annahm. Ich nickte ihm zu und lenkte dadurch die Aufmerksamkeit der Gruppe auf ihn. Er fing an, den Gedanken herauszukristallisieren (oder der Gedanke fing an, sich durch ihn herauszukristallisieren). Das Energiefeld, das ihn umgab, schien sich zu verstärken. Die Frage kam aus einem tiefen inneren Ort, aus seiner Quelle – und das erwies sich als Wendepunkt.

David deutete auf drei bis vier Schautafeln, die im Zimmer herumhingen. »Diese Schautafeln sind scheinbar verschieden, doch etwas verbindet sie.« Eine Schautafel zeigte das U-Modell, eine andere die vier Felder des Zuhörens (Abb. 11.2). Eine dritte Tafel stellte vier verschiedene Ebenen organisatorischer Veränderung dar. Die vierte Schautafel beschrieb den Prozess, an dem die Gruppe arbeitete.

> »Wir versuchen zu verstehen, was dieser tiefe kreative Prozess – dieses aktive Teilnehmen an der Erschaffung neuer Welten – eigentlich ist. Diese vier Bilder beschreiben unterschiedliche Seiten dieses tieferen Grundprozesses, sie sind wie Fußabdrücke dieser tieferen Kraft, die am Werk ist. Aber was ist es, das diese vier Bilder verbindet – was ist die ihnen zugrunde liegende Quelle?«

Jeder im Raum wurde aufmerksam. Der Projektleiter war sauer. Er wollte mit der Checkliste weitermachen. Aber Davids Frage hatte das abrupt unterbrochen. Nachdem er seine Frage gestellt hatte, schauten er und die anderen mich an. Ich schaute David an und sagte – nichts. Ich fühlte, dass ich nicht in der Lage war, unmittelbar auf diese tiefe Frage auf eine ebenso fundamentbildende Art zu antworten. Ich schwieg und sah ihn an. Man hatte das Gefühl, dass diese Stille immer länger wurde.

Aus dieser Stille stand Joseph langsam auf und hängte die vier Schautafeln, auf die David sich bezogen hatte, direkt nebeneinander und begann in seiner Art, den Zusammenhang zu umschreiben, und wir alle spürten, dass er von einem tiefen Ort her sprach. Die Qualität im Raum fühlte sich plötzlich anders an. Davids Frage, die Stille und Josephs Versuch, die Frage zu beantworten, eröffneten einen Möglichkeitsraum. Wir fanden uns plötzlich in einem tieferen Gesprächsfluss wieder. Nicht jeder sagte etwas, doch waren plötzlich alle im Raum hundertprozentig wach und anwesend. Die Zeit verlangsamte sich. Wir als Gruppe wuchsen mehr und mehr zusammen und begannen, wie von einer kollektiven Intelligenz getragen, gemeinsam zu denken und zu sprechen. Wir alle sprachen aus einem tieferen Ort – einem Ort, der uns direkt verband mit dem Möglichkeitsfeld der entstehenden Zukunft. Auf einmal gelang es der Gruppe auch, in schneller Abfolge verschiedene entscheidende Ideen zur Bewältigung unserer Teamaufgabe zu entwickeln. Nach der Sitzung war mir klar, dass diese wenigen Stunden am Ende drei überraschende Ergebnisse produziert hatten.

- Innerhalb von Minuten hatten wir als Team eine Reihe von Kernideen entwickelt, von denen die meisten später auch umgesetzt wurden.
- Zweitens stellten wir später fest, dass die Teammitglieder dieses schöpferische Feld in den folgenden Sitzungen schneller und einfacher herstellen konnten,

und zwar ohne die frustrierende Vorphase, die der ersten »Geburt« dieser Erfahrung vorausgegangen war.[63]
- Und drittens hatten diese Zusammenkünfte auf der individuell-biografischen Ebene nachhaltige Wirkungen.

Als ich David viele Jahre später wiedersah, erzählte er mir, dass dieses Treffen ein wichtiger Wendepunkt in seinem Leben war. Ich fragte ihn, wie er sich gefühlt habe, als er diese Frage gestellt hatte. Er antwortete: »Es fühlte sich an, als ob du eine Membran durchbrichst.« Was für eine geniale Art, dies auszudrücken, dachte ich. Ein paar Monate nach dem Treffen übernahm David die Leitung einer Geschäftseinheit für *Lease Trading*. Er führte das Geschäft von einem Tiefpunkt zu einem Spitzenreiter in der betreffenden Industrie und machte es zur Nummer eins in puncto Geschäftsvolumen und Gewinn.

»Als ob du durch eine Membran brichst.« Jede Geburt ist ein Geheimnis, das zumindest drei verschiedene Perspektiven einbezieht: die Perspektive der *Mutter*, die Perspektive des *Helfers* (Hebamme, Vater, Arzt) und letztlich die Perspektive des *Neugeborenen*, also des Wesens, das gerade in eine andere Welt »durchbricht«. An diesem Tag war es nicht nur David gewesen, der eine neue Welt betrat. Sondern er war es, der geholfen hatte, dass etwas geboren werden konnte. Eine Freundin von mir, Karen Speerstra, die selbst Bücher verfasst und Büchern auch zur Geburt verhilft (einschließlich des Buches, das Sie gerade lesen), erzählte mir einmal, was sie von einer Hebamme gelernt hatte:

> »Du musst das Wesen der Geburt achten. Manchmal müssen wir einfach warten. Wir wollen oft nach der Geburtszange greifen, aber es ist normalerweise besser, das Wesen der Geburt zu erkennen und zu achten.«

Davids Bemerkung erinnerte mich auch daran, dass ich, als ich den Entschluss fasste, den Begriff »Presencing« für diese tiefere Erfahrung zu nutzen, eine Internetrecherche durchgeführt und zwei weitere Verwendungen für den Begriff gefunden habe: Einmal hatte ein französischer Übersetzer von Heideggers Arbeiten ins Englische »Presencing« benutzt, und die zweite Verwendung war bei Krankenschwestern und Hebammen zu finden, wenn sie von den tiefer liegenden Aspekten ihrer Arbeit in menschlichen Grenz- und Schwellensituationen sprachen. Als ich diese zwei Kontexte sah, wusste ich, dass ich das richtige Wort für das, was ich beschreiben wollte, gefunden hatte!

63 Ein bemerkenswertes Ereignis war ein Treffen von Gary Jusela, Joseph Jaworski und mir im Stanford Park Hotel, Palo Alto, kurz nach dem oben beschriebenen Treffen in Houston. Bei dieser Begegnung in Palo Alto zum Abschluss mehrtägiger gemeinsamer Interviews im gesamten Silicon Valley machten wir drei eine ganz ähnliche Erfahrung wie die oben geschilderte. Der Großteil der kreativen Ideen und Konzepte, die wir in diesem Jahr für das Leadership Laboratory entwickelten, geht auf diese beiden Treffen zurück!

Die Hochzeit

Am Tag nach dem Arzt-Patienten-Dialogforum (vgl. die Kapitel 9 und 10) trafen die Kerngruppe der Ärzte, Ursula, die Studierenden und ich uns, um den Schulsaal aufzuräumen, in dem wir das Forum abgehalten hatten. Ein paar Teilnehmende tauchten ebenfalls auf, um uns zu helfen. Es war wie der Morgen nach einer Party, wenn man zusammenkommt, müde, aber entspannt und offen für alles, was im Jetzt passiert. Jemand brachte Kaffee, eine andere Person ein paar Stühle. Bald war der Grill angeworfen, und wir aßen, was von gestern übrig war. In diesem Kreis saßen wir entspannt an diesem Frühlingstag vor der Schule. Ich fragte die Frau, die den Grill bediente, was sie über das Forum von gestern dachte. »Ich war gerührt davon.« »Wovon?«, fragte ich. »Na ja, ich erlebte den Tag wie eine Hochzeit. Am Ende war eine Festlichkeit im Raum wie in einer Kathedrale, und es war eine Vertrautheit im Raum, wie man sie nur in der Familie kennt.« Sie hatte die perfekten Worte gefunden, um die subtilere Ebene unserer gemeinsamen Erfahrung zu beschreiben. An dem Tag hatten sich zwei getrennte Felder oder Körper auf eine Art verbunden, die beide stärker machte und die Möglichkeiten aller Beteiligter erweiterte.

Ich schaute mich um und sah auf unsere kleine »Hochzeitskonstellation«, die da in diesem Moment vor mir saß: ein vertrauter Kreis von Freunden, Ärzten, Patienten und Studierenden. Wir waren zu einer Gemeinschaft geworden, in der alle füreinander präsent waren. Während wir auf diese innige Konstellation schauten, schien es, als ob die Zeit für einen kleinen Moment innehalten würde, und eine lichtvolle und liebevolle Energie strahlte durch die ganze Gruppe.

Später entwickelte sich aus diesem Kreis eines der erfolgreichsten unter Dutzenden regionalen Gesundheitsnetzwerken, die in Deutschland in den 1990er Jahren ihren Anfang nahmen. Im Jahr 2000 richtete dieses Netzwerk ein neues Notfallkontrollzentrum ein, das an 7 Tagen in der Woche eine 24-Stunden-Ärztehotline anbot und einen Notdienst mit höherer Servicequalität bei deutlich niedrigeren Gesamtkosten.

Durch das Nadelöhr

Während mehrerer Jahre haben Katrin Käufer und ich mit einer biodynamischen Hofgemeinschaft in Deutschland zusammengearbeitet. Die Gruppe bestand aus ungefähr einem Dutzend Leuten. Den ersten Abend unserer halbjährlichen Treffen benutzten wir immer für ein ausgedehntes Check-in. Dabei sprach jede Person darüber, wo sie in ihrer Arbeit und ihrem Leben gerade stand. An den darauffolgenden Tagen konzentrierten wir uns auf die Probleme, mit denen die Gruppe jeweils kämpfte. Bei einem der Treffen war deutlich, dass wir zunächst nur sehr wenige Fortschritte gemacht hatten. Die Themen kamen nicht recht voran. Irgendetwas schien die Gruppe daran zu hindern, ihr wirkliches Potenzial zu realisieren. Also luden wir alle ein, die Geschichte »Mein Weg nach Dannwisch« zu erzählen.

(Dannwisch war der Name des Hofes.) Bald wurde offensichtlich, wie wenig wir voneinander wussten.

Am nächsten Morgen, einem Sonntag, begannen wir über das entstehende größere Bild zu sprechen, das sich aus den individuellen Geschichten des Vorabends ergeben hatte. Und darüber, wie dieses Gesamtbild den Weg der Vergangenheit – ein Kloster hatte den Hof vor ungefähr 900 Jahren gegründet – und den Weg nach vorn ins Offene, in die Zukunft, vermittelt und entbirgt. Einer der Landwirte begann, seine Arbeit und Aufgabe zu beschreiben als »sich um dieses Fleckchen Erde zu kümmern«. Diese Worte kamen direkt aus seinem innersten Herzen. Der anschließende Moment der Stille war wie ein Moment der Wandlung. Alte Gräben im Zwischenmenschlichen schienen zu verschwinden (oder in den Hintergrund zu rücken). Eine neue Offenheit gegenüber den anderen, sich selbst und gegenüber der entstehenden Zukunft griff Platz. Das Gespräch thematisierte u. a. das »Wesen« dieses Ortes und die Frage, was die Hofgemeinschaft tun könnte, damit sie lernt, das höchste zukünftige Potenzial dieses Ortes besser wahrzunehmen und zu realisieren.

In diesen Momenten, als die Zeit sich verlangsamte und der uns umgebende Raum sich zu öffnen schien, spürten wir die Kraft einer subtilen Präsenz, die durch unsere Worte, Gesten und Gedanken hindurchschimmerte, als ob eine gegenwärtige Zukunft uns aufmerksam *beobachtete* – eine Zukunft, die gleichzeitig vollständig und zutiefst von uns abhängig war – und ist.

Als unser Treffen später an diesem Tag endete, hatte sich die Gruppe durch ein Nadelöhr hindurchbewegt. In vielen Gruppen und Organisationen ist dies der Punkt, an dem die Akteure beginnen, von einem anderen Ort aus wahrzunehmen, einem Ort, der es ihnen ermöglicht, eine direkte Verbindung mit dem Feld der Zukunft aufzubauen. Diese Verbindung ermöglicht ihnen ein Handeln, das durch das werdende Zukunftsfeld inspiriert ist. Diesem Schritt »durch das Nadelöhr« folgten einige sehr produktive Jahre der Hofgemeinschaft, die den Hof und den lokalen Kontext durch zahlreiche Initiativen, Unternehmungen und kooperative Anstrengungen in vielfacher Weise gestalteten und erneuerten.[64]

All die oben dargestellten Beispiele verdeutlichen, dass wir, um durch das Nadelöhr hindurchzukommen, alte Probleme auf neue Art anschauen und unser authentisches Selbst in die Situation einbringen müssen.

Die Anwesenheit des Circle-Wesens

Die Bewegung des *Presencing* macht eine starke Verbindung zwischen den Teilnehmenden eines solchen Prozesses wahrnehmbar. In Gruppen, die durch das Nadelöhr gehen, stellt sich zunächst ein starkes Gefühl der Verbundenheit ein, ein Gefühl sich auflösender Grenzen. Dann spüren sie eine subtile, aber authentische Präsenz zwischen sich. Ist eine tiefere Beziehung dieser Art einmal hergestellt, ist sie zu-

64 Näheres unter: https://www.dannwisch.de/ [Zugriff: 13.1.2020].

meist nachhaltig. Der *Circle of Seven* zum Beispiel hat mehrere Prozesse und Instrumente entwickelt, um diese Qualität der Verbindung und Authentizität lebendig und anwesend werden zu lassen. Aber dieser Schritt verlangt von den Beteiligten die Bereitschaft, ein Risiko einzugehen und die eigene Angst loszulassen.

> »Das ist nicht unbedingt für jeden von uns so«, sagte Glennifer, »aber für mich ist es ausgesprochen schwer, meine persönliche Sicherheitszone freizugeben und mich im Kreis zu entspannen. Ich muss viel innere Arbeit leisten und bewusst loslassen, damit ich diesen Schritt tun kann. Dieser Schritt ist für jede von uns anders. Aber jedes Mal muss diese Schwelle überschritten werden.«
>
> Ich fragte Glennifer, wie es sich anfühle, eine solche Schwelle zu überqueren. Sie antwortete: »Als ob ich das Alte loslassen und sterben würde, wenn ich mich auf den Kreis einlasse. Ich muss mir dieses Gefühl bewusst machen und ihm zustimmen. Diese Grenze zu überqueren muss so ähnlich sein, so stelle ich mir das vor, wie es sich anfühlt, wenn man stirbt. Wer werde ich danach sein? Weil ich es nicht weiß, bin ich mir nicht sicher, wie ich mich schützen kann.«
>
> »Und dann, was passiert dann?«, fragte ich. »Dann übertrete ich normalerweise die Grenze. Nachdem ich den Schritt getan habe, fühle ich mich freier. Obwohl ich diesen Schritt schon öfters getan habe, weiß ich irgendwie vorher nicht, dass ich mich freier fühlen werde. Wenn alle das getan haben, haben wir diese neue Qualität von gemeinsamer Gegenwart. Wenn alle den Schritt vollzogen haben, erleben wir die gemeinschaftliche Gegenwart anders. Ein neues Ganzes entsteht dann. Wir beschreiben dieses neue Ganze als Wesen, als *Circle*-Wesen. Ohne den Schritt über die Schwelle bin ich nicht in der Lage, dieses Ganze, dieses Wesen des Werdenden wahrzunehmen. Wenn wir diese Qualität der gemeinsamen Arbeit erreicht haben, dann verändert das auch meine Individualität. Es hört sich paradox an, aber ich bin einerseits noch mehr Individuum, und gleichzeitig geht meine Individualität mehr in den Gesamtzusammenhang ein.«
>
> Nach einem Moment der Stille beschrieben die anderen Teilnehmerinnen des *Circle* ihre Beobachtungen: »Du bist jetzt gerade hier über die Grenze gegangen. Wenn ich das energetisch beschreiben sollte, war deine Stimme heller, als du anfingst zu sprechen. Du sprachst schnell und atmetest schwer. Dann senkte sich der Klang deiner Stimme. Und die Energie bewegte sich von hier *[sie deutete auf ihren Kopf]* nach dort *[sie deutete auf ihre Brust und den Bauch]*. Ich konnte wahrnehmen, dass du ein Risiko eingingst. Es muss ein Risiko geben, damit sich diese Qualität von Gemeinschaft bilden kann. Das Risiko kann das einer Person, von zwei Personen oder von uns allen sein, aber es muss irgendeine Art von Risiko oder Verletzlichkeit geben, damit man diese Schwelle, diese Öffnung, von der du sprichst, überqueren kann. Ich fühlte, wie sich das Ganze veränderte. Weil du das Risiko eingegangen bist, veränderte sich das Feld für uns alle.«

Gemeinsame Übungen, sich zu halten

Bemerkenswert bei all den Episoden und Momenten des Presencing, die ich im Laufe der Jahre erlebt habe, erscheint mir, dass sie offenbar zwei Elemente gemeinsam haben:

- Man geht ein Risiko ein, wie etwa das Beispiel von Glennifer verdeutlicht – »Bist du bereit zu sterben?«
- Das zweite Element betrifft die Qualität des gemeinschaftlichen Ortes des Haltens oder Sich-Haltens.

»Eine Hauptübung, die wir ausgebildet haben, nennen wir das ›Sich-Halten‹«, erklärte Anne. Ich fragte: »Wenn ihr euch gegenseitig zuhört, wie kultiviert ihr euer Zuhören, damit ihr als gemeinschaftlicher Ort des Sich-Haltens fungieren könnt?«

Als Antwort beschrieben die Teilnehmerinnen des *Circle of Seven* drei verschiedene Bedingungen des Zuhörens, die es ermöglichen, dass ein kollektiver Ort entstehen kann (Abb. 11.2):

1. Die erste Bedingung bezeichneten sie als bedingungslose Zeugenschaft.

   »Die Qualität, einfach bedingungslos dabei und Zeuge zu sein, hat etwas mit der persönlichen Öffnung gegenüber dem Quellort des Circle zu tun. Das heißt, die Augen, durch die du siehst, das Herz, durch das du fühlst, die Ohren, mit denen du hörst, sind nicht nur Teil deiner Person, sondern gleichzeitig auch Teil des Ganzen. Also versuchen wir, jegliche Projektion auf die Situation zu vermeiden. Die einzige Intention, die wir in die Situation hineinbringen, ist, sich dem Jetzt und dem, was im Jetzt entstehen will, zu öffnen. Wir nennen das Feinfühligkeit ohne Manipulation. Ziel ist eine Stimmung des Nichturteilens.«

2. Als zweite Bedingung nannten die Teilnehmerinnen ein Freimachen des horizontalen Raumes für bedingungslose Liebe.

   »Der Fokus der Energie fällt vom Kopfbereich in den Herzbereich, denn die Öffnung geschieht normalerweise, wenn das Herz von jemandem sich wirklich öffnet. Nicht personengebundene Liebe ist etwas Besonderes. Deine Persönlichkeit ist nicht mit drin. Ich glaube, dass es eine unserer Stärken als Circle ist, dass wir diese nicht persönliche Ebene halten«, erklärte Anne.

3. Die dritte Bedingung hat damit zu tun, wohin man seine Aufmerksamkeit lenkt – und zwar darauf, das essenzielle oder authentische Selbst zu sehen.

   »Ich sehe durch diese Wunde das Wahre an ihr«, bemerkte Barbara.

   »Also kommt es darauf an, wohin ich mein Bewusstsein fokussiere … Es ist eine Disziplin der Aufmerksamkeit, die damit zu tun hat, wie ich die Leute sehe, die von den anderen im Kreis beschrieben werden.«

   »Wir haben eine Vereinbarung«, fügte Leslie hinzu, »das essenzielle oder höhere Selbst zu sehen, die wir ›Nicht-Schlamassel-Klausel‹ nennen. Egal, was eine von uns in diesem Kreis tut, sie kann damit nicht die Beziehung zu den anderen im Kreis zerstören. Die Intention liegt auf dem essenziellen Selbst. Wir teilen die Überzeugung, dass es eines der größten Geschenke für einen anderen ist, wenn ich dessen höheres Selbst sehen kann, und dass meine Wahrnehmung dann hilft, dass der oder die andere mehr über sich selbst erfährt.«

»Ich sehe die Arbeit im Kreis so«, sagte Glennifer, »dass, egal welche Rolle ich in unserem Gespräch habe, ob mir durch die anderen geholfen wird oder ich anderen helfe, es da, meiner Erfahrung nach, eine Dichte in der Atmosphäre gibt, die es möglich macht, dass ich tiefer in den Prozess einsteigen kann, als wenn zum Beispiel nur Beth und ich miteinander arbeiten würden … ich sehe mehr. Ich sehe mehr von mir selbst. Ich sehe mehr von dem, woran ich arbeite. Nun, ich weiß nicht, ob das an den Fähigkeiten im *Circle* liegt oder ob es die Qualität der Aufmerksamkeit ist oder vielleicht eine Kombination von beidem. Aber meine Erfahrung ist, dass ich mehr sehe, mehr lerne, mehr über mich selbst erfahre. Ich fühle mich wie eine größere Person. Ich fühle mich voller, reicher. Und ich fühle mich auf eine bestimmte Art befähigt. Ich fühle mich wahrgenommen. Ich fühle, dass meine Aufmerksamkeit fokussiert ist und dass sie von hoher Qualität ist, auch dass sie urteilsfrei und liebend ist. Und ich fühle die Anwesenheit des Ganzen, einer anderen Wesenheit, es unterscheidet sich von der Summe der Individuen. Ich kann diese Ganzheit wahrnehmen. Es braucht etwas Zeit, bis es da ist, aber wenn diese Ganzheit wahrnehmbar wird, dann verändert sich die Qualität. Das ist das eine. Und gleichzeitig stärkt es mich – ich fühle mich viel kraftvoller.«

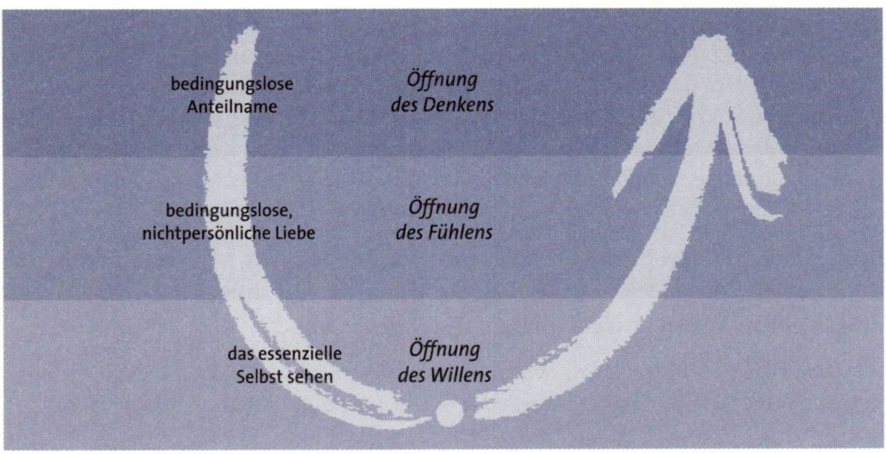

Abb. 11.2: Drei Bedingungen für eine hohe Qualität des Zuhörens

Sehen und Bezeugen des essenziellen Selbst

Später bat ich alle Frauen, zwei Bilder zu zeichnen: eines, das die Erfahrung eines normalen Gruppentreffens darstellt, und ein weiteres, das die Erfahrung eines *Circle*-Treffens wiedergibt.

»Bei meinem ersten Bild«, erklärte Beth, »dachte ich an eine bestimmte neue Gruppe, die gemeinsam an einer Gesundheitsreform arbeitet. Mir kommt es so vor, als ob jeder von seiner eigenen kleinen Blase umgeben ist – seiner Identität. Deshalb habe ich das, was sie mit einbringen, in unterschiedlichen Farben dargestellt. In gewisser Weise haben wir bereits etwas Größeres, für das wir da sind, aber wir kennen uns nicht, wir wissen nicht, ob die anderen wirklich für dasselbe da sind. Daher besteht eine Distanz zwischen ihnen allen.«

»Das zweite Bild«, fuhr Beth fort, »vermittelt einen Eindruck vom einzigartigen Geschenk der inneren Anwesenheit oder des essenziellen Selbst. Ich sehe, wie mehr von unserem essenziellen Selbst durchkommt und wir doch gleichzeitig differenzierter in unseren Gedanken und Beiträgen werden. Wir fühlen uns auf tiefere und reichere Weise lebendig, weil wir sowohl für das gesehen und bestätigt werden, was wir im tiefsten Inneren sind, als auch für unsere Persönlichkeitsstruktur und unsere Ansichten.«

»Für meine Erfahrung des Arbeitens mit unserer höchsten Möglichkeit nehme ich für das essenzielle Selbst auf individueller wie auf kollektiver Ebene dieselbe Farbe. Die grundlegende Präsenz ist ein Aspekt des großen Feldes. Doch gleichzeitig sind wir alle unterschiedlich, deshalb habe ich zusätzlich noch unterschiedliche Farben verwendet.«

»Nach meiner Erfahrung umgibt uns ein Kreis, der uns alle durchdringt und hält. Diese Energie inspiriert uns alle, wenn wir empfänglich sind, beeinflusst unser Verständnis, unsere Gefühle und unseren gesamten Ausdruck. Sie durchdringt uns, individuell, im Kollektiv, bringt Licht in komplizierte Herausforderungen und ist normalerweise durch eine grundlegende Großzügigkeit und eine umfassende Sichtweise gekennzeichnet.

Wenn ich diesen Kreis verlasse und meiner beruflichen Arbeit nachgehe, trage ich etwas von der Stärke und dem Gehalt dieses Raumes, den wir geschaffen haben, mit mir. Ich nehme diese Kraft überall mit hin und fühle mich auch an allen anderen Orten stärker. Ich glaube, die Menschen in meiner Arbeitsumwelt spüren etwas von ihrer eigenen Präsenz und Stärke, wenn sie in Kontakt mit etwas von dem kommen, was wir hier erleben. Und sie tragen es dann ihrerseits weiter zu anderen.«

Beim Anblick des zweiten Bildes stellte ich erstaunt fest, wie stark es der Feldstruktur der Aufmerksamkeit ähnelte, die von »jenen, die uns umgeben«, »von den uns umgebenden Wesen« ausgeht und uns mit ihnen verbindet.

»Wenn ihr von diesem ›*Circle*-Wesen‹ sprecht«, fragte ich, »ist das dann einfach ein Begriff – eine Bezeichnung? Oder bedeutet es eine lebendige Präsenz?«

»Ich will dir ein Beispiel geben«, antwortete Leslie, »Freunde von uns kommen hierher, um neue Ausrichtungen oder Projekte im Kreis zu initiieren. Ich denke dabei etwa an Lexi, die durch die Beratungsarbeit mit einigen von uns das Bedürfnis hatte, einen Kreis jüngerer Frauen zusammenzubringen. Sie wusste, dass ihr Keim für den Kreis der jüngeren Frauen aufgehen würde, wenn sie in unserem Kreis saß – nicht mit uns als Individuen, sondern in Anwesenheit des ›*Circle*-Wesens‹. Das *Circle*-Wesen, die Anwesenheit des Ganzen, wirkt also auf Potenzial ein.«[65]

---

65 Ein Prozess, den der *Circle of Seven* für diese Coachingarbeit entwickelt hat, ist der Weg der Symbole (»The Symbols Way«). Er zielt darauf, persönliches und kollektives Potenzial aus dem Netz der gegenwärtigen Realität zu ziehen. Einzelpersonen, Beratungs- oder Führungsteams können das »Symbols-Way-Kit« über seine Designerin Barbara Cecil beziehen, Kontakt: bcecil@mind.net. Es ist ein Produkt von The Ashland Institute (https://www.ashlandinstitute.org/ [Zugriff: 24.2.2020]).

»Es gibt viele Anliegen, die Menschen in diesen Kreis eingebracht haben, damit die Aktivität des Feldes sich ihrer annimmt.«

»Woher wisst ihr, dass das *Circle*-Wesen, das Wesen des Ganzen, anwesend ist?«

»Die Atmosphäre verändert sich. In meinen Ohren summt es. Alles verlangsamt sich, die Zeit verändert sich. Es setzt eine Art Entpersonalisierung ein, und ich habe das Gefühl, meine Worte sorgfältig wählen zu wollen. Ich spreche dann, wenn ich diese Wahrnehmung von einem Ganzen habe, wenn ich diese Anwesenheit spüre und denke, dass ich etwas dazu beitragen kann, die zum Ausdruck zu bringen. Es ist immer eine gewisse Mischung, aber im Großen und Ganzen ist es ein Sprung in eine andere Zone. Manchmal sagen wir: »Wir sind ins Feld eingetreten.«

»Also, Otto,« wandte sich Barbara an mich, »ich stelle gerade eine Echtzeit-Überlegung an. Ich frage mich, ob du möchtest, dass wir dich und deine Arbeit in diesem Kreis halten und tragen?«

Bei dieser Frage spürte ich eine greifbare Präsenz. Ich erkannte, dass mir diese Frage tatsächlich zu Anfang des Gesprächs durch den Kopf gegangen war. Aber natürlich hätte ich mich nie getraut, sie zu stellen. Nachdem Barbara jetzt die Möglichkeit angesprochen hatte, fühlte ich mich unfähig, darauf zu reagieren. In meinen Ohren summte es. Mir wurde plötzlich klar, wie sehr ich meinen europäischen Freundeskreis und das gemeinsame Leben, Lernen und kreative Gestalten mit ihnen vermisste. Mir wurde auch klar, wie sehr ich die Anwesenheit eines solchen kollektiven Ortes des Sich-Haltens in meinem derzeitigen Leben vermisste. Nach einer wohl recht langen Pause antwortete ich schließlich leise: »Ja, das würde ich sehr gerne.«

Beim Aussprechen dieser Worte fühlte ich nicht nur die bezeugende, liebevolle Anwesenheit jedes einzelnen Zirkelmitglieds, sondern etwas, was noch darüber hinausreichte. Ich wurde an einem besonderen Ort angenommen und gehalten. Ich fühlte mich von einem Feld oder einer Ganzheit *wahrgenommen* und bestätigt, die über mich selbst hinausging.

Auch wenn ich es nicht beweisen kann, habe ich das Gefühl, dass es ohne diese Erfahrung des Gehaltenwerdens durch den *Circle of Seven* nicht zu den ganzen positiven Durchbrüchen gekommen wäre, die wir durch die globale U-Ökologie (und U.Lab-Ökologie) erleben.

Prinzipien des Presencing

Presencing geschieht im Kontext von Individuen, Teams, Organisationen und größeren Gesamtsystemen. Mir begegnet dieses Phänomen beispielsweise oft bei Dialoginterviews oder in einer Situation, die durch eine besonders intensive Qualität des Zuhörens geprägt ist. Man kann mit dem ganzen Körper spüren, wenn eine Begegnung diese Qualität erzielt. Eine Beschreibung, die viele Menschen häufig dafür wählen, ist die Herz-zu-Herz-Verbindung. Häufig bemerkt man eine subtile

Form von Licht und Wärme – es ist keine physikalische Wärme, aber man spürt sie. Wenn sich Grenzen öffnen, entsteht ein subtiles Feld oder eine Präsenz, die mich mit meinem Interviewpartner und dem uns umgebenden Feld verbindet und uns in einem offenen, zutiefst schöpferischen und ruhigen Bewusstseinszustand hält. Wir sind alle Teil desselben größeren Feldes oder der Anwesenheit, die sich durch uns, wie es scheint, ihrer selbst gewahr wird. Ich erlebe dies oft als ein subtiles, lichtvolles Feld der Anwesenheit, das meinen Gesprächspartner und mich verbindet. Vier Prinzipien beschreiben die sich vollziehende Qualitätsveränderung:

- Loslassen und Sichhingeben
- Umkehrung: Durch das Nadelöhr hindurchgehen
- Das In-die-Welt-Kommen des authentischen Selbst
- Das Kraftfeld eines Ortes: Einen Raum für tiefes Zuhören schaffen

Loslassen und Sichhingeben

Das erste Prinzip ist, das Alte loszulassen und sich auf das Neue einzulassen. Francisco Varela, Eleanor Rosch und Brian Arthur betonen sämtlich dieses Prinzip als das Kernelement. »Alles, was nicht essenziell ist, muss gehen«, sagte Brian Arthur in unserem Interview, als er diesen Schritt in eine zukunftsoffene Qualität der Interaktion beschrieb. Wenn man das gewohnheitsmäßige Handeln einstellt, man wird plötzlich überrascht oder von etwas Spannendem ergriffen, dann öffnet sich das Denken. Als ich vor dem brennenden Elternhaus stand, war es nicht so schwer, die alten Muster loszulassen. Doch das Leben bietet einem nicht immer die Situationen, die es uns erlauben, alte Strukturen einfach loszulassen. Wie können wir das Loslassen üben, ohne dass der Hof jeden Vormittag abbrennt?

Anstelle eines dramatischen Ereignisses kann das Loslassen auch eine bewusste Bewegung sein. Im *Circle of Seven*, sagte Glennifer, fühlte es sich so an, als ob man stirbt: »Weil es da eine Grenze gibt, über die man hinübermuss … Ich stelle mir vor, dass da nichts sein wird auf der anderen Seite und dass ich nicht mehr dieselbe sein werde, wenn ich die Grenze überschreite.« Im obigen Beispiel der Hofgemeinschaft bedeutete Loslassen ein Sich-Verabschieden von einem festen Verständnis von Aufgabe und Identität des Hofes. Im Beispiel der Angestellten des Energiekonzerns in Houston bedeutete Loslassen das Sich-Verabschieden von einem enormen Gruppen- und Führungsdruck, der aus vorher festgelegten Zielen und Erwartungen resultierte.

Das Loslassen des Alten und das Sich-Einlassen auf das Neue sind sozusagen zwei Seiten derselben Medaille. Loszulassen hat mit einem Öffnungsprozess zu tun, also dem Abbau von Barrieren und Hindernissen, die im Weg stehen; sich auf das Neue einzulassen bedeutet, sich in den dadurch entstehenden offenen Raum hineinzubewegen. Als David spürte, dass sich eine bedeutsame Frage in ihm und seinem Umfeld herausbildete, musste er seine gesamte Aufmerksamkeit darauf richten und sich dem, was da entstehen wollte, was immer es war, vollständig hingeben.

Wenn ich in meiner Arbeit Dialoginterviews führe, sehe ich mich immer wieder mit meinen Intentionen, Plänen, Vorstellungen oder Fragelisten konfrontiert, die ich mir bewusst machen muss, um sie loslassen zu können und mich vollkommen auf den in dem Dialoginterview sich entfaltenden Prozess einzulassen.

Umstülpung: Durch das Nadelöhr gehen

»Inversion« ist das englische Wort, das ich verwende, um den Prozess zu beschreiben, wenn eine Person oder Gruppe durch das Nadelöhr geht und damit beginnt, sich mit einem entstehenden Feld zu verbinden. Das deutsche Wort für Inversion, *Umstülpung* bedeutet »etwas von innen nach außen und von außen nach innen zu wenden«. Geht man durch das Nadelöhr, ist das eine Schwelle, an der man alles fallen lassen muss, was nicht essenziell ist. Hinter dieser Schwelle verändert sich der Ausgangspunkt von Handlung. Der Ort, aus dem heraus Handlung stattfindet, weitet sich hin zum Feld von »jenen, die uns umgeben«. Es ist der Raum des Ganzen, der den umhüllenden Raum und die im Entstehen begriffene Zukunft mit einschließt.

Im *Circle of Seven* beschrieb Beth, dass sie sich mehr und größer fühle, so als ginge etwas durch sie *hindurch*. Auch ich erlebte diesen Perspektivenwechsel, als ich mich nicht nur von den Mitgliedern des Zirkels, sondern auch von einer anderen Präsenz, die nicht mit mir oder den Personen im Raum identisch war, wahrgenommen und bestätigt fühlte. Im Falle der landwirtschaftlichen Gemeinschaft geschah diese Umkehrung, nachdem alle Teilnehmenden beschrieben hatten, was »mein Weg nach Dannwisch« war. Dies ermöglichte es, dass am nächsten Morgen die Aufmerksamkeit von einem anderen Ort her stattzufinden begann. Das *Ganze* war sichtbar geworden, und jetzt war die Frage möglich: Was will das *Eigenwesen* dieses Ortes von uns, und wie kann das Zukunftspotenzial dieses Ortes besser und nachhaltiger realisiert werden? Für die Angestellten des US-Konzerns in Houston, Texas, fand die Umkehrung in dem Moment der Stille statt, nachdem David eine echte und existenzielle Frage gestellt hatte, kurz bevor Joseph und alle anderen ihm durch »das Nadelöhr« folgten und den Raum weiter öffneten. In diesem Moment verschob sich bei allen Teilnehmenden der Ort des Handelns aus dem eigenen Innern hin zu einem tieferen Punkt, von dem aus eine kollektive Kreativität durch die Gruppe zu fließen begann. Für die Teilnehmenden des Arzt-Patienten-Dialogforums fand ebenfalls eine Umkehrung statt. Gut sichtbar war diese Veränderung am Morgen nach dem Treffen, als Ärzte und Patienten draußen im Kreis zusammensaßen und nicht mehr, wie noch am ersten Tag, sich in verschiedenen Ecken des Raumes separierten (Ärzte auf der einen und Patienten auf der anderen Seite). Ein wichtiger Wendepunkt auf dem Weg der Umkehrung war die Herzfrage einer Patientin, die ihre Sorge um die Ärzte zum Ausdruck brachte und nicht wollte, dass das System diese Menschen, die sie kannte und schätzte, kaputtmachte. In fast allen Beispielen zeigt sich, dass ein Moment tiefer Stille eintritt, bevor sich das Feld verschiebt.

Das In-die-Welt-Kommen des authentischen Selbst

Im *Circle of Seven* sagte Glennifer: »Meiner Erfahrung nach sehe ich mehr und erfahre mehr über mich selbst. Ich fühle mich wie eine größere Person, ganzheitlicher. Auf eine bestimmte Art fühle ich mich befähigter und kraftvoller.« Der Schritt vom empathischen zum schöpferischen Hinhören von einer tieferen Quelle aus öffnet auch eine Verbindung mit einem zukünftigen Möglichkeitsraum. Diese Anwesenheit einer im Entstehen begriffenen Zukunft wird durch eine höhere Qualität des Zuhörens und der sozialen Intelligenz ermöglicht, die Menschen und Systemen gleichermaßen zugänglich ist. Diese Form dieser Intelligenz bezeichne ich als geöffneten Willen. Ich habe diese Qualität viele Male in Dialoginterviews gesehen. Beide Gesprächspartner verlassen den Raum verändert, als eine andere Person. Du bist nicht mehr derselbe. Du bist dem ein bisschen nähergekommen, der du wirklich bist. Manchmal kann diese vielleicht nur subtile Veränderung einschneidend sein. Ich erinnere mich, dass ich einmal ein solches Gespräch verließ und die körperliche Empfindung einer Öffnung oder Wunde hatte. Warum? Weil dieses Gespräch ein schöpferisches soziales Feld geschaffen hatte, das mich mit einem tieferen Aspekt meines ureigenen Weges und meines ureigenen Selbst verbunden hat. Als ich dann den Ort verließ, der mich in dieser Wahrnehmung gehalten hatte, erlebte ich dies als Aufbrechen dieses Zusammenhangs, der bei mir eine Weile eine Öffnung (Wunde) hinterließ.

Als David seine Frage in Houston artikulierte, war dies, wie er mir zwei Jahre später berichtete, tatsächlich eine tief greifende persönliche Erfahrung für ihn, bei der er die Öffnung einer anderen Dimension seines entstehenden Selbst erlebte.

Als die Mitglieder der landwirtschaftlichen Gemeinschaft ihr Gespräch über die tiefe und sich verändernde Identität ihres Selbst, ihrer Beziehung und ihres Ortes führten, machten auch sie die Erfahrung, dass sie sich von einer anderen Art von Öffnung oder Möglichkeit nach vorn gezogen fühlten, die sie irgendwie mit der Verkörperung eines entstehenden oder anderen – authentischen – Selbst verband.

Bei all diesen Beispielen sehen wir dasselbe grundlegende Geschehen: die Ankunft, die beginnende Geburt und das In-die-Welt-Kommen eines neuen Selbst – des essenziellen oder authentischen Selbst, das uns damit verbindet, wer wir wirklich sind.

Das Kraftfeld eines Ortes: Einen Raum für tiefes Zuhören schaffen

Das vierte und letzte Prinzip betrifft das Kraftfeld des Ortes. Presencing findet an Orten statt. Das bedeutet, es findet immer in einem spezifischen Kontext statt, der die Kraft oder das Umfeld hat, die Teilnehmenden des Prozesses zu halten. Der *Circle of Seven* beschrieb drei Bedingungen für diesen Ort: bedingungsloser Verzicht auf Urteilen, nicht personale Liebe und die Wahrnehmung des authentischen Selbst. Wenn sich dieser Wechsel vollzieht, nimmt eine neue Art von Beziehung zwischen dem individuellen und kollektiven Selbst Gestalt an. Wie Beth erklärte: »Nach meiner Erfahrung umgibt uns ein Kreis, der uns alle durchdringt und hält.« Im Fall der Hofgemeinschaft, des Energiekonzerns in Houston und des Arzt-Patienten-Dialogforums wurde der gemeinschaftliche Ort des Sich-Haltens bewusst durch einen Prozess geschaffen, der ein Teilen des Kontexts, das Einbringen persönlicher Erfahrungen und tiefes Zuhören umfasste.

In vielen Beispielen kann auch die Natur als Lehrerin und Zugang zu diesem tieferen Ort dienen. Wie man die Energie- und Kraftfelder bestimmter Orte als helfendes Umfeld für die Weiterentwicklung kollektiver Wahrnehmungs- und Bewusstwerdungsprozesse benutzen kann, ist eine der interessantesten Forschungsfragen für die kommenden Jahre.

Feldnotizen

Der rote Faden, der durch diese Geschichten läuft, handelt von der einfachen Unterscheidung zwischen dem *Sensing* oder Hinspüren, also davon, vom gegenwärtigen Ganzen aus zu handeln, und dem *Presencing*, also davon, aus einem entstehenden zukünftigen Ganzen heraus zu handeln. Mehrere Hebelpunkte können uns praktisch helfen, die Fähigkeit, aus dieser tieferen Quelle heraus zu handeln, zu vertiefen: Übungswege, Zirkel des Zuhörens, gemeinschaftliche Übungsfelder und die Empfehlung »Tue, was du liebst – liebe, was du tust«.

- *Übungswege:* Die »Währung«, die am Boden des U-Prozesses zählt, sind nicht Ideen, sondern praktische Übungen und Methoden. In meiner Arbeit erlebe ich immer wieder, dass deutlich wahrnehmbar ist, ob Individuen oder Gruppen Erfahrungen mit einem Übungsweg haben. Häufig werden die Übungen morgens in der Stille durchgeführt. Ein Beispiel, das ich häufig sehe, besteht darin, früh am Morgen aufzustehen und sich bewusst mit der Quelle der eigenen Lebensintention und Kreativität zu verbinden. Das kann in Form von Meditation geschehen oder in Form anderer kontemplativer Praktiken. Es gibt kein standardisiertes Rezept, jeder muss für sich selbst herausfinden, was funktioniert und was nicht.
- *Zirkel des Zuhörens:* Für den zweiten Hebelpunkt, den ich häufig gesehen habe, ist der *Circle of Seven* ein gutes Beispiel. Dieser Kreis ist ein Kontext von Menschen, die sich bei der Entwicklung ihres jeweiligen Lebensweges und bei der Suche nach ihren tieferen Fragen und Herausforderungen unterstützen. Das Prinzip lautet hier, einen Kreis zu schaffen, der in regelmäßigen Abständen einen Ort des *Haltens* bietet. Ein solcher Ort kann den Betreffenden Flügel verleihen, die sie über die Schwellen ihrer Lebensreise tragen.
- *Gemeinschaftliche Übungsfelder:* Beispiele sind die intentionale Stille oder der schöpferische Dialog, die einen Zugang zu tieferen Quellen der gemeinsamen Wahrnehmung im Alltag und bei der Arbeit ermöglichen. Neue Formen solcher gemeinschaftlichen Praktiken des Presencing auszubilden sehe ich

als eine der wichtigsten Aufgaben für die kommenden Jahre. Gemeinschaftliche Praktiken des Presencing unterscheiden sich insofern von individuellen Praktiken, als die verschiedenen Sensing- und Presencing-Erfahrungen der Einzelpersonen als Mittel oder *Eintrittspforten* genutzt werden, um sich mit der tieferen Quelle der kollektiven Kreativität und des kollektiven Wissens zu verbinden und diese zu erschließen (wie im Beispiel der Hofgemeinschaft).

- *Die Empfehlung »Tue, was du liebst – liebe, was du tust«:* Diese ebenfalls von Michael Ray stammende Empfehlung entspricht dem Grundprinzip, über das Steve Jobs in seiner berühmten Rede vor den Absolventen der Stanford-University sprach.[66] Es bezieht sich auf die Kernfragen: Wer ist mein wirkliches Ich? Was ist meine wirkliche Aufgabe? In meiner Arbeit habe ich festgestellt, dass es eine einfache Formel dafür gibt, ob ich voller Energie an einer Sache arbeite oder ob meine Energie sich verflüchtigt. Nur zwei einfache Bedingungen zählen hier: Was ich tue, muss in meinen eigenen Augen bedeutsam sein (sich mit meiner Lebensintention verbinden), und es muss eine positive Veränderung sichtbar sein (Feedbackmechanismen). Sind diese zwei Bedingungen erfüllt, entsteht ein positiver Energiekreis.

Zusammenfassend gesagt, ist jeder von uns nicht eine Person, sondern zwei. Jede Person und jede Gemeinschaft ist nicht nur eine, sondern zwei. Auf der einen Seite sind wir die Person und die Gruppe, das Team, das wir auf unserem Weg von der Vergangenheit in die Gegenwart *geworden sind* – das gegenwärtige Selbst. Auf der anderen Seite gibt es da das andere, das *schlafende Selbst, dasjenige, das darauf wartet, geboren zu werden* und durch unseren Weg in die Zukunft in die Welt zu kommen und Wirklichkeit zu werden. Presencing beschreibt den Prozess, der diese zwei Seiten des Selbst miteinander verbindet, das gegenwärtige mit unserem authentischen Selbst. Es ist der Prozess, in dem wir uns *von der entstehenden Zukunft her* auf unser höheres Selbst zubewegen.

In dem Moment, in dem wir – als Individuen und als Gemeinschaften – diesen höheren Seinszustand erreichen, treten wir in einen Zustand von grundlegender Freiheit und schöpferischer Präsenz ein. Es ist der Schritt zu unserer wahren Freiheit. Insofern ist die soziale Technik des Presencing im Grunde eine Technik der Freiheit. Praktisch bedeutet das, dass Presencing nur ohne Manipulation und manipulative Praktiken möglich ist. Alles, was wir tun können, wenn wir einen Prozess begleiten oder initiieren, ist, Türen zu öffnen. Wir können keine Entscheidungen abnehmen oder vorgeben, durch welche Türe oder über welche Schwelle der nächste Schritt führen wird. In dem Moment, in dem man jemanden in diesem Raum manipuliert, bewegt man sich in das Feld des Absencing.

66 Steve Jobs, Stanford Commencement Speech 2005 (https://www.youtube.com/watch?v=b1ozBKH4KKQ [Zugriff: 24.2.2020]).

Durch das Überschreiten der Schwelle erlangen wir unsere wahre Macht – die Macht, von unserem höchsten zukünftigen Selbst her zu handeln, die Macht, uns mit den »Wesen, die uns umgeben« zu verbinden (Pokorny 1994, p. 341). Diese tiefe Verbindung wird in vielen Weisheitstraditionen unterschiedlich bezeichnet: die Anwesenheit der Quelle (Daoismus), natürlicher Zustand (Buddhismus), Brahman (Hinduismus), Jahwe (Judentum), Allah (muslimische Traditionen), Gott, Christus, Heiliger Geist (christliche Traditionen) oder Großer Geist (indigene Traditionen). All diese Begriffe beziehen sich auf dieselbe fundamentale Erfahrungsebene und beschreiben einen höheren Seinszustand, der in und durch uns anwesend werden kann, individuell wie kollektiv. Doch für die Gegenwärtigung dieses tieferen Feldes und dieser tieferen Verbindung müssen wir zunächst die Schwelle am Grund des U überschreiten.

Wir haben bei unserem Feldgang jetzt den tiefsten Punkt des U erreicht, und das ist vielleicht eine gute Gelegenheit, noch einmal zurück an den Anfang des Buches zu blättern und erneut einen Blick auf Kelvys farbige Bilder zu werfen: auf die Schwelle, den Eisberg, die Inversion, das soziale Feld und die im Werden begriffene Welt, den »Erdaufgang«. Vielleicht stellen Sie an dieser Stelle, auf halbem Wege durch das Buch, fest, dass die Zeichnungen auf subtile Weise für Sie an Bedeutung gewonnen haben. Nehmen Sie sich Zeit, um die Bilder noch einmal zu betrachten und zu sich sprechen zu lassen …

Ich erinnere mich an ein Gespräch mit John Milton, den bahnbrechenden Ökologen, Pädagogen und Meditationsmeister, der die spirituelle Gemeinschaft »Way of Nature« gegründet hat. Seine Methode, Menschen durch den Grund des U zu leiten, besteht darin, dass er die Natur als Lehrerin nutzt und die Menschen für mehrere Tage oder sogar Wochen allein in der Wildnis schickt. Bevor sie aufbrechen, gibt er ihnen Folgendes mit auf den Weg: »Wenn du der Natur mit wirklich weit geöffnetem Herzen begegnest, wirst du überrascht sein, was sie dir zurückgibt.« Ich habe festgestellt, dass dieses Prinzip für die Natur und für großartige Kunst gleichermaßen gilt. Vielleicht funktioniert es auch bei Ihnen, wenn Sie noch einmal zu den Bildern am Anfang des Buches zurückkehren.

12 Crystallizing – Verdichten

Das Arzt-Patienten-Dialogforum • Die Feldstruktur des Verdichtens • Prinzipien des Verdichtens • Feldnotizen

Presencing, wie im letzten Kapitel besprochen, beschreibt ein »Nadelöhr« oder den Prozess der *Umkehrung,* den Vorgang, etwas von innen nach außen und von außen nach innen wenden.

Das biblische Gleichnis vom »Reichen« und dem »Nadelöhr« ist hinsichtlich der Übersetzung und der Bedeutung des Wortes »Nadelöhr« umstritten. Die heute gängigste – aber nichtsdestoweniger ebenfalls umstrittene – Interpretation besagt, dass es im antiken Jerusalem ein Tor gab, das »Nadel(öhr)« genannt wurde. Es war angeblich so eng, dass der Kameltreiber, der durch das Tor wollte, zuerst das voll beladene Tier entladen musste. Jedenfalls sprach Jesus laut *Matthäus 19,24* zu seinen Jüngern:

> »Es ist leichter, dass ein Kamel durch ein Nadelöhr gehe, denn dass ein Reicher ins Reich Gottes komme.«

Wie auch immer: Es lässt sich der tiefste Punkt des U-Prozesses mit einem inneren Tor vergleichen, dessen Passage verlangt, alles fallen zu lassen, was nicht wesentlich ist.

Aber wie sieht dieses Fallenlassen von Nichtwesentlichem für Gruppen, Organisationen und Gemeinschaften aus? Die Antwort liegt in einer Verbindung zum authentischen Selbst oder zur ureigenen höchsten Zukunftsmöglichkeit.

Nach der Bewegung des Presencing, wenn diese Verbindung oder Schwingungsresonanz aufgebaut wurde, besteht der nächste Schritt darin, dass zunächst nichts passiert. Gar nichts. Es ist lediglich eine Verbindung hergestellt. Aber wenn wir es schaffen, diese Verbindung zu unseren tieferen Schichten des Wissens *lebendig zu halten,* fangen wir an, uns besser auf entstehende Zukunftsmöglichkeiten einzustimmen. Indem wir nun von einem anderen Ort oder einer anderen Sphäre aus agieren, können wir allmählich von einem anderen Quellort aus handeln. Wir vergegenwärtigen das Neue, erproben es im praktischen Tun und bringen es in die Welt.

Presencing kann als Substantiv oder als Verb verwendet werden und bezeichnet die Verbindung zur tieferen Quelle des Selbst und des Wissens. Da diese Verbindung auf der ganzen rechten Seite des U-Prozesses lebendig gehalten wird, kann man sagen, dass das Presencing auf dem gesamten Weg durch die rechte Seite des

U-Prozesses weiterhin stattfindet oder wir weiterhin anwesend werden (uns mit der Quelle verbinden und von dort aus handeln). *Kristallisieren* oder *verdichten* beschreibt den ersten Schritt dieses Prozesses.

Kristallisieren heißt, die Vision und Intention von unserer höchsten zukünftigen Möglichkeit her zu verdichten und ins Bild bzw. in die Sprache zu bringen. Der Unterschied zwischen Kristallisieren und einem herkömmlichen Visionsprozess ist, dass das Kristallisieren und Verdichten vom tieferen Ort des Selbst und des Wissens her stattfindet, während eine Vision immer entwickelt werden kann, auch in einem Zusammenhang des Downloadens (Runterladens).

Nach einem solchen Moment der Stille oder des Presencing bemerkt man bei Gruppen eine subtile Veränderung der Identität und eine andere Grundlage für die Zusammenarbeit und den Weg nach vorn. Bis zu diesem Punkt haben wir die Möglichkeit einer Zukunft lediglich *gespürt*. Nach einer Presencing-Erfahrung oder einer Presencing-Begegnung ist ein echter Zug nach vorne vorhanden, diese individuellen und gemeinschaftlichen Potenziale zu verwirklichen und in die Welt zu bringen: »Wir können es nicht *nicht* tun.« Der nächste Schritt besteht oft darin, die Vision und Intention zu verdichten, zu kristallisieren. Das heißt oft, eine Sprache für diese Intention zu finden.

Das Arzt-Patienten-Dialogforum

Zur Verdeutlichung des Aufmerksamkeitsfeldes des Verdichtens bietet das Beispiel des Arzt-Patienten-Dialogforums (vgl. Kapitel 9, 10 und den Abschnitt »Die Hochzeit« in Kapitel 11) Anschauungsmaterial. Nachdem auf dem Forum ein starkes, gemeinschaftliches Gesprächsfeld entstanden war, war deutlich, dass der nächste Schritt darin besteht, ins praktische Handeln zu kommen. Wenn das Forum nicht in konkreten Aktionen resultierte, dann wären all unsere Anstrengungen vergeudet.

> »Wir möchten jetzt am Beginn des Nachmittags einen Gang hochschalten und laden Sie ein, mit uns ein Brainstorming darüber durchzuführen, welche Aktionen und Initiativen uns helfen könnten, um von hier *[auf die Ebenen 1 und 2 zeigend]* nach da *[auf die Ebenen 3 und 4 zeigend]* zu kommen. Wenn Sie irgendwelche Ideen haben, wie man unser gegenwärtiges Gesundheitssystem, hier durch die grauen Kreise symbolisiert, dorthin bringen kann, wo alle weißen Rauten sind, dann ist jetzt der Zeitpunkt gekommen, diese Ideen zu besprechen. – Und eigentlich brauchen wir überhaupt nur dann eine Nachmittagssitzung«, fügten Ursula und ich hinzu, »wenn Sie genügend spannende und begeisternde Initiativen für eine entsprechende Agenda entwickeln.«

Man konnte die Skepsis und den Unglauben in ihren Gesichtern sehen. Es folgte eine abwartende Stille im Raum. Niemand war in die Mittagspause gegangen, und es war offensichtlich, dass die Gruppe interessiert war weiterzumachen. Aber dieser Open-Space-Ansatz (vgl. Owen 1997) war etwas Neues für sie: Sie waren noch nie aufgefordert worden, den Programmablauf selbstverantwortlich zu gestalten. Man konnte erkennen, wie die Köpfe rauchten: *Ist das wirklich ernst gemeint? Oder? Oder doch … Was könnte ich wohl vorschlagen? Hatte ich nicht gerade eben eine gute Idee im Kopf?* Nach einer schöpferischen Pause stand ein Teilnehmender auf und schlug eine erste Initiative vor. Dann erhob sich eine weitere Person und schlug eine zweite vor. Gefolgt von einer dritten und so weiter. Es dauerte nicht lange, da hatten wir die Gruppe in sechs oder sieben Kleingruppen aufgeteilt, die an verschiedenen Handlungsinitiativen arbeiteten. Am Ende des Tages berichtete jede Kleingruppe der Gesamtgruppe. Die erste Initiative zielte auf die Gründung eines *Bürgerforums,* dessen Aufgabe es sein sollte, einen Ort innerhalb des Gesundheitssystems für die Bewohner der Region zu schaffen und ihnen eine Stimme zu verleihen. Eine zweite Gruppe schlug vor, die existierende Initiative, die das medizinische Notfallsystem der Region umstrukturiert, zu erweitern. Eine dritte Gruppe erwog eine Patienteninitiative, die daran arbeiten sollte, die Kapazitäten von Patienten und Ärzten zu ermitteln, die notwendig sind, um eine »Dialogbeziehung« aufzubauen und zu erhalten. Eine vierte Gruppe entwickelte Schritte, Jugendliche für chronische Krankheiten zu sensibilisieren. Die Idee war, eigene Erfahrungen in Form von Geschichten in die Schulen zu tragen und dort über Prävention zu diskutieren. Gert Schmidt, der Mitbegründer des Ärztenetzwerkes und der Gesundheitsinitiative, half der Kerngruppe dabei, ihre Vision und Absicht zu klären:

> »Wenn Sie unsere Situation hier betrachten«, sagte er, »könnte Sie das deprimieren. Wir haben 280.000 Einwohner, 60.000 chronisch Kranke, 10 Krankenhäuser, 15.000 Angestellte, 400 Arztpraxen und außerdem die ganze Bürokratie, die mit all diesen Institutionen einhergeht. Jedes Jahr haben wir 6 Millionen Kontakte zwischen Patienten und dem Gesundheitssystem in dieser Region. Wie können wir uns je verändern? Das Forum hat mir geholfen, das alles anders anzuschauen. Es kann alles auf eine einfache Formel reduziert werden: Patient A hat ein Problem B und den Wunsch C. Es ist genauso wie in der Chaostheorie: Man reduziert das Verhalten komplexer Systeme auf die Beziehung von drei oder vier Variablen. Als ich begann, das Wesen des Gesundheitssystems vor dem Hintergrund dieser Gleichung zu betrachten, wurde mir deutlich, dass die Kernachse, um die sich das ganze System bewegt, die Beziehung zwischen Patienten und Ärzten ist. In der Zeit vor dem Dialogforum hatten wir nie gewagt, diese fundamentale Wahrheit zu denken. Aber jetzt sind sogar die Krankenversicherungen und andere Gesundheitsdienstleister so weit, dass sie diese Ansicht teilen. Ohne intakte Arzt-Patienten-Beziehung kann ein Gesundheitssystem nie ordentlich funktionieren.«

Schmidt fuhr fort, er verstehe jetzt, dass der Schlüssel zur Lösung vieler Probleme darin liegt, den Schwerpunkt auf die Region zu legen.

> »Die Gesundheitsprobleme des Einzelnen sind durch seine Gene, seine Biografie, den sozialen Kontext und durch die Strukturen und Prozesse des Gesundheitssystems geprägt. Man kann seine Biologie, seine Gene nicht ändern, doch die eigene Biografie, den Kontext, die Strukturen und Prozesse im Gesundheitssystem, die kann man ändern, all dies kann man im Kontext seiner Region ändern. Den Mut, all dies so zu reduzieren,

> dass man allmählich sieht, was man aufbauen kann, den Mut, all das auf diesen Punkt zu reduzieren und damit den nächsten Schritt zu sehen, diesen Mut haben uns das Dialogforum und die Systemanalyse, die wir durchgeführt haben, gegeben.«

Die Ärzte, die die Kerngruppe des Netzwerkes ausmachten, verließen das Arzt-Patienten-Dialogforum mit dem Gefühl, ihre inneren Energiereserven aufgeladen zu haben: »Wir wollen unser System der Ebenen 1 und 2 um die Ebenen 3 und 4 erweitern.«

Viele der Entscheidungen und Initiativen aus dem Forum wurden umgesetzt, weil es der Gruppe gelang, jede Interaktionsebene mit strukturierter Aufmerksamkeit anzugehen. Im Jahr 2000, ein Jahr, nach dem Forum, wurden Verträge mit der Versicherung unterschrieben, und das neue Notfallsystem wurde implementiert. Das Ergebnis ist ein differenziertes und verbessertes regionales Notrufsystem. Anstatt jeden eingehenden Anruf auf der 112 als Notfall zu behandeln, können die Ärzte jetzt gegebenenfalls Trost spenden, Beratung bieten oder einen Hausbesuch machen. Gleichzeitig verringert das System die Belastung der Ärzte, weil die Anrufe an ein einziges Zentrum und nicht mehr an hundert einzelne Ärzte weitergeleitet werden. Ein leitender Angestellter im Gesundheitswesen erklärte, seiner Ansicht nach hätten die Ideen aufgrund einer Veränderung im sozialen Feld Erfolg gehabt: »Die Qualität des Engagements und der Intention der Kerngruppe breiteten sich mit der Zeit aus und veränderten das Bewusstsein der Entscheidungsträger im System.«

Die Feldstruktur des Verdichtens

Verdichten heißt, dass aus der Bewegung des Presencing heraus eine Bewegung in die Realisierung beginnt, wobei die Verbindung zur Quelle gehalten und aus ihr heraus gehandelt wird. Der erste praktische Aspekt besteht darin zu klären, was entstehen will. Das Verdichten ermöglicht es, eine lebendige Vorstellung des zukünftigen Ganzen zu gegenwärtigen. Es verdeutlicht die Vision und Intention der entstehenden Zukunftsmöglichkeit.

Im Fall von Dr. Schmidt und dem deutschen Ärztenetzwerk führte dies zu einer tieferen systemischen Sichtweise und der Klärung der Intention, »unser System der Ebenen 1 und 2 um die Ebenen 3 und 4 zu erweitern«, einschließlich einiger konkreter Prototypinitiativen für diese neue Handlungsweise.

Im Fall eines Strategieerneuerungsprozesses mit dem Beschaffungsteam eines großen internationalen Konzerns war das Schlüsselergebnis der Verdichtungsphase eine neue Identität, ein neuer Ansatz für das zukünftige Geschäftsverhalten dieser Gruppe. »Wir sind mehr als bloße Serviceanbieter für die Betriebsstätten – wir sind tatsächlich die Manager eines globalen Unternehmens.« In der Folge entwickelte die Gruppe Prototypinitiativen, die dazu führten, dass die Zahl der Zulieferer um

80 Prozent reduziert wurde. Dies gelang ihnen, weil sie die ehemals konkurrierenden Zulieferer dazu brachten, miteinander zu kooperieren, was daran erinnert, wie strategische globale Netzwerke mit einer Stimme zum globalen Unternehmen und seinem weltweiten Werksverbund sprechen. Peter Brunner, der das Team durch den Interventionsprozess begleitete, sagte:

> »Was mir besonders auffiel, ist die Tatsache, dass es so anders als ein normaler Visionsprozess war. In einem Visionsprozess denkt man sich einen Traum für die Zukunft aus, obwohl es vielleicht ziemlich abgetrennt von dem sein mag, das entstehen möchte. In diesem Prozess habe ich die Teilnehmenden durch alle Phasen auf der linken Seite des U-Prozesses geführt, das waren Lernreisen, mit denen wir das Downloading überwanden und ins Sehen und dann später ins Sensing kamen. Dann lud ich die Teilnehmenden zu einem 6-stündigen Solospaziergang in der Stille ein. Als alle wieder zurückkamen, bat ich sie, ihre Vision und Intention zu beschreiben. Was da vorgestellt wurde, war viel, viel essenzieller und viel stärker mit dem verbunden, was den Teilnehmenden wirklich wichtig war. Es war authentisch. Darauf aufbauend, konnten wir die notwendigen Prototypinitiativen entwickeln.«

Abb. 12.1 stellt die Feldstruktur der Aufmerksamkeit für das Stadium des Verdichtens dar. Der Ort, aus dem Handeln stattfindet (der Punkt im Zentrum), hat sich in den umhüllenden Umkreis verlagert (außerhalb des grauen Kreises, der die Grenzen des Beobachters darstellt). Durch ein Handeln aus diesem sphärischen Umkreis heraus beginnt sich etwas Neues im Zentrum zu verdichten. In meinem Gespräch mit Peter Senge sprachen wir darüber, was er tut, wenn er kreativ arbeitet.

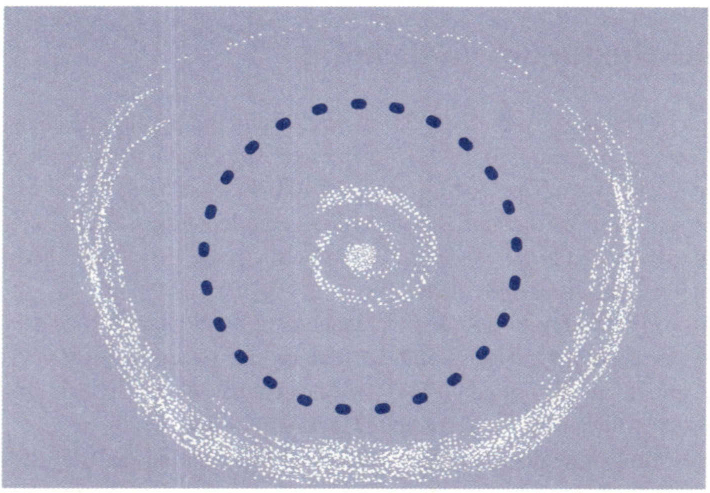

Abb. 12.1: Die Feldstruktur des Verdichtens

»Um Musik zu schaffen, braucht man ein Instrument, beispielsweise eine Violine. Aber die Musik kommt nicht aus der Violine. Die Violine ist ein Instrument. Wenn ich einen Vortrag halte oder wenn ich mit einer Gruppe in einem Workshop arbeite, ist das ähnlich. Zunächst schaffe ich mir ein inneres Bild von dem, was entstehen soll. Dann spiele ich das Instrument. Es macht mir total Spaß. Ich lasse mich in gewisser Weise fallen und gebe mich meiner Liebe zu den Menschen hin. Und wenn ich einen Kurs abhalte und merke, dass es auf diese Weise läuft, weiß ich irgendwo tief in mir drin, dass nichts schiefgehen kann. Ganz gleich, was geschieht, es ist genau das, was in diesem Moment geschehen muss. Dieses Gefühl stellt sich nicht immer ein, aber ich weiß, wann sich diese Art von Zustand entwickelt. In der christlichen Tradition bezeichnet man das als Zustand der Gnade, denn in der christlichen Mystik gibt es wohl ein tiefes Verständnis dafür. Es hat einfach sehr viel mit Freude zu tun. Das bedeutet nicht, dass es immer fröhlich ist. Manchmal ist es sehr intensiv, aber man hat doch das Erleben, dass eigentlich nichts wirklich schiefgehen kann. Das bedeutet nicht, dass es immer nach deinem Plan abläuft. Es bedeutet, dass, *was auch immer entsteht, wie auch immer es sich entwickelt, es in diesem Moment genau richtig ist, und das ist die Musik.*«

Senge fuhr fort: »Eine Faustregel für die Qualität eines Programms oder Workshops lautet, die Beziehung zwischen den Teilnehmenden ist wichtiger als die Ausdruckskraft der Präsentierenden. Wenn beispielsweise zwei Personen einen Workshop moderieren, dann ist die Qualität von deren Beziehung das Wichtigste für die Qualität des Workshops. Entscheidend ist nicht, ob die Beziehung reibungslos läuft, sondern ob sie von Präsenz, Sein oder Bewusstsein erfüllt ist. Das Wichtigste ist, ob man gemeinsam präsent ist, was auch immer geschieht. Das ist für mich die Essenz einer liebenden Beziehung, weil es bei der Liebe um diese Gegenwärtigkeit geht.

Ich denke, dass es eine tiefere Kraft gibt, die hier dominiert und mit dieser Fähigkeit zu tun hat, in der Welt zu leben, die man schaffen möchte … Wenn man weiß, was man schaffen will, dann kann man zu einem gewissen Grad an diesem Ort in seinem eigenen Bewusstsein leben. Es gibt keine stärkere Kraft, als aus dieser Art des Wissens heraus zu handeln, aus dieser Art der Intention.«[67]

Prinzipien des Verdichtens

Meiner Wahrnehmung nach sind vier Prinzipien wesentlich, wenn man in die Bewegung des verdichtenden Kristallisierens eintaucht:

- die Kraft der Intention
- Kommenlassen
- die Öffnung zum tieferen Willen
- Aufwachorte.

67 Für das vollständige Interviewtranskript siehe https://www.presencing.org/aboutus/theory-u/leadership-interview/peter_senge [Zugriff: 13.1.2020].

Die Kraft der Intention

Nick Hanauer hat ein halbes Dutzend erfolgreicher Firmen gegründet und war viele Jahre lang Aufsichtsratsmitglied bei *Amazon*. Als Joseph Jaworski und ich ihn interviewten, arbeitete er gerade an einem Projekt zur Erneuerung des Bildungssystems im US-Bundesstaat Washington. Als wir ihn nach der Rolle von Intention und nach seiner unternehmerischen Erfahrung befragten, antwortete Hanauer:

> »Meine liebste Grundphilosophie ist eine Aussage, die Margaret Mead zugesprochen wird: ›Bezweifle nie, dass eine kleine Gruppe engagierter Menschen die Welt verändern kann. Im Gegenteil: Nur so sind jemals Veränderungen zustande gekommen.‹ Ich glaube fest daran. Mit nur fünf Leuten kann man fast alles machen. Mit nur einer Person ist es schwierig – aber wenn du diese eine Person mit vier oder fünf weiteren Personen zusammenbringst, dann hast du eine Kraft. Mit einem Mal hast du genug Mumm und kannst erreichen, dass fast alles, was greifbar und möglich ist, Wirklichkeit wird. Meiner Meinung nach ist es das, was echtes Unternehmertum ausmacht – so eine Vision und Kraft nach vorn zu erschaffen.

Das erste Mal, als ich die Kraft einer echten Intention kennenlernte, war während meiner Studientage an der Universität Witten/Herdecke. Ich saß an einem Frühstückstisch mit ungefähr einem Dutzend anderer Studierenden. Mit am Tisch saßen der Dekan der Wirtschaftswissenschaftlichen Fakultät, Ekkehard Kappler, und ein Gastprofessor der Fakultät, Johan Galtung, der norwegische Gründer der Konflikt- und Friedensforschung und Preisträger des *Right Livelihood Award* des Jahres 1987, auch Alternativer Nobelpreis genannt. Galtung, der für seine Theorie der strukturellen Gewalt bekannt ist, hatte an mehr als 60 Universitäten auf allen Kontinenten unterrichtet und über hundert Bücher geschrieben oder herausgegeben. Jemand am Tisch fragte ihn: »Johan, nun wo du all das schon erreicht hast, was für einen Traum gibt es noch für dich, den du noch nicht verwirklicht hast? Wenn du träumen dürftest, was wäre das?« »Ich träume von einer globalen, mobilen Friedensuniversität. Die Studierenden einer solchen Uni würden die Welt bereisen und dabei lernen, wie man das globale System als ein lebendiges Ganzes aus der Perspektive verschiedener Kulturen und Zivilisationen sehen kann.« Dann begann Galtung ausführlich zu beschreiben, wie solch eine globale Universität aussehen könnte.

Ich wusste sofort, dass das etwas war, was ich liebend gerne in die Welt bringen würde. Andere am Tisch hatten das gleiche Gefühl. Dieses Wissen war die Quelle einer enormen Energie. Es stellte sich heraus, dass Galtung schon einmal versucht hatte, solch ein globales Universitätsprojekt mit einem US-College zu verwirklichen. Aber das Organisieren, Finanzieren und Verwalten hatte sich als zu komplex erwiesen. Obwohl uns als Studierenden die Erfahrungen in solchen Dingen fehlten, wussten wir aus dem Bauch heraus, dass wir es schaffen können. Und dann legten wir los.

Fünf von uns zogen am selben Strang und brachten das Projekt innerhalb von wenigen Monaten in die Welt: Wir organisierten, brachten eine halbe Million Dollar durch Spenden der Industrie und privater Sponsoren zusammen, schlossen Verträge mit zwölf Partneruniversitäten und 290 Vortragsrednern ab, rekrutierten 35 Studierende aus zehn verschiedenen Ländern, einschließlich Teilnehmenden aus Ländern der Dritten Welt und Osteuropa, für die wir teilweise Stipendien organisierten. Unsere gemeinsame Intention und Vision für dieses Projekt eröffneten ein gemeinsames Kraftfeld, das niemand von uns vorher je erlebt hatte. Wir fühlten uns als Teil eines größeren Feldes, eines größeren Zusammenhangs. Wir wussten, dass uns nichts davon abhalten konnte, diese Vision in die Welt zu bringen. Natürlich gab es Widerstände, Hindernisse und Rückschläge, aber wir vertrauten auf irgendein »vorhersehbares Wunder«: Bei jedem Rückschlag kam von irgendwoher Hilfe, irgendeine Tür öffnete sich, oder eine helfende Hand tauchte auf. Jaworski beschreibt diese Art von zufälliger Hilfe als »Synchronizität« und ist der Ansicht, dass es beim gesamten U-Prozess genau darum geht: in den Flow dieser tiefen Intention hineinzugeraten und mitzufließen (Jaworski 1996). Viele Unternehmer stimmen mit Brian Arthur überein, wenn er sagt (Scharmer et al. 2002): »Intention ist keine starke Kraft; sie ist die *einzige* Kraft.«

Seit ich diese Zeilen vor etwa 10 Jahren verfasst habe, habe ich zahlreiche weitere lebendige Beispiele für die Kraft der Intention erlebt. Doch das eindrucksvollste ist zweifellos der globale Start des U.Lab im Jahr 2015, den ich im Vorwort der Neuauflage dieses Buches und im Epilog beschreibe. Mein ganzes Leben lang – oder zumindest seit meinen späten Jugendjahren – habe ich von so etwas wie dem U.Lab geträumt. Auch wenn dieses Ziel viele Jahre lang in weiter Ferne lag, blieb dieser Traum, diese Intention immer in mir lebendig. Als ich dann schließlich daran dachte, den Traum aufzugeben, öffnete sich die Tür zur Zukunft. Es war ein äußerst interessanter Prozess. Im Nachhinein könnte ich den Begriff »Kraft der Intention« benutzen, um zu erklären, wie der Traum letztlich in die Welt kam, doch lange Zeit schien meine Kraft der Intention nicht zu funktionieren.

Kommenlassen

Eine Voraussetzung dafür, in ein solches Fließen zu kommen, ist, loszulassen und dann kommen zu lassen. Das Kommenlassen ist die andere Seite der Intention. Die eigentliche Frage ist: Wie kann man sich auf diese Intention einstimmen? Die Antwort lautet: Um dich auf etwas Neues einstimmen oder einlassen zu können, musst du zunächst etwas Altes loslassen. Fast alle meine wirklich guten Projekte haben mir andere Leute vorgeschlagen. Galtungs Idee für eine globale Friedensuniversität ist nur ein Beispiel hierfür, ein weiteres ist die Umwandlung meines U.Lab-Kurses in einen offenen Massen-Onlinekurs (Massive Open Online Course, MOOC). Deshalb ist am Anfang des U-Prozesses die Beobachtung so wichtig (in die Welt hineingehen und ihr gegenüber aufmerksam sein). Der U-Prozess beginnt eben nicht mit einem Sich-Zurückziehen und Sich-Besinnen. Zuerst erfolgen die Klärung der Intention und der Schritt in die Welt. Bei der Verfolgung dieser Spur hat das Universum seine eigenen Mittel und Wege, um uns zu zeigen, was zu tun ist. Dazu gehören aufmerksames Hinhören und Achtsamkeit für das, was aus den inneren Quellen des Wissens aufzutauchen versucht. Eine wesentliche Bedingung ist zu lernen, etwas loszulassen und kommen zu lassen. Alte Vorstellungen müssen sterben, damit die neuen Ideen klarer und voller hervortreten können.

Die Öffnung zum tieferen Willen

Während wir uns dem Neuen gegenüber öffnen, erschließen wir langsam unseren tieferen Willen, den Martin Buber als großen Willen bezeichnete. In seinem Buch *Ich und Du* (2008, S. 57) beschreibt er sehr genau die doppelte Bewegung, die den großen bzw. tieferen Willen öffnet:

> »Der freie Mensch ist der ohne Willkür wollende. Er glaubt an die Wirklichkeit; das heißt: Er glaubt an die reale Verbundenheit der realen Zweiheit Ich und Du. Er glaubt an die Bestimmung und daran, dass sie seiner bedarf: Sie gängelt ihn nicht, sie erwartet ihn, er muss auf sie zugehen und weiß doch nicht, wo sie steht; er muss mit dem ganzen Wesen ausgehen, das weiß er. Es wird nicht so kommen, wie sein Entschluss es meint; aber was kommen will, wird nur kommen, wenn er sich zu dem entschließt, was er wollen kann.
>
> Er muss seinen kleinen Willen, den unfreien, von Dingen und Trieben regierten, seinem großen opfern, der vom Bestimmtsein weg und auf die Bestimmung zugeht. Da greift er nicht mehr ein, und er lässt doch auch nicht bloß geschehen. Er lauscht dem aus sich Werdenden, dem Weg des Wesens in der Welt; nicht, um von ihm getragen zu werden: um es selber so zu verwirklichen, wie es von ihm, dessen es bedarf, verwirklicht werden will.«

Buber geht zunächst von der Annahme aus, dass der freie Mensch an Bestimmung glaubt, an eine Bestimmung, die seiner *bedarf*, um sich zu erfüllen, auch wenn er nicht weiß, wo sie zu finden ist. Um sie zu finden, muss er bereit sein, sich auf das Unbekannte einzulassen und mit seinem »ganzen Wesen ausgehen«. Das kann mit Opfern verbunden sein. Dabei geht es nicht nur um Kontemplation – es geht darum, auf den Weg des Wesens in der Welt zu lauschen, auf das, was entstehen will, und zwar in der vollen Absicht, danach zu handeln und diesem Prozess, sobald er einmal begonnen hat, gebührende Aufmerksamkeit zu widmen.

Die Frage ist, wie wir dieses Lauschen gegenüber »dem aus sich Werdenden, dem Weg des Wesens in der Welt« als soziale Technik praktisch nutzbar machen können. Hier ist dazu ein Beispiel. Der Physiker Arthur Zajonc hat den Dialog zwischen Kognitionswissenschaftlern und dem Dalai Lama am MIT moderiert. Er berichtete mir im Interview[68], dass er beim Moderieren überzeugt sei, mehr als die sichtbaren Anwesenden am Tisch zu haben – er will auch hören, was die »Unsichtbaren« zu sagen haben:

> »Ich habe mehrere kleine Übungen entwickelt. Angenommen, ich bin bei einer Vorstandssitzung, bei der eine aufgeladene Atmosphäre herrscht und ich vor einem akuten Problem stehe. Ich weiß nicht, wie ich damit umgehen soll. In solchen Situationen lasse

68 Siehe unter: https://www.presencing.org/aboutus/theory-u/leadership-interview/arthur_zajonc [Zugriff: 13.1.2020].

ich los. Praktisch sage ich dann: ›Okay, wir haben uns komplett auf dieses Problem fokussiert. Wir haben es bewegt und von allen Seiten betrachtet.‹ Dann lehne ich mich etwas zurück und entspanne mich mit nicht fokussiertem Bewusstsein. Manchmal tue ich sogar, als ob da eine unsichtbare Person neben mir säße. Als ich im Vorstand einer neu gegründeten Schule saß, stellte ich mir manchmal vor, dass Kinder mit am Tisch säßen. Ich arbeitete eigentlich für diese Kinder, die jetzt noch nicht geboren waren. Ich versuche in diesen Raum hineinzuhören. Die Zukunft sitzt auch mit am Tisch. Es gibt da einen wundervollen kreativen Moment, wenn alle Anwesenden diesen besonderen Moment erkennen. Ich ermutige dann, daran festzuhalten.

Diese Momente geben einer Gruppe viel positive Energie. Es herrscht ein Gefühl der Originalität, der Machbarkeit und Zusammenarbeit. Niemand beansprucht Eigentumsrechte, weil die Idee auch von jemandem anderen am Tisch hätte kommen können.«

Aufwachorte

Das letzte Prinzip des Verdichtens und Kristallisierens bezieht sich auf das Umfeld oder den Kontext. Eine Illustration für die Bedeutung dieses Kontexts liefert ein Workshop, den ich mit der schon beschriebenen landwirtschaftlichen Hofgemeinschaft (vgl. Kapitel 11) durchgeführt habe. Die Betriebsgemeinschaft entschied sich, ihr Umfeld einzuladen, alle möglichen verschiedenen Gruppen, von denen sie annahmen, dass sie irgendwie mit der Zukunft dieses Ortes verbunden sein würden. Der Tag verlief entlang dem U-Prozess. Die 80 Teilnehmenden begannen zunächst, einander ihren Kontext, ihren Lebensweg und ihre Verbindung mit dem Hof zu beschreiben. Ganz ähnlich wie beim Arzt-Patienten-Dialogforum formten sie dann am Nachmittag fünf Initiativgruppen mit ähnlichen Interessen und Intentionen bezüglich der Dinge, die sie gemeinsam gestalten wollten.

Etwa ein Jahr später hatten vier der fünf Gruppen erstaunliche Arbeit geleistet. Eine Kindergarteninitiative hatte sich gebildet, die dann bald einen Kindergarten auf dem Hof gründete, Konzerte und kulturelle Ereignisse auf dem Hof waren ins Leben gerufen worden, neue kostensparende Kooperationsformen für die Beschaffung und Nutzung von Arbeitsgeräten waren entstanden und mehrere erfolgreiche Seminare zum Thema Selbstführung als Prototypen für eventuelle zukünftige Seminarangebote durchgeführt worden. Warum war dieser eintägige Workshop so viel wirksamer als viele vorherige Treffen in dieser Hofgemeinschaft? Weil es im Kontext der Organisation schon ein schlummerndes Potenzial gegeben hatte. Doch es existierte bislang keine Infrastruktur, die einen Kontext für ein gemeinsames Hinspüren (Sensing) und Verdichten hätte bieten können. Ohne diesen eintägigen Workshop wären diese Initiativen so nicht auf die Beine gekommen bzw. in einigen Fällen vielleicht überhaupt nicht erfolgt.

Aufwachorte können auf zweierlei Weise funktionieren. Zum einen so, wie das obige Beispiel veranschaulicht: Man lädt das umgebende Ökosystem oder die Partner und Akteure in die eigene Organisation oder an den eigenen Ort ein. Alternativ bewegt man sich selbst über die Grenzen der eigenen Organisation hinaus – weit hinaus, an einen anderen Ort, der es ermöglicht, das eigene Selbst und die tiefere Intention in einem neuen Licht zu sehen, wie das im Vorwort zur Neuauflage geschilderte Beispiel von Eileen Fisher zeigt.

Feldnotizen

Der rote Faden dieses Kapitels identifiziert und verwebt zwei Arten des Wollens: den kleinen und den großen Willen. Nach der Bewegung des Presencing, also nach dem Erschließen der tieferen Quellen, kann eine tiefere Intention oder ein tieferer Wille bewusst werden. Diese zweite Form von Wille, der *große Wille,* umfasst ein Handeln nach den folgenden Prinzipien:

- Die eigene Intention wird geklärt und durch den Abgleich mit der zukünftigen Möglichkeit, die aus der Presencing-Erfahrung entstanden ist, überprüft.
- Die Kraft der Intention wird verbreitet und übertragen, um die Öffnung für kreative Emergenz zu schaffen.
- Kommenlassen: Zuhören gegenüber »dem aus sich Werdenden«.
- Das eigene Handeln wird zu einem Instrument für eine entstehende Zukunft, um diese so in die Wirklichkeit zu bringen, wie sie es will.
- Infrastrukturen werden für ein gemeinsames Aufwachen über Institutionsgrenzen hinweg gestaltet.

Kristallisieren oder Verdichten heißt, dass man mit der Quelle verbunden bleibt und die Vision und Intention, nach vorne zu gehen, langsam klärt. Dabei entwickelt, verändert und verwandelt sich unser Bild der Zukunft beständig. Dann gilt es, diesen Prozess auf die nächste Ebene zu bringen, indem wir kleine Mikrokosmen der Zukunft durch praktisches Tun erkunden, erproben und als Prototypen entwerfen.

13 Prototyping – Erproben

Das Netzwerk der medizinischen Versorgung • Namibia • MITx U.Lab-Prototyping-Camp • Die Feldstruktur des Prototyping • Prinzipien des Prototyping • Feldnotizen

Die nächste Bewegung im U-Prozess nach Presencing und Verdichten ist die, die Zukunft in der Praxis zu erproben, also einen Prototypen zu erstellen, kurz der Schritt des Prototyping. Der Prototyp ist ein Experiment. David Kelley, Gründer und langjähriger CEO der einflussreichen Designfirma IDEO, fasst den Prozess für die Entwicklung eines Prototyps kurz und bündig zusammen (Kelley 2001, p. 232): »Scheitere häufig, um schneller erfolgreich zu sein.« Wichtig für einen Prototyp ist, dass man die Idee in eine praktische Erprobung bringt, bevor sie vollständig »am Reißbrett« entwickelt ist. Ein Prototyp ist ein Lern- und Anpassungsprozess, basierend auf Rückmeldungen und unmittelbar darauf basierenden Anpassungen.

Das Netzwerk der medizinischen Versorgung

Dr. Schmidt und seine Kollegen verließen das Arzt-Patienten-Dialogforum mit der Intention, das regionale Gesundheitssystem der Ebenen 1 und 2 um die Ebenen 3 und 4 zu erweitern. Aber sie wussten, dass sie für die Umsetzung dieser Idee verschiedene Plattformen als Ausgangspunkt für neue Kooperationsformen brauchen würden. Sie entschlossen sich, zunächst regionale Gesprächsgruppen zu bilden, zu denen sie aus den verschiedenen Institutionen Schlüsselpersonen zu einem Gespräch einluden. Eingeladen wurden vor allem Personen aus Institutionen im Gesundheitssystem mit der Kompetenz und Verantwortung, Entscheidungen in ihren eigenen institutionellen Systemen zu treffen. »Wir wollen Gruppen von Fachleuten versammeln, die sich gegenseitig brauchen, um effektiv handeln zu können«, sagte Schmidt.

> »Wir sprechen ganz offen über alle Anliegen und Probleme und konzentrieren uns darauf, praktisch umsetzbare Lösungen zu finden, und dann implementieren wir sie und halten sofort Rückschau. Ist ein Problem gelöst, löst sich die Gruppe auf. Zurzeit arbeiten zehn solcher Gruppen. Und sie tun dies alle viel effektiver, als unsere Gruppen es früher taten.« Schmidt sagte, wenn sie ihre Kollegen in benachbarten Regionen besuchten, werde ihnen sehr bewusst, wie weit sie selbst schon gekommen seien. »Sie [die Kollegen]

> sind immer noch besorgt darüber, was die Versicherungen denken und tun werden. Wir sind schon darüber hinaus. Jetzt konzentrieren wir uns darauf, wo wir am meisten erreichen können.«

Eine von Schmidts Handlungsgruppen konzentrierte sich auf die Zuckerkrankheit (Diabetes). In einem Treffen von Experten und Diabetespatienten entstand eine Strategie für die Förderung veränderter Essgewohnheiten. Ziel ist die Veränderung von Lebensgewohnheiten statt einer Fixierung auf die medikamentöse Behandlung.

Beispiele für weitere Aktionsgruppen, die entstanden, sind eine Gruppe, die Kooperationen in Bezug auf spezialisierte Diagnosegeräte anstrebt, oder eine Arbeitsgruppe, die sich um die Entwicklung verbesserter Prozesse für den Informationstransfer zwischen Krankenhäusern und niedergelassenen Ärzten kümmert. Weitere Beispiele sind ein gemeinsames Büro für die Koordination der Patientenversorgung und last, but not least ein neues Notrufkontrollzentrum: Dadurch stehen Patienten in einem Notfall mindestens drei Netzwerkmöglichkeiten offen: Sie können einen ortsansässigen Arzt kontaktieren, im Zentrum anrufen oder über die Notrufnummer 112 eine Rettungsdienstzentrale erreichen. Nach Ansicht von Schmidt und seinen Kollegen konnten sie durch die regionale Koordinierung dieser drei Optionen nicht nur Zeit und Kosten sparen, sondern auch eine bessere Versorgung der Patienten gewährleisten und die Arbeit der Ärzte erleichtern. So haben sie in der Region eine unsichtbare Verbindung zu den allein lebenden älteren und chronisch kranken Menschen geschaffen, die sich jetzt durch das Notrufkontrollzentrum »gehalten« fühlen. Eine Ärztehotline gibt Patienten die Möglichkeit, einen Arzt außerhalb der Sprechstundenzeiten und an Wochenenden zu erreichen – die Idee hierfür basiert auf einer Studie zu den Notfällen in der Region, derzufolge 70 Prozent aller Notrufe gar keine echten Notfälle sind, weil Menschen anrufen, die lediglich akute Fragen haben. Beim alten Notrufverfahren war in diesem Fall immer der Rettungswagen losgeschickt worden. Jetzt arbeiten im neuen gemeinsamen Kontrollzentrum Ärzte Seite an Seite mit Rettungssanitätern und nehmen die Hotlineanrufe entgegen. Damit hat sich die Anzahl der überflüssigen Rettungsfahrten reduziert und die Patientenzufriedenheit zugleich erhöht. Allein diese Maßnahme bedeutet eine Kostenersparnis in Höhe des vierfachen Projektaufwands.

Doch der Weg zum neuen Notrufsystem begann mit langen und oft frustrierenden Verhandlungen, in die die Krankenkassen, Krankenhäuser, Ärzte und Rettungsdienste ihre je unterschiedlichen Abrechnungssysteme und Eigeninteressen einbrachten. Der Durchbruch erfolgte, als die Ärzte aus dem Netzwerk begannen, mit den anderen Gruppen über ihre eigenen Erfahrungen mit dem Notrufsystem zu sprechen oder sich Beispiele von nahestehenden Menschen anschauten. Daraufhin zeichneten sich schnell die gemeinsame Intention der Gruppe und ihre gemeinsame Vision eines besser integrierten Patientenservices ab. Dieser gemeinsame Wille ermöglichte es ihnen, verbunden zu bleiben und erfolgreich zu verhandeln.

Unter den zahlreichen ähnlichen Netzwerken, die in den 1990er Jahren in Deutschland gegründet wurden, entwickelte sich das von Schmidt und seinen Kollegen zu einem der erfolgreichsten. Im Jahr 2000 richtete das Netzwerk ein neues Notfallkontrollzentrum ein, das eine rund um die Uhr erreichbare Ärztehotline umfasst und eine qualitativ hochwertigere Notfallversorgung zu geringeren Gesamtkosten bietet. Die institutionsübergreifende Kooperation bei diesem Projekt war einzigartig in Deutschland. Es arbeitete 14 Jahre lang, von 2000 bis 2014, sehr erfolgreich. Im Jahr 2014 jedoch führte eine Rezentralisierung des Bundessystems dazu, dass diese einst erfolgreiche regionale Kooperation zugunsten einer stärker zentralisierten und »siloartigen« Struktur aufgelöst wurde. Das regionale Netzwerk besteht zwar immer noch, doch da die Generation der Gründer allmählich ausscheidet, ist seine Zukunft ungewiss.

Namibia

Im Vorwort zur Neuauflage habe ich ein anderes medizinisches Versorgungsprojekt erwähnt, das wir in Namibia gefördert haben. Das interessanteste und erfolgreichste Ergebnis der Prototypphase war die Idee Regionaler Entbindungseinheiten (RDU, Regional Delivery Units). Eine kleine, bereichsübergreifende Gruppe von Führungskräften, zu der unter anderem Pflegekräfte, Ärzte und der regionale Leiter gehörten, fingen an, wöchentliche Meetings abzuhalten, um durch praktisches Tun zu lernen. Ihr Ziel war es, die Gesundheit von Müttern erheblich zu verbessern.

Jedes RDU-Treffen begann mit einer Besprechung der Daten und Ereignisse der zurückliegenden Woche, was den Fachkräften unterschiedlicher Ebenen ermöglichte, einander Fragen zu stellen und sich über ihre Ansichten in einer unterstützenden und nicht wertenden Umgebung auszutauschen. Bei einem der RDU-Teammeetings, an dem ich teilnahm, besprachen die Anwesenden eine Situation, die den Krankenschwestern Sorge bereitete. Im Laufe des Gesprächs wandte sich eine junge Pflegerin in Ausbildung an die höchste Führungskraft am Tisch (den Leiter der Gesamtregion), der sich an der Diskussion bislang nicht beteiligt hatte: »Ich schließe aus Ihrer Körpersprache, dass Sie mit dem hier Gesagten nicht einverstanden sind.« Daraufhin war es an dem Direktor, seine Deutung der Situation darzulegen. Als ich miterlebte, wie diese junge Pflegerin die ranghöchste Person in der Gruppe auswählte, wusste ich, dass hier etwas funktionierte – sie hatten eine konstruktive Kommunikations- und Lernkultur entwickelt.

Im Jahr 2012 liefen diese RDU-Teamprozesse in allen 13 Regionen Namibias. Diese Arbeit führen Namibier in Eigenregie ohne internationale Partner durch. Der RDU-Prozess hilft den Führungskräften in den Regionen, sich auf die eigene Verantwortlichkeit für eine kontinuierliche Verbesserung von Ergebnissen zu konzentrieren. Die Teams verantworten die Umsetzung des Programms, koordinieren die Bereitstellung von Dienstleistungen, leiten die Zielumsetzung und lösen Probleme, um den Erfolg der Gesundheitsinterventionen zu sichern. Zu entdecken, was diese Gruppen erfolgreich macht, ist ein laufender Prozess des »Learning by doing«.

Bei meinen Besuchen habe ich mehrere Beobachtungen gemacht. Der Erfolg des RDU-Programms schien durch drei Bedingungen ermöglicht zu werden:

- Schaffung einer institutionellen Infrastruktur, die nützliche *Daten* hervorbringt
- Bildung einer Gruppe von *Schlüsselakteuren aus unterschiedlichen, zuvor isolierten Bereichen,* die sich verpflichten, regelmäßig (wöchentlich) miteinander zu reden, zu lernen und sich aufeinander einzustellen
- Entwicklung einer *Lernkultur* als Voraussetzung dafür, dass Menschen nicht einfach in die Defensive gehen und sich gegenseitig die Verantwortung zuschieben

MITx U.Lab-Prototyping-Camp

Der Schlüssel für erfolgreiche Prototypen liegt in der Schaffung schöpferischer Orte des Haltens. Im U.Lab wollten wir in dieser Hinsicht ein bisschen experimentieren und luden deshalb im Jahr 2015 eine Gruppe von 60 MOOC-Teilnehmenden, die alle vielversprechende Prototyping-Ideen unterbreiteten, zu einem 4-tägigen Prototyping-Camp ans MIT ein. Unser Ziel war es, voneinander zu lernen und die Initiativen voranzubringen.

Die Erfahrung des Prototyping-Camps war wie die Aktivierung eines schöpferischen Gefäßes voller übersprudelnder Ideen und vielfältigster unternehmerischer Energien. Wie zwei Teilnehmende sich erinnern:

> »Die Prototyping-Aktivitäten hatten etwas ungeheuer Kraftvolles. Als die Leute sich allmählich von ihren theoretischen Vorstellungen lösten und schnell etwas gestalten und erschaffen mussten, kamen sie rasch voran. Einige sagten sogar, dass sie hier in 10 Minuten mehr erreicht hätten als vorher bei der Arbeit an der Idee in einigen Monaten. Die Ideen, die sie präsentierten, wurden sofort erprobt und ein paar Minuten später hatten sie sie bereits verbessert.«

> »Bei meiner Ankunft im Camp hatte ich viele Zweifel, ob ich mit dem Projekt weitermachen sollte oder nicht. Das hing hauptsächlich damit zusammen, dass ich mir kaum vorstellen konnte, wie ich ohne – sagen wir, finanzielle Hilfen – weitermachen sollte. Außerdem fragte ich mich, wieso ich mir eigentlich so viele Sorgen um den Zustand des Planeten mache, wenn Millionen anderer Leute, Unternehmen und Regierungen es nicht tun. Während des Camps lernte ich etwas darüber, dass Menschen, die sich zusammenschließen, die Macht haben, die Welt zu verändern. Die negative Haltung, mit der ich am ersten Tag an den Start ging, hatte sich bis zum letzten Tag in eine sehr positive verwandelt, weil die Teilnehmenden mir geholfen haben, andere Möglichkeiten zu erkennen. Noch wichtiger war, dass ich lernte, dass meine Entscheidung getroffen ist, dass meine Sache darauf wartet, vorangebracht zu werden. Und so verließ ich das MIT am Sonntag mit dem Gefühl, dass ich weitermachen muss. Und das werde ich.«

Die Feldstruktur des Prototyping

Abb. 13.1 stellt die Feldstruktur des Prototyping vor. Die Abbildung gleicht den zwei vorangehenden, die die Feldstruktur des Presencing (Abb. 11.1) und des Verdichtens (Abb. 12.1) beschreiben. Die Bewegung des Presencing (sich mit der Quelle verbinden) und des Verdichtens (ein Bild der Zukunft entstehen lassen) wird dadurch auf eine nächste Stufe gehoben, indem sich der Ort des Haltens vertieft (weiße äußere Sphäre) und der Prozess des Kommenlassens im Zentrum des Schaubildes von einem Imaginieren zu einem praktischen Erproben fortschreitet (entstehende weiße Form im Zentrum).

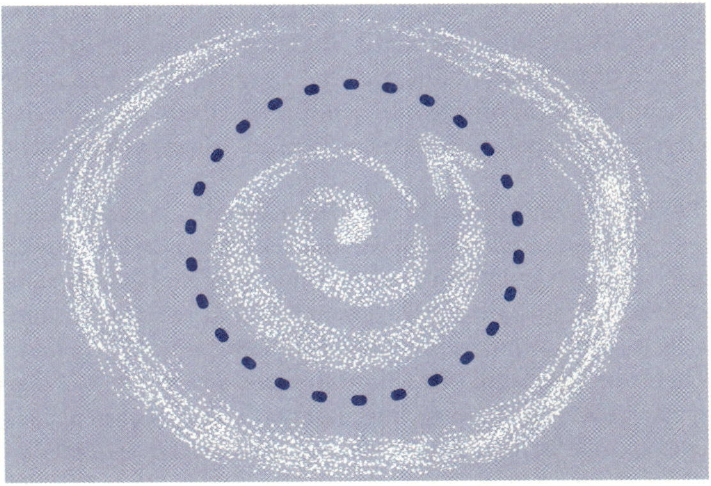

Abb. 13.1: Die Feldstruktur des Prototyping

Um effektive Prototypen zu entwickeln, muss man drei Formen von Intelligenz praktisch integrieren: die Intelligenz des Kopfes, die des Herzens und die der Hände. Wie der Coach es in dem Roman und dem Film *Die Legende von Bagger Vance* ausdrückte: »Ihre Hände sind weiser, als es Ihr Kopf je sein wird.« Der Prozess, Prototypen zu integrieren, balanciert immer zwischen zwei polaren Extremen: Handeln ohne Denken (blindes Implementieren, ohne zu lernen) und Denken ohne Handeln (»Analyseparalyse«).

Prinzipien des Prototyping

Um diese unterschiedlichen Intelligenzen erfolgreich zu integrieren, ist es erforderlich, die Verbindung zur Quelle und zum Ganzen zu halten, durch schnelle Rückmeldungen und durch Infrastrukturen, die ein Überprüfen und Erwachen fördern.

Sich mit der Inspiration und Intention verbinden

Um Prototypen zu erstellen, muss man vor allem mit dem inspirierenden Funken der Zukunft in Verbindung bleiben und darf nicht vergessen, »dass sie [die Zukunft] seiner [des heutigen Menschen] bedarf« (Buber). »Wie macht man das?«, fragte ich Joseph Jaworski, der ein Meister im Aufbauen dieser Art von Verbindung ist.

»Zunächst«, antwortete Joseph, »muss man es täglich machen. Also um genau zu sein, ist das Erste, was man tut, wenn man morgens aufsteht, dass man einen Ort der Besinnung oder der Stille aufsucht.« Joseph, wie viele andere Menschen, die ich getroffen habe, hat eine Reihe von fokussierenden und kontemplativen Übungen, die er durchführt, wenn er morgens vor Dämmerungsbeginn aufgestanden ist. »Als Erstes geht es also um Übung, Übung, Übung. Man schafft diesen Ort der Stille für sich, jeden Tag.« Während Joseph sprach, dachte ich an meine Eltern. Um 5 Uhr morgens, wenn mein Vater mit dem Melken begann, hatten meine Mutter und er bereits gemeinsam einen Vortrag oder einen meditativen Text gelesen. Auch in meiner Interviewstudie pflegten viele meiner Gesprächspartner eine solche persönliche Praxis.

»Das Zweite, worauf man sich konzentrieren sollte«, so Joseph weiter, »ist, mit der Intention verbunden zu bleiben, während des Tages, der Woche oder sogar noch länger.« Aber wie kann man seine Intention über einen solchen langen Zeitraum wachhalten? Simone Amber, die für das Schlumberger-Unternehmen, einem Vorreiter im Bereich Corporate Social Responsibility, arbeitet, erzählte mir einmal: »Ich brauchte viele Jahre, ehe ich mich traute, den Schritt von der Idee zur Handlung zu wagen. Es ist dabei wichtig, dass man sich deswegen nichts vorwirft. Worauf es ankommt, ist, dass man seiner eigenen Intention treu bleibt. Aber als ich dann diesen ersten Schritt wagte, öffnete sich ein Tor, helfende Hände fanden sich, und dann ging es immer weiter. Es war, als sei ich auf eine Schiene gesetzt worden.«

»Der dritte Punkt«, fuhr Joseph fort, besteht darin, »die Gelegenheiten, die sich einem im Alltag bieten, wahrzunehmen und zu ergreifen. Meiner Erfahrung nach tauchen diese Gelegenheiten nicht genau dort auf, wo man sie erwartet. Also muss man wirklich sehr wach sein. Wenn ich eine solche Gelegenheit wahrnehme, dann versuche ich, unmittelbar zu handeln. Wenn diese Möglichkeit im Einklang mit meiner Intention steht, dann hilft mir das, Risiken einzugehen, die ich normalerweise nicht eingegangen wäre. Zum Beispiel hatte ich mitten in einem Workshop das Gefühl, dass wir aufgerufen waren, eine größere Initiative in die Welt zu bringen. Ich schnappte mir den CEO eines großen multinationalen Unternehmens, den ich nur wenig kannte, und sagte: ›Entschuldigen Sie, wir müssen reden. Warten Sie einen kleinen Moment.‹ Dann ging ich umher und schnappte mir drei weitere Leute: den Leiter einer kleineren Stiftung, einen Vorstand des U. S. National Park Service und einen Vertreter einer Nichtregierungsorganisation. Ich brachte sie zu dem CEO, rückte fünf Stühle zu einem kleinen Kreis zusammen und begann das

Treffen. Dieser Moment war der Anfang einer Initiative, die heute als Synergos Multistakeholder Partnership Program bekannt ist.«[69]

Die kleine Episode veranschaulicht mehrere Schlüsselaspekte des »Handelns aus der Zukunft heraus«. Zuerst zeigt sich das Neue als ein Gefühl, als eher vages Gefühl, von irgendetwas angezogen zu werden. Es ist eher das Gefühl eines »*Was*« als ein Gefühl eines »*Warum*«. Man hat das Gefühl, etwas tun zu müssen, aber man weiß nicht genau, warum. Und nur dann, nachdem man der Intelligenz seiner Hände und seines Herzens gefolgt ist, beginnt der Kopf, das Warum auszubuchstabieren.

Zum Vorgang, »aus der Zukunft heraus« zu handeln, gehört das Erspüren, das Gefühl, von irgendetwas angezogen zu werden, und sich dann in dieses Feld zu begeben und aus der Anwesenheit dieses Möglichkeitsfeldes heraus im Jetzt zu handeln. Das, was entstehen will, muss sich verdichten. Es muss seinen Eigenwillen entwickeln. Und wir müssen lernen, dies wahrzunehmen und ihm leichtfüßig zu folgen. Mithilfe der Prototypen wird das Neue mit den Händen erkundet, nicht (nur) mit dem Kopf. Dieser Prozess kann Jahre dauern. Soziale Erneuerer und Wirtschaftspioniere wie z. B. Simone Amber behaupten, dass sie bis zu 5, 6 oder 7 Jahre brauchten, bevor sie ihrem Gefühl – dem Gefühl, von etwas angezogen zu werden – folgten und die Schwelle überschritten, um ihre schöpferische Entdeckungsreise anzutreten. Andererseits muss man jedoch auch darauf vorbereitet sein, sehr schnell zu handeln, wie Joseph es tat. Wenn der Schritt von einer Intention in die Handlung mit etwas Verzögerung erfolgt, ist es wichtig, dass man sich nicht selber negativ bewertet. Worauf es ankommt, ist, was wir im nächsten Augenblick – *jetzt* – tun. Alle anderen Entscheidungspunkte, die bereits hinter uns liegen (»hätte«, »könnte«, »sollte«) haben im Grunde keine Bedeutung mehr.

Bei einem Handeln aus der Vergangenheit heraus kennen wir das Ergebnis bereits, bevor irgendetwas geschieht. Der Kopf sagt uns, dass wir uns an feststehende Routinen halten sollen, und was bleibt, ist bestenfalls ein Gefühl der Leere oder manchmal Frustration.

Im Dialog mit dem Universum

Alan Webber, Mitbegründer der Zeitschrift *Fast Company,* beschrieb mir in einem Interview eine ähnliche Geschichte. Er kündigte seine Stelle als Herausgeber von *Harvard Business Review* mit der Idee, ein neues, innovatives Journal zu gründen. Als Erstes machte er sich seine wahre Intention – oder Intuition oder den inspirierenden Funken der Zukunft – zunutze und erschloss sich, was seiner Ansicht nach entstehen wollte. Das verband er damit, dass er lernte, auf die »Rückmeldung des Universums«, wie er es formulierte, zu hören.

69 Siehe unter https://www.synergos.org/news-and-insights/2012/ten-lessons-multi-stakeholder-partnerships [Zugriff: 13.1.2020].

> »Wenn du offen bist, was deine Idee angeht, wird dir das Universum helfen. Es schlägt dir Wege vor, wie du deine Idee verbessern kannst. Das Universum ist ein hilfreicher Ort. Ein Teil des Abenteuers und des Weges besteht darin, all den Ideen und Vorschlägen zuzuhören und zu versuchen herauszufinden, welche hilfreich sind und welche nicht«, erklärte Webber. Er nannte diesen Prozess »einem ehrlichen Ohr zuzuhören«. »Du musst die Integrität bewahren bei all dem, was du tust, aber auch einen Sinn für deine persönliche Überzeugung beibehalten, sodass das anfängliche Konzept tatsächlich ehrlich ist. Du hörst mit einem ehrlichen Ohr zu und bleibst deinem inneren Gefühl und Wissen treu.«

Genau das taten Dr. Schmidt und seine Kollegen, als sie ihre Ideen und Vorschläge mit verschiedenen Institutionen und Patienten besprachen. Das Feedback, das sie bekamen, nahmen sie auf. Das half ihnen, ihr Konzept eines neuen Notfallversorgungssystems weiterzuentwickeln. Doch vom anfänglich entmutigenden Feedback der Leute, die den Status quo erhalten wollten, ließen sie sich nicht stoppen.

Dasselbe tat auch Joseph Jaworski beim Mitbegründen der Multistakeholder-Partnerschaft. Er nahm das Feedback an, das dazu beitrug, das Konzept voranzubringen, aber ignorierte den Rest. Diese Art von »Input« geht quasi zum einen Ohr hinein und zum anderen wieder hinaus.

Im Vorwort zur Neuauflage habe ich von einem neueren Beispiel berichtet – von Denise Chaer, einer jungen brasilianischen Unternehmerin, die an einem einwöchigen U-Prozess-Gründungsprogramm in Sao Paulo teilnahm. Im Anschluss sagte sie: »Während dieser Woche nahm eine Idee, die ich fühlen, aber nicht in Worte fassen konnte, allmählich Gestalt an.« Sie hatte die Vision, die Muster des Konsums und der sozialen Beziehungen in brasilianischen Städten zu verändern, und zwar mit Hilfe des U-Prozesses. Heute leitet Denise ein sektorenübergreifendes Innovationslabor namens Novos Urbanos, das sich auf einen Aspekt des Konsumverhaltens – nachhaltige Nahrung und Ernährung – für Sao Paulo, Rio de Janeiro und andere Teile Brasiliens konzentriert. Denise und ihr Team wählten diesen Aspekt des Konsumverhaltens, nachdem sie das Lab im Jahr 2014 erprobt und das Feedback erhalten hatten, Novos Urbanos solle sich auf ein konkreteres Thema als das allgemeine Konsumverhalten konzentrieren. Heute bringt Novos Urbanos 40 Organisationen und Menschen aus allen Sektoren der Lebensmittelbranche zusammen, einschließlich großer multinationaler Nahrungsmittelkonzerne, Wissenschaftler, Basisorganisationen und regionale und nationale Regierungsvertreter, die gemeinsam neue Prototypinitiativen gestalten, um diese komplexe systemische Herausforderung anzugehen.

Prinzip 0.8: Scheitere früh, um schneller zu lernen

Beim großen Netzwerkausrüstungsunternehmen Cisco Systems bedeutet »Prinzip 0.8«, dass, egal wie die Zeitperspektive eines neuen Projekts aussieht, der erste Prototyp innerhalb von 3 oder 4 Monaten präsentiert werden muss. Dieser Prototyp muss nicht funktionieren. Es ist ja nicht der 1.0-Prototyp. Die Ziffern 0.8

bedeuten, du musst *irgendetwas* vorlegen, etwas, was nicht fertig ist, aber unmittelbar Feedback erhält und so die Verbesserung des nächsten Prototyps beschleunigt.

Im Falle des Ärztenetzwerks waren die 0.8-Prototypen die ersten Treffen mit den verschiedenen regionalen Gruppen. Diese führten vordergründig zu keinem konkreten Ergebnis, waren aber dann die Basis für die nächsten Schritte. Sie brachten die Kerngruppe auf die Idee, gemeinsame regionale Plattformen zu bilden. Im Fall der Multistakeholder-Partnerschaft waren diese frühen Prototypen ein globales Interviewprojekt, gefolgt von einem Workshop, der einen Mikrokosmos zukünftiger Schlüsselakteure zusammenbrachte und dazu beitrug, das Ziel und die Vorgehensweise des Projekts weiter einzugrenzen und zu überarbeiten.

Im Fall von Alan Webbers Fast Company trug der anfängliche Prototyp seiner neuen Zeitschrift dazu bei, freudige Aufregung und Engagement aufseiten aller Schlüsselakteure zu wecken und half den Gründern bei der Weiterentwicklung des besten Ansatzes und Konzepts für die Zeitschrift.

Orte des Haltens: Landebahnen für die entstehende Zukunft

Alle Prototypen brauchen einen Schutzraum. Aus der Natur wissen wir, was passiert, wenn das Neue in einer unfreundlichen Umwelt wächst: Das Immunsystem tut das, wozu es da ist, es tötet den Fremdkörper ab. Warum? Weil das Neue anders ist. Weil es den Status quo herausfordert. Weil es »hier nicht hingehört«. Deswegen braucht der Fötus die Gebärmutter, deswegen braucht die Raupe einen Kokon, um sich in einen Schmetterling zu verwandeln. Der Kokon bietet einen Umraum, in dem das sich wandelnde Neue wachsen und in die Welt kommen kann.

So wie man in der Landwirtschaft nicht täglich die wachsenden Möhren aus der Erde zieht, um ihre Entwicklung zu überprüfen, sondern den Pflanzen Zeit lässt, sie schützt und gießt, so brauchen auch soziale Prototypen einen Schutzraum, einen Kokon. Eine innovative Idee mit einer großen öffentlichen Rede des Geschäftsführers zu lancieren ist die beste Methode, sie schon im Keim zu ersticken. Der Schutzraum in einem solchen Kontext wäre ein kleinerer, ruhigerer und unspektakulärer Ort, an dem die betreffenden Erneuerer an der Erprobung ihrer Idee arbeiten könnten.

Der 0.8-Prototyp des Ärztenetzwerks arbeitete mit den neuen Plattformen ad hoc, ohne viel Öffentlichkeit. Ursula Versteegen, die als Coach mehrere Projekte des Netzwerks unterstützte, meinte:

> »Diese Initiative startete als eine kleine, rein von Ärzten unterstützte Initiative und entwickelte sich dann zu einer Reihe von Kooperationsplattformen, die die wichtigsten Fachleute der Region zusammenbringen und versammeln. Das Ergebnis ist eine ganze Landschaft von neu entstehenden Kooperationsbeziehungen, die nun ganz selbstverständlich arbeiten.«

Schutzräume, die das Wachstum zarter prototypischer »Keimlinge« fördern, kommen in zwei Formen vor – sie können entweder *geplant* oder in die bestehende Infrastruktur *eingebettet* sein:

- *Geplante* Prototypen werden mit dem primären Ziel der Innovation entwickelt und erprobt. Ein Beispiel ist das neue Kontrollzentrum zur Notrufversorgung.
- *Eingebettete* Prototypen sind Projekte, die in einen existierenden Zusammenhang oder Prozess eingebunden sind.

Wir baten eine Gruppe von Ärzten und Patienten um Beispiele für neue »eingebettete« Beziehungen im Gesundheitssystem. Sie wiesen uns auf eine NGO hin, die Patienten bei den Formalitäten, bei der Interaktion mit Ärzten und beim Zurechtfinden im System hilft. Im Folgenden beschreibt eine Krankenschwester ein hervorragendes Beispiel für eine entstehende Innovation, die in den Kontext des alten Systems eingebettet ist, in diesem Fall einen veränderten Umgang mit Patientenverfügungen (Kaeufer, Scharmer a. Versteegen 2003):

> »Eine ältere Patientin war heute Morgen hier und fragte nach einer Patientenverfügung, aber ich sagte ihr, dass wir das nicht einfach austeilen, weil es sich um eine weitreichende Entscheidung handelt. Die Frau verdrehte ihre Augen und sagte: ›Ich möchte einfach nur unterschreiben und das damit erledigen.‹ Ich sagte ihr, dass das Formular ernster Überlegungen bedarf. Sie könnten möglicherweise auf das Formular schreiben: ›Ich möchte keine lebenserhaltenden Maßnahmen, wenn ich todkrank bin‹, was interpretiert werden könnte als: ›Ich will keine Infusionen‹, und das würde bedeuten, dass sie qualvoll verdursten müsste. Oder die Aussage könnte auch bedeuten, dass man nicht künstlich ernährt wird, was legitim ist, wenn man stirbt. Diese Art von Beispielen teile ich den Patienten mit. Sobald ich ihre Aufmerksamkeit habe, sind sie ganz Ohr. Dann verstehen sie das Ausmaß dessen, was sie unterschreiben. Da ich Krankenschwester bin, habe ich viele Patienten sterben sehen, ohne dass sie jemals über den Sterbeprozess vorher nachgedacht haben. Erst als meine Mutter starb, wurde mir klar, was es wirklich bedeutet, so eine Patientenverfügung in unseren Händen zu haben. Ich musste die Vormundschaft für meine Mutter übernehmen. Sie hatte einen Schlaganfall erlitten und war an ein Beatmungsgerät angeschlossen. Ich erinnere mich an drei Ärzte, die an ihrer Bettkante standen. Meine Mutter lag einfach nur da. Sie konnte sich an nichts mehr erinnern, obwohl sie noch bei Bewusstsein war. Sie war wie ein plapperndes Kind, und sie stellte immerzu die gleichen Fragen. Am Anfang standen der Neurologe und der Chefarzt da und unterhielten sich über sie, über ihren Kopf hinweg. Sie war wie ein Objekt. Aber als ich ihnen die Patientenverfügung zeigte, lasen sie sie und fingen an, sie als Person zu sehen. Nun war meine Mutter kein Objekt mehr. Obwohl sie noch immer im Unklaren darüber war, was los war, respektierten die Ärzte sie, weil sie sich im Vorfeld über diese Situation so viele Gedanken gemacht hatte. Diese Voraussicht meiner Mutter gab ihnen die Möglichkeit, auf einer individuellen Ebene zu handeln. Auf einmal war sie als Person da, und ich wurde mit viel Respekt begrüßt. Und da gab es auch eine große Erleichterung seitens der Ärzte.«

Selbst ein bürokratischer Prozess wie das Ausfüllen eines Formulars kann in ein Vehikel für einen eingebetteten Prototyp verwandelt werden. In diesem Fall liegt der Sinn darin, einen Prozess der Reflexion zu initiieren. Das »Löse-mein-Problem«-Verhalten soll unterbrochen und ein Gespräch und ein Prozess der Selbstreflexion begonnen werden. Die Patientin übernimmt Verantwortung für ihr Leben und ihre Gesundheit. Andere Gesundheitsdienstleister haben festgestellt, dass getrennte Zeitblöcke für die Termine von Patienten mit akuten und chronischen Erkrankungen ihnen erlauben, sich besser auf die jeweiligen Probleme zu konzentrieren und dadurch zu einer besseren Beratung im Einzelfall führen.[70]

Das Sustainable Food Lab, im Juni 2004 initiiert, ist ein Beispiel für ein institutionsübergreifendes Erstellen von Prototypen. Es ist eine Zusammenarbeit von öffentlichen, privatwirtschaftlichen und zivilgesellschaftlichen Organisationen in Europa, Nord- und Lateinamerika. Nach mehreren Workshops, einer Studienreise nach Brasilien und einem Rückzug in die Wildnis von Arizona arbeitete die initiierende Gruppe in Teams an der Entwicklung von Prototypen. Sie wendete den U-Prozess an, um Innovationen zu schaffen, die Nahrungsmittelsysteme in wirtschaftlicher, ökologischer und sozialer Hinsicht nachhaltiger gestalten. Das Ergebnis waren sieben Prototypinitiativen. Beispielsweise verbindet einer der Prototypen eine nachhaltige Lebensmittelproduktion auf lateinamerikanischen Familienhöfen mit globalen Abnehmermärkten und lieferte somit hochwertige Nahrungsmittel von regionalen Bauern unter anderem an Schulen, Krankenhäuser und andere öffentliche Einrichtungen. Ein weiterer Prototyp konzentriert sich darauf, Bürgern, Verbrauchern und Entscheidungsträgern ein neues Verständnis für Nachhaltigkeit im Lebensmittelbereich zu vermitteln.

Während das Sustainable Food Lab an der Entwicklung von Prototypen arbeitete, verdreifachte sich die Größe des Teams und umfasst heute über 60 Organisationen. Sheri Flies von der Firma Costco, die sich dieser Initiative während der Prototypphase anschloss, fasst ihre Lernerfahrung auf dem Weg zu mehr Nachhaltigkeit im Lebensmittelbereich in drei Punkten zusammen (persönliches Gespräch):

> »Das Erste ist, dass man eine kritische Masse von bewussten Konsumenten haben muss. Dann braucht man vollkommene wirtschaftliche, soziale und ökologische Transparenz über die ganze Versorgungskette hinweg. Und schließlich muss man die Bauern dem Kunden sichtbar machen und somit die Beziehung zwischen Konsumenten und Bauern personalisieren, was die wohlwollende Nachfrage nach qualitativ hochwertigen Produkten und Verfahren wiederum verstärkt.«[71]

70 Darüber hinaus haben die Ärzte und ihre Mitarbeiter untersucht, auf welche Weise sie die Erfahrungen der Patienten verbessern können (z. B. durch eine Verringerung der Wartezeit); Ärzte in der Notrufzentrale protokollieren nach jedem Anruf, welches Problem der Patient hatte, wie sie darauf reagiert und was sie daraus gelernt haben – und teilen diese Lernerfahrung mit Kollegen; Frauen in einer ländlichen Region haben eine »regionale Küche« ins Leben gerufen, um an Diabetes Erkrankten und ihren Betreuungspersonen gesündere Essgewohnheiten und Lebensweisen nahezubringen.

71 Für weitere Informationen zum Sustainable Food Laboratory siehe https://sustainablefoodlab.org/ [Zugriff: 13.1.2020].

Feldnotizen

Für die Entwicklung von Prototypinitiativen, die als Landebahn für das Neue dienen können, sind drei Verbindungen und Kommunikationswege entscheidend:

- die vertikale Verbindung nach oben – das heißt, sich mit der Inspiration zu verbinden, mit dem ersten Funken der Intuition und Intention;
- die horizontale Verbindung – das heißt, auf das Feedback zu hören, das der Kontext oder das Umfeld gibt;
- die lokal verankerte Verbindung oder die Verbindung nach unten – das heißt zu lernen, die jeweils lokal vorhandene Situation als Partner für die Entwicklung des Neuen zu sehen und zu aktivieren.

Infrastrukturen und Lernfelder, die die Integration dieser drei Beziehungsdimensionen fördern, helfen, das Neue in die Welt zu bringen. Auf unserem Weg nach vorn müssen wir auf die zwei Hauptgefahren und Hauptfeinde achten: *Aktionismus ohne Reflexion* (keine situative Anpassung) oder *endloses Nachdenken ohne praktische Umsetzung* (»Analyseparalyse«). Prototypen zu entwickeln basiert auf der Fähigkeit, zwischen diesen beiden Extremen ein dynamisches Ausbalancieren in der Mitte zu finden.

Diese Balance baut auf der Weisheit unserer Hände und unseres Herzens, ebenso wie der unserer Köpfe auf.

14 Performing – In die Welt bringen

Das Spielen der »Makrovioline« • Die Feldstruktur des In-die-Welt-Bringens • Performing-Prinzipien • Systemische Integration • Ökosysteme für Innovationen • Feldveränderung des entstehenden Ökosystems • Entwicklungsstufen des Gesundheitssystems • Feldnotizen

Prototyperprobungen sind eine experimentelle Erkundung des Neuen. Ein Prototyp enthält einige der wesentlichen Merkmale des Endprodukts oder Ökosystems, aber er ist nur der erste von vielen Entwicklungsschritten und Durchläufen. Bei seiner Weiterentwicklung behält er die besten Merkmale seiner Vorläufer bei.

Nach dem Erproben der Prototypen stellt sich die Frage »Was nun?«. Wie können wir das, was wir aus Experimenten im kleinen Rahmen gelernt haben, auf die Transformation des gesamten Systems anwenden? Im Fall des Namibia-Projekts beispielsweise fand die gesamte Prototyparbeit in einer einzigen Provinz statt. Wie können die dabei gewonnenen Einsichten genutzt werden, um das größere, alle Provinzen umfassende System zu verändern oder weiterzuentwickeln?

Auf dieser Stufe des In-die-Welt-Bringens liegt der Fokus darauf, wie Presencing in Alltagspraktiken verkörpert wird. In diesem Zusammenhang ist es vielleicht hilfreich, ans Theater zu denken. In einer Theaterproduktion erhalten Schauspieler Korrekturvorschläge oder Anregungen untereinander und von der Produktionsleitung oder vom Direktor. Dieser ständige Veränderungs- oder Verfeinerungsprozess erhöht die Qualität des Endergebnisses. Die Aufführung ist ein lebendiger Prozess, es wird geschliffen, verfeinert, geschnitten. Erst nach vielen Proben ist es so weit, dass der Vorhang aufgeht. Und dann ist der Prozess der Veränderung noch nicht beendet. Eigentlich geht es jetzt erst richtig los. Denn die Gegenwart der Zuschauer bringt eine komplett neue Dimension ins Spiel.

Das Spielen der »Makrovioline«

Performing bedeutet, dass wir von einem größeren Feld her spielen, welches beispielsweise im Falle einer Theaterproduktion in der realen Verbundenheit mit den Zuschauern und dem umgebenden Ort sowie in der Bezugnahme auf sie entsteht. Der Violinist Miha Pogacnik beschreibt diese Form des Spielens mit den Worten »die Makrovioline spielen« (persönliches Gespräch, New York 1999):

»Als ich mein erstes Konzert in Chartres gab«, erinnert er sich, »spürte ich, dass die Kathedrale mich fast rauswarf. ›Raus mit dir!‹, sagte sie. Denn ich war jung und performte so, wie ich es immer tat: indem ich einfach meine Violine spielte. Aber dann wurde mir bewusst, dass du in Chartres nicht deine kleine Violine spielen kannst, sondern du musst die große, die Makrovioline spielen. Die kleine Violine ist das Instrument in deiner Hand. Die Makrovioline ist die ganze Kathedrale, die dich umgibt. Die Kathedrale von Chartres ist vollkommen nach musikalischen Prinzipien gebaut. Die Makrovioline zu spielen erfordert von dir, dass du von einem anderen Ort her zuhörst und spielst – vom Umkreis. Du musst dein Zuhören und Spielen weg von dir und hin zu deinem Umkreis verlagern.«

Die Frage, die sich hieraus ergibt, ist, auf welche Art solche Initiativen wie das oben besprochene Netzwerk der Gesundheitsversorgung lernen und die »Kraft der Makrovioline« in ihrem jeweiligen Kontext mobilisieren können.

Die lokal situierte »Makrovioline« entdecken oder: vom Ganzen her handeln

»Bei all dem Feedback, das wir bekommen haben«, so Dr. Schmidt, »gab es ein Thema oder einen Gedanken, der immer wichtiger wurde. Dies war die Erkenntnis, dass der einzige nachhaltige Weg, unser System weiterzubringen, bedeutete, eine regionale Selbstkoordination für alle Beteiligten aufzubauen. Dieses Feedback hat mich mehr als alles andere ermutigt, konkrete Schritte in diese Richtung zu unternehmen. Folglich haben wir bald eine Arbeitsgruppe mit Führungsverantwortlichen aus allen Sektoren unserer Region gebildet. Unser Ziel für diese Gruppe ist, eine gemeinsame Vision dafür zu entwickeln, wohin wir uns als Region entwickeln wollen, und den nächsten Schritt zu entscheiden. ›Es ist interessant, jetzt beschäftigen wir nachts nur noch 15 Ärzte anstatt 32, doch es funktioniert nun alles viel besser‹, berichtete ein Arzt, ›und wir sind bei diesen Nachtdiensten nicht mehr allein.‹«

Dieses vernetzte System befindet sich noch in einer frühen Phase. Es ist allerdings immer deutlicher geworden, dass das größere Gesamtsystem sich in einer Abwärtsspirale befindet. Viele Ärzte beschreiben diese Situation mit dem Gefühl, dass sie »versuchen, ein sterbendes System zu reparieren«. Einige kommentierten, dass man, anstatt das größere, »sterbende« Gesundheitssystem künstlich weiter am Leben zu erhalten, vielleicht die Energie auf anderes verwenden sollte: »Vielleicht sollten wir dem Ganzen ein Ende machen und das System sterben lassen.« Im krassen Unterschied zu anderen Regionen des Landes sind die Beschwerden von Patienten und deren Klagen hier fast auf null gesunken. Krisensitzungen für Ärzte gibt es ebenfalls kaum noch. Die Beziehung zwischen Patienten und Ärzten hat sich verbessert. Ein Arzt sagte: »In meinem Fall habe ich die Freude an der Arbeit wiedergefunden.«

Ärzte und Patienten treten heute auf andere Weise miteinander in Verbindung; sie haben jetzt Strukturen und gemeinsame Erfahrungen, anders miteinander zu arbeiten. Die Koordination der medizinischen Versorgung und, allgemeiner ausgedrückt, die Kommunikation zwischen den Ärzten in der Region haben sich verbessert. Die wahrscheinlich subtilste Veränderung liegt jedoch darin, wie der bzw. die Einzelne sich auf das ganze System bezieht. Ärzte fühlen sich zwar immer noch überlastet, aber weniger isoliert, besser vernetzt, engagierter und effektiver.

Als ich Schmidt fragte, wie er all diese Veränderungen erklären würde, antwortete er:

> »Auf der einen Seite ist es die Erfahrung, gemeinsam etwas zu gestalten; das ist eine Kraftquelle. Auf der anderen Seite nehmen wir den Kontext, in dem wir arbeiten, wahr. Das verändert die eigene Sicht auf das größere System. Man lernt, die Bedeutung seiner Arbeit im Kontext der ganzen Region zu sehen. Dieses größere Ganze zu sehen und wie deine Arbeit damit in Beziehung steht, gibt Kraft. Durch das verbesserte Verständnis, wie das System arbeitet, wie die Region arbeitet, und dadurch, dass man enorm viele Leute kennengelernt hat, hat man am Ende einen anderen Zugang, sodass man Dinge zum Laufen bringt – die viel leichter im Fluss bleiben.«

Die Feldstruktur des In-die-Welt-Bringens

Wenn wir von der Bewegung, Prototypen zu generieren, zu der Bewegung des In-die-Welt-Bringens übergehen, verändert sich der Fokus hin zur Gestaltung und Entwicklung organisationaler und institutioneller Gesamtsysteme. So wie die Entbindung eines Neugeborenen den wahren Beginn der Elternschaft markiert, markiert die Erprobung der Prototypen den wahren Beginn der gemeinsamen Gestaltung. Was folgt, ist die Notwendigkeit, einen Kontext zu schaffen, der dem neu in die Welt Kommenden ermöglicht, seine nächsten Entwicklungsschritte zu vollziehen.

Sind die Prototypen erprobt und ausgewertet, stellt sich die Frage, wie man die wichtigsten Ergebnisse in eine unterstützende institutionelle Infrastruktur einbettet, damit sich der Impuls des Neuen weiterentwickeln kann. Der Hebel liegt in der Möglichkeit, »vom größeren ›Ökosystem‹ aus zu handeln« statt aus dem »Egosystem« einer jeden Institution.[72]

Diese erweiternde institutionelle Infrastruktur können im Falle kleiner Gruppen oder von Individuen auch Räume, Praktiken oder Prozesse sein, die ermöglichen, dass das Neue sich entwickeln kann und getragen wird.

Während die U-Bewegung vom Presencing über das Verdichten zum Prototyping und Performing immer weiter in die Welt geht, beginnt die neue Qualität des sozialen Feldes, die mit dem Presencing am tiefsten Punkt des U begann, immer stärker Form anzunehmen. Abb. 14.1 deutet diesen Prozess an, in dem die Bewegung des Neuen, das, aus dem Umfeld kommend, im Zentrum begann, sich immer weiter über das gesamte Feld ausweitet und spiralförmig erstreckt.

72 Die Unterscheidung von Öko- und Egosystem verdanke ich einem Vortrag von Maurice Strong in Peking, 23. Oktober 2006 während des sogenannten *Deep Dive* des ELIAS-Programms.

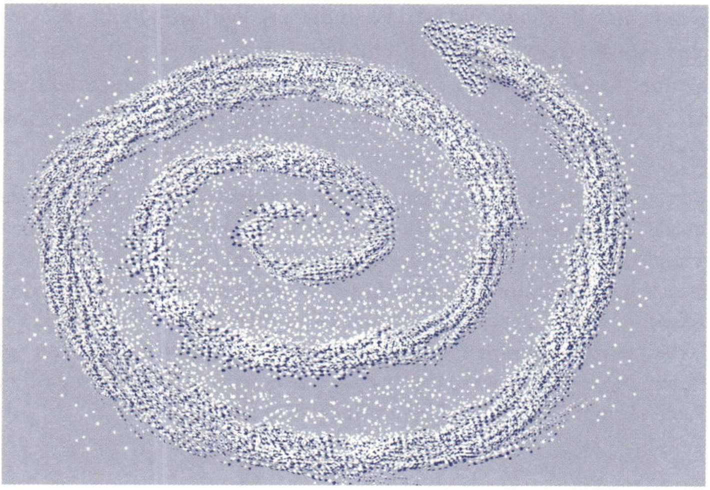

Abb. 14.1: Die Feldstruktur des In-die-Welt-Bringens

Performing-Prinzipien

Abb. 14.2 beschreibt eine Möglichkeit, wie eine solche institutionelle Ökologie konzeptioniert werden kann. Die drei Kreise bilden drei separate Felder: Wirtschaft, Regierung und Zivilgesellschaft. Im Zentrum liegen die Schnittstellen.

Die Idee ist einfach. Organisationen sind keine Einheit, sie sind eine Vielheit. Damit sie »atmen« können, müssen sie in ein Netz von Beziehungen eingebunden sein. In diesem Beispiel umfasst dieses Beziehungsnetz:

- Zulieferer und Produktionsfunktion
- Kundenschnittstelle
- Innovations- und Erneuerungsfunktion

Jeder dieser drei Bereiche basiert auf einer jeweils anderen Handlungs- und Denklogik: Für den Produktionsbereich oder die Zulieferer heißt Erfolg gegebene Qualität bei sinkenden Kosten, für die Beziehung zum Kunden heißt Erfolg das Bedienen von aktuellen Kundenbedürfnissen, und für den Bereich Innovation heißt Erfolg, *das Neue in die Gegenwart zu bringen.*

Auch wenn sich die Details bei Organisationen aus anderen Sektoren unterscheiden, sind die allgemeinen Prinzipien dieselben. Im Fall globaler NGOs beispielsweise arbeitet ein System vor Ort, um die Empfänger im Feld zu unterstützen und zu stärken. Dann gibt es den gesamten Infrastrukturbereich, der funktionieren muss, damit die Dienstleistungen reibungslos an das Feld geliefert werden können. Dazu gehören nicht nur Finanzmittel, sondern auch die Entwicklung logistischer Infrastrukturen usw. Die gesamte Versorgungskette muss gegeben sein, damit

Dienstleistungen effektiv und zu angemessenen Kosten bereitgestellt werden können. Und schließlich gibt es ein Innovationssystem für den Umgang mit einer sich rapide wandelnden Welt.

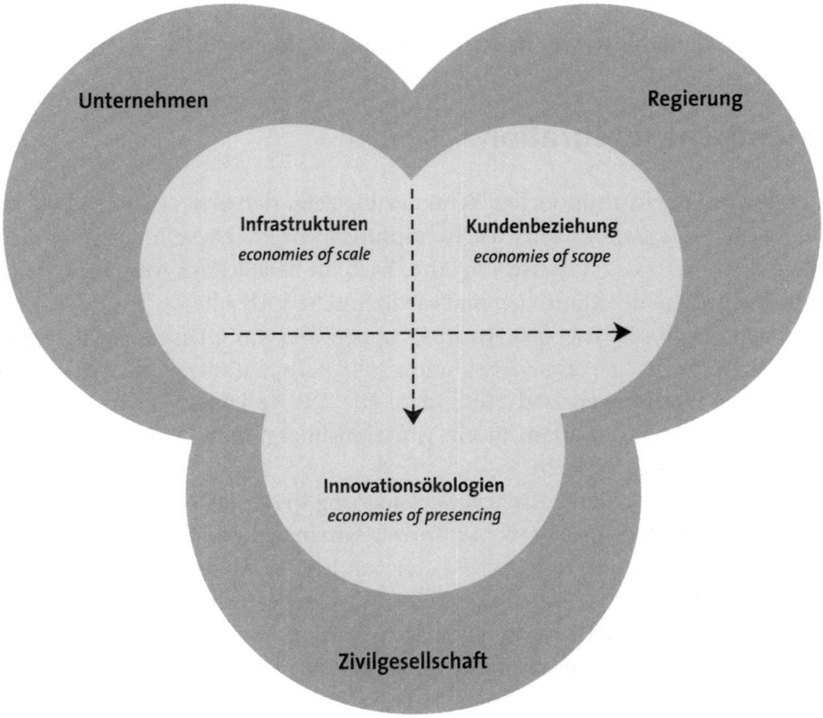

Abb. 14.2: Triade eines differenzierten institutionellen Systems

Abb. 14.2 zeigt drei Hauptachsen oder Dimensionen, die die heutigen Herausforderungen im Bereich Management und Organisationen abbilden:

- Die erste Achse markiert die Integration entlang der horizontalen Dimension, sie integriert den gesamten Wertschöpfungsprozess vom Vorlieferanten bis hin zum Kunden. Diese horizontale Achse wird normalerweise als die Nachfrage-Angebots-Kette bezeichnet.
- Die zweite Achse markiert die Integration der vertikalen Dimension: die parallele Sphäre des Lernens, der Innovation und der Veränderung.
- Schließlich beschäftigt sich die dritte Dimension mit der Beziehung des Performance-Systems, wie eben beschrieben (den inneren Blasen), mit dem größeren sozioökologischen Kontext (den drei größeren oder äußeren Blasen).

Wenn wir diesen Referenzrahmen einer integralen institutionellen Ökologie anwenden, hilft uns das, das Beispiel des oben beschriebenen Ärztenetzwerks neu zu betrachten. Die zugrunde liegenden Dynamiken, aufgrund derer sich das Netzwerk entwickelte, bestehen aus drei Hauptkräften institutioneller Veränderung:

- systemische Integration
- Innovation
- eine Veränderung zwischen dem System und dem Selbst

Systemische Integration

Die erste Kraft der institutionellen Veränderung zeigt sich in der Notwendigkeit der systemischen Integration beim Wertschöpfungsprozess. Diese Integration erfolgt entlang der horizontalen Achse von Abb. 14.2. Im Beispiel des Ärztenetzwerks ist das die Integration der klinischen und medizinischen Abläufe.

Bei den diagnosebezogenen Forumsgruppen und ihren Disease-Management-Programmen zeigt sich diese Integration in Total-Quality-Zirkeln und anderen eingesetzten Werkzeugen und Methoden. Die Devise lautet, ein funktional getriebenes Performance-System in ein funktionsübergreifend gemanagtes Performance-System umzuwandeln.

So allgegenwärtig diese Art von Veränderung bei Transformationen größerer Systeme über Sektoren und Branchen hinweg sein mag, ist doch auch zu bemerken, dass sich die Hoffnungen, die in diese Art von Reorganisation gesetzt werden, in der Regel nicht erfüllen. Als beispielsweise diagnosebezogene Fallgruppen (DRGs) ins deutsche Gesundheitssystem eingeführt wurden, sollte eine Fallpauschale die Gesamtkosten senken, indem man Krankenhäusern Anreize gab, ihre Patienten früher zu entlassen und dadurch die »Produktivität« des Systems zu erhöhen. Tatsächlich ging die durchschnittliche Zahl der Tage, die die Patienten im Krankenhaus verbrachten, daraufhin zurück. So weit, so gut. Außer dass einige Kritiker behaupten, dadurch seien die Gesamtkosten des Systems gestiegen.

»Wie konnte das passieren?«, fragte ich Florian Gründler vom medizinischen Versorgungsnetzwerk.

> »Ich will das anhand eines Beispiels verdeutlichen. Letzte Woche Freitag wurde ein Patient, den ich einige Tage zuvor ins Krankenhaus geschickt hatte, entlassen und an mich rücküberwiesen. Doch sein Zustand hatte sich nicht verbessert, sondern schien sich im Gegenteil verschlimmert zu haben. Der Krankenwagenfahrer setzte ihn bei meiner Praxis ab, und als ich ihn in Augenschein nahm, erkannte ich, dass er einen Herzinfarkt hatte. Nachdem ich die Notfallversorgung vorgenommen hatte, schickte ich ihn also sofort wieder zurück ins Krankenhaus, wo er natürlich als neuer Patient registriert wird, weil er bei seiner Einlieferung in der letzten Woche keinen Herzinfarkt hatte. Daran sehen Sie, wie das System funktioniert: Die durchschnittliche Anzahl der Tage, die pro Fall im Krankenhaus verbracht werden, geht zurück, aber die Gesamtzahl der Tage steigt an und ist mit zusätzlichen Gesundheitsproblemen und Kosten verbunden.«

Dr. Gründlers Geschichte erinnerte mich an zahlreiche andere Beispiele für Veränderungsbemühungen, die scheiterten, weil das Problem der sozialen Komplexität nicht hinreichend verstanden wurde. Es reicht nicht aus, nur um die technische und medizinische Komplexität zu wissen, wenn man ein medizinisches System erfolgreich umgestalten will. Die Planer müssen sich mit Fragen sozialer Komplexität, unterschiedlicher Kulturen, Interessen und Ansichten auseinandersetzen und ein umfassendes Verständnis dafür entwickeln. Der Versuch, überarbeiteten und unterbezahlten Krankenhausbetreibern einfach ein weiteres Veränderungsprogramm aufzuzwingen, ist zwangsläufig zum Scheitern verurteilt.

Ökosysteme für Innovationen

Die zweite treibende Kraft für Veränderungsprozesse ist der ständig steigende Druck, Innovationen zu kreieren. Dies geschieht entlang der vertikalen Achse von Abb. 14.2: Wie kann man das operationale Leistungssystem mit einer parallelen Struktur für Innovation und Lernen verbessern? Ein Beispiel für diese Form der Innovationsinfrastruktur ist das durch das Ärztenetzwerk neu geschaffene Notfallkontrollzentrum. Dieses Zentrum stellte einen Raum bereit, wo »man direkt am Puls der Region sitzt« und wo teilnehmende Ärzte berichten, dass »einige wichtige Lernprozesse unter den Ärzten, dem Einsatzpersonal, den Feuerwehrleuten und anderen erleichtert wurden«.

Die treibende Kraft für diese Art der Veränderung ist nicht die abstrakte Optimierung klinischer Wege, sondern eine praktische Konfrontation der entscheidenden Verantwortlichen mit realen Situationen und einer Erfahrung vor Ort, verbunden mit einer Möglichkeit der gemeinsamen Reflexion.

Für diesen Innovationsprozess gilt eine wichtige Beschränkung. Er bleibt mehr oder weniger an die Einschränkungen des gegenwärtigen Systems gebunden. Man optimiert im Rahmen des Bestehenden. Beim Beispiel des Ärztenetzwerks heißt das, dass sich die betreffenden Akteure mit den Symptomen von Krankheit auseinandersetzen und sich nicht grundsätzlich so neu aufstellen, dass die Quellen von Gesundheit erkannt und gestärkt werden können. Damit kommen wir zur dritten treibenden Kraft.

Feldveränderung des entstehenden Ökosystems

Die dritte und oft schwer wahrnehmbare Kraft ist die subtile Veränderung der Beziehung zwischen System und Selbst:

> »Wenn Sie den Kontext, in dem Sie und Ihre Kollegen arbeiten, sehen, verändert sich ihre Sicht auf das größere System«, so Dr. Schmidt vom Ärztenetzwerk. »Man beginnt, die Bedeutung der eigenen Arbeit im Kontext der Region zu sehen. Dieses größere Ganze zu

> sehen und wie deine Arbeit damit in Beziehung steht, gibt Kraft […] man hat am Ende einen anderen Zugang, sodass man Dinge zum Laufen bringt – die viel leichter im Fluss bleiben.«

In Bezug auf die vier Ebenen der Arzt-Patienten-Beziehung (Abb. 9.3) erkennt man jetzt, dass diese Veränderungen es möglich machen, sich auf eine Ebene-4-Beziehung einzulassen. In diesen Momenten der Gegenwärtigkeit und Anwesenheit, wenn sie mit der sich öffnenden Aufmerksamkeit und dem sich öffnenden Willen einhergehen, können sie zu einer positiven Kraft im Feld werden und einer Gruppe oder einem Team einen Schub an Energie und Effektivität verleihen. Wie einer der Entscheidungsträger aufseiten der Versicherungen, die sich lange gegen die von den Ärzten vorgeschlagene Innovation gesträubt hatten, bemerkte: »Diese Qualität des Engagements und der Intention, die diese Gruppe eine gewisse Zeit ausstrahlte, veränderte das Bewusstsein der Entscheidungsträger im [größeren] System.«

Entwicklungsstufen des Gesundheitssystems

Aus den drei Hauptdimensionen in Abb. 14.2 ergibt sich eine evolutionäre Sicht auf das Gesundheitssystem, bei der sich vier Entwicklungsstufen differenzieren lassen (vier Spalten in Tabelle 14.1):

- *Institutionelle Versorgung* beschreibt den Ausgangspunkt des Gesundheitssystems in Deutschland, das Reichskanzler Otto von Bismarck im späten 19. Jahrhundert als präventive Maßnahme gegen die damals aufsteigende Sozialdemokratische Partei in Deutschland (SPD) organisierte. Dieses von vertikalen Hierarchien bestimmte System bildet den Hintergrund für die derzeitigen drei Hauptdimensionen der Veränderung. Es herrscht weitgehend Einigkeit darüber, dass Veränderungen notwendig sind, unter anderem weil die demografischen Veränderungen (eine alternde Bevölkerung) und die politischen Entwicklungen (die Wiedervereinigung) zu einer Kostenexplosion geführt haben.
- *Managed Care* gibt wieder, in welche Richtung sich der Mainstream des Systems, nicht nur in den Vereinigten Staaten, derzeit bewegt: Managed Care heißt, dass der Marktmechanismus der existierenden Hierarchie des gegenwärtigen Systems hinzugefügt wird. Die Grundidee von Managed Care besteht darin, den gesamten Prozess der Gesundheitsversorgung entlang der horizontalen Achse in Abb. 14.2 zu integrieren.
- *Integrative Versorgung* erweitert das Modell von Managed Care dadurch, dass die operative Ebene der Gesundheitsversorgung mit Innovationsprozessen verbunden wird. Das vom Ärztenetzwerk entwickelte Kontrollzentrum für die regionale Notfallversorgung ist hierfür ein Beispiel. Eine patientenorientierte integrative Versorgung wird um konkrete Patientenwege und Lebensräume herum organisiert, die der Arzt-Patienten-Beziehung eine Erweiterung um Ebene 3 ermöglichen (Beispiel: häusliche Pflege).

- *Integrale Gesundheit* beschreibt den Möglichkeitsraum für ein zukünftiges Gesundheitsversorgungssystem, das alle vier Ebenen der Arzt-Patienten-Beziehungen (Abb. 9.3) mit einbezieht und sich zum Ziel setzt, die Quellen von Gesundheit zu verstärken (Salutogenese), anstatt die Symptome der Pathologie zu bekämpfen (Pathogenese).

	Institutionelle Versorgung	**Managed Care**	**Integrative Versorgung**	**Integrale Gesundheit**
Organisations-paradigma	Systemzentriert	Ergebniszentriert	Patientenzentriert	Menschenzentriert
Arzt-Patienten-Beziehung	Ebene 1	Ebene 1–2	Ebene 1–3	Ebene 1–4
Kernachse	Funktional (institutionelle Struktur)	Wege der medizinischen Versorgung (Kernprozess)	Patientenwege (Patienten-System-Schnittstelle)	Biografische Entwicklungswege
Innovations-mechanismus	Institutionsinterne, funktionale Effektivität Pathogenese	Ergebnisbezogen, über institutionelle und funktionale Grenzen hinweg Pathogenese DRG, DMP, TQC	Patientenzentriert, über die institutionellen und funktionalen Grenzen hinweg Pathogenese	Biografiezentriert, über die systemischen, institutionellen, und funktionalen Grenzen hinweg Salutogenese
Dominanter Komplexitätstyp	Detaillierte Komplexität	Dynamische Komplexität[73]	Soziale Komplexität[74]	Emergente Komplexität[75]
Koordinations-mechanismus	Hierarchie Anweisung	Markt Preis	Dialog: gegenseitige Anpassung	Gegenwärtigung: vom entstehenden Ganzen her sehen
Infrastruktur	Sozialgesetzgebung (Bismarck)	Institutionen und Normen, die den Marktmechanismus praktisch ermöglichen	Infrastrukturen für Lernen und Innovation	Infrastrukturen für das Vom-Ganzen-her-Sehen

Tab. 14.1: Vier evolutionäre Phasen des modernen Gesundheitssystems

Das Modell der integralen Gesundheit erweitert die Koordinationsprozesse im Gesundheitssystem ebenso wie die früheren Modelle um einen neuen Governance-Mechanismus, der den Akteuren eine bessere Koordination der miteinander zusammenhängenden Aktivitäten im Gesundheitswesen in »Echtzeit« ermöglicht und ihnen erlaubt, *vom Ganzen her wahrzunehmen*. Infrastrukturen, die diese Art des gemeinsamen Sehens, Hinspürens und Handelns fördern, wie dies beispielsweise das Arzt-Patienten-Dialogforum demonstriert hat, sind ein entschei-

73 Bezieht sich auf die Integration unterschiedlicher Arten von funktionalem, technischem und medizinischem Wissen.

74 Die Integration unterschiedlicher Kulturen, Weltbilder und strategischer Interessen über Institutionen hinweg.

75 Entstehende Situationen, in denen sich Problem, Diagnose und Lösung im Laufe des Projekts entwickeln.

dender Schlüssel für die Weiterentwicklung des Gesamtsystems in Richtung dieser vierten Stufe.

Wo wäre das regionale Gesundheitsnetzwerk hier auf dieser Karte zu finden? Es entwickelt sich irgendwo zwischen den Spalten 3 und 4, während der größere Gesamtsystemkontext sich gleichzeitig von der institutionellen zur verwalteten Versorgung hinbewegt (Spalten 1 und 2). So wie die vier Ebenen der Arzt-Patienten-Beziehungen als solche weder gut noch schlecht sind, sondern lediglich geeignet oder ungeeignet für ein bestimmtes gesundheitliches Problem oder eine bestimmte gesundheitliche Situation, so sollen auch die vier in Tabelle 14.1 dargestellten Stufen der Gesundheitsversorgungssysteme keine Bewertung aufweisen. Dennoch entstehen Probleme, wenn Gesundheitsfragen, die auf den Ebenen 3 und 4 angesiedelt sind, mit Mechanismen der Ebenen 1 und 2 angegangen werden oder umgekehrt.

Feldnotizen

Organisationen entwickeln sich an drei Achsen entlang und integrieren

- den Strom der gegenwärtigen Wertschöpfung (horizontale Achse),
- die parallelen Systeme der kontinuierlichen Innovation und des Lernens (vertikale Achse) sowie
- die Verbindung mit einem sich entwickelnden sozialen und ökologischen Kontext (dritte oder umhüllende Achse).

Damit Institutionen auch auf den Ebenen 3 und 4 handlungsfähig werden, ist die Schaffung effektiver Lerninfrastrukturen, die zur Inversion des Gesundheitssystems beitragen, ein wichtiger Schritt.

Von meiner Arbeit mit Lerngemeinschaften (»learning communities«) habe ich die folgenden Lernerfahrungen mitgenommen:

1) *Kerngruppenzusammensetzung:* Je besser die Zusammensetzung der Kerngruppe jene der Gesamtgruppe widerspiegelt, desto effektiver kann sich die gemeinsame Arbeit entwickeln. Setzt sich die Kerngruppe hingegen nur aus einer Teilgruppe zusammen, ist die gemeinsame Arbeit oft weniger effektiv. (Beispiel: In einer Lerngemeinschaft von Praktikern und Beratern wird die Kerngruppe allein durch Berater gestellt.)
2) *Primat der Praxis:* Lernen basiert auf Praxis und der Verbindung zu den Problemen der realen Welt (vgl. Kolb 1984). Drei unterschiedliche Formen der Praxis sind wichtig:[76]
   – die *professionelle Praxis* mit dem Ziel der gelungenen Umsetzung;
   – die *persönliche Praxis* – d. h. Selbstführung, das Finden des eigenen Weges;

76 Vgl. Senge 1990.

- die *Beziehungspraxis* – d. h. die Verbesserung der Qualität des gemeinsamen Denkens, des gemeinsamen Sprechens und des gemeinsamen Handelns.

3) *Werkzeuge und Übungsfelder:* Kein Orchester oder Fußballteam könnte ohne Training Spitzenleistungen erreichen. Genauso brauchen Führungskräfte und Manager, damit sie ihre Ziele erreichen, Werkzeuge und Übungsfelder, um zu lernen, neue Werkzeuge effektiv zu benutzen.
4) *Parallele Lernstrukturen:* Diese sind Eckpfeiler jeglicher Lernarchitektur. Eine parallele Lernstruktur ermöglicht, dass Handelnde ihre Erfahrungen reflektieren, das Gelernte austauschen, sich auf neue Erfahrungen einlassen und Unterstützung bekommen können (vgl. Bushe a. Shani 1991; Schein 1995).
5) *Die Kraft der gemeinsamen Intention:* Die Qualität eines Projekts hängt von seinem Inhalt und seiner Verbindung zu den Menschen ab. Eine Lerngemeinschaft, die nur dem zukünftigen Erfolg eines Zentrums dient, ist in dieser Hinsicht ein schlechtes Beispiel – eine von einer gemeinsamen Intention getragene Lerngemeinschaft ist das positive Gegenbeispiel.
6) *Leidenschaft oder personalisierte Verkörperung des Projekts:* Der Erfolg einer Initiative hängt meist primär davon ab, ob es eine Person gibt, die das Ganze zusammenhält und die Umsetzung persönlich verantwortet. Selbstorganisation organisiert sich nicht selbst. Selbstorganisation erfordert Menschen, die aktiv die Orte des Haltens und die Bedingungen dafür schaffen, dass sich Selbstorganisation entwickeln und replizieren kann.
7) *Wahrnehmungsgetriebene Aktivierung:* Wie kann man ein Umfeld aktivieren, in dem die Akteure nicht mehr fragen: »Was kann ich bekommen?«, sondern beginnen zu fragen: »Was kann ich beitragen, was kann ich geben?« Zwei zentrale Hebel für diesen Umschwung sind:
   - Ein Initialgeschenk, z. B. ein gemeinsames intellektuelles Kapital, das eine positive Atmosphäre schafft und »den Ton vorgibt«.
   - Der Aufbau gemeinsamer Wahrnehmungsräume, die es ermöglichen, dass individuelle Beiträge für die Entwicklung des Ganzen wahrgenommen, anerkannt und wertgeschätzt werden.
8) *Gemeinsame Produkte:* Produkte, die durch die Verwendung des gemeinsamen intellektuellen Kapitals geschaffen werden, wie Trainings für neue Methoden und Werkzeuge, dienen als Vehikel sowohl für die Entwicklung von Kompetenz als auch der Gemeinschaft.

Teil III: Presencing – Eine soziale Technik für tief greifende Innovation

Führungskräfte auf allen Ebenen und in allen Sektoren sehen sich immer häufiger mit disruptiven Herausforderungen und Veränderungen konfrontiert, denen mit den Denk- und Verhaltensmustern der Vergangenheit nicht beizukommen ist und die deshalb ein Umdenken und einen neuen Ansatz notwendig machen. Diese Herausforderungen können technoökonomischer, relational-politischer oder kulturell-spiritueller Art sein – oder eine Kombination aus allen dreien.

Die existenzielle Bedrohung, die von diesen Herausforderungen ausgeht und deren globale Dringlichkeit lassen zwei Fragen in den Vordergrund rücken: Wie stellen wir uns diesen Herausforderungen, und wie lassen sich die gegenwärtigen Entwicklungsschwellen praktisch überschreiten? Die neuen Fähigkeiten, die dafür gebraucht werden, basieren auf einer neuen Qualität von Bewusstsein und Aufmerksamkeit. Eine Qualität von Aufmerksamkeit, die sich nicht nur darauf richtet, was wir tun und wie wir es tun, sondern auch auf die innere Quelle von Handlung blickt, einen Ort, der meistens einen blinden Fleck in unserem Bewusstsein darstellt.

Die Theorie U unterscheidet vier verschiedene Quellen unseres Handelns:

- im Zentrum (Ich-in-mir),
- an der Peripherie (Ich-in-es),
- außerhalb der eigenen Peripherie (Ich-in-dir) und
- alle eigenen Grenzen durchdringend im entstehenden Umfeld des Ganzen (Ich-in-Gegenwärtigung oder Ich-in-wir).

Je nachdem, von welchem Ort heraus wir handeln, verändert sich das Ergebnis: »Ich wende meine Aufmerksamkeit [auf diese Weise] zu, deshalb entsteht es [auf jene Weise]«, wie wir später noch ausführlicher erörtern werden.

Aus der Physik wissen wir, dass ein Stoff sein Verhalten verändert, wenn es von einem Zustand in einen anderen übergeht. Wasser, zum Beispiel, wird bei Temperaturen unter dem Gefrierpunkt (0° C) zu Eis. Wenn wir Eis erwärmen und die Temperatur über 0° C ansteigt, schmilzt es zu Wasser. Fügen wir weiter Hitze hinzu, und steigt die Temperatur auf 100° C, dann siedet Wasser und geht in Dampf über. In allen drei Aggregatzuständen sind die dieselben Wassermoleküle (mit der chemischen Formel H_2O) vorhanden. In Gruppen, Organisationen und größeren Systemen bewirkt die Struktur der Beziehung zwischen den Akteuren neue Verhaltensmuster, wenn sie verändert wird. Kollektive Verhaltensmuster nenne ich soziale Felder.

Es gibt (bislang) drei wichtige wissenschaftliche Feldtheorien: die elektromagnetische, die Gravitations- und die Quantenfeldtheorie. Was soziale Felder anbelangt, wissen wir nur wenig darüber, wie sich ihre strukturellen Muster und Zustände verändern oder welches die Ursachen dafür sind, dass ein soziales Feld von einem Zustand zum anderen übergeht und welche neuen Verhaltensmuster daraus resultieren. Doch es gibt Hinweise darauf, dass soziale Felder existieren und dass sie einen erheblichen Einfluss darauf haben, wie wir individuelle und kollektive Verhaltensmuster ausführen.

Warum sind Veränderungen in sozialen Feldern so viel schwieriger zu verstehen? Zum einen ist die Wahrnehmung und Beobachtung sozialer Felder äußerst schwierig. Ein Gefäß mit einem Eiswürfel können wir mit einem Brenner erhitzen und beobachten, wie er schmilzt. Mit einer sozialen Situation ist das so einfach nicht möglich.

Wenn in einem sozialen Feld eine Zustandsveränderung stattfindet, ist der Beobachter eng in dieser Entwicklung eingebunden. Im sozialen Feld steht der Beobachter gewissermaßen mit einem Bein im Topf mit dem kochendem Wasser, den er beobachtet.

Ein weiterer Unterschied betrifft die Beziehung zwischen Materie, Gefäß und Mechanismus. Es bedarf eines Zusammenspiels dreier Faktoren, damit ein Eiswürfel schmilzt: des Eises, des Gefäßes, das den Eiswürfel umschließt und der Hitze, also des Mechanismus oder der Energie, die die Veränderung verursacht. Welches sind die funktionalen Äquivalente für Veränderungsprozesse in sozialen Feldern?

- Die *Materie* in sozialen Feldern ist keine Sache, sondern ein Netz von Beziehungen zwischen den Akteuren und Entitäten, mit all ihren unterschiedlichen Arten des Denkens, Sprechens und gemeinsamen Handelns.
- Das *Gefäß* in einem sozialen Feld ist der Kontext, in dem sich diese Beziehungsmuster entfalten.
- Der *Mechanismus,* der verursacht, dass ein Feld sich von einem Zustand in den anderen verändert und umwandelt, ist die Veränderung in der Aufmerksamkeitsstruktur, aus der heraus sich die Akteure miteinander in Beziehung setzen. Das heißt, er ist eine *Veränderung des Ortes* (eine Veränderung der Quelle), aus dem die einzelne und kollektive Wahrnehmung und Handlung heraus geschehen.

Die Fähigkeit, die subtileren und tieferen Dimensionen von sozialen Feldern verlässlicher und transparenter zu erschließen, erfordert eine neue *soziale Grammatik.*

15 Die Grammatik des sozialen Feldes

Soziales Umfeld und menschliches Bewusstsein •
Theorie des sozialen Feldes

Wenn Menschen eine transformative Veränderung erleben, bemerken sie eine tief greifende Veränderung in der Struktur, der Atmosphäre und der Textur des sozialen Feldes. Aber wenn sie versuchen, diese Erfahrung zu beschreiben, wird die Sprache oft vage. Obwohl sich die Teilnehmenden eines erfolgreichen Veränderungsprozesses häufig auf eine oberflächliche Beschreibung darüber einigen können, *was* passiert ist, wissen sie oft nicht, *warum*. Wir brauchen also eine neue Grammatik, die uns hilft, besser zu artikulieren und zu erkennen, was passiert und warum.

Im Folgenden will ich mit 20 Thesen einen Versuch wagen, das zu benennen, was passiert, wenn ein Veränderungsprozess stattfindet. Dies könnte sicher ein eigenes Buch füllen. Wenn Sie also nicht so sehr daran interessiert sind, mehr über die Theorie sozialer Felder zu erfahren, gehen Sie am besten direkt zu Kapitel 16 bis 19 über. Wollen Sie sich jedoch mit den epistemologischen und ontologischen Aspekten der Erzeugung sozialer Realität *aus der Sicht des sich entwickelnden Selbst* auseinandersetzen, finden Sie in diesem Kapitel dazu einen Entwurf.[77]

Soziales Umfeld und menschliches Bewusstsein

Menschen bringen die komplexen sozialen Netzwerke, in denen wir leben, gemeinsam in die Welt. Obwohl knapp 8 Milliarden Menschen diese Beziehungsnetzwerke kontinuierlich entstehen lassen, verstehen wir den *Prozess des In-die-Welt-Kommens sozialer Realität* nicht vollständig, weil er mit unserem blinden Fleck verbunden ist. Die meiste Zeit erleben wir soziale Realität als etwas außerhalb von uns, als eine Welt »da draußen«, die uns etwas antut. Ein Bewusstsein des Entstehungsprozesses, des In-die-Welt-Kommens dieser äußeren sozialen Realität, besteht nicht. Dieses Bewusstsein erfordert ein Achtsamwerden für den Quellort, aus dem unsere Aufmerksamkeit, unsere Intention und unser Handeln entspringen.

Die Basis für meine Erforschung des sozialen Feldes sind die Arbeiten von Kurt Lewin, einem der innovativsten Sozialwissenschaftler des 20. Jahrhunderts. Lewin

77 Für einen Überblick über Methoden der Aktionsforschung siehe Reason und Bradbury (2001).

betrachtete das soziale Umfeld als ein dynamisches Feld, das mit dem menschlichen Bewusstsein interagiert. Veränderungen im sozialen Umfeld rufen besondere Formen von psychologischen Erfahrungen hervor und umgekehrt. In seiner Feldtheorie (1997, p. 240) definiert er ein Feld als »die Totalität koexistierender Tatsachen«. Lewin argumentiert, dass, um das Verhalten von Menschen zu verstehen, man auf das gesamte psychologische Feld blicken muss oder auf den »Lebensraum«, in dem Menschen agieren. Lebensräume oder Felder werden unter dem Einfluss verschiedener Kraftvektoren konstruiert.[78]

Entsprechend ist menschliches Verhalten durch die Gesamtheit des Kontexts eines Einzelnen bestimmt. Dieser Kontext ist eine Funktion des Feldes, das zu dem Zeitpunkt existiert, an dem das Verhalten auftritt. Kurt Lewin diskutierte die Bedeutung der zugrunde liegenden Kräfte, indem er Erkenntnisse aus der Topologie (z. B. Lebensraum), der Psychologie (Bedürfnis, Hoffnung etc.) und der Soziologie (z. B. Kräftefelder) integrierte (vgl. Hall a. Lindzey 1978, p. 386).

Lewins Feldtheorie war in der Sozialpsychologie und der Aktionsforschung des 20. Jahrhunderts wegweisend und führte zur Entwicklung zahlreicher Experimente und Projekte. Beispiele dafür sind das Achtsamkeits- und Sensibilitätstraining in den T-Gruppen der 1950er und 1960er oder die Dialogpraktiken und Methoden des organisationalen Lernens.

Lewin standen im Rahmen seiner Pionierarbeit wichtige Erkenntnisse des 21. Jahrhunderts noch nicht zur Verfügung, insbesondere neuere Erkenntnisse der Neurowissenschaften bezüglich neuronaler Plastizität und der *Neurophänomenologie,* die der Kognitionswissenschaftler Francisco Varela in seinem Spätwerk entwickelt hat.

Ziel dieses Kapitels ist es, die tiefere Grammatik des sozialen Feldes aufzudecken – die Schlüsselvariablen, die es ermöglichen, dass sich die wirkenden Logiken und Modi (Zustände und Ebenen) eines sozialen Feldes verändern.

Theorie des sozialen Feldes: 20 Punkte

Die folgenden 20 Punkte führen Sie auf eine Forschungsreise durch die tieferen Gefilde sozialer Felder. Die ersten drei Punkte beginnen diese Erkundung sozialer Felder aus der Perspektive der dritten Person. Im Folgenden sind drei gemeinsame Merkmale beschrieben, die sich beobachten lassen, wenn wir auf soziale Felder stoßen:

1) **Ganzheit.** Soziale Felder sind ein sich entfaltendes Ganzes. Da es eine Verbindung zwischen allen Menschen gibt, passiert das, was anderen passiert, auch einem selbst. Diese Verbindung entsteht nicht nur durch das von allen geteilte Ökosystem und vielfache Interdependenzen, sondern, viel wichtiger,

78 Für weitere Informationen über Kurt Lewin siehe: Smith (2001); Greathouse (1997); Schein (1995).

durch direkte soziale Beziehungen. Diese werden umso stärker sichtbar, je mehr Akteure die tieferen Stufen des sozialen Feldes betreten.

2) **Grenzen.** Es gibt eine Grenze zwischen dem Außen und dem Innen sozialer Felder und Systeme. Bei einem Workshop, den ich kürzlich mit Kollegen vom Presencing Institute durchführte, verpasste eine Teilnehmerin eine 50-minütige Achtsamkeitsübung, die darauf ausgerichtet war, den Leuten beizubringen, sich mit ihren tieferen Quellen der Kreativität und des Selbst zu verbinden. Als sie sich dem Workshop wieder anschloss, beschrieb sie ihre Wahrnehmung dieser Grenze so: »Alle [sprachen] ausgehend von einer so tiefen Ebene des Flows und der Energie. Ich muss wohl den wichtigsten Teil verpasst haben. Ich [wusste] nicht mehr, wie ich mich mit ihnen verbinden sollte.«

3) **Innerlichkeit.** Was soziale Felder von sozialen Systemen unterscheidet, ist ihr Grad an Innerlichkeit. Soziale Systeme sind soziale Felder, die von außen (aus der Perspektive eines externen Beobachters, also aus der Perspektive der dritten Person) gesehen werden. In dem Moment, in dem wir die Grenze zwischen ihnen überschreiten und das Innere eines sozialen Systems betreten – in dem Moment also, in dem wir anfangen, seine Innerlichkeit zu erkunden, indem wir die Kamera herumdrehen (und von der Perspektive der dritten Person in die der ersten Person umschwenken), wechseln wir die Perspektive vom sozialen System zum *sozialen Feld*.

Um uns tiefer auf soziale Felder einzulassen, müssen wir lernen, mit unserem blinden Fleck umzugehen.

4) **Blinder Fleck.** Der Wechsel von der Perspektive des sozialen Systems zur Perspektive des sozialen Feldes bedeutet, dass wir uns unseres blinden Flecks bewusst werden müssen. Der blinde Fleck der gegenwärtigen Sozialwissenschaften und der Theorie sozialer Systeme betrifft die Quellen, aus denen soziale Systeme entstehen. Soziale Systeme und Strukturen werden von Individuen in einem spezifischen Kontext verkörpert und realisiert, der dadurch bestimmt ist, wie sich die Akteure einer Situation zuwenden oder auf sie einlassen. Diese Bewegung, wie die Akteure sich einer Situation zuwenden, ist durch die innere Quelle, aus der ihr Handeln und ihre Aufmerksamkeit entspringen, bestimmt (Ebene 3, Abb. 15.1).

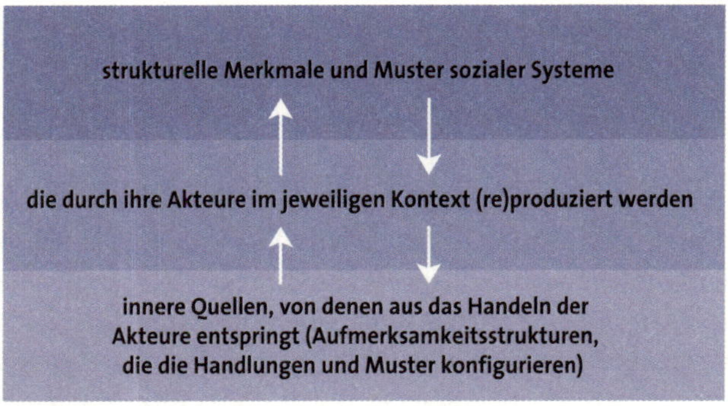

Abb. 15.1: Drei Ebenen der Generierung sozialer Realität

Den Mitgliedern des Ärztenetzwerks war nicht deutlich, dass das gleiche System verschieden ausgeführt werden und auch zu verschiedenen Ergebnissen führen kann, abhängig davon, von welchem Aufmerksamkeitsort aus Handlung entsteht. Ob das Gesundheitssystem als eine mechanische Reparaturwerkstatt für kaputte Teile geplant und umgesetzt wurde oder ob der Fokus auf dem einzelnen Menschen und persönlichen Beziehungen lag, war in viel stärkerem Grad von der Entscheidung der Akteure abhängig, als ihnen bewusst gewesen war.

5) **Quelle.** Es gibt vier Quellen und Strukturen der Aufmerksamkeit; sie bringen vier verschiedene Qualitäten sozialer Felder hervor. Abhängig vom Quellort der Aufmerksamkeit und Wahrnehmung, von dem aus ich handle, bringe ich unterschiedliche soziale Dynamiken und Interaktionsmuster in die Welt: »*Ich wende meine Aufmerksamkeit [auf diese Weise] zu – deshalb entsteht es [auf jene Weise].*«

   Die Lage der einzelnen Quellen in Bezug auf die organisationale Grenze des Handelnden unterscheidet sich wie folgt (vier Feldstrukturen der Aufmerksamkeit; vgl. den Abschnitt »Das Umschmelzen und Umstülpen der Struktur unserer Aufmerksamkeit« in der Einleitung):
   - *Ich-in-mir:* Handeln aus dem *Zentrum*, das innerhalb der Grenze der eigenen Organisation liegt (Feld 1: gewohnheitsmäßig)
   - *Ich-in-es (Ich-in-Ding):* Handeln von der *Peripherie* aus – an der Grenze der eigenen Organisation (Feld 2: Subjekt-Objekt)
   - *Ich-in-dir:* Handeln von *jenseits* der Grenze der eigenen Organisation aus (Feld 3: relational).
   - *Ich-in-Gegenwärtigung:* Handeln vom entstehenden Umfeld des Ganzen her – *jenseits* der offenen Grenzen der eigenen Organisation (Feld 4: generativ).

Jede soziale Handlung und jede soziale Struktur entsteht aus einer dieser vier Feldstrukturen der Aufmerksamkeit (die sich die Akteure normalerweise nicht bewusst machen). Obwohl die meisten Akteure und Systeme nur aus den ersten zwei Feldstrukturen heraus handeln, gibt es Beispiele für Prozesse und Handlungen, die alle vier Quellen der sozialen Wirklichkeitsentstehung einbeziehen. Jeder menschliche Akteur und jedes soziale System besitzt *mehrere* Quellen und Aufmerksamkeitsstrukturen (bzw. Bewusstseinsstrukturen), aus denen heraus sie handeln können (Abb. 15.2).

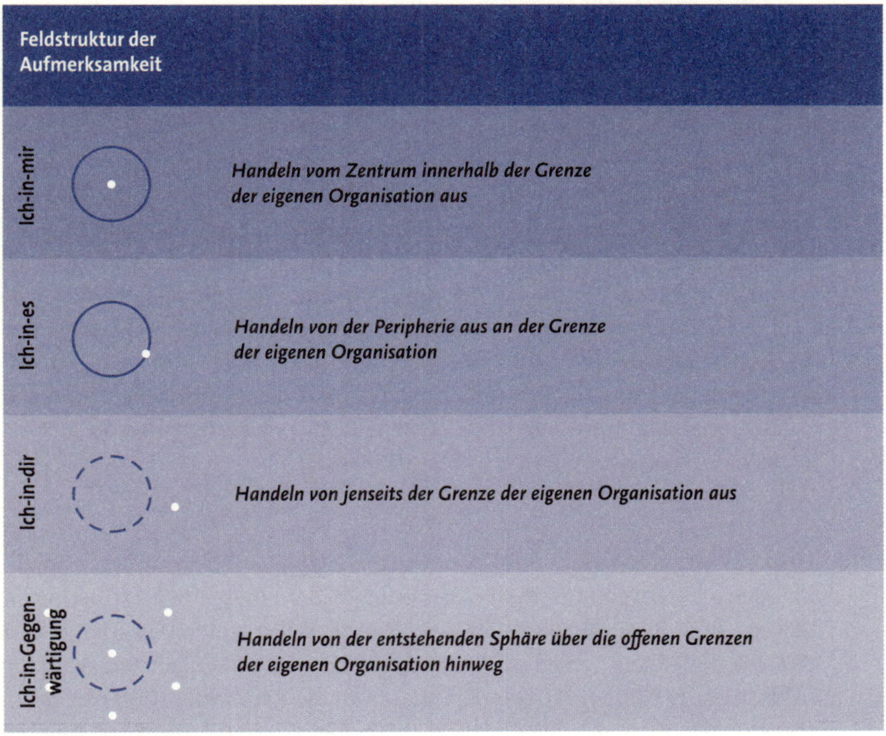

Abb. 15.2: Vier Feldstrukturen der Aufmerksamkeit

6) **Die Sicht der ersten Person.** Wenn sich die Quellen des lebendigen sozialen Feldes verändern und sich die tieferen Ebenen und Strömungen allmählich erschließen, verändert sich auch die Erfahrung der ersten Person oder die persönliche Erfahrung der Akteure innerhalb des Feldes. Diese Veränderungen transformieren die Erfahrung der sozialen Zeit, des sozialen Raumes, des Selbst, der Intersubjektivität und des Ortes des Haltens (der Erde). Meine Erfahrung während der Demonstration in Brokdorf (vgl. Kapitel 5) bietet dafür ein Beispiel:

I) Ich erlebte den sozialen Raum als dynamische Interaktion zwischen *uns* (den Protestierenden), *ihnen* (den Polizisten) und dem *Es* oder *Ding* (der Baustelle).
II) Ich erlebte die soziale Zeit am Anfang als gewohnte, chronologische Zeit; dann aber verlangsamte sie sich, ich erlebte einen Stillstand der Zeit für einen kairosartigen Augenblick (gr.: *kairós* = günstiger Zeitpunkt, entscheidender Augenblick), als die Polizeieinheit angriff und die Menge in einen Zustand der Stille überging. Das Erlebnis veränderte die Wahrnehmung meiner selbst, dessen, wer ich bin.
III) Meine Erfahrung von Intersubjektivität begann, als ich mich dem Verhalten der Gruppe zunächst einmal anpasste (zur Baustelle marschieren), später bewegte es sich zu einer chaosgetriebenen Konfrontation, dann zu einer Verbundenheit im gemeinsamen Gehen und schließlich zu einem Moment gemeinsamer Gegenwärtigkeit und Stille.
IV) Meine Eigenwahrnehmung begann auf einer eher habituell-rationalen Ebene und wurde dann relational und authentisch, als die Ereignisse des Tages ihren Lauf nahmen. Als ich an diesem Abend zurückkam, war ich nicht mehr die gleiche Person (was bedeutet, dass an irgendeiner Stelle ein Loslassen und Kommenlassen meines gewordenen und werdenden Selbst geschehen sein musste).
V) Und dann gab es die Körperlichkeit der Erde, den physischen Grund, der uns trägt und unsere tieferen existenziellen Erfahrungen bestimmt und sich doch oft unserer Aufmerksamkeit entzieht.

7) **Umkehrung der Erfahrung.** Wenn sich ein *soziales Feld* verändert und allmählich die tieferen Ebenen und Strömungen der Emergenz mit einschließt, bewegt sich die Erfahrung von Zeit, Raum, Selbst, Intersubjektivität und der Körperlichkeit unseres Planeten durch einen Umkehrungsvorgang (Abb. 15.3). In diesem Prozess verändert sich die Raumerfahrung von eindimensionalen mentalen Bildern (Feld 1) zu einer zweidimensionalen äußeren Verbundenheit zwischen Beobachter und Beobachtetem (Feld 2), dann zu einem dreidimensionalen sozialen Raum, in dem der Beobachter sich im Feld des Beobachteten bewegt (Feld 3), und schließlich hin zu einem vierdimensionalen lebendigen Zeitraum, in dem sich die Wahrnehmung panoramisch erweitert. Es ist so, als fände die Wahrnehmung aus einer Lichtung heraus oder von einer umgebenden Sphäre her statt, wie in Kapitel 11 beschrieben, als mich meine Suche nach der Quelle eines Flusses zu einem Ort inmitten zahlloser Wasserfälle führte, die von den Gletscherspitzen der mich umgebenden Berge herabströmten (Feld 4).

Die zweite Dimension dieses Umkehrungsvorgangs manifestiert sich als Veränderung der Erfahrung von *Zeit:* In Feld 1 rinnt die Zeit in Abgetrenntheit von oder Unverbundenheit mit unserer eigenen Erfahrung dahin. In Feld 2 wird Zeit chronologisch, strukturiert und eine äußere Sequenz von Ereignissen. In Feld 3 verlangsamt sie sich, beginnt sich zu dehnen, was die innere Erfahrung von Zeit intensiviert. In Feld 4 öffnet sich ein Raum der Stille, so als hielte das Universum für einen Moment den Atem an, in dem die Anwesenheit eines größeren Gesamtzusammenhangs fühlbar wird, in dem etwas, das im Begriff zu entstehen ist, in die Welt kommen will.

Die dritte Dimension des erfahrungsbezogenen Umschwungs bezieht sich darauf, dass sich auch die Ich- oder Selbsterfahrung von einem gewohnheitsmäßigen (Feld 1) zu einem rationalen Selbst, das im Kopf verankert ist und vom Kopf her handelt (Feld 2), verändert. Dieses rationale Selbst verändert sich in Feld 3 zu einem relationalen Selbst, das aus dem Herzen handelt (Feld 3), und dann in Feld 4 zu einem authentischen Selbst, das von unserer höchsten Zukunftsmöglichkeit her wahrnimmt und handelt und durch die offenen Grenzen des individuellen ebenso wie des kollektiven menschlichen Körperfeldes entsteht (Feld 4).

Die vierte Dimension des sozialen Feldes betrifft die Erfahrung der *Intersubjektivität:* In Feld 1 ist die Erfahrung der Intersubjektivität dadurch charakterisiert, dass die Akteure sich dem vorgegebenen Regelwerk und Bezugsrahmen anpassen (Feld 1: *konform gehen*). In Feld 2 ist die Interaktion durch wirkliche Belange und den Austausch unterschiedlicher Ansichten geprägt (Feld 2: *konfrontieren*). In Feld 3 beginnen die Akteure, sich *miteinander zu verbinden* und Empathie und Verständnis füreinander zu entwickeln. Bedingung hierfür ist die Fähigkeit zur Reflexion. Die Akteure fangen an, sich als Teil eines größeren Ganzen zu sehen (Feld 3: *reflektieren*). In Feld 4 treten die Akteure in einen Raum der Stille, in dem sich bestehende Grenzen auflösen und ein neuer Möglichkeitsraum entsteht (Feld 4: *kollektive Kreativität;* Abb. 15.3).

Und schließlich erleben wir auf diesem Weg eine Verwandlung der Art und Weise, wie wir die Körperlichkeit der Erde erfahren. Dies wahrzunehmen ist zunächst schwierig. In Feld 1 fühlt sich die Erde zunächst an wie ein abwesender, toter Körper, über den man läuft (Feld 1). In Feld 2 erweitert sich diese Wahrnehmung. Der Körper Erde ist nun eine Ressource, die uns in der einen oder anderen Weise nützlich ist, und der Ort, an dem wir interagieren (Feld 2). Feld 3 vertieft die Erfahrung des Körpers der Erde noch weiter. Der Körper der Erde ist nun ein lebendiges System, das sich mit uns und unseren Netzen der sozialen und ökologischen Interaktionen auf vielerlei Weise verbindet (Feld 3). In Feld 4 schließlich wird der Leib der Erde ein Ort, an dem wir die Anwesenheit einer höheren Sinnhaftigkeit sinnlich erleben können. Die Erde als globale Präsenz wird zu etwas Heiligem und ist doch gleichzeitig absolut einzigartig für den speziellen Spiritus loci (Geist des Ortes), an dem sich das soziale Feld auf tiefere Weise entfaltet (Feld 4). Wenn ich an die Konfrontation in Brokdorf denke, erinnere ich mich an die Kraft des Ortes und die Gegenwärtigkeit des Universums, das uns damals gehalten hat. Jede dieser subtilen Veränderungen in der Textur von Erfahrung lässt sich als schöpferische Inversion (*Umstülpung*) zusammenfassen. Das Raumgefühl kehrt sich um: Der Punkt verwandelt sich in ein Feld bzw. in einen sphärischen Umkreis. Das Zeitgefühl bewegt sich von einem äußeren Nacheinander zu einer kairosartigen Gleichzeitigkeit. Die Erfahrung des Selbst transformiert sich von einem abgeschlossenen, habituellen Ego zu einem weit geöffneten authentischen Selbst. Die Erfahrung des Zwischenmenschlichen verwandelt sich von Konformität mit alten Mustern zu gemeinsamer Gegenwärtigkeit und Stille. Und schließlich verändert sich unsere Erfahrung des Körpers der Erde: Sie wandelt sich von einem abwesenden, toten Korpus zu einem lebendigen, sakralen Ort, der uns einlädt, uns unserer eigenen Bestimmung gewärtig und bewusst zu werden (Abb. 15.3).

Diese Inversion von Raum, Zeit, Selbst usw. ist vielen Spitzensportlern sehr vertraut. Bill Russell beispielsweise, der legendäre US-amerikanische Basketballspieler (11 NBA-Meistertitel mit den Boston Celtics), beschreibt diese speziellen Momente folgendermaßen (Russell 1979, p. 155 ff.; Übers. d. Autors):

> »Hin und wieder entwickelte ein Spiel der Celtics eine solche Intensität, dass es mehr wurde als ein körperliches oder sogar mentales Spiel und etwas Magisches bekam. Dieses Gefühl ist schwer zu beschreiben, und als aktiver Spieler habe ich gewiss nie darüber gesprochen.
>
> Wenn das geschah, konnte ich fühlen, dass mein Spiel eine höhere Ebene erreichte. Das kam selten vor und währte so zwischen 5 Minuten bis zu einer ganzen Viertelstunde oder länger … Es umgab nicht nur mich und die anderen Celtics-Spieler, sondern auch die Spieler der anderen Mannschaft und sogar die Schiedsrichter.
>
> Auf dieser speziellen Ebene geschahen allen möglichen seltsamen Dinge: Das Spiel steckte mitten in der heißesten Wettkampfphase und doch fühlte ich irgendwie keine Konkurrenz, was an sich schon ein Wunder ist … Das Spiel hatte so viel Tempo, dass jede Täuschung, jeder Richtungswechsel und jeder Pass überraschend kamen und dennoch konnte mich nichts überraschen.
>
> Es war fast so, als spielten wir in Zeitlupe. Während dieser magischen Momente konnte ich fast spüren, wie sich das Spiel und der nächste Wurf entwickeln würden … Diese Eingebungen erwiesen sich durchweg als richtig, und dabei hatte ich immer das Gefühl, dass ich nicht nur die Celtics in- und auswendig kenne, sondern auch die Spieler der Gegenseite, und dass sie mich alle genauso gut kennen.
>
> Es gab viele Situationen in meiner Karriere, in denen ich gerührt oder glücklich war, aber dies waren die Momente, in denen mir Schauer über den Rücken liefen.«

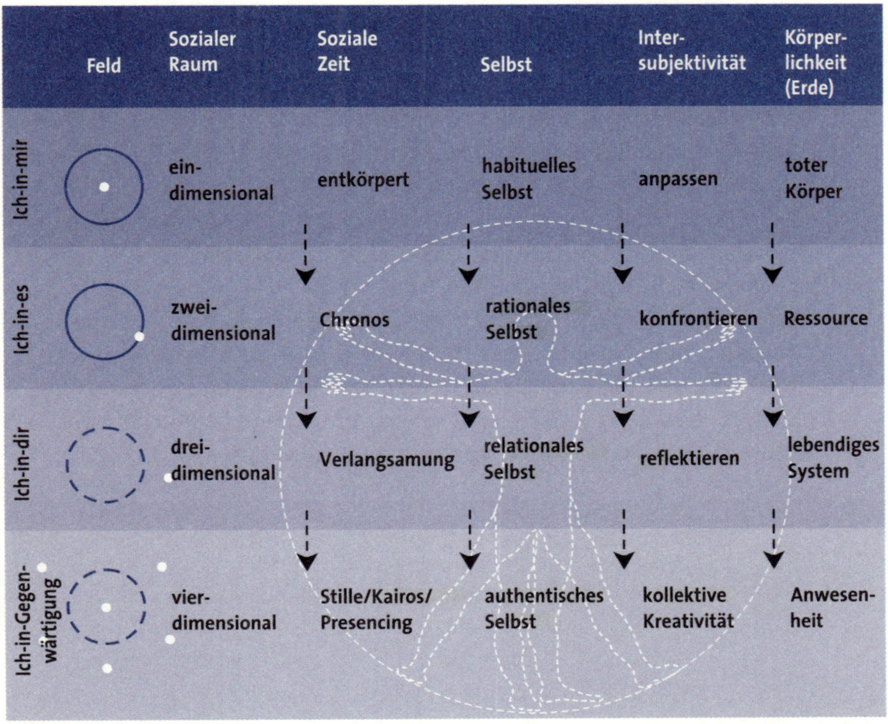

Abb. 15.3: Umstülpung von Raum, Zeit, Selbst, kollektiver Emergenz und Körperlichkeit (Erde)

8) **Matrix der sozialen Evolution.** Die vier Felder des Hervorbringens sozialer Realität entfalten sich über die Mikro-, Meso-, Makro- und Mundoebenen der sozialen Wirklichkeitsentstehung (Abb. 15.4). Diese vier Ebenen entsprechen vier grundlegenden Handlungen, durch die Menschen gemeinsam das soziale Feld hervorbringen: Zuwenden der Aufmerksamkeit, Kommunizieren, Organisieren und Koordinieren. Durch diese vier Aktivitäten bringen wir die Welt hervor.

   Die Veränderung der Quelle, von der aus wir handeln, führt zur:
   - *Mikroebene der Aufmerksamkeitszuwendung:* Ein Wechsel vom Runterladen (das Projizieren von Mustern der Vergangenheit) zum Sehen (die Wahrnehmung bemerkt widersprüchliche oder neue Daten), zum Hinspüren (die Wahrnehmung beginnt vom Feld her stattzufinden) und zum Presencing (die Wahrnehmung beginnt vom schöpferischen Quellpunkt aus stattzufinden)
   - *Mesoebene der Kommunikation:* Ein Wechsel vom Runterladen (dem höflichen Austausch von Kommunikationsphrasen) zur Debatte (dem »Tacheles-Reden« oder Austauschen divergierender Ansichten), hin zum Dialog

(sich selbst vom Ganzen her sehen) und zum Presencing (kollektive Gegenwärtigung und Flow)

- *Makroebene des Organisierens:* Zentralisierte Organisationsstrukturen (maschinelle Bürokratie) werden zu dezentralisierten (Abteilungen), zu sich entwickelnden Beziehungsnetzwerken (relational) und schließlich zu den flüssigen und flexiblen Organisationsstrukturen der Innovationsökologien, in denen Akteure des Gesamtsystems (des »Ökosystems«) zusammenkommen, um gemeinsam Bedürfnisse und Gelegenheiten in Echtzeit zu erspüren und realisieren
- *Mundoebene der Governance:* Ein Wechsel von Hierarchie (Kontrolle) zu Märkten (Wettbewerb), zum Verhandeln (Stakeholderdialoge) und zu bewusstseinsbasiertem kollektivem Handeln (ABC, »Awareness-Based Collective action«) – d. h., zu Formen, durch die das System sich selbst spüren, sehen und entsprechend anpassen kann

Feldstruktur der Aufmerksamkeit	Mikro: denkendes Handeln	Meso: kommunikatives Handeln	Makro: organisationales Handeln	Mundo: globales Handeln
Ich-in-mir	Downloading/ Runterladen	Downloading	zentralisiert	Hierarchie
Ich-in-es	Seeing/ Hinsehen	Debatte	dezentralisiert	Markt
Ich-in-dir	Sensing/ Hinspüren	Dialog	vernetzt	Dialog
Ich-in-Gegenwärtigung	Presencing	Presencing	Ökosystem der Innovation	gemeinsame Gegenwärtigung

Abb. 15.4: Matrix der sozialen Evolution
(für eine ausführlichere Darstellung siehe Tabelle V.1 im Vorwort zur Neuauflage)

Abhängig vom Quellort der Aufmerksamkeit, aus dem heraus wir handeln, bewirken und fördern wir unterschiedliche soziale Muster und Dynamiken. *Ich wende meine Aufmerksamkeit* [auf diese Weise] *zu – deshalb entsteht es* [auf jene Weise]. Ein Beispiel ist der Kommunikationsprozess.

Die Teilnehmenden des Arzt-Patienten-Dialogforums begannen mit einem höflichen Gespräch (Feld 1: Runterladen) und bewegten sich dann in ein mehr konfrontatives Argumentieren von Perspektiven und Interessen (Feld 2: Debatte). Nachdem sie erkannt hatten, dass *sie* das System sind, begann eine dritte Gesprächsqualität (Feld 3: Dialog), die ermöglichte, dass sie durch Fragen ihre wechselseitigen Standpunkte und Erfahrungen erkundeten und reflektierten, warum sie gemeinsam ein System hervorgebracht hatten, das niemand wollte. Kurz darauf rief eine von Herzen kommende Frage spontan einen Moment der Gegenwärtigkeit und Stille hervor: Feld 4 – die Öffnung zu einer tieferen Form der Selbstwahrnehmung.

So wie Eis zu Wasser wird und Wasser zu Dampf, jeweils in Abhängigkeit von der Temperatur der Umgebung (des Gefäßes), wechselten die Akteure des Ärztenetzwerks von gewohnheitsmäßigen zu divergierenden und emergenten Kommunikationsmustern und gerieten schließlich in einen Moment der kollektiven Gegenwärtigung.

Warum ist die Matrix der sozialen Evolution wichtig? Warum ist es wichtig, unseren blinden Fleck wahrzunehmen, die tieferen Quellen, aus denen heraus wir handeln? Weil wir in einer Welt der disruptiven Krisen und des Absencing leben.

9) **Disruption.** Je disruptiver der systemische Kontext ist, desto wichtiger wird die Fähigkeit, die tieferen Ebenen des sozialen Feldes zu erschließen, durch
   - Innehalten und Öffnen (Öffnen des Denkens),
   - Umlenken und Eintauchen (Öffnen des Fühlens),
   - Loslassen und Kommenlassen (Öffnen des Willens).

Abb. 15.5 veranschaulicht, dass eine Bewegung von Feld 1 zu Feld 2 eines *Sich-Öffnens* zu den Daten der äußeren Welt bedarf und eines *Innehaltens* in Bezug auf tief verwurzelte, gewohnheitsmäßige (und oft dysfunktionale) Handlungs- und Denkmuster (Öffnen des Denkens).

Die Bewegung von Feld 2 zu Feld 3 geschieht durch ein *Eintauchen* in relevante Kontexte und durch ein *Umlenken* der eigenen Aufmerksamkeit, damit Wahrnehmung beginnt, »vom Feld her« stattzufinden (Öffnen des Fühlens).

Die Bewegung von Feld 3 zu Feld 4 bedarf eines *Loslassens* alter Identitäten und Intentionen und eines *Kommenlassens* neuer Identitäten und Intentionen, die direkter mit den tiefsten Quellen individueller und kollektiver Handlung und Energie verbunden sind (Öffnen des Willens).

Feldstruktur der Aufmerksamkeit	Mikro: denkendes Handeln	Meso: kommunikatives Handeln	Makro: organisationales Handeln	Mundo: globales Handeln
Ich-in-mir	Downloading/ Runterladen	Downloading	zentralisiert	Hierarchie
		Öffnung und Innehalten		
Ich-in-es	Seeing/ Hinsehen	Debatte	dezentralisiert	Markt
		Eintauchen und Umlenken		
Ich-in-dir	Sensing/ Hinspüren	Dialog	vernetzt	Dialog
		Loslassen und Kommenlassen		
Ich-in-Gegen-wärtigung	Presencing	Presencing	Ökosystem der Innovation	gemeinsame Gegen-wärtigung

Abb. 15.5: Die Umschlagpunkte zwischen den Feldern sind auf allen Ebenen identisch

10) **Absencing.** Je größer die Diskrepanz ist zwischen einer äußeren systemischen Komplexität und der inneren Fähigkeit, die tieferen Strömungen des Werdens, der Emergenz, zu erschließen, desto wahrscheinlicher wird sich ein System auf dem Holzweg befinden und auf den zerstörerischen Raum der Antiemergenz treffen. Warren Tignor hat diese Antipraktiken als Erblinden, Entfühlen und Abwesendwerden (*absencing*) beschrieben.[79] Der normale Raum der sozialen Emergenz gründet sich auf einen Zyklus des *Presencing:* auf die Aktivierung der Praktiken des Hinsehens, Hinspürens, Verdichtens, des Erprobens und des In-die-Welt-Bringens. Im Gegensatz dazu gründet sich der soziale Raum der Antiemergenz auf den Zyklus des Abwesendwerdens oder des *Absencing,* das heißt, einen Zyklus des Nichtsehens, Entfühlens, Abwesendwerdens, des Illusionierens, des vorzeitigen Abbrechens und des Zerstörens (Abb. 16.1):

79 Den Begriff »absencing« habe ich von Warren W. Tignor (2005) übernommen, der vorschlägt, dass der Zyklus des *Absencing* eine Inversion des U-Prozesses ist.

- Der soziale Raum der Emergenz und der soziale Raum der Antiemergenz entwickeln sich in einer dialektischen Beziehung. Im Zyklus des Absencing steht das *Nichtsehen* am Anfang. Wir erblinden immer mehr, sind unfähig, irgendetwas Neues zu entdecken. Wir sind gefangen in unserer Ideologie. Wir isolieren uns von den Aspekten der Realität, die nicht in unsere Ideologie passen. (Man denke an die Behauptungen der Bush-Regierung zur Existenz von Massenvernichtungswaffen im Irak.)
- *Entfühlen* bedeutet, dass unsere Sinne uns nicht erlauben, ein neues Feld zu betreten, beispielsweise die Wirklichkeit aus der Perspektive eines anderen zu sehen. Wir sind in den Grenzen unseres gegenwärtigen individuellen und kollektiven Körpers gefangen. Unsere Fähigkeit, uns mit anderen zu identifizieren und in entstehende Felder zu begeben, ist verschlossen, und wir sind von den sozialen Feldern, die sich um uns herum entwickeln, abgetrennt. (Man denke an die Dämonisierung des »Feindes« in Terrorcamps oder Kriegspropaganda, die die Vernichtung »minderwertiger Menschen« gutheißt.)
- *Abwesendwerden* oder *Absencing* bedeutet, dass wir die Fähigkeit, uns mit der entstehenden Zukunft in Beziehung zu setzen, verschließen. Wir sind ganz in unser gegenwärtiges Selbst und unseren gegenwärtigen Willen eingemauert. Wir sind unfähig, über die Grenzen des Gewordenen hinauszuwachsen und zu unserem werdenden oder authentischen Ich eine echte, erneuernde Beziehung aufzubauen; die gemeinsame Entwicklung und die Verbindung zur Quelle der Stille und dem tieferen kollektiven sozialen Feld ist abgerissen. (Man denke daran, wie Hitler-Deutschland in den Raum der Antiemergenz hineingezogen wurde und in einer Mischung aus Hybris und atavistischer Selbsttäuschung massenhaft Leben vernichtete – siehe den rechten Bildteil von Abb. 16.1).
- *Illusionieren, Abbrechen* und *Zerstören* bedeuten, dass die Fähigkeit, sich eine entstehende Zukunftsmöglichkeit zu vergegenwärtigen, diese zu verdichten, zu erproben und in die Welt zu bringen, in ihr Gegenteil verkehrt wird. Das Resultat ist, dass wir in einer einzigen Intention, Weltsicht oder Wahrheit stecken bleiben – wir werden Fanatiker und lehnen alles ab, was nicht in unsere Ideologie hineinpasst.

Zusammengefasst heißt das: Der pathologische Zyklus des Absencing beschreibt einen Kreis der Zerstörung, der auf der Abtrennung des sozialen Systems von seinem umgebenden sozialen Feld und seinen Quellen der Emergenz beruht. Aus diesem Zyklus resultieren Zerstörung und Gewalt, wovon wir heute in den meisten Gesellschaften genügend Anschauungsmaterial haben.

11) **Fundamentalismus.** Der soziale Raum des Absencing manifestiert sich als festgefahrene Reaktion, als Fundamentalismus. Die Kluft zwischen der Komplexität, mit der ein System konfrontiert wird, und der Fähigkeit, sich mit tieferen Quellen und Strömungen der Emergenz in Beziehung zu setzen, kann unmittelbar in Erstarrung resultieren. Fundamentalismus zeichnet sich dadurch aus, dass er vom Schattenraum der Antiemergenz her handelt. Drei Hauptformen des Fundamentalismus lassen sich heute identifizieren: religiöser, wirtschaftlicher und politischer Fundamentalismus (Tabelle 15.1).

Der Fundamentalismus unseres gegenwärtigen Zeitalters ist durch vier Hauptmerkmale charakterisiert:

- *Nichtsehen:* Strenge Befolgung bestimmter ideologischer Glaubenssätze, d. h. nur *eine* Sprache und *eine* Wahrheit kennen und für legitim erachten
- *Entfühlen:* Intoleranz und ein Mangel an Empathie für andere Ansichten, d. h. ganz einem einzigen kollektiven Körper verhaftet sein (»Wir gegen sie«)
- *Abwesendwerden:* Eine Weltsicht, bei der die Ursache von Problemen im Außen und nicht im Innen liegt; Verlust der Verbindung zum höheren, »authentischen« Selbst, ganz dem gewordenen, sich nicht entwickelnden Selbst verhaftet sein
- *Zerstören:* Gewalt gegen das Fremde, das andere, d. h. nur *einem* Willen verhaftet sein (Fanatismus, Gewalt)

	Religiöser Fundamentalismus	**Politischer Fundamentalismus**	**Ökonomischer Fundamentalismus**
Erblinden: *in einer Wahrheit (und einer Sprache) gefangen sein*	Ein höchster, allmächtiger, allgegenwärtiger Gott	Ein höchster, allmächtiger, allgegenwärtiger historischer Akteur (der Staat, die Weltgeschichte)	Ein höchster, allmächtiger, allgegenwärtiger Mechanismus (die unsichtbare Hand des Marktes)
Entfühlen: *in einem Wir gefangen sein* → *Mangel an Empathie für den anderen*	Syndrom des auserwählten Volkes → Ungläubige werden getötet (Kreuzzüge/Heiliger Krieg)	Syndrom des auserwählten revolutionären Subjekts → Die, die sich dem objektiven Gesetz der Geschichte widersetzen, werden ausgelöscht	Syndrom der Bevorteilung der Oberschichten der globalen ökonomischen Pyramide → An der Basis der ökonomischen Pyramide wird gehungert
Absencing: *in einem Selbst (Ego) gefangen sein*	Homo praemodernicus	Homo sovieticus	Homo oeconomicus
Zerstörung und Gewalt: *in einem Willen gefangen sein (Fanatismus)*	Direkte Gewalt: Terrorismus Kulturelle Gewalt: Ideologien, die den Einsatz von Gewalt legitimieren	Direkte und strukturelle Gewalt: Diskriminierung und Vernichtung von Minderheiten	Strukturelle Gewalt: Menschen leben im Elend und sterben

Tab. 15.1: Drei Typen des Fundamentalismus und ihre Hauptmerkmale

Was wissen wir in Anbetracht der rasanten Zunahme – oder des »Überangebots« – des Absencing darüber, welche Voraussetzungen erfüllt sein müssen, um ein soziales Feld vom Downloading oder Absencing hin zur Aktivierung des schöpferischen sozialen Feldes, zum Presencing, zu transformieren?

12) **Spiegeln.** Um die tieferen Ebenen eines sozialen Feldes zu aktivieren, brauchen wir einen Mechanismus, der dazu beiträgt, *den Strahl der Aufmerksamkeit zurück auf das beobachtende Selbst zu lenken.* Wenn das auf der Ebene des Individuums (Mikro) geschieht, sprechen wir von Achtsamkeit, der Fähigkeit, die Aufmerksamkeit der eigenen Aufmerksamkeit zuzuwenden. Wenn das in einer Gruppe geschieht, bezeichnen wir es als Dialog, als Fähigkeit eines Systems, sich selbst zu sehen (nicht als Austausch zwischen Personen). Was im heutigen Kapitalismus fehlt, ist ein Set befähigender oder spiegelnder Infrastrukturen, die Systemen helfen könnten, sich selbst vom Ganzen her zu sehen und zu spüren.

13) **Orte des Haltens.** Auf den Ebenen des Individuums und der Gruppe besteht jeweils eine ähnliche Kluft. Anfang 2015 fragten wir Zehntausende Teilnehmende des globalen U.Lab-Prototyps (eines vom MIT geförderten offenen Massen-Online-Kurses [Massive Open Online Course, MOOC]), was erforderlich wäre, um ihren Traum, ihre »höchste Zukunftsmöglichkeit« zu verwirklichen. Die frappierende Antwort der überwältigenden Mehrheit lautete schlicht und einfach: »*Mut!*« Dann fragten wir, was für eine Art von Unterstützung von anderen notwendig wäre, damit es geschehen und funktionieren könnte. Wieder waren die Antworten sehr eindeutig: Liebe, Zuhören und Vertrauen! Diese Antworten einer multikulturellen Gemeinschaft von Veränderungsakteuren haben große Ähnlichkeit mit den Antworten, die wir auch von anderer Seite hören. Zu tief greifenden Veränderungen in kleinen Gruppen kommt es häufig, wenn der Mut zum Risiko durch einen haltenden Ort des tiefen Zuhörens und der bedingungslosen Liebe getragen wird.

Wie können wir die Kraft der Achtsamkeit nutzen, um nicht nur die Kultivierung des Individuums, sondern auch die Transformation der Gemeinschaft – das heißt, die evolutionäre Veränderung sozialer Felder – voranzubringen?

14) **Acht Akupunkturpunkte.** Zentral für die Transformation des derzeitigen sozialen Feldes von Egosystem zu Ökosystem ist die Transformation der Ökonomie – und des ökonomischen Denkens. Ein Umdenken der Schlüsselkategorien des ökonomischen Denkens von Egosystem- zu Ökosystem-

Bewusstsein umfasst die folgenden acht Akupunkturpunkte, die ich mit meiner Co-Autorin Katrin Käufer in unserem Buch *Leading from the Emerging Future* (2013; dt.: *Von der Zukunft her führen* 2017) beschrieben habe:
- *Natur:* vom Gut oder Rohstoff zum Ökosystem
- *Arbeit:* von Jobs zu kreativem Unternehmertum
- *Kapital:* von extrahierend zu intentional
- *Technik:* von systemzentriert zu menschen- und ökozentriert
- *Führung:* vom individuellen Heldentum zum gemeinsamen Hinspüren und Gestalten
- *Konsum:* vom Konsumieren zum bewussten, kooperativen Teilen
- *Koordination:* von Hierarchie und Wettbewerb zu co-kreativen Feldern
- *Eigentum:* vom staatlichen und privaten Besitz zu gemeinwohlfördernden Eigentumsrechten

Um diese Veränderungen der Ökonomie zu fördern, bedarf es einer ganzen Reihe institutioneller Innovationen. Diese müssen durch Innovationen bei lernenden Infrastrukturen, wie kollektive Kultivierungspraktiken, ergänzt werden.

15) **Kollektive Kultivierungspraktiken.** Für eine Aktivierung der tieferen Ebenen schöpferischer Felder bedarf es nicht nur institutioneller Innovationen in Bezug auf die acht Akupunkturpunkte, sondern auch neuer lernender Infrastrukturen, die heute teilweise auf der Mikro- und Mesoebene (Individuen und Teams) bestehen, aber auf der Makro- und Mundoebene (Organisationen und Systeme) größtenteils fehlen. Herauszufinden, wie diese neuen lernenden Infrastrukturen gemeinsam gestaltet werden können, gehört zu den interessantesten Herausforderungen unserer Zeit. Am MITx-U.Lab und am Presencing Institute haben wir mehrere Bausteine für derartige kollektive Kultivierungspraktiken entwickelt und ausprobiert, die wir ausführlicher in Kapitel 21 besprechen werden.

Zusammenfassend lässt sich die evolutionäre Dynamik sozialer Felder folgendermaßen beschreiben:

16) **Umkehrung der Beziehung zwischen Teil und Ganzem.** Das Öffnen der tieferen Quellen der Emergenz kehrt die Beziehung zwischen Individuum und Gemeinschaft um. Während sich die Struktur der Aufmerksamkeit vertieft, verändert sich auch die Beziehung zwischen dem Teil und dem Ganzen, zwischen Individuen und sozialem System.

Abb. 15.6 stellt die Umkehrung von Gemeinschaft und Selbst dar. Sie erfolgt von einem begrenzten Ort aus, an dem sich das Selbst im Zentrum seiner eigenen Organisation befindet und in einer Realität, durch die es im gegenwärtigen Identitätszustand »eingeschlossen« bleibt (Abb. 15.6; linker Bildteil). Die Umkehrung führt zu einer anderen Konfiguration, bei der das Selbst nicht länger im Zentrum seiner eigenen Organisation gefangen ist, sondern mit offenen Grenzen von einer umgebenden Sphäre her operiert, in die es eingebettet ist (Abb. 15.6; rechter Bildteil), und die umgebende Sphäre wird zum schöpferischen Gefäß, durch das eine neue kollektive Realität entstehen kann. In diesem Umkehrungs- oder Transsubstantiierungsvorgang wird der alte kollektive Körper durch eine neue relationale Struktur transformiert, in der das Individuum aktiv an einem Ort des gemeinsamen Haltens beteiligt ist, wodurch ein neues Feld der lebendigen zwischenmenschlichen Beziehungen in die Welt kommen kann.

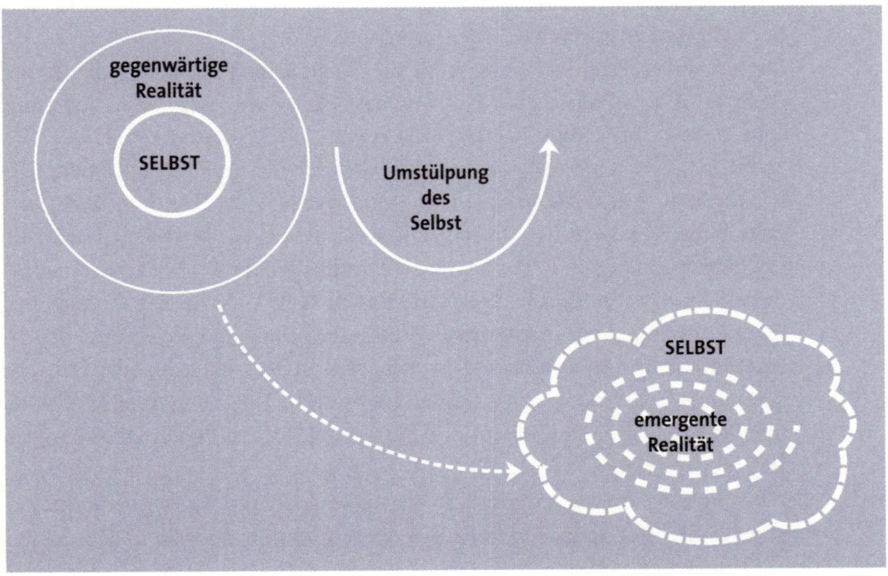

Abb. 15.6: Umstülpung des Selbst

Diese Veränderung des sozialen Feldes in der Dimension des Ganzen ist keine abstrakte Strategie. Sie bewirkt die Emergenz einer neuen, lebendigen Beziehung zwischen *Individuum* und dem *Ganzen*. Diese Beziehung ermöglicht dem Einzelnen, sich für das Wohl des Ganzen zu öffnen und sich durch den Spiegel dieses sozialen Feldes zu sehen, während gleichzeitig das entstehende Ganze nur in dem Ausmaß in die Welt kommt, wie es durch individuelle Initiativen und kollektiven Handlungen, die aus dem sozialen Feld entstehen, *gegenwärtig wird.*

17) **Umkehrung der Beziehung zwischen Wissen und Wissendem.** Das Öffnen der tieferen Quellen und Felder der Emergenz verändert die Beziehung zwischen Wissenden und Wissen. Das gleiche Geschehen der schöpferischen Umkehrung trifft auch auf die Beziehung zwischen Wissenden und dem, was gewusst wird, zu. So entstehen und entwickeln sich drei Formen des Wissens: explizites, implizit verkörpertes und selbsttranszendierendes Wissen (Scharmer 2001, S. 137–150; Abb. 4.5). Diese Wissenstypen konstituieren drei unterschiedliche epistemologische Standpunkte, d. h. drei Modi der Beziehung zwischen Wissenden und Gewusstem. Jede dieser Formen des Wissens bezieht sich auf die Realität, die sie beschreibt, von einer je anderen Perspektive aus (Tabelle 15.2):
- *Explizites Wissen* beschreibt die Wirklichkeit von außen, entsteht also aus der Perspektive von Feld 2.
- *Implizit verkörpertes Wissen* begreift die Realität als Erfahrung, als gelebte Realität. Also entsteht eine Wissensperspektive *von innen, d. h.* aus einer Feld-3-Perspektive (vgl. Nonaka a. Takeuchi 1995; Polanyi 1966).
- *Selbsttranszendierendes Wissen* ist Wissen über die Quellen oder den »Ursprungsort« von Denken und Handlung, von wo aus Denken und Handeln in die Welt kommen (Feld 4). Diese Form von Wissen beantwortet die Frage, was geschieht, bevor sich eine Handlung oder ein Prozess manifestiert (Scharmer 2000b; Fichte 1967; Rosch 1999). Um diese vorgelagerte Ebene des sozialen Geschehens zu erfassen, muss der Wissende sich in »einer Reflexion in der Aktion« (»reflection in action«) oder im »Primary Knowing« (intuitivem Wissen) üben (vgl. Schön 1983; Rosch 1999; Scharmer 2000b). Der Wissende muss fähig sein, sich darauf einzulassen und es zu gegenwärtigen.

Die Bewegung von der zweiten zur vierten Feldstruktur der Aufmerksamkeit geht also mit einer Umkehrung der Beziehung zwischen Wissenden und Gewusstem einher. Aus der Separation von Wissen und Akteur (W1) wird eine Einheit (W2, W3). Im Falle des implizit verkörperten Wissens (W2) reflektiert das Selbst seine Handlung *nach* der Aktion (Reflektieren eines vergangenen Handelns). Im Falle des selbsttranszendierenden Wissens (W3) reflektiert das Selbst seine Handlung *im Moment* der Aktion (Reflektieren eines gegenwärtigen Handelns). Diese Form von Wissen lässt sich mit dem Begriff der ästhetischen Erfahrung beschreiben, bei der ein Handeln gleichermaßen von innen (handelnd) wie auch von außen (beobachtend) beschrieben werden kann.[80]

80 Der Begriff »Ästhetik« bezieht sich auf jene Art von Erfahrungen, die drei Bedingungen erfüllen: das Subjekt der Erfahrung a) sieht etwas (Sehen 1), b) beobachtet gleichzeitig sein Beobachten (Sehen 2) und c) schließt die Feedbackschleife zwischen Sehen 1 und Sehen 2 (Sehen 3). Bei einer ästhetischen Erfahrung ist das Subjekt also gleichzeitig in sich (etwas beobachtend) und außerhalb von sich (sich selbst beobachtend). Genau genommen nennen wir solche Erfahrungen ästhetisch, bei denen Handeln und Reflexion synchron ablaufen, d. h. ohne jede Feedbackverzögerung.

Epistemologie	**W1** **Explizites Wissen**	**W2** **Verborgenes verkörpertes Wissen**	**W3** **Selbsttranszendierendes Wissen**
Wissenstyp	Sachwissen	Handlungs- und Erfahrungswissen	Schöpferisches Wissen
Datentyp	Feld 2: externe Realität	Feld 3: hervorgebrachte Realität	Feld 4: noch nicht realisierte Wirklichkeit (Emergenz)
Erfahrungstyp	Beobachtererfahrung	Handlungserfahrung	Ästhetische Erfahrung
Verhältnis von Reflexion und Handlung	Reflexion ohne Handlung	Reflexion nach der Handlung	Reflexion in der Handlung
Wahrheitstyp	Wirklichkeit abgleichen: Kann ich es sehen?	Wirklichkeit hervorbringen: Kann ich es tun?	Wirklichkeit anwesend werden lassen (Presencing): Kann ich es gegenwärtigen?

Tab. 15.2: Drei Epistemologien

18) **Das soziale Feld als entstehende Zeitskulptur.** Im Unterschied zu einer physischen Skulptur, die im Raum existiert, entwickeln sich soziale Felder als Zeitskulpturen (vgl. Beuys 2004 bzw. 1992 und Abb. 21.7). So wie die räumliche Skulptur sich dadurch definiert, dass sie zwei Hauptelemente zusammenbringt, Materie und Form, bringt die soziale Zeitskulptur zwei Zeitdimensionen oder -ströme zusammen:

I) *gewordene (manifeste) Zeit,* die Muster der Vergangenheit in die Gegenwart ausdehnt

II) *werdende Zeit,* ein Zeitstrom, der aus einer anderen Richtung zieht – aus einer in Entstehen begriffenen Zukunft.

In meiner Erfahrung beim Brand meines Elternhauses, als ich 16 war, habe ich diese unterschiedlich gerichteten Zeitströme wahrnehmen können. Bis zu dem Zeitpunkt, als ich von der Schule zurückkehrte und an der Brandort ankam, war ich mit der Fortsetzung der Vergangenheit beschäftigt. In dem Moment, als ich vor dem Feuer stand, öffnete sich eine neue Zeiterfahrung, dich mich zur Quelle zukünftigen Werdens hinzog. Heidegger (1993, S. 325) beschreibt diese Zeitqualität als *»sich aus der Zukunft entgegenlaufen«*.

Soziale Zeitskulpturen entstehen, wenn sich beide Richtungen der Zeit, die aus der Vergangenheit und die aus der entstehenden Zukunft, im Jetzt treffen.

Der Avantgardekünstler Joseph Beuys, der mit der Idee der »sozialen Skulptur« arbeitete, beschrieb zwei Formen menschlicher Kreativität: die Kreativität des Künstlers, der eine äußere Realität gestaltet, und die weibliche Kreativität, die die Grundkraft der Kreativität verinnerlicht, indem sie das Neue von innen her gebiert. Es geht in einer sozialen Zeitskulptur immer darum, diese beiden Formen von Kreativität zusammenzubringen. Treffen sich die beiden entgegengesetzten Zeitstrahlen, beginnen die beteiligten Akteure, sich am gemeinsamen Prozess zu beteiligen und bringen etwas Neues in die Welt. Am Geburtsprozess kann man mit drei Perspektiven agieren: a) mit der mütterlichen Perspektive, die in sozialen Feld-4-Prozessen oft kollektiv erlebbar ist; b) mit der Perspektive des helfenden Beobachters, der ein Umfeld des »Haltens« und des Unterstützens schafft; und c) mit der Perspektive des Neugeborenen, das sich seinen Weg »durch eine Membran hindurch« bahnt. Die Einzigartigkeit eines sozialen Zeitskulpturgeschehens besteht darin, dass dies wahrscheinlich das einzige Geschehen im Universum ist, bei dem die am Geburtsprozess Beteiligten in allen drei Perspektiven *gleichzeitig* aktiv sind.

19) **Die Form folgt dem Bewusstsein.** Dies fasst die obige Erkundung sozialer Felder treffend zusammen. Ich wende meine und wir wenden unsere Aufmerksamkeit *auf diese Weise* zu, deshalb entsteht das soziale Feld *auf jene Weise.* Damit schließt sich der Kreis und bringt uns zurück zum Gespräch mit Meister Nan (Kapitel 5): Bewusstsein ist die unabhängige Variable, die eine Veränderung des Grades der Trennung von Materie und Geist (oder von Handeln und Bewusstsein) auf der Ebene der Gemeinschaft erleichtern kann. Die Matrix der sozialen Evolution zeigt den Grad der Trennung von sozialer Materie (Handeln) und sozialem Geist (Wahrnehmung der Quelle). Danach können wir zwischen vier Feldern und vier Graden der Trennung unterscheiden:
- *Feld 1: Gewohnheitsmäßig.* Regelwiederholende Handlungen: Abwesenheit der Quelle (Trennung von Geist und Materie)
- *Feld 2: Subjekt–Objekt.* Regelanwendende Handlungen: Evidenz der Quelle.
- *Feld 3: Relational.* Regelreflektierende Handlungen: Achtsamkeit für Quelle.
- *Feld 4: Schöpferisch.* Regelgenerierende Handlungen: Gegenwärtigkeit der Quelle (Integration von Geist und Materie).

Was also ist die revolutionäre Kraft und das Agens?

20) **Generative soziale Felder.** Die revolutionäre Kraft dieses 21. Jahrhunderts ist das Erwachen einer tiefen schöpferischen menschlichen Fähigkeit, die mit generativen sozialen Feldern verbunden ist. Die revolutionäre Kraft unserer Zeit ist das »Ich-in-wir«-Bewusstsein oder das »Ich-in-Gegenwärtigung«-Bewusstsein. Es hilft uns dabei, unseren Weg zum Grund des U zu

finden und schöpferische soziale Felder zu aktivieren. Das Ich ist nicht das Selbst. Das Selbst ist eine Entität, die einen Inhalt hat. Ohne Inhalt ist das Ich eine leere Entität. Das Ich-in-Gegenwärtigung ist der schöpferische Funke des menschlichen Bewusstseins. Es ist die Kraft, die das Feld der Aufmerksamkeit intentional umlenken, zerstreuen und vertiefen kann. Es ist wie ein »Auge mit Wille« (vgl. Lauenstein 1974; Fichte 1994). Es ist eine Kraft, die wir aktivieren können, wo immer wir sind. Unser Wahrnehmen und Handeln fließen dann aus der Gegenwärtigung des uns umgebenden Feldes. Diese Kraft ist der Schlüssel dafür, sich auf dem durch das U beschriebenen Weg des evolutionären Werdens zu bewegen. Jeder Mensch und jedes soziale System kann diese tiefere Quelle der Kreativität und des Bewusstseins wecken und kultivieren. Je mehr wir diese tiefe schöpferische Fähigkeit der Ich-in-Gegenwärtigung entwickeln, desto mehr wächst auch unsere Fähigkeit, mit stressigen und hochkomplexen Situationen und krisenhaften Zusammenbrüchen – die unseren Alltag immer mehr kennzeichnen – umzugehen.

Diese 20 Punkte fassen die vorläufigen Ergebnisse unseres Feldgangs durch das soziale Feld zusammen. Die verbleibenden Kapitel werden die praktische Anwendung dieser sozialen Feldtheorie über alle fünf Systemebenen (Mikro-, Meso-, Makro-, Mundo-, Metaebene) hinweg veranschaulichen.

Diese Systemebenen werden unter dem Gesichtspunkt des sich entwickelnden Selbst beschrieben, das heißt, vom Gesichtspunkt der Veränderung des inneren Ortes, von dem aus wir handeln. Dabei werden vier grundsätzliche (aber zumeist versteckte) Grundprozesse angesprochen, die bei der Realitätsentstehung wesentlich sind. Diese vier Grundprozesse gestalten die Realität in Institutionen und Gruppen grundsätzlicher und tief greifender als irgendein anderer funktionaler oder institutioneller Prozess: Denken (Aufmerksamkeitszuwendung), Kommunizieren (Versprachlichen), Organisieren (Strukturieren) und globales Gestalten (Koordinieren).

Die diskontinuierlichen Veränderungen der Qualität dieser Grundprozesse werden überwiegend von unserem blinden Fleck verborgen. Beispielsweise sehen wir die Ergebnisse unseres Denkprozesses, aber der Prozess der Entstehung des Denkens bleibt uns normalerweise unbewusst. Denken *ist* ein kreativer Prozess. Denken schafft Wirklichkeit. Aber solange dies in unserem blinden Fleck abläuft, sind wir nicht wirklich voll bei diesem Grundprozess der Realitätswerdung anwesend. Wir nehmen nicht ganz bewusst an der Realitätswerdung teil. Das Gleiche kann in Bezug auf Prozesse der Kommunikation und des kollektiven Handelns gesagt werden, worauf sich die folgenden Kapitel beziehen werden.

Kapitel 21 fasst dann die Prinzipien von Presencing als *soziale Technik der Freiheit* zusammen, so wie sie in der praktischen Anwendung von sozialer Transformation und Erneuerung zum Einsatz kommen kann.

16 Denkendes Handeln

Von einem Dreijährigen lernen • Die Theaterbühne und das fühlende Feld • Hitlers Sekretärin • Der U-Raum des Anwesendwerdens und der Antiraum des Abwesendwerdens • Von der Kraft des Denkens

Von einem Dreijährigen lernen

Als ich gerade die Geschirrspülmaschine lud, bemerkte ich, dass der Geschirrreiniger ausgegangen war. Ich war mir nicht sicher, ob die Flasche daneben der richtige Reiniger war, aber ich dachte: Was soll's, und füllte diesen Reiniger in die Spülmaschine. Ein paar Minuten später schäumte die Maschine über. Verdammt! Ich machte die Maschine aus. Wischte den Schaum weg. Inspizierte den Schaden: Die Maschine war voller Wasser, Geschirr und enthielt Unmengen Schaum. Da es unmöglich schien, das Wasser aus der Maschine herauszubekommen, entschloss ich mich zur Flucht nach vorn: sie einfach laufen zu lassen und den Schaum immer wieder aufzuwischen, solange er auslief. Während ich mit meinem Schlamassel beschäftigt war, gesellte sich Johan Caspar, unser Dreijähriger, dazu, fasziniert von diesem Schauspiel. Er half mir, den endlosen Schaumstrom wegzuwischen. Als der strömende Schaum etwas abnahm, legte Johan Caspar kleine Pausen ein. In diesen Pausen fing er an, mit leiser, intensiver Stimme mit der Spülmaschine zu sprechen. »Was sagst du da?«, fragte ich ihn irgendwann. »Ich spreche mit dem Schaum«, antwortete er. »Mit dem Schaum?« Ich war überrascht. »Weil der arme Schaum keine Augen hat und nicht sehen kann. Deswegen kann er nicht den richtigen Weg finden. Deswegen kommt er immer an der falschen Stelle raus.«

Mein Dreijähriger sah die gleiche frustrierende Situation wie ich, aber anstatt dass er die Maschine treten wollte, hatte er Mitleid mit dem strömenden Schaum und kommunizierte mit ihm, als wäre dieser ein empfindungsfähiges Wesen. Er hatte bemerkt, dass dieses Wesen keine Augen hatte, und glaubte, das sei der Grund, warum es seinen Weg nicht mehr fand. Es brauchte unsere Hilfe. Ein und dieselbe Situation, ein und dieselbe Datenbasis und zwei fundamental verschiedene Perspektiven, diese Situation zu interpretieren.

Von da an kommunizierten wir im Stillen mit dem strömenden weißen Wesen. Johan Caspar und ich wechselten keine Worte mehr. Wir fanden uns in einem wunderbaren Rhythmus und Fluss des gemeinsamen Arbeitens und achteten auf das »weiße Wesen« und darauf, was es brauchte, damit es seinen Weg wiederfinden konnte.

Lassen sie mich diese Geschichte mithilfe des Feldmodells, das in Kapitel 15 beschrieben ist, dekonstruieren.

Das Laden der Geschirrspülmaschine und die kopflose Wahl des falschen Geschirrreinigers sind ein perfektes Beispiel für abwesendes Runterladen. Dann, als der Schaum sich zeigte und ich den Schlamassel sah, sprang ich von Ebene 1 (Runterladen) zu Ebene 2: »Verdammt!« Dann versuchte ich, das Problem zu lösen. Die Herausforderung lag darin, nicht bei der Stimme des Urteils zu bleiben (»Warum können *sie* keine Geschirrspülmaschinen bauen, die eine simple Wasserabpumpfunktion haben?«), ruhig zu bleiben und die vorhandenen Möglichkeiten zu analysieren. Wäre ich auf dem Weg, den mir meine Stimme des Urteilens empfahl, geblieben, hätte ich noch viel mehr finden können, was mich irritierte, und wahrscheinlich hätte ich die Maschine getreten. Diese Vorgehensweise hätte mich auf direktem Wege in den Raum des Absencing gebracht: Der Zyklus des Verneinens und der Zerstörung hätte begonnen. Zuerst trittst du die Maschine – und dann … nun ja, wir kennen alle die Geschichte: Der Zyklus der Verneinung und der Zerstörung ist voller selbstverstärkender Mechanismen, die einen immer tiefer in solch einen Schlamassel reinziehen.

So weit kam es nicht, da Johan Caspar sich auf einer anderen Ebene befand, auf der er so agierte, als handele es sich um ein sich entwickelndes Wesen (Feld 3). So lehrte er mich, das Treten zu lassen, einzutauchen und von innen her zu fühlen. Und schließlich fanden wir einen Rhythmus und einen Flow des Miteinanderarbeitens, und keine Worte waren mehr nötig. Wir wussten, was getan werden musste, und führten es mühelos aus (eine Veranschaulichung von Ebene 4 in aller Kürze).

Es gibt drei Punkte in dieser Geschichte, die ich hervorheben möchte:

- Achtsamkeit und Gegenwärtigkeit können zu jeder Zeit, überall inmitten des alltäglichen Lebens stattfinden. Wir brauchen dafür nicht zum Mond zu fliegen und zurück (obwohl genau das für einige von uns der Weg in diese Erfahrung gewesen ist). Es bedarf einer *inneren* Veränderung der Aufmerksamkeit.
- Je größer der Druck der externen Herausforderung (je größer der Schlamassel vor mir), desto natürlicher fühlt es sich an, den dunklen Ort des Abwesendwerdens (Absencing) zu betreten, d. h. die Spülmaschine zu treten – was ich weiter unten ausführlich diskutieren werde.
- Sinn und Zweck der Bewegung in die Felder 3 und 4 ist, aufzuhören, mit Objekten zu interagieren, und anzufangen, allem, womit wir arbeiten und interagieren, zu begegnen, *als hätten wir es mit empfindungsfähigen Wesen zu tun, mit denen wir uns unmittelbar verbinden können* (etwa mit Schaum ohne Augen).

Die Theaterbühne und das fühlende Feld

Ich kann mich immer noch an das einzigartige Gefühl erinnern, das ich hatte, als ich mit ungefähr 14 Jahren eine Hauptrolle in einem Bühnenstück spielen durfte. Du tust alles, was möglich ist, um dich vorzubereiten. Du hast den Text und die Bühnenanweisungen auswendig gelernt. Dann ist es so weit. Der Vorhang will gerade aufgehen. Die Stimmen im Publikum werden leiser. Plötzlich fühlst du dich so, als ob die Erde aufhört, sich zu drehen. Alles, all die Monate der Vorbereitung, schrumpft zu einem kleinen Haufen der Verzweiflung und des Nichts. Alles verschwindet. Du vergisst alles, was du je gelernt hast. Du hast Angst. Du bist allein. Mehr aus Verzweiflung als aus Hoffnung bleibst du dabei. Nicht weil du mutig bist, sondern weil es nun zu spät ist wegzurennen. Dann, bevor du es noch realisierst, siehst du, wie der Vorhang sich öffnet. Zu spät. Es gibt keinen Ausweg mehr, kein Zurück. Jetzt kannst du nur noch nach vorn. Die Zeit hält an.

Die bunten Theaterlichter blenden dich und hüllen dich in eine unvertraute Sphäre brodelnder Aufmerksamkeit und Energie. Wie in Zeitlupe stolperst du in die ersten Bewegungen, Worte, Sätze und Gesten hinein. Du fängst gerade an, dich aufzuwärmen, da bemerkst du, dass du nicht allein bist. Ein anderes »Wesen« scheint mit dir zu kommunizieren. Es ist das Publikum. Seine Aufmerksamkeit schafft einen Ort, der dich hält und führt. Du spürst es. Es beobachtet dich und kommuniziert mit dir. Es ist ein Ort, der dich mit deiner Quelle verbindet. *Dein* Ort.

In diesem Beispiel trete ich auf die Bühne im Modus des Runterladens, nachdem ich alle 820 Zeilen auswendig gelernt hatte, die Shakespeares Prospero sprechen muss. Auf der Bühne, wenn der Vorhang aufgeht, zeigt sich der Widerstand als Angst: Angst vor dem Versagen, Angst, nicht mehr weiterzuwissen, Angst, sich vor 300 Leuten an keine einzige Zeile mehr zu erinnern. Ich stolpere über eine Schwelle und komme einfach in Bewegung. Nach den ersten gewohnten Schritten wandern meine sorgfältig geprobten Aktionen von den Feldern 1 und 2 allmählich immer mehr zu den Feldern 3 und 4, das heißt, ich gerate in einen Flow der sich vertiefenden Gegenwärtigkeit, des Anwesendwerdens.

Wie kam es dazu? Ein *kollektiver Raum des Haltens:* ein Publikum von 300 liebenden Eltern und Freunden, die mit weit geöffneten Herzen im Raum sitzen, vollkommen präsent bei der Vorführung ihrer Kinder und voller Bewunderung.

In diesem Beispiel erscheint der Widerstand (Angst) gleich zu Anfang. Es folgt ein Sich-Fallenlassen in einen tieferen Flow mittels des helfenden Halteraums, den das liebende Publikum verfügbar macht. Der kollektive Raum des Haltens lässt den Schattenraum verschwinden. Kollektive Kräfte können uns helfen und von Begrenzung befreien – oder wie in der folgenden Geschichte in den sozialen Raum des Absencing hineinsaugen.

Hitlers Sekretärin

Traudl Junge war eine einfache, bescheidene Frau, die früh ihren Vater verlor und deren schwierige finanzielle Situation sie davon abhielt, den künstlerischen Berufsweg einzuschlagen, nach dem sie sich sehnte. Mehr aus Zufall ging sie nach Berlin, bekam durch einen Onkel eine Stelle und geriet unerwartet in einen Schreibmaschinenwettbewerb, den sie gewann. Es dauerte nicht lange, da wurde sie von einem leise sprechenden, freundlichen, onkelhaften Typ zu einem Einstellungsgespräch eingeladen. Er hieß Adolf Hitler, und er stellte sie an, damit sie gelegentlich Diktate für ihn schrieb.

Am Ende des Krieges, als Hitler sich in seinem Führerbunker umbrachte, kehrte sie zurück nach draußen, in die reale Welt – eine Welt, die in Schutt und Asche lag.

Sie versuchte, nach Süddeutschland zu fliehen, wurde jedoch von den Russen in Berlin abgefangen. Weil sie nie Mitglied der NSDAP war, kam sie frei und ließ sich in München nieder. Bald danach stieß sie auf den Gedenkstein der Gruppe »Die Weiße Rose«, deren führende Mitglieder von den Nazis umgebracht worden waren. Schockiert stellte sie fest, dass alle Hauptakteure der Gruppe im gleichen Jahr wie sie geboren waren: 1920. In diesem Augenblick wurde ihr bewusst, dass es für sie und ihre Generation kein Verstecken hinter Entschuldigungen mehr geben konnte. Die Akteure der Weißen Rose waren genau so alt wie sie, doch im Unterschied zu ihr hatten diese eine bewusste Wahl in ihrem Leben getroffen, eine Entscheidung, die sie selbst nie getroffen hatte. Ihr wurde bewusst, dass, was auch immer sie getan hatte und woran sie teilgenommen hatte, letzten Endes alles in ihrer persönlichen Verantwortung lag. Es gab kein Verstecken mehr hinter dem kollektiven Schicksal ihrer Generation. Bis kurz vor ihrem Tod, als sie ausführlich mit André Heller, dem bekannten österreichischen Künstler, sprach,[81] hatte sie keine Interviews gegeben. Ein paar Tage vor der Uraufführung dieses gefilmten Interviews mit Heller teilte sie ihm mit, dass sie erst jetzt, mehr als ein halbes Jahrhundert später, allmählich begann, sich zu vergeben. Nur einen Tag nach der Uraufführung starb sie.[82]

Verblüffend an ihrer Beschreibung der letzten Wochen in Hitlers Bunker ist die Präzision und Klarheit. Ihr Verstand und ihr Gedächtnis schienen wie eine superscharfe Kamera zu funktionieren. Sie erinnerte sich mit größter Genauigkeit an unzählige Ereignisse und Details. Traudl Junges Beobachtungen bezogen auch immer wieder die Beobachtung zweiter Ordnung mit ein: Sie war sich durchaus auch der Lücken in ihrer Erinnerung bewusst, wenn sie sich nicht mehr der genauen Bilder und Erfahrungen entsinnen konnte.

81 Heller führte mit Traudl Junge im Frühjahr 2001 insgesamt über 10 Stunden dauernde Gespräche, die der österreichische Regisseur und Kameramann Othmar Schmiderer filmte.

82 Erstmalig wurde der Dokumentarfilm im Februar 2002 auf den Internationalen Filmfestspielen Berlin (»Berlinale«) gezeigt und erhielt den Panorama-Publikumspreis. Er ist als DVD erhältlich (Heller u. Schmiderer 2002).

Traudl Junge beschrieb die bizarre Situation in und um Hitlers Bunker. Dieser befand sich tief in der Erde, umgeben von einer 11 Meter dicken Mauer. Die Bomben fielen links und rechts neben den Bunker, auf den Bunker. Die Rote Armee war nur noch ein paar Straßenzüge entfernt. Hitlers Armee stand, nachdem sie fast zunächst ganz Europa unterjocht hatte, kurz vor der totalen Vernichtung. Doch trotz all dieser der Ideologie »widersprechenden Fakten« um sie herum und trotz all der Bomben hielten viele Leute im Bunker sich an ihren vagen Hoffnungen und illusionären Fantasien fest. Sie klammerten sich an ihre alten mentalen Modelle, unfähig, sich der Realität bewusst zu werden. All die Bomben, die auf sie abgeworfen wurden, waren immer noch nicht stark genug, die dicken Mauern in ihren Köpfen zu zerbrechen. Auf die Frage, warum sie nicht einfach gegangen war, als Hitler selbst ihr genau das vorschlug, sagte sie: »Ich habe Angst gehabt, aus dieser Sicherheit [des Bunkers] rauszugehen.«

Wir sehen hier ein extremes Beispiel des Erblindens und Entfühlens: Wenn wir uns hinter den dicken Mauern unseres eigenen mentalen und emotionalen Bunkers verschanzen, wird es unmöglich, uns mit dem zu verbinden, was wirklich vorgeht. Trotzdem ist es schwer zu verstehen, dass Traudl Junge den Bunker nicht früher verlassen hat. Was war der Mechanismus, der sie im Bunker gefangen hielt? Eine Möglichkeit, dieses Rätsel zu verstehen, ist, sich vorzustellen, dass sie im Schattenraum des Absencing feststeckte, sodass ihre tieferen Quellen der Intelligenz (offener Verstand, offenes Herz, offener Wille) komplett einfroren und abgetrennt wurden. Das heißt, sie verlor die Verbindung zu ihrem werdenden oder authentischen Selbst und fiel schließlich den Praktiken der Antiemergenz zum Opfer (Abb. 16.1):

- Runterladen
- Erblinden oder Nichtsehen
- Verschanzen und Entfühlen
- Abwesendsein
- Selbsttäuschung
- vorzeitiges Abbrechen
- Auslöschen

Runterladen: Traudl Junge beschrieb ausführlich, dass das Leben im Bunker weiterging, als wären die Menschen Automaten gewesen. Während die alltäglichen und selbst die außergewöhnlichen Rituale, wie die Teezeremonie oder die Hochzeit von Hitler und Eva Braun (einen Tag vor dem gemeinsamen Suizid) stattfanden wie in einem schlechten Film, verschärfte sich die Entkopplung der Realität außerhalb und innerhalb des Bunkers (totaler Zusammenbruch und Zerstörung vs. Tee- und Hochzeitszeremonie) in immer absurderem Ausmaß.

Erblinden oder Nichtsehen: »In dem inneren Kreis … da war ich ja so abgeschirmt«, sagte Traudl Junge. »Als ich dahin [in den Bunker] gekommen bin, hab ich gedacht, jetzt bin ich an der Quelle der Information – und ich war im toten Winkel [im blinden Fleck des Systems].«

Verschanzen und Entfühlen: In den letzten Jahren des Krieges reiste Hitler immer in einem speziellen Zug mit geschlossenen Fenstervorhängen, damit er die Zerstörung durch den Krieg nicht sah. Wenn er wieder den Hauptbahnhof in Berlin erreichte, bekam sein Fahrer die Anweisung, mit dem Wagen eine Strecke zu fahren, die Hitler möglichst wenig von der Zerstörung zeigte. Er wollte keine Blumen im Bunker, weil er »keine Leichen rumstehen haben« wollte. Der Mann, dessen Handlungen den Tod von 55 Millionen Menschen verursachten, konnte sterbende Blumen in der Nähe nicht ertragen.

Abwesendsein: Traudl Junge fiel es am schwersten, sich an diese letzten Tage im Bunker zu erinnern. Ihr ansonsten scharfes Gedächtnis, das wie eine Kamera alles abzuspeichern schien, hatte schwarze Löcher, wenn es um die Erinnerung an ihre Gefühle in diesen letzten Tagen ging. Es schien, als wären diese Empfindungen wie ausradiert oder tief in ihrem Erfahrungskörper eingefroren. Sie beschrieb, dass sie wie ein Automat ihre alltägliche Routine ausführte, getrennt nicht nur von den katastrophalen Ereignissen draußen, sondern auch von ihrem wahren Selbst: »Wir haben eigentlich alle funktioniert wie die Automaten, ich kann mich gar nicht an wirkliche Gefühle erinnern, es war so ein Schwebezustand, wo man gar nicht mehr man selber war.«

Selbsttäuschung: Dies ist eine völlige Abkopplung der eigenen Zukunftsvorstellungen von der Realität. Traudl Junge berichtete über viele Besprechungen und angebliche Wendestrategien, die alle zu nichts führten, weil sie sich auf gänzlich illusorische Annahmen stützten. Sie vertieften nur immer weiter den Abgrund zwischen der Welt im Bunker drinnen und dem Gang der Dinge draußen. »Wir waren so abgeschnitten vom wirklichen Leben«, erinnerte sich Junge, »dass wir überhaupt keine Vorstellung gehabt haben, was nach dem Nationalsozialismus kommen könnte.«

Vorzeitiges Abbrechen: Geht es bei der Erstellung eines Prototyps um das Erschaffen eines Mikrokosmos des zukünftigen Lebens, so zielt das vorzeitigen Abbrechen darauf, dieses zukünftige Leben zu verhindern. Im Bunker bedeutete dies, zuerst den Hund zu töten, um das Zyankali zu testen, dann alle Kinder, schließlich begingen die vielen Erwachsenen auf gleiche Weise Suizid, kurz bevor die Rote Armee Berlin komplett einnahm.

Auslöschen: Nachdem Hitler sich umgebracht hatte, so Traudl Junge, saßen die verbleibenden Personen wie eine Gruppe lebloser Puppen beisammen, die gerade ihren Puppenspieler verloren hatten.

Der U-Raum des Anwesendwerdens und der Antiraum des Abwesendwerdens

Die Gruppe um Hitler war wie in einem Raum der sozialen Antiemergenz, der sozialen Zerstörungskräfte, gefangen, mit dem Ergebnis, dass das soziale Feld zunehmend durch die Praktiken der Antiemergenz – Runterladen, Nichtsehen, Entfühlen, Abwesendwerden, Selbsttäuschung, Abbrechen, Auslöschen – gekennzeichnet war. Abb. 16.1 stellt diesen Antiraum des Abwesendwerdens dem evolutionären U-Raum des Anwesendwerdens gegenüber.

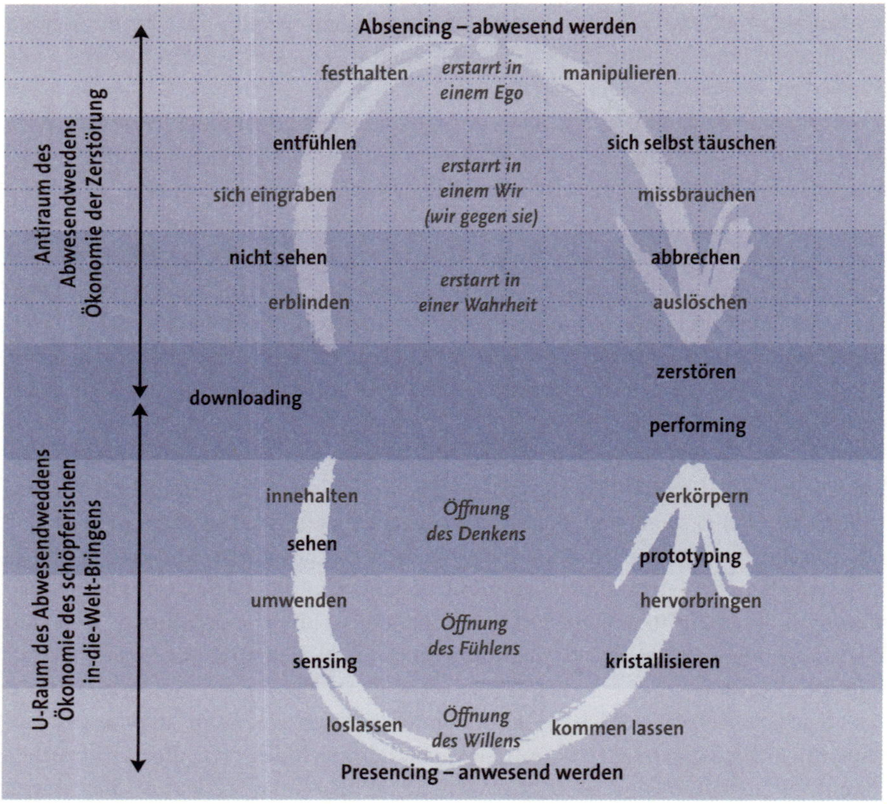

Abb. 16.1: Der U-Raum des Anwesendwerdens und der Antiraum des Abwesendwerdens

So wie der U-Raum des Presencing eine Ökonomie des schöpferischen In-die-Welt-Bringens beschreibt, beschreibt der Gegenraum, also der Raum des Absencing, eine Ökonomie der Auslöschung und Zerstörung. Jeder Zyklus basiert auf sich selbst verstärkenden Mechanismen. Der U-Raum des sozialen Werdens stützt sich auf die Kraft, die aus einer Öffnung des Denkens, des Fühlens und des Willens entsteht. Im Gegensatz dazu stützt sich der Antiraum des Absencing auf jeweilige pathologische Gegenbilder: auf *eine* Wahrheit (rigide Ideologie), *ein* Zentrum und Kollektiv (Arroganz, Hass) und *einen* Willen (Fanatismus, Gewalt). Zusammengefasst beschreibt der Raum des Abwesendseins die Charakteristika des Fundamentalismus.

Für Traudl Junge blieb die Frage, warum sie den Bunker nicht vorzeitig verließ, ein Rätsel. Sie konnte es nicht, weil sie in einen tödlichen Zyklus des Abwesendwerdens hineingeraten war. Die Grundkräfte in diesem Zyklus sind auch heute wieder wirksam und präsent. Der IS, globaler Terrorismus, blinde Gewalt, globale Muster sozialer und ökologischer Selbstzerstörung – diese Kräfte des Absencing sind nur allzu lebendig, und daher brauchen wir ein klareres Verständnis für den Prozess und die Praktiken, durch die der pathologische Raum der sozialen Selbstzerstörung zustande kommt. Dieser scheint immer dann Platz zu greifen, wenn die Beziehung zum sich öffnenden Denken, Fühlen und Wollen verhindert oder abgetrennt wird, anstatt aktiviert zu werden.

Abb. 16.1 fasst die individuellen Dimensionen der U-Theorie zusammen:

- Viele Menschen haben in Workshops und Diskussionen Erfahrungen auf allen vier Feldern der Aufmerksamkeit und des Handelns gesammelt; so höre ich häufig: »Ja, ich kenne die Felder 1 und 2 gut, ich kenne das Runterladen und das Sehen, aber ich bin mir nicht sicher, ob ich die Felder 3 und 4 kenne, das Hinspüren (Sensing) und Presencing.« Aber fast immer lassen sich nach einem kurzen Reflexionsprozess persönliche Erfahrungen finden, die sich auf die Felder 3 und 4 beziehen.
- Die Bewegung entlang der linken Seite des U-Prozesses, von Ebene 1, Downloading, zu der Ebene des Presencing, kann in jeder Situation stattfinden: bei einem 4-wöchigen Retreat zur Meditation genauso wie wenn man den Geschirrspüler zu Hause mit Handspülmittel füttert.
- Die Gegenwart von Menschen, die oft aus den tieferen Feldern heraus handeln, erleichtert den Prozess entlang der linken Seite des U. Das kann in manchen Fällen ein dreijähriges Kind sein. In anderen Fällen sind es erfahrene Persönlichkeiten in unserem Leben. Manchmal nennen wir das Leadership oder Führung.
- Es reicht nicht, mal einen Zugang zum Quellort von Handlung und Energie zu finden. Die meisten Menschen kennen eine solche Erfahrung (oft aber ohne die Qualität wirklich zu bemerken). Die Schwierigkeit liegt darin, diese Verbindung zu den eigenen Kraftquellen aufrechtzuerhalten. Gelingt dies nicht, besteht die Gefahr, dass eine solche singuläre Erfahrung erstarrt oder gefriert und in den Antiraum der sozialen Pathologie abzugleiten droht (*eine* Wahrheit, *ein* Wir, *ein* Wille). Was uns zum nächsten Punkt bringt.
- Der Raum der Antiemergenz kann jederzeit und überall (scheinbar aus dem Nichts) Platz greifen. Verlieren wir unsere vollständige Aufmerksamkeit und Wachsamkeit und unsere Erdung in einer selbstlosen oder dienenden Intention, ist die Gefahr des Gegenraums kaum zu unterschätzen. Es ist leicht nachzuvollziehen, wie Hitlers Sekretärin in ein System hineingezogen wurde und sich darin schließlich an einem blinden Fleck der Information hinter 11 Meter dicken Mauern festhielt. Aber passiert uns nicht genau dasselbe, jedem von

> uns, täglich? Werden wir nicht ständig auch von Situationen und Systemen verführt, die ausnutzen, dass wir handeln, ohne wirklich ganz wach und mit unserer Intention in Verbindung zu sein?

Die wesentliche Frage ist also, wie wir die Verbindung zu unseren Quellen aufrechterhalten können. Wie können wir unsere Wachsamkeit und Aufmerksamkeit entwickeln und steigern?

Von der Kraft des Denkens

Denken ist eine revolutionäre Kraft. Denken schafft Wirklichkeit. Doch anstatt diese kreative Kraft des echten Denkens zu entdecken, sind wir in Mustern des Runterladens gefangen, die mit dem wirklichen Denken genau so viel zu tun haben wie die Schatten in Platons Höhle mit der Realität und der draußen scheinenden Sonne (vgl. Platons Höhlengleichnis in den Feldnotizen von Kapitel 10).

Die Kraft dieses Grundprozesses des Denkens ist in Feld 1 (Runterladen) zu fixen Formen und Schattenbildern erstarrt; in Feld 2 (Sehen) beginnt es zu erwachen, indem es sich mit dem verbindet, was in der Welt draußen wirklich vor sich geht; in Feld 3 (Sensing) lässt sie dem Denken Flügel wachsen, die uns aus den Gefängnissen unserer eigenen mental-emotionalen Binnenwelten befreien und mit den Sicht- und Erfahrungsweisen anderer verbinden können; und schließlich beginnen wir, das Denken als reines Feuer zu erleben: als den »Wärmepol« (Beuys), als den Schöpfungspol, in dem sich die Verflüssigung der Materie, des Festen, ereignet und von dem aus wir die Kraft des Neuen, die Kraft des schöpferischen Werdens, in die Welt bringen können, wenn wir die Schwelle überschreiten.

17 Kommunikatives Handeln

Zusammenprall der Denkwelten • Runterladen • Debatte • Dialog • Presencing • Kommunikative Felder und ihre Antiräume • Dialoginterviews in Organisationen • Eine Karte kommunikativer Entwicklungsfelder

Zu Beginn dieses Buches und in Bild 6 habe ich die landwirtschaftlich genutzten Felder meiner Familie mit sozialen Feldern verglichen, die die Qualität sozialer Interaktion bestimmen. Gespräche sind eine lebendige Verkörperung sozialer Felder, und sie sind selbstverständlich ein wichtiger Ansatzpunkt, will man soziale Interaktionen verbessern. Bei meiner Forschungstätigkeit und in meiner Arbeit mit Organisationen habe ich zwei Beobachtungen gemacht, die für die Verbesserung von Gesprächen von Bedeutung sind:

- Gespräche verlaufen in Mustern oder Feldern, und diese Muster der Gesprächsinteraktion sind meist stabil oder gleich bleibend.
- Die Anzahl dieser Muster, die sich in Gesprächen beobachten lässt, ist begrenzt.

Im Folgenden schlage ich vor, diese Muster der Gesprächsinteraktion anhand der vier Qualitäten von Aufmerksamkeitsstrukturen zu beschreiben: Feld 1: *Runterladen,* Feld 2: *Debatte,* Feld 3: *Dialog* und Feld 4: *schöpferischer Dialog* oder *Presencing.* Diese vier Felder unterscheiden sich bezüglich des inneren Ortes, aus dem heraus das Gespräch stattfindet: sagen, was *die anderen* hören wollen (Feld 1); sagen, was man denkt (Feld 2); von der Wahrnehmung des (gegenwärtigen) Ganzen her sprechen (Feld 3); von der Wahrnehmung des entstehenden (zukünftigen) Ganzen her sprechen (Feld 4). Eine Feldstruktur des Gesprächs ist ein Interaktionsmuster, das, wenn es einmal Platz gegriffen hat, häufig alle Teilnehmenden eines Gesprächs reproduzieren. Bewegt sich beispielsweise ein Gespräch von einem Muster (etwa »Höflichsein«) zu einem anderen (etwa »Debatte«), betrifft diese Veränderung meistens alle Gesprächsteilnehmenden, nicht nur eine Subgruppe (Abb. 17.1).

Für die Führung von Innovation und Veränderung ist es enorm wichtig, die betreffenden Gesprächsmuster zu erkennen. Durch kommunikatives Handeln wird eine Realität geschaffen (vgl. Habermas 1981b). Historisch hat jede Kultur ihre eigenen Regeln entwickelt, die die Interaktionen in Gruppen und Organisationen bestimmen. Der Soziologe Norbert Elias (1978) hat die Evolution dieser unsichtbaren Regeln, die unser alltägliches soziales Verhalten prägen, »den Prozess der Zivilisation« genannt, der viele Jahrhunderte durch unsere Geschichte hindurch zurückverfolgt werden kann. Ein anderer Soziologe, Erving Goffman, hat beschrieben (1999), wie die Evolution dieser Regeln und der dadurch gegebenen Erwartungen unsere sozialen Interaktionen bestimmen und wie wir unsere Rollen in Gruppensituationen konstruieren, präsentieren und ihnen gemäß handeln. Diese Forschungsarbeiten helfen, die Bedeutung der Genealogie dieser Muster zu beleuchten und unser Verständnis dafür zu vertiefen. Doch ist ihre Aussage in Bezug auf den praktischen Umgang mit der Veränderung dieser Muster begrenzt. Was können wir tun, wenn wir mit Situationen konfrontiert sind, in denen das Muster eines Gruppen- oder Teamverhaltens eindeutig dysfunktional ist und das Ergebnis des kollektiven Verhaltens nicht den Intentionen der Teilnehmenden entspricht? Für die Erweiterung des praktischen Handlungsraums stellt sich die Frage, was wir tun können, um das Gesprächsfeld von einem Muster zu einem anderen zu bewegen. Wie können wir Gruppen helfen, damit sie die Muster, die die Teilnehmenden gemeinsam produzieren, sehen, evaluieren und transformieren können?

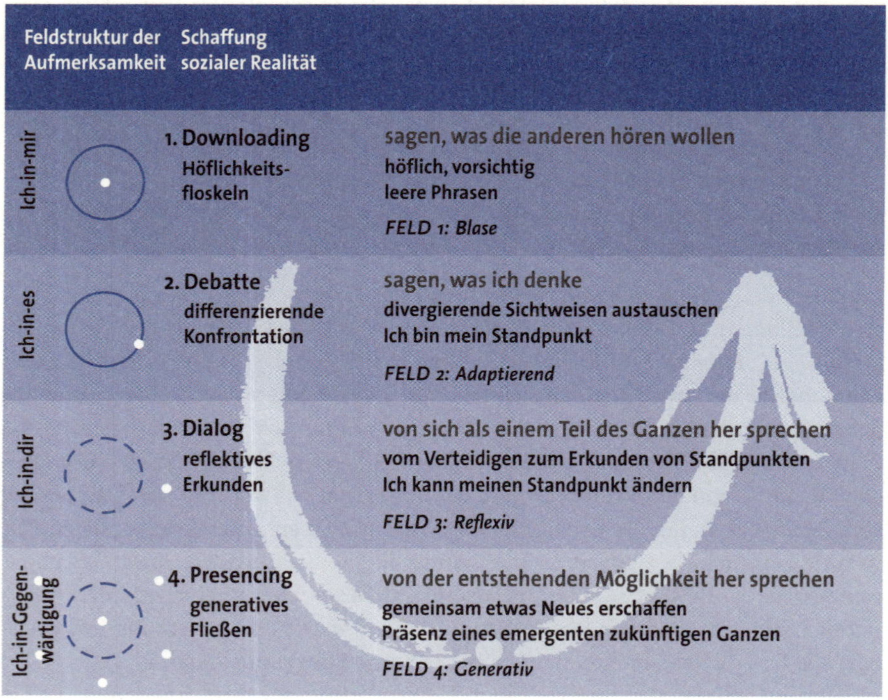

Abb. 17.1: Vier Felder des kommunikativen Handelns

Diese und andere Fragen haben in den letzten 20 Jahren zu einem verstärkten Interesse an der Technik des Dialogs geführt. Die Praxis des Dialogs hat zu einem guten Teil mit dem Umgang mit den kulturellen Regeln der Höflichkeit und Gesichtswahrung zu tun. Bill Isaacs, der sich auf die Arbeit von Martin Buber und David Bohm bezieht, definiert (1999, dt. 2002) Dialog als die »Kunst, gemeinsam zu denken« oder als Fähigkeit, die kollektive Intelligenz anzusprechen. Im Folgenden wollen wir die vier unterschiedlichen Feldstrukturen des Gesprächs (Abb. 17.1) ausführlicher erörtern.

Zusammenprall der Denkwelten

Erstmals bewusst wurden mir die vier Gesprächsfelder im Jahr 1996, als ich für Studierende, Künstler und Führungskräfte aus der Wirtschaft einen 4-tägigen Workshop über Kunst, Führung und soziale Transformation an der Universität Witten/Herdecke abhielt. Zunächst verlief alles wie gewohnt, aber dann, nach meinem kurzen Vortrag, sagte einer der Künstler: »Ich habe kein Wort von dem, was Sie gesagt haben, verstanden.« Ich hatte das Gefühl, gerade ein neues Allzeittief meiner noch jungen Vortragskarriere erreicht zu haben. Ein Teilnehmender, der damalige Geschäftsführer der Bekleidungsfirma Hugo Boss, erläuterte im Anschluss an meinen Vortrag, wie er den Zusammenhang zwischen Kunstsponsoring und seiner Unternehmensstrategie sieht. Da meldete sich ein Theaterdirektor zu Wort und meinte, dass das sozialverantwortliche Sponsoring von Boss nur ein weiteres Beispiel des kapitalistischen Systems sei, das Leute ausbeutet und in Wirklichkeit ein Teil des Problems und nicht aber der Lösung sei. Und schon waren wir inmitten einer vehementen Debatte angelangt, und ich wurde Zeuge eines heftigen Zusammenpralls mentaler Modelle oder Denkwelten.

Die Grenzen »meines Standpunkts« überschreiten

Den nächsten Tag begannen wir in kleinen Gruppen. Jede Person modellierte zunächst in 15 Minuten eine kleine Skulptur, die ausdrückt, was sie mit ihrer Arbeit schaffen oder erreichen wollte. Dann erklärte jeder Teilnehmende den anderen die eigene Skulptur. Mit diesem Schritt begannen viele Gespräche, die auf die Erkundung der jeweiligen Ideen und Intentionen abzielten. Dies erlaubte uns, ein neues Feld der Kommunikation zu erschließen. Der Unterschied zwischen diesem Feld der empathischen Erkundung und dem Grabenkrieg des vorangehenden Tages war offenkundig.[83]

Reine Gegenwärtigkeit

Am letzten Morgen beendeten wir den Workshop mit einem offenen Gesprächsforum. Der Unterschied zwischen diesem Gespräch und der Gesprächsqualität

83 Weitere Informationen zu diesem Prozess des »Appreciative Inquiry (AI)« (der wertschätzenden, würdigenden Erkundung) sind verfügbar unter: https://appreciativeinquiry.champlain.edu/ [Zugriff: 13.1.2020].

am Anfang des Workshops hätte markanter nicht sein können. Das ab- und ausgrenzende Debattieren war einem tiefen, gemeinsamen Gesprächsfluss und Anwesendsein gewichen. Die Offenheit, Feinheit und Intimität des Gesprächs waren Ausdruck der emotionalen Verbindung zwischen den Beteiligten. Am Ende der Veranstaltung wurde diese direkte Herz-zu-Herz-Verbindung und die gemeinsame Gegenwärtigkeit in einem spontan entstandenen Moment gemeinsamer Stille besonders erlebbar.

Noch während dieser Erfahrung wurde mir schlagartig bewusst, dass die Gruppe als Ganzes sich durch verschiedene Feldstrukturen des Gesprächs bewegt hatte. Ich kritzelte eine Vierfeldtafel in meinen Notizblock, auf der vier unterschiedliche Feldstrukturen der Kommunikation zu sehen waren:

- *Abspulen* (Höflichsein)
- *Debatte* (unterschiedliche Standpunkte dezidiert vertreten)
- *Reflektiver Dialog* (reflektierendes Erkunden)
- *Presencing* (gemeinsame Stille, gemeinsames Fließen, kollektive Kreativität).

Das Dialogmodell, das ich mir an diesem Tag in mein Notizbuch gekritzelt habe, ist in Abb. 17.2 dargestellt.

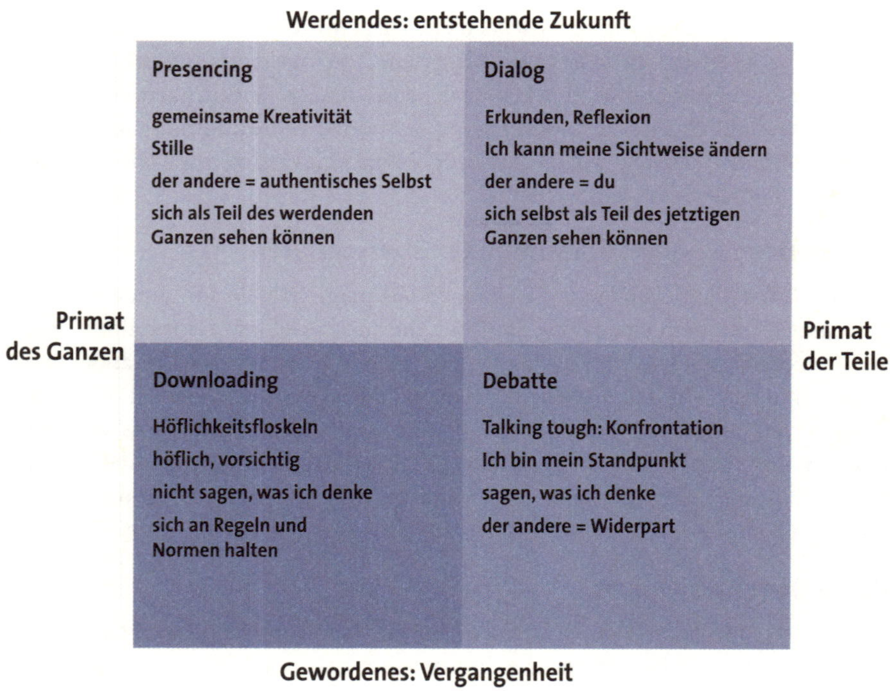

Abb. 17.2: Vier Felder der Konversation

Runterladen (Downloading): Feld-1-Kommunikation

»Wie geht es Ihnen?«
»Ausgezeichnet, danke.«

Dieser höfliche Austausch von Floskeln (Small Talk) ist eine Form rituell vorgegebener Sprache, die viele formelle organisationale Besprechungen charakterisiert. Die an einem solchen Gespräch Teilnehmenden passen sich dem dominanten Muster höflichen Phrasenaustauschs an. Die wirkliche Meinung wird nicht ausgesprochen. Dieses Muster lernen wir bereits in der Schule. Wir antworten, was die Lehrer hören möchten. Häufig ist es genau diese Fähigkeit, die im Umgang mit Vorgesetzten erwartet wird und beim Aufstieg auf der Karriereleiter hilft.

Das Problem ist, dass diese Form von Gespräch kollektiv in einem dysfunktionalen Verhalten resultiert: Sie hält ein Team davon ab, die wirklich brenzligen Punkte einer Situation auf den Tisch zu bringen. Über die echten Belange wird woanders gesprochen, auf dem Parkplatz, auf dem Nachhauseweg. Aber in einer Besprechung nur freundliche Floskeln auszutauschen ist verschwendete Zeit. Chris Argyris (1994) nennt das, worüber nicht gesprochen wird, die »undiskutierbaren Dinge«. Werden diese nicht angesprochen und gibt es keine Reflexionsmöglichkeit, kann Veränderung nicht stattfinden. Je höher die Komplexität einer Herausforderung, desto größer ist die Notwendigkeit, das eigene Gesprächsrepertoire zu erweitern und zu lernen, wie man aus anderen Feldern der konversationalen Emergenz heraus handelt.

Gespräche im Modus des Runterladens sind zentral gesteuert in dem Sinne, dass sie einfach nur existierende Regeln und Phrasen wiederholen. Ebenso, wie beim individuellen Runterladen meine Wahrnehmung der Welt an meine existierenden mentalen Rahmen und Schablonen gebunden ist, artikuliert das Runterladen im Gespräch nur jene Aspekte der Realität (wie von den Teilnehmenden erlebt), die in die dominanten Bezugssysteme und konversationalen Muster der Gruppe passen. Je größer der Abstand zwischen dem, was gesagt wird (»Mir geht es gut«) und der tatsächlichen Situation (»Mir geht es hundeelend«), desto größer ist die Wahrscheinlichkeit bruchartiger Krisen im betreffenden System.

Debatte: Feld-2-Kommunikation

»Wie geht es Ihnen?«
»Mir geht es miserabel.«

Das definierende Merkmal von Feld-2-Gesprächen ist, dass die Teilnehmenden offen ihre Meinung aussprechen. Ein Beispiel ist der oben erwähnte Workshopteilnehmende, der mir mitteilte, dass er kein einziges Wort aus meinem Vortrag verstanden habe. Die Atmosphäre im Kreis der Teilnehmenden war angespannt.

Jeder fühlte sich unwohl. Das Gespräch war von einer regelreproduzierenden Interaktion zu einer auf gegensätzlichen Standpunkten basierenden Debatte umgekippt. Plötzlich musstest du, um das Wort zu ergreifen, eine abweichende eigene Sichtweise artikulieren. Wer in einer Feld-1-Kommunikation das Wort ergreifen will, tut dies durch freundliche Bestätigung schon artikulierter Sichtweisen. Wer hingegen in einer Feld-2-Kommunikation das Wort ergreifen will, tut dies im Gegensatz zu oder in Abgrenzung von den schon artikulierten Sichtweisen.

Im Falle der individuellen Wahrnehmung bedeutete der Wechsel von Feld 1 zu Feld 2, vom *Runterladen* zum *Sehen* zu kommen, d. h. dass die Akteure begannen, die widersprechenden Daten (Beobachtungen, die unseren mentalen Modellen widersprechen) wahrzunehmen. Ähnlich verhält es sich, wenn eine Kommunikationssituation von Feld 1 in Feld 2 umschlägt: Die Akteure beginnen, Standpunkte und Fakten, die den gesprächsdominierenden Ansichten widersprechen, auf den Tisch zu legen.

Charles Darwin hatte immer ein Notizbuch dabei, in dem er Beobachtungen notierte, die nicht in seine Theorien passten oder ihnen gar widersprachen. Dies ist ein Beispiel für eine Arbeitstechnik, widersprechende Fakten nicht einfach zu übergehen. Gleichermaßen gibt es im kommunikativen Bereich konkrete Arbeitstechniken, die es erlauben, widersprechende Daten und Ansichten eher und schneller auf den Tisch zu kriegen.

Die Gesprächsform in Feld 2 lässt sich als Debatte bezeichnen. Das Wort *debattieren* heißt so viel wie »(den Gegner) mit Worten niederschlagen«, was genau dem Muster dieser Art von Gesprächen entspricht. Die Akteure verwenden ihre Argumente dazu, einen Gegner – sprich: jemanden mit anderer Meinung – zu schlagen oder zu übertrumpfen.

Der Debattenstil eines Gesprächs kann in Organisationen von Nutzen sein, weil es einem Team die Möglichkeit gibt, alle verschiedenen Perspektiven auf ein Thema auf den Tisch zu bringen. Natürlich gibt es bei Feld-2-Gesprächen starke kulturelle Variationen. Bei meiner Arbeit in Ostasien und in südostasiatischen Kulturen habe ich beispielsweise beobachtet, dass der beste Weg hin zu einem Feld-2-Gespräch nicht die konfrontierende Debatte ist (wie oftmals im Westen), sondern ein Prozess, in dem die Teilnehmenden gleich zu Beginn in kleinen Gruppen arbeiten und die Möglichkeit haben, verschiedene Beobachtungen und Perspektiven in Bezug auf ein Thema auszutauschen. Das gleicht eher einem Brainstorming als einer Debatte, führt aber im Ergebnis dennoch zur Realisierung der Feld-2-Gesprächsform: dem Ausdruck divergierender Perspektiven und Ansichten.

Die Gesprächsqualität in Feld 2 ermöglicht die Wahrnehmung von Differenzen und unterschiedlichen Perspektiven. Doch wenn die Herausforderung, um die es in einem Gespräch geht, es notwendig macht, dass die Teammitglieder über ihre Denkmuster und die ihrer jeweiligen Perspektive zugrunde liegenden Annahmen nachdenken und diese Annahmen auch verändern, ist eine andere Gesprächsqualität notwendig, eine, die es den Teilnehmenden ermöglicht, wie Bill Isaacs es ausdrückte, zu erkennen, »dass ich nicht mein Standpunkt bin«. Diese Gesprächsform schafft das Feld dafür, dass die Akteure den eigenen Standpunkt von außen anschauen können, zum Beispiel aus der Sicht einer anderen Person, die in diese Situation verwickelt ist. In dem Moment springt die Kommunikation in Feld 3.

Dialog: Feld-3-Kommunikation

> »Wie geht es Ihnen?«
> »Weiß nicht. Aber wie geht es Ihnen?«
> »Weiß auch nicht. Ich bin hier mit einem nervösen Gefühl angekommen.«
> »Ja? Echt? Ehrlich gesagt, mir geht es eigentlich auch so. Aber warum?«

Nachfolgend ein Beispiel für den Wechsel von Feld 2 zu Feld 3. Es stammt von meinen Kollegen Adam Kahane (2004). Er moderierte einen Workshop, dessen Ziel es war, eine heterogene Gruppe aus Vertretern aller Gebiete Guatemalas, vom Militär bis zu Vertretern der Guerillabewegung, zu einem Dialog einzuladen und gemeinsam eine Zukunftsvision zu entwickeln. Eine der Teilnehmerinnen erinnert sich (Gillespie 2000, p. 155):

> »Wir waren fähig, uns zu verständigen, miteinander zu sprechen; wir waren fähig, uns gegenseitig zu respektieren. Das ist etwas, was sicherlich viele Leute im Land beeindruckt hat. Oft hörte man: ›Waren die Leute von der Guerilla da? Und, wenn ja, haben sie zugehört?‹ – ›Ja.‹ Das ist etwas so Einfaches, aber ich bin überzeugt, dass dieser Prozess einen positiven Einfluss auf die aktuelle Entwicklung in unserem Land hat.«

Der Schritt von einer Feld-2- zu einer Feld-3-Kommunikation bedingt, dass die Teilnehmenden die Fähigkeit ausbilden, individuell und als Gruppe einen »inneren Beobachter« zu entwickeln. Das Zuhören wird aufmerksamer. Ein anderer Teilnehmender des Workshops fasste seine Haupterkenntnis über diese Art des Gesprächs wie folgt zusammen (ebd.):

> »Ich denke, am wichtigsten war die Entdeckung, in welchem Maße man sich an Gesprächen beteiligt, ohne zuzuhören, was die andere Person sagt. Und es ist etwas, was so evident war, dass man es fast sofort in die Praxis umgesetzt hat. Das ist etwas … was ich mitgenommen habe.«

»Dialog« geht auf die griechischen Worte *logos* für »Wort« oder »Sinn« und *dia* für »(hin)durch« zurück und lässt sich übersetzen als »hindurchgehender Sinn« oder »Sinnfluss, der unter uns, durch uns hindurch und zwischen uns fließt« (vgl. Bohm 1996; Isaacs 1999). Die Bewegung von einer *Debatte* (Feld 2) zu einem *Dialog* (Feld 3) basiert auf einer tief greifenden Veränderung in der kollektiven Feldstruktur der Aufmerksamkeit. Genauso wie auf der Mikroebene des Individuums, wo sich bei der Bewegung vom Sehen zum Hinspüren der Wechsel vollzieht, dass man der Welt nicht mehr als Gruppe von äußeren Objekten begegnet, sondern sie vom Inneren des Feldes her erlebt, umfasst auch der Wechsel von der Debatte zum Dialog den Wechsel vom Versuch, widersprechende Ansichten zu bekämpfen, hin zur Erkundung der anderen Standpunkte durch empathisches Zuhören und Wahrnehmen vom Inneren des anderen her.

Wenn dieser Wechsel zu einem dialogischen Gesprächsfeld eintritt, weitet sich die Perspektive und schließt die eigene Person mit ein. Der Akteur sieht die Welt nicht mehr als eine Menge äußerer Objekte, sondern seine Aufmerksamkeit wird umgelenkt, schwenkt um und sieht die Welt und das eigene Selbst, das an deren Erschaffung beteiligt ist. Beim Arzt-Patienten-Dialogforum erfolgte der Wechsel in den Feld-3-Gesprächsraum im Augenblick der Stille, als die Teilnehmenden erkannten, dass *sie selber* das System *sind*. Wenn diese Art der Veränderung eintritt, verteidigen die Teilnehmenden einer Gesprächssituation nicht mehr stur ihre eingenommenen Standpunkte, sondern erkunden die Standpunkte anderer und beginnen, ihren Standpunkt und sich selber als Teil des Systems wahrzunehmen.

Presencing: Feld-4-Kommunikation

> »Ich frage mich, Otto, ob du möchtest, dass wir dich und deine Arbeit in diesem Kreis halten und tragen.«

Als Barbara im *Circle of Seven* diesen Satz zu mir sagte, fühlte ich, wie sich die Atmosphäre im Raum veränderte (vgl. Kapitel 11). Die Zeit schien stehen zu bleiben. Der Raum um uns herum intensivierte und verdichtete sich. Mein Gefühl in Bezug auf mein Selbst schien sich zu öffnen und zu erweitern. Mehrfach habe ich einen ähnlichen Wechsel in unterschiedlichen Gesprächen erlebt. In solchen Momenten verlangsamt sich die Zeit, die Atmosphäre verdichtet und der Raum erweitert sich, als ob du auf einer Lichtung oder in einem größeren Raum stündest, der sich öffnet und beginnt, um uns und durch uns hindurch zu leuchten. Die Grenze zwischen dir und deinen Gesprächspartnern ist nun weit geöffnet, ihr seid in einer gemeinsamen Anwesenheit, in einem gemeinsamen Flow. Das Gespräch geht nicht mehr von der Selbstreflektion, sondern vom Ganzen aus, das sich durch uns hindurchbewegt. In diesen Momenten fühlt es sich so an, als ob du und diese Begegnungssituation wohlwollend angeschaut werden. Leslie beschreibt diese Erfahrungsebene im *Circle of Seven* so (vgl. Kapitel 11):

> »[…] ich habe das Gefühl, meine Worte sorgfältig wählen zu wollen. Ich spreche dann, wenn ich diese Wahrnehmung von einem Ganzen habe, wenn ich diese Anwesenheit spüre und denke, dass ich etwas dazu beitragen kann, die zum Ausdruck zu bringen […] ›Wir sind ins Feld eingetreten.‹«

Dieser Moment des gemeinsamen Schöpferisch-tätig-Seins beginnt normalerweise mit einer Art »Bruch«, einem Umschlagpunkt, der etwas mit dem Loslassen und

Kommenlassen zu tun hat. Diesen Umschlagpunkt hatten wir vorher so beschrieben, dass er sich anfühlt, als würde man »eine Membran durchbrechen«.

Feld-4-Gespräche unterscheiden sich vom reflektiven Dialog (Feld 3) nicht nur in der Qualität der Erfahrung, sondern auch in Bezug auf zwei Langzeitergebnisse, die sich einstellen: eine tiefe Verbundenheit unter denen, die an solch einem Gespräch teilgenommen haben, und oft eine gesteigerte Fähigkeit, gemeinsam effektiv zu handeln, sowohl als Gruppe wie auch als Einzelne.

Das haben wir bei zahlreichen Projekten in vielen Ländern erlebt. Wird diese tiefere Verbundenheit einmal aktiviert, bleibt sie für immer. Mitunter schlummert sie eine Weile im Verborgenen. Aber sie ist immer noch da. Sogar nach vielen Jahren dauert es interessanterweise nur wenige Augenblicke, sie zu reaktivieren. Es ist, als würde man seinen besten Freund nach langen Jahren wiedersehen und feststellen, dass es immer noch sofort »Klick macht«.

Wenn ich auf die letzten 10 oder 20 Jahre zurückschaue, auf die Projekte und Initiativen, die die größte Wirkung erzeugten, wird mir klar, dass sie alle dasselbe Merkmal gemeinsam haben: Sie alle wirkten, indem eine transformative Verbindung auf der Ebene 4 zwischen den Teilnehmenden geschaffen wurde; sie wirkten, indem sie die schöpferische Ebene des sozialen Feldes aktivierten. Und diese Verbindungen und Untergruppen entwickeln sich einfach immer weiter und erzeugen einen unendlichen Strom an Energie, Spaß, Ideen, Beziehungen und Möglichkeiten.

Das Erschließen dieser tieferen Quelle kann eine echte Kraft hervorbringen, aber es verlangt viel Aufmerksamkeit und Arbeit, das Neue Wirklichkeit werden zu lassen. Manchmal gelingt es, diese Qualität zu erreichen, manchmal nicht.

Mein Kollege Adam Kahane beschreibt eine Situation, in der eine Gruppe diese tiefe Gesprächsqualität erreicht hat (Kahane 2004). Er moderierte – wie bereits erwähnt – in Guatemala ein nationales Szenariumprojekt zu einem Zeitpunkt, als nach einem langen Bürgerkrieg endlich ein Waffenstillstandsabkommen unterschrieben worden war. Die Entwicklung von Zukunftsszenarien ermöglicht es den Teilnehmenden, die Kräfte und Faktoren zu identifizieren, die mit den jeweiligen Szenarien verbunden sind. An einem der ersten Abende des Workshops versammelte sich die Gruppe nach dem Essen und begann, Geschichten zu erzählen, von denen man glaubte, dass sie die Grundkräfte der Situation sichtbar machen könnten. Eine Unternehmerin sprach darüber, wie sie versuchte, Informationen über die Tötung ihrer Schwester durch das Militär zu erlangen.

Ein Mitglied des Militärs, mit dem sie in diesem Zusammenhang gesprochen hatte und das jegliche Beteiligung an dem Mord an ihrer Schwester abgestritten hatte, saß an diesem Abend im Kreis neben ihr, als der Menschenrechtsaktiviert Ronalth Ochaeta davon berichtete, wie er Zeuge einer Exhumierung wurde; nach einem Massaker in einem Mayadorf waren die Leichen in ein Massengrab geworfen worden. Als die Erde weggeräumt war, bemerkte er zahlreiche kleine Knochen und fragte das Team der Forensiker (Gerichtsmediziner), ob die Knochen der Leute während des Massakers gebrochen worden waren. Sie verneinten das und sagten, das Grab enthalte die Körper schwangerer Frauen und die kleinen Knochen stammten von den noch ungeborenen Kindern.

> »Als Ochaeta mit seiner Geschichte endete«, sagte Adam, »waren alle Anwesenden vollkommen still. Ich leitete diese Sitzung, und ich hatte noch nie eine solche Stille erlebt; ich war sprachlos, und ich hatte keine Ahnung, was ich sagen oder tun sollte, also tat ich nichts. Die Stille dauerte ewig, vielleicht 5 Minuten … Am Ende dieser Sitzung machte ich eine ungewöhnliche Beobachtung: ›Es fühlt sich so an, als sei mehr im Raum anwesend als nur die Teilnehmenden.‹«

Auf Adam wirkte diese Erfahrung so, als ließe das Gefühl des »Voneinandergetrenntseins« der Teilnehmenden nach. Zwei Teilnehmende sprachen von einer »Kommunion«. Die Teilnehmenden begannen zunächst, ihre unterschiedlichen Perspektiven gegenseitig wertzuschätzen und waren zumindest für eine Weile ein gemeinsames »höheres Ich«. Adam beschrieb das so (ebd.):

> »Das Gefühl, das sich bei Ochaetas Worten einstellte, war Empathie, die aber nicht seiner Person galt. Die Geschichte war nicht eine Geschichte über ihn, und er erzählte sie mit wenig Emotion; viele andere Leute im Raum hätten aus ihrer eigenen Erfahrung ähnliche Geschichten erzählen können. Ochaeta hingegen war ein Vehikel dafür, dass diese sehr wichtige Geschichte in den Raum kommen und von allen gehört werden konnte. Jede Geschichte ist ein Hologramm, welches das ganze Bild beinhaltet. Das Team erkannte in Ochaetas Geschichte das essenzielle Ganze der Realität Guatemalas: das Ganze, mit dem man sich auseinandersetzen musste, um seine Aufgabe zu tun.«

Wenn Kommunikation den »Punkt der Kommunion« erreicht, erkennen die Teilnehmenden ihre Gemeinsamkeiten und fühlen zutiefst, wozu sie da sind und was ihre Aufgabe ist. Alle Interaktionen und Gespräche fangen an, von einem anderen Ort – einem Ort tiefer Verbundenheit – auszugehen, und die Öffnung zur essenziellen Emergenz setzt ein.

Kommunikative Felder und ihre Antiräume

Abb. 17.3 stellt eine differenziertere Typologie der hier besprochenen Gesprächsfelder dar. Aufbauend auf Abb. 17.1, beschreibt diese Abbildung drei zusätzliche Felder des Gesprächs auf der rechten Seite des U:

- strategischen Dialog (intentionale Emergenz)
- Brainstorming (kreative Emergenz)
- In-die-Welt-Bringen oder Performing (verkörperte Emergenz).

Diese drei Formen basieren auf Feld 4, das heißt, sie teilen die gleiche Feldstruktur der Aufmerksamkeit, die sich durch die Verbundenheit mit der Quelle definiert. In allen drei Formen handeln die Akteure aus der Verbindung zu einer tieferen Quelle. Der Unterschied liegt im Kontext der Kommunikationssituation. Jedes Mal wird das In-die-Welt-Kommen des Neuen anders realisiert: als Bild und Intention, als Prototyperkundung oder als Alltagspraxis.

Was in Abb. 17.3 neu ist, ist ein Antiraum des Abwesendwerdens, in dem kein Dialog stattfindet und der auch als dunkler Raum sozialer Pathologie bezeichnet werden kann.

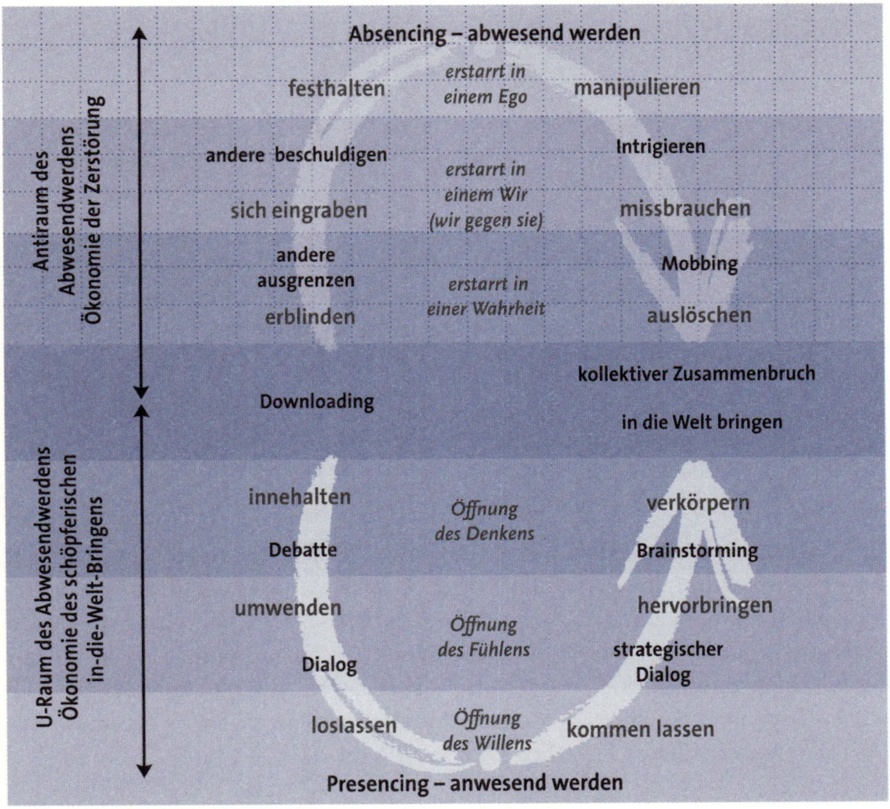

Abb. 17.3: Der U-Raum und der Antiraum: kommunikatives Handeln

Warum Dialog manchmal nicht stattfindet

Viele Systeme und Institutionen sind im Runterladenmodus völlig festgefahren. Welche Mechanismen lassen die Gesprächsform des Runterladens so dominant werden? Warum bleiben so viele Systeme in pathologischen Verhaltensmustern stecken?

Soziale Felder sind fragil und können in eine soziale Pathologie entgleisen. Ein Grund dafür ist etwas, was ich als *kommunikatives Abwesendwerden* bezeichnet habe. Es ist das Gegenteil des kommunikativen Presencing. Die folgenden *sieben Verhaltensmuster* kennzeichnen seine Einzelmechanismen:

1) Runterladen: Die Muster der Vergangenheit wiederholen
2) Andere Sichtweisen ausgrenzen
3) Anderen die Schuld geben
4) Abwesendwerden und Hybris
5) Intrige und Desinformation
6) Einschüchterung und Mobbing
7) Kollektiver Zusammenbruch

↺

1) *Runterladen: Die Muster der Vergangenheit wiederholen:* Runterladen ist Anfangspunkt und Keim für Gesprächsmuster, die sich im Zyklus des Abwesendwerdens festfahren – so wie das Gegenteil, ein Aufmerksamwerden und Staunen, Ausgangspunkt und Keim für den Zyklus des Presencing ist.
2) *Andere Sichtweisen ausgrenzen:* Das zweite Verhaltensmuster, das in das Abwesendsein führt, besteht darin, widersprüchliche Meinungen und Perspektiven auszugrenzen und nicht in eine Debatte einzuladen. Ein Beispiel ist der in Kapitel 8 beschriebene zweite CEO der GlobalHealthCompany:

> »Er war eine ruinöse Führungsperson«, erinnerte sich ein Bereichsleiter des Unternehmens. »Er feuerte die Leute sofort, wenn sie nicht seiner Meinung waren. Man wurde gefeuert, wenn man etwas über die Firma sagte, was man nicht sagen durfte – dein Job bestand darin, die Firma zu schützen.«

Ein weiteres bekanntes Beispiel ist der Absturz der US-Raumfähre Challenger. In der Rekonstruktion der Diskussion vor dem Start wurde deutlich, dass auch bedenkliche Daten erwähnt, aber unterdrückt wurden, als ihre Berücksichtigung am wichtigsten gewesen wäre, nämlich als es um die Entscheidung ging, den Start der Raumfähre zu verschieben oder im Plan zu bleiben. Joseph Stiglitz benennt in seinem Buch über die internen Mechanismen des Internationalen Währungsfonds (IWF) ein weiteres Beispiel (Stiglitz 2002, p. XIV; dt. 2004, S. 13 ff.):

> »Die Strukturanpassungspolitik [wurde] von vielen in der Führungsetage des IWF und der Weltbank, die die entscheidenden Beschlüsse trafen, nicht angezweifelt … Das taten die Verantwortlichen in den Entwicklungsländern, aber viele von ihnen hatten so große Angst, dass ihnen die Fördergelder vom IWF und anderen gesperrt würden, dass sie ihre Zweifel, wenn überhaupt, nur überaus vorsichtig im kleinen Kreis formulierten.«

Ein neueres Beispiel liefert der Abgasskandal, der den VW-Konzern in die Knie zwang. Die tiefere Ursache des Problems war eine Kultur der Angst, die aufrichtige und schwierige Gespräche verhinderte (vgl. Scharmer 2015b).

3) *Anderen die Schuld geben:* Andere für Probleme verantwortlich zu machen reduziert die Wahrnehmung der Realität. Gerade eine genaue Realitätswahrnehmung ist für einen erfolgreichen Umgang mit sozialer Komplexität entscheidend. Der erste Schritt in einem Prozess der Konflikttransformation

besteht darin zu lernen, die Situation aus der Perspektive der anderen sowie auch den eigenen Anteil und die eigene Rolle in der Situation zu sehen. Das Kommunikationsmodell, anderen die Schuld zuzuweisen, hindert Gruppen daran, die soziale Komplexität zu begreifen, d. h., sich selbst als Teil des Ganzen, um das es geht, sehen zu lernen. Wenn der Druck steigt und ein System im Modus des *Die-Schuld-bei-anderen-Suchens* stecken bleibt, dann ist auch das Ergebnis wahrscheinlich dysfunktional. Die Unfähigkeit, die diesem Gesprächstyp zugrunde liegt, besteht darin, in seiner eigenen kleinen Welt gefangen zu bleiben, anstatt die Grenzen nach draußen zu überschreiten. Andere zu beschuldigen bedeutet, dass man sich mit den anderen nicht verbindet und nicht das Ganze wahrnimmt. Stiglitz, zum Beispiel, hatte den Vorteil, dass er nicht zu tief in der internen Politik des IWF verwurzelt war und daher nicht nur die institutionelle Sicht des IWF kannte, sondern die Situation auch aus der Perspektive der anderen Seite betrachten konnte: derjenigen der Entwicklungsländer. Er beschreibt seine Wahrnehmung wie folgt (ebd., p. XV, S. 14):

> »Heute verteidigen – abgesehen von den Besitzstandswahrern, die davon profitieren, dass die von ärmeren Ländern produzierten Güter vom inländischen Markt fern gehalten werden – nur noch wenige die Heuchelei, so zu tun, als wolle man den Entwicklungsländern helfen, während man gleichzeitig eine Politik betreibt, die die Reichen noch reicher und die Armen noch ärmer – und immer zorniger – macht.«

Diese Heuchelei kann nicht nur als individuelles Verhaltensproblem verstanden werden. Sie kann nur im kollektiven Gesamtkontext erklärt werden, in dem bestimmte Aspekte der Realitätswahrnehmung strukturell ausgeblendet oder ausgeschaltet werden. Man erinnere sich an die Worte des Außendienstmitarbeiters des US-amerikanischen Autokonzerns (vgl. den Abschnitt »Beobachtung 3« im Vorwort zur Neuauflage): Wenn ein Problem auftaucht, ist die interne Reaktion immer dieselbe: Das Problem existiert nicht. Nach dieser Phase der Verleugnung besteht die zweite Reaktion darin, die Schuld auf andere zu schieben.

4) *Abwesendwerden und Hybris:* Ein Gesprächsmodus, in dem es darum geht, andere zu beschuldigen, schafft ein zwischenmenschliches (»horizontales«) Getrenntsein der Beteiligten. Abwesendwerden trennt den Akteur hingegen von seinem entstehenden, authentischen Selbst ab, gewissermaßen vertikal. Diese Abtrennung ist in mancher Hinsicht wohl die subtilste und weitestreichende Beeinträchtigung.

Während einer Telefonkonferenz, bei der es um ein Design für eine internationale Organisation ging, begann mein Klient, der auch Sponsor des betreffenden Workshops war, seine Ideen und die wesentlichen Ziele für das Treffen zu beschreiben. Plötzlich fühlte ich, wie ich mich innerlich ausklinkte, denn das, was er beschrieb, war nicht das, was er, seine Kerngruppe und ich vorher gemeinsam entwickelt hatten. In dem früheren Gespräch hatten wir eine wagemutigere Vision und Intention für das Treffen entwickelt, und nun fühlte ich, wie durch seinen überarbeiteten Vorschlag die Zeit und Energie derjenigen, die mit den Vorbereitungen befasst gewesen waren, verschwendet waren. Äußerlich gab ich mein inneres Ausklinken zunächst nicht zu erkennen. Ich war dem Klienten gegenüber aufmerksam und äußerte mich höflich zurückhaltend zu dem, was er sagte. Doch wusste ich, dass sein gegenwärtiger Plan die wirkliche Zukunftsmöglichkeit, die er und die anderen Mitglieder der Kerngruppe sich zunächst erhofft hatten, zerstören würde. Weil mir dies klar war, begann ich, es innerlich zu bedauern, dass ich äußerlich den offiziellen Spielregeln des Klienten folgte, anstatt ihm zu sagen, was ich wirklich fühlte und dachte. Ich fühlte fast so etwas wie eine innere Verpflichtung oder ein inneres Bedürfnis, den Versuch zu unternehmen, die Dinge doch noch umzudrehen. Ich wusste nicht, was ich tun sollte.

Am Abend, bei einem Einzelgespräch mit demselben Klienten, brachte ich einige meiner Bedenken zur Sprache. In dem dann folgenden Gespräch tauchte die anfängliche Verbindung zu der Zukunftsmöglichkeit für uns beide erneut auf.

Abwesendwerden (Absencing) umfasst auch diese subtile Dimension der Sabotage (oder Selbstsabotage), so wie mein Verhalten in dieser Telefonkonferenz (eben nicht zu sagen, was ich denke). Manchmal ist diese Form von Abwesendwerden so wenig sichtbar, dass möglicherweise nur *du selbst* es bemerkst, wenn sie eintritt. Denn wen sabotierst du im Grunde? Dein authentisches Selbst und die Beziehungen, die dieses authentische Selbst möglicherweise mit dem authentischen Kern der anderen Akteure hat. Das heißt, die höchste Zukunftsmöglichkeit für dich selbst und für dein Projekt oder dein Team wird sabotiert – durch dich, durch dein gewordenes Ich. Wenn die Beziehung zum authentischen Selbst gekappt ist, wird eine innere Leere und Ödnis spürbar. Dieser Zustand macht dann empfänglich dafür, sich mit allen möglichen Ersatzbefriedigungen, Ersatzidentitäten und Ersatzgeistern der Vergangenheit zu füllen, bis hin zu übersteigerten Egomanien (Hybris) oder faschistoiden oder faschistischen Ideologien.

Eine selbstübersteigernde Hybris und faschistoide Ideologien sind das Gegenteil von Presencing, weil sie jeweils auf einer Trennung beruhen – und nicht auf einer Verbindung zum eigenen authentisch-zukünftigen Selbst.

Beim Presencing fungiert das Selbst als Vehikel für das In-die-Welt-Kommen der höchsten zukünftigen Möglichkeit. Wenn im Gegensatz dazu Selbstbezogenheit oder Selbstmitleid ins Zentrum rückt, wird die uns umgebende Welt zur Ressource und einer uneingeschränkten Ausbeutung durch das Ego und seine Hybris oder sein Selbstmitleid ausgesetzt. Diese Unterscheidung ist wichtig, weil sie zum Beispiel klärt, dass Deutschland unter den Nazis ein

Beispiel für Abwesendwerden war und nicht für Anwesendwerden. Hitler und seine Leute haben zwar auf gekonnte Art und Weise mit der Mobilisierung kollektiver Energie gearbeitet, aber sie benutzten sie für ein Kulturprogramm des Absencing, des Abschneidens der kollektiven Energie von seiner höchsten zukünftigen Möglichkeit. Am Ende standen die totale Hybris und die totale faschistische Mobilmachung im Zentrum. Das Bestreben der Nazis bestand darin, den Rest der Welt als Ressource auszubeuten. Das höhere, authentische Selbst wurde nicht angesprochen und nicht aktiviert.

Die verbleibenden drei Praktiken der kollektiven Pathologie, also die rechte Seite, das »Gegen-U«, bringen den Prozess des Abwesendwerdens in gleicher Weise zur Realisierung (Entwirklichung), wie dies auf der rechten Seite des U-Prozesses der Fall ist (Verwirklichung).

5) *Intrige und Desinformation* vertiefen die Kluft zu der höchsten Zukunftsmöglichkeit eines Systems, da sie die gemeinsamen Quellen des Gesprächs und des Denkens vergiften. Sie zielen darauf ab, die Überzeugungen und das Verhalten der anderen zu manipulieren, indem wahre Information zurückgehalten oder falsche Information (Fake News) hinzugefügt werden. Beide Praktiken haben im Bereich der institutionellen und Unternehmenspolitik breite Anwendung gefunden. Man denke nur an die finanziellen Mittel, die von den Leugnern des Klimawandels in die Verbreitung von Desinformationen zu diesem Thema fließen.
6) *Einschüchterung und Mobbing* vergiften soziale Interaktionen und Beziehungen weiter. Mit Einschüchterung ist die kontinuierliche verbale oder körperliche Attacke gegen Einzelne oder Minderheiten gemeint. Beispiele dafür lassen sich ausreichend finden – angefangen beim Kindergartenspielplatz über den Alltag von Organisationen bis hin zu internationalen Institutionen und Kooperationen. So, wie kreatives *Brainstorming* ein Mikrokosmos zur Inkubation im Entstehen begriffener Zukunftsmöglichkeiten ist, ist Mobbing ein Mikrokosmos zum vorzeitigen Beenden entstehender Zukunftsmöglichkeiten.
7) Der *kollektive Zusammenbruch* ist der letzte Schritt bei der Zerstörung relationaler Strukturen. Ebenso wie das *In-die-Welt-Bringen* die abschließende Bewegung in der Verkörperung des U-Prozesses ist, bringt der *Zusammenbruch* die Bewegung des Abwesendwerdens zum Abschluss, indem die Verbindung zum zukünftigen Potenzial endgültig gekappt wird.

Zusammenfassend stellt die linke Seite des Antiraumes der Pathologie in Abb. 17.3 die drei Grundlagen dar, von denen dieser Zyklus aus operiert: Ein System wird funktionsuntüchtig, wenn es von den zwei Lebensadern seiner Entwicklung abgeschnitten wird: den horizontalen und den vertikalen Verbindungen. Das *Zum-Schweigen-Bringen* und *Anderen-die-Schuld-Geben* schneidet ein System von der horizontalen Verbindung ab. *Abwesendwerden* schneidet die Verbindung zur höchsten

Zukunftsmöglichkeit ab. Sind diese beiden Lebensadern durchschnitten, bleiben wir mit Gesprächsprozessen zurück, die unser gemeinsames Denken vergiften und pathologisieren (durch Intrige und Desinformation), die unsere Beziehungen belasten (durch Einschüchterung, Mobbing und das Ersticken von Innovationen) und schließlich das System selbst zerstören (kollektiver Zusammenbruch).

Mithilfe von Abb. 17.3 lassen sich einige diagnostische Beobachtungen in Bezug auf den gegenwärtigen Zustand des Gesprächsprozesses in Organisationen und Institutionen beschreiben:

- Die individuelle Intention der meisten Teilnehmenden in den meisten Organisationen besteht darin, aus dem Raum des kreativen Werdens, nicht aus dem Antiraum der Pathologie heraus zu handeln.
- Dennoch finden viele Gespräche in und zwischen Organisationen im Antiraum der sozialen Pathologie statt, nicht im Raum des kreativen Werdens.
- Das Ergebnis des gemeinsamen Handelns entspricht also nicht der Intention der Individuen: Wir handeln in der toxischen Atmosphäre pathologischer Gesprächsmuster.
- Der Gesprächsraum ist vergiftet oder in zweierlei Hinsicht begrenzt: Er verhindert den Zugang zu den tieferen Entwicklungsebenen des Seins und Bewusstseins der einzelnen Teilnehmenden, und er hindert Institutionen daran, sich mit ihren strategischen Umfeldern mitzuentwickeln, indem die tieferen Felder des evolutionären Wandels zugänglich und handlungsleitend gemacht würden.
- Wenn ein System unterzugehen beginnt und sich immer tiefer im Gegenraum der sozialen Pathologie verheddert, sehen wir, dass die diversen Reparaturbemühungen sich oft mit der rechten Seite des Absencing-Prozesses beschäftigen. Das dysfunktionale Verhalten *entspringt* jedoch auf der linken Seite (und oben) desselben Zerstörungszyklus: mit dem Kappen der horizontalen und vertikalen Verbindung.

Wenn der Antiraum oder der Zyklus der Zerstörung dysfunktional ist und wenn niemand ihn will, warum ist er dann solch eine dominante Kraft in der Realität des 21. Jahrhunderts? Wir werden später darauf zurückkommen.

Die andere Frage, die diese Beobachtungen aufwirft, lautet: Welches sind konkrete Praktiken des kommunikativen Handelns, die die Bewegung aus dem destruktiven Raum des Absencing in den schöpferischen Raum des Presencing vollziehen?

Dialoginterviews in Organisationen

Eine konkrete Technik des kommunikativen Handelns sind die Dialoginterviews, die meine Kollegen und ich in vielen organisationellen Prozessen erfolgreich eingesetzt haben. Beispielsweise im Fall eines großen globalen Automobilherstellers nutzt man diese Technik, um Kräfte, die in eine neue Führungsverantwortung befördert worden sind, auf ihre Aufgabe vorzubereiten. Diese Dialoginterviews sind ein 90- oder 120-minütiges Telefongespräch, das aktuelle Herausforderungen und den persönlichen Lebens- und Entwicklungsweg der betreffenden Führungskraft thematisiert. Ursula Versteegen, die diesen Prozess über die letzten 10 Jahre mit mir entwickelt hat, beschreibt eine ihrer Erfahrungen aus einem Dialoginterview:

> »Vor einer Weile hatte ich ein Dialoginterview mit Walter H. Für mich kommt die schwierigste Herausforderung im Dialog an der Stelle, wo ich ›von der Klippe springen muss‹. Dieser Moment, wo ich mich selber vom sicheren Boden des Gewohnten abstoße und hineingehe in eine totale ›Gegenwärtigkeit‹, eine Offenheit gegenüber dem Werdenden, ist der schwierigste Moment im Interview, und ich habe wirklich Angst, wenn ich fühle, dass es sich anbahnt. Doch sobald ich mich traue zu springen und mein inneres Zögern und meine Unbeholfenheit überwinde, ist es leicht, ist es einfach.
>
> Walter H. ist Ingenieur. ›Ich wusste mit 10 Jahren‹, fing Walter an, ›dass ich Ingenieur werden, an Autos arbeiten wollte. Als Kind verbrachte ich mehr Zeit auf Schrottplätzen als auf Spielplätzen.‹
>
> Seit mehr als einem Jahrzehnt hatte Walter H. als Qualitätsexperte in verschiedenen Positionen und Werken gearbeitet. Wenn er von Autos sprach, wurde er richtig enthusiastisch. Ich hörte gern zu. Er sagte: ›Jeder hakte sich bei mir von Anfang an ein. Mir wurde früh Verantwortung übergeben. Seit ein paar Wochen nun bin ich im Bereich Personalwesen für Arbeitnehmer-Arbeitgeber-Beziehungen zuständig. Es ist ein exotisches Neuland für mich. Es gibt da eine riesige Liste von Dingen, für die ich jetzt verantwortlich bin: Arbeitsorganisation, Reorganisation, Führungsorganisation in den Werken, Gewerkschaften, Gesundheitsmanagement, Berichte über Krankheitslisten, Gesundheitserhaltung, Arbeitssicherheit usw. Meine Herausforderung ist: Wie überzeuge ich die Leute im Werk, sich am Gesundheitsmanagement zu beteiligen? Wie verhandele ich mit den Gewerkschaften, oder wie verkaufe ich ihnen unsere Konzepte? Wie kann ich Entscheidungen treffen, ohne eine formale Weisungsbefugnis zu haben?‹
>
> Nachdem er mir diese Liste vorgelesen hatte, fühlte ich mich sofort wie niedergeschlagen. Es brauchte einen Augenblick, bis ich merkte, dass mein Energiepegel von hundert auf null gesunken war. Warum eigentlich? Was war passiert? Als er seine Herausforderungsliste vorlas, merkte ich, dass er sich ebenfalls verändert hatte. Seine Stimme war formeller geworden, er sprach viel schneller, die Art, wie er sprach, fühlte sich distanzierter an. Ich hatte Mühe zuzuhören. Er hörte sich an, als ob er sich von einem freundlichen, enthusiastischen, praktischen Produktionsmenschen in einen formalen Bürokraten verwandelt hätte, der genau wusste, was all die Werkangestellten tun müssten (aber nicht taten). Ich fühlte mich gleichermaßen distanziert. In mir drin fing ich allmählich an, mich mit diesen armen Leuten in der Produktion zu verbünden, die die Zielscheibe all dieser betrieblichen Aktivitäten waren. Ich fragte ihn nach den Stakeholdern, wer die wichtigsten Leute seien, mit denen er sprechen müsse und deren Perspektiven für den Erfolg seines neuen Jobs wichtig seien. Ich hoffte im Stillen, die Stakeholder würden ihm sagen, was ich meinem Gefühl nach nicht sagen konnte. ›Ach so, das habe ich schon gemacht‹, sagte Walter schnell, ›als ich mein Die-ersten-hundert-Tage-Antrittsinterview gab. Ich erzählte meinen Stakeholdern, was meine Verantwortlichkeiten sind, und bat sie um Kommentare. Muss ich das noch mal machen?‹

Ich wusste, jetzt war der Moment gekommen, wo ich springen musste, um etwas zu erreichen. Aber eine unglaubliche innere Schwerkraft hielt mich zurück. Ein Teil von mir sagte: Sag ihm, warum seine Art, Stakeholderinterviews zu machen, nutzlos ist. Der andere, der ängstliche Teil sagte: Öffne dein Herz. In diesem Moment erinnerte ich mich an die Zeit, als ich am Hauptsitz einer pharmazeutischen Firma gearbeitet hatte und in einer ähnlichen Situation gewesen war. Meine Aufgabe war gewesen, die Geschäftseinheiten und Produktionsbereiche von Vorgaben und To-dos zu überzeugen, die aber meiner eigenen Erfahrung nicht entsprachen. Je nutzloser ich mir vorkam, desto mehr veränderte sich mein Kommunikationsstil.

Ich sprang: ›Während ich Ihnen zuhöre, frage ich mich, was der Unterschied ist, ob man für ein Werk oder die Zentrale arbeitet.‹ Ich konnte ihn nicken hören. Unsere Distanz begann zu schmelzen. Ich sprach langsamer und sprach aus dem inneren Ort der verlorenen und nutzlosen Person, als die ich mich damals fühlte: ›Ich weiß nicht, ob und wie diese Erfahrung mit Ihnen zusammenhängt.‹ Ich sprach, als ob ich auf Zehenspitzen liefe, nicht wissend, was ich als Nächstes sagen würde. ›In meinem Fall, als ich die Leute in der Produktion fragte, wofür sie mich brauchten, war ihre Antwort: ›Ehrlich gesagt, Frau Versteegen, brauchen wir Sie überhaupt nicht in Bezug auf das, was Sie gerade tun. Es tut uns leid, Ihnen das zu sagen.‹

Stille. Man hätte eine Stecknadel fallen hören können. Aber die Stille war reine Energie. Ich hörte einen Seufzer sehr tiefer Erleichterung, und dann sagte Walter: ›Das ist genau das, was sie mir gesagt hatten.‹ In diesem Moment veränderte sich das ganze Gespräch. Ich fragte ihn: ›Vorher hatten Sie erwähnt, dass einer ihrer wichtigsten Lerninhalte in der Produktion war, dass die Dinge immer anders erscheinen, wenn man sie von außen betrachtet, verglichen damit, wenn man von innen schaut. Wie lässt sich dieses Gelernte auf ihre jetzige Situation anwenden?‹

Die Zeit verlangsamte sich, und wir kamen in einen Flow. Schließlich sagte er: ›Na ja, eines meiner Interviews war anders. Das war, als ich mit einem Produktionsleiter gesprochen habe, den ich gut kenne und sehr respektiere. Ich sprach mit ihm nicht als Gewerkschaftsvertreter, ich sprach mit ihm, als ob ich immer noch sein Kollege wäre, in meiner ehemaligen Rolle, als ich auch Produktionsleiter war. Er sagte: ›Walter, als einer aus der Zentrale bringst du uns Antworten auf Fragen, die sich mir gar nicht stellen. Aber ich habe viele Fragen und Anliegen, bei denen ich Hilfe von dir als erfahrenem Experten brauchen könnte, um neue und innovative Antworten zu finden.‹

Dann fragte ich Walter: ›Warum konnte er Ihnen das sagen?‹ Walter antwortete: ›Ich denke, ich hatte mich quasi in die Schuhe meines Kollegen gestellt, von der Produktion zum Unternehmen geschaut. In den anderen Interviews hatte ich von außen geschaut, von der Unternehmenszentrale zur Produktion. Und der Unterschied, den ich nun sehe, wirft eine neue Frage in mir auf: Sollte das Unternehmen sich um die Produktion herum organisieren, oder sollte die Produktion sich um das Unternehmen organisieren? Als ehemaliger Werksleiter kann ich meine neue Stellung dazu verwenden, das Gespräch zu verlagern, weg von einer Zentrierung um die Unternehmenshauptverwaltung und hin zu einer Zentrierung um die Produktion.‹«

Auswertung von Dialoginterviews

Eine typische Herausforderung bei organisationalen Veränderungsprozessen liegt darin, die Perspektive und Ideen der wichtigsten Stakeholder (wie beispielsweise wichtiger Kooperations- und Geschäftspartner) zu verstehen. Dialoginterviews sind dazu ein wirksames Werkzeug. Sie erlauben es, diese Ideen zutage zu fördern und gleichzeitig die Stakeholder miteinander und mit sich selbst zu verbinden. Beim Arzt-Patienten-Dialogforum mussten wir zum Beispiel 130 Interviews analysieren und quantitativ auswerten. Jedes Projekt hat seine spezifischen Anforderungen, doch gibt es meiner Erfahrung nach zehn Schritte, die bei der Auswertung und Strukturierung von Interviews hilfreich sind:

1) Vorbereitung
2) Eröffnung
3) Artikulation von Intention und Kernfragen
4) Jamsession – Beobachte, beobachte, beobachte
5) Vom Ganzen her wahrnehmen (Sensing)
6) Essenzielle Emergenz
7) Verdichten
8) Erstellen eines Prototyps
9) Präsentieren und In-die-Welt-Bringen
10) After-Action-Review

Im Einzelnen:

1) *Vorbereitung:* Die Gruppe der Interviewer (normalerweise eine Kombination interner und externer Leute) bereitet sich auf die Auswertung so vor, dass sie sämtliche (verfügbaren) Interviewtranskripte liest. Jeder identifiziert Textstellen aus den Interviews, die die Symptome und die darunterliegenden Systemprobleme am besten auf den Punkt und in eine lebendige Sprache bringen.
2) *Eröffnung:* Zuerst berichtet jeder Interviewer von einer kurzen Anekdote aus dem Interviewprojekt, etwas, »was mich« oder »mein Herz berührt hat«. Diese Diskussion ist leicht und locker, aber sie bestimmt den Ton. Innerhalb weniger Minuten lassen diese Geschichten ein soziales Feld entstehen, das die späteren Stufen des Prozesses »vorwärmt« und in Gang bringt. Das hilft bei dem Bemühen, unmittelbar in einige Kernaspekte der betreffenden Feldsituation vorzudringen. Jedoch ist die wichtigste Regel, sich genau an die Daten zu halten: Der springende Punkt ist, nur über die entsprechenden Erfahrungen und Zitate zu berichten und sich aller Interpretation zu enthalten.
3) *Artikulation von Intention und Kernfragen:* Nach dieser Eröffnung beginnt die eigentliche Arbeit – zu artikulieren, ob und aus welchen Gründen Veränderung notwendig ist, welches das Ziel des Projekts ist und Kernfragen das Projekt organisieren.

4) *Jamsession – Beobachte, beobachte, beobachte:* Dieser Schritt ist das Kernstück der Analyse. Die Teilnehmenden sitzen mit den Abschriften der Interviews vor sich um einen Tisch und beginnen, einzelne Schlüsselzitate laut vorzulesen. In vielerlei Hinsicht ist dieses Vorlesen wie eine Jamsession: Die Instrumente sind die Menschen, denen man begegnet ist, die Interviewpartner; die Notenblätter sind die Abschriften der Interviews, und das Musikstück ist die Kunst des gemeinsamen Sehens und Hinspürens. Die Jamsession beginnt damit, dass eine Person ein Zitat vorliest, das ihr aufgefallen ist und relevant erscheint. Meistens wird auch der Kontext dazu kurz erläutert. Dann folgt eine Pause. In dieser erinnert sich ein anderer Teilnehmender der Jamsession an ein anderes Zitat, das mit dem ersten zusammenhängen kann oder auch nicht. Er fügt ebenfalls eine Bemerkung hinzu, die das Zitat in seinen Kontext stellt. Pause. Dann das dritte Stück. Und so weiter. Es ist wie eine Collage. Jedes Zitat ist ein kleines Stück des Bildes. Aus all diesen Stücken entsteht dann langsam ein Bild des ganzen Feldes, das es zu erkunden gilt.
5) *Vom Ganzen her wahrnehmen (Sensing):* Während die Teilnehmenden der Jamsession der sich entwickelnden Komposition zuhören, fangen sie an, die entstehenden Muster, Motive und Leitmotive wahrzunehmen. Allmählich verändert sich der Ort des Zuhörens zu einem Zuhören aus dem Ganzen und vom Ganzen her. Plötzlich schlägt das Zuhören um vom Hinhören – die einzelnen Zitate betreffend – zum Sehen der gemeinsamen Muster, Motive und Leitmotive, zum Sehen des gemeinsamen Grunds. Ein nächster Schritt kann ein Mindmapping der Muster sein: Zeichne einen leeren Kreis auf die Mitte eines Flipcharts. Schreibe eine Frage oder eine Beziehung in diesen Kreis. Alles, was mit dieser Frage in Beziehung steht, wird dann in Sprechblasen um das Zentrum herumgruppiert. Alle erdenklichen Manifestationen dieses Phänomens, um das es geht, werden notiert und sichtbar gemacht. Zum Beispiel könnte in der Mitte stehen: *Arzt-Patienten-Beziehung*. In den umliegenden Sprechblasen sind dann die verschiedenen Manifestationen dieses Phänomens notiert. Die Zahl dieser Flipcharts (Mindmaps) wächst, und Muster und Themen werden sichtbar. Durch diesen Prozess kann das gemeinsame Denken in den spezifischen Kontext eintauchen. Jedes Zitat kann als »Fußabdruck« in einer größeren *Bewegung* des Feldes verstanden werden. Das kollektive intuitive Denken der Gruppe verbindet sich dann nachvollziehend mit dem Fußabdruck, indem jedes Zitat gemeinsam gelesen und gehört wird. Dadurch, dass die Konstellation der Fußabdrücke als ein dynamisches Ganzes gleichzeitig gehalten und in Gegenwärtigung gebracht wird, verbindet sich das kollektive Denken mit der Bewegung des Feldes.
6) *Essenzielle Emergenz:* Im weiteren Verlauf des Gesprächs wird versucht, die entstehenden Muster und Themen zu vertiefen und zu verdichten. In einem

ersten Schritt werden die Bilder und Muster auf diejenigen reduziert, die eine Saite in den Teilnehmenden berühren und mit ihren wichtigsten Erfahrungen im Einklang stehen. Werden die entstandenen Fragen und Muster immer deutlicher, dann ist der nächste Schritt die Frage danach, jene Kräfte zu identifizieren, die bestimmen, ob ein Phänomen in diesem Raum oder einem anderen manifestiert wird. Welche primären System- und Feldbedingungen veranlassen eine Situation, sich in das eine oder das andere Muster zu entwickeln?

7) *Verdichten:* Im Kristallisations- und Verdichtungsprozess werden die Schlüsselthemen und Fragen sowie die systemischen Belange und Schlüsselzitate, die diese wahrnehmbar gemacht haben, zusammenfassend identifiziert. Damit wird der nächste Schritt angelegt.
8) *Erstellen eines Prototyps:* Testen Sie Ihre Analyse des Systems in einer Minisession mit einer kleinen Gruppe von Stakeholdern, die umgehend Feedback geben und Verbesserungen hinsichtlich der Form und Substanz der Analyse vorschlagen.
9) *Präsentieren und In-die-Welt-Bringen:* Bringen Sie einen Mikrokosmos des Systems zusammen, wie im Beispiel des Arzt-Patienten-Dialogforums. In einem solchen Forum können die Resultate der Arbeit vorgestellt, reflektiert und weiter verdichtet werden. In diesem Forum generieren Sie zunächst eine Erfahrung für die Teilnehmenden, beispielsweise durch das Lesen einiger Schlüsselzitate. Sie lassen die Präsentation der Schlüsselstimmen einsinken. Dann öffnen Sie den Raum zum Dialog, zum gemeinsamen Denken, Fragen und Entwickeln. Und nun öffnen Sie den Raum für die Generierung zukunftsbildender Initiativen (oder was immer in der betreffenden Situation ansteht oder auf dem Weg nach vorn hilfreich ist).
10) *After-Action-Review:* Reflexion und Dokumentation des Erlernten im Rückblick.

Ich erinnere mich lebhaft an ein Treffen mit einem Team von ungefähr zehn Leuten in einem US-amerikanischen Unternehmen. Das Team hatte hundert Dialoginterviews in der ganzen Organisation geführt, über alle Hierarchiestufen hinweg. Ziel war es, eine Richtung für die zukünftige Entwicklung der Organisation zu identifizieren. In der betreffenden Sitzung arbeiteten wir an der Auswertung dieser Interviews. Wir waren an einem Punkt angelangt, an dem wir versuchten, die Essenz der Aussagen mit einem einzigen Satz zu erfassen. Wir hatten schon eine Weile über diese Essenz gesprochen, konnten sie aber nicht in einen Satz verdichten. Wir näherten uns bereits dem Ende der Sitzung, als eine Teilnehmerin einen letzten Versuch unternahm:

> »Ich fühle mich hin- und hergerissen zwischen zwei Welten. In der einen Welt bin ich Teil einer Maschine, die unter den Bedingungen von Druck, Macht, Effizienz und Kontrolle arbeitet und operiert. In der anderen Welt bin ich Teil eines Wesens, das sich in

einen anderen Raum, auf einen Weg der Erneuerung und Verwandlung begibt. Wer bin ich? Ich fühle mich hin- und hergerissen zwischen diesen beiden Welten.«

Mit ihrer Aussage verdichtete sich die Energie im Raum. Mir fiel auf, dass sie vom »Ich« her gesprochen hatte. Alle Vorredner hatten aus der Perspektive der dritten Person oder des Beobachters gesprochen. Was ihre Worte so wirkungsvoll machte, war die Ambiguität hinsichtlich der Frage, wer dieses »Ich« war. War es ihr persönliches »Ich«? Oder formulierte sie die organisationale Erfahrung aus der Perspektive des kollektiven »Ich« dieses Unternehmens?

Zusammenfassend: Die Dynamik zwischen dem schöpferischen U-Raum und dem destruktiven Antiraum ist nichtlinear und dialektisch. Ein Raum kann jederzeit umschlagen und in einen der diversen Antiräume abrutschen. Der Prozess ist nichtlinear. Die Analyse des Antiraums eröffnet ein vertieftes systemisches Verständnis sozialer Entwicklungssituationen unserer Zeit. Um die Probleme auf der rechten Seite anzusprechen (Manipulation, Missbrauch und Zusammenbruch), muss man die Themen auf der linken Seite des Absencing-Zyklus angehen (Ausgrenzung anderer Stimmen; anderen die Schuld geben; Abwesendwerden und Selbstübersteigerung) und die Verbindung zum inneren und äußeren Kontext wiederherstellen. Die subtilste der drei sozialen Pathologien ist die Selbstsabotage oder das Abwesendwerden. Das Problem des Abwesendseins bemerkt wahrscheinlich außer *dem betreffenden Akteur* selbst niemand in Echtzeit. Dem wirkt nur entgegen, eine Fähigkeit der *inneren Beobachtung* auszubilden, eine Art *Auge mit Bewusstsein*. Diese augenähnliche Entität, aus der unsere Aufmerksamkeit und unsere Intention entspringen, nenne ich das *Ich-in-Gegenwärtigung*. Es ist der Ursprungsort unserer Gegenwärtigkeit, Präsenz und Kraft.

Eine Karte kommunikativer Entwicklungsfelder

Kommunikation erschafft unsere Welt. Im Urbeginn war das Wort – und war das Zuhören, wie wir vielleicht hinzufügen können. Kommunikation ist (neben dem oben diskutierten Denken) der zweite Grundprozess sozialen Werdens, mit dem wir die jeweilige Realität in die Welt bringen. In der Arbeit mit kommunikativen Feldern ist es manchmal hilfreich, Gespräche so anzuschauen, *als ob* sie lebendige Wesen oder Entitäten wären. Dann stellt sich die Frage, was wir als Teilnehmende in diesen kommunikativen Feldern tun können, um ihnen zu helfen, sich weiterzuentwickeln, d. h. sich von einer Stufe der Evolution und des Bewusstseins zur nächsten zu bewegen.

Auf diese Frage zielt Abb. 17.4. Sie zeigt eine Karte mit vier Entwicklungswegen von Kommunikationsfeldern, aus denen vier Gesprächstypen resultieren.

Die Wörter in schwarzer Schrift beschreiben die Endform bzw. den Endtyp des betreffenden Entwicklungsweges: Runterladen, Debatte, Dialog, Presencing. Die Wörter in grauer Schrift erhellen den jeweils vorgelagerten Entwicklungsprozess. Sie beschreiben den Entwicklungsprozess des jeweiligen Feldes. Die vier Prozesse unterscheiden sich darin, wie schnell sich der Gesprächsimpuls in der expliziten Sprache manifestiert.

Phase	Downloading	Debatte	Dialog	Presencing
1	**Zuhören 1: downloading: Denkgewohnheiten der Vergangenheit**	Zuhören 2: faktisch-sachliche Verbindung ↓	Zuhören 3: persönliche Verbindung ↓	Zuhören 4: Verbindung mit den Quellen ↓
2		**Debatte: Unterschiede aussprechen**	sich mitteilen und einander zuhören ↓	authentisches Mitteilen und Einanderzuhören ↓
3			**Dialog: erkunden, gemeinsam denken**	Dialog: auf die tieferen Fragen und Themen hören ↓
4				**gemeinsame Gegenwärtigung: sich mit den Quellen des Werdens verbinden; gemeinsamer Flow**

Abb. 17.4: Die Evolution von Feldstrukturen des Gesprächs: kommunikative Entwicklungswege

Die *erste Spalte* beschreibt das Gesprächsfeld (oder Wesen), das sich sofort in einer gegebenen Form manifestiert, d. h., das Gespräch basiert auf bereits bestehenden Mustern, also den Mustern der Vergangenheit. »Wie geht es Ihnen? Mir geht es gut.«

Die *zweite Spalte* beschreibt, was mit dem gleichen Gesprächsimpuls passiert, wenn der Prozess zwischen dem anfänglichen Impuls und der darauffolgenden Manifestierung in Sprache oder Worten komplexer wird. Dieser Prozess durchläuft ebenfalls die erste Stufe, die die Verbindung zu den faktischen Informationen herstellt (das Öffnen des Denkens). Anschließend manifestiert sich das daraus entstehende Gesprächsfeld normalerweise so, dass Verschiedenheiten postuliert werden (die Debatte), oder einfach so, dass die Sprecher die vorliegende Situation differenzierter beschreiben: »Lassen Sie mich eine andere Sicht auf dieses Thema vorschlagen.«

Die *dritte Spalte* beschreibt, was mit unserem »Wesen« bzw. mit einem Gesprächsfeld geschieht, wenn der Weg vom Impuls hin zur Sprache sich abermals erweitert. Wieder beginnt die Bewegung mit einer Verbindung zum Kontext, diesmal etwas persönlicher und erfahrungsbasierter oder empathischer (Öffnen des Denkens, Öffnen des Fühlens). Dann folgt eine Phase des Zuhörens und Mitteilens. Sie ist durch Empathie und Begegnung geprägt. Nach dieser Phase des intensiven Zuhörens ist der Raum dafür vorbereitet, dass in ein gemeinsames Denken (Dialog) übergegangen werden kann. Ein Beispiel findet sich an dem Punkt im oben skizzierten Interview mit Walter H., als der Produktionsleiter, nachdem er freundschaftlich zugehört hatte, sagte, er, Walter, als einer aus der Zentrale, bringe Antworten auf Fragen, die sich gar nicht stellten, und auf vorhandene Fragen habe er keine Antworten.

Die *vierte Spalte* beschreibt eine weitere evolutionäre Stufe des Grundprozesses des kommunikativen Handelns. Diese Stufe ist die differenzierteste Reise zwischen dem Ausgangsimpuls und der späteren Manifestierung im Gesprächsfeld. In diesem Fall bewegt sich der Prozess über vier Stufen. Auf der ersten Stufe geht es wieder darum, eine Verbindung mit dem kontextuellen Umfeld zu schaffen. Der einzige Unterschied zu den drei oben beschriebenen Gesprächsqualitäten liegt vielleicht darin, dass sich die Authentizität und Offenheit der Feldwahrnehmung weiter vertiefen. Auf der zweiten Stufe beginnen die Akteure des Gesprächsprozesses, sich gegenseitig wahrzunehmen. Diese Stufe kann auch als Leere-Leinwand-Wahrnehmung bezeichnet werden, weil ein gegenseitiges Zuhören vor einer völlig leeren Leinwand stattfindet. Reines Zuhören. Denken Sie an das oben besprochene Beispiel der Jamsession. Oder an das Beispiel von Ursula, die nicht nur ihrem Interviewpartner zuhört, sondern auch ihrem eigenen Zuhören und ihrer eigenen Energie lauscht. Dann geht es bei der dritten Stufe um die Bewegung hinein in den Dialog, bei dem keine vorgegebenen Denkmuster runtergeladen werden. Durch diese Qualität der Aufmerksamkeit und der Intention ist es möglich, einen Zugang zu tieferen Quellen zu schaffen. Denken Sie an Ursula, die »auf der Klippe steht« und weiß, dass sie »springen muss«. Sie fragt sich, ob sie zum Sprung bereit ist.

Die Aufgabe des Moderators sowie der Teilnehmenden besteht darin hinzuhören, welche Fragen, Themen oder Bilder auftauchen. Ein Mantra ist eine Technik in der Meditation, die hilft, einen Zugang zur Quelle zu finden. In dieser Phase des Gesprächs können Fragen, Themen, gesprochene Sätze oder Bilder zu einem *Realitätsmantra* werden, d. h. zu einem Zugang zu den tieferen Quellen des Werdens. Die Konzentration auf dieses Realitätsmantra in einem Moment spontaner Stille eröffnet der Gruppe die Möglichkeit, die Verbindung zur Quelle aufzunehmen. Ein Beispiel liefert Adam Kahane mit seinem Workshop in Guatemala, nachdem die Geschichte über das Massengrab mit den ungeborenen Kindern erzählt worden war: »Die Stille dauerte ewig, vielleicht 5 Minuten … Es fühlt sich so an, als sei mehr im Raum anwesend als nur die Teilnehmenden.«

Versprachlichen ist wie Denken ein fundamentaler Grundprozess des sozialen Wirklichkeitwerdens, durch den wir die soziale Realität in die Welt bringen. Aber ebenso wie das Denken bleibt auch der Gesprächsprozess oft im Unbewussten, Vorbewussten und wird nicht wahrnehmbar und damit nicht gemeinsam gestaltbar. Abb. 17.4 ist ein Werkzeug, das hilft, die verschiedenen Feldstrukturen und ihre jeweilige Entstehungsgeschichte zu sehen, die die Akteure im kommunikativen Handeln gemeinsam schaffen. Die Stufen des Gesprächs mit schwarzer Beschriftung zeigen die Endform des jeweiligen Entwicklungsweges. Die blau beschrifteten Stufen skizzieren die Spurensuche im Nachzeichnen des Prozesses, der diesen Formen vorangeht. Diese Prozesse und Wege sind wichtig, weil sie bestimmen, ob sich ein gegebener Gesprächsimpuls in der Form des Runterladens, der Debatte, des Dialogs oder des Presencing manifestiert. Diese vier Qualitäten der Kommunikationsfelder unterscheiden sich also im Hinblick

- auf den Weg zwischen dem Ausgangspunkt und der Manifestation eines Gesprächsimpulses sowie
- darauf, wie sich dieser Impuls in Sprache manifestiert.

Jedes Gesprächsfeld kann sich über den gesamten in Abb. 17.4 beschriebenen Raum bewegen. Beispielsweise begann der Workshop mit Unternehmern und Künstlern, den ich oben beschrieben habe, mit einem Runterladen alter Gesprächsmuster, wurde dann zur Debatte und später zum Dialog. Je mehr Erfahrungen Akteure, individuell oder in Gruppen, mit der Qualität von Gesprächsprozessen haben, wie beispielsweise in Ursulas Dialoginterviews oder im *Circle of Seven*, desto stärker bewegt sich das Gespräch in Richtung Spalte 4 (Presencing).

Ein Gespräch hat das Potenzial, uns mit der Kraft und der Quelle der kollektiven Intelligenz zu verbinden. Aber Gespräche können auch bloße Schatten sein und Fortsetzungen leerer Phrasen (Runterladen). Ein Gespräch kann die Akteure mit der Sicht der anderen verbinden (Debatte) oder sogar eine noch tiefere, selbstreflexive Verbindung des Kommunizierens schaffen (Dialog). In Feld 4 kann ein Gespräch die Akteure mit den tieferen Quellen der kollektiven Kreativität verbinden. Gelingt dies, dann verbinden uns Gespräche nicht nur tiefer mit anderen, sondern auch mit uns selbst, mit dem Anwesendwerden unseres authentischen Selbst (Presencing). Wenn wir aus dieser tieferen Gegenwärtigkeit heraus handeln, beginnen wir, als Instrumente eines entstehenden Ganzen zu handeln und damit als Teil von etwas, das größer ist als wir selbst. Wir beginnen uns mit »den Wesen, die uns umgeben« zu verbinden (vgl. Pokorny 1994, p. 341). Wir fangen an, aus dem hindurchgehenden Fluss des Ganzen heraus, aus der Kraft der Gegenwärtigung zu handeln.

Damit kommen wir zurück auf das oben beschriebene Paradox: Während die meisten Menschen als Individuen danach streben, aus den tieferen Ebenen des

Kommunizierens und des Denkens heraus zu handeln, dominieren in den meisten unserer Institutionen eher die pathologischen Muster, die oben als Antiraum oder Schattenraum skizziert wurden (Abb. 17.3).

Ein Grund dafür ist vielleicht, dass es an Wissen über die in Abb. 17.4 skizzierten Entwicklungswege und ihre Auswirkungen auf die Praxis der menschlichen Kommunikation mangelt. Bei diesen Entwicklungswegen geht es immer darum, unsere Aufmerksamkeit *zunächst* zu vertiefen, bevor wir *dann* auf einen Impuls hin antworten oder handeln.

Wenn dieses in den grauen Feldern (Abb. 17.4) skizzierte Vermögen wirklich so ein wichtiger Schlüssel ist, was wären dann praktische nächste Schritte? Oder was würde umgekehrt jemand tun, der den Zugang der nächsten Generation zu diesen tieferen Quellen unterbinden wollte? Er würde meines Erachtens mit dem folgenden 5-Punkte-Plan aufwarten:

1) Setzen Sie Ihre Kinder so oft wie möglich vor den Fernseher oder andere Bildschirme (Verlernen sozialer Interaktionen).
2) Ermutigen Sie Ihre Kinder, stundenlang brutale Videospiele zu spielen und aufwühlende Filme zu schauen (dito).
3) Schicken Sie Ihre Kinder auf eine Schule, wo sie durch Unterrichtsmethoden, die auf Runterladen basieren, davon abgehalten werden, ihre tieferen kreativen Fähigkeiten zu entwickeln.
4) Stellen Sie Ihre Kinder mit Medikamenten ruhig, sobald das Aufmerksamkeitsdefizit-Hyperaktivitäts-Syndrom (ADHS) einsetzt.
5) Sorgen Sie für eine Erziehungspolitik, die durch rein quantitative Erfolgsmessungen und ähnliche Methoden für eine Umgebung sorgt, die Kinder daran hindert, tiefere Ebenen der Aufmerksamkeit, der Kreativität und des Wissens zu erforschen.

Leider ist dies nicht nur ein imaginärer 5-Punkte-Plan. Denn er beschreibt, wie wir tatsächlich unsere Kinder gegenwärtig davon abhalten, sich mit ihren tieferen Quellen des Wissens zu verbinden. Aber wenn wir auf diese Art die Welt für die meisten unserer Kinder organisieren, dann haben wir auch die Möglichkeit, sie zu verändern.

18 Organisationales Handeln

Organisationen • Vier Felder, vier Geometrien der Macht • Von zentralisierten zu dezentralisierten Feldstrukturen • Von der Dezentralisierung zum Netzwerk • Vom Netzwerk zum Ökosystem • Organisationale Strukturen und Pathologien • Kollabierende Systeme und institutionelle Pathologie • Fünf Beobachtungen von Organisationen und globalen Institutionen • Entwicklungswege von Institutionen

In den letzten Kapiteln haben wir die Theorie U genutzt, um zwei der vier Grundprozesse für das Hervorbringen der Welt zu erhellen: Wir haben das Grundgeschehen des denkenden Handelns (Kapitel 16) und des kommunikativen Handelns (Kapitel 17) behandelt. Dieses Kapitel handelt nun vom dritten fundamentalen Grundprozess des sozialen Werdens: dem organisationalen Handeln, das heißt, der Entwicklung von Koordinations- und Machtstrukturen. Diese Erörterung erkundet die Anwendung der Theorie U auf der organisationalen und institutionellen Ebene der sozialen Wirklichkeitserschaffung.

Organisationen

Organisationen sind seltsame Gebilde. Sie nehmen viel unserer Zeit und Energie in Anspruch und beherrschen scheinbar weitgehend unser Leben und Arbeiten oder machen es zunehmend schwieriger, wie viele hier wahrscheinlich ergänzen würden. Doch Organisationen befinden sich auch selbst in der Krise, in der sie vielfach Hilfe benötigen. Selbst die mächtigsten Organisationen unseres Zeitalters, die erdumspannenden multinationalen Konzerne, haben eine durchschnittliche Lebenserwartung von lediglich 40 Jahren. Wie sollen wir uns diese sich rasch entwickelnde Spezies erklären, die scheinbar die Welt beherrscht, aber nur halb so lange lebt wie Sie oder ich?

Henry Mintzberg, der sein Leben lang zum Thema Organisationen geforscht hat, definiert Organisationen als kollektives Handeln zu einem gemeinsamen Zweck und organisationale Strukturen als die »Gesamtsumme der Möglichkeiten, die Arbeit in bestimmte Aufgabenbereiche aufzuteilen, sodass ihre Koordination erfolgreich möglich ist.« Nach Mintzberg bedeutet Management lediglich, »Dinge zusammenzubringen und irgendeine Art von Koordination innerhalb einer Organisation herzustellen. [...] Organisationen brauchen Koordination. Im Management geht es letzten Endes nur um Koordination, so oder so« (Mintzberg 1983; Übers.: C. O. S.).

Die vier Feldstrukturen der U-Theorie werden in Abb. 18.1 auf Organisationen, d. h. auf Geometrien der Macht, angewandt:

- Die Aufmerksamkeitsstruktur von *Feld 1* (Ich-in-mir) entspricht der einer zentralisierten Bürokratie. Die organisationale Aufmerksamkeit und Koordination erfolgt durch das Zentrum der Organisation, also durch hierarchische Anweisungen oder Regeln.
- Die Aufmerksamkeitsstruktur von *Feld 2* (Ich-in-es) basiert auf der Integration verschiedener externer Perspektiven. Auf der Ebene des Gesprächs impliziert dies eine Debatte und das Austauschen unterschiedlicher Standpunkte. Auf der organisationalen Ebene bedeutet das, dass die Entscheidungsfindung stärker in der Peripherie stattfindet, also mehr zum Markt hin. Institutionell betrachtet, bedeutet es, dass Markt und Wettbewerb (die die Kräfte der organisationalen Peripherie spiegeln) den hierarchischen Koordinationsmechanismus ergänzen. Dezentralisierte Institutionen, die sich um Abteilungen oder strategische Geschäftseinheiten organisieren, sind typische Beispiele von Feld-2-Organisationsformen. Während deren Stärke darin liegt, durch ihre verschiedenen Einheiten und Abteilungen flexibler und marktgerechter agieren zu können, gelingt es ihnen nur selten, Innovations- und Veränderungspotenzial im »blinden Fleck«, also zwischen den Einheiten und Abteilungen, zu realisieren, weil die Wahrnehmung dieses blinden Flecks eine tiefere Form der Zusammenarbeit über organisationale Grenzen hinweg erfordern würde.
- Die Aufmerksamkeitsstruktur von *Feld 3* (Ich-in-dir) entspricht einer Organisationsform, die sich um Netzwerke herum strukturiert, also um die Möglichkeiten der kommunikativen Beziehungen, die in der Kooperation mit verschiedenen Akteuren und Partnern entstehen.
- Die Aufmerksamkeitsstruktur von *Feld 4* (Ich-in-Gegenwärtigung) erweitert dies um den Prozess der tiefen Verbundenheit und Emergenz. Sie entspricht einer neuen und bisher weitgehend unbekannten Organisationsform, die sich flexibel um entstehende Ganzheiten herum strukturiert und entwickelt. Wahrnehmbar werden die Anfänge dieser Organisationsform, wenn Menschen und Organisationen aus der Gegenwärtigung einer entstehenden Zukunftsmöglichkeit heraus handeln. Diese Qualität kann in Organisationen erfahren werden, wenn diese in der Lage sind, ihre Grenzen zu öffnen und mit Bezug auf Veränderungen im umgebenden Umfeld handeln, etwa auf Veränderungen der Kunden, Gemeinschaften und des sozialökologischen Umfelds. Wenn das geschieht, fühlen die Menschen sich von einer entstehenden

Zukunftsmöglichkeit angezogen und fangen an, das System von diesem Ort aus zu sehen.

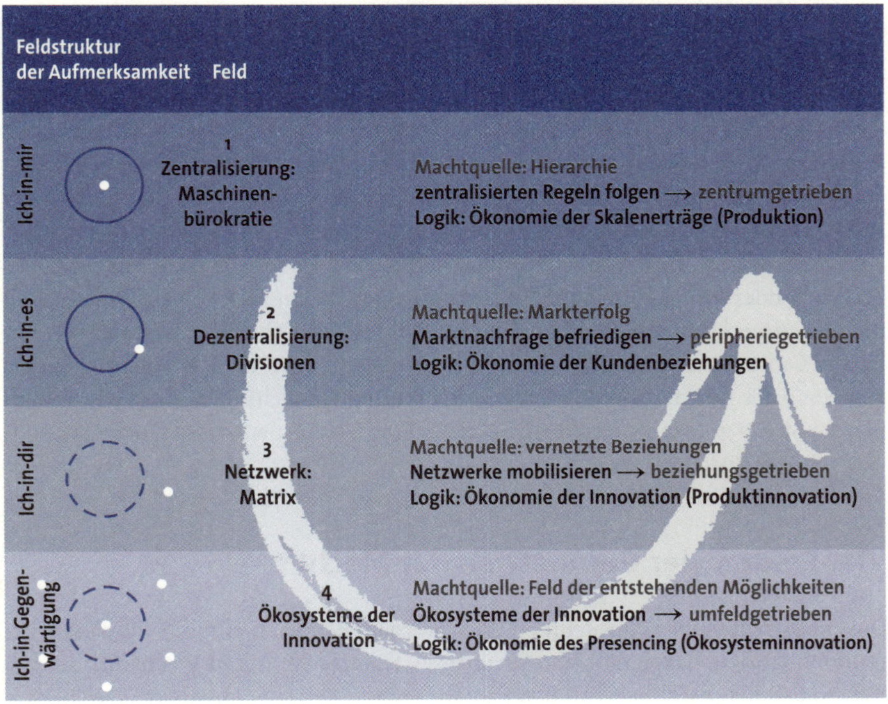

Abb. 18.1: Vier Typen der Koordination – vier Geometrien der Macht

Der Quellort oder Ausgangspunkt für Aufmerksamkeit ist in jedem dieser vier Felder unterschiedlich. Er kann *innerhalb, angrenzend, außerhalb* oder *umhüllend* in Bezug auf die eigene organisationale Grenze liegen. Entsprechend unterscheiden sich die vier Formen der Institutionalisierung und Koordinierung in Bezug auf ihre Geometrien der Macht:

- In einer zentralen Bürokratie konzentriert sich die Macht im Zentrum des Systems (Feld 1).
- Im Gegensatz dazu liegen Entscheidungsbefugnisse in einer marktorientierten, dezentralisierten Organisation verstärkt in der Peripherie, beziehen sich auf die Bedürfnisse der Kunden und auf die Marktgegebenheiten (Feld 2).
- Im Falle einer netzwerkbasierten Organisation liegt der Ausgangspunkt von Macht außerhalb der organisationalen Grenzen. Macht liegt hier im Netzwerk der Beziehungen und überschreitet traditionelle Grenzen. Sie wird zur Fähigkeit, dieses Netzwerk zu mobilisieren (Feld 3).

- In der Organisationsvariante des ganzheitlichen Ökosystems entsteht Macht aus der Gegenwärtigung des sozialökologischen Umfelds und den Möglichkeiten und Chancen, die dort entstehen (Feld 4).

Dieses vierte Feld ist vielleicht am schwierigsten zu verstehen. Die Beschreibung meiner Wanderung, auf der ich die Quelle des Inn in den Alpen suchte, kann für diese Organisationsform eine gute Metapher sein. Wie Sie sich erinnern werden, bemerkte ich zu meinem Erstaunen, dass der Fluss nicht an einem einzelnen Punkt entsprang, sondern aus vielfältigen Quellen gespeist wurde: Ich stand inmitten zahlreicher rauschender Wasserfälle, die von den Bergen herabströmten und mich mit ihrer »Musik« umfingen. Als ich feststellte, dass die Quelle nicht ein einzelner Punkt, sondern ein umhüllender Raum mit vielfältigen Orten war, richtete sich meine Aufmerksamkeit auf das erweiterte Umfeld. Auf ähnliche Weise ankert ein Feld-4-Koordinationssystem in den umliegenden Quellorten als Ausgangspunkt gemeinsamer Aufmerksamkeit und gemeinsamen Handelns. Es öffnet ein System für den Strom grenzenloser »Musik« und für eine freie, erneuerbare Quelle, die alles umfasst und durchdringt.

Vier Felder, vier Geometrien der Macht[84]

Die meisten jungen Unternehmen, die von einem oder mehreren Pionieren gegründet wurden, haben einfache Strukturen. Koordination und Wachstum sind in diesem Fall hauptsächlich von den Fähigkeiten der Gründer abhängig. Je erfolgreicher eine Organisation wird, desto mehr kann, was zunächst eine Stärke ist – um eine oder wenige Personen herum organisiert zu sein –, zu einer Schwäche werden.

Wenn Faktoren, die zunächst zu einem organisationalen Erfolg geführt haben, zu Verbindlichkeiten werden, gibt es mindestens zwei Optionen: Das Management kann das Unternehmen in eine Feld-2-Strukturierung hineinführen (Dezentralisierung), d. h., das Ganze wird in Abteilungen aufgeteilt, oder es kann sich dafür entscheiden, in einer Feld-1-Struktur (Zentralisierung) zu bleiben und zu einer der unten beschriebenen Formen zu mutieren, die von der Gründerperson etwas unabhängiger sind.

In einer zentralisierten oder bürokratischen Organisation liegt die Quelle der Macht im Zentrum. Je nachdem, ob der Begriff Zentralismus sich auf Personen, Prozesse oder Fertigkeiten bezieht, unterscheidet Mintzberg

- einfache Strukturen (um eine Person herum organisiert),
- maschinelle Bürokratien (um die Standardisierung eines Prozesses herum organisiert; siehe auch Adler a. Boris 1996),

84 Der restliche Teil der Diskussion organisationaler Strukturen ist durch die Arbeiten von Henry Mintzberg (1983) angeregt worden.

- professionelle Bürokratien (um die Standardisierung der Fertigkeiten herum organisiert).

Um eine maschinelle Bürokratie zu schaffen, ist eine Neuorientierung erforderlich, die sich weg von einer personenbasierten Zentralisierung und hin zu einer prozessbasierten Zentralisierung bewegt. Diese Art der Neuorganisation unterscheidet zwischen Person und Position und zwischen Besitzverhältnissen und Geschäftsführung. Berater bekommen die Aufgabe, eine neue, rationale Struktur zu entwerfen, und die Firmengründer stellen professionelle Manager ein, die die schnell wachsende Organisation steuern.

Professionelle Bürokratien beruhen nicht auf einer Standardisierung von Prozessen, sondern von Fertigkeiten. Je wissensintensiver eine Organisation ist, desto mehr organisiert sie sich um Fertigkeiten herum (professionelle Bürokratie) statt um Prozesse (maschinelle Bürokratie). Viele der globalen Beratungsgesellschaften sind gute Beispiele für eine zentralisierte professionelle Bürokratie, obwohl sie auch häufig Dezentralisierungsmerkmale (Ländergesellschaften) und Netzwerkstrukturen (länderübergreifende Kompetenzzentren) aufweisen.

Von zentralisierten zu dezentralisierten Feldstrukturen

Im Übergang von zentralisierten (Feld 1) zu dezentralisierten Strukturen (Feld 2) bewegt sich der Quellpunkt der Machtgeometrie vom Zentrum zur Peripherie. Mit anderen Worten, die Entscheidungen werden weniger im Zentrum als in der Peripherie getroffen und damit tiefer in der Hierarchie und näher am Kunden.[85]

Fakultäten an deutschen Universitäten sind ein gutes Beispiel für eine *einfache* dezentralisierte Struktur, wenn sie um einen Lehrstuhl oder ein Institut herum organisiert sind.

Ein Professor ist umgeben von administrativen, Forschungs- und Lehrassistenten. Die Koordination unter den Lehrstühlen und Instituten beruht auf zwei Mechanismen: Kontrolle (durch einen Dekan oder die Universitätsleitung) und gegenseitige Anpassung (seitens der Professorenschaft).

In komplexeren *maschinellen Bürokratien* ist die geografische bzw. segmentale Matrix einer Organisation dezentralisiert. Dies ermöglicht es Organisationen, den Standardisierungsmechanismus beizubehalten und gleichzeitig den Wettbewerbs-

85 Die hier besprochenen Strukturkonzepte beziehen sich auf Mintzbergs bekanntes Buch *Structures in Five* (1983). Mintzbergs erste drei Strukturformen – Einfachstruktur, Maschinenbürokratie und professionelle Bürokratie –, habe ich auf Feld 1 bezogen. Mintzbergs vierte Struktur, die divisionale oder Spartenstruktur, kommt hier nicht in einer, sondern in drei Formen vor: als divisionale Variante aller drei Formen der Zentralisierung. Mintzbergs fünfte Struktur, die Adhokratie, kommt ebenfalls in drei verschiedenen Versionen vor (Netzwerke von Herstellenden, Handelnden und Denkenden). Das Feld 4, das Feld organisationaler Strukturen (Gemeinschaft oder Ökologien), kommt in Mintzbergs Organisationskonzept nicht vor.

mechanismus als Hebel einzusetzen. In einer *professionellen Bürokratie* ermöglicht eine dezentralisierte Struktur regionale und örtliche Variationen innerhalb globaler professioneller Standards.

Während der 1980er und frühen 1990er Jahre durchliefen viele multinationale Unternehmen eine Dezentralisierungswelle, durch die Entscheidungsbefugnisse an die Peripherie gedrängt wurden. Unflexible, monolithische Strukturen wurden marktorientierter, flexibler und reaktionsfähiger. Ein klassisches Beispiel für diese Entwicklung ist der Dezentralisierungsprozess bei der Firma Asea Brown Boveri (ABB), initiiert vom damals hochgepriesenen Geschäftsführer Percy Barnevik. Ein zeitweise ähnlich erfolgreiches anderes Beispiel war Digital Equipment Corporation (DEC), das den Aufstieg zum zweitgrößten Computerhersteller der Welt schaffte. 1986 wurde DEC-Chef Ken Olsen von der Zeitschrift *Fortune* zum »Unternehmer des Jahrhunderts« gekürt, und 1987 wurde DEC von *Business Week* als eine der zehn erfolgreichsten US-Firmen eingestuft.

Noch während die Chefs von ABB und DEC in internationalen Wirtschaftszeitschriften gefeiert und geehrt wurden, fingen ihre Unternehmen leise und von den meisten unbemerkt an abzurutschen, um letztlich auseinanderzubröckeln (ABB) bzw. ihre Eigenständigkeit zu verlieren (DEC).

DEC – Beispiel für eine Dezentralisierung

Aufstieg und Fall von DEC wird detailliert in dem Buch *DEC Is Dead, Long Live DEC* von Ed Schein und Kollegen dokumentiert (Schein et al. 2003, p. 128 ff.). Die Autoren hatten mit DEC als Berater, Manager und Aktionsforscher über mehr als drei Jahrzehnte zusammengearbeitet. Ihre Fallstudie beschreibt über einen Zeitraum von rund vier Jahrzehnten die Geburt der Firma, ihre Entwicklung und ihr Wachstum zu einem global führenden Technologieunternehmen und dann das Stolpern und das Ende. DEC wurde durch wichtige Innovationen bekannt, einschließlich des Minicomputers und des Konzepts des verteilten, dezentralisierten Rechnens (»distributed computing«) und des vernetzten Arbeitens. Die Geschichte von DEC verdeutlicht Entwicklungsfragen und Dynamiken, mit denen Unternehmen konfrontiert sind, die sich von einer zentralisierten zu einer dezentralisierten Struktur und darüber hinaus bewegen.

Ken Olsen, ein MIT-Absolvent, der damals in den MIT Lincoln Labs arbeitete, gründete DEC gemeinsam mit seinem Kollegen Harlan Anderson im Jahre 1957. Olsen und seinen Kollegen gelang es, ein Klima zu etablieren, das die MIT-Kultur mit dem Schwerpunkt Technologieentwicklung mit einer einmaligen Unternehmenskultur verband. Das Ergebnis war eine Kultur, in der technologische Erneuerung, menschliche Kreativität und persönliche Verantwortung die wichtigsten Werte waren. Dadurch fühlten sich viele bekannte Ingenieure angezogen, die, unter der Leitung von Gordon Bell, gerne in einem Unternehmen arbeiten wollten, das dank technologischer Innovation, Spaß und menschlichem Miteinander florierte. DEC expandierte schnell zu einem multinationalen Unternehmen. Als Konsequenz ihres Erfolgs und des schnellen Wachstums musste DEC eine differenziertere, dezentralisierte und matrixtypische organisationale Struktur entwickeln, um sich dem verändernden Markt anzupassen.

Für mehr als drei Jahrzehnte war DEC in jeglicher Hinsicht eine sehr erfolgreiche Organisation. Zu der Zeit ihres größten Erfolgs, in den 1980er Jahren – als DEC ein 14 Milliarden US-Dollar schweres Unternehmen mit über 100.000 Angestellten weltweit war –, waren die Probleme, die das Unternehmen später zu Fall brachten, bereits angelegt.

1999, ungefähr 40 Jahre nach der Gründung, also fast genau nach der durchschnittlichen Lebenserwartung eines multinationalen Unternehmens, wurde DEC von Wettbewerber Compaq gekauft (der dann selbst kurze Zeit später von Hewlett-Packard übernommen wurde).

Laut Schein et al. gab es drei Hauptherausforderungen, an denen DEC gescheitert ist:

- *Technologie- und Marktherausforderung:* DEC versagte dabei, den sich verändernden Markt zu erkennen, als die Phase der *Technologienwicklung* durch ein dominantes Design und eine darauffolgende Phase der Massenproduktion abgelöst wurde. Durch diesen Wechsel des Marktumfelds traten neue globale Akteure (»Branchenkiller«) auf, mit denen es zu kooperieren galt, statt in jeder Kategorie alles selber (intern) schultern zu wollen.
- *Organisationsstrukturelle Herausforderung:* DEC versäumte es, eine effektivere dezentralisierte Struktur zu entwickeln, in der die einzelnen Abteilungen für ihre Resultate verantwortlich sind, die klare Mechanismen zur Steuerung von Abhängigkeiten herstellt, Prioritäten setzt und die Strategie für die optimale konzernweite Ressourcenverwendung vorgibt.
- *Organisationskulturelle Herausforderung:* DEC schaffte es nicht, die Unternehmenskultur weiterzuentwickeln, als der Geschäftskontext und die Organisationsstruktur anfingen, sich zu verändern.

Schein et al. (2003) liefern einen spannenden Bericht darüber, wie die gleichen kulturellen Gene, die zunächst das Entstehen eines erfolgreichen und innovativen, globalen Unternehmens möglich machten (die technische Schaffensphase), später der Grund für das Scheitern waren (in der Phase, als der Marktkontext sich veränderte, aber die kulturellen Gene nicht).

Als DEC sich organisatorisch zunehmend dezentralisierte, entwickelte die gleiche Kultur immer noch einige bahnbrechende Produkte, wie die Autoren sich erinnern, aber gleichzeitig entstanden auch erhebliche interne Feindseligkeiten (ebd., pp. 220 f.): Einzelne Gruppen beschuldigten sich gegenseitig der Lüge, des Mogelns und des Ressourcenmissbrauchs. Sie konnten nicht mehr miteinander arbeiten. Und niemand im Unternehmen war stark genug, die divergierenden Stränge in eine einheitliche Strategie zusammenzubringen. Weder Konzepte noch eine formale Hierarchie schufen ausreichend Konsens für eine umsichtige Verteilung von

Ressourcen und Energie im Hinblick auf die schnelle Reaktionsfähigkeit, die für die Organisation notwendig gewesen wäre, damit sie mit den Markt- und Technologieveränderungen hätte Schritt halten können. Als sich dann Olsens Stil änderte und er begann, mehr als Vermittler tätig zu werden, waren die Gruppen schon zu stark geworden; sie begannen, Olsen zu ignorieren, und bekämpften sich weiter untereinander. Die Unternehmenskultur gab den Mitarbeitern reichlich Handlungs- und Mitbestimmungsmöglichkeiten (Empowerment), aber die negativen Konsequenzen dieser Kultur für DEC als Unternehmen wurden immer deutlicher.

Von der Dezentralisierung zum Netzwerk

Verändert sich ein Unternehmen von einer dezentralisierten Struktur (Feld 2) hin zu einer vernetzten (Feld 3), dann beruht die Koordinierung auf einem gegenseitigen Abgleichen und Ausgleichen in vernetzten Beziehungen. Mintzberg (1983) nennt diese Strukturform *»adhocracy«* (Ad-hoc-Form des Organisierens). Anders als bei Strukturen der *Hierarchie* und des *Wettbewerbs* hängt dieses *gegenseitige Abgleichen* (»mutual adjustment«) von der Qualität der Beziehungen zwischen den Akteuren ab. Entsprechend kommt, wenn Organisationen sich in dieses Feld der Koordinierung bewegen, der Gesprächsqualität größere Bedeutung zu.

Geht man von einer zentralisierten zu einer dezentralisierten Struktur über und von dort weiter zu vernetzten Formen des Organisierens, bewegt sich die Machtquelle vom Zentrum der Organisation (Hierarchie) zur Peripherie (Markterfolg) und dann zu vernetzten Beziehungen (Netzwerkschaffung und -mobilisierung). Netzwerke leisten oft zusätzliche Koordinationsfunktionen, die die anderen beiden Strukturen (Hierarchie und Wettbewerb) nicht leisten könnten. Vernetzungsevents wie »Praxisgemeinschaften« und »DEC-Welt« sind Beispiele für vernetzte Gemeinschaften, die sich über Institutionsgrenzen hinweg als ergänzende Organisationsansätze bilden und bewähren.

Als Faustregel gilt: Je wissensintensiver eine Organisation oder Industrie ist, desto wichtiger sind die Räume zwischen den organisationalen Einheiten und desto häufiger arbeiten Organisationen mit der dritten Feldstruktur.

Interessanterweise arbeitete die ursprüngliche Kerngruppe in DEC mit diesem dritten Mechanismus, dem des gegenseitigen Abgleichens. Als die Organisation wuchs, blieb der Geist der Kollaboration *innerhalb* der kleineren Gruppen und Einheiten erhalten, doch die Beziehungen *zwischen* den Gruppen und Einheiten verschlechterten sich zusehends.

Doch warum konnte die alte Kerngruppe ihre kulturelle DNA nicht auf der Gesamtunternehmensebene replizieren und weiterentwickeln?

In ihrer DEC-Story erzählen Schein et al. (2003), wie die alte Kerngruppe, das »Operations Committee« (Operative Komitee), sehr erfolgreich drei Mechanismen für effektive Besprechungen und Entscheidungsfindungen einsetzte: 1) eine abgestimmte Tagesordnung, 2) eine Vielfalt von Interessen und unterschiedlichen Standpunkten, die immer in der Debatte »ausgekämpft« wurden, und 3) einen vom Geschäftsführer etablierten Raum des Haltens und Zuhörens, der die Debatte und alle Beiträge äußerst genau verfolgte: Obgleich Olsen immer anwesend war, benutzte er seine Autorität nicht, um die mit sachlichen Argumenten ausgetragene Debatte im Komitee qua Hierarchie zu entscheiden; doch indem er den Argumenten genau zuhörte und alle Argumente pro und kontra, alle Risiken und Potenziale abwog, beeinflusste er in entscheidender Weise das, was in der Gruppe geschah. Mit dieser Qualität des Zuhörens schuf er allmählich eine Kultur, in der die Mitarbeiter zunehmend Vertrauen in den gemeinsamen Prozess der Debatte fassten, anstatt auf Anweisungen des Geschäftsführers zu warten. Eine solche Haltung ist ein Grundelement jeder wissenschaftlichen Kultur: Lass die Daten entscheiden.

Warum konnte die Gesprächskultur des Operativen Komitees nicht im Bereich des Gesamtsystems repliziert werden? Möglicherweise deswegen, weil es genau an der Qualität des Haltens und Zuhörens (auf kollektiver Ebene) fehlte. Die Frage ist, wie die subtile integrative Rolle, die Olsen (und zum Teil auch Schein) im Kontext des Operativen Komitees gespielt hatte, auf der Gesamtunternehmensebene hätte aussehen können.

Möglicherweise hätte die Antwort auf diese Frage *Dialog* heißen sollen. Dialog entsteht, einfach ausgedrückt, aus der Fähigkeit, den inneren Beobachter zu aktivieren, aus dem *Vermögen eines Systems, sich selbst zu sehen*. Wie Schein et al. (2003, p. 87; Übers.: C. O. S.) bemerkten: »Der reflektive Dialog hätte der Zusammenarbeit des gesamten Operativen Komitees bedurft, und dies wurde meines Erachtens nie bewerkstelligt.« Die Streitkultur des Operativen Komitees blieb nur innerhalb dieser kleinen Führungsgruppe produktiv und erreichte nicht die Organisation als Ganzes. Als dann später die Probleme sichtbar wurden, die eine Antwort von der Gesamtorganisation verlangten (eine Feld-3- oder Feld-4-Antwort), blieb das Leitungsteam weiterhin bei seinem Feld-2-Gesprächsverhalten (Debatte) und rannte dadurch schließlich gegen die Wand.

Vom Netzwerk zum Ökosystem

In der Bewegung von einer Feld-3- zu einer Feld-4-Koordination wird das *gegenseitige Abgleichen* (»mutual adjustment«) durch vernetzte Beziehungen zu einem *Sehen und Handeln vom entstehenden Ganzen her* abgelöst. Diese vierte Form der Koordination ist ein »Ökosystem der Innovationsprozesse«. Damit man sich auf ein im Entstehen begriffenes Feld der Möglichkeit einstimmen kann, muss eine Organisation über sich hinausschauen und sich systematisch in die relevanten entstehenden Kontexte einklinken, die nur im kollektiven Zusammenhang eines größeren Ökosystems identifiziert werden können. Im Nachhinein gesehen, war es vielleicht genau diese Fähigkeit, die es Hewlett-Packard (HP) ermöglichte, erfolgreich zu sein, wo DEC versagte: HP ist mit den das Unternehmen umgebenden Ökosystemen mitgewachsen, und zwar in einer offeneren und durchlässigeren Art als DEC, das sich tendenziell primär auf den Raum innerhalb der eigenen organisationalen Grenzen konzentriert hat (Saxenian 1994).

Viele der erfolgreichen Hightechfirmen wie HP, Cisco, Google, Apple, Amazon oder Alibaba operieren im Sinne von *Ökosystemen*, wenn es um die Entwicklung innovationsorientierter Strategien und Unternehmenskulturen geht. Der Unterschied zwischen alten und neuen Denkmustern bei Strategie- und Führungsfragen besteht darin, dass traditionelle Denkmuster sich innerhalb der Organisationsgrenzen bewegen, neue dagegen innerhalb größerer Ökosysteme, d. h. im größeren Raum der gesamten Wertschöpfungskette bis hin zu den Nutzern und Kunden. In vernetzter Koordination (Feld 3) entfaltet sich der organisationsübergreifende Aspekt als wechselseitige Anpassung, während die Koordination in Ökosystemen durch eine Konstellation verschiedenster Partner, Mitakteure und Organisationen erfolgt, die *gemeinsam ein Vehikel bilden, um entstehende Möglichkeiten wahrzunehmen, zu erkunden und in die Welt zu bringen* (Feld 4). Dass Google im Jahr 2015 den Schritt unternahm, eine neue Holdinggesellschaft, Alphabet, zu gründen (deren größtes Tochterunternehmen zufällig Google ist), lässt sich als Versuch betrachten, anders und erfolgreicher mit einem Teil dieser Dynamik umzugehen. Google kann sich weiterhin auf das bestehende Geschäft fokussieren, während die Holding sich darauf konzentrieren kann, die von Google im Laufe der Jahre geförderten Ablegerprojekte für disruptive Innovationen zu managen.

Feld 4 scheint empirisch gesehen in heutigen Organisationen fast nicht zu existieren, doch ist dies genau das interessanteste Gebiet in der Theorie und Praxis der Koordinationstheorie.[86] In Feld 4 geht es um neue Koordinationsformen, insbesondere für Unternehmen, die mit neuen Herausforderungen umgehen müssen, die die Einbindung unterschiedlichster Multistakeholder-Fragen und -Probleme erfordern.

Die Struktur eines sich co-entwickelnden Ökosystems unterschiedlichster Anspruchsgruppen wird durch das umgebende Feld inspiriert und aktiviert. Die Struktur eines solchen Entwicklungsgebildes befindet sich in einem Aggregatzustand zwischen fest und flüssig und ist ständig in Bewegung. Die Basis eines solchen Ökosystems des Organisierens ist ein gemeinsames Verständnis von Zweck, Intention und Arbeitsprinzipien. Visa International, das nach ihrem Gründer Dee Hock »Chaordic«-Prinzipien (eine Mischform aus *chaos* und *order*) des Organisierens entwickelte, ist möglicherweise das erste globale Unternehmen, das Lieferanten und Kunden in ein einzelnes Ökosystem zu integrieren versuchte: in ein mitgliedgesteuertes Governancesystem (Hock 1999).

86 Das vollständige Interview mit Thomas W. Malone vom 31. Mai 2000, in dem er die Koordinationstheorie diskutiert, ist verfügbar unter: https://www.presencing.org/aboutus/theory-u/leadership-interview/thomas_malone [Zugriff: 25.11.2019].

Inspiriert von diesem und anderen Beispielen radikaler Dezentralisierung und holakratiebasierter Organisation (z. B. beim Onlinehändler Zappos) beginnt in immer mehr Unternehmen ein radikales Umdenken in Bezug auf die Formen von Management, Governance und Organisation. »Holacracy« ist ein organisationales Governancesystem, bei dem Befugnisse und Entscheidungsfindung über ein ganzes Ökosystem sich selbst organisierender Teams verteilt werden anstatt über eine Managementhierarchie.

So gibt etwa Frederic Laloux in seinem hervorragenden Buch *Reinventing Organizations* (2014) viele Beispiele für Unternehmen, die sich in diese holakratische Art des Feld-4-Organisierens begeben. Sein Konzept der entstehenden »evolutionären Teal-Organisation« gründet auf häufig mittelgroßen oder kleineren Unternehmen, deren Organisation an den Prinzipien der Selbstführung, Ganzheitlichkeit und evolutionären Sinnhaftigkeit ausgerichtet ist. Man kann sie als Beispiele dafür betrachten, bei denen der Feld-4-Typ der Ökosystemorganisation (d. h. des Organisierens um die Prinzipien institutioneller Inversion) jetzt allmählich sichtbar zu werden beginnt.

Doch die Frage bleibt, wie man das mit wesentlich größeren Organisationen und mit Institutionen bewerkstelligt, die in einer extrem dynamischen und disruptiven VUCA-Welt, also einer Welt der Volatilität, Unsicherheit, Komplexität und Ambiguität, operieren.

Das war zweifellos das Problem bei DEC, und die meisten globalen Unternehmen unserer Zeit stehen vor dem gleichen Problem. Ein wesentlicher Grund für das Scheitern von DEC, so Schein et al., war die Unfähigkeit, mit den entstehenden disruptiven Komplexitäten während der expansiven 1980er Jahre umzugehen. Warum verpasste DEC diese Wende, warum hielt das Unternehmen an seinen veralteten Systemen und ihrer vertikalen Integration fest, und warum – als es offensichtlich wurde, dass es so nicht mehr weiterging – wurde »zu wenig, zu spät« gehandelt? Warum war DEC nicht in der Lage, mit der sich abzeichnenden Komplexität in der Branche (für die das Unternehmen teilweise mitverantwortlich war) besser und schneller umzugehen?

Zwei Faktoren hätten eventuell entscheidende Ressourcen zur Verfügung gestellt, die es ermöglicht hätten, angemessener zu reagieren: zum einen die Fähigkeit, sich auf einen organisationsübergreifenden *Dialog* einzulassen, intern wie extern; und zum anderen der Versuch, sich als *Ökosystem* mit dem sich wandelnden Umfeld mitzuentwickeln (*Co-Evolution*). Hätte es ein solches institutionenübergreifendes Organ der Sinnstiftung gegeben – was ich als Wahrnehmen *vom* entstehenden Ganzen her bezeichne – und wäre die Fähigkeit entwickelt worden, sich organisationsübergreifend in Dialoge einzubringen, dann hätte die DEC-Story vielleicht eine andere Wendung genommen.

Organisationale Strukturen und Pathologien

Abb. 18.2 bietet einen detaillierteren Blick auf organisationale Strukturformen. Die Abbildung beschreibt die weiter oben besprochenen vier Feldstrukturen und außerdem drei weitere Feldstrukturen auf der rechten Seite des U. Diese drei sind Spielarten des Feld-4-Strukturierens (Ökosystem). Diese sieben organisationalen Strukturen werden in einem Antiraum der institutionellen Pathologie gespiegelt (institutionelle Ignoranz, Arroganz, Hybris, Anomie, Sklerose, institutioneller Zusammenbruch).

Vom U-Prozess aus betrachtet, lässt sich der DEC-Fall folgendermaßen zusammenfassen: *Als das Unternehmen mit den disruptiven Herausforderungen seiner Industrie konfrontiert wurde, waren die Führungskräfte nicht in der Lage, strategisch angemessen zu reagieren, weil sie es unter anderem versäumt hatten, Feld-3- und Feld-4-Qualitäten des organisationalen Handelns aufzubauen.* Dieses Versäumnis umfasst die fehlende Fähigkeit zum Dialog und dazu, sich mit einem wandelnden Umfeld mitzuentwickeln. Angesichts der krassen Differenz zwischen der äußeren Herausforderung und der mangelnden inneren Fähigkeit, aus den tieferen Ebenen der Emergenz heraus zu handeln, wäre das Einzige, was das Unternehmen hätte retten können, ein Führungsgenie à la Gordon Bell gewesen, dessen Genialität das kollektive Führungsdefizit vielleicht hätte ausgleichen können. Doch Bell war 1983 gegangen, und niemand mit ähnlichen Fähigkeiten hatte ihn ersetzt. Es entstanden drei Führungsdefizite:

- *Strategiedefizit:* Das Versäumnis, die sich verändernde Dynamiken in der Industrie wahrzunehmen, die einen früheren und kraftvolleren Erneuerungsprozess erfordert hätten.
- *Strukturdefizit:* Das Versäumnis, die drei Subsysteme des unternehmensweiten Ökosystems zu differenzieren: Innovation, Kundenbeziehungen und operatives Geschäft. Marketing und operatives Geschäft wurden vom Innovationssubsystem und seiner chaotisch-kreativen Kultur dominiert, was zwar gut funktionierte, als die Branche noch in der Phase der Technologieentwicklung war, später aber nicht mehr.
- *Kulturdefizit:* Das Versäumnis, eine Kultur des Dialogs zu entwickeln, die es dem Unternehmen ermöglicht, die tieferen Ebenen der gemeinsamen Kreativität und Emergenz zu erschließen. Stattdessen entwickelten sich alle sieben Elemente der Unternehmenspathologie.

Fast zur gleichen Zeit, als das DEC-Projekt zu scheitern begann, stellte sich Nokia einer ähnlichen Konstellation von Herausforderungen – allerdings auf völlig andere Art und Weise. In den frühen 1990er Jahren durchlief das Unternehmen einen Wendepunkt, der den Verkauf all seiner Geschäftseinheiten bis auf eine zur Folge hatte, mit dem Ziel, alle verfügbare Energie auf die Entwicklung dieser einen Geschäftseinheit zu fokussieren: der Telekommunikation. Nokias Fähigkeit, sich von einer überaus komplexen Struktur und Strategie komplett zu trennen und zu einer simplifizierten und fokussierten Struktur überzugehen, ist eine Stärke, die die Firmenkultur seit vielen Jahren prägt: mit dem umgebenden Umfeld und Ökosystem, zu dem Nokia gehört, mitzugehen und andere Teile loszulassen, die nicht mehr zur evolvierenden Kernstrategie passen. Genau diese Fähigkeit fehlte DEC. Als ich in den frühen 2000er Jahren mit einem der maßgeblichen und erfolgreichsten Führungskräfte bei Nokia sprach, fragte ich: »Was machen Sie, wenn Sie führen? Worin besteht Ihre eigentliche Führungsarbeit?« Die überraschende Antwort: »Ich ermögliche und halte den Öffnungsprozess.«

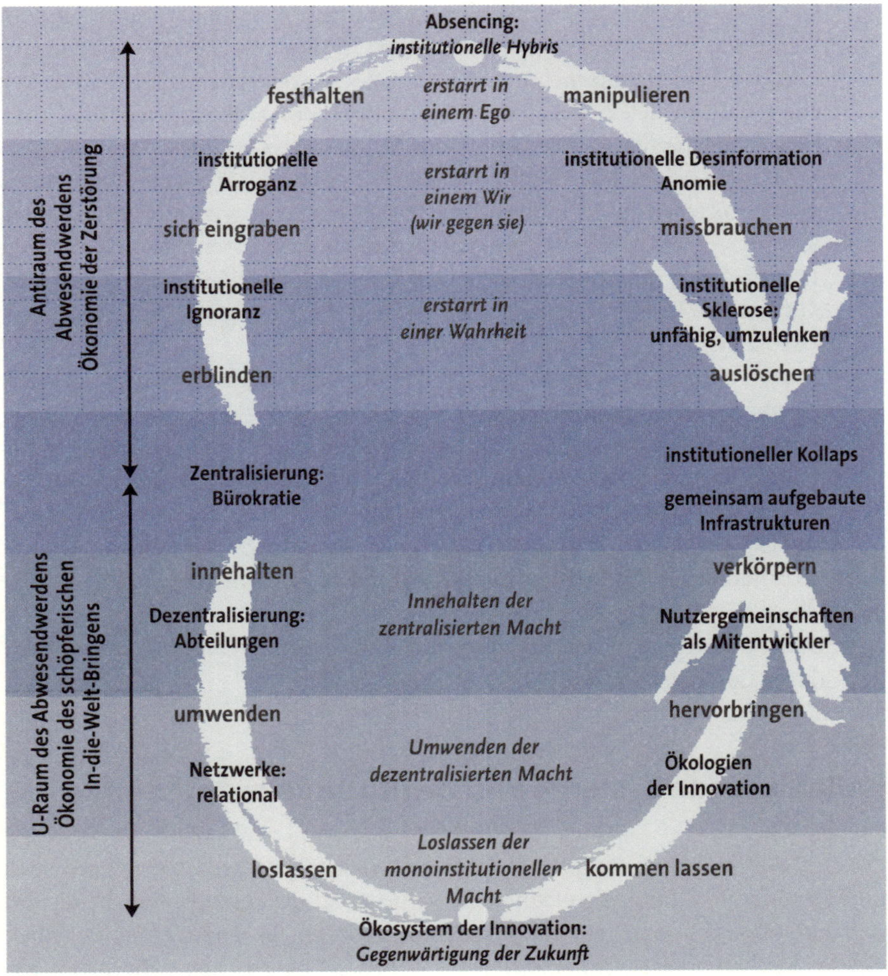

Abb. 18.2: Der U-Raum und der Antiraum: organisationales Handeln

Das ermöglichende Erleichtern des Öffnungsprozesses steht in einem interessanten Gegensatz zum »Festhalten« im DEC-Fall an den verschiedenen Subformen der bestehenden Organisation. DEC wurde durch alle sieben Elemente der organisationalen Pathologie, die in Abb. 18.2 veranschaulicht sind, heimgesucht und gebremst. Interessant ist, dass es Nokia nach dem erfolgreichen Umgang mit den krisenhaften Zusammenbrüchen zu Beginn der 1990er Jahre zwei Jahrzehnte später nicht gelungen ist, genauso erfolgreich vorzugehen, als das Smartphone auftauchte. Seit damals hat das Unternehmen einen Prozess durchlaufen, der einige derselben Merkmale umfasst, die sich auch bei DEC als problematisch erwiesen:

- *Unternehmensignoranz:* Nicht wahrnehmen, welche Veränderungen auf dem Markt stattfinden. Die »*Get-buy-in*-Regel« (Kooperationsbereitschaft holen) und das Fehlen unternehmensweiter Steuerungsmechanismen hatten zur Folge, dass zu viele Leute zu viel Zeit mit interner Politik vergeudeten.
- *Unternehmensarroganz:* Die Pathologie der Arroganz und des Sich-Verschanzens zeigte sich in der Kriegsführung zwischen organisationalen Abteilungen und technischen Entwicklungsbereichen (»Wir wissen, wie's am besten läuft«).
- *Institutionelles Abwesendwerden:* An den alten Identitäten der vergangenen Tage zu lange und zu stark festhalten; die Unfähigkeit, Projekte, Produkte, Kunden und Kernprinzipien, die schon lange dysfunktional geworden waren, loszulassen.
- *Unternehmensanomie (Zerstörung von Werten):* Das Vergiften der gruppenübergreifenden Kooperationsatmosphäre, starke Feindseligkeiten zwischen Gruppen.
- *Unternehmenssklerose (Zerstörung der Erneuerungsfähigkeit):* »Der gruppenübergreifende Konflikt und der Vertrauensverlust untereinander hatte in den späten 1980er Jahren Ausmaße erreicht, die [strategische Veränderungen und bedeutende Innovationen] unausführbar machten« (Schein et al. 2003, p. 236; Übers.: C. O. S.).
- *Unternehmenszusammenbruch (Zerstörung der Struktur):* Übernahme von DEC durch Compaq im Jahre 1999.

Kollabierende Systeme und institutionelle Pathologie

Die DEC-Geschichte ist ein Beispiel dafür, wie ein erfolgreiches Unternehmen sich im Raum der institutionellen Pathologie verliert und darin stecken bleibt, anstatt sich wie vorher mit seinem Kontext weiterzuentwickeln. In jüngster Vergangenheit gibt es durchaus noch viel krassere Fälle, in denen Firmen einer Unternehmens- oder institutionellen Pathologie zum Opfer gefallen sind. Ein Beispiel ist Enron.

Während der 1990er Jahre wurde Enron gleichermaßen von der Wall Street, der Wirtschaftspresse, von Business Schools und Unternehmensgurus gepriesen. Im

Jahr 2001, dem Jahr des Bankrotts, galt Enron lange noch als strahlendes Erfolgsmodell und war das siebtgrößtes US-Unternehmen.

Ken Lay, Vorstandsvorsitzender von Enron, war die Hauptfigur in einer der meistgefeierten Erfolgsgeschichten der USA, als er im Januar 2001 mit großen Schritten die Bühne im Ballsaal des Hyatt Regency Country Resort in San Antonio betrat. Dort stand er zwischen zwei riesigen Leinwänden, auf die sein Bild projiziert wurde. Über unzähligen runden Tischen, an denen die Führungskräfte von Enron auf die Worte ihres langjährigen Firmenchefs Lay, warteten, strahlten die Kronleuchter. Solche Treffen mit Hunderten von Enron-Direktoren waren (zit. nach Eichenwald a. Henriques 2002; Übers.: C. O. S.)

> »eine Zeit des Schwelgens, eine Gelegenheit, ein Jahr zu feiern, wo die Geschäfte gut liefen – sogar besser als gut. Bis in die Nacht floss laut Berichten von Teilnehmenden der Champagner, und zahllose Zigarren wurden gereicht. Die Manager durften an provisorischen Glücksspieltischen mit hohen Einsätzen spielen.«

Auf dieser Versammlung im Jahr 2001 geschah Folgendes (ebd.):

> »Nun, während die Kellner mit Boloties[87] umherhuschten, hörten sich die Führungskräfte erwartungsvoll Lays Ausführungen über das abgelaufene Erfolgsjahr von Enron und die Voraussagen über die zukünftigen Erfolge an. Enron stand fast an der Spitze der *Fortune*-Liste der 500 besten Unternehmen – als multimilliardenschwerer Koloss und Innovationsführer im Onlinehandel, der über sein ursprüngliches Erdgasgeschäft hinausgewachsen war. 2001, so Lay, würde die Firma eine neue Aufgabenstellung übernehmen, eine, die alles, was in den vorangegangenen Monaten war, neu definieren würde: ›*Enron wird die größte und beste Firma in der Welt werden.*‹ Diese Worte erschienen anstelle von Lays Konterfei auf einer der beiden Leinwände. Doch es sollte nicht so kommen. Denn was die meisten dort nicht wussten, war die Tatsache, dass Enron sich bereits zu diesem Zeitpunkt unbemerkt im steilen Sturzflug befand. Sogar während der Feierlichkeiten arbeiteten Buchhaltungs- und Handelsspezialisten in der Firmenzentrale in Houston verzweifelt daran, das finanzielle Desaster im Zaum zu halten, das alles das bedrohte, was Enron geworden war, und es letztendlich zerstören sollte. Eine Handvoll Führungskräfte versuchte zwar, die Alarmglocke zu läuten, aber aufgrund von Enrons unbeirrbarem Glauben an den eigenen Erfolg blieben diese Warnungen unbeachtet. ›Wir waren uns so sicher in dem, was wir taten und worauf wir zusteuerten‹, sagte ein Vorstand, der bei der Konferenz in San Antonio dabei war. ›Wir hatten keine Ahnung, wie sehr unsere Tage gezählt waren.‹«

Praktiken der institutionellen Pathologie

Im Gespräch mit Menschen, die der ostdeutschen Oppositionsbewegung in den 1980er Jahren angehört hatten, fielen mir Parallelen zwischen dem Zusammensturz von Enron im Jahre 2001 und dem Zusammenbruch des ostdeutschen sozialistischen Systems ein Dutzend Jahre früher auf. Es gibt natürlich viele offen-

87 Schnürsenkelkrawatten.

kundige Unterschiede zwischen diesen beiden Systemen, aber der Aspekt, der mich interessiert, ist die Führungsebene: In beiden Systemen waren die Führungspersonen unfähig, den Kurs zu ändern, während das Ganze zielstrebig auf den Zusammenbruch zusteuerte. Was hielt die Enron-Topmanager davon ab, das »Schiff« in den letzten 11 Monaten des Jahres 2001 in eine andere Richtung umzulenken? Was hielt das Politbüro der Sozialistischen Einheitspartei Deutschlands (SED) davon ab, seinen Kurs im letzten Jahrzehnt zu korrigieren, vor dem Zusammensturz in den Jahren 1989/1990?

Seitdem ist mir klar geworden, dass die Praktiken der Führung in kollabierenden Systemen aus dem gleichen Kontext stammen: dem Antiraum der institutionellen Pathologie.

Institutionelle Ignoranz: Nicht sehen, was sich abspielt

Die meisten Führungskräfte von Enron, die bei der Konferenz in San Antonio in Januar 2001 dabei waren, hatten keine Ahnung, was tatsächlich in ihrem Unternehmen los war. Ganz ähnlich waren die SED-Politbüromitglieder in den 1980er Jahren Gefangene ihrer eigenen Ideologie und ihres Glaubenssystems geworden, die sie den immer größer werdenden Abgrund zwischen Vorstellung und Realität übersehen ließen.

Immer wenn Erich Honecker, von 1971 bis 1989 Generalsekretär des Zentralkomitees der SED, eine Reise aufs Land unternahm, stellten seine Mitarbeiter und die örtlichen Parteikader bunte Fassaden entlang des Weges auf, um den Eindruck zu vermitteln, er fahre durch ein blühendes Land. Diese Taktik ist natürlich nichts Neues. Als Katharina die Große und ihr Gefolge von Petersburg im 18. Jahrhundert auf die Krim fuhren, stellte General Grigori Potemkin haushohe Fassaden entlang der Fahrtstrecke auf. Seitdem sind solche Konstrukte als »Potemkinsche Dörfer« bekannt. Als ich kürzlich diese Geschichte den Managern eines globalen Ölkonzerns erzählte, lachte niemand. Stattdessen erfuhr ich, dass sie genau dasselbe täten. Sie hätten ein hoch entwickeltes Warnsystem, das aktiviert wird, sobald der CEO auf einen seiner »Überraschungsbesuche« zu einem Firmenstandort aufbricht: Sie verzeichnen die Route, die der CEO einschlagen wird, identifizieren die eigenen Tankstellen entlang dieser Route, die in schlechtem Zustand sind, und parken große Öllieferwagen vor diese hässlichen Tankstellen, um sie so lange zu verdecken, bis der CEO mit seiner schweren Limousine vorbeigefahren ist.

Mit anderen Worten, die Wahrnehmungen werden vom Umfeld der Führungsebene »gemanagt«. Es filtert all die Informationen heraus, die nicht in das mentale Führungsmodell passen. Die so gefilterte Wahrnehmung macht es den Führungskräften oft unmöglich, abweichende Entwicklungen frühzeitig genug zu erkennen und sich durch Kurskorrekturen geschmeidig an veränderte Umwelten anzupassen.

Institutionelle Arroganz: Die mangelnde Fähigkeit hinzuspüren, zu reflektieren, und zum Dialog

Im Falle Enron hatte eine Praxis, die als *»aggressive accounting«* gefeiert wurde, die Buchführung verzerrt. Diese Praxis gilt inzwischen als Betrug. Der Fall zeigte damit auch beispielhaft die wichtige Rolle der Sprache und die Tatsache auf, wie einflussreich geschickte Formulierungen im Gegensatz zu einem korrekten Sprachgebrauch sein können. Heute wissen wir, dass viele Mitarbeiter bei Enron sich der Fehler bewusst waren, die sie auf den Weg in die Selbstzerstörung gebracht haben. Die Frage stellt sich also: Warum konnten diejenigen, die versucht haben, die Führungsebene zu warnen, mit ihren Botschaften nicht durchdringen?

In einer Organisation, die durch eine dysfunktionale Lernkultur geprägt ist, bleiben frühe Signale unbeachtet. Das ostdeutsche Führungssystem hatte die gleichen Probleme. Die Menschen, die wussten, was los war, sagten nichts. Sie spielten das Spiel mit. In den 1980er Jahren investierte die DDR massiv in ein Mikrochipunternehmen in Dresden – in der Hoffnung, den Japanern und US-Amerikanern in diesem Industriezweig Paroli bieten zu können. Als das Unternehmen (»Zentrum Mikroelektronik Dresden«) seinen ersten Prototyp baute, meldete das Politbüro das als einen großen Erfolg, der als Triumph der ostdeutschen Technologieentwicklung gefeiert wurde und auf der ganzen Welt Schlagzeilen machte. Hinter den Kulissen jedoch war vielen klar, dass das Ganze lediglich eine raffinierte Gaukelei für das Politbüro war. Als die Nachricht in allen Medien kam, wusste die mittlere Ebene der Ostberliner Funktionärselite ganz genau, dass die »Errungenschaften« nicht echt waren, während die Spitze des Politbüros an eine ostdeutsche Mikrochipindustrie glaubte – ein deutlicher Hinweis auf eine unzulängliche Lernkultur. Nur die guten Nachrichten wurden nach ganz oben weitergereicht. Die schlechten blieben irgendwo in der Mitte stecken.

Institutionelle Hybris: Das authentische Selbst nicht kennen

Das Versäumnis, dein eigenes Selbst zu erkennen, kann zu Selbsttäuschung und Hybris führen: »Enron wird die beste Firma der Welt werden.« Das ist im Konkursjahr eines Unternehmens eine bemerkenswerte Aussage. Was war mit der DDR? Das Selbstbild des Politbüros basierte auf drei fundamentalen »Wahrheiten«: erstens ist der Sozialismus dem Kapitalismus historisch überlegen; zweitens ist der Zusammenbruch des Kapitalismus nur eine Frage der Zeit, und dann kommt es zum globalen Sieg des Sozialismus, und drittens ist das ostdeutsche sozialistische System wahrscheinlich das am besten organisierte und deswegen auch effektivste sozialistische System. Ein so aufgeblasenes Selbstverständnis lässt selbst Enrons Ken Lay relativ bescheiden aussehen. Beide Selbstbilder standen nicht mehr im Einklang mit der Realität und trugen zur tief verwurzelten Unfähigkeit bei, das tatsächliche Geschehen wahrzunehmen.

Institutionelle Desinformation und Anomie: Nicht dem Ganzen dienen

Menschen mit niedriger Intentionsqualität dienen nicht einem größeren Ganzen. Ganz im Gegenteil, als Führungspersonen werden solche Menschen egozentrisch, stellen ihr eigenes Ego ins Zentrum des Universums und erwarten von allen anderen, dass sie dies unterstützen.

Bei Enron wurde der fehlende Sinn für den Dienst am Ganzen in der Art und Weise deutlich, wie die Firma die Energiepolitik und die Gesetzgebung beeinflusste, um damit rücksichtslos ihre Sonderinteressen durchzusetzen (Beispiele sind die Rolle von Enron in der kalifornischen Energiekrise, die den Steuerzahler 30 Milliarden Dollar kostete, oder das Ausnutzen der regionalen Monopolstellung in Indien und andernorts; vgl. Krugman 2003). Die eigenen Interessen an die erste Stelle setzend, zog Enron einen Vorteil aus den eigenen Kunden, die in langfristigen Verträgen feststeckten und gezwungen waren, überhöhte Preise zu bezahlen. Menschen mit einer niedrigen Intentionsqualität beuten die Schwächen derjenigen aus, denen sie eigentlich dienen sollten.

Die DDR schien an einer anderen Version der Illusion und der Egokrankheit zu leiden. Dazu folgende Geschichte, die mir Heidemarie, eine ostdeutsche Sozialwissenschaftlerin und feministische Bürgerrechtlerin, erzählte:

> »Ich erinnere mich an ein Treffen in den frühen 1980er Jahren einer kleinen Gruppe junger Führungspersonen der oberen Ränge des Verwaltungsapparats der DDR. Sie redeten und tranken den ganzen Abend lang. Und je länger sie sprachen, desto klarer wurde, wie morsch das ganze System eigentlich war. Am Ende konfrontierte ich sie mit ihren Aussagen und fragte sie, warum niemand unter ihnen irgendwie die wirklichen Belange ernsthaft angehe. In diesem Moment verfiel die ganze Gruppe in ein Schweigen. Nach einer Weile sagte einer, was alle anderen dachten: ›Wir werden uns nicht dafür opfern. Das ist es nicht wert. Wir wollen einfach nur unser Leben weiterführen. *Wir sind keine Märtyrer*‹. In diesem Moment wurde mir deutlich, dass das ganze System der DDR auf Autopilot in Richtung Zusammenbruch unterwegs war.«

Institutionelle Sklerose: Das Fehlen jeglichen Experimentierens

Dieser Mechanismus betrifft das Fehlen von Experimentierfeldern, also von Räumen, in denen Innovation stattfinden kann. In einer bekannten Studie über langlebige Unternehmen identifizierte Royal Dutch Shell die Hauptmerkmale von Unternehmen, die mehr als hundert Jahre lang erfolgreich waren (de Geus 1997). Das wohl interessanteste Merkmal ist eine »Toleranz für Randexperimente«. Das Experimentieren und die Kultur, Fehler machen zu können, sind wichtig, argumentierten die Autoren der Studie, um den Ausgangspunkt für zukünftige Erfolge zu schaffen.

Genau das gab es in der DDR nicht. Zu viel wurde zentral geplant. Das Versäumnis, Prototypen von innovativen, lebendigen Mikrokosmen zu entwickeln, wurde schmerzlich sichtbar. Bei Enron war das Fehlen dieser Innovationsräume zunächst weniger deutlich. Immerhin war Enron über viele Jahre hinweg das innovative Vorzeigeunternehmen. Eine nähere Betrachtung jedoch ergibt, dass die Felder wirklichen Experimentierens zu eng waren, zu sehr auf finanzielle Kennzahlen begrenzt oder zu spät in Angriff genommen. Als der Bilanzfälschungsskandal dann im Jahre 2001 aufflog, blieb schließlich keine Alternative mehr zur Insolvenz.

Fehlende Infrastruktur: Den eigentlichen Leistungsprozess nicht beachten

Nachhaltiger Erfolg bedingt eine solide Infrastruktur des Lernens. Ein gutes Beispiel ist die Firma Federal Express (FedEx), ein globaler Marktführer im Paketdienstgeschäft. Ich hatte einmal die Gelegenheit, gemeinsam mit meinem Kollegen Adam Kahane das Verteilzentrum von FedEx in Memphis, Tennessee, zu besuchen. Zwischen ca. 22 und 2 Uhr landen dort jede Nacht 150 Frachtflugzeuge, und es werden bis zu einer Million Pakete entladen, sortiert, umgeladen und zu ihren jeweiligen Zielen geflogen. Wenn alle Maschinen wieder in der Luft sind, trifft sich das Kernteam um 3 Uhr morgens zu einer Nachbesprechung. Um 9 Uhr wird eine ähnliche Nachbesprechung zwischen den Schichtleitern der weltweiten FedEx-Verteilzentren abgehalten, und am Abend trifft sich das ganze operative Team wieder zu einem Rückblick auf die Lernergebnisse des vorangegangenen Zyklus, damit diese dann in der nächsten Schicht berücksichtigt werden können. Drei Nachbesprechungen für jede Schicht. Du ziehst diese beinharte Lernstruktur über 25 Jahre durch, und dann hast du eines der weltweit besten Logistikunternehmen.

Im Gegensatz zu diesen Lernstrukturen des Alltags hatten die DDR und Enron keine Infrastruktur für diese Form des Lernens. Interessanterweise wiesen beide Systeme einen ähnlichen Defekt auf. Enrons CEO und Harvard- sowie McKinsey-Absolvent Jeff Skilling hatte eine Kultur geschaffen, in der Ideen mit der Realität verwechselt wurden: Zukünftige Einkünfte wurden mit Fantasiepreisen in der Finanzplanung verbucht. Der Verwaltungsapparat der DDR ging davon aus, dass ein zentral aufgestellter Plan, einmal beschlossen und verordnet, tatsächlich von Unternehmen umgesetzt werden würde. Ein Plan ist eben ein Plan. Und Vorstellungen bezüglich künftiger Einnahmen sind ja auch genau das. Wahrer wirtschaftlicher Wert ist aber etwas anderes: Dieser wird durch kollektives Handeln hergestellt, was nur durch harte Arbeit und Infrastrukturen, die der kontinuierlichen Verbesserung dienen, geschehen kann.

Fünf Beobachtungen von Organisationen und globalen Institutionen

Zum Abschluss möchte ich auf fünf diagnostische Beobachtungen eingehen, die einige Trends in Organisationen und globalen Institutionen mit Bezug auf die weiter oben diskutierte strukturelle Karte (Abb. 18.2) skizzieren:

1) In den letzten drei Jahrzehnten hat sich die Betriebsorganisation überwiegend von der ersten zur zweiten und dritten Stufe des U bewegt (von zentralisierten zu stärker dezentralisierten/divisionalen und zu vernetzten Strukturen).
2) Gleichzeitig hat sich eine kleinere Gruppe von Organisationen zu einer mehr auf einem Ökosystem basierenden Form des Organisierens hinbewegt (Stufe 4 des U).
3) Ein dazu parallel verlaufender dritter Trend zieht Organisationen in den Schatten- oder Antiraum der Organisationspathologie, wie im oberen Teil der Abbildung dargestellt. Leider sind Beispiele dieser Art der institutionellen Pathologie nicht auf Unternehmen wie Enron begrenzt. Man findet Beispiele in allen privaten, zivilgesellschaftlichen und öffentlichen Sektoren. Wie kam es etwa dazu, dass die Regierung Bush/Cheney/Rumsfeld das eigene Land in den Irakkrieg hineingesteuert hat? Zunächst war das Verständnis der realen Situation im Mittleren Osten sehr unzureichend (institutionelle Ignoranz: das Nichtverstehen der tatsächlichen Komplexität auf lokaler Ebene); zweitens dominierte ein kollektives Trauma und in der Folge ein kollektives Sich-Verschanzen nach den Terroranschlägen am 11. September (institutionelle Arroganz: das Nichtverstehen dessen, wie man wahrgenommen wird); drittens herrschte ein aufgeblasenes Selbstbild, einzige Supermacht und globales Imperium des 21. Jahrhunderts zu sein (institutionelle Hybris: das Nichtverstehen seiner wahren Rolle und Aufgabe in der Welt); viertens griff ein Vizepräsident aktiv in die Geheimdienste ein, um einen Bericht über Massenvernichtungswaffen zu produzieren, der nicht auf nüchternen Fakten und dem aktuellen Wissensstand beruht, sondern dazu dienen soll, die Militäraktion im Irak zu rechtfertigen (institutionelle Desinformation und Anomie). Damit sind die ersten vier Punkte im Zyklus der Zerstörung abgehakt. Die Folgen sind absehbar und nur eine Frage der Zeit. Reale Probleme tauchen plötzlich und unerwartet auf (institutionelle Sklerose: Unfähigkeit, eine andere Richtung einzuschlagen). Sobald klar wurde, dass Rumsfelds anfängliche Kriegsstrategie des *»shock and awe«* (Schock und Furcht) nicht funktioniert, gelang es den Beteiligten über viele Jahre nicht, sich an die anders geartete Realität anzupassen. Das Ergebnis kann der institutionelle Zusammenbruch sein. Die massive Zerstörungswelle ist allgegenwärtig: Mehr als eine Million Menschen sind im Irakkrieg gestorben (2015);[88] statt einer florierenden Demokratie sehen wir den Zusammenbruch fast aller institutionellen Strukturen, einen Bürgerkrieg, der sich leicht auf die gesamte Region und darüber hinaus ausweiten könnte sowie eine Zunahme der Extremisten und des Fundamentalismus bei allen Konfliktparteien (institutioneller Zusammenbruch).

88 Siehe dazu https://www.democracynow.org/2015/3/25/headlines/study_us_wars_have_left_over_1_million_dead_in_iraq_afghanistan_pakistan [Zugriff: 13.1.2020].

4) Der jüngste Schub der Globalisierung und der krisenhaften Zusammenbrüche hat die Turbulenzen und die Komplexität, mit der globale Institutionen konfrontiert sind, schlagartig erhöht. Entsprechend können die oben beschriebenen Trends (zu Dezentralisierung, Netzwerken und Ökosystemen sowie zum Sog in den Antiraum des Absencing und in institutionelle Pathologien) in jeder Organisation in unterschiedlichem Maße erkannt werden. Um mit diesen neuen Herausforderungen umzugehen, müssen Führungskräfte lernen, die vier Ebenen der Koordination und der Führung, die entlang der U-Theorie diskutiert wurden, zu erschließen und anzuwenden. Das passiert in der Praxis allerdings weniger, da jede der Stufen verschiedene Ansätze, Prinzipien und Praktiken voraussetzt. Aus diesem Grund stecken Institutionen und Unternehmen oft im Antiraum der Organisationspathologie, in der Antithese des U, fest.
5) Die wichtigsten Führungsherausforderungen unserer Tage liegen in Feld 4, während die überwiegende Mehrzahl aller Antworten aus unseren Institutionen auf den Feldern 1 bis 3 verharrt und stecken bleibt. Dieses Führungsversagen ist das Hauptproblem unserer Zeit. Es stellt sich die Frage, wie wir die Evolution der dominanten und doch zugleich besonders gefährdeten Spezies der zunehmend global handelnden Institutionen fördern können.

Entwicklungswege von Institutionen

Lassen Sie uns abschließend einige Betrachtungen zum Wesen des dritten Grundprozesses anstellen – der kollektiven Gestaltung institutioneller Geometrien der Macht (Strukturierung). Es ist hilfreich, nicht nur Gesprächsfelder, sondern auch Institutionen so zu betrachten, als *ob sie lebende Wesen*, lebende Entitäten, wären.

Aus diesem Blickwinkel ergibt sich die Frage: Was ist der unsichtbare Grundprozess, der dieser Spezies der institutionellen Wesen helfen könnte, sich zu entwickeln und zu reifen? Abb. 18.3 beschreibt vier evolutionäre Wege, die dieser Grundprozess nehmen muss. Die vier sichtbaren Formen institutioneller Koordination, die weiter oben diskutiert wurden (zentralisiert, dezentralisiert, vernetzt und als Ökosystem), bilden den Grundprozess, der diese Erscheinungsformen jeweils am Leben erhält, nicht wirklich ab. Dieser Grundprozess des Organisierens liegt den sichtbaren Erscheinungsformen organisationalen Handelns zugrunde.

Die Bereiche mit blauer Schrift in Abb. 18.3 repräsentieren diese zugrunde liegende Prozessdimension. Beispielsweise wird in Spalte 1 gezeigt, dass zentralisierte Strukturen (wie die Bürokratie) auf *funktionalen Prozessen* beruhen, die, einmal durch einen Impuls ausgelöst, immer mit dem gleichen Standardverfahren reagieren.

In der 2. Spalte, der Dezentralisierung, ist die Struktur auf einen *Kernprozess* der Wertschöpfung angewiesen, der beim Kunden endet (oder beginnt) und alle vorangegangenen Schritte der betreffenden Wertschöpfungskette verknüpft. Das Organisieren um diesen Kernprozess herum betrifft sämtliche Funktionsbereiche und institutionellen Grenzen und ermöglicht es der Organisation, die Entscheidungsfindung näher am Kunden und näher am Markt anzusiedeln.

Welches ist die versteckte Prozessdimension der vernetzten Organisation? Wodurch erhält sie sich? Von welcher unsichtbaren Voraussetzung ist sie abhängig? Es ist die Fähigkeit, mit Stakeholdern eine produktive Gesprächssituation aufzubauen und zu halten. Spalte 3 zeigt auf, wie *Gesprächsprozesse* die wichtigsten Stakeholder über funktionale und institutionelle Grenzen hinweg zusammenbringen. Dies ermöglicht den Aufbau gemeinsamer Wahrnehmungs-, Denk- und Handlungsräume. Genau wegen dieser produktiven Konversationsprozesse waren Organisationen wie DEC am Ende erfolglos und andere wie HP oder IBM befanden sich am Ende unter den Gewinnern.

Phase	Zentralisiert	Dezentralisiert	Netzwerk	Ökosystem
1	**funktionale Prozesse und zentralisierte Strukturen:** *Hierarchie*	Kernprozesse: *sich mit Wertschöpfung aus Kundensicht verbinden* ↓	Stakeholder-Prozesse: *mit wichtigen Stakeholdern Kontakt aufnehmen* ↓	Ökosystem-Innovationsprozess: *mit den zukünftigen Hauptakteuren Kontakt aufnehmen* ↓
2		**dezentralisierte Strukturen:** *Markt, Hierarchie*	Stakeholder-Dialoge: *mitteilen und zuhören* ↓	Deep Dive: *gegenseitiges Eintauchen durch Learning Journeys* ↓
3			**Netzwerkstrukturen:** *Dialog, Markt, Hierarchie*	Ökosystem Sensing: *emergente Zukunftsmöglichkeiten erspüren* ↓
4				**Ökosystem der Innovation:** *Wahrnehmen vom Ganzen her, Dialog, Markt, Hierarchie*

Abb. 18.3: Die Evolution institutioneller Feldstrukturen

Und schließlich stellt sich in Spalte 4 die Frage, welches der Grundprozess ist, der möglicherweise den vierten Koordinationsmechanismus hervorbringen und manifestieren könnte, die Fähigkeit, aus einem im Entstehen begriffenen Ganzen heraus wahrzunehmen? Wodurch könnte ein solches Ökosystem geschaffen und aktiviert werden? Durch *Ökosysteminnovation*. Dieser (U-förmige) Prozess verbindet die

Akteure innerhalb eines größeren Ökosystems oder eines industriellen Raumes (Anwender und Kunden mit eingeschlossen), all diejenigen, die sich gegenseitig brauchen, um die Zukunft zu gestalten, und initiiert das Eintauchen in den Kontext. Dadurch können die Akteure ihre gegenseitigen Kontexte und Problemgebiete wahrnehmen und anschließend an einem gemeinsamen Verständnis der systemischen Kräfte arbeiten, um allmählich *aus dem entstehenden Ganzen heraus sehen und handeln zu können*. Dieser Prozess der Ökosysteminnovation ist offen, ohne vorbestimmtes Ergebnis. Ist er erfolgreich, können sich die Intention und Identität der betreffenden Akteure verschieben.

Interessant ist, dass viele Technologieriesen, die das Konzept der Ökosysteminnovation anwenden, wie Apple, Google, Amazon, Alibaba oder Facebook, es im Grunde nutzen, um ihre eigenen Unternehmensimperien zu fördern. Die unbeantwortete Frage lautet also, wie diese (und andere) Technologieerneuerer sich so entwickeln könnten, dass sie die Struktur eines Ökosystems mit einem Wandel von Egosystem- zu Ökosystem-Bewusstsein verbinden. Durch einen solchen Wandel würden diese Technologiegiganten weniger wie Erbauer von Imperien wirken, die die Welt beherrschen wollen, und mehr wie Unternehmen, die holakratische Prinzipien anwenden, um einem größeren Ganzen zu dienen, das mehr umfasst als ihren eigenen Erfolg. Womit wir beim Thema des größeren gesellschaftlichen Kontexts von Kapitalismus und Demokratie angelangt wären.

19 Globales Handeln

Der Versuch, Feld-3- und Feld-4-Probleme mit Feld-1- und Feld-2-Methoden zu lösen • Ein tief greifender gesellschaftlicher Wandel • Sektorenübergreifende Kommunikation • Die Evolution des Kapitalismus als Evolution des Bewusstseins • Institutionelle Inversion

Unsere Schulen arbeiten mit einer pädagogischen Praxis, die dem wahren kreativen Potenzial unserer Kinder oft mehr schadet, als es zu fördern. Unsere Nahrungsproduktion basiert auf Praktiken, die die Qualität des Bodens verschlechtern und Tiere in unwürdigen und nicht artgerechten Bedingungen halten und gleichzeitig Lebensmittel herstellen, die zu Fettleibigkeit auf der einen und zu Mangelernährung und Hungersnot auf der anderen Seite beitragen, mehr als das jemals zuvor geschehen ist. In den USA verschlingt das Gesundheitssystem 17,5 Prozent des Bruttoinlandsprodukts,[89] obwohl es keinen empirischen Beweis dafür gibt, dass sich steigende Ausgaben im Bereich der Gesundheitsversorgung in einer steigenden Qualität niederschlagen (mit anderen Worten, Länder mit niedrigeren Ausgabenquoten haben nicht notwendigerweise eine schlechtere Gesundheitsversorgung).[90]

Das alles sind symptomatische Beschreibungen. Die Frage ist, warum? Warum sind wir im 21. Jahrhundert nicht fähig, intelligentere soziale Systeme (in Bereich Gesundheit, Pädagogik, Landwirtschaft, Konfliktlösung, Nachhaltigkeit etc.) zu entwickeln, die effektiver, kreativer und inklusiver sind? Welches sind die Hindernisse, die uns davon abhalten, an den Wurzeln dieser Probleme anzusetzen?

Der Versuch, Feld-3 und Feld-4-Probleme mit Feld-1- und Feld-2-Methoden zu lösen

Wir versuchen, Probleme, die tief greifende Feld-3- und Feld-4-Ansätze zur Veränderung bräuchten, mit technischen Lösungen der Ebene 1 oder 2 zu beantworten. Ken Olsen hat genau dies im Fall von DEC versucht, doch bald darauf ging die Firma zu Bruch. In den komplexen Bereichen wie Gesundheit, Bildung, Landwirt-

89 https://www.cms.gov/research-statistics-data-and-systems/statistics-trends-and-reports/nationalhealthexpenddata/nationalhealthaccountshistorical.html [Zugriff: 13.1.2020].
90 https://www.dartmouthatlas.org/downloads/reports/Spending_Brief_022709.pdf [Zugriff: 13.1.2020].

schaft oder Entwicklung und Kooperation gibt es den korrigierenden Mechanismus des Bankrottgehens nicht: Die Quasimonopolstellung dieser gesellschaftlichen Systeme bewahrte sie (zumindest bisher) vor echtem Feedback und echtem Bankrottgehen, egal wie dysfunktional die realisierten Ergebnisse auch waren.

Wenn der systemische Kern dieser Probleme nicht angegangen wird, werden wir keine der wichtigen Herausforderungen, mit denen wir heute als Gesellschaft konfrontiert sind, auch nur annähernd erfolgreich lösen können. Während man in den USA mehr als 17 Prozent des Bruttoinlandsprodukts für Gesundheitskosten ausgibt und Gesundheitsprobleme auf der Ebene der Symptome angeht, bleiben die wahren systemischen Ursachen weiter komplett unreflektiert und unangetastet. 80 Prozent des Gesundheitsbudgets werden für die Bekämpfung von fünf Verhaltensproblemen verschlungen: übermäßiges Rauchen, Trinken und Essen, Stress und Bewegungsmangel.[91]

Das ist die Verhaltensebene. Doch was ist mit den tieferen Ebenen? Nortin Hadler, Medizinprofessor an der University of North Carolina, hat die systemischen Ursachen für ein Risiko, frühzeitig zu sterben, intensiv erforscht und das Ergebnis in Form von zwei Leitfragen zusammengefasst (Hadler 2005):[92]

1) Fühlen Sie sich in Ihrer sozioökonomischen Situation wohl?
2) Sind Sie mit Ihrer Arbeit zufrieden?
   Sagen Sie mir, wie zufrieden Sie mit Ihrer Arbeit sind und wie wohl Sie sich in Ihrer sozioökonomischen Situation fühlen, und ich sage ihnen, wie hoch ihr Risiko ist, frühzeitig zu sterben!

Wie wir am Beispiel des Arzt-Patienten-Dialogforums (vgl. die Kapitel 9 bis 12, Abb. 10.1 und Tabelle 14.1) aus dem Bereich der Gesundheitsversorgung in Deutschland gesehen haben, wollen Menschen sich auf tiefere Beziehungen miteinander und mit sich selbst einlassen. Patienten und Ärzten wurde klar, dass sie Ergebnisse und Beziehungsmuster realisierten, die niemand wollte. Und doch fanden sie es (fast) unmöglich, dies zu ändern. Warum? Was hält uns zurück? Was müsste passieren, damit wir die wahren Probleme angehen, die uns davon abhalten zu tun, was wir gerne tun und sinnvoll finden?

Ein tief greifender gesellschaftlicher Wandel

Institutionen und Gruppen, die erfolgreich einen Veränderungsprozess durchgeführt haben, fallen oft nach und nach in ihre alten Verhaltensweisen zurück, weil die größere institutionelle Ökologie ihnen zu viele restriktive Anforderungen auferlegt (z. B. Erwartungen der Wall Street). Es ist also offensichtlich, dass eine Analyse jene

91 Zitiert nach Alan Deutschman, »Change or Die«, *Fast Company*, Mai 2005, p. 53.
92 Danke an Richard Brush und Jeff Doemland von der US-Firma Cigna dafür, dass sie mich auf diese Studie hingewiesen haben.

größeren Systeme mit einschließen muss, die den gegenwärtigen Kontext (Mundoebene) definieren. Zu diesen Metasystemen zählen unter anderem wirtschaftliche, politische, medienspezifische und kulturelle Subsysteme. Diese verzahnen sich immer stärker miteinander und müssen koordiniert werden. Wie machen wir das?

Wie können wir die Koordination des Ganzen bewältigen, ohne dass wir in ein altes Modell der Diktatur einer der drei Sektoren, Kirche (Theokratie), Staat (Sozialismus) oder Wirtschaft (Technologieriesen in Silicon Valley), zurückfallen? Lässt sich das Ganze koordinieren, indem wir die sektorenübergreifende Kommunikation von den Ebenen 1 und 2 (Runterladen, Debatte) um die Ebenen 3 und 4 (Dialog, Presencing) erweitern?

Obwohl der gegenwärtige Zuwachs an monozentrischen Fundamentalismen das Gegenteil vermuten lassen könnte, denke ich, dass das Auftauchen diverser Fundamentalismen eigentlich ein Spätausläufer ist, eine Gegenreaktion auf einen tieferen gesellschaftlichen Wandel, der immer weiter zu einer stärkeren gegenseitigen Abhängigkeit und Verzahnung der drei Sektoren führen wird (vgl. auch Perlas 2003).

Sektorenübergreifende Kommunikation

Abb. 19.1 beschreibt die Beziehungen zwischen den drei Sektoren Wirtschaft, Staat, Zivilgesellschaft mit Bezug auf die verschiedenen Qualitäten der Kommunikation, die in Kapitel 17 besprochen wurden: Runterladen, Debattieren, Dialogisieren und Presencing. Die vier Kreise zeigen vier evolutionäre Stufen der Kommunikation im heutigen globalen ökonomischen und politischen System:

- Kreis 1: Runterladen
- Kreis 2: Debatte
- Kreis 3: Dialog
- Kreis 4: Gemeinsame Gegenwärtigung und schöpferisches Handeln

Kreis 1: Runterladen

Der äußere Kreis in Abb. 19.1 repräsentiert den Raum des *Runterladens* und erfasst die Dynamiken der vordemokratischen und vorverfassungsmäßigen Stakeholderkommunikation. Runterladen steht für eine *unilaterale* Kommunikationsstruktur, die die Kommunikation einseitig bestimmt und die Verhaltensweise anderer Stakeholder gezielt beeinflusst und deren Stimmen geflissentlich aus dem Diskurs auszuschließen versucht. Beispiele dieser Art von sektorenübergreifender Kommunikation sind die Verbreitung politischer Propaganda, Korruption, Formen des Lobbyismus und der Werbung (insoweit sie sich manipulativer statt informativer Techniken bedient). Beispiele für diese Qualität der Kommunikation finden sich auch im zivilgesellschaftlichen Sektor, wenn Interessenverbände Organisationen in anderen Sektoren, beispielsweise Unternehmen, angreifen, ohne jeglichen Versuch, mit ihnen direkt ins Gespräch zu kommen.

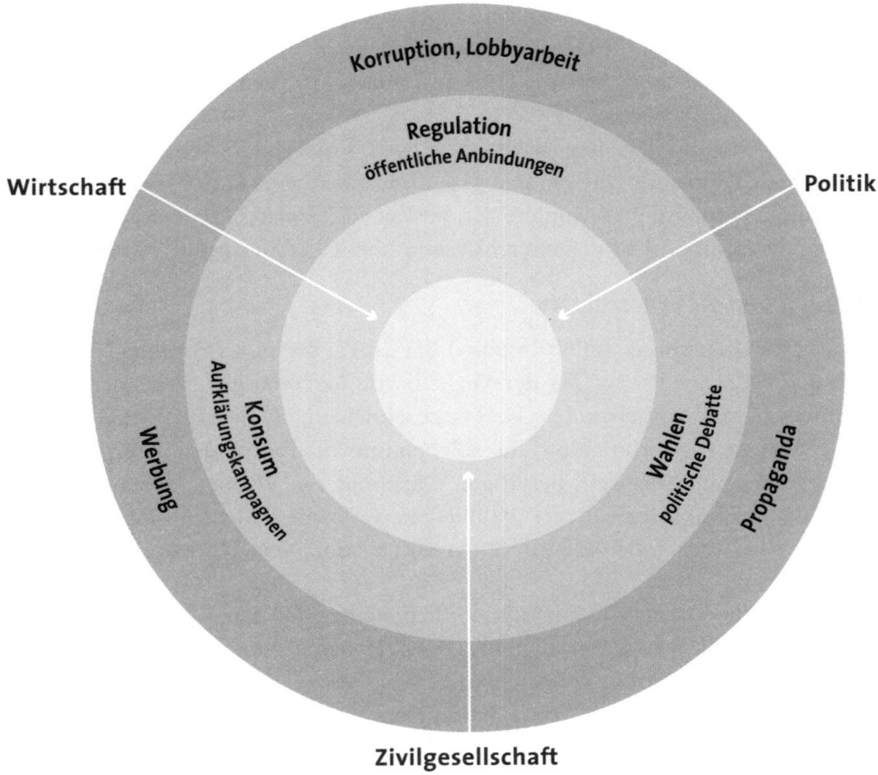

Abb. 19.1: Sektorenübergreifende Kommunikationsformen: Feld 1–2

Diese Kommunikationsstrukturen sind *unilateral* (weil sie nur einen Kanal der Kommunikation verwenden), *nicht inklusiv* (weil sie andere Stakeholder ausschließen) und meistens auch *nicht transparent,* weil oft hinter verschlossenen Türen gearbeitet wird. Sie sind mit der Intention geschaffen worden, das Verhalten des Empfängers im Sinne der Interessen des Senders zu beeinflussen (üblicherweise auf Kosten der ausgeschlossenen Stakeholder).

Wenn diese Praktiken jedem zur Verfügung stehen, wo liegt dann das Problem? Eigentlich gibt es zwei Probleme:

- Das *erste* liegt darin, dass der Zugang zu dieser Form der Kommunikation im politischen und legislativen Prozess ungleich verteilt ist. Einige Individuen und Gruppen haben eine größere wirtschaftliche Macht als andere. Darüber hinaus wissen wir von Mancur Olson (1965, dt. 2004), dass kleine Gruppen mit wenigen wichtigen Akteuren, wie z. B. Industrien, sich leichter entlang ihren speziellen Interessen organisieren können, als es für größere Gruppen möglich ist, wie z. B. die Millionen von Konsumenten der betreffenden Industrie. Kleine Gruppen können ihre speziellen Interessen besser durchsetzen als größere Gruppen, die normalerweise schwerer zu organisieren sind. Daraus ergibt sich ein politischer Prozess, der von gut organisierten Sonderinteressen dominiert wird, während der Rest unfähig ist, sich in ähnlich wirksamer Weise zu organisieren.

- Das *zweite* Problem liegt darin, dass, weil Sonderinteressen dominieren, es keine Gruppe gibt, die die Interessen und die Integrität des Ganzen fördert. Beispiele für auf dem Runterladen basierende, unilaterale, sektorenübergreifende Kommunikation (äußerer Kreis in Abb. 19.1) sind täglich zu besichtigen.

Werbung und die »Filterblase«

Den Begriff »Filterblase« (»filter bubble«) hat Eli Pariser in seinem gleichnamigen Buch geprägt. Laut Pariser hat der Versuch von Webunternehmen, ihre Dienstleistungen auf die Vorlieben des Users zuzuschneiden, die unbeabsichtigte Konsequenz, dass die Algorithmen uns nur solchen Informationen aussetzen, die unsere bereits bestehende Weltsicht bestätigen.[93] Mit anderen Worten: eine sichere Methode, um im Runterladen steckenzubleiben. Beispiele dafür sind der personalisierte News Stream von Facebook[94] oder die personalisierten Suchergebnisse von Google.

Die Zeit, die Kinder vor einem Bildschirm verbringen, hat im Laufe der letzten 20 Jahre dramatisch zugenommen. Im Jahr 2015 haben Kinder im Alter von 5 bis 16 Jahren durchschnittlich 6,5 Stunden pro Tag vor einem Bildschirm verbracht, während es im Jahr 1995 noch etwa 3 Stunden waren.[95] Heute tragen nicht nur eine Vielzahl von Geräten (TV, Computer, Handy) zur Bildschirmzeit bei, sondern auch eine Vielzahl von Aktivitäten. Die Kinder sehen nicht einfach eine Show oder einen Film, sondern spielen auch Computerspiele oder interagieren mit ihren Freunden. Alle diese Aktivitäten schließen heute Formen von – häufig »eingebetteten« – Werbebotschaften mit ein.[96]

Nachdem die Formen, über die Kinder und Jugendliche mit Werbung in Berührung kamen, jahrzehntelang relativ stabil waren, hat sich die Zahl der Expositionswege durch die neuen Medien explosionsartig ausgeweitet. Die Eigenschaften, die den Plattformen der neuen Medien innewohnen, wie Interaktivität, das Eintauchen in eine virtuelle Realität (Immersion) oder virales Marketing, bei dem sich Werbebotschaften wie ein Virus über moderne Kommunikationsnetze verbreiten, unterscheiden sich grundlegend von denen anderer Medien.

Studien beschreiben die Verbindung zwischen Gewaltexposition und gewalttätigem und aggressivem Verhalten bei Kindern und Jugendlichen. Gewalt im Fernsehen oder Videospiele, bei denen an die Stelle des Zuschauens die Ausführung von Ge-

93 https://en.wikipedia.org/wiki/Filter_bubble [Zugriff: 13.1.2020].

94 https://www.wired.com/2015/05/did-facebooks-big-study-kill-my-filter-bubble-thesis/ [Zugriff: 18.2.2020].

95 https://bbc.com/news/technology-32067158 [Zugriff: 13.1.2020].

96 Common Sense Media Research Brief: Advertising to Children and Teens: Current Practices, Spring 2014.

walt tritt, können zu Aggressivität, Angstzuständen und -neurosen, Depressionen, Albträumen, Schlafstörungen und posttraumatischen Belastungsstörungen führen.

Öffentliche Debatte

In der ersten Auflage dieses Buches habe ich darauf hingewiesen, dass die Kandidatendiskussion im US-Präsidentschaftswahlkampf des Jahres 2004 beispielhaft zeigte, wie die Qualität der Kommunikation sich von der öffentlichen Debatte weg in das Feld des Runterladens bewegt:

- Die Diskussionsregeln sahen vor, dass alle Fragen von Zuschauern im Vorfeld abgegeben und genehmigt werden mussten. Im Gegensatz dazu hatten die Kandidaten in früheren Diskussionen auf spontane, vorher nicht eingereichte Fragen geantwortet.
- Während der Wahlkampagne hielt George W. Bush sogenannte Townhall-Sitzungen ab, zu denen nur Bush-Unterstützer zugelassen wurden; dabei half das Bush-Team den Leuten, ihre Fragen so zu formulieren, dass Bush dadurch ins beste Licht gerückt wurde.
- Im Jahre 2004 glaubten 42 Prozent der US-Bevölkerung, Saddam Hussein stünde hinter den Angriffen vom 11. September 2001; diese falsche Wahrnehmung stellt eine massive Verzerrung der tatsächlichen Tatbestände durch politische Propaganda dar.

Die Debatten, die der US-Präsidentschaftswahl von 2016 vorausgingen, bescherten dem Niveau der »öffentlichen« Debatte ein neues Rekordtief. In einem Bericht von *Media Matters* vom Januar 2016 wurde konstatiert:

> »Bislang haben Moderatoren der Debatten insgesamt 94 unwesentliche Fragen gestellt, die in den Bereich des Horse-Race-Journalismus[97] fallen und sich auf den ›Rennverlauf‹, auf Fettnäpfchen im Wahlkampf und auf andere Themen konzentrieren, die keinen Bezug zu einem politischen Thema haben, und lediglich neun Fragen zum Klimawandel.«[98]

Lobbyismus

Im Vorfeld der Präsidentschaftswahl von 2016 berichtete die *New York Times*, dass 176 Mio. Dollar für die erste Phase des Wahlkampfs gespendet worden seien, und zwar von lediglich 158 Familien, zusammen mit den Unternehmen, die sich in ihrem Besitz befanden oder die sie leiteten. »Seit der Vor-Watergate-Ära«, so der Bericht, »ist es nicht mehr vorgekommen, dass so viel Geld von so wenigen Personen und Unternehmen in die Frühphase eines Wahlkampfs geflossen ist, größtenteils über Kanäle, die durch das Citizen-United-Urteil des Supreme Court vor 5 Jahren

97 Wenig inhaltlich ausgerichtete journalistische Berichterstattungsform, die den Wettbewerbs- und Konfrontationscharakter von Politik in den Vordergrund stellt (https://de.wikipedia.org/wiki/Horse-Race-Berichterstattung [Zugriff: 13.1.2020]).

98 http://mediamatters.org/research/2016/01/11/analysis-presidential-debate-moderators-obsess/207888 [Zugriff: 13.1.2020].

legalisiert wurden.«[99] (Mit dieser umstrittenen Entscheidung des Obersten Gerichts wurde die Begrenzung von Wahlkampfspenden aufgehoben.)

Zusammengefasst schafft die Dominanz des *Runterladens* in der Kommunikation mit Konsumenten (Werbung), in der öffentlichen Debatte (politische Propaganda) und in der Gesetzgebung (Lobbyarbeit für Sonderinteressen) eine allmähliche Vergiftung der Institutionen von Demokratie und Marktwirtschaft, die die gesellschaftliche Funktionsfähigkeit immer weiter degenerieren lässt.[100]

Kreis 2: Debatte

Der zweite Kreis in Abb. 19.1 beschreibt Beispiele für interaktive, bilaterale und sektorenübergreifende Kommunikation, die ich in Kapitel 17 als Gesprächsfeld der »Debatte« bezeichnet habe. Ein Beispiel ist der Markt, der Konsumenten eine Vielzahl von Wahlmöglichkeiten bietet und über Konsumentscheidungen dem jeweiligen Anbieter Rückmeldungen gibt. (Man stimmt mit seinem Geld ab.) Andere Beispiele sind diskursorientierte Stakeholder-Interessenvertretungen, bei denen das überzeugendere Argument gewinnt, politische Debatten und Verhandlungen, die eine Vielzahl verschiedener Standpunkte und Blickwinkel vorstellen, und Wahlen, bei denen Bürger den Politikern Rückmeldung geben. Die neuere, webbasierte politische Diskussion mithilfe von Blogging, Chaträumen und andere Formen erschließt zusätzliche Kanäle, die Individuen, Gruppen und der zivilgesellschaftliche Sektor insgesamt nutzen können, um mit Institutionen wie Regierung und Konzernen zu kommunizieren. Diese Formen der sektorenübergreifenden Kommunikation sind interaktiv, zweispurig, interessenorientiert und inklusiver (weil sie eine größere Zahl von Stakeholdern mit einbeziehen) sowie transparenter.

Der zweite Kreis beschreibt die interaktive Kommunikation innerhalb und zwischen zeitgenössischen demokratischen und wirtschaftlichen Institutionen.

Die globalen Herausforderungen dieses Jahrhunderts, wie Klimawandel und Sicherheit, erfordern, dass sich unsere Gesellschaften vom ersten zum zweiten Kreis hinbewegen (wodurch Marktwirtschaft und Demokratie wiederhergestellt werden). Außerdem verlangen sie, dass wir uns über den institutionellen Istzustand bzw. Status quo (den zweiten Kreis) hinausbewegen in das Gebiet der zwei innersten Kreise hinein, weil es nicht möglich ist, die anstehenden Herausforderungen mit der gegenwärtigen institutionellen Aufstellung zu bewältigen, die weitgehend aus dem 19. und 20. Jahrhundert stammt.

Kreis 3: Dialog

Der dritte Kreis in den Abb. 19.1 und 19.2 stellt die Form und Qualität der sektorenübergreifenden Kommunikation dar, die wir normalerweise Multistakeholderdialog nennen. In diesem wird ein Diskurs geschaffen, der alle Stakeholder in einer

99 Nicholas Confessore, Sarah Cohen, Karen Yourish, »The Families Funding the 2016 Presidential Election«, *New York Times*, 10. Oktober 2015 (http://www.nytimes.com/interactive/2015/10/11/us/politics/2016-presidential-election-super-pac-donors.html?_r=o [Zugriff: 13.1.2020]).

100 Für weitere Details zur Präsidentschaftswahl von 2004 siehe *TIME*, 15. November 2004.

multilateralen Interaktion einbezieht. Die Agenda ist offen, wird gemeinsam verändert und ist für alle Teilnehmenden transparent. Jeder Stakeholder kann Probleme und Fragen ansprechen und die Tagesordnung der Gespräche mitbestimmen. Die meisten Formen des öffentlichen Diskurses, des Stakeholderdialogs und des zivilen Dialogs sowie empathisch gestaltete Userinteraktionen[101] sind Beispiele für diese Art der Kommunikation, durch die die unterschiedlichen Perspektiven der Stakeholder erfasst und zur Sprache gebracht werden.

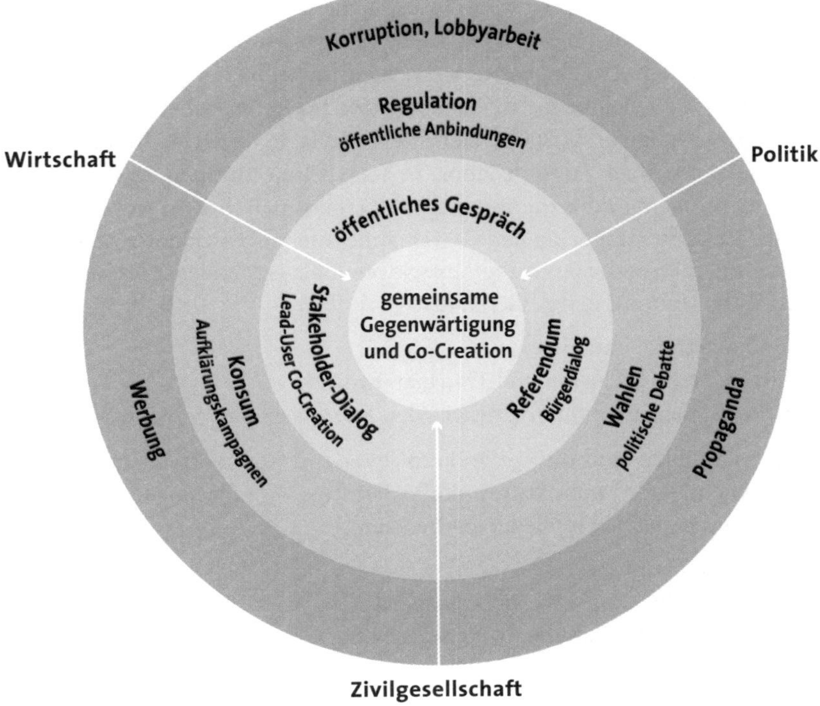

Abb. 19.2: Sektorenübergreifende Kommunikationsformen 1 bis 4

Durch Multistakeholdergespräche wird ein Mechanismus eingeführt, der die Erfahrungen und Perspektiven von Betroffenen in den jeweiligen Entscheidungsfindungsprozess einfließen lässt. Der Multistakeholderdialog ermöglicht die aktive Beteiligung einer neuen Kategorie von Akteuren an gesellschaftlichen Entscheidungsprozessen, darunter NGOs und zivilgesellschaftliche Organisationen, die »die Menschen« repräsentieren.

Dennoch ist es nicht immer möglich, in diesen Dialogen – im Kontext von oft gegensätzlichen Sichtweisen – in einen produktiven Prozess zu kommen. Ob-

101 Dazu gehören z. B. Lead-User-Entwicklungen, d. h. Innovationen, die gemeinsam mit einem interessierten User, der entscheidende Ideen, Erfahrungen und Feedback beiträgt, hervorgebracht werden.

wohl die Kommunikationsformen dieses Kreises (Dialog) oft nützlich dafür sind, strittige Fragen zu identifizieren und divergierende Standpunkte zu artikulieren, ist der Dialog häufig weniger geeignet, sich über diese Standpunkte hinaus in ein gemeinsames Handeln oder eine neue Stakeholderkonstellation zu bewegen und entstehende Potenziale umzusetzen.

Kreis 4: Gemeinsame Gegenwärtigung und schöpferisches Handeln

An dieser Stelle kommen die schöpferischen Kommunikationsformen im vierten (innersten) Kreis (Abb. 19.2) ins Spiel. Gespräche mit dieser schöpferischen Qualität bringen Stakeholder, die sich brauchen, um gemeinsam die Zukunft gestalten zu können, zu dem Zweck zusammen, eine im Entstehen begriffene Möglichkeit gemeinsam wahrzunehmen, auszuleuchten und in eine erprobende Praxis zu bringen (Scharmer a. Jaworski 2000). Der innere Kreis, in seiner vollständig realisierten Form, lässt sich als Zukunftslabor für soziale Innovationen verstehen, in dem Ideen, Intentionen und experimentelle Mikrokosmen hervorgebracht werden, durch die Zukunftsmöglichkeiten Gestalt annehmen und sich entwickeln können.

Zusammenfassend: Die häufigsten sektorenübergreifenden Kommunikationsformen, dargestellt auf dem äußeren Ring,

- sind unilateral und linear,
- bieten wenig Inklusion und Transparenz und
- sind mit der Intention organisiert, den Interessen einiger weniger zu dienen.

Im Gegensatz dazu sind die bei Weitem seltensten und wertvollsten Gespräche, die einen wichtigen Akupunkturpunkt für künftige Veränderungen bieten können und die im innersten Kreis wiedergegeben sind,

- multilateral und zyklisch,
- sie bieten viel Inklusion und Transparenz
- und sind mit der Intention organisiert, dem Gemeinwohl oder dem Wohl des Ganzen zu dienen.

Um zu verstehen, warum die gegenwärtigen institutionellen Infrastrukturen eher die erstgenannten Kommunikationsformen (äußerer Kreis) als die letztgenannten (innerster Kreis) zu begünstigen scheinen, ist es hilfreich, die Entwicklungsgeschichte zu erforschen, die uns dahin gebracht hat.

Die Evolution des Kapitalismus als Evolution des Bewusstseins[102]

Der britische Historiker Arnold Toynbee beschrieb gesellschaftlichen Fortschritt als Wechselspiel von *Herausforderung* und *Antwort:* Struktureller Wandel tritt dann

102 Dieser Abschnitt ist auf der Grundlage meines gemeinsam mit Katrin Käufer verfassten Buches *Leading from the Emerging Future* (2013), dt.: *Von der Zukunft her führen* (2017) abgewandelt und aktualisiert worden.

ein, wenn die Elite einer Gesellschaft nicht mehr kreativ auf die sozialen Herausforderungen antworten kann, sodass alte soziale Formen durch neue ersetzt werden. Toynbees Wechselspiel-Modell der Herausforderung und Antwort erlaubt ein tieferes Verständnis der sozioökonomischen Entwicklung heutiger gesellschaftlicher Strukturen. Die folgenden vier Abschnitte bieten einen Überblick über diese Entwicklung (vgl. Tabelle 19.1):

- Gesellschaft 1.0: Um Hierarchie herum organisieren
- Gesellschaft 2.0: Um Wettbewerb herum organisieren
- Gesellschaft 3.0: Um Interessengruppen herum organisieren
- Gesellschaft 4.0: Um das entstehende Ganze herum organisieren

Gesellschaft 1.0: Um Hierarchie herum organisieren

Denken Sie an Europa am Ende des Dreißigjährigen Krieges 1648, an Russland nach der Oktoberrevolution 1917, an China nach dem Bürgerkrieg 1949 oder an Indonesien zu der Zeit, als Sukarno der erste Präsident wurde. Vorangehende Unruhen hatten das Bedürfnis nach Stabilität erzeugt – nach einer starken, sichtbaren Hand, manchmal in Form einer eisernen Faust, die Sicherheit und die lebensnotwendige Verteilung knapper Ressourcen im Einklang mit dringend benötigten Investitionen in die öffentliche Infrastruktur bot. So lässt sich der Sozialismus des 20. Jahrhunderts, genauer besehen, eher als eine *vorkapitalistische* (sprich merkantilistische) denn als eine *nachkapitalistische Phase* der wirtschaftlichen Entwicklung sehen (laut marxistischer Theorie).[103]

Hauptmerkmal dieses Stadiums der gesellschaftlichen Entwicklung ist ein starker zentraler Akteur, der die Entscheidungsmacht für das Ganze in der Hand hat – ob Kaiser, Zar, Diktator oder Partei. Dafür gibt es zahlreiche Beispiele, zu denen die europäischen Monarchen des 18. Jahrhunderts ebenso gehören wie Stalin, Mao, Mubarak und Sukarno, die allesamt an der Spitze von Zwangssystemen standen, deren Bedürfnis nach langwierigen demokratischen Prozessen und Diskussionen, sagen wir, begrenzt war.

Gesellschaft 2.0: Um Wettbewerb herum organisieren

Die positive Eigenschaft der durch staatliche und öffentliche Sektoren koordinierten Gesellschaft, die hauptsächlich durch Feld-1-Strukturen angetrieben wird, ist ihre Stabilität. Die Zentralmacht schafft Struktur und Ordnung und bringt Ruhe in das Chaos, das vorher herrschte. Die Kehrseite der Gesellschaft 1.0 ist der mangelnde Dynamismus und – in den meisten Fällen – der Mangel an persönlicher Initiative und Freiheit.

Je erfolgreicher eine Gesellschaft die erste Herausforderung, also die der Stabilität, bewältigt hat, desto höher ist, historisch betrachtet, die Wahrscheinlichkeit, dass sie den Schritt weg vom ursprünglichen Fokus der Stabilität hin zu einem

103 Ich bedanke mich bei Johan Galtung für das Verständnis dieses Zusammenhangs.

Fokus des Wachstums und Dynamismus sowie zu größerer individueller Initiative und mehr Freiheit macht. Dieser Umschwung lässt Märkte und einen dynamischen unternehmerischen Sektor entstehen und kurbelt das wirtschaftliche Wachstum an.

Die Schwerpunktverlagerung geht mit einem ganzen Sortiment institutioneller Innovationen einher, einschließlich der Einführung von Märkten, Eigentumsrechten und einem Bankensystem, das Zugang zu Kapital gewährt. Diese Veränderungen erleichterten die beispiellose Explosion wirtschaftlichen Wachstums und die massive Industrialisierung, zu der es im Europa des 19. Jahrhunderts kam und die wir heute in China, Indien und anderen aufstrebenden Ökonomien beobachten.

Das Bewusstsein in diesem – hauptsächlich durch Feld-2-Strukturen angetriebenen – Entwicklungsstadium lässt sich als erwachendes Egosystem-Bewusstsein beschreiben, bei dem das Eigeninteresse der wirtschaftlichen Akteure als belebende oder treibende Kraft wirkt. Zur Schattenseite dieses Stadiums gehören die negativen Externalitäten[104] (externen Effekte), wie zum Beispiel eine unbegrenzte Kommodifikation[105] und ihre ungewollten Nebenwirkungen wie Kinderarbeit, Menschenhandel und Umweltzerstörung ebenso wie größere sozioökonomische Ungleichheit. In diesem Stadium gibt es zwei Machtquellen, eine vom Staat ausgehende, durch Zwang wirkende Militärmacht und rechtsprechende Gewalt (Peitsche) und eine vom Markt bestimmte Macht der Rentabilitätsanreize (Zuckerbrot).

Gesellschaft 3.0: Um Interessengruppen herum organisieren

Die positive Eigenschaft einer rein marktgetriebenen Wirtschaft oder Gesellschaft ist ihr schnelles Wachstum, ihr Dynamismus. Der Nachteil ist die Unfähigkeit, die mit dieser rasanten Entwicklung einhergehenden negativen Externalitäten in den Griff zu bekommen (vgl. Galtung 1977a). Zu diesen gehören schlechte Arbeitsbedingungen, niedrige Preise für landwirtschaftliche Produkte unter der Schwelle der Nachhaltigkeit sowie höchst volatile Währungskurse und Aktienmarktblasen, die kostbares Produktivkapital zerstören. Zu den Korrekturmaßnahmen für diese Probleme zählen Arbeits- und Sozialgesetzgebung, Umweltschutz, protektionistische Maßnahmen für Landwirte sowie Notenbanken, die die nationale Währung schützen – all diese Maßnahmen haben dasselbe Ziel: Sie sollen die uneingeschränkten Marktmechanismen in Bereichen, in denen die negativen Externalitäten dysfunktional und unakzeptabel sind, begrenzen.

Die daraus resultierenden Regelungen ergänzen die bestehende Governance, indem sie verhandelte Vereinbarungen zwischen organisierten Interessengruppen als dritten Koordinierungsmechanismus einführen. Die für Gesellschaft 3.0 cha-

104 Externalitäten (oder externe Effekte) sind in der Volkswirtschaftslehre die nicht eingepreisten Auswirkungen ökonomischer Entscheidungen auf Dritte, also Effekte, deren Kosten auf andere abgewälzt werden und für die niemand einen Ausgleich erhält

105 Prozess der Kommerzialisierung bzw. des Zur-Ware-Werdens. Damit einher geht die »Privatisierung« von Dingen und Gütern.

rakteristische Mischung aus Stakeholderverhandlungen zwischen organisierten Interessengruppen ergänzt den bestehenden Marktmechanismus.

Wenn die Gesellschaft sich weiterentwickelt, bilden sich unterschiedliche Sektoren heraus: zunächst der öffentliche oder staatliche Sektor, dann der private oder unternehmerische Sektor und schließlich der zivile oder NGO-Sektor. Die Sektoren unterscheiden sich durch ihre jeweils eigenen ermächtigenden Institutionen.

Der Stakeholderkapitalismus (Gesellschaft 3.0) geht relativ gut mit den klassischen Externalitäten um, zum Beispiel durch die Umverteilung von Vermögen, durch soziale Sicherung, Umweltschutzgesetze, Subventionen für die Landwirtschaft und Entwicklungshilfe. Dennoch gelingt es der Gesellschaft 3.0 nicht, rechtzeitig auf globale Herausforderungen wie Ölfördermaximum, Klimawandel, Rohstoffknappheit und neue demografische Entwicklungen zu reagieren. Mit der Zeit werden Reaktionsmechanismen wie etwa Subventionen für die Landwirtschaft oder für Biotreibstoff auf Ethanolbasis eher zu einem Teil des Problems anstatt zu einem Teil der Lösung. Die Gesellschaft 3.0 hat drei wesentliche Beschränkungen:

- Sie ist voreingenommen zugunsten spezieller Interessengruppen.
- Sie reagiert größtenteils auf negative Externalitäten.
- Ihre Fähigkeit, intentionale positive Externalitäten zu schaffen, ist begrenzt.

Tabelle 19.1 fasst diese Stadien der gesellschaftlichen Evolution zusammen.

Entwicklungsphasen der westlichen Ökonomie	**17.–18. Jh.: Merkantilismus, staatsgetriebene Ökonomie**	**18.–19. Jh.: Liberale Markwirtschaft**	**19.–20. Jh.: Soziale Marktwirtschaft (Wohlfahrtsstaat)**	**21. Jh.: Globale Ökosystemökonomie**
Herausforderung	Stabilität	Wachstum	Inländische Externalitäten	Globale Externalitäten
Antwort: Neue Koordinationsmechanismen	Zentralplan, Regeln	Markt, Wettbewerb	Verhandlungen, Dialog	Gegenwärtigung des (entstehenden) Ganzen
Auftauchen neuer institutioneller Akteure	Staat/ Regierung	Kapital/ Unternehmen	Zivile Gesellschaft/ NGO	Sektoren- und institutionenübergreifende Initiativgemeinschaften
Quellen und Mechanismen der Macht	Bestrafung	Bestrafung Belohnung/ Anreize	Bestrafung Belohnung/ Anreize Normen/Werte	Bestrafung Belohnung/Anreize Normen/Werte Gegenwärtigung des entstehenden Ganzen

Tab. 19.1: Vier Phasen der westlichen Marktökonomie, der Institutionen und der Machtquellen

Außerdem lassen sich globale Externalitäten wie Klimawandel, Umweltzerstörung und extreme Armut durch nationale Mechanismen nicht erfolgreich in Angriff nehmen, was sich beim Klimawandel als Krise eines globalen Gemeinwohls sehr deutlich zeigt. Da die Steuerungsmechanismen der Gesellschaft 3.0 organisierten Interessengruppen zur Macht verhelfen, benachteiligen sie systematisch alle Gruppen, die sich nicht so leicht organisieren können, weil sie zu groß sind (z. B. Verbraucher) oder weil sie noch keine Stimme haben (zukünftige Generationen).

Zusammenfassend: Die Probleme des 21. Jahrhunderts lassen sich nicht mit dem Problemlösungsvokabular des 20. Jahrhunderts angehen. Die meisten Gesellschaften stehen vor der Herausforderung, in einer Weise auf Externalitäten zu reagieren, die individuelles und kommunales Unternehmertum, Eigenverantwortlichkeit und sektorenübergreifende Kreativität fördert und nicht deren Abwesenheit subventioniert.

Gesellschaft 4.0: Um das entstehende Ganze herum organisieren

Wenn wir uns mit der Komplexität der Herausforderungen und der Problemlandschaft des 21. Jahrhunderts befassen, sehen wir uns einigen widersprüchlichen Trends gegenüber:

- der weiteren Differenzierung gesellschaftlicher Subsysteme, die ihre eigenen Formen der Selbstorganisation haben;
- einem wirtschaftlichen Subsystem, das in vielen Staaten die anderen Sektoren (Regierung, Zivilgesellschaft, Medien) beherrscht und behindert;
- einem Mangel an effektiven Plattformen, die alle Stakeholder zusammenbringen und beim gezielten Versuch vereinen, Innovationen auf der Ebene des Gesamtsystems zu bewirken.

Zu den bedeutsamsten Veränderungen zu Beginn des 21. Jahrhunderts gehört die Schaffung von Plattformen für eine *sektorenübergreifende Kooperation*, die es Veränderungsakteuren ermöglicht, zusammenzukommen, sich die Entwicklung des Gesamtsystems bewusst zu machen und zu verstehen sowie anschließend aus den Impulsen dieses gemeinsamen Bewusstseins und dieser gemeinsamen Wahrnehmung heraus zu handeln.

Jedes oben beschriebene Stadium zeichnet sich durch eine zentrale *Herausforderung* aus (Tabelle 19.1): Bei der Gesellschaft 1.0 geht es primär um Stabilität. Die nächste Herausforderung heißt Wachstum, gefolgt von der Herausforderung der Externalitäten. Jede Herausforderung verlangt von der Gesellschaft, dass sie mit der Schaffung eines neuen *Koordinierungsmechanismus* reagiert:

- Die Reaktion auf den Mangel an Stabilität bestand in der Schaffung mehrerer zentralisierter Institutionen, die um die Staatsmacht gruppiert waren.
- Der Markt war die Antwort auf die Wachstumsherausforderung.
- Und mit Stakeholderverhandlungen wurde versucht, den negativen Externalitäten zu begegnen.

Jede Phase führte zur Entstehung eines neuen gesellschaftlichen *Sektors:*

- die Stabilitätsherausforderung schuf eine zentrale Macht oder Regierung;
- die Wachstumsherausforderung führte zum Aufstieg von Wirtschaftsunternehmen;
- und der Versuch, negative Externalitäten zu reduzieren, brachte verschiedene NGOs hervor, die Interessengruppen wie Gewerkschaften, Umweltschutzverbände und Bürgerrechtsgruppen unterstützten.

Und jeder Bereich hat wiederum seine eigene Quelle der *Macht:* Strafen, Anreize und Normen.

Damit wird auch das Zukunftsfeld angedeutet. Die globalen Externalitäten des 21. Jahrhunderts wie der Klimawandel erfordern, dass wir innovativ einen neuen, globalen Koordinierungsmechanismus generieren. Dessen Aufgaben sind die Wahrnehmung und das Handeln aus dem Gesamtsystem heraus. Auch hier entwickeln sich neue Akteure (grenzen- und sektorenübergreifende Initiativen für Erneuerung) und Machtstrukturen (Gegenwärtigung des Gesamtsystems: Das System sieht und spürt sich selbst).

Schritte der Bewusstseinsentwicklung

Gemäß diesem Entwicklungsmodell lernen die Akteure der jeweiligen Systeme, aus einem anderen Bewusstseinszustand heraus zu handeln:

- Die 1.0-Ökonomien arbeiten mit dem Primat eines traditionellen Bewusstseins.
- In 2.0-Ökonomien erwacht das Egosystem-Bewusstsein, das Adam Smith, der schottische Moralphilosoph und Begründer der klassischen Nationalökonomie, bereits 1776 treffend charakterisierte (Smith 1846, S. 26):

  »Nicht von dem Wohlwollen des Fleischers, Brauers oder Bäckers erwarten wir unsere Mahlzeit, sondern von ihrer Bedachtnahme auf ihr eigenes Interesse. Wir wenden uns nicht an ihre Humanität, sondern an ihre Eigenliebe, und sprechen ihnen nie von unseren Bedürfnissen, sondern von ihren Vortheilen.«

- In 3.0-Ökonomien wird dieses Eigeninteresse um die Eigeninteressen anderer Stakeholder erweitert, die sich gemeinsam organisieren, um ihre Interessen mithilfe von Gewerkschaften, staatlichen Organisationen, NGOs und anderen Entitäten vorzubringen.
- Im entstehenden 4.0-Stadium unserer Ökonomie erweitert sich das Eigeninteresse der Akteure zu einem gemeinsamen Bewusstsein und einer gemeinsamen Aufmerksamkeit für das Ökosystem. Ökosystem-Bewusstsein ist eine Verinnerlichung der Ansichten und Anliegen der anderen Stakeholder im System. Dazu ist erforderlich, dass Menschen die Fähigkeit entwickeln, Probleme aus der Perspektive anderer wahrzunehmen. Das führt zu Entscheidungen und Ergebnissen, die dem gesamten System und nicht nur einem Teil davon nützen – die dem Ganzen dienen.

Institutionelle Inversion

Was bedeutet es, die Theorie U auf die Transformation gesellschaftlicher Institutionen anzuwenden? Es bedeutet, den Entwicklungsbogen der institutionellen Entwicklung neu zu gestalten, die institutionelle Evolution aus einer aufmerksamkeitsbezogenen Sicht heraus umzudenken, also im Grunde den Strahl der institutionellen Aufmerksamkeit umzulenken und zurück auf ihre Quelle zu richten – das heißt, auf einen Ort, an dem das größere Ökosystem sich selbst spüren und sehen kann. Womit wir beim Thema der institutionellen Inversion wären.

Was heute mit Institutionen geschieht, ist das, was zuvor mit den Nationalstaaten einer globalisierten Welt geschah: Beide wurden *zu klein für die großen Probleme* und *zu groß für die kleinen Probleme.*

Der Umgang mit den daraus resultierenden Herausforderungen erfordert eine Erneuerung unserer derzeitigen Koordinierungs- und Organisationsformen.

In unserem Buch *Von der Zukunft her führen* (Scharmer u. Käufer 2017) erörtern Katrin Käufer und ich verschiedene Beispiele institutioneller Inversion. Neben ausführlicheren Informationen findet sich darin auch eine detaillierte Besprechung der Überblickstabelle (Tabelle 19.2), auf die ich an dieser Stelle nur kurz eingehen möchte. Sie zeigt, wie die wichtigsten Institutionen der Gesellschaft, einschließlich Regierung, Gesundheitssystem, Schulen, Unternehmen, NGOs und Banken dieselbe evolutionäre Reise durchlaufen. Es ist eine Reise von 1.0 zu 4.0, d. h. eine Reise institutioneller Inversion. Institutionelle Inversion besagt, dass etwas von innen nach außen und von außen nach innen gestülpt wird. Im Fall der Gesundheitsversorgung beobachten wir beispielsweise eine Entwicklung

1) von institutionsgesteuert (autoritäts- und inputzentriert)
2) zu gesteuert durch Managed Care (ergebniszentriert)
3) zu bedürfnisgesteuert (patientenzentriert)
4) zu gesteuert durch das Wohlergehen (bürger-/menschenzentriert).

Der Hauptunterschied zwischen den Punkten 3 und 4 ist, dass sich der Schwerpunkt verlagert – anstatt die Symptome von Krankheit zu bekämpfen (Pathogenese) verschiebt sich der Fokus darauf, die Quellen von Gesundheit zu stärken (Salutogenese).

Auf ähnliche Weise haben auch Schulen fast denselben Entwicklungsweg durchlaufen,

1) von lehrergesteuert (autoritäts- und inputzentriert)
2) zu testgesteuert (ergebniszentriert)
3) zu lerngesteuert (schülerzentriert)
4) zu einer Steuerung durch gemeinsames Gestalten (Zentrierung auf unternehmerisches Denken).

Stadium	***Regierung***	***Gesundheitssystem***	***Schulen***	***Unternehmen***	***NGOs***	***Banken***
1.0 traditionelles Bewusstsein: *Hierarchie*	dominierender Staat	autoritäts- und inputzentriert: *institutionsgesteuert*	autoritäts- und inputzentriert: *lehrergesteuert*	zentralisiert: Hierarchie: *besitzgesteuert*	programmfokussiert: *reaktionsgesteuert*	traditionelles Bankwesen: *besitzgesteuert*
2.0 Egosystem-Bewusstsein: *Märkte und Wettbewerb*	untätiger Staat	ergebniszentriert: *gesteuert durch Managed Care*	ergebniszentriert: *testgesteuert*	dezentralisiert: Divisionen: *shareholder- und zielgesteuert*	politikfokussiert: *gesteuert durch Engagement und Kampagnen*	Casino-Bankwesen: *spekulations-gesteuert*
3.0 Stakeholder-bewusstsein: *Netzwerke und Verhandlungen*	Wohlfahrtsstaat	patientenzentriert: *bedürfnisgesteuerte Pathogenese*	schülerzentriert: *lerngesteuert*	Matrix oder Netzwerk: *stakeholder-gesteuert*	auf strategische Initiative fokussiert: *stakeholder-gesteuert*	Sozial verantwortungsbewusstes Bankwesen: *stakeholder-gesteuert*
4.0 Ökosystem-Bewusstsein: *ABC, awareness-based collective action (bewusstseinsbasiertes kollektives Handeln)*	4 D: *d*irekt, *d*istributiv, *d*emokratisch, *d*ialogisch	bürgerzentriert: *gesteuert durch die am Gesamtwohl ausgerichtete Salutogenese*	auf unternehmerisches Denken zentriert: *gesteuert durch gemeinsames Hinspüren und schöpferisches Gestalten*	co-kreatives Ökosystem: *intentionsgesteuert*	auf das Ökosystem fokussiert: *intentionsgesteuert*	transformatives Ökosystem-Bankwesen: *intentionsgesteuert*

Tab. 19.2: Sektoren der gegenwärtigen institutionellen Transformation

Auch wenn Mainstreamorganisationen heute immer noch auf den ersten beiden Ebenen handeln, haben sich Erneuerer hin zu Ebene 3 und in einigen Fällen sogar zu Ebene 4 bewegt. Wenn Institutionen von 1.0 und 2.0 zu 3.0 und 4.0 voranschreiten, verlagert sich der kollektive Fokus und die Geometrie der Macht allmählich vom Zentrum dieser Institutionen zur Peripherie und von der Peripherie zur Kultivierung von Beziehungen mit dem gesamten Ökosystem der umgebenden Partner.

Die Herausforderung liegt darin, dass der Versuch, sich zu Ebene 3 und 4 des Organisierens zu bewegen, nur gelingen kann, wenn auch Denkweise und Führungskultur diesen Wandel vollziehen. Verharren diese beiden aus alter Gewohnheit auf Ebene 1 und 2, werden die neuen Organisationsstrukturen einfach nur ein Problem nach dem anderen hervorbringen. Damit kommen wir wieder zurück zur Matrix der sozialen Evolution (Tabelle V.1 im Vorwort zur Neuauflage): Das Entscheidende bei dieser Matrix ist, dass man die strukturellen Veränderungen auf den Makro- und Mundoebenen mit den Kultur- und Führungsveränderungen, die man auf der Mikro- und Mesoseite ermöglicht, in Einklang bringen muss.

20 Den Funken des In-die-Welt-Kommens sozialer Realität fangen

Feld 1: Blase • Feld 2: Adaptierend • Feld 3: Reflexiv • Feld 4: Generativ • Felder 1–4: Zusammenfassung • Die Grammatik des sozialen Feldes • Transformation der Kausalmechanismen • Der Weg der Führung • Die Funken der sozialen Wirklichkeitsentstehung fangen

Lassen Sie uns am Ende dieses *Feldgangs* über die sozialen Felder noch einmal innehalten und das Ganze betrachten. In der Betrachtung der vier Grundprozesse des sozialen Feldes und der Art und Weise, wie sie sich über die verschiedenen Systemebenen hinweg entwickeln, vom denkenden Handeln (Mikroebene) über das kommunikative (Mesoebene) und das institutionelle Handeln (Makro) zum globalen systemischen Handeln (Mundoebene), wurde sichtbar, dass der soziale Prozess auf all diesen Ebenen in vier Feldstrukturen der Aufmerksamkeit (Felder 1–4) stattfinden kann. In dem Maße, wie sich eine Melodie in verschiedenen Tonarten schreiben lässt, kann eine soziale Melodie, das heißt eine beliebige individuelle oder kollektive Handlung, durch verschiedene Feldstrukturen der Aufmerksamkeit in die Welt kommen und damit jeweils unterschiedliche Ergebnisse zeitigen. Diese verschiedenen Tonarten zu erlernen heißt zu lernen, den Entstehungsmoment von sozialer Wirklichkeit einzufangen. Dadurch, dass wir Unterschiede *bemerken*, können wir Struktur und Richtung dieser Funken der Erzeugung sozialer Realität, so wie sie sich im Hier und Jetzt manifestieren, verändern. Diese Fähigkeit, den Funken im Moment der Entstehung wahrzunehmen und umzulenken, die Fähigkeit, unseren blinden Fleck zu beleuchten und uns dieses ersten Moments der Realitätsentstehung bewusst zu werden, dieses Freiheitsmoment ist die Erfahrung des *Ich-in-Gegenwärtigung.*

Die nächste Betrachtungsebene ist die des *systemischen Ganzen,* das wir in den zurückliegenden Kapiteln, in denen wir die vier Grundprozesse der Erzeugung sozialer Realität besprochen haben (Kapitel 16–19), skizziert haben. Ich möchte Sie zurück zu dem Gedankenexperiment führen, zu dem ich Sie am Schluss von Kapitel 18 zu Beginn dieser Überlegungen eingeladen hatte: Welches Bild ergäbe sich, wenn die sozialen Feldstrukturen der Aufmerksamkeit, die wir durchgängig in diesem Buch besprochen haben (die Felder 1–4), lebende Entitäten wären? Was wäre, wenn diese Felder tatsächlich auf eine Entwicklungsreise gehen könnten?

Was wäre, wenn unsere Arbeit (als Managerinnen, Führungskräfte, Lehrerinnen, Moderatorinnen, Landwirte, Fachleute im Gesundheitswesen, Pädagogen) diesen Feldern helfen würden, sich ihrer selbst gewahr zu werden und zur nächsten evolutionären Stufe vorzudringen?

Dadurch, dass wir diese Fragen stellen und die verschiedenen Beziehungsqualitäten auf allen Stufen (von der Mikro- zur Mundoebene) erkunden, erforschen wir eine fünfte Ebene im Systemdenken, die *Metaebene,* damit wir das System als Ganzes besser verstehen lernen.

Feld 1: Blase

Die erste Stufe hat bei allen vier Grundprozessen – beim denkenden, kommunikativen, organisationalen und globalen Handeln – das gleiche Merkmal: Du befindest dich in einer Blase, einem *autistischen System.*[106] Das heißt, was ein System (oder eine Person) aus seinem Umfeld oder der Außenwelt aufnimmt, beschränkt sich auf die Rahmen, Konzepte und Strukturen, die bereits in ihm (oder der Person) vorhanden sind. (Dieser Zustand ist nicht mit der Krankheit Autismus zu verwechseln.) Nichts Neues kann hinzukommen.

Beispiele hierfür sind das Runterladen (Downloading: Zuhören, wobei die eigenen Urteile bestätigt werden), Höflichreden (freundliche Floskeln verwenden), zentralisierte institutionelle Strukturen (wie maschinelle Bürokratie) und zentralisierte gesellschaftliche Strukturen (staatliche Maßnahmen, Pläne und Regeln). Nichts wirklich Neues kann in das System oder Feld hineingelangen.

Egal welcher Impuls die Grenze zwischen Außen (Welt) und Innen (System) zu durchdringen sucht, die Antwort bleibt immer die gleiche: eine durch die Muster der Vergangenheit programmierte Reaktion. Wir nennen diese Reproduktion eines schon bekannten Musters Gewohnheiten des Denkens (Mikroebene), kommunikative Gewohnheiten oder Routinen (Mesoebene), organisationale Routinen (Makroebene) und zentralstaatliche Lenkungsformen (Mundoebene). Aber im Kern ist es immer das gleiche Muster, das gleiche Phänomen oder »Biest«, mit dem wir es zu tun haben. Ein Biest, das alle Erfahrungen und Impulse immer nur auf das Gleiche reduziert: auf die Existenz im Innern der Blase, auf Erfahrungen und Routinen der Vergangenheit – nichts, was sich außerhalb dieser Vergangenheitswelt bewegt, hat je eine Chance, Eingang in dieses Universum zu erhalten.

---

106 Ich bin nicht glücklich mit diesem Begriff, da er implizieren könnte, dass ich Menschen mit Autismus verunglimpfe. Tatsächlich haben Kinder mit Autismus die angeborene Fähigkeit, die sie aktivieren können, um ihre Begrenzungen, mit denen sie geboren wurden, zu überwinden. (Der Einsatz von Musiktherapie hat diesbezüglich erstaunliche Erfolge gezeitigt; dies könnte darauf hindeuten, dass ein Schlüssel zum Öffnen der autistischen Welt das Finden der richtigen Sprache ist.) Diese Überlegungen lassen sich auch auf autistische Systeme übertragen: Echte Kommunikation scheint ausgeschlossen zu sein, und dennoch werden wir imstande sein zu kommunizieren und Grenzen zu überschreiten, wenn wir die richtige Sprache finden.

In welchem Verhältnis stehen in diesem Universum des Feld-1-Systems die verschiedenen Ebenen (Mikro- bis Mundoebene) zueinander? In einem hierarchischen. Die Mundoebene bestimmt den Rahmen der Makroebene, die Makroebene bestimmt die Grenzen der Mesoebene, und die Mesoebene bestimmt die Mikroebene der Evolution. Jede Ebene steht für sich und ist von den anderen getrennt. Es ist eine Welt der Mauern und der Trennung. Die jeweils höhere Ebene bestimmt die Grenzen der darunterliegenden Ebene.

Die Trennung der Ebenen klingt eindeutig und logisch und vereinfacht die Arbeitsteilung in den Sozialwissenschaften und anderen professionellen Gemeinschaften: Die Psychologie blickt auf das Individuum; die Gruppenpsychologie beschäftigt sich mit Gruppeninteraktionen; Theorien sozialer Systeme und Organisationstheorien konzentrieren sich auf Institutionen; und Ökonomie, Politikwissenschaft und Soziologie betrachten Aspekte der Mundoebene der Gesellschaft (Wirtschaft, Politik, Zivilgesellschaft). Aber keine Disziplin betrachtet die Variablen und Abhängigkeiten *aus einer ganzheitlichen, integrativen Perspektive über alle Ebenen hinweg von der Mikro- bis zur Mundoebene und über alle Felder (Felder 1–4) und alle Interdependenzen hinweg*. Dies ist ein wichtiger blinder Fleck, wie Meister Nan auf dem Feldgang in diesem Buch bereits angedeutet hat.

Ein Großteil der Sozialwissenschaften betrachtet soziale Systeme aus einer Feld-1-Perspektive, als ob die Ebenen fein säuberlich voneinander getrennt wären und man die moderne Multisektorendifferenzierung nicht stärker methodisch untersuchen müsste.

Feld 2: Adaptierend

Die zweite evolutionäre Stufe des denkenden, kommunikativen, organisationalen und globalen Handelns zeigt wiederum eine Reihe gemeinsamer Merkmale: die Merkmale eines transaktionalen *adaptierenden Systems*. In Feld 2 ist das, was ein System (oder eine Person) aus seinem Umfeld oder der äußeren Welt aufnimmt, nicht mehr auf den Rahmen und die Muster der Vergangenheit beschränkt. Auch neue Informationen vom Geschehen außerhalb der Blase, die nicht in das Raster von Feld 1 hineinpassen, werden wahrgenommen, und die Akteure passen sich an diese Veränderungen an.

Beispiele für Feld-2-Prozesse sind das faktische Zuhören (Zuhören mit offenem Denken: Daten sprechen lassen), die Debatte (Aussprechen unterschiedlicher Ansichten und Sich-Öffnen für andere Denkweisen), dezentralisierte institutionelle Strukturen (Öffnung gegenüber dem Markt, den Kunden etc.) und marktwirtschaftlichen Lenkungsformen. Alle diese Beispiele teilen dieses Merkmal: Das System passt sich in dem Sinne an, dass jeder Impuls, der die Grenze zwischen Außen und Innen (zwischen äußerer Welt und innerem System) überschreitet, eine von zwei Antworten evoziert: Eine Feld-1-Antwort (Reaktion auf der Basis alter

Gewohnheiten) oder eine Feld-2-Antwort (Anpassung an die Situation durch Veränderung der Systemstruktur).

Dieser Typus von Reaktion wird auf jeder der verschiedenen Ebenen mit verschiedenen Namen benannt, aber alle diese Namen beziehen sich auf die gleiche zugrunde liegende Fähigkeit: die Fähigkeit eines Systems, sich an Veränderungen in seinem Umfeld anzupassen.

In welcher Beziehung stehen in einem Feld-2-Ansatz die verschiedenen Ebenen zueinander? Die Antwort lautet: in »struktureller Koppelung«. Dies ist ein Begriff der Theorie lebender Systeme, die die Co-Adaptation eines Organismus mit seiner Umwelt beschreibt (Maturana u. Varela 1987). Die strukturelle Koppelung unterscheidet sich von der hierarchischen Integration in Feld 1 in der Weise, dass sie für wechselseitige Interaktionen offen ist, das heißt für Interdependenz und Co-Evolution. Die oberen Ebenen beeinflussen nicht nur die unteren Ebenen (wie im Kontext von Feld 1), sondern die tieferen Ebenen beeinflussen auch, zumindest zu einem bestimmten Grad, die darüberliegenden Ebenen.

Die einflussreichste Theorie lebender Systeme in den letzten Jahren war die Theorie autopoietischer sozialer Systeme, die der Soziologe Niklas Luhmann in die Sozialwissenschaften einführte (wobei er sich auf die Pionierarbeit von Humberto Maturana und Francisco Varela in Biologie und Kognitionswissenschaft stützte). Luhmanns Herangehensweise bezüglich der Soziologie ist ein gutes Beispiel für einen Feld-2-Ansatz. Er argumentiert, soziale Systeme seien autopoietische Entitäten, d. h., sie konstituieren sich durch Elemente, die sich erschaffen und wieder neu erschaffen. Der autopoietische Forschungsansatz knüpft an Kommunikationsbeziehungen an. Es wird also nicht darauf geschaut, was *in* einem *Individuum* vor sich geht. Vielmehr liegt das zentrale Augenmerk auf den Kommunikationsbeziehungen selbst (vgl. Luhmann 1995). Obwohl der Fokus des autopoietischen lebenden Systems auf alle Ebenen (Mikro bis Mundo) angewandt werden kann (und angewendet wurde), wird der Interdependenz der Ebenen oder der Bedingungen, unter denen die Trennung von Ebenen und Systemen unter Umständen zusammenbricht, wenig Aufmerksamkeit geschenkt.

Die zwei wesentlichen Unterschiede zwischen der Theorie des Presencing und der autopoietischen Theorie sind:

- Die Presencing-Theorie betrachtet *alle Ebenen und alle vier Metaprozesse* integrativ, während autopoietische Ansätze sie eher getrennt betrachten.
- Presencing blickt auf den transformationalen Entwicklungsweg der Systeme über alle *vier Feldstrukturen der Aufmerksamkeit* hinweg (Felder 1–4), während autopoietische Ansätze durch die Linse eines singulären Bezugssystems und einer singulären Feldstruktur (Feld 2) auf die Wirklichkeit blicken und sich diese Linse während des Entwicklungsprozesses eines Systems nicht bewegt und ändert.

Feld 3: Reflexiv

Wenn sich ein System von Feld 2 zu Feld 3 bewegt, findet eine bedeutsame Veränderung statt. Es ist ein Schritt, der die Weltsicht eines jeden Systems auf grundlegende Weise ändert. Es gibt einen einfachen Weg festzustellen, ob du dich oder dein System sich in Feld 3 begeben hat oder nicht. Beantworte diese Fragen:

- Wenn du das System betrachtest, siehst du dich als Teil dieses Systems?
- Schließt deine Wahrnehmung dein Selbst mit ein – den Betrachter?
- Hat das System die Fähigkeit, sich *selbst* zu sehen?

Betrachten wir erneut Abb. 10.2 zur Feldstruktur des Hinspürens. Sie beschreibt, was passiert, wenn ein Akteur eine Situation allmählich durch die Augen eines anderen Stakeholders oder Akteurs anschaut und wie das System sich dahin entwickelt, sich selbst zu sehen. Diese fundamentale Veränderung haben wir über die vier Grundprozesse hinweg betrachtet:

- *Mikroebene:* Veränderung von faktischem zu empathischem Zuhören, basierend auf einer Öffnung des Fühlens. Dieser Schritt macht es möglich, die Welt und das Selbst durch die Augen einer anderen Person zu sehen.
- *Mesoebene:* Veränderung vom Debattieren über verschiedene Perspektiven zum Dialog, d. h. zu einem Prozess des gemeinsamen Denkens, der einer Gruppe hilft, sich selbst als Zusammenhang zu sehen.
- *Makroebene:* Veränderung von einer geteilten Struktur, deren einzelne Abteilungen oder Gruppen mit allen anderen in Konkurrenz stehen, hin zu einer kollaborativeren und vernetzteren Struktur von Stakeholderdialogen, die es den Stakeholdern erlaubt, sich selbst als Teil eines Größeren sehen.
- *Mundoebene:* Veränderung vom liberalen Marktwirtschaftssystem, das gegenüber den Externalitäten, die es hervorbringt, blind ist, hin zu einer sich der Externalitäten bewussten sozialen Marktwirtschaft, bei der die Akteure im politischen und legislativen Prozess mithilfe von Multistakeholderdialogen die Wirkung ihrer Regeln auf Gruppen und Stakeholder wahrnehmen und reflektieren können, einschließlich der Stakeholder am Rand des Systems.

Die Veränderung, die auf all diesen Ebenen beschrieben wird, ist die gleiche. Das Sehen verschiebt sich von einem Sehen des Systems aus *meiner* Perspektive hin zu einem Sehen des Systems aus der Perspektive *anderer* Akteure. Dieser Perspektivwechsel hilft dem System, *sich selbst* sehen zu lernen.

Als Schlüsselmerkmal eines Feld-3-Systems evoziert demzufolge ein gegebener Impuls, der die Grenze zur Außenwelt durchdringt, eine dieser drei Antworten: Reagieren (Ebene 1), Anpassen (Ebene 2) oder Selbstreflexion (Ebene 3). Je nach der gewählten Antwortebene ergeben sich unterschiedliche Handlungsstrategien und Systemergebnisse.

Obwohl Vertreter verschiedener Disziplinen bei einer Feld-3-Antwort (selbstreflexiv) jeweils andere Begriffe verwenden, beispielsweise Psychologie (Mikroebene), Organisationsentwicklung (Mesoebene), Entwicklungsökonomie (Mundoebene), ist das Grundphänomen auf jeder Ebene das gleiche. Diesen Perspektivenwechsel erfolgreich durchzuführen ist von größter Bedeutung. In Anbetracht all der disruptiven Veränderungen um uns herum beinhaltet ein Versagen oft das Risiko, dass das gegebene System (wieder) in den Antiraum der sozialen Pathologie abrutscht (Abb. 16.1, 17.2 und 18.2).

Wird die Grundperspektive von Feld 2 hin zu Feld 3 verschoben, so wird sichtbar, dass die Grenzen zwischen den Beteiligten und dem Ganzen sich öffnen und durchlässiger werden. Während strukturelle Koppelung bedeutet, dass sich Entitäten über bestehende Grenzen hinweg gegenseitig beeinflussen, werden Entitäten bei einer Öffnung von Grenzen umfassender durch die kollektiven sozialen Felder, in denen sie handeln, beeinflusst. Beispiele für diesen Feld-3-Ansatz sind die Theorie der morphischen Resonanz des Biologen Rupert Sheldrake und die Tradition der Aufstellungsarbeit in der systemischen Familientherapie und in der Beratung von Organisationen. Der Fokus liegt auf kollektiven mental-sozialen Feldern, die in den Erfahrungen der Vergangenheit gründen, und, wenn wachgerufen, als reale und einflussreiche Kräfte erlebt werden, die sich im gegenwärtigen Moment zeigen und uns unterschiedliche Möglichkeiten für den Umgang mit einer Situation bieten (Wade 2004, pp. 194 ff.).

Während die Ebenen und Entitäten in Feld 1 getrennt und in Feld 2 strukturell verknüpft sind, sind sie in Feld 3 direkter und unmittelbarer verbunden: Was Stellvertreter in Aufstellungen artikulieren und umsetzen, ist das direkte Ergebnis des Erlebens eines kollektiven Feldes.

Feld 4: Generativ

Wenn sich ein System von Feld 3 zu Feld 4 bewegt, geschieht eine weitere grundlegende Veränderung. In Feld 3 beginnt die Wahrnehmung vom aktuellen Feld (vom Ganzen) her stattzufinden. In Feld 4 beginnt die Wahrnehmung vom Quellort des möglichen zukünftigen Ganzen her stattzufinden. Diese Bewegung vom aktuellen, gegenwärtigen zum entstehenden, zukünftigen Feld wurde in diesem Buch auf alle vier Ebenen hin untersucht. Beispiele hierfür sind die Bewegung

- vom empathischen Zuhören (Öffnen des Fühlens) hin zu einem schöpferischen Zuhören (Öffnen des Willens), das die Fähigkeit aktiviert, sich mit seinem höchsten zukünftigen Selbst zu verbinden;
- von einem reflektiven Dialog zu einem im Presencing gründenden Gruppengespräch, das eine Gemeinschaft mit ihren tieferen Quellen der Inspiration und Sinnhaftigkeit verbindet;

- von auf Vernetzung basierender Koordination hin zu Ökosystem-Koordinationsformen, die zwischen diversen Konstellationen von Akteuren die Fähigkeit aktiviert, vom entstehenden Ganzen her zu sehen und zu handeln.

In all diesen Beispielen sehen wir die Bewegung von einer Verbindung mit dem gegenwärtigen Feld hin zu einer Verbindung mit einem Zukunftsfeld und einem daraus hervorgehenden Handeln.

Als Schlüsselmerkmal eines Feld-4-Systems evoziert also ein gegebener Impuls eine von vier Antworten: Reagieren (Ebene 1), Anpassen (Ebene 2), Selbstreflexion (Ebene 3) oder Gegenwärtigung der entstehenden Zukunft (Ebene 4). Je nach gewähltem Ansatz werden sich unterschiedliche Handlungsstrategien und Ergebnisse manifestieren, entsprechend dem im Vorspann von Teil III und in Kapitel 15 erörterten Prinzip: »*Ich wende meine Aufmerksamkeit* [auf diese Weise] *zu, deshalb entsteht es* [auf jene Weise]« oder: Die Form folgt dem Bewusstsein.

Nach meiner persönlichen Überzeugung ist die Veränderung eines Systems hin zum Agieren von Feld 4 aus *das* zentrale Phänomen unserer Zeit. Und es beginnt sich bereits überall um uns herum zu vollziehen: auf individueller und auf Gruppenebene, auf Makro- und sogar auf Mundoebene, wie wir auf dem Feldgang dieses Buches immer wieder gesehen haben. Die Fähigkeit zu entwickeln, von Feld 4 aus zu handeln, ist auch eine individuelle und kollektive Schlüsselkompetenz, will man den vielen lokalen, regionalen und globalen Herausforderungen unserer Zeit begegnen. Und dennoch, trotz der Wichtigkeit dieser Handlungsoption und trotz der zahlreichen Anfänge, die bereits heute überall zu beobachten sind, gibt es in den meisten Fällen weder ein klares Bewusstsein noch eine klare Sprache, die diesen Prozess besser sichtbar und handhabbar machen.

Das Problem besteht nicht (wie in Feld 3) darin, dass unterschiedliche Gemeinschaften für das gleiche Phänomen unterschiedliche Begriffe verwenden. Die Schwierigkeit ist, dass Feld 3 und Feld 4 meistens verwechselt werden. Das heißt, dass das gegenwärtige Feld mit dem der entstehenden Zukunft verwechselt wird. Aber diese beiden Felder stehen für zwei fundamental unterschiedliche Realitätserfahrungen. Sie basieren auf unterschiedlichen Kausalitäts- und Zeiterfahrungen (dazu gleich mehr). Und sie fühlen sich unterschiedlich an. Wer beide Erfahrungen gemacht hat, dessen Körper erkennt den Unterschied. Das Gleiche gilt für unseren kollektiven (sozialen) Körper. Diese Felder aktivieren unterschiedliche Teile dessen, was und wer wir sind.

Aus diesen Gründen glaube ich, dass es angemessen ist, einen neuen Begriff einzuführen, der den Prozess und die Strukturen beschreibt, um die es geht, wenn soziale Systeme beginnen, aus Feld 4 heraus zu handeln. Der Begriff, den ich vorgeschlagen habe, lautet: *Presencing*. Presencing verweist uns auf den Kern des blinden Flecks in unserem Bewusstsein, auf die Möglichkeit eines Handelns mit erhöhter Aufmerksamkeit und gesteigertem Bewusstsein. Es verweist auf das Wesen von Führung, d. h. auf unsere Fähigkeit, den Ort, aus dem heraus wir handeln, zu ändern. Der Ort des Presencing ist die tiefste Quelle des Wissens und Werdens, von der wir in Situationen, wo alle anderen Navigationsinstrumente versagen, unseren Weg nach vorne zu finden vermögen.

Verschieben wir die Metaperspektive von Feld 3 hin zu Feld 4, fallen die Grenzen zwischen den Systemebenen in sich zusammen und lassen ein größeres Gesamtgeschehen entstehen, das von der tieferen Quelle des Wissens und Werdens in die Welt zu kommen beginnt. Die Beziehung zwischen den Systemebenen unterscheidet sich nun von der in Feld 3 darin, dass die Grenzen vollkommen (anstatt nur teilweise) geöffnet sind, sodass die verschiedenen Ebenen und Entitäten zu einem kollektiven Vehikel für eine im Entstehen begriffene Zukunft zusammenspielen und zusammenwachsen.

Felder 1–4: Zusammenfassung

Die vier Felder entspringen verschiedenen Quellorten, sie liegen entweder

- innerhalb der Grenze der Organisation (Feld 1),
- an dieser Grenze (Feld 2),
- jenseits dieser Grenze (Feld 3) oder
- sie umgeben diese Grenze (Feld 4).

Gleichzeitig verändert sich auch das Verhältnis zwischen Mikro-, Meso-, Makro- und Mundoebene:

- vertikale Trennung (Feld 1)
- strukturelle Koppelung (Feld 2),
- teilweise Öffnung (Feld 3),
- vollständige Öffnung (Feld 4).

Zugleich verändert sich auch der Grad der Mitwirkung der einzelnen Akteure und der Entwicklung des sozialen Feldes:

- von der Wiederholung bekannter Muster (Feld 1)
- über Anpassung an äußere Gegebenheiten (Feld 2)
- und gemeinsamer Mitentwicklung (Feld 3)
- hin zu gemeinsamer Schöpfung (Feld 4).

Bei der Bewegung entlang der linken Seite des U von Feld 1 zu Feld 4 wächst der Grad der Verbundenheit und der Verschmelzung und nimmt die Mitwirkung des Einzelnen an der Gestaltung des Ganzen zu.

Gleichzeitig durchläuft das Gesamtsystem eine Phase der Differenzierung, aus der ein weniger eng miteinander gekoppeltes Set von Subsystemen entsteht. Das gilt für den Einzelnen (bei dem wir die Differenzierung des offenen Denkens, des offenen Herzens und des offenen Willens wahrnehmen können), aber es trifft auch auf die Gruppe zu (bei der wir es mit den kollektiven Äquivalenten des offenen Denkens, Herzens und Willens zu tun haben). Diese Differenzierung lässt sich auch bei Institutionen finden, hier als Differenzierung zwischen funktionalen Subsystemen, d. h. zwischen den Infrastrukturen für Produktion bzw. die operative Leistungserstellung, den Infrastrukturen für die Schnittstelle mit dem Kunden und alles, was mit der Kundenbeziehung zu tun hat, und den Infrastrukturen für Innovation und Erneuerung des Gesamtsystems. Die Differenzierung des gesellschaftlich-globalen Gesamtsystems erfolgt entlang den Koordinationsmechanismen Hierarchie, Markt, Dialog und Gegenwärtigung des Ganzen ebenso wie entlang den funktionalen Subsystemen der Gesellschaft: den ökonomischen, politischen und kulturellen.[107]

Auf dem Weg entlang der linken Seite des U erhöht sich der Grad der Verbindung zwischen den Ebenen und ihrer Fusion, während sich gleichzeitig das System als Ganzes allmählich in weniger eng miteinander gekoppelte Subsysteme zu differenzieren beginnt.

Halten wir an diesem Punkt eine Minute inne. Denn diese beiden Prozesse gleichzeitig zu denken ist eine echte Herausforderung und eröffnet uns einen konkreten Blick auf unsere ureigenste Rolle in der Evolution des Gesamtsystems, in der Evolution des Universums. Um das besser zu veranschaulichen, möchte ich im Folgenden eine Geschichte von Peter Senge erzählen. Es ist die Geschichte seiner Begegnung mit dem Ex-US-Astronauten Russell Louis »Rusty« Schweickart:

> »Rusty hatte an der Apollo-9-Mission teilgenommen, die der ersten Mondlandung vorausging, wobei sie die Mondlandefähre im Orbit testeten. 10 Jahre nach seiner Rückkehr von dieser Mission hielt er einen Vortrag darüber. Er sagte mir, er habe 10 Jahre gebraucht, bis er herausbekam, wie er über seine Erlebnisse sprechen könne. Er sagte: ›Wissen Sie, all die Ingenieure und Techniker, die Astronauten sind, die reden einfach nur technisch über die Dinge. Ich hatte einfach keine Worte, die meine Erfahrungen beschreiben konnten.‹
>
> Aber dann hielt er diesen Vortrag in Lindisfarne, einer Gemeinschaft, die von William Irwin Thompson auf Long Island gegründet worden war. Er erzählte mir davon später: ›Ich hatte die Idee, meine Erfahrung in der Du-Form zu erzählen.‹ Der ganze Vortrag wurde in der Du-Form und im Präsens gehalten: ›Jetzt siehst du dies; jetzt siehst du das.‹ Er sagte, dass er so erzählte, weil ihm klar wurde, dass er als Astronaut eine Erweiterung der Sinnesorgane der Menschheit gewesen war. ›Ich war da‹, sagte er. ›Ich konnte etwas mit meinen Augen sehen, aber es war nicht nur ich, der da sah. Es war die Menschheit, die sah.‹ Also versuchte er es. Und nach und nach beim Erzählen dieser Geschichte in der Du-Form wurde ihm klar, dass es eine sehr eindrucksvolle Erfahrung war, da ihm viele seiner früheren Erfahrungen auf eine andere Weise verständlich wurden.
>
> Dadurch, dass er diesen Vortrag in der Du-Form hielt, hatte er sich die Erlaubnis gegeben, als Ganzes zu sehen, aber auch als ein anderer: ›Jetzt wachst du am Morgen auf. Jetzt siehst du dies.‹ Der spätere Teil seines Vortrags ist sehr bewegend, wenn er sagt: ›Jetzt

107 Detaillierter wird die Parallele der Differenzierung des Individuums und der Gesellschaft in Steiner (1980) dargelegt.

bist du am Ende der Mission, und du kannst dich sehr glücklich schätzen, da die Mission technisch geglückt ist. Und deshalb hast du Zeit übrig, die du gar nicht erwartet hast. Also verbringst du viel Zeit während der letzten Tage damit, einfach aus dem Fenster zu sehen. Und während du aus dem Fenster schaust, merkst du, dass deine Identität sich verändert hat, dass du in den ersten Tagen, wenn du die Möglichkeit hattest, aus dem Fenster zu schauen, immer Ausschau hieltest nach der Westküste von Kalifornien, oder du suchtest Texas, oder du hieltest Ausschau nach der Halbinsel von Florida. Du suchtest die Dinge, die dir vertraut waren. Und dann merkst du plötzlich, wie du dich auf die Westküste Afrikas freust. Und du freust dich auf den Sinai. Und du freust dich auf den indischen Subkontinent. Dir wird klar, dass sich deine Identität verschoben hat und du dich jetzt mit allem identifizierst.

Und nun bist du schon am letzten Tag der Mission angekommen. Und du bemerkst, dass du nur schaust. Und du blickst über das sehr vertraute Gebiet, das wir Mittlerer Osten nennen. Und du schaust da hinunter, und plötzlich erkennst du, dass es keine Grenzen gibt. Jedes Mal, wenn du das bisher gesehen hattest, selbst als kleines Kind, gab es da immer Linien. Und dir wird klar, dass da gar keine Linien sind. Die Linien existieren nicht. Die Linien existieren nur, weil wir in unserem Kopf an ihnen festhalten. Dann wird dir klar, in diesem Augenblick, dass die Menschen sich wegen dieser imaginären Linien gegenseitig umbringen.‹ Und an dieser Stelle endete der Vortrag in Lindisfarne.

Ein paar Jahre später nahm Rusty an einem 3-tägigen Führungsseminar, das ich moderierte, teil. Anschließend baten wir ihn, zu den Teilnehmenden zu sprechen. Er stand auf und erzählte mehr oder weniger die gleiche Geschichte. Dann sagte Charlie Kiefer, der mit mir den Workshop moderierte: ›Nun, Rusty, wie war es denn da oben?‹ Die meisten von uns hatten damals seinen Lindisfarne-Vortrag bereits gelesen. Er stand lange Zeit da, und dann sagte er: ›Es war, als ob du ein Baby siehst, das kurz davor ist, geboren zu werden.‹«

Rusty Schweickarts Erfahrung beschreibt beispielhaft die Fusion der verschiedenen Ebenen am tiefsten Punkt des U. Zuerst hielt er Ausschau nach dem Vertrauten (Feld 1). Dann verschob sich das Ganze dahin, dass er neu hinschaute (Feld 2): »Du freust dich jetzt auf die Westküste Afrikas.« Anschließend änderte sich Rustys Wahrnehmung erneut: Er sah, dass da keine Grenzen, keine Linien zwischen den Staaten waren. Diese Veränderung veranschaulicht einige der wichtigsten Merkmale des Hinspürens (Feld 3) einschließlich der Fusion der Systemebenen. »Ich konnte etwas mit meinen Augen sehen, aber es war *nicht nur ich*, der da sah. Es war die [kollektive Ebene der] Menschheit, die sah.« Und schließlich bewegte Rusty sich auf eine weitere Ebene (Feld 4), als er sich für eine tiefere Wesensbegegnung mit der Essenz des Werdens unseres Planeten Erde öffnete: »Es war, als ob du ein Baby siehst, das kurz davor ist, geboren zu werden.«

Diese intime Begegnung und Verschmelzung der Ebenen ist ein wichtiges gemeinsames Merkmal aller Beispiele des Hinspürens (Feld 3) und des Presencing (Feld 4), die in den vorangehenden Kapiteln beschrieben wurden: In dem Augenblick, als etwa die Teilnehmenden des Arzt-Patienten-Dialogforums sich selbst als ein System wahrnehmen konnten, begannen sie, von einem neuen, kollektiven Wahrnehmungsorgan her zu sehen und zu handeln. Was Rusty Schweickart erlebte, erlaubte ihm, bei einem Geburtsprozess dabei zu sein, der ohne seine Anwesenheit und liebevolle Aufmerksamkeit vielleicht nicht (so) stattgefunden hätte. Während etwa bei der Aufstellungsarbeit das Individuum (Mikroebene) der kollektiven Ebene (dem sozialen Feld und seinem Einfluss) untergeordnet erscheint, trifft dies auf die Geschichte von Rusty Schweickart (oder andere Geschichten des Presencing) nicht zu.[108] Rusty wurde nicht durch eine äußere Kraft gedrängt, dieses oder jenes zu sagen. Er ging durch einen tiefen Prozess des Schweigens, der Stille und der Gnade, bei dem ihm eine höhere Stufe des Gewahrwerdens und der Gegenwärtigkeit begegnete.

Die Grammatik des sozialen Feldes

Wenn das Verhalten sozialer Systeme eine Funktion der Feldstruktur der Aufmerksamkeit (und des Bewusstseins) ist, aus der heraus ein jeweiliges System handelt, und wenn dies für alle Ebenen in allen Systemen zutrifft, stellen sich die folgenden Fragen: Nach welchen Regeln treten diese Veränderungen ein (von einer Feldstruktur zur anderen)? Und welche Kraft initiiert eine Veränderung dieser Art?

Die Regeln oder die soziale Grammatik dieser Veränderungen sind in Tabelle 20.1 zusammengefasst. Die Tabelle bildet die Fußabdrücke, die Fußspuren des U-Weges oder der U-Transformation aus zehn verschiedenen Perspektiven (Kategorien) ab. Nichts in dieser Tabelle ist neu; sie fasst lediglich den Weg, den ich auf diesem Feldgang beschrieben habe, zusammen.

Da ich in den vergangenen Kapiteln auf die Kategorien der Spalten 1–7 bereits mehrfach eingegangen bin, schlage ich vor, dass Sie sich nun ein paar Minuten Zeit nehmen, um diese Kategorien zu lesen und darüber nachzudenken, bevor ich mit der Besprechung des Themas fortfahre. Betrachten Sie Tabelle 20.1 als Archäologie der U-Evolution: Es sind die Fußspuren der kollektiven Entwicklung, die uns einen Blick von innen auf die evolutionäre Grammatik des Werdens bieten. Die zehn Kategorien – obwohl ihre konkreten Ausformungen mit dem kulturellen, situativen und individuellen Kontext variieren – sind universell. Als ich diese Ideen mit Menschen aus verschiedenen Kulturen und Kontinenten diskutiert habe, ist mir die Universalität dieser tieferen Entwicklungsprozesse aufgefallen. Die zehn Kategorien erfassen einige Schlüsselaspekte dieser fundamentalen Veränderungsprozesse, die ich, wie ein Teilnehmender eines Workshops mir einmal vorschlug, die *Epistemologie des menschlichen Geistes* nennen möchte. Es ist diese tiefere Epistemologie, die uns über alle Kulturen und Kontinente hinweg verbindet. Und weil es sie auf ein kollektives globales Feld bezieht, kann uns eine solche Grammatik dabei helfen, diese tieferen Transformationen klarer, transparenter und genauer zu steuern.

108 Ich sage das mit einer Einschränkung: Ich habe selbst noch nicht an einer Aufstellung teilgenommen. Meine Ausführungen basieren also nicht auf eigenen Erfahrungen, sondern auf Hörensagen.

Kategorie	*Downloading*	*Hinsehen*	*Hinspüren*	*Presencing*	*Verdichten*	*Erproben*	*In-die-Welt-Bringen*
1. Geste der Aufmerksamkeit	Projektion, Gewohnheiten des Denkens	innehalten und aufmerksam werden	umwenden und eintauchen	loslassen und stillwerden	die entstehende Zukunft kommen lassen	hervorbringen und erproben	verkörpern und einbetten
2. Ort des Tuns (relativ zur Grenze der eigenen Organisation)	vom Zentrum aus	von der Peripherie aus	von jenseits der Grenze meiner eigenen Organisation aus	vom Umkreis / von der Sphäre der Quellen des Werdens aus	vom Dialog mit der im Umkreis entstehenden Zukunft aus	vom Dialog mit der im Umkreis entstehenden Zukunft in lokalen Kontexten aus	vom Dialog mit den im Umkreis evolvierenden Mitwelten aus
3. Die Welt sehen als …	projiziertes mentales Bild	Menge interdependenter Objekte	lebendiges Feld oder Ganzes	Ort der gemeinsamen Gegenwärtigung	emergentes Feld der Zukunft	experimentellen Mikrokosmos für zukünftiges Werden	sozioökologische Skulptur (Beuys)
4. Wissen	gewohnheits-mäßiges Urteilen	explizit: wissen, was	verborgen: wissen, wie	selbsttranszendie-rend: wissen, wer	selbsttranszendie-rend I: das Neue imaginieren	selbsttranszendie-rend II: das Neue inspirieren	selbsttranszendie-rend III: das Neue intuieren
5. Sozialer *Raum*	1-dimensional raumlose mentale Bilder	2-dimensional externe Punkt-zu-Punkt-Relation zwischen Beobachter und Beobachtetem	3-dimensional Verinnerlichung: Beobachtender taucht in das Beobachtete (»Feld«) ein, Grenzen brechen auf	4-dimensional Umstülpung der Raumzeit: Wahrnehmung beginnt, vom Umkreis / von den Quellen her stattzufinden (Lichtung)	4-dimensional Umstülpung des mentalen Feldes: von den Quellen her die entstehende Zukunft verdichten → Kristallisieren	4-dimensional Umstülpung des interaktiven sozialen Feldes: von den Quellen her die entstehende Zukunft experimentell erproben → Prototyping	4-dimensional Umstülpung der institutionellen Mitwelt: von den Quellen her die entstehende Zukunft institutionell verkörpern → practices
6. Soziale *Zeit*	entkörperte Langeweile	Chronos	Verlangsamung	Gegenwärtigung	Gegenwärtigung in imaginativer Bildentstehung	Gegenwärtigung in improvisierender Prototypentwicklung	Gegenwärtigung in alltäglichen Praktiken
7. Sozialer Körper (Komplexität) als:	lebloser sozialer Körper (lineare Komplexität)	lebendiger sozialer Körper (dynamische Komplexität)	seelisch-innerer sozialer Körper (soziale Komplexität)	Anwesendwerden tiefer Emergenz (emergente Komplexität)	Verdichten tiefer Emergenz (emergente Komplexität)	In-die-Welt-bringen tiefer Emergenz (emergente Komplexität)	Verkörpern tiefer Emergenz (emergente Komplexität)

Kategorie	*Downloading*	*Hinsehen*	*Hinspüren*	*Presencing*	*Verdichten*	*Erproben*	*In-die-Welt-Bringen*
8. Primärer Kausal-mechanismus	von außen gesteuert (Determinismus, Fremdkausalität)	weitgehend von außen gesteuert	weitgehend von innen bzw. selbst-gesteuert	vollständig selbst-gesteuert (Eigen- oder Selbstkausalität)	vollständig selbst-gesteuert (Eigen- oder Selbst-kausalität)	vollständig selbst-gesteuert (Eigen- oder Selbst-kausalität)	vollständig selbst-gesteuert (Eigen- oder Selbst-kausalität)
9. Episteme	Primat der *Subjektivität:* Naiver Konstruktivismus	Primat der (Inter-) *Objektivität:* Naiver Realismus, Rationalismus, Systemtheorie	Primat der *Intersubjektivität:* Phänomenologie, Hermeneutik (Husserl, Heidegger, Habermas, Hellinger)	Primat der *Trans-intersubjektivität* Entwicklung als Bewusstseinsentwicklung (Nishida, Wilber, Nan, Torbert, Cohen, Steiner)	Primat der *Trans-intersubjektivität:* Integrale, kollektive Phänomenologie emergenter Systeme (Bohm, Cooperrider, Cohen, Wilber)	Primat der *Trans-intersubjektivität:* Integrale Ästhetik der werdenden Systeme	Primat der *Trans-intersubjektivität:* Integraler Pragmatismus der sozialen Skulpturentwicklung
	Wilber: Zone 3	Wilber: Zone 4	Wilber: Zone 1, 2	–	–	–	
10. Selbst	Zentrums-Selbst: Ich-in-mir	rationales Selbst: Ich-in-es	relationales Selbst: Ich-in-dir	authentisches Selbst: Ich-in-Gegenwärtigung	authentisches Selbst: Ich-in-Gegenwärtigung / Ich-in-dir	authentisches Selbst: Ich-in-Gegenwärtigung / Ich-in-es	authentisches Selbst: Ich-in-Gegenwärtigung / Ich-in-wir
	Beck: 1. Ordnung (1st Tier)	Beck: 1. Ordnung (1st Tier)	Beck: 1. und 2. Ordnung (1st and 2nd Tier)	Beck: 2. Ordnung (2nd Tier)	–	–	–
	blau: Ordnung	orange: Leistung	grün/gelb: sensitiv/integrativ	türkis: holistisch	–	–	–
	Kegan: impulsivimperial	Kegan: formalinstitutionell	Kegan: postformal, interindividual	Kegan: postformal, interindividuell	–	–	–
	Wilber: mentales Selbst	Wilber: rationales Rollenselbst	Wilber: rationalreflexives, existenzielles Selbst	Wilber: integral/psychisch	Wilber: integral/subtil	Wilber: integral/kausal	Wilber: integral/nondual

Tab. 20.1: Die Grammatik der sozialen Felder: zehn Kategorien

Transformation der Kausalmechanismen

Im nächsten Schritt geht es um die Kategorien der Spalten 8–10 der Tabelle 20.1. Von der Mikro- bis zur Mundoebene dominieren in den meisten unserer Systeme ein Feld-1- und ein Feld-2-Verhaltensmuster. Die Folge ist, dass wir uns bei Problemen nur reaktiv verhalten und Schwierigkeiten haben, aus alten, kollektiven Verhaltensmustern auszubrechen, dass wir zudem unfähig sind, unsere Aufmerksamkeit so umzulenken, dass ein In-die-Welt-Bringen von im Werden begriffenen Zukunftsmöglichkeiten beginnt.

Ein Grund dafür, warum dieser Wechsel oft so schwierig oder kaum möglich erscheint, ist das fehlende Verständnis für die Kausalmechanismen in sozialen Systemen. Vor 2300 Jahren beschrieb Aristoteles vier Formen der Kausalität, die ich hier aufgreifen möchte, um die umfassende Transformation der Kausalmechanismen zu veranschaulichen, die sich ereignet, wenn ein soziales System den U-Prozess durchläuft.

Abb. 20.1 bildet die vier Ebenen des U als vier verschachtelte konzentrische Kreise ab: Der äußere Kreis repräsentiert Feld 1 (Ich-in-mir), das Runterladen; die nächsten Kreise stellen Feld 2 (Ich-in-es) und Feld 3 (Ich-in-dir) dar, der innere Kreis bildet Feld 4 (Ich-in-Gegenwärtigung) oder den tiefsten Punkt des U ab. Außerdem repräsentieren die vier Pfeile, die sich in der Mitte des Kreises treffen, die vier aristotelischen Typen der Kausalität:

- *Causa materialis:* die materielle Ursache
- *Causa formalis:* die Formursache
- *Causa finalis:* die Zweckursache
- *Causa efficiens:* die Wirkursache (die Ursache vom Anfang der Bewegung)

Dadurch, dass Abb. 20.1 zwei Unterscheidungen einführt, nämlich die unterschiedlichen Felder der Aufmerksamkeit (Felder 1–4) und die unterschiedlichen aristotelischen Typen der Kausalität, entsteht eine Landkarte, auf der die Ansätze in der Theorie sozialer Systeme verortet werden können:

- Im (äußeren) Kreis 1 befinden sich die eher traditionellen Ansätze der Theorien sozialer Systeme. Diese verorten den Grundmechanismus der Veränderung *außerhalb* der handelnden Akteure und der Grenzen ihres Aufmerksamkeitsfeldes.
- Im Gegensatz dazu befindet sich im innersten Kreis ein Ansatz, der die Ursache von Veränderung als etwas auffasst, das mit einem tiefen Öffnungsprozess und einem Wegfall von Grenzen verbunden ist; Veränderung ist dann ein Prozess, der innerhalb der Grenzen des eigenen Aufmerksamkeitsfeldes beginnt.
- Die beiden mittleren Kreise 2 und 3 bilden den Zwischenraum zwischen diesen beiden zwei Polen.

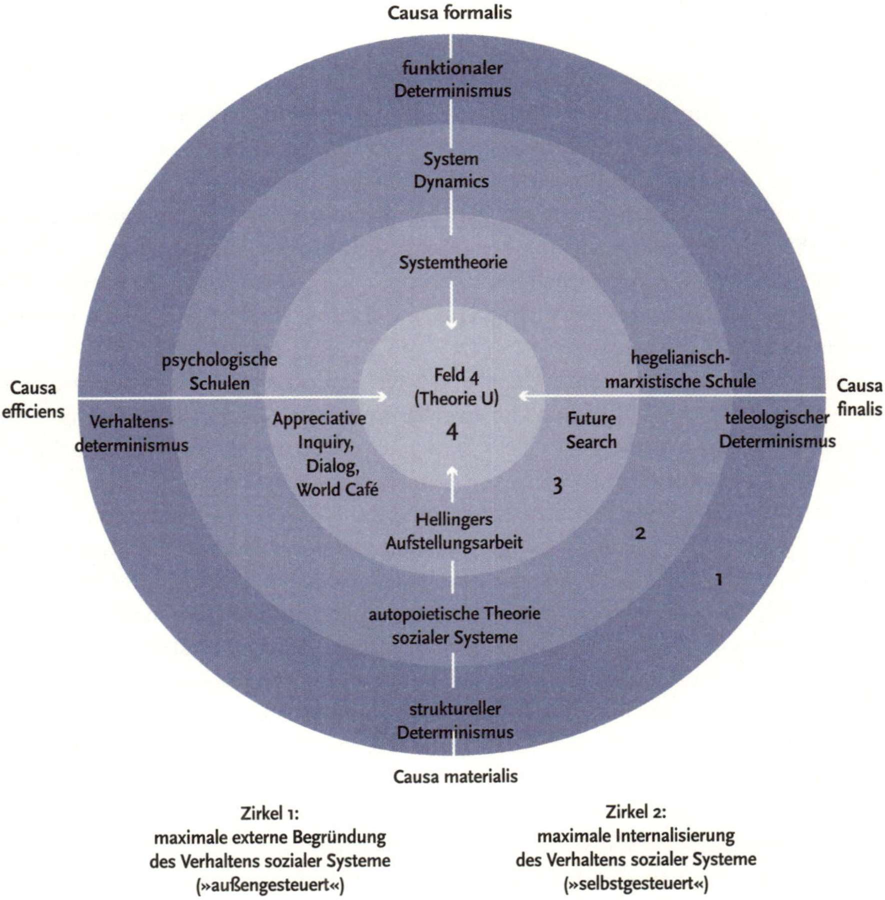

Abb. 20.1: Vier Feldstrukturen (Kreise) – vier Ursachen (Achsen)

Während die vier Kreise also die zunehmende *Verinnerlichung* des kausalen Grundmechanismus (aus der Sicht der Beteiligten) beschreiben, bilden die vier achsenförmigen Pfeile die vier Typen von Ursache ab: die materielle Ursache, die Formursache, die Zweckursache, die Ursache vom Anfang der Bewegung.

Ein Beispiel für eine materielle Ursache liefert die Theorie autopoietischer sozialer Netzwerke, derzufolge soziale Systeme eine Funktion von Kommunikationsstrukturen sind, die das System hervorbringen und sich dann weiter selbst reproduzieren (unabhängig von Aufmerksamkeit und Intention der mitwirkenden Einzelnen). Dieser Blick auf die Struktur ist ein gutes Beispiel für den Blick auf das, was Aristoteles die materielle Ursache nannte. Die Theorie der sozialen Autopoiese wird hier deswegen auf Kreis 2 (immer von außen nach innen gezählt) angesiedelt, weil sie einen Mechanismus beschreibt, der den beteiligten Akteuren ein Äußeres ist.[109]

Ein weiteres Beispiel für Kreis 2 ist die Methodologie der Systemdynamik: Soziale Systeme werden auf ihre Muster oder die Formen hin analysiert, die sie kollektiv generieren und die sie dann im Gegenzug bestimmen. Dieser Ansatz richtet sein Augenmerk auf das, was Aristoteles die Formursache nennt.

Ein weiteres Beispiel für diesen gleichen Kreis sind die psychologischen Ansätze, die soziale Systeme aus der Perspektive von persönlicher Motivation sehen, die die Akteure zu einer Verhaltensänderung bringt. Dies nannte Aristoteles die Ursache vom Anfang der Bewegung: Die Ursache liegt hier in den Mechanismen, die einen Akteur bewegen.

Ein gutes Beispiel für eine Theorie, die die Zweckursache als wichtigste Antriebskraft sieht, ist schließlich die hegelianisch-marxistische Betrachtung, den Geschichtsprozess als die graduelle Wirklichkeitswerdung einer Zweckursache zu sehen, die sich selbst gemäß objektiven historischen Gesetzen manifestiert.

Obwohl jeder dieser Ansätze einen anderen Typ der Ursache betont, ist der Ort der Kausalität weitgehend der gleiche. Der Ort der Kausalität und der Ort der Veränderung ist mehr oder weniger *extern (außerhalb) mit Bezug auf* die Aufmerksamkeit und Intention der Akteure, die im jeweiligen System leben und es hervorbringen. Das gilt für all diese Theorien, auch für ihre Kommunikationsmuster, die, gemäß der Theorie autopoietischer sozialer Systeme, das System bewegen und reproduzieren. Diese Muster sind die gemeinsam geschaffenen Muster, die nach der Theorie der Systemdynamik das Verhalten sozialer Systeme bestimmen, die psychologischen Muster, die nach verschiedenen psychologischen Denkschulen das menschliche Verhalten steuern, und die objektiven Gesetze der Geschichte, die nach hegelianisch-marxistischer Theorie den historischen Prozess seiner finalen Phase entgegentreiben. All diese Theorien haben ein gemeinsames Merkmal: Die kausalen Variablen, die die Veränderung gestalten, liegen außerhalb der Aufmerksamkeit und Intention der Menschen, die das System gemeinsam hervorbringen.

Damit befinden sich diese Variablen im blinden Fleck der Akteure. Darin liegt der wesentliche Unterschied zwischen den Theorien der beiden äußeren Kreise 1 und 2 (äußerliche Kausalität der Veränderung) und den der beiden inneren Kreise 3 und 4 (innere Kausalität der Veränderung): darin, dass wir es bei den beiden inneren Feldern mit sozialen Feldern zu tun haben (als der Totalität der Beziehungen zwischen den Akteuren in einem System), die beginnen, *sich selbst zu sehen,* das heißt, ihren blinden Fleck auszuleuchten.

Diese selbstreflexive Wendung eines sozialen Systems ist genau das, was während des Arzt-Patienten-Dialogforums geschah, als den Teilnehmenden allmählich bewusst wurde: »Wir *sind* das System.« Alles kam zu einem Stillstand. In diesem

109 Die Theorie der sozialen Autopoiese würde auf dem dritten Kreis angesiedelt werden, wenn das Kriterium wäre, inwieweit der kausale Mechanismus der Veränderung theorieimmanent gemacht worden ist.

Moment verlagerte sich der Ursprungsort des Gesprächs an einen anderen inneren Ort, der es den Akteuren erlaubte, sich plötzlich selbst im Kontext des größeren Systems zu sehen (der Bürgermeister beschrieb seine Situation, die Lehrerin und der Landwirt jeweils ihre etc.). Diese Wendung geschah auch im Fall des Autounternehmens, als die Ingenieure ihr System analysierten und riefen: »Oh, seht nur, was tun wir uns nur selbst an!« In beiden Fällen sehen wir eine *Verinnerlichung (Internalisierung)* des Kausalmechanismus durch die Betroffenen. Diese und ähnliche auf dem Systemdenken aufgebaute Interventionsarbeit zeigt, wie die Muster eines Systems dadurch verinnerlicht und bewusst gemacht werden können, dass die Akteure beginnen, die Muster zu sehen und gemeinsam darüber zu reflektieren. Damit eröffnet sich ein neuer Handlungsraum.

Ein anderes Beispiel und eine andere Methode der Verinnerlichung des Kausalitätsmechanismus in einem sozialen Feld ist die Aufstellungsarbeit nach Hellinger, mit ihrem Augenmerk auf dem, was Sheldrake die morphische Resonanz eines Feldes oder Aristoteles die materielle Ursache nennt: Sie lenkt die Aufmerksamkeit auf das historische Gedächtnis und die Struktur der Rollen und Beziehungen unter den wichtigsten Akteuren eines Systems. Wenn dies richtig gemacht wird, kann die Aufstellungsarbeit den Klienten dazu befähigen, einen neuen Weg einzuschlagen bzw. anders zu entscheiden, die Kausalität des Systems zu verinnerlichen und anders zu handhaben.

Die Ursache vom Anfang der Bewegung bietet einen dritten Blickwinkel (Kausalitätstyp), von dem aus der Prozess der Verinnerlichung des Kausalmechanismus betrachten werden kann. Damit fällt der Blick auf die Akteure, die das System tatsächlich hervorbringen und verändern. Beispiele für diese Art der Verinnerlichung sind unter anderem David Cooperriders Methode der *Appreciative Inquiry* (der wertschätzenden Erkundung), Bill Isaacs' *Dialog als Kunst, gemeinsam zu denken* und Juanita Browns *World Café*.[110] Diese Ansätze legen ihr Augenmerk auf die einzelnen und kollektiven Akteure und darauf, wie der Wert ihrer Erfahrungen sichtbar für den Weg nach vorne produktiv gemacht werden kann. Sie bauen darauf auf, die positive Energie zu erschließen, die in den Akteuren lebt, und sie in Handlung umzusetzen.

Ein vierter Blickwinkel, aus dem man die Verinnerlichung der Veränderung untersuchen kann, ist derjenige der Zweckursache. Ein Beispiel für einen Ansatz aus diesem Blickwinkel wurde von Marvin Weisbord formuliert, einem der Gründer der Organisationsentwicklung. In seinem *Future-Search*-Ansatz (vgl. Weisbord et al. 1995) konzentriert er sich darauf, einen gemeinsamen Boden für die Akteure wahrnehmbar zu machen und eine gemeinsame Vision zu artikulieren, die dann als katalysierende Kraft für den Veränderungsprozess fungiert.

Und zuletzt ein Blick auf den innersten Kreis, bei dem es darum geht, sämtliche Formen der Kausalzusammenhänge so zu verinnerlichen und zu integrieren, dass

110 Vgl. Cooperrider et al. (2000); Isaacs (1999); Brown, Isaacs a. World Café Community (2005).

sich das soziale Feld als ein Gefäß für die im Entstehen begriffene Zukunft öffnet. Denken Sie zurück an Rusty Schweickarts Worte: »Es war, als ob du ein Baby siehst, das kurz davor ist, geboren zu werden.« Wenn diese tiefe Verbindung mit einem Gefäß für das Werdende geschieht, verschmelzen die verschiedenen Formen und Ebenen von Kausalität in ein Feld der Nicht- oder Eigenkausalität, welches das individuelle Werden mit der tiefsten Quelle kollektiven Werdens verbindet und vereint.

Die Bewegung durch den U-Prozess transformiert die kausalen Mechanismen menschlicher und sozialer Systeme und ihrer evolutionären Felder. Handelt man von den äußeren beiden Kreisen 1 und 2 aus, in der Theorie-U-Terminologie Feld 1 und Feld 2, treiben vergangene und äußere Mechanismen und Ereignisse das Verhalten sozialer Systeme an. Setzt sich die Bewegung durch das U fort und beginnen Wahrnehmen und Handeln von Feld 3 und Feld 4 aus stattzufinden, betreten wir das Gebiet der inneren beiden Kreise 3 und 4, bei denen das Verhalten der sozialen Systeme selbstreflexiv (Feld 3) und selbst verursacht (Feld 4) ist. Wie bereits besprochen, macht die Komplexität der Herausforderungen des 21. Jahrhunderts, wie z. B. der Klimawandel, es notwendig, die Muster der sozialen Kausalität immer mehr zu verinnerlichen. Sprich, es gehört zur Signatur unseres Zeitalters, dass wir in immer mehr Systemen zu bewussteren und stärker internalisierten Formen des Handelns und der Kausalität kommen. Diese Herausforderungen unserer Zeit zwingen zunehmend, uns unserer kollektiv-gewohnheitsmäßigen Muster bewusst zu werden und unsere Handlungsebene von den äußeren zu den inneren Kreisen der (Eigen-) Kausalität zu verschieben.

Der Weg der Führung

Der Weg von einem Getriebensein durch Muster der Vergangenheit und der Fremdkausalität (beide äußeren Kreise) dahin, wo es möglich ist, die Zukunft von innen und auf der Basis einer Eigen- oder Selbstkausalität (innerer Kreis) zu gestalten, diesen Weg nennen wir den Weg der Führung. Führung ist ihrem Wesen nach die Fähigkeit, den inneren Ort, aus dem heraus wir handeln, zu verändern. Mit dieser Fähigkeit können Führungskräfte ihre Systeme so gestalten, dass sie *sich* verändern und damit von der im Außen liegenden Fremdkausalität (äußere Kreise) befreien. Solange wir im Bezugsrahmen der beiden äußeren Kreise stecken, sind wir in einer unproduktiven Opferhaltung (»Das System macht etwas mit mir«) gefangen. Sobald wir uns in den Bezugsrahmen der beiden inneren Kreise versetzen, sehen wir, wie wir etwas verändern können, um so zu einem Instrument für das Zukünftige zu werden. Führungskräfte werden dafür bezahlt, dass sie diesen Schritt aus der Opferhaltung zu einer schöpferischen Haltung moderieren und aktiv begleiten.

Der Weg vom äußeren Kreis zum inneren ist der Weg des U-Prozesses. Wir bewegen uns durch eine *Umkehrung* der Sichtweise des alten Systems hin zu einer

Sicht der inneren Öffnung und Eigenkausalität. Rusty Schweickart hat diese Veränderung in seinem Bericht beschrieben: Erst sah er, was er kannte (Kalifornien), dann, was neu war (die Westküste Afrikas), und zum Schluss war seine Wahrnehmung Teil eines kollektiven Sehens, vollzogen durch die Menschheit insgesamt: »Ich konnte etwas mit meinen Augen sehen, aber es war nicht nur ich, der da sah. Es war die Menschheit, die sah.« In diesem Moment wird Schweickart Teil eines größeren Entstehungsgeschehens: »Es war, als ob du ein Baby siehst, das kurz davor ist, geboren zu werden.«

Der Wechsel vom Erspüren von Fremd- und Eigenkausalität zu etwas, was aus der Mitte entsteht, führt uns zurück zum Ausgangspunkt und zum Argument von Meister Nan: Das Hauptproblem unserer Zeit ist die Trennung von Materie und Geist, von äußerer und innerer Welt.

Es ist die gleiche Trennung, auf die Ken Wilber mit der Integralen Theorie eingeht in seinem Alle-Quadranten-alle-Ebenen-Ansatz, wobei er zwischen dem Inneren und dem Äußeren einerseits und zwischen dem Einzelnen und der Gemeinschaft andererseits unterscheidet.[111] Diese Trennung von Materie und Geist, wie vorher besprochen, besteht nur so lange, wie wir die Welt aus der Perspektive der beiden äußeren Kreise betrachten (Abb. 20.1). In dem Maße, in dem wir in die beiden inneren Kreise vordringen, öffnen wir den Zugang zu einer tieferen Teilnahme am Prozess des In-die-Welt-Kommens sozialer Realität. Der Weg des U ist eine Reise der Integration aller Ebenen und Quadranten, wie Wilber in seiner integralen Theorie vorschlägt. Während die vier Quadranten auf der ersten Ebene des U-Prozesses getrennt sind und jeweils außerhalb zueinander liegen, werden sie, je näher wir zum tiefsten Punkt des U gelangen, zunehmend ineinander verflochten und verwoben, bis wir an den Boden des U gelangen, wo sie in einen einzigen Punkt zusammenfallen, den Punkt der Stille und der Schöpfung.[112]

Die Funken der sozialen Wirklichkeitsentstehung fangen

Kehren wir nun zu unserem Gedankenexperiment am Anfang dieses Kapitels zurück: Was wäre, wenn das soziale Feld ein lebendes System wäre, eine lebende und sich entwickelnde Entität, ein empfindungsfähiges Wesen? Aus diesem Blickwinkel betrachtet, wurden folgende fünf Punkte sichtbar:

1) Die vier Kreise in Abb. 20.1 erfassen vier verschiedene evolutionäre Stufen dieser sich entwickelnden Entität. Diese vier Stufen überschneiden sich mit den ersten vier Spalten in Tabelle 20.1. Wenn wir alle Kreise der Abbildung und alle Spalten der Tabelle betrachten, können wir sie als *Fußspuren* eines

111 Vgl. Wilber (2000a); siehe auch die Diskussion seiner Arbeit hier in Kapitel 5.

112 Auf der rechten Seite des U-Prozesses lässt sich eine umgestülpte Version des Vier-Quadranten-Modells erkennen, durch das eine neue Welt im Entstehen ist.

evolutionären Prozesses erkennen. Jede Spalte und jeder Kreis erfasst eine bestimmte Stufe oder Phase dieses Prozesses. Wir können die Phasen und Stufen in allen Aspekten sozialen Lebens beobachten, von der Mikro- zur Meso-, von der Makro- zur Mundoebene. Wir haben sie auch in den vier Grundprozessen des sozialen Werdens gesehen, im denkenden, kommunikativen, organisationalen und globalen Handeln. Wir sind von verschiedenen sozialen Systemen und ihren je unterschiedlichen Positionen im Sinne der Felder 1–4 jederzeit umgeben, was auch viel Verwirrung schafft, weil wir diese verschiedenen Zustände und ihre Bedeutung für Führung und Handeln in der Regel nicht erkennen.

2) Wenn die Evolution des sozialen Feldes in der Betrachtung der Fußspuren nachgezeichnet werden kann, stellt sich die Frage: *Wer* schafft diese Fußabdrücke? Wer ist der Akteur oder das Selbst, das im Begriff ist, in die Welt zu kommen? Und was kann den evolutionären Prozess auslösen, von einer Ebene des Handelns zu einer nächsthöheren zu springen (wie in den verschiedenen Kreisen oder Spalten beschrieben)? Die Fähigkeit, diesen Feldzustand zu verändern, liegt mitten im blinden Fleck des Akteurs. Es ist eine verborgene Fähigkeit aller menschlichen und sozialen Systeme. Ich nenne diese Fähigkeit das *Ich-in-Gegenwärtigung* – die Fähigkeit des Akteurs (Systems), zu einer höheren Feldstruktur der Aufmerksamkeit zu wechseln.
3) Deswegen repräsentiert das »Selbst«, die Kategorie 10 in Tabelle 20.1, die wichtigste Grundlage. Gehen wir durch die U-Bewegung, so bewegen wir uns nicht nur durch sieben Gesten der Aufmerksamkeit (Zeile 1), sondern aktivieren auch die Gegenwart eines je anderen Teiles oder Aspekts unseres Selbst (Zeile 10). Die verschiedenen Formen und Entwicklungsstufen des Selbst werden in verschiedenen Traditionen und Kognitionstheorien mit unterschiedlichen Begriffen beschrieben. Doch wie Ken Wilber in seinem Buch *Integrale Psychologie* (2000c/2005) zeigt, stimmen die meisten der Entwicklungstheorien in der Beschreibung dieser Stufen und ihrer Untergruppen überein. Im Grunde besagt die zehnte Kategorie, dass *jeder Mensch* und jede Gemeinschaft *nicht nur eins, sondern viele* ist. Und während wir den Weg des Wissens und Werdens durch das U-Feld beschreiten, beginnen wir, diese anderen Aspekte unseres Selbst nach und nach zu erschließen und zu entwickeln. Daraus ergibt sich, dass unser Denken und Handeln Stufen und Phasen und Zustände durchlaufen: vom subjektiven zum objektiven, intersubjektiven und dann zum transintersubjektiven Bezugsrahmen als Metakategorie des sozialen Werdens (Zeile 9).
4) Die Theorie U bietet eine praktische Perspektive und einen Bezugsrahmen, der beschreibt, warum und wie Gruppen in einen Feld-4-Zustand eintauchen können. Das »U« ergänzt existierende Entwicklungstheorien und identifiziert unterschiedliche Aufmerksamkeits- und Bewusstseinszustände und -stufen. Bei unserer Arbeit haben wir beobachtet, dass Gruppen diese Feld-4-Stufe

erreichen können, selbst wenn es für Einzelne in der Gruppe gemäß der Entwicklungstheorie unwahrscheinlich gewesen wäre, dorthin zu kommen. Mit anderen Worten, das soziale Feld dient als Zugang oder Tor zu den tieferen Stufen des Bewusstseins und des Wissens.

5) Das globale soziale Feld ist gleichermaßen nicht eins, sondern viele. Es ist eine Vielheit im Sinne seiner funktionellen Differenzierung: Die globalen wirtschaftlichen, politischen und kulturellen Subsysteme haben sich in verschiedene lose verknüpfte Systeme differenziert, von denen ein jedes Autonomie braucht, damit es gut funktionieren kann. Aber das globale soziale Feld ist im Hinblick auf seine verschiedenen Feldstrukturen der Aufmerksamkeit (Felder 1–4) auch eine Vielheit. Heute ist es notwendig, dass wir kleine Geburtsfelder des sozialen Feldes entwickeln, in denen wir neue Formen von Feld-4-Verdichtungen entwickeln und erleben können, die dadurch funktionieren, dass sie uns helfen, aus dem entstehenden Ganzen heraus wahrzunehmen. Haben wir erst ein paar davon entwickelt, wird es möglicherweise nicht zu schwierig sein, ähnliche Veränderungen im größeren System zu schaffen und zu replizieren, wenn man bedenkt, dass das größere System in diesem Moment an der globalen Schwelle steht. (Die Tür hat sich gerade einen Spalt breit geöffnet.)

Zusammenfassend gesagt, erfassen die verschiedenen Spalten der Tabelle 20.1 die Fußspuren des sich entwickelnden sozialen Feldes, das sich seiner selbst zunehmend gewahr wird. Jeder Fußabdruck korrespondiert mit einer anderen Stufe des sozialen Feldes, des Selbst sowie seiner Struktur der Aufmerksamkeit und des Bewusstseins. Was diese Fußspuren verbindet, ist die *Bewegung.* Diese geht quer durch die evolutionären Stufen. Sie ist angetrieben und ausgelöst durch das Ich-in-Gegenwärtigung, die wachsende Fähigkeit aller menschlichen und sozialen Systeme, sich ihres eigenen blinden Flecks bewusst zu werden, den Funken ihrer sozialen Realitätsschaffung in Echtzeit umzulenken.

Das nächste und letzte Kapitel ist ein Feldhandbuch, das die Prinzipien des Presencing zusammenfasst und beschreibt, wie sich die Theorie U in der Führungsarbeit in praktischen Situationen umsetzen lässt.

21 Prinzipien und Praktiken des Presencing für tief greifende Innovations- und Veränderungsprozesse

Gemeinsame Intentionsbildung • Gemeinsame Wahrnehmung • Gemeinsame Willensbildung • Gemeinsames Erproben • Gemeinsames Gestalten • Grundprinzipien: Die drei Erdungspunkte des sozialen Feldes • Zusammenschau

Wirkliche Veränderungsprozesse verschieben den inneren Ort, aus dem heraus ein System handelt. Dies ist ein gemeinsamer Prozess. Im vorliegenden Buch habe ich die praktischen Aspekte dieses Vorgangs »soziale Technik« genannt. In diesem Kapitel wird dieser Prozess aus dem Blickwinkel des Handelnden, also des Akteurs, der den Veränderungsprozess durchlebt und führt, betrachtet: Welches sind die Prinzipien und Praktiken, die uns helfen, uns mit unserer besten Zukunftsmöglichkeit zu verbinden und sie in die Welt zu bringen? Die soziale Technik, um die es hier geht, basiert auf fünf Bewegungen. Jede von ihnen gründet sich auf Prinzipien und Praktiken, die in der Folge beschrieben werden. Die fünf Bewegungen sind (Abb. 21.1):

- *Gemeinsame Intentionsbildung:* Achte auf die Fragen und entstehenden Zukunftsimpulse in dir, in anderen und zwischen euch.
- *Gemeinsame Wahrnehmung:* Tauche in die Orte der größten Möglichkeit ein, und bewege, was du aufnimmst, in deinem Denken und Herzen.
- *Gemeinsame Willensbildung:* Suche einen Raum der gemeinsamen Stille, und lass dein inneres Wissen entstehen.
- *Gemeinsames Erproben:* Entwickle Prototypen des Neuen, um die Zukunft im Tun zu erkunden.
- *Gemeinsames Gestalten:* Bring das Neue in die Welt, indem du aus dem entstehenden Ganzen heraus wahrnimmst und handelst.

Abb. 21.1: Der U-Prozess: Fünf Bewegungen

Gemeinsame Intentionsbildung: Die gemeinsame Intention entdecken und ein gemeinsames Gefäß bilden

Die erste Bewegung, das gemeinsame Gefäß bilden, konzentriert sich darauf, den gemeinsamen Grund für einen zukünftigen Initiativprozess freizulegen. Wir fangen so an, dass wir ein Feld oder *Gefäß* bilden, aus dem die verbleibenden vier Bewegungen entstehen und unterstützt werden können. Wie? Indem wir hinhören. Indem wir anderen wichtigen Akteuren im Feld zuhören (den anderen zuhören), indem wir hinhören, wozu das Leben uns ruft (sich selbst zuhören), und indem wir auf das hören, was wir zwischen uns und anderen an entstehenden Zukunftsimpulsen erleben (das Gemeinsame hören lernen).

Prinzip 1: Achtsamkeit – Sei achtsam gegenüber dem, was dir aus deinem Lebensumfeld entgegenkommt

Alle großen Ideen werden durch irgendetwas ausgelöst. Das Wesen des U-Prozesses besteht darin, unsere Achtsamkeit, Gegenwärtigkeit und aktive Teilnahme in Bezug auf das In-die-Welt-Kommen der sozialen Realität zu stärken. Ed Schein beginnt sein Buch über Prozessberatung mit den Prinzipien »Sei immer hilfreich« und »Sei immer in Kontakt mit der Realität«.[113] Auch der U-Prozess des Presen-

113 Scheins Buch *Prozessberatung für die Organisation der Zukunft* (1998, dt. 2003) ist eines der hilfreichsten Bücher, die ich je gelesen habe. Es half mir enorm bei meiner Arbeit mit Veränderungsprozessen.

cing beginnt mit dem Primat der Aufmerksamkeit und Achtsamkeit: »Sei achtsam gegenüber dem, was dir aus deinem Lebensumfeld entgegenkommt.« So ist der U-Prozess fest in der Grundphilosophie der Prozessberatung verankert.[114]

Übung

Nimm dir jeden Abend 4 Minuten Zeit, und blicke auf den Tag zurück, so als ob du dich von außen sehen würdest. Achte darauf, wie du mit anderen interagiert hast und was andere Leute von dir wollten oder dir zu tun vorgeschlagen haben. Tue dies, ohne zu werten. Beobachte nur. Mit der Zeit wirst du einen inneren Beobachter entwickeln, der dir erlaubt, dich immer besser aus der Sicht eines anderen zu betrachten.

Prinzip 2: Verbinde dich – Höre zu, und trete mit interessanten Akteuren aus deinem Feld in Dialog

Das zweite Gebiet des Zuhörens entreißt dich deiner normalen Welt und führt dich an die interessanten Orte und extremen Eckpunkte des Feldes, zu dem du dich hingezogen fühlst. Du sprichst mit den interessantesten Akteuren in diesem Bereich und hörst ihnen zu, um zu lernen, was du brauchst, um die gegenwärtige Situation in Richtung ihrer besten Zukunftsmöglichkeit zu entwickeln. Sprich mit bekannten und weniger bekannten Akteuren. Finde auch diejenigen, die betroffen sind, deren Stimmen aber möglicherweise durch die Dysfunktionalität des gegenwärtigen Systems ausgeschlossen bleiben. Während du auf deinem Entdeckungsweg weitergehst, lässt du dich durch das Feld informieren, inspirieren und führen. Die wichtigsten Akteure, die helfenden Hände und die zukünftigen Kooperationspartner tauchen oft in anderer Weise und an anderer Stelle auf, als du es vielleicht erwartest. Deine innere Arbeit besteht an diesem Punkt darin, für mögliche Vorschläge, Hilfestellungen und Fügungen offen zu sein und zu bleiben.

Übung

Die wichtigste Übung auf dieser Ebene ist das Zuhören. Zuhören heißt, nicht nur der eigenen inneren Stimme zuzuhören, sondern dem, was der jeweils andere wirklich sagt. Ein Arzt, mit dem wir gearbeitet haben, erklärte anschließend: »Als Zuhörer muss ich *für den anderen in mir einen Raum schaffen.* In diesem inneren Raum kann auch mein Gegenüber in Erscheinung treten – nicht bloß ich mit meinen vorgefassten Vorstellungen und Meinungen.« Also geht es darum, in uns bewusst einen Raum für den anderen zu schaffen.

114 Das erste Prinzip des U-Prozesses beginnt vor dem ersten Kontakt mit dem Klienten. Es bezieht sich auf den Augenblick, in dem wir versuchen zu verstehen, was unsere eigentliche Aufgabe ist. Der U-Prozess basiert auf vielen ähnlichen philosophischen Annahmen, auf denen auch die Prozessberatung basiert. Ein Unterschied zur Prozessberatung liegt darin, dass der U-Prozess damit beginnt, dass eine Beziehung zu einem wichtigen Teil unseres existenziellen »Klientensystems« aufgebaut wird, und zwar zu unserer eigenen höchsten Zukunftsmöglichkeit. Andere den U-Prozess erweiternde Elemente sind die Verwendung sogenannter Deep-dive-Erkundungsreisen, Projekte zur schnellen Erstellung von Prototypen sowie individuelle und kollektive Praktiken, die Zugang zum eigenen authentischen Selbst verschaffen.

Prinzip 3: Ein gemeinsames Gefäß bilden – Co-initiiere eine bunt zusammengesetzte Kerngruppe, die eine gemeinsame Intention inspirieren und halten kann

Ein Gefäß bilden und Co-Initiieren heißt, eine Konstellation von Akteuren zu versammeln, die sich gegenseitig brauchen, um den Schritt in das Feld der Zukunft zu unternehmen. Du brauchst die richtigen Leute zur richtigen Zeit am richtigen Ort. Das Gegenteil von Co-Initiieren ist Marketing, also der Versuch, eine Idee zu verkaufen. Das funktioniert fast nie, weil die Idee dann nur deine Idee ist. Ein Teil der Kunst, eine Kerngruppe zu bilden, ist also, deine Idee nicht festzuhalten, sondern sie ein wenig (aber vielleicht nicht vollständig) loszulassen. Führung heißt in dieser Phase, nur ein paar Pinselstriche auf die Leinwand zu setzen und viel freien Raum zu lassen, den die anderen füllen können, verbunden mit dem Gefühl, einen Beitrag zu leisten. Dadurch verlagert sich die Frage nach der Eigentümerschaft – im Falle des Gelingens – dahin gehend, dass jeder sich mit dem Ganzen verbindet und seinen Teil innerhalb des Ganzen sieht.

Übung

Checkliste für das Co-Initiieren oder Entzünden einer gemeinsamen Intention diverser Akteure:

- Benötigt wird eine Intention, die der Entwicklung des Ganzen dient.
- Vertraue deiner »Intelligenz des Herzens«, wenn es darum geht, sich mit den richtigen Leuten zu verbinden oder Möglichkeiten zu erkunden, die scheinbar in keiner direkten Beziehung zum anstehenden strategischen Thema stehen. Sei offen dafür, eine Möglichkeit oder ein Problem unterschiedlich darzustellen. (Verschiedene Stakeholder werden Aspekte und Variablen unterschiedlich betonen.)
- Suche das Gespräch mit anderen Akteuren professionell wie persönlich: Versuche, dich mit ihrer höchsten Zukunftsmöglichkeit zu verbinden (in Bezug auf ihr Selbst und ihre Arbeit), nicht nur mit ihrer institutionellen Rolle und Verantwortung, die zunächst im Vordergrund stehen mögen.
- Beziehe, wenn du eine Kerngruppe zusammenbringst, die wichtigen Sponsoren und Entscheidungsträger frühzeitig mit ein, die ein ernsthaftes professionelles und persönliches Interesse in Bezug auf die jeweiligen Herausforderungen haben.
- Bringe Aktivisten in die Kerngruppe, d. h. Menschen, die alles dafür geben würden, dass das Projekt klappt. Ohne diese persönliche Herzensqualität, Leidenschaft und Verbindlichkeit entsteht nie etwas radikal Neues.
- Beziehe Akteure ein, die gegenwärtig keine Sichtbarkeit oder keine Stimme haben, aber vom Problem betroffen sind: Patienten im Falle der Gesundheitsversorgung, Studierende im Falle von Universitäten, Kunden oder NGOs im Falle von Unternehmen, künftige Teilnehmende im Falle eines Leadership-Development-Projekts.
- Beziehe Experten auf den jeweiligen Gebieten je nach Bedarf ein, und baue um das Kernteam ein Unterstützungsteam und eine Infrastruktur auf (z. B. Helfende, Beratende, intern oder extern).
- Gestalte den Kontext eines Co-Initiierungs-Treffens, und wähle die Konstellation so, dass die Personen sich gegenseitig inspirieren und auf einen gemeinsamen Weg begeben können.

Die ersten drei Prinzipien des Presencing bzw. Schritte im U-Prozess sind in Abb. 21.2 zusammengefasst.

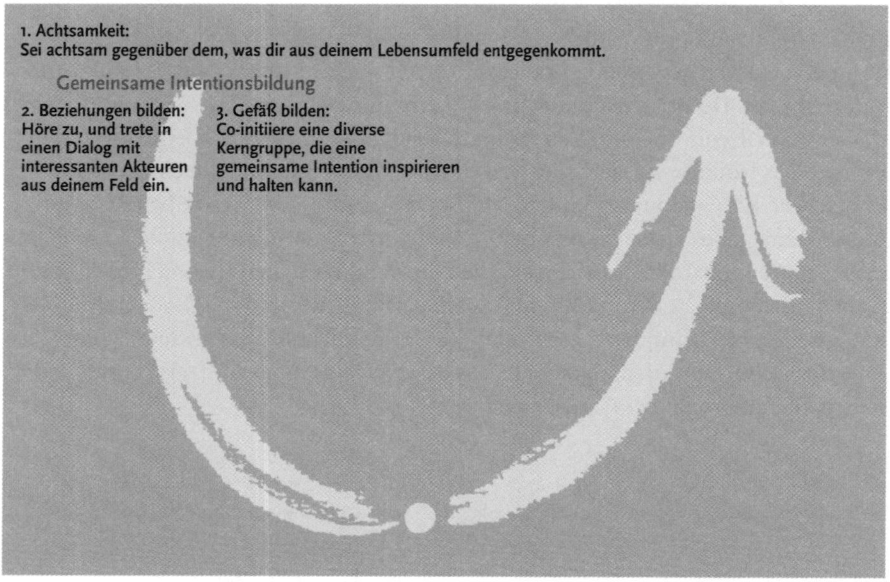

Abb. 21.2: Die erste Bewegung des U-Prozesses – Gemeinsame Intentionsbildung

Gemeinsame Wahrnehmung: Tauche in die Orte der größten Möglichkeit ein und bewege, was du aufnimmst, in deinem Denken und Herzen

Ist in der Kerngruppe eine gemeinsame Zukunftsintention gefunden und vereinbart, besteht die nächste Herausforderung darin, diese Intention auf die Füße zu stellen, indem ein Aktionsteam gebildet wird, das sich dann auf einen Weg des Erkundens und Entdeckens begibt.

Prinzip 4: Bilde ein hoch engagiertes Team, das die Erkundungsreise unternimmt und die Prototypentwicklung anpackt, und kläre Aufgabe und Fragestellung

Es ist für das Prototypingteam wichtig, dass sich in dessen Zusammensetzung die Vielfalt der oben erwähnten Akteure und Stakeholder widerspiegelt und die Teilnehmenden sich für einen bestimmten Zeitraum (z. B. 4, 6 oder 9 Monate) zu einer gemeinsam getragenen Zielvorstellung und Projektintention verbinden und verpflichten.

Übung

Hier ist eine kleine Checkliste für einen Gründungsworkshop, an dem die zentralen Akteure zum ersten Mal zusammenkommen. Um Fokussierung und Engagement zu fördern, sollten folgende Fragen geklärt werden:

- *Was* ist das Ziel, was möchtest du in die Welt bringen?
- *Warum* ist diese Arbeit wichtig?
- *Wie* verläuft der Prozess?
- *Wer* übernimmt welche Rolle und Verantwortung?
- *Wann und wo* finden die nächsten Schritte statt?

Zusätzliche Ziele:

- Gemeinsamkeit entstehen lassen, indem der jeweilige Kontext und die Geschichte, die die Einzelnen in das Projekt führten, ausgetauscht werden.
- Den Funken der Inspiration dafür entfachen, wie die Zukunft aussieht, die das Team schaffen will.
- Die Teilnehmenden in Dialoginterviews ausbilden und ihnen die für die Erkundungsreisen (»deep-dive«) notwendigen Werkzeuge und Methoden vermitteln.
- Aktionsplan für Erkundungsreise erstellen, die zu relevanten Akteuren, Organisationen und Kontexten führt (Erstellung einer Zielliste der Orte mit dem größten Potenzial).
- Den Teilnehmenden Erfahrungen verschaffen, die ihnen ein erstes *Gefühl* der Zukunftsmöglichkeit vermitteln, welche das gemeinsame Projekt realisieren will.

Prinzip 5: Gehe auf eine Entdeckungsreise zu den Orten der größten Möglichkeit

»Deep-dive-Entdeckungsreisen« verbinden Menschen mit den relevanten Kontexten und Ideen einer möglichen Zukunft. Während einer Entdeckungsreise bewegen sich die Teilnehmenden von der eigenen Perspektive und der vertrauten Welt (der institutionellen Blase) weg – hin zu einer unvertrauten Welt außerhalb des eigenen Erfahrungsbereichs, die überraschend und neu ist. Eine Entdeckungsreise dient nicht einem Benchmarking im Sinne von vergleichen und Maßstäbe setzen. Sie ist erfolgreicher, wenn ihre Teilnehmenden auch in die tiefere Ebene des jeweiligen Kontexts eintauchen. Dazu müssen sie sich in die Alltagssituationen hineinbegeben und die konkreten Praktiken beobachten. Eine Entdeckungsreise kombiniert »shadowing« (wie ein Schatten begleiten) mit dialogischem Erkunden.

Übung

Frage dich: In Bezug auf die Zukunft, die du gestalten willst – Welches sind die Menschen und Orte mit dem größten Potenzial, von denen du am meisten über diese Zukunft lernen kannst und darüber, wie man diese Zukunft schaffen kann?

Es ist normalerweise am besten, Entdeckungsreisen einzeln oder in Kleingruppen von bis zu fünf Personen durchzuführen (das Team sollte noch in ein Auto passen). Die Techniken, die man auf einer Entdeckungsreise verwenden kann, sind Shadowing, Dialog und, falls möglich, auch Teilnehmen durch helfendes Tun.

Vorbereitungen und Vorbesprechung werden diszipliniert, strukturiert und zeitlich befristet durchgeführt. Jedes Teammitglied führt während der Lernreise Tagebuch; jedes Team hat Smartphones oder auch eine Website zum Austausch von Dokumenten und Erfahrungen. Zur Beschleunigung des Prozesses sollten die Teams bei der Vorbereitung sowohl strategische als auch operative Unterstützung erhalten. (Die Logistik kann viel Zeit kosten.)

Vor jedem Besuch:
- Beschaffe relevante Informationen mithilfe des Webs und anderer Quellen.
- Briefe die Zielpersonen, dass es nicht darum geht, eine Standardpräsentation vorzutragen, sondern dass man an einem direkten Gespräch oder einer direkten Erfahrung interessiert ist.
- Bereite Fragen vor, aber weiche von diesen Fragen bei Bedarf ab, oder ergänze sie während der Interaktion.
- Führe für die Teilnehmenden ein kurzes Training zu erfolgreichen Beobachtungsmethoden und Wahrnehmungspraktiken durch.
- Bringe für die Gastgeber ein Geschenk mit.
- Einige dich im Team über Rollen (Sprecher, Protokollant etc.).

Nach jedem Besuch:
- Handys oder Tablets erst wieder anschalten, wenn die Auswertung des Besuchs abgeschlossen ist.
- Plane Zeit für die sofortige Auswertung direkt im Anschluss an den Besuch ein.
- Während dieser Reflexion beschreiben alle ihre Beobachtungen, und zwar nur die reinen Daten, ohne in der ersten Runde irgendwelche Schlüsse zu ziehen. Das Augenmerk liegt darauf, was sich aus diesen Beschreibungen ergibt. Beispiele für mögliche Fragen:
  - Was ist mir besonders aufgefallen?
  - Was hat mich überrascht, was war unerwartet?
  - Was hat mich berührt? Womit habe ich mich persönlich verbunden?
  - Wenn das soziale Feld der besuchten Organisation ein Lebewesen wäre, wie würde es aussehen und sich anfühlen?
  - Wenn dieses Wesen sprechen könnte, was würde es (uns) sagen?
  - Wenn es sich entwickeln könnte, worin würde es sich gern als Nächstes verwandeln wollen?
  - Welches ist die Kraftquelle, die es diesem sozialen Feld erlaubt, sich zu entwickeln und zu gedeihen?
  - Welche Faktoren hindern dieses Feld daran, sich weiterzuentwickeln?
  - Während ich in dieses Feld eintrete und wieder hinausgehe – was beobachte ich an mir selbst?
  - Was kann dieses Feld uns über *unseren* blinden Fleck sagen?
  - Was kann dieses Feld uns über unsere Zukunft lehren?
  - Zu welchen weiteren Ideen für unsere Initiative (unseren Weg nach vorne) inspiriert diese Erfahrung?

Prinzip 6: Beobachte, beobachte, beobachte – Suspendiere deine Stimme des Urteilens (SdU), und verbinde dich mit deinem Sinn für Staunen

Ohne die Fähigkeit, die Stimme des Urteilens zu suspendieren, werden alle Bemühungen, in den Ort der größten Möglichkeit einzutreten, umsonst sein. Die SdU zu suspendieren heißt, die Gewohnheit des Urteilens, die auf den Erfahrungen und Mustern der Vergangenheit beruht, abzuschalten, um einen neuen Raum für ein Erforschen, Erkunden und Staunen zu eröffnen.

> **Übung**
> Nimm ein Objekt (z. B. ein Samenkorn; oder eine Situation), und betrachte es mindestens 5 Minuten mit ungeteilter Aufmerksamkeit. Wenn du bemerkst, wie dein Verstand zu anderen Vorstellungen oder Gedanken abschweifen will, korrigiere deinen Kurs, und kehre zu deiner Aufgabe des reinen Beobachtens zurück.

Prinzip 7: Zuhören und Dialog – Öffne Denken, Herz und Willen, wenn du mit anderen kommunizierst

Wenn du dich mit anderen Leuten und Kontexten verbindest, aktiviere und öffne alle »Kanäle« des Hinhörens: Zuhören aus dem heraus, was du weißt (Zuhören 1), aus dem, was dich überrascht (Zuhören 2), aus einem Mitfühlen mit dem Befragten (Zuhören 3) und aus dem, was entstehen will (Zuhören 4).

> **Übung**
> Verbringe jeden Abend 4 Minuten mit einem Rückblick darauf, wann du am Tag mit Zuhören 3 beschäftigt warst (Öffnen des Denkens und Fühlens) sowie mit Zuhören 4 (Öffnen des Denkens, Fühlens, Wollens). Wenn du keinen einzigen Moment eines tieferen Zuhörens ausfindig machen kannst, nimm das einfach zur Kenntnis, und gehe damit in die Nacht und in den nächsten Tag. Wenn du diese Übung einen Monat lang machst, wird deine Effektivität als Zuhörender dramatisch ansteigen, ohne dass du einen einzigen Euro für Training oder Coaching auszugeben brauchst. Es bedarf lediglich der Disziplin, diesen Rückblickprozess jeden Abend zu praktizieren.

> **Übung**
> Identifiziere deine verschiedenen Stakeholder, und führe ein Dialoggespräch mit ihnen, indem du dich in ihre Schuhe stellst und deine eigene Arbeit aus ihrer Sicht anschaust. Begib dich vor jedem Interview in einen Moment der Stille und Intention. Hier sind vier Fragen, die du als Ausgangspunkt für die Entwicklung deiner eigenen Fragen verwenden könntest:
> - Welches ist Ihr wichtigstes Ziel, und wie kann ich Ihnen dabei helfen? (Wofür brauchen Sie mich?)
> - Anhand welcher Kriterien beurteilen Sie, ob ich zu Ihrer Arbeit erfolgreich beigetragen habe?
> - Wenn ich in meinem Verantwortungsbereich in den nächsten 6 Monaten zwei Dinge verändern könnte, welche wären für Sie von größtem Wert und größter Bedeutung?
> - Welche alten Spannungen und/oder Begrenzungen des gegenwärtigen Systems haben es Menschen in meiner Position oder Funktion erschwert, Ihre Forderungen und Erwartungen zu erfüllen? Was ist es, was sich uns in den Weg stellt?

Prinzip 8: Entwickle kollektive Wahrnehmungsorgane, die es dem System erlauben, sich selbst zu sehen

Vielleicht ist das Fehlen kollektiver Wahrnehmungsorgane derzeit das größte institutionelle Hindernis für eine Entwicklung von Systeminnovation. Wir haben Unmengen an kollektiven Mechanismen des Runterladens. Kollektive Wahrnehmungsmechanismen vom Typ Feld 3 und 4 hingegen nutzen das Potenzial eines gemeinsamen Sehens und des Dialogs und erschließen damit eine unbenutzte Ressource für die kollektive Sinn- und Selbstfindung sowie ein gemeinsames schöpferisches Denken.

Übung

Eine nützliche Übung dafür, kollektive Wahrnehmungsorgane zu schaffen, ist die Methode des World-Cafés, entwickelt von Juanita Brown und ihren Kollegen David Isaacs, Toke Moller und anderen World-Café-Pionieren. Größere Gruppen sitzen wie in einem Café an kleinen, runden Tischen mit je vier oder fünf Stühlen. Anstatt die Interaktion auf einen einzigen Tisch zu beschränken, lädt diese Methode zu einer Interaktion auf mehreren Ebenen ein. Die Gespräche werden von Tisch zu Tisch bewegt und münden in ein Gespräch im ganzen Raum. Die sieben einfachen World-Café-Prinzipien lauten:[115]

- Kläre den Kontext.
- Schaffe ein einladendes Umfeld.
- Entwickle die Fragestellungen, auf die es ankommt.
- Ermutige alle dazu, zum Gespräch beizutragen.
- Verbinde verschiedene Perspektiven.
- Höre genau zu, achte auf Ideen und weitere Fragen.
- Trage die Entdeckungen zusammen, und teile sie einer größeren Gruppe mit.

Die Prinzipien 4–8 des Presencing bzw. Schritte im U-Prozess sind in Abb. 21.3 zusammengefasst.

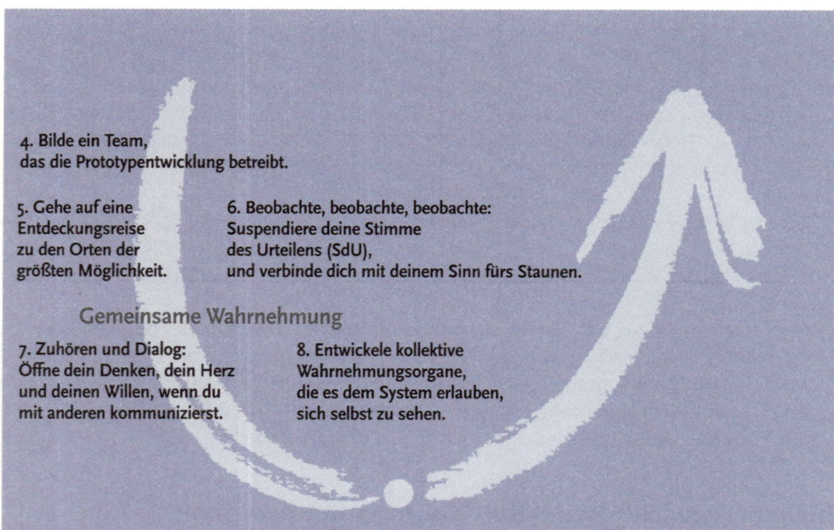

Abb. 21.3: Die zweite Bewegung des U-Prozesses – Gemeinsame Wahrnehmung

115 Siehe unter: http://www.theworldcafe.com/ [Zugriff: 13.1.2020]; vgl. auch Brown, Isaacs a. World Café Community (2005).

Gemeinsame Willensbildung: Suche einen Raum der gemeinsamen Stille, und lass dein inneres Wissen entstehen

Nach dem Eintauchen in verschiedene Kontexte und Orte, die je unterschiedliche Aspekte des zukünftigen Möglichkeitsraumes enthalten, besteht die nächste Bewegung darin, die tiefere Quelle des Wissens zu erschließen. Das heißt, sich mit der im Entstehen begriffenen Zukunft zu verbinden, mit der zukünftigen Möglichkeit, die durch uns in die Welt kommen will (Co-Presencing).

Prinzip 9: Loslassen – Lass dein altes Selbst und das »Zeugs«, das sterben muss, los

Das größte Hindernis dabei, durch das U hindurchzugehen, liegt innen: Es sind die Stimmen des Widerstands, die aus unserem Inneren erklingen (individuell und kollektiv). Sich mit diesen Quellen des Widerstands auseinanderzusetzen ist wichtig, gehört zum Grundwerkzeug, wenn wir uns auf der linken Seite des U nach unten bewegen. Der eigene Widerstand wird immer und immer wieder auftauchen. Das passiert jedem. Doch je öfter du einen solchen Prozess durchläufst, desto besser weißt du schon im Voraus, dass dieser Widerstand auf bestimmten Stufen wieder auftauchen wird und die Aufgabe darin besteht, mit ihm gelassen und souverän umzugehen. Der Weg des U konfrontiert uns mit den drei inneren Quellen des Widerstands (Kapitel 2, Abb. 2.8): der Stimme des Urteilens (SdU), der Stimme des Zynismus (SdZ) und der Stimme der Angst (SdA), d. h., du sollst *deine Angst überwinden, dein altes Selbst loslassen*, sterben lassen, damit das Neue Gestalt annehmen kann. Mit diesen drei Formen des Widerstands umgehen zu können erfordert, um es mit klassischen Tugenden zu formulieren, ein Streben nach Wahrheit (Leben mit offenem Denken), Liebe (Leben mit offenem Herzen) und Mut (Leben mit offenem Willen).

Übung

Gehe mithilfe einer Tagebuchreflexion oder einer bildhafter Vorstellung folgende vier Meditationsschritte:

- Welches sind in deinem Leben und in deiner Arbeit Situationen, Praktiken und Aktivitäten, die dich am meisten mit deinen Quellen von Energie und Inspiration verbinden?
- Betrachte diese Aktivitäten und Situationen als kleine Samen und Bausteine für die Zukunft: Wie könnte eine mögliche Zukunft aussehen, in der diese kleinen Samen und Bausteine wachsen, sich verbinden und ein inspirierendes Ganzes werden, das mit deinen besten Energien in Einklang steht?
- Wenn du diese Zukunft in die Welt hereinholen würdest, was müsstest du fallen lassen? Welches »alte Zeugs« müsste dabei Platz machen?
- Wenn du dieses Risiko auf dich nehmen würdest und dein Projekt misslingen sollte, was würde im schlimmsten Fall passieren, und wärst du bereit, damit umzugehen?

Mut entsteht aus der Bereitschaft zu »sterben« (»Stirb und werde!«), nach vorne und in ein unbekanntes Territorium zu gehen, das sich erst dann zu manifestieren beginnt, nachdem du den Fuß in diese Leere gesetzt hast. Das ist die Essenz von Führung.

Prinzip 10: Kommenlassen – Verbinde dich mit der Zukunft, die durch dich entstehen will

Das wichtigste Werkzeug für Führung ist das Selbst – *dein Selbst.* Im Kern dieses Prinzips und im Kern des ganzen Presencing-Ansatzes liegt folgende Annahme: Jeder Mensch ist nicht ein Wesen, sondern zwei:

- Der eine Mensch ist die Person, die wir durch den Weg der Vergangenheit geworden sind.
- Der andere Mensch ist das Zukunftswesen in uns, das wir durch den Weg nach vorne *werden könnten.* Dieses Zukunftswesen ist unsere höchste zukünftige Möglichkeit.

Beide Wesen oder Menschen sind real in dem Sinne, dass sie einen bestimmten Resonanzkörper unseres Selbst ausmachen, das Feld der Vergangenheit und das Feld der entstehenden Zukunft. Ich kann diese beide Felder zum Schwingen bringen, einen Klang oder Nachklang in mir erzeugen lassen. Die Essenz von Presencing besteht darin, diese beiden Elemente des Selbst, diese zwei Wesen, dahin zu bringen, dass sie beginnen, einander zuzuhören, und miteinander in eine gemeinsame Schwingung kommen, sowohl individuell als auch kollektiv.

Übung

Solch eine Erfahrung könnte mit einem keimenden Samen verglichen werden. So wie ein keimender Samen einen nährenden Ort braucht und die liebende Aufmerksamkeit, um zu keimen und zu wachsen, braucht dieser innere Samen einen nährenden Ort und liebende Zuwendung, damit er sich zu seinem höchsten Potenzial entwickeln kann. Schaffe einen solchen Ort in deinem alltäglichen Leben. Eine Möglichkeit ist, sich stets dem tieferen sozialen Feld zuzuwenden und zu öffnen, wann immer zwei oder mehr Menschen miteinander in Verbindung treten. Drei praktische Hebelpunkte können zusätzlich diese Fähigkeit nähren, den Quellpunkt des U zu erschließen. Sie sind in den Prinzipien 11 bis 13 erläutert.

Prinzip 11: Intentionale Stille – Wähle eine Übungspraxis, die dir hilft, dich mit deiner Quelle zu verbinden

Die Währung, die an den tieferen Quellen des U zählt, sind nicht Ideen, Worte oder Einsichten. Hier zählt eine andere Währung: Übung und Praxis – etwas, das wir jeden Tag machen. Deshalb geht es bei diesem Prinzip darum, eine persönliche Übungspraxis zu entwickeln, die dir hilft, dich mit dem zu verbinden, was für deine Zukunft wesentlich ist.

Übung

Eine Morgenübung kann verglichen werden mit dem Moment nach der letzten Note einer Sinfonie, bevor der Applaus beginnt. In diesem Moment schwingt dein ganzes Wesen noch voll mit der Musik mit. Ganz ähnlich ist es, wenn du aufwachst: Dein ganzes Wesen schwingt noch mit der Musik der nächtlichen Stille mit. Wenn der Wecker ertönt, ist es manchmal schwierig, diesen Moment nicht gleich zu verlieren. Diese Fähigkeit erwirbt man nach und nach, indem man zuhört, indem man auf die »Musik der Nacht« achtet, sodass sie noch im Verlauf des Tages weiterschwingt.

Morgenübung (Beispiel: 10–30 Minuten)

- Stehe früh auf (vor den anderen), gehe an einen Ort der Stille, der dir angenehm ist (ein Ort draußen in der Natur ist oft am besten, aber man kann auch andere Orte finden). Dann lasse das innere Wissen entstehen.
- Verwende ein Ritual, eine von dir entwickelte Form, die dich mit deiner Quelle verbindet: Dies kann eine Meditation sein, ein Gebet oder einfach eine intentionale Stille, in die du mit offenem Herzen und offenem Denken trittst.
- Erinnere dich, was es ist, das dich an diesen Ort gebracht hat: Wer bist du, was ist dein Selbst? Was ist deine Aufgabe? Wozu bist du hier?
- Verbinde dich mit dem, was du in die Welt bringen willst. Konzentriere dich auf das, dem du dienen willst, auf das größere Ganze.
- Konzentriere dich auf das, was du in die Welt bringen willst.
- Wertschätze, dass dir die Möglichkeit gegeben wurde, das Leben zu führen, das du hast. Fühle mit all denen, denen all diese Möglichkeiten nie zuteilwurden.
- Bitte um Hilfe, damit du deinen Weg und deine Richtung nicht verlierst. Dein Weg nach vorne ist ein Entwicklungsgeschehen, das nur du entdecken und realisieren kannst. Das Wesen dieses Werdens ist ein Geschenk, das nur durch dich in die Welt kommen kann, durch deine Gegenwärtigkeit, durch dein höchstes oder werdendes Selbst. Aber du kannst es nicht allein tun. Deswegen bittest du um Hilfe.

Kurz zusammengefasst heißt das: Anders als wenn wir nach dem Aufwachen sofort Smartphone, Radio, Computer oder Fernseher anschalten, geht es im Raum der Stille um das Halten eines inneren Raumes, in dem wir das Wesentliche vom Unwesentlichen trennen können. Egal welchen Beruf wir ausüben, ob wir Manager sind, Ärztin, Landwirt, Lehrerin, Erfinder, Unternehmerin, Investor, Architektin, Künstler oder Beraterin, nach den ersten wenigen Minuten des Arbeitstages stellt sich für die meisten Menschen dieselbe Situation dar: Unerwartete Veränderungen und Chaos – die nächste Krise springt uns ins Gesicht. Der Umgang mit Unerwartetem und mit krisenhaften Brüchen gehört zur »Grundausstattung« des Lebens im 21. Jahrhundert. Die Frage ist: Wie geht man damit um? In Panik ausbrechen? Ausflippen? Defensiv werden? Den Kopf einziehen? Oder wäre es besser, den Ereignissen des Tages von einem anderen Ort aus zu begegnen, vom Feld der Zukunft aus, die wir in die Welt bringen wollen? Bei der Morgenpraxis geht es um eine Erdung, um ein Sich-Erden in der entstehenden Zukunft.

Prinzip 12: Folge deinem Weg – Tue das, was du liebst, liebe das, was du tust

Für viele heißt »durch das Nadelöhr zu gehen« tief in das einzutauchen, was die Essenz ihrer Arbeit ist. Michael Ray von der Stanford University formuliert dieses Prinzip so: »Tue das, was du liebst, liebe das, was du tust.« Sein Motto erfasst, was ich von vielen erfolgreichen Innovatoren, Unternehmern oder Künstlern gehört habe: Damit du dein kreatives Potenzial erschließen kannst, musst du dich auf einen Weg begeben, auf dem du deinem Gefühl, deiner Hoffnung und deiner Ahnung einer im Entstehen begriffenen Zukunft folgst. Du vertraust dieser Ahnung mehr als Ratschlägen, die du von anderen bekommst, die ja ebenfalls wertvoll sein können. Aber letzten Endes liegt die Essenz deiner Kreativität darin, die *tieferen Quellen*, die für dich, dein Leben und deine Zukunft einmalig sind, zu erschließen. Um dies zu tun, musst du durch das Nadelöhr gelangen. Dieses Nadelöhr ist dein Selbst, es ist deine Fähigkeit, die Einzigartigkeit *deines* Weges zu erschließen.

Das Erschließen der eigenen Kreativität geht durch drei Phasen: 1) »nicht viel los«, 2) Langeweile und dann 3) das Bemerken eines inneren Impulses, der sich in dir entwickelt, und darauf antworten. Es ist schwierig, diese Selbstwahrnehmung zu entwickeln, wenn man durch ein strenges System äußerer Aktivitäten, Belohnungen und Kontrollen organisiert wird.

Das Gleiche gilt für Unternehmen: Das betriebliche Motivations- und Belohnungssystem ist wahrscheinlich eher dysfunktional als hilfreich, weil es eine Kultur des belohnungsgetriebenen Verhaltens fördert statt einer Kultur, in der das Richtige getan wird, *weil* es das Richtige ist. Also geht es bei dieser Übung um ein Gestalten von Umfeldern, die den Menschen die Möglichkeit geben, das zu tun, was sie lieben, und zu lieben, was sie tun. Beide Dinge sind wichtig. Liebe, was du tust; lerne das schätzen, was das Leben dir bietet. Tue, was du tust, mit Liebe – und du wirst erstaunt sein, was das Leben dir zurückgibt.

Prinzip 13: Gemeinschaften der Gegenwärtigung – Bilde Kreise, in denen ihr euch und eure höchste zukünftige Intention anwesend werden lasst und haltet

Nach meiner Beobachtung gibt es eine fast unsichtbare Bewegung, die sich in einer Vielzahl von Formen und Praktiken manifestiert. Diese Praktiken beruhen alle auf dem gleichen Prinzip: einen gemeinsamen Ort schaffen, der seinen Teilnehmenden gegenseitige Unterstützung und gegenseitigen Halt bietet und ihnen erlaubt, den jeweiligen Lebens- und Arbeitsweg zu verstehen und weiterzugehen.

Beispiel: Ein hervorragendes Beispiel für diese Kreise ist der *Circle of Seven* (ausführliche Beschreibung in Kapitel 10 und 11).[116] Dieser Kreis von Frauen hat die Praktiken des tiefen Zuhörens und Anwesendwerdens über viele Jahre hinweg ausgebildet und weiterentwickelt. Daraus hat sich ein kollektives Feld der Gegenwärtigkeit ergeben, das sowohl innerhalb der Gruppe als auch außerhalb aktiviert werden kann: Der Kreis ist ein hochqualitatives Feld, das den Teilnehmerinnen als Zugang zu vertiefter beruflicher und persönlicher Präsenz und Professionalität dient.

116 Siehe auch das Interview unter: https://www.presencing.org/aboutus/theory-u/leadership-interview/co7 [Zugriff: 13.1.2020].

> **Übung**
> Siehe den Abschnitt »Das Gefäß halten« in Kapitel 10.

Die Prinzipien 9–13 des Presencing bzw. Schritte im U-Prozess sind in Abb. 21.4 zusammengefasst.

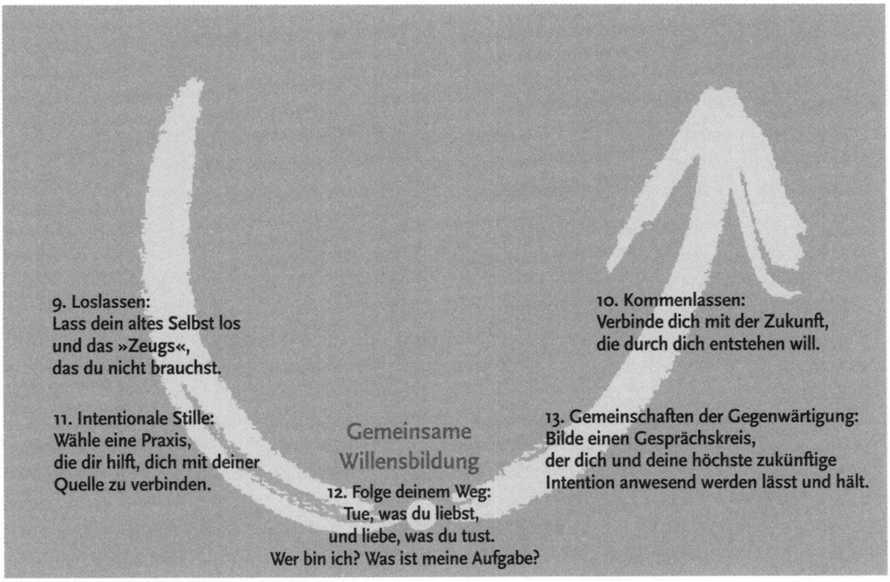

Abb. 21.4: Die dritte Bewegung des U-Prozesses – Gemeinsame Willensbildung

Gemeinsames Erproben: Entwickle Prototypen des Neuen, um die Zukunft im Tun zu erkunden

Die Bewegung des gemeinsamen schöpferischen Erprobens heißt in erster Linie, Ideen mithilfe experimenteller Prototypen schneller und besser zu entwickeln. Diese Prototypen stellen eine mögliche zukünftige Mikrowelt dessen, was man schaffen will, dar. Ein bestehender Prototyp wird immer wieder durch Feedback aller wichtigen Stakeholder verbessert.

Prinzip 14: Die Kraft der Intention – Verbinde dich mit der Zukunft, die deiner bedarf, um in die Welt zu kommen – und verdichte deine Vision und dein Vorhaben zu einem kristallklaren Bild

Der Philosoph Martin Buber unterscheidet zwei Formen des Willens (Näheres siehe gegen Ende von Kapitel 12): den kleinen Willen oder die eigenen Instinkte und den *großen* Willen, der die Zukunft ist, die uns braucht, damit sie in die Welt kommen kann. Es liegt etwas Geheimnisvolles darin, wenn wir unsere tiefere, schöpferische Kraft erschließen. Wir haben es hier mit einer anderen Form von Kräfteökonomie zu tun. Es ist eine Ökonomie der Kreativität, die die Qualität der Energiedynamik beschreibt, die hochkreative Personen und Hochleistungsteams aktivieren können. Ein einfaches Prinzip liegt dieser anderen Energieökonomie zugrunde: *Wenn du alles, was du hast, und alles, was du bist, in dein wichtigstes Projekt hineingibst, wird dir alles gegeben werden.* Die Reihenfolge ist aber wichtig: Zuerst musst du alles geben, und nur *dann* wird dir alles das, was du brauchst, gegeben – vielleicht.

Übung: Kreative Spannungsübung

Diese Übung haben Peter Senge und Robert Fritz, ein Komponist, Filmemacher und Organisationsberater, entwickelt. Viele Praktiker wenden sie erfolgreich an. In ihrer klassischen Form funktioniert sie als Meditation in drei Phasen:

1. Frage dich: Was möchte ich schaffen und in die Welt bringen?
2. Und wie sieht im Vergleich dazu die gegenwärtige Realität aus?
3. Halte beide Bilder (z. B. wie bei einem unterteilten Bildschirm) vor Augen, und nimm die kreative Spannung zwischen beiden Bildern wahr.

Die Übung ist eine ausgezeichnete Hilfe, wenn du dich auf die rechte Seite des U begibst (Verdichten). Meiner Meinung nach ist es besser, diese Übung im U-Kontext etwas abzuändern:

– Konzentriere dich bei Schritt 1 auch auf das entstehende Zukünftige, das du erlebst.
– Bei Schritt 2 konzentriere dich nicht nur darauf, wie sich die gegenwärtige Realität von deiner gewünschten Zukunft unterscheidet, sondern versuche herauszufinden, wo du in der heutigen Realität *die Keimelemente der Zukunft* siehst.
– Rufe dir dann in Schritt 3 die kreative Spannung dreidimensional vor Augen. Bewege dich zwischen den Polen. Gehe mit deinem Denken, Fühlen, und Wollen in die Keimelemente hinein, und entwickle dich mit ihnen in den erwünschten zukünftigen Zustand hinein.
– Komme dann von dort zurück zur aktuellen Gegenwart und so weiter.

Prinzip 15: Eine Kerngruppe bilden – Fünf Leute können die Welt verändern

Wenn man hinter die Kulissen erfolgreicher und inspirierender Projekte blickt, findet man häufig eine Schlüsselperson oder einen kleinen Kern von Menschen, die dem Vorhaben und dem Ergebnis des Projekts mit Leib und Seele verpflichtet sind. Diese Kerngruppe bildet ein Energiefeld, das Menschen, Möglichkeiten und Ressourcen nach und nach anzieht und einbindet. Dann baut sich ein Impuls auf. Die Kerngruppe fungiert als Kraftfeld, in dem sich das Ganze manifestieren kann.

Übung

Stelle dir folgende Fragen:

– Wer in meinem gegenwärtigen Leben und in meiner Arbeit sind die vier oder fünf Menschen, mit denen ich die Welt verändern kann?
– Was muss ich tun, um mich mit ihnen zu verbinden?

– Welche Hindernisse oder Barrieren muss ich wegräumen, damit diese Kerngruppe effektiv arbeiten kann?

Wenn du die bearbeitet hast, wird dir klar werden, dass viel von dem anderen »Zeugs« einfach verschwindet.

Prinzip 16: Erstelle Prototypen als Landebahnen für die entstehende Zukunft

Ein Prototyp ist ein experimenteller Mikrokosmos derjenigen Zukunft, die du schaffen willst. Einen Prototyp zu erstellen heißt, dass du deine Idee (oder das aktuelle Projekt) präsentierst, bevor sie vollständig entwickelt ist. Die Absicht hinter dem Prototyp ist, frühzeitig von allen Stakeholdern Rückmeldung darüber zu erhalten, wie sich die Idee oder das Projekt anfühlt, wie es aussieht, wie es sich mit der Intention von anderen und ihren Interpretationen verbindet. Diese Rückmeldungen erlauben dann, den eingeschlagenen Weg zu verbessern oder zu verfeinern. Die Zukunft wird durch Tun und nicht durch Analysieren erforscht. Bei IDEO, ist es das Ziel eines Prototyps, »häufig zu versagen, um schnell erfolgreich zu sein« oder »früh zu scheitern, um schneller zu lernen« (Kapitel 13). Prototyping unterscheidet sich von einem Pilotprojekt. Ein Pilot muss erfolgreich sein; stattdessen liegt beim Prototyp der Schwerpunkt auf dem Erkunden und Learning by Doing.

Beispiel für die Erstellung eines Prototyps im Unternehmenssektor: Bei Cisco Systems, dem weltweiten Marktführer im Bereich Netzwerktechnologie, heißt das Erstellen von Prototypen, wie in Kapitel 13 erwähnt, »Prinzip 0.8«: Ohne Rücksicht auf die Projektdauer wird von den Ingenieuren erwartet, dass sie einen ersten Prototyp innerhalb von 3 bis 4 Monaten herstellen, sonst ist das Projekt erledigt. Vom ersten Prototyp wird nicht erwartet, dass er wie ein 1.0-Prototyp funktioniert, sondern er ist eine auf die Schnelle erstellte erste Version, die es erlaubt, von allen wichtigen Stakeholdern Rückmeldung zu bekommen, und die dann zur 1.0-Version führen soll.

Übung

Formuliere das Problem und die damit einhergehenden Fragen, bilde das Kernteam und schaffe die Unterstützungsstruktur, um den Prozess in Gang zu setzen. Für das Erstellen eines Prototyps kläre die Intention, wähle die richtige Idee aus und höre immer auf das Universum.

Bearbeite folgende sieben Fragen bei der Auswahl und Entwicklung einer Idee zum Erstellen eines Prototyps:

1. Ist das Projekt *relevant* für die Stakeholder, die es betrifft? Wähle eine Problemstellung oder Frage aus, die individuell (für die betreffenden Personen), institutionell (für die betreffenden Organisationen) und sozial (für das betreffende Umfeld) in hohem Maße relevant ist.
2. Ist es *revolutionär* – ist es neu? Könnte es das Spiel (System) entscheidend verändern?

3. Ist es *schnell* umsetzbar? Du musst Experimente sofort durchziehen können, damit du genug Zeit hast, eine Rückmeldung zu bekommen und den Prototyp dann entsprechend zu adaptieren (und somit die Paralyse durch Analyse zu verhindern).
4. Ist es optimal *reduziert* statt überdimensioniert – kannst du es im kleinstmöglichen Format umsetzen? Kannst du es mit kleinstmöglicher Auflösung tun, die substanzielles Experimentieren noch erlaubt? Kannst du es lokal umsetzen? Lerne aus dem lokalen Kontext, worauf es ankommt. Vertraue darauf, dass genau die richtigen Menschen auftauchen werden, um mit dir zu kooperieren und dir zu helfen, wenn du sie auf die richtige Weise aufforderst.
5. Ist es *richtig* – kannst du das Ganze sehen? Stelle sicher, dass die Dimensionen der Projektdefinitionen stimmen. Bei einem Prototyp legst du das Augenmerk auf wenige Details. Den Rest ignorierst du weitgehend. Selektiere die richtigen. Als wir z. B. die Arzt-Patienten-Studie durchführten, gingen wir nicht auf alle Stakeholder ein. Wir nahmen erst mal zwei Patienten und ihre Ärzte. Du musst bei diesen Entscheidungen Mut aufbringen und die Kernachse oder das Kernproblem des Systems richtig sehen. Ignoriert man z. B. in einer Gesundheitsstudie die Patienten, bei einem Projekt für nachhaltige Lebensmittel die Konsumenten oder in einem Schulprojekt die Schüler, verfehlt man sein Ziel.
6. Ist es *relational* effektiv, d. h., werden die Stärken, Kompetenzen und Möglichkeiten existierender Netzwerke und Akteure vor Ort effektiv genutzt?
7. Ist es *reproduzierbar*, lässt es sich erweitern? Der Erfolg jeder Innovation in Wirtschaft oder Gesellschaft hängt von der Replizierbarkeit des Projekts ab und von der Frage, ob es sich im größeren Rahmen umsetzen lässt. Aufgrund dieses Kriteriums sind solche Prototypen sinnvoller, die auf lokaler Ebene Mitarbeit und Verantwortung inspirieren und diejenigen ausschließen, die am Tropf von externem Wissen, externem Kapital und externer Verantwortung hängen.

Die Infrastruktur ausbauen: Ein Team, das an Prototypen arbeitet, braucht verschiedene Hilfen:

- Einen Ort (Kokon, Schutzraum), der dem Team hilft, sich auf seine kreative Arbeit mit minimaler Ablenkung zu konzentrieren.
- Einen Zeitplan mit eindeutigen Meilensteinen, der das Team zwingt, schon früh Prototypen zu erstellen, um schnell die Rückmeldung aller wichtiger Stakeholder zu erhalten.
- Inhaltliche Hilfe und Fachwissen an wichtigen Entscheidungspunkten sowie prozedurale Hilfe, die es dem Team jeden Tag ermöglichen, den U-Zyklus des schnellen Experimentierens und Adaptierens zu durchlaufen (»after-action reviews«).
- Regelmäßige Prototypkliniken oder -sessions, in denen Prototypen vor Kollegen präsentiert werden – die ein Gespräch fördern, das mithilfe von kollegialer Beratung oder Peer-Coaching (vgl. Prinzip 20 weiter unten) die wichtigen Herausforderungen auf dem Weg nach vorne identifiziert.

Prinzip 17: Verbinde Kopf, Herz und Hand – Suche mit deinen Händen; denke nicht, fühle es

Wie es der Coach im Roman und Kinofilm *Die Legende von Bagger Vance* (2000; dt. 2001) ausdrückt, als er einem Golfer hilft, der seinen Schwung verloren hat: »Suchen Sie mit Ihren Händen, denken Sie nicht darüber nach. Fühlen Sie es. Ihre Hände sind weiser, als es Ihr Kopf je sein wird.« Dieser Ratschlag beschreibt die Vorgehensweise auf der rechten Seite des U-Prozesses. Bei der Bewegung auf der linken Seite des U geht es darum, sich zu öffnen und mit dem Widerstand des Gedankens, des Gefühls und des Willens fertig zu werden; bei der Bewegung auf der rechten Seite des U geht es um die praktische Integration der Intelligenz des Kopfes, des Herzens und der Hände.

Die Hürden auf der linken Seite des U waren die drei inneren Feinde: die Stimme des Urteilens (SdU), die Stimme des Zynismus (SdZ) und die Stimme der Angst (SdA). Die Hürden auf der rechten Seite des U sind drei traditionelle Formen des Handelns: Handeln ohne Improvisation und Wachheit (reaktive Handlung), endloses Reflektieren ohne den Willen zu handeln (Analyse-Paralyse-Syndrom) und endlose Diskussion, losgelöst von allem (Blabla). Diese drei Feinde weisen die gleichen strukturellen Merkmale auf: Statt dass die Intelligenz des Kopfes, des Herzens und der Hände im Gleichgewicht sind, dominiert nur eine Form der Intelligenz.

Zusammengefasst ist die wichtigste Fähigkeit auf der rechten Seite des U die praktische Integration von Kopf, Herz und Hand, die verhindert, dass man in einer der drei einseitigen Handlungsformen (kopfloses Handeln, handlungsloses Verkopfen, Blabla) einfriert.

Eine interessante Nuance in dieser Phase ist die Tatsache, dass die Reihenfolge, in der das Neue im menschlichen Geist auftaucht, der allgemeinen Erwartung widerspricht:

1) Meist beginnt es mit einem unspezifischen Gefühl.
2) Dieses verwandelt sich in eine Frage nach dem *Was:* der neuen Einsicht oder Idee.
3) Als Nächstes wird das *Was* einem Kontext, einem Problem oder einer Herausforderung zugeordnet, wo es eine richtungweisende Innovation erzeugen könnte (das *Wo:* der Kontext).
4) Erst dann entwickelt sich eine Form, bei der die Fragen nach dem *Was* und dem *Wo* durch eine rationale Struktur und Darstellungsform (die Frage nach dem *Wie:* rationelle Begründung) ausgedrückt werden.

Diese Abfolge findet man bei fast allen bahnbrechenden Innovationen. Der größte Fehler bei Innovationsprozessen besteht darin, zunächst nur auf den rationalen Verstand zu setzen. Damit eine neue Einsicht geboren werden kann, müssen auch die anderen Voraussetzungen erfüllt sein. Kurzum, sich mit der besten Zukunftsmöglichkeit zu verbinden und richtungweisende Ideen zu entwickeln erfordert, dass das Lernen die Intelligenz des Herzens und der Hände erschließt, nicht nur die Intelligenz des Kopfes. Der rationale Verstand ist normalerweise der *letzte* Akteur, der die Bühne betritt.

Übung

Konzentriere dich auf das, was wirklich wichtig ist. Arbeite intensiv. Dann brich ab und wechsle den Kontext. Achte auf die Idee, die dann aufzutauchen beginnt. Bleib dran und fange an, einen Prototyp dieser Idee zu erstellen.

Prinzip 18: Verbessern, verbessern, verbessern – Kreiere etwas, und verbessere es immer weiter, basierend auf dem Dialog mit dem Umfeld

Bleib nicht bei der ersten Form deiner Idee hängen. Vielleicht war diese erste Form nur dazu da, dich in Bewegung zu bringen. Lerne immer von der Welt, und verbessere und vertiefe deine Idee bei jedem Schritt. Wichtig ist es dabei vor allem, mit der Annahme zu handeln, dass die Welt ein hilfreicher Ort ist. Ohne diese Annahme ist sie es nicht, aber mit dieser Annahme wird sie es!

Beispiel: Alan Webber, Mitbegründer von Fast Company, beschrieb es einmal so (zit. nach Senge et al. 2004, p. 158; Übers.: C. O. S.):

> »Das Universum ist eigentlich ein hilfreicher Ort. Wenn du deiner Idee gegenüber offen bist, wird das Ganze, wird das Universum dir helfen. Du wirst Möglichkeiten sehen, wie du deine Idee verbessern kannst. Du wirst aber auch Vorschläge bekommen, die eher abwegig sind. Ein Teil des Abenteuers besteht darin, diesen Ideen und Vorschlägen zuzuhören und selbst zu entscheiden, welche hilfreich und welche abwegig sind. Man darf sich nicht verschließen und sagen: ›Nein, diese Idee ist fertig, und wenn wir die Sache nicht so umsetzen, wie in dieser Idee entwickelt, mache ich es gar nicht.‹ Auf der anderen Seite wird man verrückt, wenn man auf jeden Vorschlag eingeht.«

Übung: Sich mit einer größeren Perspektive verbinden

Schritt 1: Nimm dir am Ende jedes Tages 3 Minuten, um die Vorschläge zu notieren, die die Welt dir im Laufe dieses Tages mitgeteilt hat, ohne sie als gut oder schlecht zu beurteilen.

Schritt 2: Schreibe eine oder zwei Kernfragen auf, die aus diesen Beobachtungen folgen und die mit den gegenwärtigen Herausforderungen deiner Arbeit in Beziehung stehen.

Schritt 3: Am nächsten Morgen nimm dir 5 oder 10 Minuten, um die Ideen niederzuschreiben, die dir mit Bezug auf die Kernfragen (und Beobachtungen) über Nacht gekommen sind. Schreibe einfach drauflos. Lass die Ideen fließen.

Schritt 4: Beende dieses »Tagebuchschreiben« mit einer Erkundung der nächstmöglichen Schritte: Was wäre erforderlich, um diese Möglichkeiten weiter zu testen oder mithilfe eines Prototyps zu erproben?

Diese Übung bietet einen sicheren Ort, um neue oder schwierige Ideen zu durchdenken. Sie wird auch die Fähigkeit erhöhen, schwache Signale zu identifizieren und Konzepte weiterzuentwickeln.

Die Prinzipien 14–18 des Presencing bzw. Schritte im U-Prozess sind in Abb. 21.5 zusammengefasst.

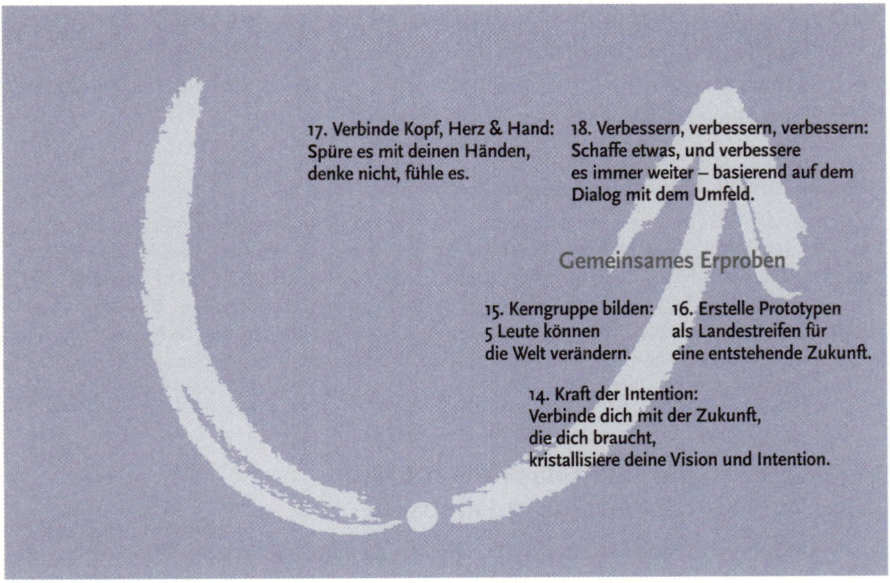

Abb. 21.5: Die vierte Bewegung des U-Prozesses – Gemeinsames Erproben

Gemeinsames Gestalten: Das Neue in die Welt bringen, indem du aus dem entstehenden Ganzen heraus wahrnimmst und handelst

Sind die Prototypen von den verschiedenen wichtigen Stakeholdern geprüft und bewertet, besteht die nächste Bewegung darin, das Neue im institutionellen Gesamtsystem umzusetzen und weiterzubringen.

Prinzip 19: Gemeinsames Entwickeln von Räumen, die es Akteuren ermöglichen, aus dem entstehenden Ganzen heraus zu sehen und zu handeln

Um die enormen institutionellen Herausforderungen unserer Zeit bewältigen zu können, müssen Organisationen und größere Systeme einen vierten Leitungs- und Koordinationsmechanismus annehmen und aktivieren: Zukunftsmöglichkeiten von einem im Entstehen befindlichen Ganzen her zu sehen und nach ihnen zu handeln.

In den meisten Systemen werden wir mit dem gleichen Problem konfrontiert: Die Systeme werden bestimmt durch eine Kombination aus drei bestehenden Koordinationsmechanismen: Hierarchie, Markt und Netzwerk. Doch die Ergebnisse, die diese Systeme hervorbringen, sind unzureichend. Wir wissen auch, dass wir das Problem nicht lösen werden, indem wir nur »mehr vom Selben« tun (mehr Regulierung, Markt, Dialog), obwohl auch das notwendig ist. Erforderlich ist vielmehr eine tief greifende Innovation, durch die ein vierter Lenkungs- und Koordinationsmechanismus eingeführt wird: eine Infrastruktur, die ein kollektives Sehen und Handeln im vierten Feld des Presencing ermöglicht.

Übung: Bewerte das aktuelle System (mithilfe von Abb. 19.2)

Zeichne vier Kreise und identifiziere die wichtigsten Stakeholder in deinem Gesamtsystem (außerhalb der Kreise); schreibe in die Kreise die Kommunikationsqualitäten der Beziehungen mit den wichtigsten Stakeholdern; achte darauf, welche Qualität von Kommunikation aktiviert ist und welche nicht. Wenn möglich, nutze diese Bewertung der Stakeholderkommunikation als Ausgangspunkt für ein gemeinsames Nachdenken darüber, wie man das System von den äußeren zu den inneren Kreisen der Kommunikation und Koordination bewegen kann.

Prinzip 20: Schaffe Peer-Coaching-Zirkel (unterstützt durch Presencing-Praktiken)

Innovation beginnt an Orten. Es ist schon viel über Innovationsnetzwerke geschrieben worden. Doch was in all der Aufregung über Netzwerke verloren geht: Der kreative Prozess braucht ein Gefäß oder *Kokon,* einen geschützten inneren Ort, aus dem etwas Neues entstehen kann und der das Gegenteil eines Netzwerks ist. Ebenso wie ein Keim einen Ort und die Zeit braucht, um zu gedeihen, und ein Kind einen Ort und die Zeit, um sich zu entwickeln, so braucht Innovation einen Ort, um zu wachsen und gemäß ihrer Eigenzeit in Erscheinung zu treten.

Übung: Peer-Coaching Case Clinics

Case Clinics oder Fallbesprechungen sind ein Beispiel für einen Peer-Coaching-Prozess, der eine erfolgreiche Zusammenarbeit in Teams fördert. Hier ein Beispiel: Ihr habt 60–75 Minuten pro Sitzung zur Verfügung, und fünf Personen bilden ein Team. Im Folgenden geht es um den Prozess der Case Clinic, ein Format, das einen Peer-to-Peer-Lernprozess ermöglicht.

Rollen:

- *Fallgeber:* Präsentiere dein persönliches Anliegen und die Führungsherausforderung. Sorge dafür, dass es aktuell, konkret und wichtig ist und dass du ein Schlüsselakteur bist. Erkläre, inwiefern neue Einsichten dieses Anliegen jetzt einen großen Schritt nach vorne bewegen könnten. Schließe deine persönliche Lernschwelle mit ein (was du loslassen und lernen musst). Du solltest in der Lage sein, den Fall in 15 Minuten darzustellen.
- *Berater:* Tiefes Zuhören – Biete nicht sofort eine »Patentlösung« für das Problem an, sondern höre dem Fallgeber aufmerksam zu und achte gleichzeitig auf die Vorstellungen, Gefühle und Gesten, die die Geschichte in dir weckt.
- *Time-Keeper:* Einer der Berater achtet auf die Zeit.

Prozess:

Schritt 1 (2 Min.): Auswahl des Fallgebers und einer Person, die auf die Zeit achtet.

Schritt 2 (15 Min.): Intentionserklärung des Fallgebers. Nimm dir einen Moment Zeit, um darüber nachzudenken, was du persönlich gern sehen und schaffen möchtest. Kläre dann folgende Fragen:

- *Gegenwärtige Situation:* Welche zentrale Herausforderung oder Frage möchtest du angehen?
- *Stakeholder:* Wie könnten andere diese Situation sehen?
- *Intention:* Welche Zukunft versuchst du zu erschaffen?
- *Lernschwelle:* Was musst du loslassen – und was musst du lernen?
- *Hilfe:* Wo brauchst du Input oder Hilfe? Die Berater sollten aufmerksam zuhören und gegebenenfalls klärende Fragen stellen (keine Ratschläge erteilen!).

Schritt 3 (3 Min.): Stille

- Höre mit dem Herzen: Verbinde dich aus deinem Herzen heraus mit dem, was du hörst.
- Höre auf das, was mitschwingt: Welche Bilder, Metaphern, Gefühle und Gesten tauchen in dir auf, die das Wesen dessen, was du hörst, erfassen?

Schritt 4 (10 Min.): Spiegeln – Bilder (offenes Denken), Gefühle (offenes Herz), Gesten (offener Wille)

- Jeder Berater schildert die Bilder/Metaphern, Gefühle und Gesten, die im Moment der Stille aufgetaucht oder ihm beim Hören der Fallbeschreibung in den Sinn gekommen sind.
- Nachdem der Fallgeber alle Berater gehört hat, reflektiert er, was das Gehörte in ihm hervorbringt.

Schritt 5: Schöpferischer Dialog

- Alle reflektieren, was der Fallgeber gesagt hat, und bewegen sich in einen schöpferischen Dialog darüber, wie diese Beobachtungen neue Perspektiven auf die Situation und den Weg des Fallgebers eröffnen können.
- Alle bewegen sich weiter im Fluss des Dialogs; bauen auf ihren gegenseitigen Ideen auf, bleiben im Dienst des Fallgebers, ohne sich gedrängt zu fühlen, sein Problem zu lösen oder zu beheben.

Schritt 6 (8 Min.): Schlussbemerkungen

- Von den Beratern
- Vom Fallgeber: Wie sehe ich jetzt meine Situation und meinen Weg nach vorne?
- Dank und Anerkennung: Alle äußern echte Wertschätzung füreinander.

Schritt 7 (2 Min.): Journaling – Jeder notiert sich kurz die Hauptlerninhalte und Kernpunkte.

Prinzip 21: Social-Presencing-Theater (SPT)

Auf gesellschaftlicher Ebene fehlen Mechanismen, die eine transformative Erfahrung in einem Teil des Systems in einen anderen transportieren, sodass sie einen Bewusstseinswandel initiieren kann. Obwohl dies angeblich über verschiedene

Mechanismen geschieht, gehören die meisten von ihnen zur Kategorie des Runterladens und reproduzieren Muster der Vergangenheit.

Das von meiner Kollegin Arawana Hayashi entwickelte Social-Presencing-Theater ist eine entstehende Kunstform und -praxis, die an jedem Punkt des U-Prozesses angewandt werden kann, aber häufig in der Phase des gemeinsamen Hinspürens (Co-Sensing) eingesetzt wird. Beim Co-Sensing gehen wir an die Ränder des Systems und sammeln die wichtigsten Beobachtungen, damit wir besser verstehen, wie die beteiligten Stakeholder – insbesondere die am stärksten marginalisierten – die gegenwärtige Situation erleben. Zum gemeinsamen Hinspüren gehört dann, dass man das gesamte Team wieder zusammenbringt und diese Beobachtungen gemeinsam auswertet. Für dieses »Sensemaking« steht eine Vielzahl von Methoden zur Verfügung, wie etwa Szenariotechnik, »systems thinking« oder »design thinking«. Die Methode, die wir bei unserer Arbeit am Presencing Institute am häufigsten anwenden, ist allerdings die des Social-Presencing-Theaters.

Gestützt auf verschiedene kreative Künste und kontemplative Traditionen bringt das Social-Presencing-Theater Achtsamkeit, Aufmerksamkeit, den kreativen Prozess, Kunst und körperbezogenes Lernen in organisationale und soziale Veränderungsbemühungen. Es liefert Einzelpersonen, Teams oder Organisationen, die in einem System »feststecken«, Informationen über Muster und Beziehungen und stellt Methoden für die Schaffung von Systemen, die dem Wohl des Ganzen dienen, zur Verfügung.

SPT ist kein »Theater« im herkömmlichen Sinne; es nutzt einfache Körperhaltungen und -bewegungen, um begrenzende Konzepte aufzulösen, direkt zu kommunizieren, Zugang zur Intuition zu finden und sichtbar zu machen, wo wir uns gegenwärtig befinden und wohin wir gehen wollen.

Warum ziehen wir SPT anderen Methoden vor?

- SPT ist schnell. Es ermöglicht rasches Sensemaking, was besonders wichtig ist, wenn man unter starkem zeitlichen und finanziellen Druck steht.
- SPT geht tief. Es deckt die mit offenem Denken verbundene intellektuelle Komplexität einer Situation auf ebenso wie die emotionale Komplexität der Beziehungen zwischen den Stakeholdern und dringt dadurch schnell zum Wesentlichen einer Situation vor.
- SPT erzeugt eine Sprache, die dem System erlaubt, sich selbst zu spüren und zu sehen, was in vielerlei Hinsicht den Kern unserer Entwicklungsarbeit darstellt. Geschieht das im Mikrokosmos eines Systems, schafft es die Voraussetzung dafür, dass das ganze Feld auf eine andere Bewusstseinsebene springt und Innovationen und neue kooperative Anstrengungen, die vorher nicht möglich waren, in Gang kommen.

Der U.Lab-MOOC (offene Massen-Online-Kurs [Massive Open Online Course]; siehe das Vorwort zur Neuauflage und den Epilog) umfasst ein komplettes Modul zum SPT, und das ganze Jahr über werden verschiedene Trainingsprogramme angeboten. Wer mehr über die Methode erfahren möchte, kann online auf den MOOC zugreifen oder die Website des Presencing Institute besuchen.

Abb. 21.6 integriert die Schritte 19–21 des U-Prozesses.

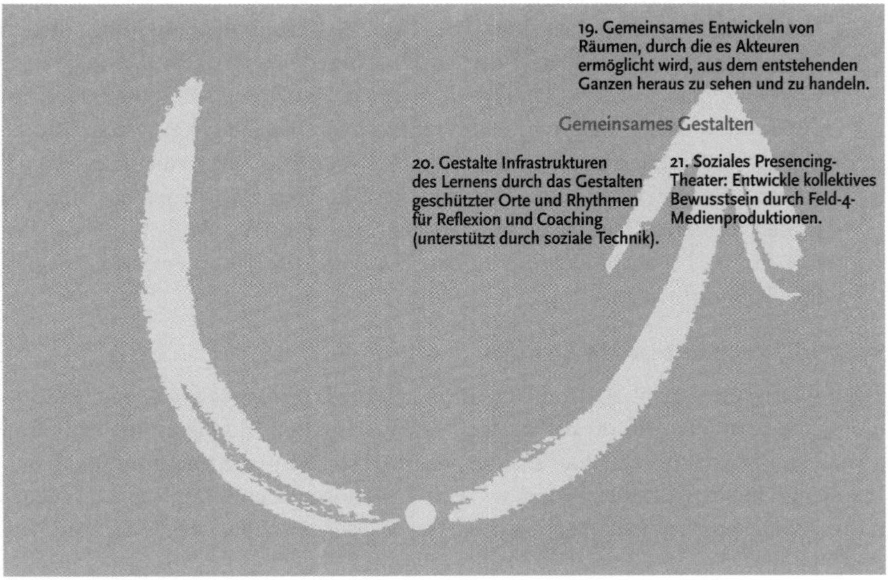

Abb. 21.6: Die fünfte Bewegung des U-Prozesses – Gemeinsames Gestalten

Grundprinzipien: Die drei Erdungspunkte des sozialen Feldes

Der U-Prozess kann in dreierlei Weise auf praktische Situationen angewendet werden: 1) als Prozess, 2) als eine Reihe von Prinzipien und Praktiken sowie 3) durch ein Handeln aus Gegenwärtigkeit:

- *Prozess:* Der Akteur durchläuft die Bewegungen des U-Prozesses, das Initiieren, Erspüren, Anwesendwerden, Prototypbilden und das Verkörpern. Das ist ein Anfang. Aber damit dieser Prozess funktioniert, musst du dich mit zwei tieferen Ebenen verbinden – den Prinzipien und der Quelle. Ansonsten bleibt der Prozess lediglich ein weiteres mechanisches Werkzeug, das gerne in Beratungen verkauft wird und die Beratenen in eine neue Zwangsjacke steckt.
- *Prinzipien und Praktiken* (wie in diesem Kapitel ausgeführt): Die Akteure verwenden den U-Prozess nicht als Prozessablauf, sondern wenden die gesamten 24 Prinzipien auf eine vorliegende Situation an. Damit stellt man den Prozess in einen Kontext und adaptiert ihn nach Bedarf.
- *Handeln aus Gegenwärtigkeit:* Schließlich kann der Prozess als ein Verbinden mit und Handeln aus *Gegenwärtigung* angewendet werden, das heißt vom

tiefsten Quellpunkt des U aus. Auf dieser Stufe fällt selbst das Gerüst der Prinzipien und Praktiken weg. Die Verbindung zur Quellenebene des Anwesendwerdens wird nun in den letzten drei Grundprinzipien (Prinzipien 22–24) beschrieben: das Prinzip der intentionalen, relationalen und authentischen Erdung. Ich nenne sie *Grundprinzipien,* weil sie sich auf die vorausgegangenen 21 Prinzipien beziehen und diese unterstützen, so wie das Wurzelsystem eines Baumes zu dessen sichtbaren Teilen in Beziehung steht. Sie bilden ein Fundament dafür, das Anwesendwerden eines sozialen Feldes wachzurufen. Das ist eine intentionale Erdung, die dem Zweck des Ganzen dient. Es ist auch eine relationale Erdung, die sich mit dem kollektiven Körper des sozialen Feldes verbindet. Und es ist eine authentische Erdung, die dich mit deinem höheren Selbst verbindet, das zu einem Vehikel für die im Entstehen begriffene Zukunft wird.

Prinzip 22: Intentionale Erdung

Die wichtigsten Variablen, die die Qualität einer Situation, wie etwa einer Besprechung, bestimmen, sind oft die am wenigsten sichtbaren. Zu diesen unsichtbaren Variablen gehören die Qualität unserer Aufmerksamkeit und Intention. Beide haben tief greifenden Einfluss darauf, wie eine Situation sich entfalten wird: »*Ich wende meine Aufmerksamkeit und Intention* [in dieser Weise] *zu, deshalb passiert es* [auf jene Weise].«

Übung

Ich finde es bei größeren Veranstaltungen, die ich leite, hilfreich, am Abend vorher eine gemeinsame Sitzung zur Intentionsbestimmung abzuhalten. Oft dauert sie nicht länger als 5 bis 10 Minuten. Wenn der Raum fertig hergerichtet ist und die meisten Vorbereitungen getroffen sind, stellt sich die Kerngruppe zusammen in einen Kreis; alle sagen dann ein oder zwei Dinge darüber, was sie persönlich als Intention oder Ziel dieser Veranstaltung sehen: Was soll erreicht werden, welche Zukunftsmöglichkeit wollen sie entdecken, um ihr zu helfen, Wirklichkeit zu werden? Meiner Erfahrung nach verbessert eine solche Intentionswahrnehmung in der Kerngruppe das Feld und schafft ein Gefäß für die Zeit des Events.

Prinzip 23: Relationale Erdung

Immer wenn zwei oder mehr Personen sich treffen und sich wirklich miteinander verbinden, geschieht, oft unbemerkt, etwas Besonderes: Sie nehmen am Anwesendwerden eines sozialen Feldes teil. Dieses soziale Feld verbindet uns nicht nur untereinander, es verbindet uns auch mit uns selbst. Es ist das Medium, das uns wach macht für unser authentisches Selbst, für das, was und wer wir wirklich sind. Das Wesen dieses Feldes scheint zunächst mit der Gruppe verknüpft zu sein, mit der wir in einer bestimmten Situation anwesend sind. Während wir aber lernen, den subtileren Aspekten des sozialen Feldes mehr Beachtung zu schenken, merken wir, dass das soziale Feld sowohl örtlich als auch nichtörtlich gegründet ist – es ist ein Medium, das uns mit allen anderen Menschen auf dem Planeten verbindet. Genauso wie die Luft, die wir atmen, ein geteiltes Medium ist, das die ganze Menschheit sprichwörtlich verbindet, ist das soziale Feld ein stilles Medium des Verbindens. Es ist ein kollektiver Resonanzkörper, mit dem wir uns verbinden und den wir kultivieren können.

Übung

Bewege dich in Gedanken und im Herzen um den Globus herum, und fühle dich in die Menschen in jeder Region ein. Fühle dich sowohl in die Menschen ein, die du persönlich kennst, als auch in die, die du nicht kennst. Entwickle eine enge Beziehung zu ihnen, indem du ihr Leiden »einatmest« und heilende Energie »ausatmest«. Entwickle eine Vorstellung für das globale Feld der Menschheit, das uns alle verbindet, sodass es unmöglich wäre, glücklich zu sein, solange eine einzige Person noch unglücklich ist.

Prinzip 24: Authentische Erdung

Der U-Prozess kann als sozialer Atmungsprozess gedacht werden. Die linke Seite des U ist die Einatmungsphase im Zyklus: ein totales Eintauchen, das alles aufnimmt. Die rechte Seite des U ist die Ausatmungsphase des Zyklus: wo das Zukunftsfeld in seiner Möglichkeit in die Realität hereingeholt wird. Zwischen diesen zwei Bewegungen, dem Einatmen und dem Ausatmen, ist ein Nichts. Diese stille Pause ist das Geheimnis oder die Quelle am tiefsten Punkt des U. An dieser Stelle verbindet sich das Loslassen (des Alten) mit dem Kommenlassen (des Neuen). Diesen Spalt kann man sich als Nadelöhr vorstellen. Der Name für dieses Nadelöhr sozialer Transformation ist das Selbst. Es ist die Fähigkeit unseres Ich-in-Gegenwärtigung, sich mit unserer höchsten Zukunftsmöglichkeit zu verbinden – einer Zukunft, die uns braucht, um in die Welt zu kommen. In genau dem Moment, da wir beginnen, aus diesem Ort heraus zu handeln, lassen wir ein anderes soziales Feld entstehen – in uns, um uns und durch uns. Ein soziales Feld, das seine Teilnehmenden befähigt, sich mit den tieferen Quellen und Strömungen des schöpferischen Werdens zu verbinden.

Der Übergang vom sterbenden kollektiven Körper der Vergangenheit zum entstehenden Feld der Zukunft basiert auf einem tief greifenden Wechsel des Aufmerksamkeits- oder Bewusstseinszustands, aus dem heraus das individuelle und das kollektive Selbst handelt. Die Form folgt dem Bewusstsein. Während das Selbst im alten kollektiven Körper in Mustern der Vergangenheit gefangen ist, fungiert das Selbst im schöpferischen sozialen Feld als ein Gefäß, in dem und durch das eine zukünftige Möglichkeit entsteht und in die Welt kommen kann. Der Wechsel vom Ersteren (Gefangener des Systems zu sein) zu Letzterem (eine neue Welt gebären) ist wie eine *Umkehrung* oder *Umstülpung* des kleineren zum höheren Selbst.

Ein Beispiel für einen Umstülpungsprozess ist die Skulptur *7000 Eichen* von Joseph Beuys (1921–1986). Es ist eine Zeitskulptur. Sie befasst sich mit zwei grundsätzlich verschiedenen Strömungen der Zeit: einer Strömung, die aus der Vergangenheit, und einer anderen, die aus der Zukunft entsteht. Entsprechend geht die Skulptur durch einen Prozess der Veränderung, indem sich der alte Körper auflöst und stirbt, während ein anderer Lebenskörper entsteht.

Abb. 21.7 zeigt die anfängliche Form der Skulptur, ein gigantisches Dreieck aus 7000 keilförmig angehäuften Basaltsteinen (Stelen). An der Spitze des Dreiecks stand eine einzelne Basaltstele neben einer Eiche, die Beuys zur offiziellen Enthüllung der Skulptur 1982 in Kassel pflanzte. Beuys' Vision bestand darin, den Haufen der 7000 Stelen Stück um Stück abzubauen, jeden einzelnen Stein paarweise mit einer Eiche anzuordnen und die Baum-Basalt-Paare überall im gesamten Stadtgebiet anzupflanzen. In ihrer anfänglichen Form war die Skulptur nur ein Haufen Steine (Skulptur 1), aber in ihrer Schlussform hat sie im Sinne eines Landschaftskunstwerks eine gesamte Stadt begrünt oder gar vergrünt (Skulptur 2). Die Transformation dauerte 5 Jahre und basierte auf der Arbeit vieler Freiwilliger und Spender.

Der letzte Baum wurde 1987 zur Eröffnung der *documenta 8* gepflanzt, nachdem Joseph Beuys bereits verstorben war. Die Transformation von Skulptur 1 zu Skulptur 2 ist eine perfekte Darstellung des *Umkehrungs-* bzw. *Umstülpungs*vorgangs: eines Prozesses, währenddessen *ein* Körper aufhört zu existieren, um zuzulassen, dass ein *anderer* Körper, ein lebendiges Feld, sich zu manifestieren beginnt.

Abb. 21.7: Skulptur »7000 Eichen – Stadtverwaldung statt Stadtverwaltung« von Joseph Beuys, © VG Bild-Kunst, Bonn 2020 (Foto: »Skulptur 1«; © documenta archiv/Foto: Dieter Schwerdtle)

Übung

Betrachte die gegenwärtigen Herausforderungen in deinem Leben und deiner Arbeit und die Art und Weise, wie sie mit dem Weg, der hinter dir liegt, In Resonanz treten. Stell dir vor, du blickst von oben aus einer Helikopterperspektive auf dich hinunter. Wenn jemand deine vergangene Reise und deine gegenwärtigen Herausforderungen mit Absicht entworfen hätte, um dich für deine zukünftige Arbeit und dein zukünftiges Leben vorzubereiten – was, glaubst du, könnte der rote Faden deiner zukünftigen Reise sein?

Zusammenschau

Abb. 21.8 vervollständigt den Feldgang unserer »U-Tour« und fasst die 24 Prinzipien zusammen. Damit sind wir am Ende angekommen. Das heißt, zurück am Anfang. Wir traten diesen Feldgang mit der Frage an: Was muss passieren, damit

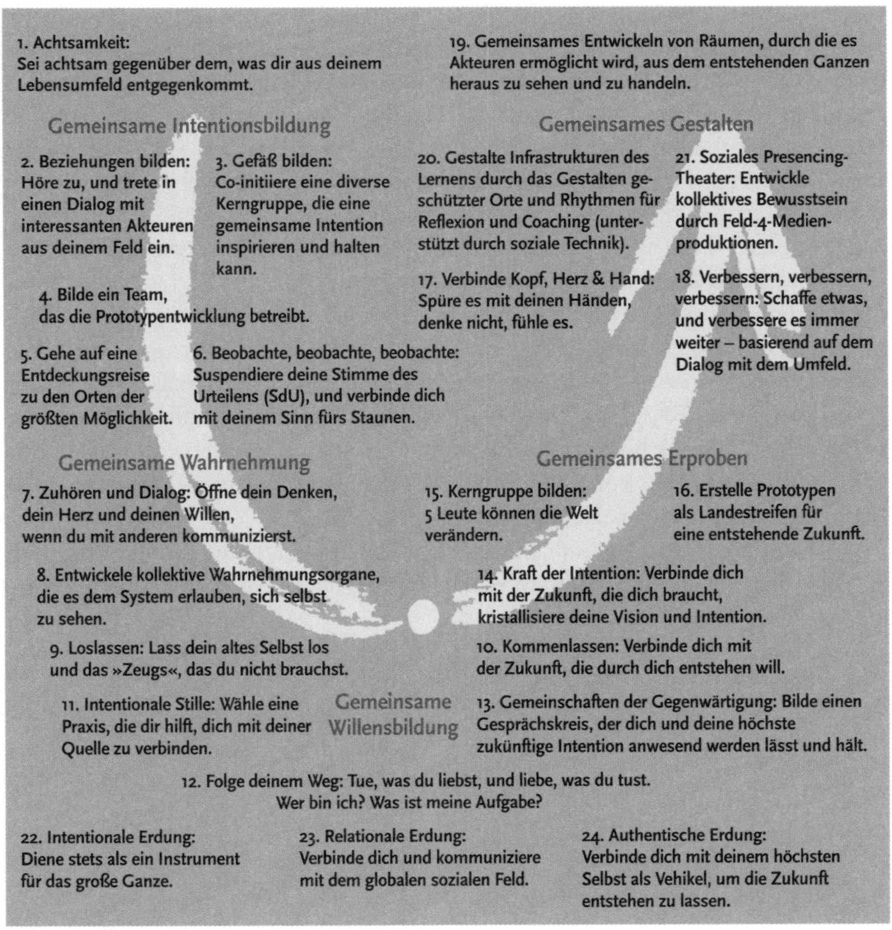

Abb. 21.8: 24 Prinzipien und Praktiken des Presencing

wir von der entstehenden Zukunft aus lernen? Wie wir gesehen haben, ist ein tief greifender Wandel nötig, ein Umschwung im Hinblick auf den inneren Ort, aus dem heraus wir handeln. Der Weg des U ist ein Weg in diesem Umschwung, wir können ihn – auf bewusstere und intentionalere Weise – als Individuum, Gruppe, Organisation oder als globales System betreten. Während dieser Reise transformieren wir den sozialen Körper auf die gleiche Weise, wie die 7000-Eichen-Skulptur von Joseph Beuys (Skulptur 2) die anfängliche Aufstellung der 7000 Steinsäulen (Skulptur 1) veränderte. Diese Umwandlung ist das wahre Schwellenereignis, das in der heutigen Welt vor sich geht. Es ist das lebendige Feld, das aus dem Schutt aufzusteigen beginnt.

Auf unserem Feldgang haben wir immer mal wieder angehalten, um einige Detailaspekte dieser Transformation im globalen skulpturalen Feld anzuschauen. Die zehn Kategorien der Veränderung (Tabelle 20.1) dienen als Logbuch für die verschiedenen Umwandlungsprozesse. Dieses Logbuch beschreibt die Grammatik unserer eigenen Entwicklung, die Grammatik unseres individuellen und kollektiven Weges, der uns hierher gebracht hat. Die 24 Prinzipien bilden den gleichen grundlegenden Prozess ab, nur aus der Handlungsperspektive heraus betrachtet statt aus einer theoretischen Perspektive heraus. Also haben wir die Evolution des sozialen Feldes aus zwei Perspektiven betrachtet: vom Blickwinkel der Theorie (der evolutionären Grammatik) und vom Blickwinkel der Praxis (der 24 Prinzipien). Aber wo bleibt die dritte Perspektive, die des Akteurs, der schöpferisch tätig wird?

Der Schlüssel zum Erschließen der Perspektive des *Künstlers* liegt in der Skulptur *7000 Eichen*. Er liegt in dem Phänomen der *Umkehrung* oder *Umstülpung*, der Umwandlung des alten Körpers (Skulptur 1: 7000 Steine) in einen neuen (Skulptur 2: 7000 Stein-mit-Eiche-Paare). Diesen Prozess haben wir anhand der vier Grundprozesse des sozialen Feldes beobachtet: des denkerischen, kommunikativen, organisationalen und des globalen Handelns (Kapitel 16–19). In jedem dieser Fälle finden wir einen alten Körper vor, der abbröckelt, bricht und kollabiert, während etwas Neues aus dem Schutt ans Licht der Wirklichkeit drängt.

Man könnte fragen: Na und? Welches sind die Implikationen für den Weg nach vorne? Alles, was uns auf unserem Feldgang begegnet ist, führt uns nun zum Epilog.

Epilog: U.School – Bewusstseinsbasierten Systemwandel praktisch machen

Der Kampf der Kräfte in unserer Zeit • Einen globalen Umbruch inspirieren • Der Ruf unserer Zeit • Geburt im Wintersturm • U.School im Werden • Der Weg nach vorne

Der Kampf der Kräfte in unserer Zeit

Dieses Jahrtausend beginnt mit einer zunehmenden Spannung zwischen zwei Bewegungen bzw. Kräften:

- Auf der einen Seite beschleunigen sich die Kräfte des Fundamentalismus, der Manipulation und des Absencing oder der Zerstörung dramatisch.
- Auf der anderen Seite werden wir Zeugen eines weitreichenden Öffnungsprozesses rund um den Globus. Immer mehr Menschen nehmen ihr Umfeld bewusster wahr und verbinden sich existenzieller mit dem tieferen Sinn ihres Weges. Neue soziale Netzwerke und Felder der gemeinsamen Gegenwärtigkeit entstehen.

Täglich verstärkt sich der Kampf zwischen diesen beiden Kräften. Der Unterschied zwischen ihnen besteht darin, dass die erste Kraft darauf beruht, dass sie die Freiheitsgrade der betroffenen Menschen *verringert*. Das geschieht zum Beispiel, wenn man Menschen durch den Abwurf von Bomben in eine Zukunft katapultieren will, die eher wie ein Zerrbild der Vergangenheit wirkt.

Im Gegensatz dazu *erweitert* die zweite Kraft die Freiheit der Menschen – dadurch, dass sie ihnen erlaubt, den inneren Ort, von dem aus sie handeln, zu verändern, d. h. zusätzliche Möglichkeiten zu sehen, wie Akteure auf Anforderungen reagieren können.

Der Unterschied liegt, einfach gesagt, darin, dass die erste Form den Menschen als Objekt ansieht, das durch die Umwelt und die Vergangenheit konditioniert ist. Infolgedessen – konsequent in dieser Richtung weitergedacht – kann der Mensch beeinflusst, manipuliert und durch externe Mechanismen gesteuert werden, etwa durch Algorithmen, die uns in unserer gewohnheitsmäßigen »Blase« gefangen halten. Die zweite Perspektive sieht das entwicklungsfähige Selbst – sieht die Menschen als Wesen der Freiheit, die die Fähigkeit in sich tragen, sich mit der tieferen

Quelle der Kreativität und des Wissens zu verbinden. Mithilfe dieser Fähigkeit können Menschen sich mit einer im Entstehen begriffenen Zukunft verbinden und helfen, sie Wirklichkeit werden zu lassen. Das zentrale Merkmal des Menschseins ist die schöpferische Fähigkeit, sich als Mensch mit der eigenen höchsten zukünftigen Möglichkeit zu verbinden, mit dem eigenen, authentischen Selbst, und zu beginnen, von dort aus zu handeln.

In der Auseinandersetzung zwischen diesen beiden Sichtweisen geht es um viel. Es geht um unseren kollektiven evolutionären Weg: Bewegen wir uns als Menschheit zu einer Mechanisierung des gemeinsamen globalen Feldes hin, wo Entwicklung dann in der Blase unseres gewohnheitsmäßigen Verhaltens und dem Schattenraum der Antiemergenz festfriert? Oder finden wir einen Weg, um unsere Verbindung zur Quelle zu vertiefen?

Oft wird argumentiert, dass es angesichts starker Zerstörungskräfte, wie beispielsweise des Nationalsozialismus auf dem Höhepunkt seiner Macht, nicht ausreiche, sich auf gewaltfreie Strategien à la Gandhi zu verlassen. Genau das aber taten Hunderte unbewaffneter Frauen im Februar 1943. In Berlin in der Rosenstraße 2–4 standen sie der mit Maschinengewehren bewaffneten Gestapo gegenüber und forderten die Freilassung ihrer Ehemänner.

Charlotte Israel war eine der Frauen, die bei Temperaturen um den Gefrierpunkt vor dem Jüdischen Gemeindezentrum ausharrten, um verzweifelt etwas über den Verbleib ihres Mannes zu erfahren. Sie kam jeden Tag, seit die Polizei ihren Mann inhaftiert hatte. Julius Israel gehörte zusammen mit hundert weiteren Fabrikarbeitern zu den letzten Juden, die gefangen genommen wurden – die meisten anderen waren bereits aus Berlin deportiert worden. Charlotte Israel erinnert sich (Stoltzfus 2001; Übers.: C. O. S.):

> »Ohne Vorwarnung hoben die Wachen plötzlich ihre Maschinengewehre. Sie zielten auf die Menge und riefen: ›Wenn ihr jetzt nicht weggeht, schießen wir.‹ Die Menge bewegte sich nach hinten. Aber dann, zum ersten Mal, begannen wir zu rufen. Jetzt hat uns nichts mehr geängstigt … Jetzt werden sie sowieso schießen, also können wir auch rufen, dachten wir. Wir riefen: ›Mörder, Mörder, Mörder, Mörder!‹«

Die Frauen in der Rosenstraße protestierten erfolgreich, fasst der Historiker Nathan Stoltzfus in seinem Buch über diese Geschichte zusammen, weil Frauen wie Charlotte Israel so motiviert und mutig waren, dass sie ihr Leben riskierten, obwohl ihr Protest nicht organisiert war. »Wir handelten aus dem Herzen – und seht, was passiert!«, berichtete eine weitere der Frauen, Eliza Holzer, Stoltzfus fast ein halbes Jahrhundert, nachdem sie gegen die Verhaftung ihres Ehemanns protestiert hatte. Der Mut und die Leidenschaft dieser Frauen siegten am Ende. Während Tausende Berliner Juden in Waggons nach Auschwitz transportiert worden waren, kamen die 1700 Juden, die in der Rosenstraße gefangen gehalten worden waren, frei.

Einen globalen Umbruch inspirieren

Was wäre passiert, wenn mehr Menschen »vom Herzen her« gehandelt hätten, so wie die Frauen in der Rosenstraße? Was lässt sich von den Frauen der Rosenstraße in Bezug auf unsere heutigen Herausforderungen lernen? Wie können wir lernen anzufangen, vom Herzen her zu handeln?

Von der Systemtheorie wissen wir, dass, wenn ein System einen Schwellen- oder Bifurkationspunkt erreicht, ein sehr kleiner Unterschied die Richtung des zukünftigen Weges bestimmt. Wenn unsere Gegenwartszeit eine solche Schwellensituation für das globale System darstellt – wie viele Menschen, die von ihrem Herzen her handeln, bräuchten wir, um eine gemeinsame Gegenwärtigkeit, um einen globalen Umbruch zu inspirieren? Oft wird berichtet, dass die gewaltigen Umbrüche der Renaissance von einer Kerngruppe aus nicht mehr als ungefähr 200 Menschen geschaffen worden sind. Die Kerngruppe der Bauhausbewegung war sogar noch viel kleiner, vielleicht etwa ein oder zwei Dutzend Menschen im inneren Kern der Bewegung. Wir wissen nicht, wie viele Menschen wir benötigen, um zu Beginn des 21. Jahrhunderts einen globalen Umbruch zu initiieren. Vielleicht 50, vielleicht 100 Menschen, wenn diese Menschen sich wirklich verbinden und durch die richtigen Infrastrukturen unterstützt werden.

Wenn die in diesem Buch beschriebene soziale Technologie ein Hebel ist, was wäre der beste Hebelpunkt? Wo können wir ansetzen? In der Sprache des »Systems Thinking« sind es vor allem zwei Mängel, die unser augenblickliches System in alten Mustern gefangen halten: Was fehlt, sind soziale *Infrastrukturen* für Innovationen und eine engagierte globale *Kerngruppe*, die sich als Vehikel einer globalen Bewegung für bewusstseinsbasierten Wandel und zivilisatorische Erneuerung von innen heraus versteht. Gemeinsam mit vielen Kollegen habe ich in den letzten beiden Jahrzehnten daran gearbeitet, einige Samen für diese beiden Elemente auszusäen. Die folgenden Abschnitte befassen sich damit, wo wir heute stehen, was als Nächstes kommt und wie Sie sich an der weiteren gemeinsamen Gestaltung beteiligen können.

Der Ruf unserer Zeit

Aus den 150 Interviews, die ich im Rahmen der Forschungsarbeit für dieses Buch geführt habe, stach eines heraus: Es machte den blinden Fleck des Interviewers deutlich. Am Ende dieses Interviews mit dem US-amerikanischen Physikprofessor Arthur Zajonc[117] lenkte dieser das Gespräch zurück auf mich und fragte danach, was Katrin und mich an den Ort gebracht hatte, wo wir heute sind. Und dann sagte

117 Siehe unter: https://www.presencing.org/aboutus/theory-u/leadership-interview/arthur_zajonc [Zugriff: 3.12.2019].

er etwas, das ich nie vergessen werde: »Nimm an, dass all das, was du bis hierhin gemacht hast, eine Vorbereitung gewesen ist für deinen zukünftigen Weg.« Diese Form des In-die-Vergangenheit-Schauens hat mir viel genutzt. Es geht dabei weniger um das Festhalten an Dingen, die positiv oder auch negativ sind, sondern eher darum, den Weg der Vergangenheit aus der Perspektive einer im Entstehen begriffenen Zukunft anzuschauen und zu erforschen, was letztere von uns braucht, um in die Welt zu kommen und was sie uns über den Weg nach vorne sagt.

Bald nach diesem Gespräch im Herbst 2003 moderierte Arthur Zajonc eine historische Konferenz am MIT, die den Dalai Lama und andere buddhistische Gelehrte erstmals mit einer Reihe führender westlicher Kognitionsforscher zusammenbrachte.[118] Am Ende der Konferenz war ich voller Energie und vorgefühlter zukünftiger Möglichkeit. Ich war begeistert von der Möglichkeit, ein Feld zu erforschen, das die Welt der Wissenschaften (Perspektive der dritten Person) mit Veränderungen in der Struktur des Bewusstseins (Perspektive der ersten Person) verband. In den Gesprächen zwischen Wissenschaftlern und Buddhisten während dieser zwei Tage fehlte mir jedoch eine Dimension, die meines Erachtens notwendig ist, will man diese Erkundung gemeinsam definieren und beschreiben: die Dimension der sozialen Transformation und Veränderung.

Als ich das MIT-Auditorium zusammen mit Katrin, Dayna und Peter verließ, konnte ich für einen Augenblick genau sehen, was in meinem augenblicklichen Leben *falsch* lief. Ich rannte in zu viele unterschiedliche Richtungen, war in zu vielen Projekten an zu vielen verschiedenen Orten gleichzeitig tätig, wovon jedes Projekt an sich Sinn ergab, aber all das war kein Ganzes, es fehlte die *Mitte*.

In diesem Augenblick, als mir die Botschaft – *Du brauchst eine neue Mitte; du musst dein Leben ändern!* – aufging, konnte ich auch plötzlich sehen, worauf ich mich konzentrieren sollte. Nämlich auf ein einziges Projekt: einen Ort und eine lebendige Gemeinschaft zu schaffen, die ihre Energie darauf verwendet, die Grundlagen für eine erweiterte Wissenschaft zu entwickeln, die Aktionsforschung, Aufmerksamkeitsveränderung und angewandte soziale Transformation als Aspekte eines einheitlichen Grundvorgangs integriert.

Ich wusste, dass ich mit anderen über Möglichkeiten reden musste, wie diese Idee Wirklichkeit werden könnte. Auf der Grundlage dieser Gespräche entschieden wir, dass der nächste Schritt darin bestehen musste, eine Gruppe von Personen zusammenzubringen, für die diese Frage – wie man Wissenschaft, Bewusstsein und sozialen Wandel verbindet – von zentraler Bedeutung für ihr Leben und ihre Arbeit ist.[119]

118 Siehe unter: http://news.mit.edu/2003/dalailama [Zugriff: 13.1.2020].

119 Zu den Teilnehmern dieser Gruppe gehörten: Jon Kabat-Zinn, der Gründer von Kliniken, die Stressabbau durch Achtsamkeit und die von ihm entwickelte MBSR-Methode fördern; Arawana Hayashi, Lehrerin für körperliche Darstellung von Präsenz; Rose van Thater, Mitbegründerin der Native Science Academy; Diana Chapman Walsh, Rektorin des Wellesley College; Reverend Jeff Brown, Mitbegründer der Boston Ten Point Coalition; Sayra Pinto, Leiterin der Twin City Latino Coalition; Dayna Cunnigham, Leiterin des ELIAS-Projekts; Richard Noel, Organisationsberater bei Diana Chapman Walsh in Wellesley; Katrin, Peter, Arthur und ich.

Geburt im Wintersturm

Im Dezember 2005 hatten wir das Gefühl, dass die Zeit reif war, um den nächsten Schritt zu gehen. Wir luden eine kleine Gruppe von Praktikern, Forschern und Aktivisten ein, um gemeinsam eine Plattform für eine globale Presencing-in-Aktion-Schule zu initiieren, die Wissenschaft, Bewusstsein und sozialen Wandel verbindet.

Anfang Dezember traf sich etwa ein Dutzend Menschen in einem Hotel in Cambridge, USA.[120] Wir entschlossen uns, von dort aus die kurze Strecke zum Sitz der Society for Organizational Learning am Charles River zu Fuß zu gehen, was normalerweise nur circa 10 Minuten dauert. Es schneite jedoch stark, sodass dieser kurze Weg mehr Zeit als gewöhnlich beanspruchte. An diesem Tag türmte sich der Schnee auf der Straße regelrecht auf, und man konnte kaum die eigene Hand vor Augen sehen. Kein Auto fuhr. Es war so, als wären wir allein irgendwo in Sibirien. In Zeitlupe natürlich, da die ganze Stadt plötzlich entschleunigt war. Der Wintersturm bot uns eine besondere Form der Gehmeditation. Später an diesem Tag begann dann noch ein starkes Gewitter. Eine seltene Kombination, ein Schneesturm, durchzuckt von Blitzen und übertönt von Donnern. Wir betrachteten es als besonderen Willkommensgruß von Mutter Natur.

Bei diesem ersten gemeinsamen Initiierungstreffen wollten wir ein haltendes Gefäß für aufmerksamkeitsstrukturelle oder bewusstseinsbasierte Veränderungen (Awareness-Based Change) schaffen und damit die Voraussetzungen für tief greifende Innovation in Organisationen, in der Gesellschaft und im Selbst. Aus dieser Phase ist das in diesem Buch beschriebene globale Ökosystem aus Projekten, Programmen und Initiativen hervorgegangen.

Springen wir von diesem ursprünglichen Treffen im Wintersturm genau 10 Jahre nach vorn zum Dezember 2015: Wir befinden uns am fast gleichen Ort am MIT. Wir haben immer noch viele derselben Ideen und Intentionen. Doch etwas hat sich verändert. Damals waren wir nur einige wenige Leute mit ein paar Ideen. 10 Jahre später, im Dezember 2015, halten wir die abschließende Live-Session des U.Lab-MOOC ab: eine globale Gemeinschaft aus Hunderten von Hubs und Tausenden von Zirkeln auf der ganzen Welt. Die Live-Session wurde von drei unterschiedlichen Hubs gemeinsam moderiert: Edinburgh in Schottland (Julie), Sao Paulo in Brasilien (Adam) und MIT (Kelvy und ich). Auch Sie sind bereits viel stärker mit dieser globalen Gemeinschaft verbunden, als Sie vielleicht vermuten. Erinnern Sie sich an das schöne, mit weißer Kreide auf eine Tafel gezeichnete Bild zu Beginn dieses Buches? Das ist das Bild, das Kelvy an diesem Dezembertag anfertigte. Vielleicht werfen Sie jetzt noch einmal einen Blick darauf (Bild 6): Es fängt nicht nur die Essenz dieses Buches ein, sondern auch die Essenz der Unternehmung, die sich zwischen den beiden Treffen am MIT im Dezember 2005 und im Dezember 2015 entfaltet hat.

120 Ich danke der Fetzer-Foundation, die dieses Treffen und zwei weitere damit verbundene Treffen für die gemeinsame Initiierung des Presencing Institute finanziell unterstützte.

U.School im Werden

Das Presencing Institute war immer als vorübergehende Infrastruktur gedacht, die die in diesem Buch beschriebene soziale Technik entwickeln und Projekte auf der ganzen Welt unterstützen sollte. Mit dem Start des U.Lab-MOOC im Jahr 2015 sind wir jetzt bereit, diese Arbeit in größerem Maßstab durchzuführen. Dazu gehört der Prozess, durch den sich das Presencing Institute zum »U.Lab« entwickelt – der Name für das globale Ökosystem von Initiativen, Forschungsanstrengungen und Programmen zum Kapazitätsaufbau, die darauf ausgerichtet sind, die Gesellschaft von Egosystem- zu Ökosystem-Ökonomien zu verändern.

Vielleicht werfen Sie an dieser Stelle noch einmal einen Blick auf Bild 6 (»Soziale Felder«). Auf der linken Seite sieht man die dreifache Kluft oder Trennung, in der Mitte ist die innere Kultivierungsarbeit dargestellt, auf die wir uns einlassen müssen, um die Qualität des sozialen Bodens zu verbessern, und auf der rechten Seite befinden sich die unterstützenden Infrastrukturen, die wir als »Landebahnen« für die entstehende Zukunft schaffen müssen. Die unterstützende Infrastruktur ist in Form eines Baumes dargestellt. Dieser zeigt, welche Entwicklung der U.School als unterstützender Infrastruktur wir anstreben.

Im oberen Teil des Baumes sieht man die drei Kernaktivitäten, die uns als praxisbezogene Gemeinschaft definieren:

- Das sektorenübergreifende *Zusammenbringen von Innovations-Labs* (Wirtschaft, Staat, Zivilgesellschaft)
- Der Intelligenzen-übergreifende *Aufbau kollektiver Fähigkeiten* (offenes Denken, offenes Fühlen, offener Wille)
- *Kreative Aktionsforschungsinitiativen* als Vehikel für die Integration von Wissenschaft, Bewusstsein und sozialem Wandel.

Im unteren Teil sieht man mit dem Wurzelwerk des Baumes auf der Quellebene die entstehende globale Bewegung eines sich verändernden Bewusstseins, das sich weg vom Egosystem- und hin zum Ökosystem-Bewusstsein verschiebt. Auch wenn vieles davon noch im Verborgenen schlummert, sehen und spüren wir das Erwachen dieser Bewegung an vielen Orten auf der ganzen Welt.

Doch wie steht es mit dem mittleren Teil – dem Stamm? Was könnte das Erwachen dieser schlummernden Bewegung katalysieren und diese Ökologie erweitern und vergrößern? Welche günstigen inneren und äußeren Rahmenbedingungen müssen gegeben sein, um eine bedeutsame persönliche und zivilisatorische Erneuerung zu bewirken? Nach unserer Ansicht sind dies:

1) *Orte: Ein globales Ökosystem aus Hubs.* Bedeutungsvolle Innovationen ereignen sich an bestimmten Orten. Hubs kultivieren diese Orte, indem sie sich auf entstehende Möglichkeiten konzentrieren und Werkzeuge für deren Verwirklichung zur Verfügung stellen. Hubs werden an unterschiedlichen Orten

unterschiedlich gestaltet sein, aber sich durch folgende gemeinsame Merkmale auszeichnen:
- einen physischen Raum, der an die achtsame Schlichtheit eines buddhistischen Tempels erinnert
- die praktische Kreativität einer künstlerischen Gemeinschaft
- eine Hightechausstattung, die das Co-Sensing der Partner weltweit verbindet
- die Klarheit einer gut organisierten Ideenschmiede
- die Funktionalität eines avantgardistischen Social-Presencing-Theaters, das Performance, Achtsamkeit und die Sozialwissenschaften verknüpft

Innovation-Hubs könnten überall auf der Welt, in städtischen und ländlichen Gemeinschaften, Schule machen.

2) *Partner: Ein globales Netzwerk lebender institutioneller Beispiele.* Die gesamte Prototyparbeit der U.School wird von einem globalen Netzwerk von Mentoren und Veränderungsakteuren geleitet, die unterschiedlichen Arten von Organisationen angehören, in denen institutionelle Innovationen durch praktisches Erproben umgesetzt werden. Wir stellen uns vor, dass sich dieses Netzwerk zu einem globalen Ökosystem von Partner-Hubs entwickelt, die sich in jedem Teil der Welt auf Innovationen an acht institutionellen Akupunkturpunkten konzentrieren, um die Ökonomie zu transformieren (vgl. Punkt 14 der sozialen Feldtheorie in Kapitel 15; Scharmer a. Käufer 2013; dt.: 2017). Diese Akupunkturpunkte sind:
   - Natur und Ort: vom Raubbau an Ressourcen zur Kultivierung von Ökosystemen
   - Arbeit und Beruf: von reinen Jobs zu leidenschaftlichem unternehmerischem Handeln
   - Geld und Kapital: von extraktiv zu intentional
   - Technologien: von systemzentriert zu menschen- und ökozentriert
   - Führung und Kooperation: von top-down zur gemeinsamen Gestaltung der Zukunft
   - Konsum und Macht des Volkes: von materiellem Konsum zum Wohl des Ganzen
   - Gesundheit und Bildung: von ergebniszentriert zu menschen- und bewusstseinsgetrieben
   - Koordination und Lenkung: von Hierarchie und Wettbewerb zu bewusstseinsbasiertem kollektiven Handeln (ABC, Awareness-Based Collective action)
3) *Plattformen: Vermischte Lernarchitekturen.* Aufbau von Plattformen, die praktische Online- und Offlinewerkzeuge, persönliche Reflexion und lebende Beispiele vor Ort mit dem Aufbau der globalen Bewegung verbinden.
4) *Menschen: Ein starkes Kernteam.* Ein Team, das das Gefäß hält, das Curriculum entwickelt und Entwürfe für ein sich rasch entwickelndes und erweiterndes globales Ökosystem für Innovationen schafft.

5) *Übungen: Presencing- und Achtsamkeitsübungen.* Ökonomische und soziale Transformation erfordert einen Bewusstseinswandel und neue Kommunikationseigenschaften. Die Methoden und Werkzeuge des U.Lab erleichtern diesen Wandel und sind für Menschen auf der ganzen Welt zugänglich.

Auch wenn sich die U.School immer noch in einer frühen Entwicklungsphase befindet, sind einige wichtige Elemente bereits vorhanden:

- ein globales Netzwerk von über 75.000 Veränderungsakteuren, die über 500 Hubs gegründet haben und an zahllosen Veränderungsbemühungen und Initiativen arbeiten
- eine Gemeinschaft von 2000 Absolventen von Einführungs- und Fortgeschrittenenprogrammen, die das Presencing Institute im Laufe der letzten 15 Jahre angeboten hat
- ein globales Ökosystem aus versierten Praktikern, Co-Moderatoren und lebenden Beispielpartnern, die die praktischen Ergebnisse der U-Prozess-Prototypen zeigen
- überprüfte und überarbeitete Methoden und Werkzeuge, die tiefe Innovationsprozesse unterstützen (siehe https://www.presencing.org/resource/tools)
- eine globale Ökologie großer Multistakeholder-Veränderungsbemühungen, die von U.School-Praktikern unterstützt oder gemeinsam gestaltet werden, unter anderem sind dies:
  - das Global Wellbeing Lab (mit Prototypen in sieben Staaten)
  - Novos Urbanos (Brasilien)
  - landwirtschaftliche Transformation in Äthiopien
  - eine Verbesserung des Gesundheitssystems für Mütter in Namibia
  - das Sustainable Food Lab (in Nord- und Südamerika sowie Europa)
  - die Schaffung einer Ökologie für Innovationen in Shanghai, die Stärkung der Bildung und der Zivilgesellschaft in China
  - United in Diversity (UID) China
  - United in Diversity (UID) Indonesia
  - die Coral Triangle Initiative (CTI) in Indonesien
  - Führung für eine flächendeckende Gesundheitsversorgung in Afrika (in Zusammenarbeit mit der Weltbank und der GIZ)
  - Unterstützung der Bemühung, Nigerias übermäßige Abhängigkeit vom Erdöl zu verringern (in Zusammenarbeit mit Synergos)
  - die Anwendung von Theorie U, um eine Gleichstellung der Geschlechter im öffentlichen Dienst von Sambia zu erreichen (in Zusammenarbeit mit dem UN-Entwicklungsprogramm)
  - Projekte zur Erneuerung des Bank- und Kreditwesens in verschiedenen Staaten

Der Weg nach vorne

Mithilfe der globalen Reichweite des MOOC hat das U.Lab im Jahr 2015 ein weltweites Feld verstärkter Zukunftsmöglichkeiten geschaffen. Unser Ziel ist es, eine globale Schule des Handelns für einen bewusstseinsbasierten Systemwandel zu schaffen – die U.School. Sie soll die Ansätze des oben beschriebenen U.Lab auf die nächste Ebene ihres Potenzials und ihrer kollektiven Wirkung bei den vielen Mitwirkenden, die diese rasch wachsende Ökologie halten und unterstützen, bringen.

Außerdem arbeiten wir an mehreren zusätzlichen MOOC-Angeboten, einschließlich eines U.Lab 2x (»From Prototyping to Systems Change«), das auf U.Lab 1x aufbaut (»From Personal Change to Prototype«) und wichtige sektorenübergreifende lebende Beispiele umfassen wird. Darüber hinaus wollen wir U.Lab-Kurse für eine Erneuerung von Unternehmen und Organisationen, Bildung und Finanzwesen (»Just Money«) entwickeln.

Es gibt eine Reihe von Möglichkeiten, wie Sie sich beteiligen können, zum Beispiel durch Ihre Teilnahme an einem der MOOC-Kurse.[121] Durch die Teilnahme an einem dieser kostenlosen Online-Kurse können Sie sich außerdem dafür entscheiden, einen Hub in Ihrer Gemeinschaft oder Stadt zu besuchen oder zu veranstalten. Hunderte existieren bereits auf der ganzen Welt. Außerdem bieten wir das ganze Jahr hindurch Programme zum Aufbau persönlicher Fähigkeiten an. Wenn Sie derzeit in einer Organisation arbeiten oder vor einer Herausforderung stehen, die Sie gern mit der U.Lab-Bewegung verbinden möchten, nehmen Sie Kontakt zu uns auf – die erforderlichen Informationen finden Sie auf der Website des Presencing Institute.

Es fühlt sich an, als ob die Zukunft jetzt ankommen und zur Landung ansetzen würde. Was für mich mit der Geschichte des Feuers in Kapitel 1 begann, ist nun zum Ausgangspunkt zurückgekehrt. Es fühlt sich an, als würde die eigentliche Geschichte gerade erst beginnen. Wir erleben diesen Anfang als sich verstärkendes Feld von globalen Verbindungen, Menschen und mutigen Initiativen, die durch eine vertiefte Quelle menschlicher Intelligenz wirken – die Intelligenz des Herzens.

---

121 Siehe https://www.edx.org für weitere Informationen [Zugriff: 13.1.2020].

Anhang

Glossar

Hinweis: Die Pfeile → verweisen auf andere im Glossar erklärte Begriffe.

Anomie: Zerstörung und Verlust sozialer Normen und Werte.

Archimedischer Punkt: Hebelpunkt, der, wenn an dieser Stelle angesetzt wird, eine Veränderung des Gesamtsystems möglich macht.

Ästhetik: Altgr. *aisthetikos* lässt sich mit »(sinnlich) wahrnehmend« übersetzen. Sowohl das Adjektiv *aisthetikos* als auch das Substantiv *aisthesis* gehören zum Verb *aisthanesthai (aisthanomai)*, dessen Bedeutungen u. a. mit »fühlen, wahrnehmen, bemerken, empfinden, merken, erkennen, verstehen, einsehen, Einsicht haben« angegeben werden. Der Begriff Ästhetik taucht zum ersten Mal 1735 in der Dissertation A. G. Baumgartens auf. Dieser definiert Ästhetik als »Wissenschaft der sinnlichen Erkenntnis«.

Atomie: Zerstörung und Verlust sozialer Struktur; ein Begriff, den der Friedensforscher Johan Galtung geprägt hat.

Aufmerksamkeit, Feldstruktur der → Feldstruktur der Aufmerksamkeit.

Aufmerksamkeitsstruktur: Qualität unserer Aufmerksamkeit, die davon abhängt, wo unsere Aufmerksamkeit in Bezug auf die Grenze der Organisation des Beobachters entspringt (Ich-in-mir, Ich-in-es, Ich-in-dir, Ich-in-Gegenwärtigung).

Autopoiese/Autopoiesis: »Selbstschöpfung« (gr. *auto* = »selbst« und *poiesis* = »Schöpfung«); beschreibt den Prozess der Selbsterschaffung und -erhaltung eines Systems. Autopoiese ist das charakteristische Organisationsmerkmal von Lebewesen bzw. lebenden Systemen. Der Begriff wurde vom chilenischen Neurobiologen Humberto Maturana geprägt. Autopoietische Systeme (z. B. Menschen) sind rekursiv organisiert, d. h., das Produkt des funktionalen Zusammenwirkens ihrer Bestandteile ist genau jene Organisation, die die Bestandteile produziert. Durch diese besondere Form der Organisation lassen sich lebende von nichtlebenden Systemen unterscheiden – dadurch, »dass das Produkt ihrer Organisation sie selbst sind, d. h., es gibt keine Trennung zwischen Erzeuger und Erzeugnis«.

Ba: Jpn. für »Ort« (oder »Feld«); meint nicht nur den physischen, sondern auch den sozialen, mentalen und intentionalen Ort. Der japanische Philosoph Kitaro Nishida stellt diesen Begriff ins Zentrum seiner Arbeit. Der japanische Managementprofessor Ikujiro Nonaka führte diesen Begriff als zentrales Konzept in seiner Theorie der Knowledge Creating Company ein. *Ba* bedeutet in Nonakas Auslegung einen lebendigen, sich verändernden gemeinsamen Kontext.

Bewegungen im U-Prozess → Entwickeln, gemeinsames; → Erproben, gemeinsames; → Gefäßbildung, gemeinsame; → Hinspüren, gemeinsames; → Stille, gemeinsame.

Blinder Fleck: Innerer Ort, Ursprungsort, von dem aus unsere Aufmerksamkeit und Intention entspringen und in die Welt kommen. Diese Quell- oder Tiefendimension unserer sozialen Wirklichkeitserfahrung ist nur dann unserer Beobachtung zugänglich, wenn wir den Strahl unserer Beobachtung beugen, umlenken und schließlich auf seinen Quellort richten – zum beobachtenden Selbst, das diesen Strahl der Aufmerksamkeit tätig hervorbringt.

Causa efficiens: Die »wirkende Ursache« ist eine der vier Ursachen der Naturphilosophie von Aristoteles; sie ist eine äußere Ursache, nämlich »die Quelle, worin die Veränderung oder die Ruhe ihren Ursprung hat«. Sie bewirkt also, dass etwas erzeugt wird. Bearbeitet der Schmied die Bronze mit dem Hammer, so ist dies eine der wirkenden Ursachen, die etwa ein Gefäß aus Bronze erzeugen. Auch der Schmied selbst kann als Causa efficiens bezeichnet werden.

Causa finalis: Aristotelische Finalursache (lat. für »Zielursache« oder »Zweckursache«), bei der der geplante Zweck als Ursache eines Geschehens gedeutet wird. Bei einer Handlung ist die Intention der Grund, warum die Handlung ausgeführt wird. Eine der vier Ursachen, die Aristoteles in seiner Philosophie unterscheidet.

Causa formalis: Die »Formursache« ist ein Begriff von Aristoteles, der damit eine innere oder formale Ursache beschreibt. Sie besteht in der Form (gr. *idea* oder *eidos*), der Struktur oder dem Muster, das sich im Seienden findet. Das Bronzegefäß z. B. entsteht dadurch, dass die Bronze in der Form eines Gefäßes gestaltet wird. Eine der vier Ursachen, die Aristoteles in seiner Philosophie unterscheidet.

Causa materialis: Die »materiale oder Stoffursache« gehört nach Aristoteles zu den inneren Ursachen. Sie liegt im Stoff (gr. *hyle*), »woraus etwas entsteht und was in diesem Etwas ist, z. B. ist die Bronze die Ursache des Gefäßes«. Eine der vier Ursachen, die Aristoteles in seiner Philosophie unterscheidet.

Community of Practice: Gemeinschaft der praktisch Handelnden, die sich, basierend auf gemeinsamen Tätigkeits-, Praxis- und Interessenfeldern, in einen gemeinsamen Lernprozess begeben, in dem sie über einen längeren Zeitraum hinweg Erfahrungen und Ideen austauschen und Lösungen entwickeln. Den Begriff prägten Jean Lave und Etienne Wenger im Jahre 1991.

Deep Dive: Vollkommenes Eintauchen (auch Einbettung; Versunkenheit) in einen Kontext, sodass man sich »in die Schuhe eines anderen stellt; vollständige Immersion«. Begriff aus der Firma IDEO, deren Entwickler vollständig in den für den Innovationsprozess relevanten Kontext eintauchen.

Denken, offenes: Fähigkeit, das gewohnheitsmäßige Denken und Urteilen *zurückzuhalten* und nachzufragen; etwas mit offenen Augen zu sehen; einen Zugang zu der Quelle des Denkens und der intellektuellen Intelligenz (IQ) zu haben.

Double-loop-Lernen: »Lernen mit doppelter Rücklaufschleife«; reflexiver Lernprozess, der über eine einfache Rückkopplung hinausgeht und die dem Lernen zugrunde liegenden Annahmen reflektiert. Den Begriff prägten Chris Argyris und Don Schön; vgl. → Lernen von der Vergangenheit, → Lernen von der im Entstehen begriffenen Zukunft, → Single-loop-Lernen.

Downloading (Runterladen): Gewohnte Muster des Denkens, Sprechens oder Handelns abspulen.

Embodying → Verkörpern.

Entwickeln, gemeinsames: Bewegung im U-Prozess, die die Akteure in die Lage versetzt, sich gemeinsam mit dem sich verändernden Umfeld weiterzuentwickeln; die Akteure beginnen, vom Ganzen her wahrzunehmen, zu entscheiden und zu handeln.

Erproben, gemeinsames: Bewegung im U-Prozess, die die Akteure in die Lage versetzt, die Zukunft durch gemeinsames Handeln zu erkunden; Prototypen der Zukunft werden dadurch erprobt, dass die Intelligenz des Kopfes, des Herzens und der Hand miteinander verbunden werden und Feedback des Umfelds fortwährend in die Weiterentwicklung der Prototypen einfließt.

Feld: Gesamtheit von Beziehungen, die voneinander abhängig sind.

Feld, morphisches (morphogenetisches): Gemäß dem britischen Biologen Rupert Sheldrake ein hypothetisches biologisches (und potenziell gesellschaftliches) Feld, das als »formbildende Verursachung« verantwortlich sein könnte für die Entwicklung von Strukturen. Der Begriff »Morphogenese« stammt von gr. *morphe* für »Form« und *genesis* für »Entstehen, Werden«. Das Postulat morphischer Felder ist in der traditionellen wissenschaftlichen Gemeinschaft nicht allgemein anerkannt.

Feld, soziales: Struktur der Beziehung zwischen Individuen, Gruppen, Organisationen und Systemen, die kollektive Verhaltensweisen und Ergebnisse hervorbringt.

Feldstruktur der Aufmerksamkeit: Die Struktur, wie sich der Beobachter mit dem Beobachteten in Beziehung setzt. Die Qualität der Aufmerksamkeit eines Beobachters hängt ab vom Ort, von dem aus die Aufmerksamkeit ihren Ausgangspunkt hat, relativ zur organisationalen Grenze des Beobachters. Es gibt vier dieser Orte, die jeweils eine andere Qualität der Aufmerksamkeit hervorbringen:

→ Ich-in-mir (Ursprungsort meiner Aufmerksamkeit innerhalb meiner selbst),

→ Ich-in-es (Ursprungsort meiner Aufmerksamkeit an der Grenze zum Außen),

→ Ich-in-dir (Ursprungsort meiner Aufmerksamkeit jenseits meiner organisationalen Grenze: von dir oder vom Ganzen her),

→ Ich-in-Gegenwärtigung (Ursprungsort meiner Aufmerksamkeit kommt aus dem Umkreis, der Sphäre des mich umgebenden Möglichkeitsraumes).

Fleck, blinder → Blinder Fleck.

Führung: Fähigkeit eines Systems, seine Zukunft zu gestalten, d. h. sie »ankünftig« werden zu lassen. Die indoeuropäische Wurzel der Wörter »Leitung« und »Leadership« geht auf *leith* zurück und bedeutet »nach vorne gehen«, »über die Schwelle« oder »in ein neues Gebiet gehen« oder auch »sterben«. Diese Wortwurzel verweist darauf, dass die Erfahrung des Loslassens der alten Welt und des Eintauchens in eine neue Welt die innere Essenz jedes Führungsgeschehens ist. Es kann nur dann gelingen, wenn die Betreffenden den Mut aufbringen, en Fuß in ein vollkommen neues und bisher nicht bekanntes Territorium zu setzen.

Gefäßbildung, gemeinsame: Bewegung im U-Prozess, die den Akteuren hilft hinzuhören, um den gemeinsamen Grund freizulegen und zu entdecken. Sie findet statt, wenn die Akteure eines Feldes anderen, sich selbst und dem aufmerksam zuhören, was aus der Mitte des Gesprächs als gemeinsame Intention entsteht.

Grammatik, soziale: Verborgene Regeln, Strukturen und Umschlagspunkte, die die spezifische Form von menschlicher und sozialer Evolution und Emergenz möglich machen. Dieser Begriff stammt aus einem Gespräch des Verfassers mit dem Autor und Filmemacher Reinhard Kahl.

Hervorbringen: Fähigkeit, das Neue durch Improvisieren und Prototypenentwicklung in die Wirklichkeit zu bringen, ohne dass dabei der Kontakt zur Quelle der Inspiration verloren wird; praktische Verbindung von Kopf, Herz und Hand.

Herz, offenes: Fähigkeit, die Aufmerksamkeit *umzuwenden* und Herz bzw. Gefühle als Wahrnehmungsorgane zu nutzen (»empathisches Zuhören«, »mit dem Herzen sehen«); die Wahrnehmung beginnt, vom Ganzen her stattzufinden; die emotionale Intelligenz (EQ) wird aktiviert.

Hinspüren (Sensing): Blick von innen, wenn Sehen und Wahrnehmung vom Feld her stattzufinden beginnen. In dieser Qualität des Hinspürens beginnen sich die Grenzen zwischen Beobachter und Beobachtetem aufzulösen.

Hinspüren, gemeinsames: Bewegung im U-Prozess, die den Akteuren hilft, sich mit den für die betreffende Situation relevanten Kontexten und Orten zu verbinden und in sie einzutauchen; Vertiefung des gemeinsamen Sehens, bei dem sich die Grenze zwischen Beobachter und Beobachtetem auflöst und die Gruppe anfängt, vom Ganzen her wahrzunehmen.

Holon: Gr. *holos* für »das Ganze«, die Endung *on* (vgl. *proton, neutron*) deutet an, dass es sich um einen Teil oder Element des Ganzen handelt. Den Begriff hat Arthur Koestler geprägt, um die hybriden Eigenschaften von Teilen in lebendigen Ganzheiten zu beschreiben. Holons sind konturierte Ganzheiten in ihren jeweils übergeordneten Kontexten oder Systemen und gleichzeitig, aus der Perspektive des jeweiligen Ganzen her betrachtet, abhängige Teile.

Hub: Selbstorganisierte, lokale Gruppe, deren Mitglieder sich persönlich treffen, um sich gemeinsam die Live-Sessions anzusehen und um die im Lab eingeführten Methoden und Werkzeuge praktisch anzuwenden.

Ich-in-dir (Feld 3): Dritte Feldstruktur der Aufmerksamkeit in einem sozialen oder kognitiven System: Der Ausgangspunkt der Aufmerksamkeit verschiebt sich jenseits der Grenzen meiner eigenen Organisation, und die Wahrnehmung beginnt, vom Ganzen her (vom anderen her) stattzufinden. Die Grenzen zwischen Beobachter und Beobachtetem lösen sich auf. Ich sehe die Welt nicht nur mit meinem Denken, sondern auch mit meinem Herzen, d. h., ich benutze meine Gefühle als Antennen, als Wahrnehmungsorgane für das Erschließen der Erfahrung der → Intersubjektivität.

Ich-in-es (Feld 2): Zweite Feldstruktur der Aufmerksamkeit in einem sozialen oder kognitiven System: Die Quelle der Aufmerksamkeit entspringt an der Grenze der Organisation des Beobachters zur Außenwelt; ich sehe die Welt von außen, d. h. als eine Konstellation von Dingen und Objekten (Perspektive der dritten Person).

Ich-in-Gegenwärtigung (Feld 4): Vierte Feldstruktur der Aufmerksamkeit in einem sozialen oder kognitiven System: Der Ausgangspunkt der Aufmerksamkeit bewegt sich in den Quellraum der im Entstehen begriffenen Zukunft (Feld 4). Die Grenze zwischen Beobachter und Beobachtetem stülpt sich um, d. h., die Wahrnehmung beginnt, vom Umkreis bzw. von der Sphäre des Möglichen her stattzufinden. Ich sehe die Welt durch die Öffnung meines Denkens (→ Denken, offenes), Herzens (→ Herz, offenes) und Willens (→ Wille, offener), d. h. als ein Grundgeschehen des Werdens, als einen Weg zu unserem eigentlichen, authentischen Selbst.

Ich-in-mir (Feld 1): Erste Feldstruktur der Aufmerksamkeit in einem sozialen oder kognitiven System: Der Quellpunkt der Aufmerksamkeit hat seinen Ursprung innerhalb der Grenzen meiner eigenen Organisation. Ich sehe die Welt als Projektion meiner eigenen mentalen, kommunikativen bzw. organisationalen Gewohnheiten und Routinen.

IDEO: Einflussreiche internationale Designfirma, die die ersten drei Ebenen des U-Prozesses im Bereich Produktinnovation erfolgreich anwendet (https://www.ideo.com/eu [Zugriff: 13.1.2020]).

Innehalten: Fähigkeit, die eigene Stimme des Urteilens und die Gewohnheiten des Denkens und Kommunizierens zurückzuhalten und sich auf eine aktuelle Situation vollkommen neu einzulassen.

Intersubjektivität: Netz sich entwickelnder zwischenmenschlicher Beziehungen.

Kommenlassen: Fähigkeit, die entstehende Zukunft, die die Akteure in die Welt bringen wollen, zu verdichten (zu kristallisieren) und zu visionieren.

Komplexität, dynamische: Situationen, die dadurch bestimmt sind, dass Ursache und Wirkung zeitlich und/oder räumlich voneinander getrennt sind, d. h. dass z. B. zwischen Ursache und Wirkung eine erhebliche Verzögerung erfolgt.

Komplexität, emergente: Situation, die dadurch charakterisiert ist, dass sich ein diskontinuierlicher Veränderungsprozess anbahnt; das ambivalente Gefühl, dass sich etwas zusammenbraut, es aber vollkommen unklar ist, wie die Akteure auf die Veränderung reagieren sollen. In solchen Situationen sind wir mit drei Formen des Nichtwissens konfrontiert: Wir wissen nicht, welches die Lösung ist, welches wirklich das Problem ist (das Problemverständnis entwickelt sich erst) und welche anderen Stakeholder wir noch an den Tisch holen müssen, um eine tragfähige Lösung für das Problem oder eine Form des Umgangs mit diesem zu entwickeln.

Komplexität, soziale: Die Differenz zwischen den Interessen, Kulturen, mentalen Modellen und Grundannahmen der verschiedenen Stakeholder (Anspruchsgruppen) bestimmt und beeinflusst die gegebene Situation.

Kopplung, strukturelle: Beschreibt in der Theorie lebendiger Systeme die Co-Adaption und Co-Evolution eines Organismus in und mit seinem Umfeld. Sie erlaubt eine zweiseitige Interaktion, Interdependenz und Co-Evolution.

Kristallisieren → Verdichten.

Leinwand, leere: Ort oder Zustand, an oder in dem die Akteure sich mit den Quellen ihrer Kreativität und Inspiration verbinden; schöpferischer Moment, wenn aus dem Nichts (der leeren Leinwand) etwas Neues langsam an die Oberfläche kommt.

Lernen von der im Entstehen begriffenen Zukunft: Basiert auf einem Prozess und auf Praktiken des Presencing (Innehalten, Umwenden, Loslassen, Entstehenlassen, Hervorbringen, Verkörpern); vgl. → Double-loop-Lernen, → Single-loop-Lernen.

Lernen von der Vergangenheit: Basiert auf dem Lernzyklus – Handeln, Beobachten, Reflektieren, Planen, Handeln.

Loslassen: Fähigkeit, das alte Selbst und die alten Identitäten und Intentionen loszulassen, um einen offenen Raum zu schaffen, in dem das im Entstehen begriffene authentische Selbst anwesend werden kann.

Makroebene: Ebene der institutionellen Akteure.

Management: Lat. *manu agere* für »mit der Hand führen«; Fähigkeit, Handlungen zu mobilisieren und zu koordinieren mit dem Zweck, Aufgaben durchzuführen.

Mesoebene: Ebene der Teams oder Gruppenakteure.

Mikroebene: Ebene der individuellen Akteure.

Mundoebene: Globale Systemebene.

Ökonomie, globale: Ökonomie, in der die wirtschaftlichen Prozesse weltweit als ein integriertes Ganzes betrachtet und betrieben werden.

Organisation: Kollektives Handeln mit einem gemeinsamen Zweck. Eine organisationale Struktur ist die »Summe davon, wie Arbeit in unterscheidbare Aufgaben aufgeteilt wird und wie eine Koordination zwischen diesen Aufgaben erfolgt« (H. Mintzberg).

Pathogenese: Mechanismus, wie spezifische Faktoren Krankheit erzeugen (gr. *pathos* für »Krankheit«, *genesis* für »Entwicklung«).

Presencing: Von der höchsten Zukunftsmöglichkeit her wahrnehmen, anwesend werden und handeln. Verbindet die engl. Wörter *presence* und *sensing* (→ Sensing) und basiert auf einer Gegenwärtigung der höchsten Zukunftsmöglichkeit durch das authentische Selbst.

Prototyping: Einen Mikrokosmos schaffen, der es den Akteuren erlaubt, die Zukunft durch konkretes Handeln zu erproben. Prototypen sind Landebahnen für die Zukunft. Sie arbeiten mit dem Prinzip »Scheitere so früh wie möglich, um schneller zu lernen« (→ IDEO).

Resonanz, morphische: Einfluss vorangegangener Handlungsstrukturen auf die nachfolgenden ähnlichen Handlungsstrukturen, wird laut Rupert Sheldrake durch morphische Felder (→ Feld, morphisches) organisiert. Durch morphische Resonanz bewegen sich formative Einflüsse durch Raum und Zeit, die ihren Ausgangspunkt aber nur in der Vergangenheit haben (und nicht in der entstehenden Zukunft).

Runterladen → Downloading.

Salutogenese: Medizinisches Konzept, das auf die Faktoren zielt, die die menschliche Gesundheit und das Wohlgefühl bestimmen, und nicht auf die Faktoren, die Krankheit verursachen und verstärken; von gr. *salut* für »Gesundheit« und *genesis* für »Entwicklung«.

SdA: Stimme der Angst

SdU: Stimme des Urteilens.

SdZ: Stimme des Zynismus.

Single-loop-Lernen: »Lernen mit einfacher Rücklaufschleife«; die Handelnden reflektieren ihre Handlungen (aber nicht die ihren Handlungen zugrunde liegenden Annahmen).

Soziales Feld → Feld, soziales.

Soziale Grammatik → Grammatik, soziale.

Stakeholder: Personen, Gruppen oder Organisationen, die Interesse an einem Projekt oder einer Organisation haben und direkt oder indirekt von Entscheidungen oder Handlungen dieser Personen, Gruppen oder Organisationen betroffen sind und daher ein Interesse an Entscheidungen oder Entwicklung in diesem Kontext haben.

Stille, gemeinsame: Bewegung im U-Prozess, die den Akteuren hilft, sich mit den tiefsten Quellen der Inspiration und der Stille zu verbinden sowie mit dem Ort, von dem aus die zukünftige Möglichkeit entsteht. Sie verbindet drei Formen von Gegenwärtigung: die Gegenwärtigung der Zukunft, der Vergangenheit und des authentischen Selbst. In der gemeinsamen Stille beginnt das Ich, von seiner höchsten zukünftigen Möglichkeit her zu handeln.

Strukturelle Kopplung → Kopplung, strukturelle.

Subjektivität: Die Ich-Welt der 1. Person; vgl. → Transsubjektivität.

Theorie U: Eine Perspektive auf soziale Prozesse und Systeme, die vier Felder der Emergenz und des sozialen Werdens differenziert. Diese Felder unterscheiden sich im Hinblick auf ihren Entstehungsort, ihre Quelle (ihre Struktur der Aufmerksamkeit, vgl. → Feldstruktur der Aufmerksamkeit), und zwar bezüglich des Ortes, wo diese Quelle entspringt – relativ zur Grenze der Organisation des betreffenden Systems. Die Theorie U beleuchtet die Tiefenstruktur sozialer Systeme, die mit den Quellen und Entstehungsorten sozialer Wirklichkeit zu tun hat.

Transsubjektivität: Die Welt der Gegenwärtigung oder des Anwesendwerdens; vgl. → Subjektivität.

U-Prozess, Bewegungen → Entwickeln, gemeinsames; → Erproben, gemeinsames; → Gefäßbildung, gemeinsame; → Hinspüren, gemeinsames; → Stille, gemeinsame.

U.Lab: MITx-MOOC (offener Massen-Online-Kurs des MIT) *Transforming Business, Society, and Self,* an dem im Jahr 2015 75.000 Menschen aus allen Regionen der Welt teilnahmen.

U.School: Vision einer globalen Aktionsforschungsuniversität für einen aufmerksamkeitsstrukturellen oder bewusstseinsbasierten Systemwandel (Awareness-Based Systems Change), die Wissenschaft, Bewusstsein und tief greifende gesellschaftliche Veränderungen verbindet.

Umwenden: Fähigkeit, die Aufmerksamkeit von einem Gegenstand umzulenken hin zur Quelle, von der aus der Gegenstand in die Welt kommt.

Verdichten (Kristallisieren): Die Intention und Vision einer entstehenden, »gefühlten« Zukunft konturieren, konkretisieren und Gestalt werden lassen.

Verkörpern (Embodying): Fähigkeit, das Neue durch veränderte Praktiken und Infrastrukturen in die Realisierung zu bringen und im institutionellen Alltag zu verkörpern, ohne dass dabei die Verbindung zu den tieferen Quellen des gegenwärtigenden Wissens aufgegeben wird.

Wille, offener: Fähigkeit, die eigene alte Identität und Intention loszulassen und sich auf eine entstehende Zukunft einzulassen; Loslassen des alten Selbst und Entstehenlassen des authentischen Selbst; die tieferen Quellen der Weisheit anzapfen (SQ – spirituelle Intelligenz).

Wissen, explizites: Wissen, das in Worten formuliert und in Dateien abgespeichert werden kann.

Wissen, selbsttranszendierendes: Noch nicht verkörpertes oder gegenwärtigendes Wissen wie Imagination, Inspiration oder Intuition.

Wissen, verborgenes: Engl. *tacit knowledge;* Wissen, das im Akteur verborgen und durch Praxisreflexion zu entbergen ist.

Literatur

Adler, P. S. a. B. Borys (1996): Two Types of Bureaucracy: Enabling and Coercive. *Administrative Science Quarterly* 41: 61–89.

Aguayo, R. (1991): Dr. Deming: The American Who Taught the Japanese About Quality. New York (Simon & Schuster).

Alexander, C. (1979): The Timeless Way of Building. New York (Oxford University).

Alexander, C. (2004): The Luminous Ground. Berkeley, CA (The Center for Environmental Structure).

Alexander, J. C. a. S. Seidman (eds.) (1990): Culture and Society: Contemporary Debates. New York (Cambridge University).

Alexander, C., S. Ishikawa a. M. Silverstein (1977): A Pattern Language: Towns, Buildings, Construction. New York (Oxford University). [dt. (1995): Eine Muster-Sprache: Städte, Gebäude, Konstruktion. Wien (Löcker).]

Ancona, D., H. Bresman a. K. Kaeufer (2002): The Comparative Advantage of X-Teams. *MIT Sloan Management Review* 43: 33–39.

Ancona, D., T. Kochan, M. Scully, J. Van Maanen a. E. Westney (2005): Managing for the Future: Organizational Behavior and Processes. Mason (South-Western College), 3rd ed.

Anderson, R. a. K. N. Cissna (1997): The Martin Buber–Carl Rogers Dialogue: A New Transcript with Commentary. Albany, NY (State University of New York).

Argyris, C. (1992): On Organizational Learning. Cambridge, MA (Blackwell).

Argyris, C. (1993): Knowledge for Action. San Francisco (Jossey-Bass). [dt. (1997): Wissen in Aktion: Eine Fallstudie zur lernenden Organisation. Stuttgart (Klett-Cotta).]

Argyris, C. (1994): Good Communication That Blocks Learning. *Harvard Business Review,* July.

Argyris, C. a. D. Schön (1995): Organizational Learning II: Theory, Method, and Practice. Englewood Cliffs, NJ (Prentice Hall), 2nd ed. [dt. (2006): Die lernende Organisation: Grundlagen, Methode, Praxis. Stuttgart (Klett-Cotta), 3. Aufl.]

Argyris, C., R. Putnam a. D. McLain Smith (1985): Action Science: Concepts, Methods, and Skills for Research and Intervention. San Francisco (Jossey-Bass).

Aristoteles (1985): Nicomachean Ethics. Indianapolis/Cambridge, UK (Hackett).

Aristoteles (1972): Nikomachische Ethik. Hamburg (Meiner), 3. Aufl.

Arthur, B. (1996): Increasing Returns and the New World of Business. *Harvard Business Review* 74 (4): 100–109.

Atlee, T. (2003): The Tao of Democracy: Using Co-Intelligence to Create a World That Works for All. Cranston, RI (Writers' Collective).

Austin, R. a. L. Devin (2003): Artful Making: What Managers Need to Know About How Artists Work. Upper Saddle River, NJ (Financial Times/Prentice Hall).

Barnard, C. I. (1938): The Functions of the Executive. Cambridge, MA/London (Harvard University). [dt. (1970): Die Führung großer Organisationen. Essen (Girardet).]

Bateson, G. (1999): Steps to an Ecology of Mind. Chicago/London (University of Chicago). [dt. (2006): Ökologie des Geistes: Anthropologische, psychologische, biologische und epistemologische Perspektiven. Frankfurt a. M. (Suhrkamp), 9. Aufl.]

Batstone, D. (2003): Saving the Corporate Soul. San Francisco (Jossey-Bass).

Beck, D. E. a. C. C. Cowan (1996): Spiral Dynamics: Mastering Values, Leadership, and Change. Exploring the New Science of Memetics. Malden, MA (Blackwell Business). [dt. (2007): Spiral Dynamics: Leadership, Werte und Wandel. Eine Landkarte für Business und Gesellschaft im 21. Jahrhundert. Bielefeld (Kamphausen).]

Beck, U., A. Giddens u. S. Lash (1986): Risikogesellschaft. Auf dem Weg in eine andere Moderne. Frankfurt a. M. (Suhrkamp).

Beck, U., A. Giddens a. S. Lash (1996): Reflexive Modernization: Politics, Tradition and Aesthetics in the Modern Social Order. Cambridge (Polity). [dt. (2003): Reflexive Modernisierung: eine Kontroverse. Frankfurt a. M. (Suhrkamp).]

Beckhard, R. a. R. T. Harris (1987): Organizational Transitions: Managing Complex Change. Reading, MA (Addison-Wesley), 2nd ed.

Benedikter, R. (Hrsg.) (1997): Wirtschaft und Kultur im Gespräch: Zukunftsperspektiven der Wirtschaftskultur. Meran (Alpha & Beta).

Bennis, W. (1989): On Becoming a Leader. Reading, MA (Addison-Wesley). [dt. (1996): Führen lernen: Führungskräfte werden gemacht, nicht geboren. München (Heyne).]

Berger, P. L. a. T. Luckmann (1967): The Social Construction of Reality: A Treatise in the Sociology of Knowledge. New York (Doubleday). [dt. (2007): Die gesellschaftliche Konstruktion der Wirklichkeit: Eine Theorie der Wissenssoziologie. Frankfurt a. M. (Fischer), 21. Aufl.]

Berkeley, J. (2015): Planet of the Phones. The smartphone is ubiquitous, addictive and transformative. *The Economist*, 26. Februar 2015. Verfügbar unter: http://www.economist.com/news/leaders/21645180-smartphone-ubiquitous-addictive-and-transformative-planet-phones [Zugriff: 13.1.2020].

Bernasconi, R. (1993): Heidegger in Question: The Art of Existing. Atlantic Highlands, NJ (Humanities).

Beuys, J. (2004): What Is Art? Stuttgart (Freies Geistesleben & Urachhaus). [dt. (1992): Was ist Kunst?: Werkstattgespräch mit Beuys. Stuttgart (Urachhaus), 4. Aufl.]

Block, P. (1993): Stewardship: Choosing Service Over Self-Interest. San Francisco (Berrett-Koehler). [dt. (1997): Entfesselte Mitarbeiter: Demokratische Prinzipien für die radikale Neugestaltung der Unternehmensführung. Stuttgart (Schäffer-Poeschel).]

Bohm, D. (1983): Wholeness and the Implicate Order. London/New York (ARK). [dt. (1987): Die implizite Ordnung: Grundlagen eines dynamischen Holismus. München (Goldmann).]

Bohm, D. (1994): Thought as a System. London/New York (Routledge).

Bohm, D. (1996): On Dialogue. London (Routledge). [dt. (2005): Der Dialog: Das offene Gespräch am Ende der Diskussionen. Stuttgart (Klett-Cotta), 4. Aufl.]

Bond, P. (2004): Talk Left, Walk Right: South Africa's Frustrated Global Reforms. Scottsville (University of KwaZulu-Natal).

Bortoft, H. (1996): Wholeness of Nature: Goethe's Way Toward a Science of Conscious Participation in Nature. Edinburgh (Floris).

Brand, S. (1988): The Media Lab: Inventing the Future at M.I.T. New York (Penguin). [dt. (1990): Media Lab: Computer, Kommunikation und neue Medien: Die Erfindung der Zukunft am MIT. Reinbek bei Hamburg (Rowohlt).]

Bromwich, J. (2015): A Fitting End to the Hottest Year on Record. *New York Times*, 23. Dezember. Verfügbar unter: http://www.nytimes.com/2015/12/24/science/climate-change-record-warm-year.html [Zugriff: 13.1.2020].

Brown, J. S., A. Collins a. P. Duguid (1989): Situated Cognition and the Culture of Learning. *Educational Researcher* 18 (1): 32–42.

Brown, J. S., D. Isaacs a. the World Café Community (2005): The World Café: Shaping Our Futures Through Conversations that Matter. San Francisco (Berrett-Koehler). [dt. (2007): Das World Café: Kreative Zukunftsgestaltung in Organisation und Gesellschaft. Heidelberg (Carl-Auer).]

Brunnhuber, S. u. H. Klimenta (2003): Wie wir wirtschaften werden: Szenarien und Gestaltungsmöglichkeiten für zukunftsfähige Finanzmärkte. Frankfurt a. M. (Redline Wirtschaft bei Ueberreuter).

Buber, M. (2000): I and Thou. First Scribner Classics Edition. New York (Scribner). [dt. (2008): Ich und du. Stuttgart (Reclam).]

Bushe, G. R. a. A. B. Shani (1991): Parallel Learning Structures: Increasing Innovation in Bureaucracies. Reading, MA (Addison-Wesley).

Campbell, J. a. B. Moyers (1991): The Power of Myth. New York (Anchor). [dt. (2007): Die Kraft der Mythen. Düsseldorf (Albatros).]

Capra, F. (2002): The Hidden Connections: Integrating the Biological, Cognitive, and Social Dimensions of Life into a Science of Sustainability. New York (Doubleday). [dt. (2002): Verborgene Zusammenhänge: Vernetzt denken und handeln – in Wirtschaft, Politik, Wissenschaft und Gesellschaft. Bern (Scherz), 2. Aufl.]

Carr, N. G. (2003): It Doesn't Matter. *Harvard Business Review* 81 (5): 41.

Carter, R. E. (1997): The Nothingness Beyond God: An Introduction to the Philosophy of Nishida Kitaro. St. Paul, MN (Paragon House), 2nd ed.

Castells, M. (1996): The Information Age: Economy, Society, and Culture, Vol. 1: The Rise of the Network Society. Oxford (Blackwell). [dt. (2001): Das Informationszeitalter, Bd. 1: Der Aufstieg der Netzwerkgesellschaft. Opladen (Leske u. Budrich).]

Castells, M. (1997): The Information Age: Economy, Society, and Culture, Vol. 2: The Power of Identity. Oxford (Blackwell). [dt. (2003): Das Informationszeitalter, Bd. 2: Die Macht der Identität. Opladen (Leske u. Budrich).]

Castells, M. (1998): The Information Age: Economy, Society, and Culture, Vol. 3: End of Millennium. Oxford (Blackwell). [dt. (2003): Das Informationszeitalter, Bd. 3: Jahrtausendwende. Opladen (Leske u. Budrich).]

Catford, L. a. M. Ray (1991): The Path of the Everyday Hero. New York (Tarcher).

Chaiklin, S. a. J. Lave (eds.) (1993): Understanding Practice: Perspectives on Activity and Context. New York (Cambridge University).

Chandler, D. a. W. R. Torbert (2003): Transforming Inquiry and Action: Interweaving Flavors of Action Research. *Action Research* 1 (2): 133–152.

Chatterjee, D. (1998): Leading Consciously: A Pilgrimage Toward Self-Mastery. Boston (Butterworth-Heinemann).

Childre, D. a. B. Cryer (1998): From Chaos to Coherence: Advancing Emotional and Organizational Intelligence Through Inner Quality Management. Boston- (Butterworth-Heinemann). [dt. (2000): Vom Chaos zur Kohärenz: Herzintelligenz im Unternehmen. Kirchzarten bei Freiburg (VAK).]

Chrislip, D. D. (2002): The Collaborative Leadership Fieldbook: A Guide for Citizens and Civic Leaders. San Francisco (Jossey-Bass).

Christensen, C. M. (1997): The Innovator's Dilemma: When New Technologies Cause Great Firms to Fail. Boston (Harvard Business School).

Clegg, S. R., C. Hardy a. W. R. Nord (eds.) (1996): Handbook of Organization Studies. London (Sage).

Coase, R. H. (1998): The Firm, the Market, and the Law. Chicago/London (University of Chicago).

Cohen, A. a. K. Wilber (2002): Living Enlightenment: A Call for Evolution Beyond Ego. Lenox, MA (Enlightennext).

Coleman, J. S. (1998): Social Capital in the Creation of Human Capital. *American Journal of Sociology* 94: 95–120.

Collin, F. (1997): Social Reality. London/New York (Routledge).

Collins, J. (2001a): Good-to-Great: Why Some Companies Make the Leap ... and Others Don't. New York (HarperBusiness). [dt. (2007): Der Weg zu den Besten: Die sieben Management-Prinzipien für dauerhaften Unternehmenserfolg. München (Deutscher Taschenbuch-Verlag), 7. Aufl.]

Collins, J. (2001b): Level 5 Leadership: The Triumph of Humility and Fierce Resolve. *Harvard Business Review* 75 (1): 66.

Collins, J. a. J. I. Porras (1994): Built to Last: Successful Habits of Visionary Companies. New York (HarperBusiness). [dt. (2005): Immer erfolgreich: Die Strategien der Top-Unternehmen. München (Deutscher Taschenbuch-Verlag).]

Confucius (1971): Confucian Analects. The Great Learning & the Doctrine of the Mean. New York (Dover).

Conlin, M. (1999): Religion in the Workplace: The Growing Presence of Spirituality in Corporate America. *Business Week,* November 1, 1999, pp. 150–158.

Cooperrider, D. L., P. F. Sorensen Jr., D. Whitney a. T. F. Yaeger (eds.) (2000): Appreciative Inquiry: Rethinking Human Organization Toward a Positive Theory of Change. Champaign, IL (Stipes).

Covey, S. (1990): The Seven Habits of Highly Effective People. New York (Simon & Schuster).

Csikszentmihalyi, M. (1990): Flow the Psychology of Optimal Experience. New York (HarperCollins). [dt. (2007): Flow: Das Geheimnis des Glücks. Stuttgart (Klett-Cotta), 13. Aufl.]

Csikszentmihalyi, M. (1993): The Evolving Self. New York (HarperPerennial). [dt. (2005): Dem Sinn des Lebens eine Zukunft geben: Eine Psychologie für das 3. Jahrtausend. Stuttgart (Klett-Cotta), 3. Aufl.]

Csikszentmihalyi, M. (1996): Creativity: Flow and the Psychology of Discovery and Invention. New York (HarperPerennial). [dt. (2007): Kreativität: Wie Sie das Unmögliche schaffen und Ihre Grenzen überwinden. Stuttgart (Klett-Cotta), 7. Aufl.]

Cusumano, M. A. a. K. Nobeoka (1998): Thinking Beyond Lean: How Multi-Project Management Is Transforming Product Development at Toyota and Other Companies. New York (Free).

Dalai Lama (2003): Destructive Emotions: How Can We Overcome Them? Narrated by Daniel Goleman. New York (Bantam).

Daly, H. E. (1996): Beyond Growth: The Economics of Sustainable Development. Boston (Beacon). [dt. (1999): Wirtschaft jenseits von Wachstum: Die Volkswirtschaftslehre nachhaltiger Entwicklung. Salzburg (Pustet).]

Daly, H. E. a. K. N. Townsend (eds.) (1993): Valuing the Earth: Economics, Ecology, Ethics. Cambridge, MA/London (MIT).

Darsø, L. (2004): Artful Creation: Learning-Tales of Arts-in-Business. Frederiksberg, Denmark (Samfundslitteratur).

Delantey, G. (1997): Social Science: Beyond Constructivism and Realism. Minneapolis (University of Minnesota).

Depraz, N., F. J. Varela a. P. Vermersch (2000): The Gesture of Awareness. An Account of Its Structural Dynamics. In: M. Velmans (ed.): Investigating Phenomenological Consciousness: New Methodologies and Maps. Amsterdam (Benjamin).

Depraz, N., F. J. Varela a. P. Vermersch (eds.) (2003): On Becoming Aware: A Pragmatics of Experiencing. (Advances in Consciousness Research, 43.) Amsterdam (Benjamin).

Deutschman, A. (2005): Change or Die. *Fast Company* 5: 53.

Dossey, L. (1999): Reinventing Medicine: Beyond Mind-Body to a New Era of Healing. San Francisco (HarperOne).

Dossey, L. (2003): Healing Beyond the Body: Medicine and the Infinite Reach of the Mind. Boston (Shambhala).

Dreher, W. (1997): Denkspuren: Bildung von Menschen mit geistiger Behinderung – Basis einer integralen Pädagogik. Aachen (Verlag Mainz).

Eccles, R. G. et al. (2001): The ValueReporting Revolution: Moving Beyond the Earnings Game. Hoboken, NJ (John Wiley). [dt. (2002): Die ValueReporting Revolution: Neue Wege in der kapitalmarktorientierten Unternehmensberichterstattung. Weinheim (Wiley-VCH).]

Eccles, R. G. a. N. Nohria (1992): Beyond the Hype: Rediscovering the Essence of Management. Boston (Harvard Business School).

Edvinsson, L. a. M. S. Malone (1997): Intellectual Capital: Realizing Your Company's True Value by Finding Its Hidden Brainpower. New York (HarperBusiness).

Eichenwald, K. (2005): Conspiracy of Fools: A True Story. New York (Broadway Books). [dt. (2007): Verschwörung der Narren. Der Enron-Skandal: Eine wahre Geschichte. München (Goldmann).]

Eichenwald, K. a. D. B. Henriques (2002): Enron's Many Strands. *The New York Times*, February 10, 2002.

Elias, N. (1978): The Civilizing Process. The History of Manners. Vol. 1. Oxford, Blackwell/ New York (Urizen). [dt. (1976): Über den Prozeß der Zivilisation. Soziogenetische und psychogenetische Untersuchungen. Frankfurt a. M. (Suhrkamp).]

Elkington, J. (1998): Cannibals with Forks: The Triple Bottom Line of 21st Century Business. Gabriola, Canada (New Society).

Enriquez, J. (2000): As the Future Catches You: How Genomics & Other Forces Are Changing Your Life, Work, Health & Wealth. New York (Crown Business).

Ernst & Young (2015): Biotechnology Industry Report 2015: Beyond Borders, Reaching New Heights. Verfügbar unter: https://www.ey.com/Publication/vwLUAssets/EY-beyond-borders-2015/$FILE/EY-beyond-borders-2015.pdf [Zugriff: 13.1.2020].

Eschenbach, W. von, siehe Wolfram von Eschenbach.

Fichte, J. G. (1967): Erste und zweite Einleitung in die Wissenschaftslehre und Versuch einer neuen Darstellung der Wissenschaftslehre. Hamburg (Meiner).

Fichte, J. G. (1994): Introductions to the Wissenschaftslehre and Other Writings. Translated and edited by Daniel Breazeale. Indianapolis/Cambridge, UK (Hackett).

Fichte, J. G. et al. (1982): The Science of Knowledge: With the First and Second Introductions. (Texts in German Philosophy.) Edited and translated by P. Heath a. J. Lachs. Cambridge, UK (Cambridge University).

Fisher, D. a. W. R. Torbert (1995): Personal and Organizational Transformations: The True Challenge of Continual Quality Improvement. London (McGraw-Hill).

Fiumara, G. C. (1990): The Other Side of Language: A Philosophy of Listening. London/New York (Routledge).

Fleck, L. (1994): Entstehung und Entwicklung einer wissenschaftlichen Tatsache. Frankfurt a. M. (Suhrkamp).

Flinn, C. (1974): The Golden Mean. New York (Doubleday).

Flores, F. (1982): Management and Communication in the Office of the Future. University of California, Berkeley (Ph. D. Dissertation).

Florida, R. (2002): The Rise of the Creative Class: And How It's Transforming Work, Leisure, Community, and Everyday Life. New York (Basic).

Foster, R. a. S. Kaplan (2001): Creative Destruction: Why Companies That Are Built to Last Underperform the Market – and How to Successfully Transform Them. New York (Currency). [dt. (2002): Schöpfen und Zerstören: Wie Unternehmen langfristig überleben. Frankfurt a. M./Wien (Redline Wirtschaft bei Ueberreuter).]

Frick, D. M. (2004): Robert K. Greenleaf: A Life of Servant Leadership. San Francisco (Berrett-Koehler).

Friedman, T. L. (2000): The Lexus and the Olive Tree. New York (Anchor). [dt. (2000): Globalisierung verstehen: Zwischen Marktplatz und Weltmarkt. Berlin (Ullstein), 2. Aufl.]

Fritz, R. (1989): The Path of Least Resistance: Learning to Become the Creative Force in Your Own Life. New York (Fawcett Columbine).

Fritz, R. (2003) Your Life as Art. Newfane, VT (Newfane).

Fukuyama, F. (1992a): The End of History and the Last Man. New York (The Free). [dt. (1992): Das Ende der Geschichte: Wo stehen wir? München (Kindler).]

Fukuyama, F. (1992b): Trust: The Social Virtues and the Creation of Prosperity. New York (The Free). [dt. (1997): Der Konflikt der Kulturen: Wer gewinnt den Kampf um die wirtschaftliche Zukunft? München (Droemer Knaur).]

Galtung, J. (1977a): Methodology and Ideology: Theory and Methods of Social Research. Copenhagen (Ejlers). [dt. (1978): Methodologie und Ideologie: Aufsätze zur Methodologie. Frankfurt a. M. (Suhrkamp).]

Galtung, J. (1977b): Social Structure and Science Structure. In: J. Galtung: Methodology and Ideology. Copenhagen (Ejlers).

Galtung, J. (1979): Papers on Methodology: Theory and Methods of Social Research. Copenhagen (Ejlers).

Galtung, J. (1988): Methodology and Development: Essays in Methodology. Vol. 3. Copenhagen (Ejlers).

Galtung, J. (1995): On the Social Costs of Modernization: Social Disintegration, Atomie/Anomie, and Social Development. Research Paper. UNRISD (Geneva).

Galtung, J. (1996): Peace by Peaceful Means: Peace and Conflict, Development, and Civilization. London (Sage). [dt. (2007): Frieden mit friedlichen Mitteln: Friede und Konflikt, Entwicklung und Kultur. Münster (Agenda), 2. Aufl.]

Galtung, J. a. S. Inayatullah (1997): Macrohistory and Macrohistorians: Perspectives on Individual, Social, and Civilizational Change. Westport, CT (Praeger).

Gardner, H. (1985): The Mind's New Science: A History of the Cognitive Revolution. New York (Basic). [dt. (1992): Dem Denken auf der Spur: Der Weg der Kognitionswissenschaft. Stuttgart (Klett-Cotta).]

Gardner, H. (1993): Multiple Intelligences: The Theory in Practice. New York (Basic).

Gardner, H. (1995): Leading Minds: An Anatomy of Leadership. New York (Basic). [dt. (1997): Die Zukunft der Vorbilder: Das Profil der innovativen Führungskraft. Stuttgart (Klett-Cotta).]

Gendlin, E. T. (1981): Focusing. New York (Bantam), 2nd ed.

Gendlin, E. T. (1997): A Process Model. Chicago (University of Chicago).

Gendlin, E. T. u. J. Wiltschko (2004): Focusing in der Praxis: Eine schulenübergreifende Methode für Psychotherapie und Alltag. Stuttgart (Klett-Cotta), 12. Aufl.

Geus, A. de (1997): The Living Company. Boston (Harvard Business School). [dt. (1998): Jenseits der Ökonomie. Stuttgart (Klett-Cotta).]

Gerzon, M. (2003): Leaders Beyond Borders: How to Live – and Lead – in Times of Conflict. Boulder, CO (Mediators Foundation).

Ghyczy, T. von, B. von Oetinger a. C. Bassford (eds.) (2001): Clausewitz on Strategy: Inspiration and Insight from a Master Strategist. New York (John Wiley).

Giddens, A. (1984): The Constitution of Society. Outline of the Theory of Structuration. Cambridge (Polity). [dt. (1997): Die Konstitution der Gesellschaft: Grundzüge einer Theorie der Strukturierung. Frankfurt a. M. (Campus), 3. Aufl.]

Gillespie, G. (2000): The Footprints of Mont Fleur. The Mont Fleur Scenario Project, South Africa 1991–1992. Verfügbar unter http://www.democraticdialoguenetwork.org/app/documents/view/en/2618 [Zugriff: 3.4.2020].

Gladwell, M. (2000): The Tipping Point: How Little Things Can Make a Big Difference. New York/Boston (Little, Brown). [dt. (2002): Der Tipping-Point: Wie kleine Dinge Großes bewirken können. München (Goldmann).]

Gladwell, M. (2005): Blink: The Power of Thinking Without Thinking. New York/Boston (Little, Brown). [dt. (2007): Blink! Die Macht des Moments. München (Piper).]

Glasl, F. (1997): The Enterprise of the Future. Stroud, UK (Hawthorn). [dt. (1999): Das Unternehmen der Zukunft: Moralische Intuition in der Gestaltung von Organisationen. Stuttgart (Freies Geistesleben), 2. Aufl.]

Glasl, F. (1999): Confronting Conflict. Stroud, UK (Hawthorn).

Glasl, F. (2002): Konfliktmanagement: Ein Handbuch für Führungskräfte, Beraterinnen und Berater. Bern (Paul Haupt)/Stuttgart (Freies Geistesleben), 7. Aufl.

Goethe, J. W. (1795): Märchen. In: F. Schiller: *Die Horen*. Tübingen: Cottaische Buchhandlung [Neuausg. (1959): Fotomechanischer Nachdruck des Exemplars der Cotta'schen Handschriftensammlung im Schiller-Nationalmuseum Marbach am Neckar. Darmstadt (Wissenschaftliche Buchgesellschaft)].

Goethe, J. W. (1819): West-Östlicher Divan. Stuttgart (Cottaische Buchhandlung).

Goethe, J. W. (1823): Bedeutende Fördernis durch ein einziges geistreiches Wort. In: Ders. (1981): Goethes Werke. Hamburger Ausgabe in 14 Bänden, Bd. 13. München: C. H. Beck.

Goethe, J. W. (1986): Faust: Der Tragödie erster Teil. Stuttgart (Reclam).

Goffman, E. (1999): The Presentation of Self in Everyday Life. Magnolia, MA. (Peter Smith). [dt. (2008): Wir alle spielen Theater: Die Selbstdarstellung im Alltag. München (Piper), 6. Aufl.]

Goleman, D., R. Boyatzis a. A. McKee (2002): Primal Leadership: Realizing the Power of Emotional Intelligence. Boston (Harvard Business School). [dt. (2007): Emotionale Führung. Berlin (Ullstein), 4. Aufl.]

Greenleaf, R. K. (1977): Servant Leadership: A Journey into the Nature of Legitimate Power and Greatness. New York/Mahwah, NJ (Paulist).

Gupta, B. (ed.) (2000): The Empirical and the Transcendental: A Fusion of Horizons. Lanham, MD (Rowman and Littlefield).

Habermas, J. (1981a): Kleine politische Schriften. Frankfurt a. M. (Suhrkamp).

Habermas, J. (1981b): Theorie des kommunikativen Handelns. Bd. 1. Frankfurt a. M. (Suhrkamp).

Hadler, N. M. (2005): The Health Assurance-Disease Insurance Plan: Harnessing Reason to the Benefits of Employees. *Journal of Occupational & Environmental Medicine* 47(7): 655–657.

Hagel, J. III a. A. G. Armstrong (1997): net.gain: Expanding Markets through Virtual Communities. Boston (Harvard Business School).

Hagel, J. III a. M. Singer (1999): Unbundling the Corporation. *Harvard Business Review* 77 (2): 133–141.

Hall, C. S. a. G. Lindzey (1978): Theories of Personality. New York (John Wiley), 3rd ed. [dt. (1979): Theorien der Persönlichkeit. München (C. H. Beck).]

Hall, D. a. R. T. Ames (1987): Thinking Through Confucius. Albany (State University of New York).

Hall, D. a. R. T. Ames (1995): Anticipating China: Thinking Through the Narratives of Chinese and Western Culture. Albany (State University of New York).

Halpern, B. L. a. K. Lubar (2003): Leadership Presence: Dramatic Techniques to Reach Out, Motivate, and Inspire. New York (Gotham).

Hamel, G. (1996): Strategy as Revolution. *Harvard Business Review* 74 (4): 69–80.

Hamel, G. (2000): Leading the Revolution. Boston (Harvard Business School). [dt. (2002): Das revolutionäre Unternehmen: wer Regeln bricht, gewinnt. München (Econ).]

Hamel, G. a. C. K. Prahalad (1990): The Core Competence of the Corporation. *Harvard Business Review* 68 (5): 79–91.

Hamel, G. a. C. K. Prahalad (1994): Competing for the Future. Boston (Harvard Business School). [dt. (1995): Wettlauf um die Zukunft: Wie Sie mit bahnbrechenden Strategien die Kontrolle über Ihre Branche gewinnen und die Märkte von morgen schaffen. Wien (Ueberreuter).]

Hamel, G. a. L. Valikangas (2003): The Quest for Resilience. *Harvard Business Review* 81 (9): 52.

Hampden-Turner, C. a. A. Trompenaars (1993): The Seven Cultures of Capitalism. New York (Doubleday).

Handy, C. (1988): Understanding Voluntary Organizations. London (Penguin).

Handy, C. (1989): The Age of Unreason. Boston (Harvard Business School).

Handy, C. (1994): The Age of Paradox. Boston (Harvard Business School).

Handy, C. (1995a): The Gods of Management: The Changing Work of Organizations. New York/Oxford (Oxford University). [dt. (1988): Management-Stile. Hamburg (McGraw-Hill).]

Handy, C. (1995b): Waiting for the Mountain to Move. London (Arrow).

Handy, C. (1996): Beyond Certainty: The Changing Worlds of Organizations. Boston (Harvard Business School). [dt. (1999): Ohne Gewähr: Abschied von der Sicherheit – mit dem Risiko leben lernen. München (Goldmann).]

Handy, C. (1998): The Hungry Spirit. New York (Broadway Books). [dt. (1998): Die anständige Gesellschaft: Die Suche nach Sinn jenseits des Profitdenkens. München (Bertelsmann).]

Handy, C. (2000): 21 Ideas for Managers: Practical Wisdom for Managing Your Company and Yourself. San Francisco (Jossey-Bass).

Hawken, P. (1993): The Ecology of Commerce: A Declaration of Sustainability. New York (HarperBusiness). [dt. (1996): Kollaps oder Kreislaufwirtschaft: Wachstum nach dem Vorbild der Natur. Berlin (Siedler).]

Hawken, P., A. Lovins a. L. Hunter Lovins (1999): Natural Capitalism: Creating the Next Industrial Revolution. Boston (Little, Brown). [dt. (2000): Öko-Kapitalismus: Die industrielle Revolution des 21. Jahrhunderts. Wohlstand im Einklang mit der Natur. München (Riemann).]

Hawkins, D. R. (2002): Power vs. Force: The Hidden Determinants of Human Behavior. Carlsbad, CA (Hay House). [dt. (2019): Die Ebenen des Bewusstseins. Kirchzarten (VAK), 10. Aufl.].

Heidegger, M. (1984): Was heißt Denken? Tübingen (Max Niemeyer), 14. Aufl.

Heidegger, M. (1986): Vom Wesen der Wahrheit. Frankfurt a. M. (Vittorio Klostermann), 6. Aufl.

Heidegger, M. (1988): Zur Sache des Denkens. Tübingen (Max Niemeyer), 3. Aufl.

Heidegger, M. (1989): Nietzsche. Pfullingen (Gunther Neske), 5. Aufl.

Heidegger, M. (1991): Über den Humanismus. Frankfurt a. M. (Vittorio Klostermann), 9. Aufl.

Heidegger, M. (1992a): Basic Writings. San Francisco (HarperOne).

Heidegger, M. (1992b): Was ist Metaphysik? Frankfurt a. M. (Vittorio Klostermann), 14. Aufl.

Heidegger, M. (1993): Sein und Zeit. Tübingen (Max Niemeyer), 17. Aufl.

Heidegger, M. (1995): Der Ursprung des Kunstwerkes. Stuttgart (Reclam).

Heidegger, M. (1996): Die Technik und die Kehre. Stuttgart (Gunther Neske), 9. Aufl.

Heidegger, M. (1997): Unterwegs zur Sprache. Stuttgart (Gunther Neske), 11. Aufl.

Heidegger, M. (2000): Introduction to Metaphysics. New Haven/London (Yale University). [dt. (1998): Einführung in die Metaphysik. Tübingen (Max Niemeyer), 6. Aufl.]

Heifetz, R. A. (1994): Leadership Without Easy Answers. Cambridge/London (Belknap).
Heifetz, R. A. a. M. Linsky (2002): Leadership on the Line: Staying Alive Through the Dangers of Leading. Boston (Harvard Business School).
Heijden, K. van der (1996): Scenarios: The Art of Strategic Conversation. Chichester, UK (John Wiley).
Heller, A. u. O. Schmiderer (2002): Im toten Winkel – Hitlers Sekretärin [DVD]. Der österreichische Film – Edition Der Standard, Nr. 22.
Henderson, R. M. a. K. Clark (1990): Architectural Innovation: The Reconfiguration of Existing Product Technologies and The Failure of Established Firms. *Administrative Science Quarterly* 35: 9–30.
Henderson, R. M. a. K. Clark (1994): Managing Innovation in the Information Age. *Harvard Business Review,* January/February: 100–106.
Hertz, N. (2002): The Silent Takeover: Global Capitalism and the Death of Democracy. New York (The Free). [dt. (2002): Wir lassen uns nicht kaufen! Keine Kapitulation vor der Macht der Wirtschaft. München (Econ), 2. Aufl.]
Hinterhuber, H. H. u. E. Krauthammer (2005): Leadership – mehr als Management. Was Führungskräfte nicht delegieren dürfen. Wiesbaden (Gabler), 4. Aufl.
Hippel, E. von (1988): The Sources of Innovation. New York/Oxford (Oxford University).
Hock, D. W. (1999): Birth of the Chaordic Age. San Francisco (Berrett-Koehler). [dt. (2001): Die chaordische Organisation: Vom Gründer der VISA-Card. Stuttgart (Klett-Cotta).]
Horgan, J. (2015): Climate Change: Fact versus Opinions. *Scientific American,* 1. Oktober. Verfügbar unter: http://blogs.scientificamerican.com//cross-check/climate-change-facts-versus-opinions/ [Zugriff: 13.1.2020].
Hosle, V. (1991): Philosophie der ökologischen Krise. München (C. H. Beck).
Huntington, S. P. (1996): The Clash of Civilizations and the Remaking of World Order. New York (Simon & Schuster). [dt. (2002): Kampf der Kulturen: Die Neugestaltung der Weltpolitik im 21. Jahrhundert. München (Goldmann).]
Husserl, E. (1970): Crisis of European Sciences and Transcendental Phenomenology. An Introduction to Phenomenological Philosophy. Evanston, IL (Northwestern University). [dt. (1962): Die Krisis der europäischen Wissenschaften und die transzendentale Phänomenologie. Den Haag (Martinus Nijhoff).]
Husserl, E. (1985): Die phänomenologische Methode. Ausgewählte Texte I. Stuttgart (Philipp Reclam Jun.).
Husserl, E. (1993): Arbeit an den Phänomenen. Ausgewählte Schriften. Frankfurt a. M. (Fischer).
Husserl, E. (1995): Cartesianische Meditationen. Hamburg (Felix Meiner), 3. Aufl.
Husserl, E. (2000): Vorlesungen zur Phänomenologie des inneren Zeitbewusstseins. Tübingen (Max Niemeyer).
International Forum on Globalization (2002): Alternatives to Economic Globalization: A Better World Is Possible. San Francisco (Berrett-Koehler).
Isaacs, W. (1999): Dialogue and the Art of Thinking Together. New York (Doubleday). [dt. (2002): Dialog als Kunst, gemeinsam zu denken: Die neue Kommunikationskultur für Organisationen. Bergisch Gladbach (EHP).]
Jaworski, J. (1996): Synchronicity: The Inner Path of Leadership. San Francisco (Berrett-Koehler).

Jaworski, J. a. C. O. Scharmer (2000): Leadership in the Digital Economy: Sensing and Actualizing Emerging Futures. Cambridge, MA (Society for Organizational Learning)/ Beverly, MA (Generon Consulting).

Joas, H. (1996): The Creativity of Action. Translated by Jeremy Gaines and Paul Keast. Chicago (University of Chicago). [dt. (1992): Die Kreativität des Handelns. Frankfurt a. M. (Suhrkamp).]

Joy, B. (2000): Why The Future Doesn't Need Us. *Wired Magazine* 4. April 2000 (Verfügbar unter: https://www.wired.com/2000/04/joy-2/ [Zugriff: 13.1.2020].

Johnson, H. T. (2000): Goethe Meets Accounting: Seeing the Living Company at Work. Interview with Professor Thomas Johnson, Portland State University. August 20, 1999. Verfügbar unter: https://www.presencing.org/aboutus/theory-u/leadership-interview/thomas_johnson [Zugriff: 13.01.2020].

Johnson, H. T. and R. S. Kaplan (1987): Relevance Lost: The Rise and Fall of Management Accounting. Boston (Harvard Business School).

Johnson, T. H. a. A. Broms (2000): Profit Beyond Measure: Extraordinary Results Through Attention to Work and People. New York (The Free).

Jung, S., C. Petzenhauser u. H. Tuckermann (2001): Im Dialog mit Patienten: Anatomie einer Transformation im Gesundheitswesen. Heidelberg (Carl-Auer) [eBook 2009].

Kabat-Zinn, J. (1994): Wherever You Go There You Are: Mindfulness Meditation in Everyday Life. New York (Hyperion). [dt. (2007): Im Alltag Ruhe finden: Meditationen für ein gelassenes Leben. Frankfurt a. M. (Fischer).]

Kabat-Zinn, J. (2005): Coming to Our Senses: Healing Ourselves and the World Through Mindfulness. New York (Hyperion). [dt. (2008): Zur Besinnung kommen: Die Weisheit der Sinne und der Sinn der Achtsamkeit in einer aus den Fugen geratenen Welt. Freiamt im Schwarzwald (Arbor), 3. Aufl.]

Kaeufer, K., C. O. Scharmer a. U. Versteegen (2003): Breathing Life into a Dying System. *Reflections* 5 (3): 3–12. Verfügbar unter: https://www.ottoscharmer.com/sites/default/files/2003_BreathingLife.pdf [Zugriff: 16.11.2019].

Kahane, A. (2002): Changing the World by Changing How We Talk and Listen. *Leader to Leader* (26): 34–40.

Kahane, A. (2004): Solving Tough Problems: An Open Way of Talking, Listening, and Creating New Realities. San Francisco (Berrett-Koehler).

Kalungu-Banda, M. (2006): Leading like Madiba: Leadership Lessons from Nelson Mandela. Cape Town (Double Story Books, a Division of Juta).

Kanter, R. M., J. Kao a. F. Wiersema (eds.) (1997): Innovation: Breakthrough Thinking at 3M, DuPont, GE, Pfizer, and Rubbermaid. New York (Harper-Business).

Kao, J. (1996): Jamming: The Art and Discipline of Business Creativity. New York (Harper-Business).

Kappler, E. (1998): Fit für Veränderung. In: C. Heidack (Hrsg.): FIT durch Veränderung. (Festschrift für Dr. Eberhard Merz.) München/Mering (Rainer Hampp).

Kappler, E. (2000): Entgrenzung. Leitfragen als zentrales Element strategischen Controllings. In: G. Seicht (Hrsg.): Jahrbuch für Controlling und Rechnungswesen. Wien (LexisNexis ARD Orac).

Kappler, E. (2002): Controlling und Ästhetik. *Zeitschrift für Controlling und Management* 46 (6): 377.

Kappler, E. (2003): Theorie aus der Praxis für die Praxis – Zur Wirksamkeit strategischer Unternehmensführung. In: M. J. Ringlstetter, Herbert A. Henzler und M. Mirow (Hrsg.): Perspektiven der Strategischen Unternehmensführung. Theorien – Konzepte – Anwendungen. Wiesbaden (Gabler).

Kappler, E. (2004): Bild und Realität: Controllingtheorie als kritische Bildtheorie. Ein Ansatz zu einer umfassenden Controllingtheorie, die nicht umklammert. In: E. Scherm, G. Pietsch (Hrsg.): Controllingtheorien und -Konzeptionen. München (Vahlen), S. 581–610.

Kappler, E. (2006): Betriebswirtschaftslehre denken: Adorno für Betriebswirte – Eine kritische Einführung in die Einführung. In: G. Meeh (Hrsg.): Unternehmensbewertung, Rechnungslegung und Prüfung. Frankfurt a. M. (Kovac), S. 101–129.

Kappler, E. u. T. Knoblauch (1997): Innovationen – Wie kommt das Neue in die Unternehmung? Gütersloh (Bertelsmann).

Katzenbach, J. R. a. D. K. Smith (1994): The Wisdom of Teams: Creating the High-Performance Organization. San Francisco (HarperBusiness). [dt. (2003): Teams: Der Schlüssel zur Hochleistungsorganisation. München (moderne industrie).]

Kaufmann, W. (ed.) (1954): The Portable Nietzsche. New York (Penguin).

Kegan, R. (1982): The Evolving Self: Problem and Process in Human Development. Cambridge, MA/ London (Harvard University). [dt. (1994): Die Entwicklungsstufen des Selbst: Fortschritte und Krisen im menschlichen Leben. München (Kindt).]

Kegan, R. (1994): In Over Our Heads: The Mental Demands of Modern Life. Cambridge, MA/London (Harvard University).

Kegan, R. a. L. Laskow Lahey (2000): How the Way We Talk Can Change the Way We Work. San Francisco (Jossey-Bass).

Keller, P. (1999): Husserl and Heidegger on Human Experience. Cambridge, UK (Cambridge University).

Kelley, T. (2001): The Art of Innovation: Lessons in Creativity from IDEO, America's Leading Design Firm. New York (Doubleday). [dt. (2002): Das IDEO Innovationsbuch: Wie Unternehmen auf neue Ideen kommen. München (Econ).]

Kelly, M. (2001): The Divine Right of Capital: Dethroning the Corporate Aristocracy. San Francisco (Berrett-Koehler).

Kitaro, N. (1987): Last Writings: Nothingness and the Religious Worldview. Honolulu (University of Hawaii).

Kolb, D. (1984): Experiential Learning: Experience as the Source of Learning and Development. Upper Saddle River, NJ (Financial Times/Prentice Hall).

Kotter, J. P. (1996): Leading Change. Boston (Harvard Business School). [dt. (1998): Chaos, Wandel, Führung – Leading Change. Düsseldorf (Econ).]

Kotter, J. P. a. D. S. Cohen (2002): The Heart of Change: Real-Life Stories of How People Change Their Organizations. Boston (Harvard Business School).

Krishnamurti, J. a. D. Bohm (1985): The Ending of Time. San Francisco (HarperSanFrancisco). [dt. (1992): Vom Werden zum Sein. Einer der führenden Physiker des Westens im Dialog mit dem großen Weisheitslehrer des Ostens. München (Goldmann).]

Krogh, G. von (1998): Care in Knowledge Creation. *California Management Review* 40 (3): 133–153.

Krogh, G. von (2000): Enabling Knowledge Creation: How to Unlock the Mystery of Tacit Knowledge and Release the Power of Innovation. Oxford (Oxford University).

Krogh, G. von a. J. Roos (1995): Organizational Epistemology. New York (St. Martin's).

Krogh, G. von, I. Nonaka a. T. Nishiguchi (2000): Knowledge Creation: A Source of Value. London (Macmillan).

Krugman, P. (2003): Delusions of Power. *The New York Times,* March 28, 2003.

Laloux, F. (2014): Reinventing Organizations. Brüssel: Nelson Parker [dt. (2015): Reinventing organizations. Ein Leitfaden zur Gestaltung sinnstiftender Formen der Zusammenarbeit. München (Vahlen)].

Lauenstein, D. (1974): Das Ich und die Gesellschaft. Philosophie Soziologie. Stuttgart (Freies Geistesleben).

Lave, J. et al. (1991): Situated Learning: Legitimate Peripheral Participation. (Learning in Doing: Social, Cognitive & Computational Perspectives.) Cambridge, UK (Cambridge University).

Lefort, R. a. R. Lefort (1980): Birth of the Other. Urbana/Chicago (University of Illinois).

Leonard, D. (1997): Spark Innovation Through Empathic Design. *Harvard Business Review* 75 (6): 102–113.

Lewin, K. (1997): Resolving Social Conflicts & Field Theory in Social Science. Washington, DC (American Psychological Association). [dt. (1975): Die Lösung sozialer Konflikte. Ausgewählte Abhandlungen über Gruppendynamik. Bad Naunheim (Christian).]

Lievegoed, B. C. J. (1991): Developing Communities. Stroud, UK (Hawthorn).

Lindenberg, M. a. C. Bryant (2001): Going Global: Transforming Relief and Development NGOs. Bloomfield, CT (Kumarian).

Lippitt, L. L. (1998): Preferred Futuring. San Francisco (Berrett-Koehler).

Locke, R. M. (2003): The Promise and Perils of Globalization: The Case of Nike. In: R. Schmalensee a. T. A. Kochan (eds.): Management: Inventing and Delivering It's Future. Cambridge, MA/London (MIT), pp. 39–70.

Lowndes, F. (1997): Die Belebung des Herzchakra: Ein Leitfaden zu den Nebenübungen Rudolf Steiners. Stuttgart (Freies Geistesleben).

Luhmann, N. (1984): Soziale Systeme. Grundriß einer allgemeinen Theorie. Frankfurt a. M. (Suhrkamp). [engl. (1995): Social Systems. Stanford (Stanford University).]

Lyotard, J.-F. (1984): The Postmodern Condition: A Report on Knowledge. Minneapolis (University of Minnesota).

Maanen, J. V. (1988): Tales of the Field: On Writing Ethnography. Chicago/London (University of Chicago).

Maanen, J. V. (1995): Representation in Ethnography. Thousand Oaks, CA (Sage).

Maanen, J. V. (ed.) (1998): Qualitative Studies of Organizations. Thousand Oaks, CA (Sage).

Maslow, A. H. (1998): Toward a Psychology of Being. New York (John Wiley), 3rd ed. [dt. (1997): Psychologie des Seins. Ein Entwurf. Frankfurt a. M. (Fischer).]

Maturana, H. R. (1999): The Organization of the Living: A Theory of the Living Organization. *International Journal of Human-Computer Studies* 51: 149–168.

Maturana, H. R. a. F. J. Varela (1987): The Tree of Knowledge. The Biological Roots of Human Understanding. Boston/London (Shambhala). [dt. (1987): Der Baum der Erkenntnis. Die biologischen Wurzeln des menschlichen Erkennens. Bern (Scherz).]

McDonough, W. a. M. Braungart (2002): Cradle to Cradle: Remaking the Way We Make Things. New York (North Point). [dt. (2008): Einfach intelligent produzieren. Berlin (Berliner Taschenbuch-Verlag), 3. Aufl.]

McTaggart, L. (2003): The Field: The Quest for the Secret Force of the Universe. New York (Quill). [dt. (2007): Das Nullpunkt-Feld: Auf der Suche nach der kosmischen Ur-Energie. München (Goldmann).]

Mead, G. H. (1934): Mind, Self & Society from the Standpoint of a Social Behaviorist. Chicago/London (University of Chicago). [dt. (2005): Geist, Identität und Gesellschaft – aus der Sicht des Sozialbehaviorismus. Frankfurt a. M. (Suhrkamp).]

Merleau-Ponty, M. (1962): Phenomenology of Perception. London/New York (Routledge).

Minsky, M. (1988): The Society of Mind. New York (Simon & Schuster). [dt. (1994): Mentopolis. Stuttgart (Klett-Cotta).]

Mintzberg, H. (1983): Structures in Five: Designing Effective Organizations. Englewood Cliffs, NJ (Prentice Hall) [dt. (1992): Die Mintzberg-Struktur. Organisationen effektiver gestalten. Landsberg/Lech (Moderne Industrie)].

Moran, D. a. T. Mooney (eds.) (2002): The Phenomenology Reader. London (Routledge).

Morgan, G. (1996): Images of Organization. Thousand Oaks, CA (Sage), 2nd ed. [dt. (2006): Bilder der Organisation. Stuttgart (Klett-Cotta), 4. Aufl.]

Nagasawa, K. (1987): Das Ich im deutschen Idealismus und das Selbst im Zen-Buddhismus. München (Alber).

Nan Huai-Chin, M. (1984): Tao & Longevity: Mind-Body Transformation. York Beach, ME (Samuel Weiser).

Nan Huai-Chin, M. (2004): Diamond Sutra Explained. Florham Park, NJ (Primordia).

Naydler, J. (ed.) (1996): Goethe on Science: A Selection of Goethe's Writings. Edinburgh (Floris Books).

Nelson, J. (2002): Building Partnerships: Cooperation Between the United Nations System and the Private Sector. New York (United Nations Department of Public Information).

Neuhaus, R. J. (1997): The End of Democracy? The Celebrated First Things Debate with Arguments Pro and Con and »The Anatomy of a Controversy«. Dallas (Spence).

Nietzsche, F. (1964): Der Wille zur Macht. Stuttgart (Alfred Kroner).

Nietzsche, F. (1999): Thus Spoke Zarathustra. Mineloa, New York (Dover). [dt. (1986): Also sprach Zarathustra. Ditzingen (Reclam).]

Nishida, K. (1990): An Inquiry into the Good. New Haven (Yale University).

Nohria, N. a. S. Ghoshal (1997): The Differentiated Network: Organizing Multinational Corporations for Value Creation. San Francisco (Jossey-Bass).

Nonaka, I. (1991): The Knowledge Creating Company. *Harvard Business Review* 69 (6): 96–105.

Nonaka, I. (1994): A Dynamic Theory of Organizational Knowledge Creation. *Organization Science* 5 (1): 14–37.

Nonaka, I. a. N. Konno (1998): The Concept of Ba: Building a Foundation for Knowledge Creation. *California Management Review* 50 (3): 40–54.

Nonaka, I. a. H. Takeuchi (1995): The Knowledge-Creating Company: How Japanese Companies Create the Dynamics of Innovation. Oxford (Oxford University).

Nonaka, I. a. D. Teece (eds.) (2001): Managing Industrial Knowledge: Creation, Transfer, and Utilization. London (Sage).

Nonaka, I., R. Toyama a. N. Konno (2000): SECI, Ba and Leadership: A Unified Model of Dynamic Knowledge Creation. *Long Range Planning* 33 (1).

Nonaka, I., R. Toyama a. C. O. Scharmer (2001): Building Ba to Enhance Knowledge Creation and Innovation at Large Firms. Dialog on Leadership. Verfügbar unter: https://www.semanticscholar.org/paper/Building-Ba-to-Enhance-Knowledge-Creation-and-at-Nonaka-Toyama/b9301a5d7215745b607fa0e720f405a02139f037 [Zugriff: 15.6.2020].

Normann, R. (2001): Reframing Business: When the Map Changes the Landscape. West Sussex, UK (John Wiley).

Normann, R. a. R. Ramirez (1998): Designing Interactive Strategy: From Value Chain to Value Constellation. Hoboken, NJ (John Wiley).

Northouse, P. G. (2000): Leadership: Theory and Practice. Thousand Oaks, CA (Sage), 2nd ed.

Olkowski, D. a. J. Morley (eds.) (1999): Merleau-Ponty, Interiority and Exteriority, Psychic Life and the World. Albany (State University of New York).

Olson, M. (1965): The Logic of Collective Action: Public Goods and the Theory of Groups. Cambridge, MA (Harvard University). [dt. (2004): Die Logik des kollektiven Handelns. Kollektivgüter und die Theorie der Gruppen. Tübingen (Mohr Siebeck), 5. Aufl.]

Orlikowski, W. J. (1992): The Duality of Technology: Rethinking the Concept of Technology in Organizations. *Organization Science* 3 (3): 398–427.

Orlikowski, W. J., J. Yates a. K. Okamura (2000): Using Technology and Constituting Structures: A Practice Lens for Studying Technology in Organizations. *Organization Science* 11 (4): 404–428.

Owen, H. (1997): Open Space Technology: A User's Guide. San Francisco (Berrett-Koehler). [dt. (2008): Erweiterung des Möglichen – Die Entdeckung des Open Space. Stuttgart (Schäffer-Poeschel).]

Oxfam International (2002): Rigged Rules and Double Standards: Trade, Globalization, and the Fight Against Poverty. Oxford (Oxfam International). [dt.: Oxfam Deutschland e.V. (2002): Unfaires Spiel und zweierlei Maß: Handel, Globalisierung und der Kampf gegen Armut. Zusammenfassung. Berlin (Oxfam Deutschland).]

Parkes, G. (ed.) (1990): Heidegger and Asian Thought. Honolulu (University of Hawaii).

Pearce, J. C. (2002): The Biology of Transcendence: A Blueprint of the Human Spirit. Rochester, VT (Park Street). [dt. (2004): Die Biologie der Transzendenz: Eine Blaupause des menschlichen Geistes. Freiamt im Schwarzwald (Arbor).]

Perkins, J. (2004): Confessions of an Economic Hit Man. San Francisco, CA (Berrett-Koehler). [dt. (2007): Bekenntnisse eines economic hit man: Unterwegs im Dienst der Wirtschaftsmafia. München (Goldmann).]

Perlas, N. (2003): Shaping Globalizations: Civil Society, Cultural Power, and Threefolding. Gabriola, Canada (New Society).

Perls, F. S., R. F. Hefferline u. P. Goodman (2000): Gestalttherapie: Praxis. München (Klett-Cotta), 5. Aufl. [Am Orig. (1994): Gestalt therapy: Excitement and Growth in the Human Personality. Highland, NY (Gestalt Journal).]

Peters, T. J. a. R. H. Waterman (1982): In Search of Excellence: Lessons from America's Best-Run Companies. New York (HarperCollins). [dt. (2006): Auf der Suche nach Spitzenleistungen: Was man von den bestgeführten US-Unternehmen lernen kann. Heidelberg (Redline Wirtschaft).]

Peterson, P. G. (2004): Running on Empty. New York (Farrar, Straus and Giroux).

Pinchbeck, D. (2006): 2012. The Return of Quetzalcoatl. New York (Jeremy P Tarcher/Penguin). [dt. (2007): 2012. Die Rückkehr der gefiederten Schlange. Kreuzlingen (Hugendubel).]

Pine, B. J. a. J. Gilmore (1998): Welcome to the Experience Economy. Boston (Harvard Business School).

Pokorny, J. (1994): Indogermanisches Etymologisches Wörterbuch. Tübingen/Basel (Francke), 3. Aufl.

Polanyi, K. (1966): The Tacit Dimension. New York (Doubleday). [dt. (1985): Implizites Wissen. Frankfurt a. M. (Suhrkamp).]

Polanyi, K. (2001): The Great Transformation. Boston (Beacon), 2nd ed. [dt. (2001): The great transformation: Politische und ökonomische Ursprünge von Gesellschaften und Wirtschaftssystemen. Frankfurt a. M. (Suhrkamp).]

Porter, M. E. (1998): Competitive Strategy: Techniques for Analyzing Industries and Competitors. Tampa (The Free). [dt. (2002): Wettbewerbsstrategie: Methoden zur Analyse von Branchen und Konkurrenten (= Competitive Strategy). Frankfurt a. M. (Campus).]

Portes, A. (1998): Social Capital: Its Origins and Applications in Modern Sociology. *Annual Review of Sociology* 24: 1–24.

Prahalad, C. K. (2005): The Fortune at the Bottom of the Pyramid: Eradicating Poverty Through Profits. Upper Saddle River, NJ (Wharton School). [dt. (2006): Der Reichtum der Dritten Welt: Armut bekämpfen, Wohlstand fördern, Würde bewahren. München (FinanzBuch).]

Prahalad, C. K. a. G. Hamel (1990): The Core Competence of the Organization. *Harvard Business Review*, May/June: 79–91.

Prahalad, C. K., G. Hamel (1994): Competing for the Future. Boston (Harvard Business School). [dt. (1995): Wettlauf um die Zukunft. Wien (Ueberreuter)].

Prahalad, C. K. a. V. Ramaswamy (2000): Co-opting Customer Competence. Boston (Harvard Business School).

Pressfield, S. (1995): The Legend of Bagger Vance. New York (William Morrow). [dt. (2001): Die Legende von Bagger Vance. Reinbek bei Hamburg (Rowohlt).]

Pressfield, S. (2002): The War of Art: Break Through the Blocks and Win Your Inner Creative Battles. New York (Warner). [dt. (2002): Morgen fange ich an … warum nicht heute? Überwinden Sie Ihre inneren Widerstände. Kreuzlingen (Hugendubel).]

Putnam, R. (1995): Bowling Alone: America's Declining Social Capital. *Journal of Democracy* 6: 65–78.

Putnam, R. (2000): Bowling Alone: The Collapse & Revival of the American Community. New York (Simon & Schuster).

Radin, D. (1997): The Conscious Universe: The Scientific Truth of Psychic Phenomena. San Francisco (HarperEdge).

Ray, M. (2004): The Highest Goal: The Secret That Sustains You in Every Moment. San Francisco (Berrett-Koehler).

Ray, P. H. a. S. R. Anderson (2000): The Cultural Creatives: How 50 Million People Are Changing the World. New York (Three Rivers).

Ray, M. a. R. Myers (1986): Creativity in Business. New York (Doubleday).

Reason, P. a. H. Bradbury (2001): Handbook of Action Research: Participative Inquiry and Practice. London (Sage).

Reason, P. a. H. Bradbury (2006): Preface. In: P. Reason a. H. Bradbury (eds.): The Handbook of Action Research: Participative Inquiry and Practice. London (Sage).

Ritzer, G. (1996): Modern Sociological Theory. New York (McGraw Hill), 4th ed.

Risenberg, M. B. (2000): Nonviolent Communication: A Language of Compassion. Encinatas, CA (PuddleDancer).

Rosch, E. (1999): Primary Knowing – When Perception Happens from the Whole Field. Interview with Professor Eleanor Rosch. Dialogue on Leadership. Verfügbar unter: https://www.presencing.org/aboutus/theory-u/leadership-interview/eleanor_rosch [Zugriff: 13.1.2020].

Ross, P. (2000): The Most Creative Man in Silicon Valley. *Fast Company* 6: 274.

Roussel, P. A., K. N. Saad a. T. J. Erickson (1991): Third Generation R&D: Managing the Link to Corporate Strategy. Boston (Harvard Business School). [dt. (1993): Management der F&E-Strategie. Wiesbaden (Gabler).]

Russell, W. F. (1979): Second Wind. The Memoirs of an Opinionated Man. New York (Random House).

Sander, T. H. a. R. D. Putnam (2010): Still Bowling Alone? The Post-9/11 Split. *Journal of Democracy* 21(1): 9–16.

Saxenian, A. (1994): Regional Advantage: Culture and Competition in Silicon Valley and Route 128. Cambridge, MA/London (Harvard University).

Scharmer, C. O. (1991): Ästhetik als Kategorie strategischer Führung. Stuttgart (Urachhaus).

Scharmer, C. O. (1995): Strategische Führung im Kräftedreieck Wachstum – Beschäftigung – Ökologie. *Zeitschrift für Betriebswirtschaft* 65 (6): 633–661.

Scharmer, C. O. (1996): Reflexive Modernisierung des Kapitalismus als Revolution von innen. Stuttgart (M & P, Verlag für Wissenschaft und Forschung).

Scharmer, C. O. (1999): Organizing Around Not-Yet-Embodied Knowledge. In: G. V. Krogh, I. Nonaka a. T. Nishiguchi (eds.): Knowledge Creation: A New Source of Value. New York (Macmillan).

Scharmer, C. O. (2000a): Self-Transcending Knowledge: Organizing Around Emerging Realities. *Organizational Science* 33 (3): 14–29.

Scharmer, C. O. (2000b): Presencing: Learning from the Future as It Emerges. (Paper presented at the Conference on Knowledge and Innovation, Helsinki, Finland, May 25–26, 2000.) Verfügbar unter: https://www.ottoscharmer.com/sites/default/files/2000_Presencing.pdf [Zugriff: 13.01.2020].

Scharmer, C. O. (2001): Self-Transcending Knowledge: Sensing and Organizing Around Emerging Opportunities. *Journal of Knowledge Management* 5 (2): 137–150.

Scharmer, C. O. (2015a): A Second Enlightenment in the Making? Seven Stories From the Front Lines [Blog]. *HuffPost* 7. Aug. 2015, Updated 06. Dec. 2017. Verfügbar unter: https://www.huffpost.com/entry/a-second-enlightenment-in_b_7747820?guccounter=1 [Zugriff: 14.1.2020].

Scharmer, C. O. (2015b): The Fish Rots from the Head Down [Blog]. *HuffPost* 28. Sept. 2015, Updated 06. Dec. 2017. Verfügbar unter: https://www.huffpost.com/entry/the-fish-rots-from-the-he_b_8208652?guccounter=1 [Zugriff: 13.1.2020].

Scharmer, C. O. (2019): Essentials der Theorie U. Grundprinzipien und Anwendungen. Heidelberg (Carl-Auer). [am. Orig. (2018): The Essentials of Theory U: Core Principles and Applications. San Francisco (Berrett-Koehler)].

Scharmer, C. O. a. J. Jaworski (2000): Leadership in the Digital Economy: Sensing and Actualizing Emerging Futures. Cambridge, MA (Society for Organizational Learning).

Scharmer, C. O. a. K. Käufer (2015): Awareness-Based Action Research: Catching Social Reality Creation in Flight. In: H. Bradbury (ed.): The Sage Handbook of Action Research. London (Sage), 3rd ed.

Scharmer, C. O. u. K. Käufer (2017): Von der Zukunft her führen. Theorie U in der Praxis. Von der Egosystem- zur Ökosystem-Wirtschaft. Theorie U in der Praxis. Heidelberg (Carl-Auer), 2. Aufl. [am. Orig.: (2013): Leading from the emerging future. From ego-system to eco-system economies. San Francisco (Berrett-Koehler)].

Scharmer, C. O. a. P. Senge (1996): Infrastrukturen für lernende Organisationen. *Zeitschrift für Führung und Organisation* 1: 32–36.

Scharmer, C. O., U. Versteegen a. K. Käufer (2001): The Pentagon of Praxis. *Reflections: The SoL Journal on Knowledge, Learning, and Change* 2 (3): 36–45.

Scharmer, C. O., B. W. Arthur, J. Day, J. Jaworski, M. Jung, I. Nonaka a. P. M. Senge (2002): Illuminating the Blind Spot: Leadership in the Context of Emerging Worlds. Verfügbar unter: https://www.ottoscharmer.com/sites/default/files/2002_Illuminating_the_Blind_Spot.pdf [Zugriff: 15.6.2020].

Scharmer, C. O., K. Kaeufer a. U. Versteegen (2004): Breathing Life into a Dying System: Recreating Healthcare from Within. *Reflections. The SoL Journal on Knowledge, Learning, and Change* 5 (3): 1–12.

Schein, E. (1987a): Process Consultation Vol. I: Its Role in Organization Development. Reading, MA (Addison-Wesley), 2nd ed.

Schein, E. (1987b): Process Consultation. Vol. 2: Lessons for Managers and Consultants. Englewood Cliffs, NJ (Prentice Hall), 2nd ed.

Schein, E. (1987c): The Clinical Perspective in Field Work. Newbury Park, CA (Sage).

Schein, E. (1988): The Presence of the Past. New York (Times Books).

Schein, E. (1989): Organizational Culture and Leadership. San Francisco (Jossey-Bass). [dt. (1995): Unternehmenskultur: Ein Handbuch für Führungskräfte. Frankfurt a. M. (Campus).]

Schein, E. (1995): Kurt Lewin's Change Theory in the Field and in the Classroom: Notes Toward a Model of Managed Learning. *Reflections*. Verfügbar unter: http://citeseerx.ist.psu.edu/viewdoc/download?doi=10.1.1.475.3285&rep=rep1&type=pdf [Zugriff: 15.6.2020].

Schein, E. (1996): Strategic Pragmatism: The Culture of Singapore's Economic Development Board. Cambridge, MA/London (MIT).

Schein, E. (1998): Process Consultation Revisited: Building the Helping Relationship. Reading, MA (Addison-Wesley). [dt. (2003): Prozessberatung für die Organisation der Zukunft. Der Aufbau einer helfenden Beziehung. Bergisch Gladbach (EHP).]

Schein, E. (1999): The Corporate Culture Survival Guide. San Francisco (Jossey-Bass). [dt. (2006): Organisationskultur. Bergisch Gladbach (EHP).]

Schein, E. (2002): Clinical Inquiry/Research. In: P. Reason a. H. Bradbury (eds.): Handbook of Action Research: Participative Inquiry and Practice. London (Sage), pp. 228–237.

Schein, E., P. Delisi, P. J. Kampas a. M. Sonduck (2003): DEC Is Dead, Long Live DEC: The Lasting Legacy of Digital Equipment Corporation. San Francisco (Berrett-Koehler). [dt.

(2006): Aufstieg und Fall von Digital Equipment Corporation: Eine learning history oder: DEC ist tot – lang lebe DEC. Bergisch Gladbach (EHP).]

Schiller, F. (1967): On the Aesthetic Education of Man: In a Series of Letters. (Edited and translated by E. M. Wilkinson and L. A. Willoughby.) Oxford (Oxford University). [dt. Orig. (1960): Briefe über die ästhetische Erziehung des Menschen. Bad Heilbrunn (Klinkhardt).]

Schily, K. (1993): Der staatlich bewirtschaftete Geist. Düsseldorf (Econ).

Schmundt, W. (1982): Erkenntnisübungen zur Dreigliederung des Sozialen Organismus: Durch Revolution der Begriffe zur Evolution der Gesellschaft. Achberg (Achberger).

Schön, D. (1986): Educating the Reflective Practitioner. San Francisco (Jossey-Bass).

Schurmann, R. (1986): Heidegger on Being and Acting: From Principles to Anarchy. Bloomington (Indiana University).

Schutz, A. (1967): The Phenomenology of the Social World. Evanston, IL (Northwestern University). [dt. Orig. (1960): Der sinnhafte Aufbau der sozialen Welt. Eine Einleitung in die verstehende Soziologie. Wien (Springer), 2. Aufl.]

Seamon, D. a. A. Zajonc (eds.) (1998): Goethe's Way of Science: A Phenomenology of Nature. Albany (State University of New York).

Sen, A. (1999): Development as Freedom. New York (Anchor Books). [dt. (2002): Ökonomie für den Menschen: Wege zu Gerechtigkeit und Solidarität in der Marktwirtschaft. München (Deutscher Taschenbuch-Verlag).]

Senge, P. (1990): The Fifth Discipline: The Art and Practice of the Learning Organization. New York (Doubleday). [dt. (2006): Die fünfte Disziplin: Kunst und Praxis der lernenden Organisation. Stuttgart (Klett-Cotta), 10. Aufl.]

Senge, P. (1994): The Fifth Discipline Fieldbook: Strategies and Tools for Building a Learning Organization. New York (Doubleday). [dt. (2004): Das Fieldbook zur fünften Disziplin. Stuttgart (Klett-Cotta), 5. Aufl.]

Senge, P. et al. (1999): The Dance of Change: The Challenges to Sustaining Momentum in Learning Organizations. New York (Doubleday). [dt. (2000): The dance of change: Die 10 Herausforderungen tiefgreifender Veränderungen in Organisationen. Wien (Signum).]

Senge, P., C. O. Scharmer, J. Jaworski a. B. S. Flowers (2004): Presence: Human Purpose, and the Field of the Future – Exploring Profound Change in People, Organizations, and Society. Cambridge, MA (Society for Organizational Learning).

Sheldrake, R. (1995): Seven Experiments That Could Change the World: A Do-It-Yourself Guide to Revolutionary Science. New York (Riverhead). [dt. (2005): Sieben Experimente, die die Welt retten könnten: Anstiftung zur Revolutionierung des wissenschaftlichen Denkens. Frankfurt a. M. (Fischer).]

Shellenberger, M. a. T. Nordhaus (2004): The Death of Environmentalism: Global Warming Politics in a Post-Environmental World. Verfügbar unter: https://thebreakthrough.org/articles/the-death-of-environmentalism [Zugriff: 15.6.2020].

Shiva, V. (1993): Monocultures of the Mind: Perspectives on Biodiversity and Biotechnology. London/New York (Zed).

Shiva, V. (1997): Biopiracy: The Plunder of Nature and Knowledge. Boston (South End). [dt. (2002): Biopiraterie: Kolonialismus des 21. Jahrhunderts. Eine Einführung. Münster (Unrast).]

Shiva, V. (2000): Stolen Harvest: The Hijacking of the Global Food Supply. Boston (South End). [dt. (2004): Geraubte Ernte: Biodiversität und Ernährungspolitik. Zürich (Rotpunkt).]

Smith, A. (1846): Untersuchungen über das Wesen und die Ursachen des Nationalreichthums. Deutsch von Max Stirner. Erster Band. Leipzig(Otto Wigand). (orig. (1776): An Inquiry into the Nature and Causes of the Wealth of Nations. Verfügbar unter: https://en.wikisource.org/wiki/The_Wealth_of_Nations [Zugriff: 26.11.2019]).

Society of Organizational Learning (1999): Reflections. The SoL Journal for Knowledge, Learning, and Change. Cambridge, Mass. (MIT Press).

Sorokin, P. (1957): Social and Cultural Dynamics: A Study of Change in Major Systems of Art, Truth, Ethics, Law, and Social Relationships. Boston (Porter Sargent).

Soros, G. (2002): On Globalization. New York (Public Affairs). [dt. (2003): Der Globalisierungsreport: Weltwirtschaft auf dem Prüfstand. Reinbek bei Hamburg (Rowohlt).]

Spinosa, C., F. Flores a. H. L. Dreyfus (1997): Disclosing New Worlds: Entrepreneurship, Democratic Action, and the Cultivation of Solidarity. Cambridge, MA (MIT).

Steiner, R. (1894): Die Philosophie der Freiheit: Grundzüge einer modernen Weltanschauung. Berlin (Felber).

Steiner, R. (1980): Die Kernpunkte der sozialen Frage. Dornach (Rudolf-Steiner).

Steiner, R. (1994): How to Know Higher Worlds: A Modern Path of Initiation. (Classics in Anthroposophy.) Great Barrington, MA (Steiner). [dt. Orig. (1977): Wie erlangt man Erkenntnisse der höheren Welten? Dornach, Schweiz (Steiner).]

Stiglitz, J. E. (2002): Globalization and Its Discontents. New York (W. W. Norton). [dt. (2004): Die Schatten der Globalisierung. München (Goldmann).]

Stoltzfus, N. (2001): Resistance of the Heart: Intermarriage and the Rosenstrasse Protest in Nazi Germany. Piscataway, NJ (Rutgers University).

Strebel, P. (1996): Why Do Employees Resist Change? Boston (Harvard Business School).

Taylor, C. (1989): Sources of the Self: The Making of the Modern Identity. Cambridge, MA (Harvard University). [dt. (2005): Quellen des Selbst: Die Entstehung der neuzeitlichen Identität. Frankfurt a. M. (Suhrkamp).]

Thomas, R. J. (1994): What Machines Can't Do: Politics and Technology in the Industrial Enterprise. Berkeley (University of California).

Thurow, L. (1999): Building Wealth: The New Rules for Individuals, Companies, and Nations in a Knowledge-Based Economy. San Francisco (HarperBusiness). [dt. (2001): Die Reichtums-Pyramide. Wohlstand schaffen: Die neuen Spielregeln. Düsseldorf (Metropolitan).]

Thurow, L. (2003a): Fortune Favors the Bold: What We Must Do to Build a New and Lasting Global Prosperity. New York (HarperCollins). [dt. (2004): Die Zukunft der Weltwirtschaft. Frankfurt a. M. (Campus).]

Thurow, L. (2003b): The Future of Capitalism: How Today's Economic Forces Shape Tomorrow's World. New York (Penguin). [dt. (2000): Die Zukunft des Kapitalismus. Düsseldorf (Metropolitan).]

Tichy, N. M. a. S. Sherman (1994): Control Your Destiny or Someone Else Will: Lessons in Mastering Change – The Principles that Jack Welch Is Using to Revolutionize General Electric. New York (HarperBusiness).

Tignor, W. W. (2005): Dynamic Unity – Theory U and System Dynamics. In: J. D. Sterman,

N. P. Repenning, R. S. Langer, J. I. Rowe a. J. M. Yanni (eds.): Proceedings of the 23rd International Conference of the System Dynamics Society. (Boston, July 17–21, 2005) Albany, NY (System Dynamics Society).

Tolle, E. (1999): The Power of Now. Novato, CA (New World Library). [dt. (2005): Jetzt! Die Kraft der Gegenwart: Ein Leitfaden zum spirituellen Erwachen. Bielefeld (Kamphausen).]

Tolle, E. (2003): Stillness Speaks. London (Hodder & Stoughton). [dt. (2005): Stille spricht: 50 Inspirationskarten. Bielefeld (Kamphausen).]

Torbert, B. et al. (2004): Action Inquiry: The Secret of Timely and Transforming Leadership. San Francisco (Berrett-Koehler).

Torbert, W. R. (1991): The Power of Balance: Transforming Self, Society, and Scientific Inquiry. Newbury Park, CA (Sage).

Torbert, W. R. (2001): The Practice of Action Inquiry. In: P. Reason a. H. Bradbury (eds.): Handbook of Action Research: Participative Inquiry and Practice. London (Sage), pp. 250–260.

Trompenaars, F. (1994): Riding the Waves of Culture: Understanding Diversity in Global Business. Chicago (Irwin). [dt. (1993): Handbuch globales Managen: Wie man kulturelle Unterschiede im Geschäftsleben versteht. Düsseldorf (Econ).]

Tzu, S. (1988): The Art of War. Boston/London (Shambhala).

Ury, W. (1999): Getting to Peace: Transforming Conflict at Home, at Work, and in the World. New York (Viking).

Varela, F. J. (1999): Ethical Know-How: Action, Wisdom, and Cognition. Stanford, CA (Stanford University).

Varela, F. J. a. Jonathan Shear (eds.) (1999): The View from Within: First-Person Approaches to the Study of Consciousness. Thorverton, UK (Imprint Academic).

Varela, F. J., E. Thompson a. E. Rosch (1991): The Embodied Mind: Cognitive Science and Human Experience. Cambridge, MA (MIT). [dt. (1995): Der mittlere Weg der Erkenntnis: Der Brückenschlag zwischen wissenschaftlicher Theorie Und menschlicher Erfahrung. München (Goldmann).]

Vattimo, G. (1992): The Transparent Society. Baltimore, MD (Johns Hopkins University).

Velmans, M. (ed.) (2000): Investigation Phenomenal Consciousness. Amsterdam/Philadelphia (John Benjamins).

Wade, H. (2004) Systemic Working: The Constellations Approach. *Industrial and Commercial Training*, August.

Wallace, B. A. (2000): The Taboo of Subjectivity: Toward a New Science of Consciousness. Oxford/New York (Oxford University).

Wallace, B. A. (2003): Buddhism & Science: Breaking New Ground. New York (Columbia University).

Watts, D. J. (2003): Six Degrees: The Science of a Connected Age. New York/London (W. W. Norton).

Watzlawick, P. (1983): The Situation Is Hopeless but Not Serious: The Pursuit of Unhappiness. New York/London (W. W. Norton).

Watzlawick, P. (2009): Anleitung zum Unglücklichsein. München (Piper), 12.Aufl.

Weber, M. (1988): Gesammelte Aufsätze zur Religionssoziologie I: Selected Essays on the

Sociology of Religion. Tübingen (J. C. G. Mohr).
Webber, A. (2000): Trust in the Future. *Fast Company* 9: 210.
Weick, K. (1995): Sensemaking in Organizations. Thousand Oaks, CA (Sage).
Weick, K. (1996): Drop Your Tools: An Allegory for Organizational Studies. *Administrative Science Quartlerly* 41 (2): 301–313.
Weick, K. a. K. M. Sutcliffe (2001): Managing the Unexpected: Assuring High Performance in an Age of Complexity. San Francisco (Jossey-Bass).
Weisbord, M. R. a. S. Janoff (1995): Future Search: An Action Guide to Finding Common Ground in Organizations and Communities. San Francisco (Berrett-Koehler). [dt. (2001): Future Search – Die Zukunftskonferenz: Wie Organisationen zu Zielsetzungen und gemeinsamem Handeln finden. Stuttgart (Klett-Cotta).]
Weisbord, M. R. et al. (1995): Discovering Common Ground: How Future Search Conferences Bring People Together to Achieve Breakthrough Innovation, Empowerment, Shared Vision, and Collaborative Action. San Francisco (Berrett-Koehler).
Weizsäcker, E. U. von (1994): Earth Politics. London (Zed Books).
Welton, D. (ed.) (1999): The Essential Husserl: Basic Writings in Transcendental Phenomenology. Bloomington (Indiana University).
Wenger, E. (1998): Communities of Practice: Learning, Meaning, and Identity. Cambridge (Cambridge University).
Wenger, E., R. McDermott a. W. Snyder (2002): Cultivating Communities of Practice. Boston (Harvard Business School).
Wheatley, M. J. (1992): Leadership and the New Science: Learning About Organization from an Orderly Universe. San Francisco (Berrett-Koehler). [dt. (1997): Quantensprung der Führungskunst: Die neuen Denkmodelle der Naturwissenschaften revolutionieren die Management-Praxis. (= Leadership and the new science.) Reinbek bei Hamburg (Rowohlt).]
Wheatley, M. J. (2002): Turning to One Another: Simple Conversations to Restore Hope to the Future. San Francisco (Berrett-Koehler).
Wheatley, M. J. a. M. Kellner-Rogers (1996): A Simpler Way. San Francisco (Berrett-Koehler).
Wheelan, S. A., E. A. Pepitone a. V. Abt (eds.) (1990): Advances in Field Theory. Newbury Park, CA (Sage).
Wiek, J. (2006): »Macht doch, was ihr wollt!«. Soziale Innovation. *brand eins* 6.
Wilber, K. (1997): The Eye of Spirit: An Integral Vision for a World Gone Slightly Mad. Boston/London (Shambhala). [dt. (2005): Das Wahre, Schöne, Gute: Geist und Kultur im 3. Jahrtausend. Frankfurt a. M. (Fischer), 2. Aufl.]
Wilber, K. (1998): The Essential Ken Wilber: An Introductory Reader. Boston/London (Shambhala).
Wilber, K. (1999): The Marriage of Sense and Soul: Integrating Science and Religion. New York (Broadway). [dt. (1999): Naturwissenschaft und Religion: Die Versöhnung von Weisheit und Wissen. Frankfurt a. M. (Krüger).]
Wilber, K. (2000a): A Brief History of Everything. Boston (Shambhala). [dt. (2004): Eine kurze Geschichte des Kosmos. Frankfurt a. M. (Fischer).]
Wilber, K. (2000b): Grace and Grit: Spirituality and Healing in the Life and Death of Treya Killam Wilber. Boston (Shambhala). [dt. (1996): Mut und Gnade. In einer Krankheit zum Tode bewährt sich eine große Liebe. München (Goldmann).]

Wilber, K. (2000c): Integral Psychology: Consciousness, Spirit, Psychology, Therapy. Boston/London (Shambhala). [dt. (2005): Integrale Psychologie: Geist, Bewusstsein, Psychologie, Therapie. Freiamt (Arbor), 5. Aufl.]

Wilber, K. (2000d): Sex, Ecology, Spirituality: The Spirit of Evolution. Boston/London (Shambhala). [dt. (2006): Eros, Kosmos, Logos: Eine Jahrtausend-Vision. Frankfurt a. M. (Fischer), 4. Aufl.]

Wilber, K. (2000e): A Theory of Everything: An Integral Vision for Business, Politics, Science, and Spirituality. Boston (Shambhala). [dt. (2006): Ganzheitlich handeln: Eine integrale Vision für Wirtschaft, Politik, Wissenschaft und Spiritualität. Freiamt (Arbor), 3. Aufl.]

Wolfram von Eschenbach (1980): Parzival. London (Penguin). [dt. (2008): Parzival. Frankfurt a. M. (Fischer).]

Womak, J. P. a. D. T. Jones (1996): Lean Thinking: Banish Waste and Create Wealth in Your Corporation. New York (Simon & Schuster).

Womak, J. P., D. T. Jones a. D. Roos (1991): The Machine That Changed the World: The Story of Lean Production. New York (Perennial).

World Bank Group (2016): World Development Report 2016 – Digital Dividends. Washington, DC (World Bank). Verfügbar unter: https://openknowledge.worldbank.org/handle/10986/23347 [Zugriff: 13.1.2020].

Wuthnow, R. (2000): After Heaven: Spirituality in America Since the 1950s. Berkeley (University of California).

Yamaguchi, I. (1997). Ki als leibhaftige Vernunft: Beitrag zur interkulturellen Phänomenologie der Leiblichkeit. München (Wilhelm Fink).

Zajonc, A. (1993): Catching the Light. New York (Bantam). [dt. (2001): Die gemeinsame Geschichte von Licht und Bewußtsein. Reinbek bei Hamburg (Rowohlt), 2. Aufl.]

Zajonc, A. (ed.) (2004): The New Physics and Cosmology: Dialogues with the Dalai Lama. Oxford (Oxford University).

Zohar, D. a. I. Marshall (2004): Spiritual Capital: Wealth We Can Live By. San Francisco (Berrett-Koehler).

Verzeichnis der Abbildungen

Verzeichnis der Tabellen

Index

Über das Presencing Institute

C. Otto Scharmer und seine Kollegenschaft gründeten das Presencing Institute 2006 am MIT, um an der Schnittstelle von Wissenschaft, Spiritualität und sozialem Wandel eine Plattform für Aktionsforschung zu schaffen. In den letzten 20 Jahren haben wir die *Theorie U* als Sozialtechnologie entwickelt, weltweit sektorenübergreifende Veränderungsinitiativen geleitet und eine beliebte Innovationsplattform namens *U.Lab* (ursprünglich als offener Massen-Online-Kurs eingeführt) etabliert.

Heute engagieren sich unsere Aktionsforscher weltweit im Bemühen, generative soziale Felder zu kultivieren, in vier sich überschneidenden Aktivitätsbereichen:

1) *Innovationslabors:* Akteure aus Wirtschaft, Regierung und Zivilgesellschaft kommen zusammen, um kollektiv auf die revolutionären Umbrüche unserer Zeit eine Antwort zu finden.
2) *Aufbau von Grundkompetenzen:* Entwicklung kooperativer Grundfähigkeiten für die Entwicklung einer neuen Kooperationskultur, indem die Intelligenzen von Kopf, Herz und Hand integrativ verknüpft werden.
3) *Aktionsforschung:* Wissensgenerierung, Erfindung von bewusstseinsbasierten Sozialtechnologien, die auf Sichtbarmachung der Tiefenstrukturen sozialer Felder zielen.
4) *Aktivierung von Bewegungen:* Die öffentliche Diskussion durch neue Narrative der ökonomischen, demokratischen und zivilisatorischen Erneuerung weiterentwickeln.

Weitere Informationen über das Presencing Institute sind abrufbar unter https://www.presencing.org.

Über den Autor

© Sven Nieder

C. Otto Scharmer, Dr., ist Senior Lecturer am Massachusetts Institute of Technology (MIT) und Mitbegründer des Presencing Institute in Cambridge, Massachusetts. 2015 war er Mitbegründer des MITx *U.Lab,* eines offenen Massen-Online-Kurses über das Management tiefgreifender Veränderung, der ein globales Ökosystem gesellschaftlicher und persönlicher Erneuerung aktiviert hat und inzwischen über 150.000 Nutzer aus 185 Ländern hat. Mit seiner Kollegenschaft hat er kulturübergreifend Innovationslabors über die Neuerfindung der Wirtschafts-, Finanz-, Bildungs-, Gesundheits- und Regierungssysteme moderiert.

C. Otto Scharmer erhielt 2015 am MIT den Jamieson Prize for Excellence in Teaching und 2016 den European Leonardo Corporate Learning Award. Im Jahr 2018 wurde er vom Deputy Secretary General der Vereinten Nationen in den Learning Council für die Umsetzung der Agenda 2030 benannt. Seine Vision ist, eine globale Universität für Aktionsforschung zu etablieren, die auf gesellschaftliche Transformation zielt und Wissenschaft, Bewusstsein und soziale Kunst integriert.

Veröffentlichungen u. a.: *Essentials der Theorie U – Grundprinzipien und -anwendungen. Mit Theorie U die großen Konflikte unserer Zeit lösen* (2019), *Von der Zukunft her führen. Theorie U in der Praxis. Von der Egosystem- zur Ökosystem-Wirtschaft* (2. Aufl. 2017).

Kontakt: *https://www.ottoscharmer.com/*